K.-H. Kloos · W. Thomala

Schraubenverbindungen

K.-H. Kloos · W. Thomala

Schraubenverbindungen

Grundlagen, Berechnung,
Eigenschaften, Handhabung

5. Auflage

Mit 257 Abbildungen

Springer

Prof. Dr.-Ing. Karl-Heinz Kloos
Georgenstraße 9
64342 Seeheim-Jugenheim
Deutschland

Dr.-Ing. Wolfgang Thomala
Richard-Bergner Verbindungstechnik
GmbH & Co.KG
Bahnhofstraße 8–16
91126 Schwabach
Deutschland
e-mail: wolfgang.thomala@ribe.de

Bibliografische Information der Deutschen Bibliothek
Die Deutsche Bibliothek verzeichnet diese Publikation in der Deutschen Nationalbibliografie; detaillierte bibliografische Daten sind im Internet über http://dnb.ddb.de abrufbar.

ISBN-13 978-3-540-21282-9 Springer Berlin Heidelberg New York
ISBN-13 978-3-540-17254-3 4. Aufl. Springer Berlin Heidelberg New York

Springer ist ein Unternehmen von Springer Science+Business Media
springer.de

Satz: Daten vom Autor geliefert
Herstellung: LE-TEX, Jelonek, Schmidt & Vöckler GbR, Leipzig
Einbandgestaltung: eStudioCalamarS.L., F.Steinen-Broo, Pau/Girona,Spanien
Gedruckt auf säurefreiem Papier 62/3180 YL – 5 4 3 2 1 0

Vorwort

Die vorliegende Neuauflage des unter dem Titel „Schraubenverbindungen“ im Jahr 1988 in der vierten Auflage erschienenen Buches will ebenso wie die vorausgegangene in erster Linie dem Konstrukteur und Entwicklungsingenieur sowie den mit der Konstruktionslehre befassten Studenten Unterlagen zur Gestaltung und Auslegung hoch beanspruchter Schraubenverbindungen an die Hand geben.

Da seit 1988 die technische Entwicklung weiter fortgeschritten ist, sich der Stand der nationalen und internationalen Produkt- und Werkstoffnormung erheblich verändert hat und die VDI-Richtlinie 2230, die sich mit der Berechnung von Schraubenverbindungen befasst, im Jahr 2001 in überarbeiteter Form erschienen ist, musste der Inhalt der Neuauflage gegenüber der vorherigen Auflage in wesentlichen Punkten geändert und erweitert werden.

Der Mitautor dieses Buches, Herr Prof. Dr.-Ing. Heinrich Wiegand, ist im Jahr 1998 verstorben. Die übrigen Autoren haben sich mit dem Verlag darüber verständigt, die bisherigen Autorennamen dennoch in vollem Umfang beizubehalten. Dies einmal, um die Verdienste von Herrn Prof. Wiegand auf dem Gebiet der Schraubenverbindungen zu würdigen und um dem Werk zudem eine Kontinuität in Bezug auf Titel und Namen der Autoren zu verleihen.

Das Kapitel 2 – Normung – berücksichtigt die nach Erscheinen der vierten Auflage vorgenommenen Veränderungen auf dem Gebiet der Gewindenormung, der Maßnormen (Produktnormen) und der Grundnormen, die sich nicht zuletzt auf Grund der intensiven Weiterentwicklung der europäischen (EN-Normen) und der weltweiten Normen (ISO-Normen) eingestellt haben.

Der Fortschritt auf dem Gebiet der europäischen Werkstoffnormung hat zu einer Veränderung der Werkstoffsorten und deren chemischer Zusammensetzung geführt. Neue Standards, die die bisherigen DIN-Normen abgelöst haben, sind entstanden. Kapitel 3 – Werkstoffe – berücksichtigt diese Veränderungen und informiert darüber hinaus über die Technische Lieferbedingung des Deutschen Schraubenverbandes (DSV) für Schraubenstähle. Diese TL wurde erstellt, um die Voraussetzungen für eine optimale Verarbeitbarkeit (Kaltumformbarkeit) der Stähle zu schaffen, die Funktionseigenschaften der Verbindungselemente zu verbessern und die Sortenvielfalt der auf dem Markt angebotenen Stähle zu reduzieren (Kostenersparnis).

Kapitel 4 – Berechnung von Schraubenverbindungen. Die Ausgabe 1986 der VDI-Richtlinie 2230 – Systematische Berechnung hoch beanspruchter Schraubenverbindungen – wurde überarbeitet und im Oktober 2001 veröffentlicht. Es wird jetzt ein Verspannungskörper zugrunde gelegt, der aus einem Hohlkegelstumpf, dem sich ein Hohlzylinder anschließen kann, besteht (Ersatz-Verformungskegelmodell). Die elastischen Nachgiebigkeiten des Ersatz-Verformungskegels werden entsprechend neu berechnet. Weitere wesentliche Neuerungen stellen die Berechnung des Krafteinleitungsfaktors *n* und die Einführung einer Kreis-Ersatzfunktion dar, mit der das Kraft-Verformungsverhalten von Schraubenverbindungen nach dem Aufklaffen der Trennfugen beschrieben wird.

Im Kapitel 5 – Tragfähigkeit von Schraubenverbindungen bei mechanischer Beanspruchung – wurde die Berechnung der erforderlichen Einschraubtiefe überarbeitet und anwenderfreundlicher gestaltet. Hinweise über die Scherfestigkeit verschiedener Werkstoffsorten werden gegeben. Die Vorteile des überelastischen Anziehens von Schraubenverbindungen im Hinblick auf die Haltbarkeit bei dynamischer Beanspruchung werden hervorgehoben. Konstruktive Empfehlungen werden gegeben.

In den Kapiteln 6 und 7 – Korrosionsschutz von Schraubenverbindungen – und – Schraubenverbindungen bei hohen und tiefen Temperaturen – wurden die Änderungen im Hinblick auf die Werkstoffnormen eingearbeitet. Der zunehmenden Bedeutung von Zink-Lamellenüberzügen zur Verbesserung des Korrosionsschutzes wird Rechnung getragen und es wird über den Stand der Entwicklung von Oberflächenüberzügen berichtet, die kein sechswertiges Chrom mehr enthalten dürfen.

Kapitel 8 – Montage von Schraubenverbindungen – wurde um den Abschnitt „Automatisierte Schraubenmontage" erweitert.

Im Kapitel 9 – Selbsttätiges Lösen und Sichern von Schraubenverbindungen – wurden die Informationen über die Möglichkeiten des Sicherns gegen selbsttätiges Losdrehen durch die Verwendung sperrverzahnter Sicherungselemente und den Einsatz von klebstoffbeschichteten Schrauben erweitert.

Die Verfasser bedanken sich bei Herrn Dr.-Ing. Stefan Beyer, Fa. ABC Ennepetal, für die Unterstützung bei der Überarbeitung des Kapitels 6, Korrosionsschutz, und bei vielen anderen Fachleuten, die zu verschiedensten Fragestellungen mit Rat und Tat zum Gelingen der 5. Auflage dieses Buches beigetragen haben.

Darmstadt und Schwabach, im Februar 2007

H. Wiegand, †1998
K. H. Kloos
W. Thomala

Inhaltsverzeichnis

Formelzeichen

A	Querschnitt, allgemein
A_{Anod}	Anodenfläche
A_D	Dichtfläche, Trennfugenfläche abzüglich des Durchgangsloches für die Schraube
A_{d3}	Gewinde-Kernquerschnitt
A_{ers}	Ersatzquerschnitt
A_K	Gewinde-Kernquerschnitt
A_{Kath}	Kathodenfläche
A_L	Bruchdehnung, auf die Länge L bezogen
A_N	Nennquerschnitt
A_O	Kleinste Querschnittsfläche einer Schraube
A_P	Fläche der Schraubenkopf- bzw. der Mutterauflage
A_{Pr}	Projektionsfläche für die Berechnung der Flächenpressung an Schlüsselflächen
A_S	Nenn-Spannungsquerschnitt des metrischen Schraubengewindes
A_{Sch}	Schaftquerschnitt
A_{Scher}	Scherfläche
A_{Seff}	Effektiver Gewinde-Spannungsquerschnitt
A_{SG}	Gewinde-Scherquerschnitt
A_{SGB}	Scherquerschnitt des Bolzengewindes
A_{SGM}	Scherquerschnitt des Muttergewindes
A_T	Taillenquerschnitt bzw. Dehnschaftquerschnitt
A_0	Gewinde-Grundabmaß
A_5	Bruchdehnung (Messlänge $5d$)
a	Wasserstoffionen-Aktivität
a	Abstand der Ersatzwirkungslinie der Axialkraft F_A von der Achse des gedachten seitensymmetrischen Verspannungskörpers
a_K	Kerbschlagzähigkeit in J/cm²
a_k	Abstand zwischen dem Rand der Vorspannfläche und dem Krafteinleitungsort am Grundkörper (VDI 2230)
a_r	Abstand zwischen dem Rand der Vorspannfläche und dem seitlichen Rand der Verbindung (VDI 2230)
b	Breite allgemein
b_T	Breite der Trennfugenfläche
C_1; C_2; C_3	Minderungsfaktoren nach Alexander (Berechnung der Einschraubtiefe)
c	Höhe des Telleransatzes unter dem Schraubenkopf
c	Spezifische Wärme

c_B	Abmessung des Biegekörpers senkrecht zur Breite b
c_T	Abmessung der Trennfugenfläche senkrecht zur Breite b
D	Innen(Mutter)gewinde-Außen(Nenn)durchmesser
D_A	Ersatz-Außendurchmesser des Grundkörpers in der Trennfuge
D'_A	Ersatz-Außendurchmesser des Grundkörpers
$D_{A,Gr}$	Grenz-Außendurchmesser, max. Durchmesser des Verformungskegels
D_a	Durchmesser der Aussenkung des Muttergewindes
D_{ers}	Ersatzdurchmesser der nicht-kreisförmigen Trennfuge
D_K	Max. Außendurchmesser des Verformungskegels
D_{Km}	Wirksamer Durchmesser für das Reibungsmoment in der Schraubenkopf- oder Mutterauflage
D_m	Mittlerer Durchmesser des konisch auslaufenden Endes des Muttergewindes
D_1	Innengewinde-Kerndurchmesser
D_2	Innengewinde-Flankendurchmesser
DSV	Durchsteck-Schraubenverbindung
d	Außengewinde-(Nenn)durchmesser
d_a	Innendurchmesser der ebenen Schraubenkopf-Auflagefläche
d_h	Lochdurchmesser verspannter Teile
d_i	Durchmesser eines zylindrischen Einzelelements der Schraube
d_m	Mittlerer Durchmesser eines Innenkraftangriffs
d_S	Durchmesser zum Spannungsquerschnitt A_S
d_{Sch}	Schrauben-Schaftdurchmesser
d_T	Schrauben-Dehnschaft(Taillen)durchmesser
d_W	Außendurchmesser der ebenen Kopfauflagefläche der Schraube
d_0	Kleinster Durchmesser des Schraubenschafts
d_2	Außengewinde-Flankendurchmesser
d_3	Außengewinde-Kerndurchmesser
E	Mindesthöhe der nicht entkohlten Gewindezone im Gewinde
E	Elektrodenpotential
E	Elastizitätsmodul
E_M	Elastizitätsmodul des Mutterwerkstoffs
E_P	Elastizitätsmodul des Werkstoffs der verspannten Teile
E_{PRT}	Elastizitätsmodul des Werkstoffs der verspannten Teile bei Raumtemperatur RT
E_{PT}	Elastizitätsmodul des Werkstoffs der verspannten Teile bei Temperatur $T \neq RT$
E_S	Elastizitätsmodul des Schraubenwerkstoffs
E_{SRT}	Elastizitätsmodul des Schraubenwerkstoffs bei Raumtemperatur RT
E_{ST}	Elastizitätsmodul des Schraubenwerkstoffs bei Temperatur $T \neq RT$
ESV	Einschraub(Sackloch)-Schraubenverbindung
e	Abstand der Schraubenachse vom Rand der Trennfuge an der klaffgefährdeten Seite
e	Eckenmaß bei Schlüsselflächen von Schrauben bzw. Muttern
F	Anzahl von Fehlteilen in einem Lieferlos
F	Faradaysche Zahl

F	Kraft, allgemein
F_A	Axialkraft; eine in Schraubenachse gerichtete Komponente einer beliebig gerichteten Betriebskraft F_B
F_{Aab}	Axialkraft an der Abhebegrenze bei exzentrischer Belastung
F_{Ab}	Vorspannkraftabfall bei hydraulisch vorgespannter Schraubenverbindung nach Druckentlastung
F_{Aka}	Axialkraft, bei der bei exzentrischem Kraftangriff einseitiges Kantentragen auftritt
F_{An}	Axialkraft bei Kraftangriff innerhalb verspannter Teile
F_{Ao}	Oberer Grenzwert einer wechselnden Axialkraft
F_{Au}	Unterer Grenzwert einer wechselnden Axialkraft
$F_{A1...99}$	Mit 1...99%-iger Wahrscheinlichkeit ohne Bruch ertragbare Schwingkraft
F_a	Schwingkraftamplitude
F_B	Beliebig gerichtete Betriebskraft in einer Schraubenverbindung
$F_{BGewinde}$	Bruchkraft des freien belasteten Schraubengewindes
$F_{BSchaft}$	Bruchkraft des Schraubenschaftes
F_{Bruch}	Bruchkraft, bezogen auf den effektiven Bruchquerschnitt
F_K	Klemmkraft
F_{Kab}	Klemmkraft an der Abhebegrenze
F_{Kerf}	Klemmkraft, die für Dichtfunktion, Reibschluss und Vermeidung einseitigen Aufklaffens der Trennfugen erforderlich ist
F_{KQ}	Klemmkraft zur reibschlüssigen Übertragung von Querkraft und/oder Drehmoment
F_{KR}	Restklemmkraft in der Trennfuge bei Ent- bzw. Belastung durch F_{PA} und nach dem Setzen im Betrieb
F_M	Montagevorspannkraft
F_{MRT}	Montagevorspannkraft bei Raumtemperatur RT
F_{Msoll}	Soll-Montagevorspannkraft beim hydraulischen Anziehen
F_{MT}	Montagevorspannkraft bei Temperatur T
F_{PM}	In den verspannten Teilen wirkende Montagevorspannkraft (Druck)
F_{SM}	In der Schraube wirkende Montagevorspannkraft (Zug)
F_{Mm}	Mittlere Montagevorspannkraft
F_{Mmax}	Maximale Montagevorspannkraft
F_{Mmin}	Minimale Montagevorspannkraft
F_m, F_{max}	Höchstzugkraft im Zug- bzw. Montageversuch
F_{mB}	Höchstzugkraft des freien belasteten Schrauben-Bolzens im Zugversuch
F_{mGB}	Höchst-Scherkraft des Bolzengewindes
F_{mGM}	Höchst-Scherkraft des Muttergewindes
ΔF_M	Montagevorspannkraft-Differenz (-Streuung)
$\Delta F_M(M_A)$	Montagevorspannkraft-Streuung infolge Streuung des Anziehdrehmoments
$\Delta F_M(\mu)$	Montagevorspannkraft-Streuung infolge Streuung der Reibungszahl
$\Delta F_M(R_{p0,2})$	Montagevorspannkraft-Streuung infolge Streuung der Schraubenstreckgrenze bzw. 0,2%-Dehngrenze

F_N	Normalkraft
F'_N	Projektion der Normalkraft auf der Gewindeflanke in die Axialschnittebene
F_{PA}	Teil der Axialkraft, der die verspannten Teile be-, bzw. entlastet
F_{PAn}	Teil der Axialkraft, der die verspannten Teile be-, bzw. entlastet, bei Kraftangriff innerhalb der verspannten Teile
F_Q	Querkraft, auch Querkraftanteil aus einer beliebig gerichteten Betriebskraft F_B
F_{QP}	In den verspannten Teilen wirkende Querkraft
F_{QS}	Querkraft in der Schraube
F_R	Reibungskraft
F_r	Radialkraft
F_S	Schraubenkraft
F_{SA}	Teil der Axialkraft, der die Schraube be-, bzw. entlastet
F_{SAa}	Amplitude der wechselnden Schraubenzusatzkraft
F_{SAab}	Axiale Schraubenzusatzkraft an der Abhebegrenze
F_{SAn}	Schraubenzusatzkraft bei Betriebskraftangriff innerhalb der verspannten Teile
F_{SAo}	Oberer Grenzwert wechselnder Schraubenzusatzkraft
F_{SAu}	Unterer Grenzwert wechselnder Schraubenzusatzkraft
$F_{SGewinde}$	Scher-Bruchkraft des „unfreien" Schrauben- oder Muttergewindes
F_{SKa}	Schraubenkraft bei Kantentragen
F_{SKopf}	Scher-Bruchkraft des Schraubenkopfes
F_{Sm}	Mittlere Schraubenkraft
F_{Smax}	Maximale Schraubenkraft
F_U	Umfangskraft
F_{UG}	Umfangskraft an der Gewindeflanke
F_V	Vorspannkraft
F_{Vab}	Vorspannkraft an der Abhebegrenze
F_{Verf}	Vorspannkraft, die für Dichtfunktion, Reibschluss und Vermeidung einseitigen Aufklaffens der Trennfugen erforderlich ist
F_{Vm}	Mittlere Vorspannkraft
F_{VRT}	Vorspannkraft bei Taumtemperatur
F_{VT}	Vorspannkraft bei Temperatur T
F_Z	Vorspannkraftverlust infolge plastischer Verformung (z.B. Setzen)
$F_{0,2}$	Kraft an der Streck- bzw. 0,2%-Dehngrenze
f	Längenänderung
f_{ab}	Rückfederung des Schraubenbolzens nach Druckentlastung bei hydraulisch vorgespannten Schraubenverbindungen
f_{ges}	Summe der elastischen Verformungen f_P und f_S
f_i	Längenänderung einer beliebigen Teillänge i
f_N	Nachziehfaktor
f_P	Längenänderung der verspannten Teile
f_{PA}	Längenänderung der verspannten Teile infolge F_{PA}
f_{PAn}	Längenänderung der verspannten Teile infolge F_{PA} bei Krafteinleitung von F_A innerhalb der verspannten Teile

f_{PM} Verkürzung der verspannten Teile infolge F_M

f_{PMRT} Längenänderung (Verkürzung) der verspannten Teile – bezogen auf die Klemmlänge $l_K \approx l_s$ – infolge der Montagevorspannkraft F_{MRT} bei Raumtemperatur RT

f_{PMT} Längenänderung (Verkürzung) der verspannten Teile – bezogen auf die Klemmlänge $l_K \approx l_s$ – infolge der Montagevorspannkraft F_{MT} bei Temperatur T

f_{PT} Längenänderung (Verlängerung) der unverspannten (mechanisch unbelasteten) verspannten Teile (Hülse) – bezogen auf die Klemmlänge $l_K \approx l_P$ – infolge Temperaturerhöhung von RT (Raumtemperatur) auf Temperatur T

f_S Längenänderung der Schraube

f_{SA} Längenänderung der Schraube infolge F_{SA}

f_{SAel} Elastische Längenänderung der Schraube infolge F_{SA}

f_{SApl} Plastische Längenänderung der Schraube infolge F_{SA}

f_{SAn} Längenänderung der verspannten Teile infolge F_{SA} bei Krafteinleitung von F_A innerhalb der verspannten Teile

f_{SM} Längenänderung der Schraube infolge F_M

f_{SMRT} Längenänderung (Verlängerung) der Schraube – bezogen auf die Klemmlänge $l_K \approx l_s$ – infolge der Montagevorspannkraft F_{MRT} bei Raumtemperatur RT

f_{SMT} Längenänderung (Verlängerung) der Schraube – bezogen auf die Klemmlänge $l_K \approx l_s$ – infolge der Montagevorspannkraft F_{MT} bei Temperatur T

f_{ST} Längenänderung (Verlängerung) der unverspannten (mechanisch unbelasteten) Schraube – bezogen auf die Klemmlänge $l_K \approx l_s$ – infolge Temperaturerhöhung von RT (Raumtemperatur) auf Temperatur T

f_T Längenänderung infolge Temperatur T ≠ RT

f_V Axiale Verschiebung der Schrauben- bzw. Mutterauflagefläche infolge F_V

f_{VK} Axiale Verschiebung des Krafteinleitungsortes infolge F_V

f_Z Plastische Verformung, zum Beispiel Setzbetrag

f_{ZP} Plastische Verformung in den verspannten Teilen

f_{ZS} Plastische Verformung in der Schraube

G Maximale Tiefe der Auskohlung im Gewinde

G Grenzwert für die Abmessungen der Trennfugenfläche bei DSV

G' Grenzwert für die Abmessungen der Trennfugenfläche bei ESV

G'' Korrigierter Grenzwert für die Abmessungen der Trennfugenfläche bei ESV mit versenkter Gewindebohrung

H Höhe des Grundprofils eines metrischen Gewindes

HB Brinell-Härte

HV Vickers-Härte

HR Rockwell-Härte (*HRB*, *HRC*)

H_1 Gewindetragtiefe (Gewinde-Flankenüberdeckung)

h_K Krafteinleitungshöhe

h_{min} Höhe des dünneren Teils von zwei verspannten Teilen

h_3	Zahnhöhe des metrischen Schrauben-Gewindes (Gewindetiefe)
I	Stromstärke
I	Flächenträgheitsmoment
I_B	Flächenträgheitsmoment des Biegekörpers
I_{Bers}	Ersatz-Flächenträgheitsmoment des Verformungskörpers
I_{Bers}^H	Ersatz-Flächenträgheitsmoment einer Verformungshülse
I_{Bers}^V	Ersatz-Flächenträgheitsmoment eines Verformungskegels
$\bar{I}_{Bers}$	Ersatz-Flächenträgheitsmoment abzüglich des Trägheitsmoments des Schraubenlochs
I_{BT}	Trägheitsmoment der Trennfugenfläche
I_i	Flächenträgheitsmoment einer beliebigen Fläche i
I_{d3}	Flächenträgheitsmoment des Schraubengewinde-Kernquerschnitts
I_{Korr}	Korrosionsstrom
I_{Anod}	Anodischer Korrosionsstrom
I_{Kath}	Kathodischer Korrosionsstrom
i	Stromdichte
I_{Anod}	Anodische Teilstromdichte
i_{Kath}	Kathodische Teilstromdichte
K	Krafteinleitungsort
K_G	Krafteinleitungsort am Grundkörper
KU	Kerbschlagarbeit
k	Höhe des Schraubenkopfes
L	Stückzahl eines Lieferloses
l	Länge
l_A	Länge zwischen Grundkörper und Krafteinleitungspunkt K im Anschlusskörper
l_B	Länge des fertigungsbedingt konisch verlaufenden Muttergewindes
l_{ers}	Ersatzlänge der Schraube mit konstantem Durchmesser d_3
l_{Gew}	Länge des freien belasteten Schraubengewindes
l_{GM}	Ersatzlänge des Schraubengewindes innerhalb des Muttergewindes
l_g	Abstand zwischen Kopfauflagefläche und erstem voll ausgebildeten Schraubengewindegang im Bereich des Gewindeauslaufs
l_H	Länge der Verformungshülse
l_i	Länge eines zylindrischen Elements i der Schraube
l_K	Klemmlänge
l_{KRT}	Klemmlänge bei Raumtemperatur
l_P	Länge der verspannten Teile – Platten, Hülse – ($\approx$ Klemmlänge l_K) im thermisch und mechanisch unbelasteten Zustand
l_{PMRT}	Länge der verspannten Teile bei Montagevorspannkraft und Raumtemperatur
l_{Pr}	Länge der Projektionsfläche in gleichseitigen Vielecken
l_S	Schraubenlänge im mechanisch und thermisch unbelasteten Zustand
l_{Sch}	Schaftlänge
l_{SK}	Ersatzlänge des Schraubenschaftes innerhalb des Schraubenkopfes
l_{SMRT}	Länge der Schraube bei Montagevorspannkraft und Raumtemperatur

l_V	Länge des Verformungskegels
M	Molare Masse
M	Moment
M_A	Anziehdrehmoment
M_{Amax}	Maximales Anziehdrehmoment
M_{Amin}	Kleinstes Anziehdrehmoment
M_B	Bruchdrehmoment
M_B	An der Verschraubungsstelle angreifendes Betriebs-Biegemoment
M_{Bab}	Betriebsmoment an der Klaffgrenze
M_{Bges}	Gesamt-Biegemoment
M_{BgesP}	Anteiliges, auf die verspannten Teile wirkendes Biegemoment
M_{BgesS}	Anteiliges, auf die Schraube wirkendes Biegemoment
M_b	Zusatz-Biegemoment an der Verschraubungsstelle
M_F	Fügemoment
M_G	Im Gewinde wirksamer Teil des Anziehdrehmoments
M_{GSt}	Aus der Gewindesteigung resultierendes „Gewindenutzdrehmoment“, das die Montagevorspannkraft erzeugt
M_{GR}	Aus der Gewindereibung resultierendes Gewindemoment
M_{KR}	Reibungsmoment in der Kopf- bzw. Mutterauflagefläche
M_{Kl}	Resultierendes Moment in der Klemmfläche
M_L	Losdrehmoment
M_{Li}	Inneres Losdrehmoment des Gewindes
M_{NA}	Nachziehdrehmoment
M_{Sb}	Auf die Schraube wirkendes Zusatz-Biegemoment
M_T	Torsionsmoment
M_Y	Drehmoment um die Schraubenachse
$\Delta M_A/\Delta\vartheta$	Drehmoment/Drehwinkel-Differenzenquotient (Gradient)
m	Elektrochemisch umgesetzte Stoffmenge
m	Masse
m	Mutterhöhe
m	Parameter der Kreisgleichung (bei aufklaffender Trennfuge)
m_{eff}	Effektive Mutterhöhe (ohne Anfasung)
m_{ges}	Gesamt-Mutterhöhe
m_{kr}	Kritische Mutterhöhe (Einschraubtiefe)
m_1; m_2	Parameter der Geradengleichung (Steigung)
N	Schwingspielzahl
N_G	Grenz-Schwingspielzahl
n	Spezifische Normalkraft
n	Krafteinleitungsfaktor
n	Anzahl der Gewindegänge
n	Parameter der Kreisgleichung
n_e	Zahl der Ecken im gleichseitigen Vieleck
P	Gewindesteigung
p	In Achsrichtung wirksame Spannung im Scherkegel
p	Flächenpressung
p_G	Grenz-Flächenpressung

p_i	Innendruck
q_F	Anzahl der am Gleitprozess infolge F_Q teilhabenden kraftübertragenden inneren Trennfugen
q_M	Anzahl der am Gleitprozess infolge M_Y teilhabenden drehmomentübertragenden inneren Trennfugen
R	Elektrischer Widerstand
R	Kopf-Schaft-Übergangsradius
R	Radius (am Gewindegrund)
R_{eL}	Untere Streckgrenze
R_{eH}	Obere Streckgrenze
R_m	Zugfestigkeit
R_{mB}	Zugfestigkeit des Schrauben(Bolzen)-werkstoffs
R_{mK}	Kerbzugfestigkeit
R_{mM}	Zugfestigkeit des Mutterwerkstoffs
R_{mred}	Reduzierte Zugfestigkeit
R_S	Festigkeitsverhältnis (Verhältnis der Scherbruchkräfte von Mutter und Schraube bei der Berechnung der Einschraubtiefe)
$R_{p0,2}$	0,2%-Dehngrenze
R_Z, R_t	Rautiefe der Oberfläche
r	Radius
r_a	Reibradius an den verspannten Teilen bei Wirkung von M_Y
S	Scherfestigkeitsverhältnis $R_{P0,2}/R_m$
S_P	Spannung unter Prüfkraft
SW	Schlüsselweite (Abstand gegenüberliegender paralleler Seitenflächen bei gleichseitigen Vielecken)
s	Abstand der Schraubenachse von der Schwerpunkt-Achse der Trennfugenfläche der verspannten Teile
s_{eff}	Wirksame Querschiebung der Schraube
s_G	Grenzverschiebung der Schraube
s_{Gth}	Theoretische Grenzverschiebung der Schraube
$s_{L(0)}$	Leerlaufamplitude der Querschiebung
s_m	Länge des Scherkegels
s_q	Querschiebeweg der Schraube
s_{sym}	Abstand der Schraubenachse von der Achse des gedachten seitensymmetrischen Verformungskörpers
T	Temperatur
T_m	Mittlere Temperatur
T_S	Temperatur der Schraube
ΔT	Temperaturdifferenz
ΔT_P	Temperaturdifferenz bei den verspannten Teilen
ΔT_S	Temperaturdifferenz bei der Schraube
t	Schraubenteilung bei Mehrschraubenverbindungen
t	Zeit
t	Eindringtiefe von Innen-Kraftangriffen
t_0	Zeitkonstante
U	Ort, an dem in der Trennfuge das Aufklaffen beginnt

u	Randabstand des Aufklaffpunktes U von der Achse des gedachten seitensymmetrischen Verformungskörpers
V	Volumen
V	Ort des Kantentragens bei vollständigem Aufklaffen einer exzentrisch belasteten Schraubenverbindung
v	Randabstand des Kantentragepunktes V von der Achse des gedachten seitensymmetrischen Verformungskörpers
W_{d3}	Widerstandsmoment des Kernquerschnitts des Schraubengewindes
W_p	Polares Widerstandsmoment eines Schraubenquerschnitts
W_S	Widerstandsmoment des Spannungsquerschnitts des Schraubengewindes
w	Verbindungskoeffizient für die Art der Schraubenverbindung
X	Reinheitsgrad (bei der automatisierten Montage)
x	Bezogene Scherfestigkeit τ_B/R_m
x_{Si}	Abstände der Schwerpunktachsen der Flächen A_i von der y-Achse
y	Bodendicke bei Schraubenköpfen mit Innenkraftangriff
y	Durchmesserverhältnis D'_A / d_w
Z	Brucheinschnürung
z	Ladungszahl, Wertigkeit
α	Gewinde-Flankenwinkel
$\alpha_1; \alpha_2$	Gewinde-Teilflankenwinkel
α'	Flankenwinkel des Schraubengewindes in der um den Steigungswinkel φ gedrehten Schnittebene
α_A	Anziehfaktor ($\alpha_A = F_{Mmax}/F_{Mmin}$)
α_K	Formzahl, Kerbfaktor
α_K^*	Formzahl bei Schraubenverbindungen unter Berücksichtigung der spezifischen Krafteinleitungsbedingungen
α_P	Thermischer Längenausdehnungskoeffizient des Werkstoffs der verspannten Teile
α_S	Thermischer Längenausdehnungskoeffizient des Schraubenwerkstoffs
$\alpha_ü$	Wärmeübergangszahl
α_W	Schrägungswinkel (z.B. einer Unterlegscheibe)
β	Elastische Biegenachgiebigkeit
β_i	Elastische Biegenachgiebigkeit eines Teils i der Schraube
β_G	Elastische Biegenachgiebigkeit des eingeschraubten Gewindes
β_K	Kerbwirkungszahl
β_{SK}	Elastische Biegenachgiebigkeit des Schraubenkopfes
β_L	Längenverhältnis l_K/d_W
β_M	Elastische Biegenachgiebigkeit der Mutter (Einschraubgewinde)
β_P	Elastische Biegenachgiebigkeit der verspannten Teile
β_S	Elastische Biegenachgiebigkeit der Schraube
γ	Senkwinkel der Kopfauflageebene
γ	Schrägstellung oder Neigungswinkel von verspannten Teilen infolge exzentrischer Belastung (Biegewinkel)

γ_P	Neigungswinkel der verspannten Teile (Schrägstellung des Schraubenkopfes)
γ_S	Biegewinkel der Schraube
δ	Elastische Nachgiebigkeit
δ_G	Elastische Nachgiebigkeit des eingeschraubten Schraubengewindes
δ_{Gew}	Elastische Nachgiebigkeit des freien belasteten Schraubengewindes
δ_{GM}	$\delta_{GM} = \delta_G + \delta_M$
δ_M	Elastische Nachgiebigkeit der Schraube innerhalb der Mutter infolge Mutterverschiebung
δ_P	Elastische Nachgiebigkeit der verspannten Teile bei zentrischer Verspannung und zentrischer Belastung
δ_{PAn}	Elastische Nachgiebigkeit zentrisch verspannter Teile bei zentrisch innerhalb der verspannten Teile angreifender Betriebskraft
δ_P^*	Elastische Nachgiebigkeit der verspannten Teile bei exzentrischer Verspannung
δ_P^{**}	Elastische Nachgiebigkeit der verspannten Teile bei exzentrischer Verspannung und exzentrischer Belastung
δ_S	Elastische Nachgiebigkeit der Schraube
δ_{SAn}	Elastische Nachgiebigkeit zentrisch verspannter Schrauben bei zentrisch innerhalb der verspannten Teile angreifender Betriebskraft
δ_{SK}	Elastische Nachgiebigkeit des Schraubenkopfes
ε	Auf eine Basislänge l bezogene Dehnung (f/l in %)
ε_q	Querdehnung
ε_T	Temperaturverursachte relative Wärmedehnung
ϑ	Drehwinkel (zum Beispiel beim Anziehen einer Schraube)
ϑ	Winkel im Gewindegrund, um den der Ort des Spannungsmaximums in Richtung zur belasteten Gewindeflanke hin verschoben ist
λ	Längenverhältnis (zum Beispiel l_1/l_2)
μ	Reibungszahl
μ_G	Gewindereibungszahl
μ_{Ges}	Gesamtreibungszahl
μ'_G	Gegenüber μ_G infolge des Gewindeflankenwinkels α vergrößerte Reibungszahl
μ_K	Reibungszahl in der Kopf- bzw. Mutterauflage
μ_{max}	Größte auftretende Reibungszahl
μ_{min}	Kleinste auftretende Reibungszahl
μ_T	Reibungszahl in der Trennfuge
ν	Ausnutzungsgrad (zum Beispiel Ausnutzung der Schraubenstreckgrenze bei der Schraubenmontage)
ρ	Radius einer Kugelkopfauflagefläche
ρ	Dichte (spezifisches Gewicht)
ρ_G	Reibungswinkel zu μ_G
ρ_K	Reibungswinkel zu μ_K
ρ'	Reibungswinkel zu μ'_G
σ	Spannung
σ_A	Schwingfestigkeit, Dauerhaltbarkeit des Schraubengewindes

σ_{Anf}	Anfangsspannung
σ_{ASG}	Dauerhaltbarkeit schlussgerollter Schraubengewinde
σ_{ASV}	Dauerhaltbarkeit schlussvergüteter Schraubengewinde
$\sigma_{A1...99}$	Mit 1...99%iger Wahrscheinlichkeit ohne Bruch ertragener Spannungsausschlag σ_A
σ_a	Spannungsausschlag
σ_b	Biegespannung
σ_{bW}	Biegewechselfestigkeit
σ_F	Fließspannung
σ_{KR}	Restklemmspannung
σ_M	Zugspannung infolge F_M
σ_m	Mittelspannung
σ_{max}	Maximalspannung
σ_{nenn}	Nennspannung
σ_O	Oberspannung
σ_{rad}	Radialspannung
σ_{red}	Reduzierte Spannung oder Vergleichsspannung
σ_{SA}	Spannung infolge der Schraubenzusatzkraft F_{SA}
σ_{SAb}	Maximale Biegespannung infolge der Schraubenzusatzkraft F_{SA} und des Biegemoments M_b
σ_{tan}	Tangentialspannung
σ_U	Flächenpressung in der Schlüsselfläche von Schraubenköpfen oder Muttern infolge der Umfangskraft F_U
σ_V	Vorspannung
$\sigma(x)$	Spannung an der Stelle x
σ_{zdW}	Zug-Druck-Wechselfestigkeit
σ_Z	Zugspannung
σ_1	Erste Hauptnormalspannung
σ_2	Zweite Hauptnormalspannung
σ_3	Dritte Hauptnormalspannung
τ	Scher(Schub)spannung
τ	Torsionsspannung (im Gewinde infolge Gewindemoment M_G)
τ_B	Scherfestigkeit
τ_{BB}	Scherfestigkeit des Schrauben(Bolzen)-werkstoffs
τ_{BM}	Scherfestigkeit des Mutterwerkstoffs
τ_M	Torsionsspannung im Schraubengewinde bei F_M
Φ	Kraftverhältnis (F_{SA}/F_A)
Φ_e	Kraftverhältnis bei exzentrischem Angriff von F_A
Φ_{eK}	Kraftverhältnis Φ_e bei Angriff von F_A in den Ebenen der Kopf- bzw. Mutterauflage
Φ_{en}	Kraftverhältnis Φ_e bei Angriff von F_A innerhalb der verspannten Teile zwischen der Trennfuge und den Ebenen der Kopf- bzw. Mutterauflage
Φ_K	Kraftverhältnis bei zentrischem Angriff von F_A in den Ebenen der Kopf- bzw. Mutterauflage
Φ_m	Kraftverhältnis bei reiner Biegemomentbelastung durch M_B

Φ_n	Kraftverhältnis bei zentrischem Angriff von F_A innerhalb der verspannten Teile zwischen der Trennfuge und den Ebenen der Kopf- bzw. Mutterauflage
φ	Öffnungswinkel des Scherkegels
φ	Steigungswinkel des Schraubengewindes
φ	Winkel des Ersatzverformungskegels
φ_E	Winkel des Ersatzverformungskegels bei ESV
φ_D	Winkel des Ersatzverformungskegels bei DSV
ψ	Umfangswinkel bei nicht rotationssymmetrischer Auflagefläche

1 Einführung

1.1 Zur Geschichte der Schraube

Wie bei vielen technischen Bauteilen, z.B. Rädern, Propellern, Tragflügeln, Versteifungsrippen usw., finden sich auch beim Gewinde bzw. der Schraube in der Natur Vorbilder. Möglicherweise geht die Idee der Schraube auf eine an einem Pfahl oder einem Baumstamm sich spiralenförmig hochrankende Pflanze, z.B. eine Bohnenpflanze, zurück.

Geschichtlich ist der Beginn der Herstellung und Nutzung einer Schraube für technische Bedürfnisse nicht genau festzulegen. Die älteste bekannte Ausführung dürfte auf Archimedes (ca. 250 v. Chr.) zurückzuführen sein. Mit der sog. „Archimedischen Schraube" bzw. Schneckenspindel, die sich in einem schräg stehenden Rohr drehte, wurde Wasser auf ein höheres Niveau angehoben [1.1]. Derartige „Bewegungsschrauben" sind aus der Zeit der altgriechischen, römischen und ägyptischen Geschichte bekannt. Aber auch in Ostasien (China und Japan) benutzte man die Schraubenspindel als Förderelement. Als Werkstoffe dienten Holz und später zunehmend Metalle.

Im Gegensatz zur „Bewegungsschraube" steht die „Befestigungsschraube", mit der sich das vorliegende Buch befasst. Sie ist wohl ebenso alt wie die Bewegungsschraube, nur in der Anwendung der damaligen Zeit seltener zu finden. Sie wurde für Schmuck- und Gebrauchsgegenstände, für einfache medizinische Geräte sowie für Zeichen- und astronomische Instrumente aus Edelmetall hergestellt.

Mit zunehmendem Einsatz von technischen Geräten, Werkzeugen, Uhr- und Räderwerken, Waffen, Rüstungen usw. hat sich der Anwendungsbereich der Schraube wesentlich erweitert.

Im Mittelalter war es vor allem Leonardo da Vinci, der in vielen Skizzen von Geräten, Werkzeugen, Maschinen und Waffen Anwendungsmöglichkeiten der Bewegungs- und Befestigungsschraube aufzeigte.

Auch Agricola, wohl der bedeutendste Technologie-Schriftsteller des Mittelalters, hat wie auch andere zeitgenössische Naturwissenschaftler in vielen Text- und Bilddarstellungen auf Anwendungsmöglichkeiten der Schraube hingewiesen [1.1].

Gegen Ende des 17. Jahrhunderts entstanden mit zunehmendem Bedarf an Schrauben im Rheinland und in Westfalen die ersten Schraubenschmieden. Die benötigten Stückzahlen wurden durch Warmschmieden in Handarbeit gefertigt. Diese Schraubenschmieden waren die Vorgänger der gegen Mitte des 18. Jahrhunderts und mit der Industrialisierung im 19. Jahrhundert entstehenden Schraubenfabriken, in denen Schrauben bereits maschinell hergestellt wurden. Im Jahre

1797 baute Maudslay die erste „automatische Drehbank“, die eine Leitspindel besaß [1.1].

Gleichzeitig erschienen Fachveröffentlichungen, die sich mit der Herstellung von Schrauben aus Holz, Kupfer, Messing und Eisen befassten. In einer Buchreihe von Jakob Leupold „Theatrum Machinarum Generale“ (1824) ging der Verfasser wohl erstmalig auf die hohe Tragfähigkeit von Schrauben aus Eisen und deren Prüfmöglichkeit ein.

Zu Beginn des 19. Jahrhunderts wurden die ersten Werkstoffprüfmaschinen entwickelt. Der ehemalige Leiter der Cramer-Klettschen Fabrik (Vorgängerin der heutigen MAN) in Nürnberg, Ludwig Werder, konstruierte die unter seinem Namen bekannt gewordene liegende Zugprüfmaschine. In dem von ihm geleiteten Werk wurden außer Lokomotiven, Wasserturbinen, Mühlen und Eisenbahnwaggons auch – was hier besonders interessiert – Maschinen zur Herstellung von Schrauben und Muttern gebaut.

Der technische Fortschritt in der ersten Hälfte des 19. Jahrhunderts, insbesondere im Eisenbahnwesen, bei der Dampfmaschine und später in der Elektrotechnik, stellte ständig steigende Anforderungen an die Konstruktionselemente. Dies traf auch für in größeren Stückzahlen benötigte Teile wie Schrauben als Verbindungselemente zu. Die Forderung nach bestimmten Qualitätsmerkmalen wurde in Richtlinien festgelegt, die von dem im Jahre 1856 gegründeten Verein Deutscher Ingenieure (VDI) erarbeitet wurden.

Gleichzeitig gewann für die Qualitätssicherung hoch beanspruchter Massenteile die Normung eine zentrale Bedeutung. Diese beinhaltete sowohl Werkstoff als auch maßliche und mechanische Bauteileigenschaften. Bei den Schraubenverbindungen standen die maßlichen Eigenschaften von Schrauben- und Muttergewinde im Vordergrund. Hier wirkte der VDI bahnbrechend durch die Aufstellung eines einheitlichen Maßsystems im Jahre 1859. Eine Vereinheitlichung von Gewindemaßen mit dem Ziel der Austauschbarkeit wurde deshalb dringend notwendig, weil nicht nur die einzelnen Industrieländer eigene Gewindesysteme hatten, sondern teilweise sogar Unterschiede von Werk zu Werk bestanden.

1964 wurde schließlich auf der Basis umfangreicher Versuchsarbeiten [1.2, 1.3] das metrische ISO-Gewinde weltweit genormt.

Mit dem Fortschritt im Verkehrswesen (Automobil- und Flugzeugbau) zu Beginn des 20. Jahrhunderts stiegen die Anforderungen an die mechanischen Eigenschaften der Schraubenverbindung weiter. Neue Fertigungsverfahren führten schließlich zu den Verbindungselementen, die man damals mit „Hochfeste Schrauben“ bezeichnete [1.4, 1.5]. Diese wurden, von Sonderfällen abgesehen, aus nicht speziell wärmebehandelten Stählen spanlos (warm oder kalt) oder spanend gefertigt. Die verwendeten unlegierten Stähle mit niedrigem C-Gehalt hatten eine Zugfestigkeit von 400 bis 500 N/mm^2 und ein sehr niedriges Streckgrenzenverhältnis (ca. 50%). Dadurch waren sie gut kaltformbar.

Schon bald aber verlangte die rasch fortschreitende technische Entwicklung des Kraftfahrzeug- und des Flugzeugbaus nach Verbindungselementen noch höherer Tragfähigkeit. Es entstand die hochfeste vergütete Schraube aus unlegierten oder legierten Stählen.

Bis heute ist diese Entwicklung stetig weiter gegangen. Durch sinnvoll aufeinander abgestimmte Fertigungsgänge der Warm- und Kaltformung, der Zerspanungstechnik und der Wärmebehandlung (Glühen, Vergüten, Ausscheidungshärten usw.) bei zweckentsprechend ausgewählten Werkstoffen können heute höchstfeste Schrauben mit Zugfestigkeiten bis über 2000 N/mm^2 hergestellt werden.

Für besondere Anforderungen wie Korrosions- oder Temperaturbeständigkeit werden inzwischen außer Stählen auch Sonderwerkstoffe, z.B. Leicht- und Schwermetall-Legierungen, angewendet.

1.2 Zum Inhalt des Buches

Die nachfolgenden Kapitel zeigen Wege und Möglichkeiten zur Gestaltung, Berechnung und Optimierung der Betriebseigenschaften hoch beanspruchter Schraubenverbindungen auf. Da Schrauben und Muttern gewöhnlich in größeren Stückzahlen gefertigt werden und austauschbar sein müssen, kann auf eine Normung hinsichtlich ihrer Maß- und Funktionseigenschaften nicht verzichtet werden.

Die internationale Normung hat nach erheblichen Anstrengungen in den vergangenen 40 Jahren bis heute beachtliche Fortschritte gemacht. Kapitel 2 beschreibt den derzeitigen Stand der Normungsarbeiten.

Für die Beanspruchbarkeit einer Schraubenverbindung ist eine zweckmäßige Werkstoffauswahl für Bolzen und Mutter von grundlegender Bedeutung. Dabei sind für den jeweiligen Anwendungsfall die Betriebsbeanspruchungen und die Einbauverhältnisse maßgebend. Kapitel 3 gibt Hinweise zur Auswahl der Werkstoffe, zu ihrer chemischen Zusammensetzung sowie zu ihren Eigenschaften bei mechanischer und komplexer Beanspruchung.

Ausgehend von den Einbau- und Betriebsbedingungen und dem Kraft-Verformungs-Verhalten wird in Kapitel 4 die Berechnung von Schraubenverbindungen mit dem Berechnungsansatz nach Richtlinie VDI 2230 erläutert und an einem Beispiel verdeutlicht.

Grundlegende Bedeutung für die Funktion der Schraubenverbindung hat ihre Tragfähigkeit bei mechanischer Beanspruchung. In Kapitel 5 werden die Einflüsse auf die Tragfähigkeit von Schraubenverbindungen bei zügiger und wechselnder Beanspruchung erläutert. Es werden Grundlagen zur Berechnung sowie Möglichkeiten zur Verbesserung der Tragfähigkeit vorgestellt.

Nicht selten unterliegen Schraubenverbindungen im Betrieb einer Komplexbeanspruchung aus mechanischen und korrosiven Beanspruchungskomponenten und gegebenenfalls auch aus zusätzlichen Temperatureinflüssen.

Kapitel 6 behandelt die Arten der Korrosion und Möglichkeiten des Korrosionsschutzes. Dabei wird sowohl auf die korrosionsbeständigen Werkstoffe als auch auf geeignete Oberflächenbehandlungsverfahren bei Verwendung nicht korrosionsbeständiger Werkstoffe eingegangen.

Das Verhalten von Schraubenverbindungen bei hohen und tiefen Temperaturen wird in Kapitel 7 erläutert.

Die Ausführungen über die Montage von Schraubenverbindungen in Kapitel 8 zeigen die Beanspruchungsverhältnisse beim Anziehen auf. Die heute üblichen Montageverfahren werden vergleichend gegenübergestellt. Ausführungen über die „Automatisierte Schraubenmontage" beschließen das Kapitel 8.

Die Betriebssicherheit von Schraubenverbindungen wird maßgeblich von der Höhe der Vorspannkraft beeinflusst. Möglichkeiten zur Vermeidung eines unzulässigen Vorspannkraftverlusts infolge Lockerns und/oder selbsttätigen Losdrehens werden im abschließenden Kapitel 9 beschrieben und neuere Entwicklungen bei kraft-, form- oder stoffschlüssigen Sicherungsmaßnahmen aufgezeigt.

Literatur

1.1 Kellermann R, Treue W (1962) Die Kulturgeschichte der Schraube. 2. Aufl. München Bruckmann

1.2 Wiegand H, Illgner K H (1963) Haltbarkeit von ISO-Schraubenverbindungen unter Zugbeanspruchung. Konstr. Masch. Appar. Gerätebau 15: 142-149

1.3 Wiegand H, Illgner K H, Beelich K H (1964) Die Dauerhaltbarkeit von Gewindeverbindungen mit ISO-Profil in Abhängigkeit von der Einschraubtiefe. Konstr. Masch. Appar. Gerätebau 16: 485-490

1.4 Schaurte W T (1927) Anforderungen an Schrauben- und Mutterneisen (Werkstofftagung Berlin). In: Stahl und Eisen als Werkstoff. Düsseldorf Verlag Stahleisen

1.5 Kennzeichnung von Schrauben und Muttern aus hochfestem Stahl (1936). DIN-Vornorm Kr *550* März und DIN 267 Schrauben, Muttern und ähnliche Gewinde- und Formteile (Techn. Lieferbedingungen)

2 Normung

Ziel der Normung von Schrauben und Muttern ist die Vereinheitlichung von Maßen, Benennungen und funktionellen Eigenschaften unter dem Gesichtspunkt technischer und wirtschaftlicher Optimierung. Die allgemein gültige Formulierung von Regeln sowie die Sortenverminderung und Austauschbarkeit gleichartiger Produkte bewirken nicht nur eine Erleichterung nationaler und internationaler Handelsbeziehungen, sondern stellen auch einen bedeutenden Beitrag zur Steigerung der Wirtschaftlichkeit industrieller Fertigung dar. Auf kaum einem anderen Gebiet wurde in den letzten Jahren die internationale Normung (ISO = International Organization for Standardization) so intensiv vorangetrieben wie auf dem Gebiet der mechanischen Verbindungselemente.

Dieses Kapitel stellt im Wesentlichen die derzeit gültigen DIN-Normen (DIN = Deutsches Institut für Normung) vor und berücksichtigt EN (Europäische Normen) und ISO-Normen insoweit, als sie fester Bestandteil der DIN-Normen wurden.

Die Normen für Schrauben, Muttern und Zubehör gliedern sich in Grundnormen (Grundmaßnormen, Gütenormen und technische Lieferbedingungen) und in Maßnormen. Sie sind in den in Tabelle 2.1 aufgeführten DIN-Taschenbüchern zusammengefasst.

Tabelle 2.1. DIN- und ISO-Taschenbücher über mechanische Verbindungselemente

DIN-TAB	Mechanische Verbindungselemente	Bemerkung
10	Mechanische Verbindungselemente 1 Schrauben	Ausgabe 2001–08
45	Gewinde	Ausgabe 2000–05
55	Mechanische Verbindungselemente 3 Technische Lieferbedingungen für Schrauben, Muttern und Unterlegteile	Ausgabe 2000–05
140	Mechanische Verbindungselemente 4 Muttern, Zubehörteile für Schraubenverbindungen	Ausgabe 2001–09
193	Mechanische Verbindungselemente 5 Grundnormen	Ausgabe 2000–07
ISO Handbooks Fasteners and screw threads	Terminology and Nomenclature general reference Stanards	Vol. 1–2001
	Product standards	Vol. 2–2001

2.1 Gewindenormung

2.1.1 Begriffe und Bezeichnungen

Ausgehend von der Definition der Schraubenlinie sind in DIN 2244 die für zylindrische Gewinde geltenden Begriffe definiert und festgelegt. Die wesentlichen Bestimmungsgrößen eines Gewindes sind gemäß Abb. 2.1:

- Außendurchmesser (Nenndurchmesser) d bzw. D,
- Flankendurchmesser d_2 bzw. D_2
- Kerndurchmesser d_3 bzw. D_1,
- Gewindesteigung P,
- Flankenwinkel α,
- Teilflankenwinkel α_1 und α_2,
- Radius am Gewindegrund (Rundung) R,
- Gewindetiefe h_3,
- Flankenüberdeckung (Gewindetragtiefe) H_1.

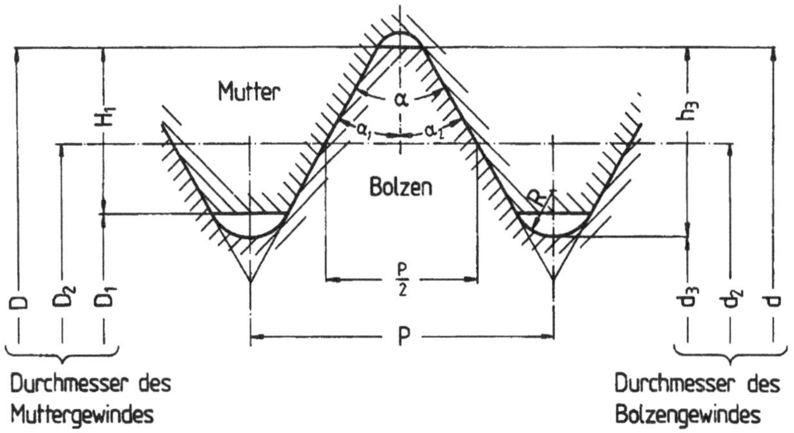

Abb. 2.1. Bestimmungsgrößen eines Gewindes nach DIN 13 Teil 19

Bei mehrgängigen (n-gängigen) Gewinden ist der Unterschied von Teilung P/n und Steigung P zu beachten.

2.1.2 Gewindesysteme

Profilform und Maßsystem kennzeichnen die verschiedenen in der Technik üblichen Gewindesysteme [2.1]. Die in der Bundesrepublik Deutschland genormten Systeme sind in DIN 202 aufgeführt. Diese Norm enthält die allgemeinen oder für ein größeres Sondergebiet angewendeten Gewinde nach DIN- und ISO-Normen.

2.1.3 Metrisches ISO-Gewinde

Das metrische ISO-Gewinde hat für die praktische Anwendung die weitaus größte Bedeutung. Daher ist dieses Gewindesystem gesondert in den Normen DIN 13 und DIN 14 ausführlich behandelt. Eine Übersicht über die dort aufgeführten Teilnormen gibt u. A. Tabelle 2.2 [2.1].

Tabelle 2.2. DIN-Normen über metrische ISO-Gewinde

DIN	Ausgabe	Titel
13 T 1	11–99	Metrisches ISO-Gewinde allgemeiner Anwendung –Teil 1: Nennmaße für Regelgewinde; Gewinde-Nenndurchmesser von 1 mm bis 68 mm
13 T 2	11–99	Metrisches ISO-Gewinde allgemeiner Anwendung – Teil 2: Nennmaße für Feingewinde mit Steigungen 0,2–0,25–0,35 mm; Gewinde-Nenndurchmesser von 1 mm bis 50 mm
13 T 3	11–99	Metrisches ISO-Gewinde allgemeiner Anwendung – Teil 3: Nennmaße für Feingewinde mit Steigung 0,5 mm; Gewinde-Nenndurchmesser von 3,5 bis 90 mm
13 T 4	11–99	Metrisches ISO-Gewinde allgemeiner Anwendung – Teil 4: Nennmaße für Feingewinde mit Steigung 0,75 mm; Gewinde-Nenndurchmesser von 5 bis 110 mm
13 T 5	11–99	Metrisches ISO-Gewinde allgemeiner Anwendung – Teil 5: Nennmaße für Feingewinde mit Steigungen 1 mm und 1.25 mm; Gewinde-Nenndurchmesser von 7,5 bis 200 mm
13 T 6	11–99	Metrisches ISO-Gewinde allgemeiner Anwendung – Teil 6: Nennmaße für Feingewinde mit Steigung 1,5 mm; Gewinde-Nenndurchmesser von 12 bis 300 mm
13 T 7	11–99	Metrisches ISO-Gewinde allgemeiner Anwendung – Teil 7: Nennmaße für Feingewinde mit Steigung 2 mm; Gewinde-Nenndurchmesser von 17 bis 300 mm
13 T 8	11–99	Metrisches ISO-Gewinde allgemeiner Anwendung – Teil 8: Nennmaße für Feingewinde mit Steigung 3 mm; Gewinde-Nenndurchmesser von 28 bis 300 mm
13 T 9	11–99	Metrisches ISO-Gewinde allgemeiner Anwendung – Teil 9: Nennmaße für Feingewinde mit Steigung 4 mm; Gewinde-Nenndurchmesser von 40 bis 300 mm
13 T 10	11–99	Metrisches ISO-Gewinde allgemeiner Anwendung – Teil 10: Nennmaße für Feingewinde mit Steigung 6 mm; Gewinde-Nenndurchmesser von 70 bis 500 mm
13 T 11	11–99	Metrisches ISO-Gewinde allgemeiner Anwendung – Teil 11: Nennmaße für Feingewinde mit Steigung 8 mm; Gewinde-Nenndurchmesser von 130 bis 1000 mm
13 T 19	11–99	Metrisches ISO-Gewinde allgemeiner Anwendung – Teil 19: Nennprofile
13 T 20	11–99	Metrisches ISO-Gewinde allgemeiner Anwendung – Teil 20: Grenzmaße für Regelgewinde mit bevorzugten Toleranzklassen; Gewinde-Nenndurchmesser von 1 bis 68 mm

Tabelle 2.2. Fortsetzung

DIN	Ausgabe	Titel
13 T 21	10–83	Metrisches ISO-Gewinde; Grenzmaße für Feingewinde von 1 bis 24,5 mm Nenndurchmesser mit gebräuchlichen Toleranzfeldern
13 T 22	10–83	Metrisches ISO-Gewinde; Grenzmaße für Feingewinde von 25 bis 52 mm Nenndurchmesser mit gebräuchlichen Toleranzfeldern
13 T 23	10–83	Metrisches ISO-Gewinde; Grenzmaße für Feingewinde von 53 bis 110 mm Nenndurchmesser mit gebräuchlichen Toleranzfeldern
13 T 24	10–83	Metrisches ISO-Gewinde; Grenzmaße für Feingewinde von 112 bis 180 mm Nenndurchmesser mit gebräuchlichen Toleranzfeldern
13 T 25	10–83	Metrisches ISO-Gewinde; Grenzmaße für Feingewinde von 182 bis 250 mm Nenndurchmesser mit gebräuchlichen Toleranzfeldern
13 T 26	10–83	Metrisches ISO-Gewinde; Grenzmaße für Feingewinde von 252 bis 1000 mm Nenndurchmesser mit gebräuchlichen Toleranzfeldern
13 T 28	09–75	Metrisches ISO-Gewinde; Regel- und Feingewinde von 1 bis 250 mm Gewindedurchmesser; Kernquerschnitte, Spannungsquerschnitte und Steigungswinkel
13 T 50	11–99	Metrisches ISO-Gewinde allgemeiner Anwendung – Teil 50: Kombination von Toleranzklassen für gefurchte Innengewinde
13 T 51	12–88	Metrisches ISO-Gewinde; Bolzengewinde mit Übergangstoleranzfeld (früher Gewinde für Festsitz); Toleranzen, Grenzabmaße, Grenzmaße
13 T 52	11–99	Metrisches ISO-Gewinde allgemeiner Anwendung – Teil 52; Toleranzen und Profilabweichungen für mehrgängige Gewinde
14 T 1	02–87	Metrisches ISO-Gewinde; Gewinde unter 1 mm Nenndurchmesser; Grundprofil
14 T 2	02–87	Metrisches ISO-Gewinde; Gewinde unter 1 mm Nenndurchmesser; Nennmaße
14 T 3	02–87	Metrisches ISO-Gewinde; Gewinde unter 1 mm Nenndurchmesser; Toleranzen
14 T 4	02–87	Metrisches ISO-Gewinde; Gewinde unter 1 mm Nenndurchmesser; Grenzmaße
2510-2	08–71	Schraubenverbindungen mit Dehnschaft; Metrisches Gewinde mit großem Spiel, Nennmaße und Grenzmaße
4503-1	10–93	Stativanschlüsse für Kameras und Zubehör; Schraubanschlüsse
8140-2	10–88	Gewindeeinsätze aus Draht für Metrisches ISO-Gewinde; Aufnahmegewinde für Gewindeeinsätze, Gewindetoleranzen
8141-1	07–93	Metrisches ISO-Gewinde; Regel- und Feingewinde für Festsitz in Aluminium-Gußlegierungen; Gewinde-Nenndurchmesser von 5 mm bis 16 mm; Nennmaße, Toleranzen und Grenzmaße
68-1	11–99	Metrisches ISO-Gewinde allgemeiner Anwendung – Grundprofil – Teil 1: Metrisches Gewinde (ISO 68-1: 1998)
261	11–99	Metrisches ISO-Gewinde allgemeiner Anwendung – Übersicht (ISO 261: 1998)
262	11–99	Metrisches ISO-Gewinde allgemeiner Anwendung – Auswahlreihen für Schrauben, Bolzen und Muttern (ISO 262: 1998)

Tabelle 2.2. Fortsetzung

DIN	Ausgabe	Titel
724	11–99	Metrisches ISO-Gewinde allgemeiner Anwendung – Grundmaße (ISO 724: 1993)
965-1	11–99	Metrisches ISO-Gewinde allgemeiner Anwendung – Toleranzen – Teil 1: Prinzipien und Grundlagen (ISO 965–1: 1998)
965-2	11–99	Metrisches ISO-Gewinde allgemeiner Anwendung – Toleranzen – Teil 2: Grenzmaße für Außen- und Innengewinde allgemeiner Anwendung; Toleranzklasse mittel (ISO 965–2: 1998)
965-3	11–99	Metrisches ISO-Gewinde allgemeiner Anwendung – Toleranzen – Teil 3: Grenzmaße für Konstruktionsgewinde (ISO 965–3: 1998)
5855-1	10–89	Luft- und Raumfahrt; MJ-Gewinde; Allgemeine Anforderungen; Identisch mit ISO 5855–1: 1988
9163-1	12–80	Luft- und Raumfahrt; Metrisches ISO-Gewinde, Grundabmaße und Toleranzen

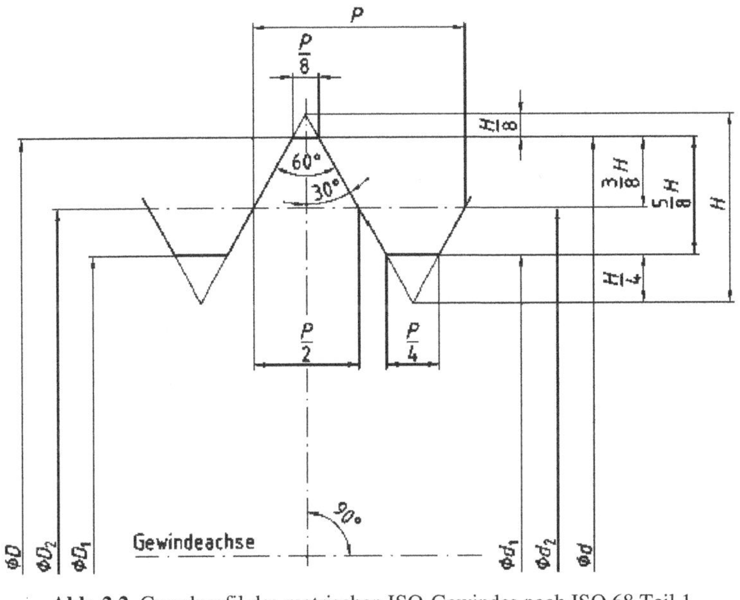

Abb. 2.2. Grundprofil des metrischen ISO-Gewindes nach ISO 68 Teil 1

Hier soll nur auf die für die Praxis wesentlichen Teile eingegangen werden.

Abbildung 2.2 zeigt das Grundprofil für das metrische ISO-Gewinde, welches in ISO 68–1 festgelegt ist.

DIN 13 Teil 19 enthält Fertigungsprofile für Bolzen- und Muttergewinde (Abb. 2.3).

Die Gewindeauswahl für Schrauben und Muttern enthält ISO 261 und ISO 262. Für die Gewinde nach DIN 13 sind die Nennmaße der Flankendurchmesser d_2 und

D_2, der Kerndurchmesser d_3 und D_1, der Gewindetiefen h_3 und H_1 und der Rundung R in DIN 13 Teil 1 für Regelgewinde M1 bis M68 sowie in den Teilen 2 bis 11 der DIN 13 für Feingewinde mit Steigungen von $P=0{,}2$ bis $P=8$ mm genormt (s. Tabelle 2.2).

Die Grundlagen des Toleranzsystems sind in DIN ISO 965 Teil 1, die tabellierten Grundabmaße und Toleranzen in DIN ISO 965 Teil 2 und Teil 3 enthalten.

Die Toleranz wird durch den mit Ziffern bezeichneten Toleranzgrad und die durch große (Muttergewinde) oder kleine (Bolzengewinde) Buchstaben gekennzeichnete Toleranzfeldlage beschrieben. Die nachfolgenden Bezeichnungsbeispiele sollen dies verdeutlichen.

Grenzmaße für Regelgewinde mit Nenndurchmessern von 1 bis 68 mm mit den gebräuchlichen Toleranzen enthält DIN 13 Teil 20. In den Teilen 21 bis 26 dieser Norm sind die entsprechenden Angaben für Feingewinde aufgeführt.

Kern- und Spannungsquerschnitte sowie Steigungswinkel für Regel- und Feingewinde enthält DIN 13 Teil 28.

Für Gewinde mit Oberflächenüberzügen gelten nach DIN ISO 965–1 die Toleranzen für die Werkstücke vor dem Aufbringen des Überzugs, falls nichts anderes vereinbart wurde. Nach dem Beschichten darf das Ist-Profil des Gewindes die Maximum-Material-Grenze für die Toleranzfeldlagen H bzw. h an keiner Stelle überschreiten.

Die zur Herstellung und Anwendung notwendigen Angaben für Lehren zum Prüfen metrischer ISO-Gewinde allgemeiner Anwendung enthält DIN ISO 1502, 12–96.

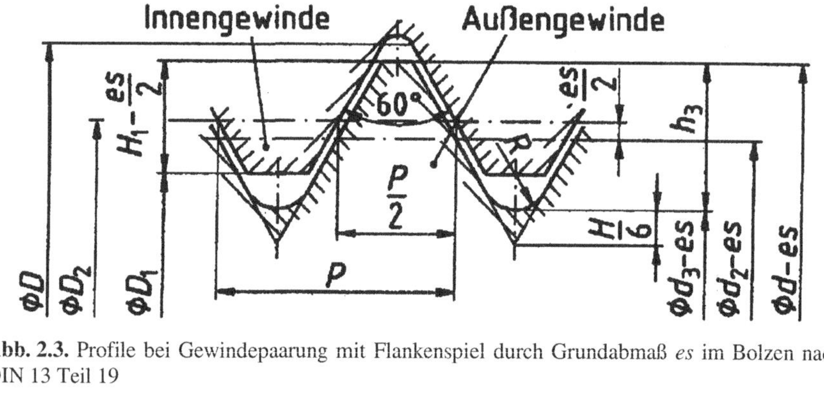

Abb. 2.3. Profile bei Gewindepaarung mit Flankenspiel durch Grundabmaß *es* im Bolzen nach DIN 13 Teil 19

Beispiel für Muttergewinde (Feingewinde)

M 20x2 – 4H 5H

M	Gewindeart (metrisch)
20x2	Abmessung des Gewindes (Außendurchmesser x Steigung)
4H	Toleranz für den Flankendurchmesser
5H	Toleranz für den Kerndurchmesser

M20x2–6H

6H	Toleranz für den Flankendurchmesser und den Kerndurchmesser, wenn beide Toleranzen gleich sind

Beispiel für Bolzengewinde (Regelgewinde):

M 6 – 5g 6g

M	Gewindeart (metrisch)
6	Nenndurchmesser des Gewindes
5g	Toleranz für den Flankendurchmesser
6g	Toleranz für den Außendurchmesser

M6–6g

6g	Toleranz für den Flankendurchmesser und den Außendurchmesser, wenn beide Toleranzen gleich sind

2.2 Maßnormen (Produktnormen)

Die Maßnormen für Schrauben sowie für Muttern und ähnliche Formteile sind in den DIN-Taschenbüchern 10 (Schrauben) bzw. 140 (Muttern) zusammengefasst (s. Tabelle 2.1). Durch die Übernahme einer Reihe von ISO-Normen in das deutsche Normenwerk während der letzten Jahre wurde dabei in einigen Bereichen eine Neuordnung erforderlich.

Neben neuen Schlüsselweiten für einige Abmessungen (s. Absch. 2.3.1) wurden insbesondere größere Mutterhöhen mit höheren Prüfkräften festgelegt, um die gestiegenen Anforderungen hinsichtlich der Abstreiffestigkeit zu erfüllen (s. Abschnitt. 2.3.2). Es werden hierbei zwei Muttertypen unterschieden, deren Maße im Vergleich zu der bisher üblichen Mutter nach DIN 934 aus Tabelle 2.3 zu entnehmen sind. Da jedoch aus Gründen der Lagerhaltung und auf Grund vieler noch aktueller Zeichnungsunterlagen immer noch nicht generell und kurzfristig auf die bisher üblichen Sechskantmuttern, z. B. nach DIN 934 ($m/D \approx 0{,}8$) verzichtet wird, muss ein befristetes Nebeneinander von Muttern nach nationalen und internationalen Normen bis zur völligen Umstellung auf die neuen Mutterhöhen in Kauf genommen werden.

Eine Auswahl von Muttern nach Typ 1 und Typ 2 enthalten die Tabellen 2.4 und 2.5. Hierbei ist bei Muttern mit Regelgewinde der Festigkeitsklasse 8 im Bereich über M16 eine Überschneidung beider Muttertypen möglich. Die Anwendung von Muttern nach Typ 1 und Typ 2 beschränkt sich im Übrigen zunächst nur auf Kohlenstoffstähle sowie auf legierte Stähle im Sinne von DIN EN 20898-2. Die Tabellen 2.6 und 2.7 geben einen Überblick über die gebräuchlichsten Sechskantschrauben und Sechskantmuttern nach ISO und DIN, den gegenwärtigen Stand der Normen sowie einige Anwendungshinweise.

Tabelle 2.3. Übersicht über alte und neue Mutterhöhen

Gewinde	Schlüsselweite	Mutterhöhe m [a)] und Mutterhöhenverhältnis m/D [b)]								
		ISO Typ 1 (DIN EN 24032)			ISO Typ 2 (DIN EN 24032)			DIN 934 (bisher)		
		min.	max.		min.	max.		min.	max.	
	mm	mm	mm	m/D	mm	mm	m/D	mm	mm	m/D
M5t	8	4,4	4,7	0,94	4,8	5,1	1,02	3,7	4	0,80
M6	10	4,9	5,2	0,87	5,4	5,7	0,95	4,7	5	0,83
M7	11	–	–	–	–	–	–	5,2	5,5	0,79
M8	13	6,44	6,8	0,85	7,14	7,5	0,94	6,14	6,5	0,81
M10	16	8,04	8,4	0,84	8,94	9,3	0,93	7,64	8	0,80
M12	18	10,37	10,8	0,90	11,57	12,0	1,00	9,64	10	0,83
M14	21	12,1	12,8	0,91	13,4	14,1	1,01	10,3	11	0,79
M16	24	14,1	14,8	0,92	15,7	16,4	1,02	12,3	13	0,81
M18	27	15,1	15,8	0,88	–	–	–	14,3	15	0,83
M20	30	16,9	18,0	0,90	19	20,3	1,02	14,9	16	0,80

Tabelle 2.3. Fortsetzung

Gewinde	Schlüsselweite	Mutterhöhe m [a] und Mutterhöhenverhältnis m/D [b]								
		ISO Typ 1 (DIN EN 24032)			ISO Typ 2 (DIN EN 24032)			DIN 934 (bisher)		
		min.	max.		min.	max.		min.	max.	
	mm	mm	mm	m/D	mm	mm	m/D	mm	mm	m/D
M22	34	18,1	19,4	0,88	–	–	–	16,9	18	0,82
M24	36	20,2	21,5	0,90	22,6	23,9	1,00	17,7	19	0,79
M27	41	22,5	23,8	0,88	25,4	26,7	0,99	20,7	22	0,81
M30	46	24,3	25,6	0,85	27,3	28,6	0,95	22,7	24	0,80
M33	50	27,4	28,7	0,87	–	–	–	24,7	26	0,79
M36	55	29,4	31,0	0,86	33,1	34,7	0,96	27,4	29	0,81
M39	60	31,8	33,4	0,86	–	–	–	29,4	31	0,79

[a] Toleranzen nach DIN IS0 4759–1

[b] Nenndurchmesser des Muttergewindes; m/D bezogen auf m_{max}

Tabelle 2.4. Auswahl von Muttern mit Regelgewinde nach Typ 1 und Typ 2 nach DIN EN 20898–2

Muttern	Festigkeitsklasse	Gewinde		
		über	bis	
Typ 1	4	M16	M39	unvergütet
	5	–	M39	unvergütet
	6	–	M39	unvergütet
	8	–	M16	unvergütet
		M16	M39	vergütet
	10	–	M39	vergütet
	12	–	M16	vergütet
Typ 2	8	M16	M39	unvergütet
	9	–	M16	unvergütet
	12	–	M39	vergütet

Tabelle 2.5. Auswahl von Muttern mit Feingewinde nach Typ 1 und Typ 2 nach DIN EN 20898-2

Muttern	Festigkeitsklasse	Gewinde bis	
Typ 1	5	M39	unvergütet
	8		vergütet
Typ2	10	M39	vergütet
	12	M16	vergütet

Tabelle 2.6. Gebräuchlichste Sechskantschrauben nach ISO und DIN mit Festigkeitsklassen nach DIN EN ISO 898 Teil 1

ISO	DIN	Inhalt
	DIN EN 1662	Sechskantschrauben mit Flansch, leichte Reihe
	DIN EN 1665	Sechskantschrauben mit Flansch, schwere Reihe
4014	DIN EN 24014	Sechskantschrauben mit Schaft, Produktklassen A und B (Gewinde M1,6 bis M39)
4015	DIN EN 24015	Sechskantschrauben mit Schaft, Dehnschaft (Schaftdurchmesser ≈ Flankendurchmesser); Produktklasse B (Gewinde M3 bis M20)
4016	DIN EN 24016	Sechskantschrauben mit Schaft, Produktklasse C (Gewinde M5 bis M52)
4017	DIN EN 24017	Sechskantschrauben mit Gewinde bis Kopf; Produktklassen A und B (Gewinde M1,6 bis M52)
4018	DIN EN 24018	Sechskantschrauben mit Gewinde bis Kopf; Produktklasse C (Gewinde M5 bis M36)
8676	DIN EN 28676	Sechskantschrauben mit Gewinde bis Kopf; metrisches Feingewinde, Produktklassen A und B (Gewinde M8x1 bis M52x3)
8765	DIN EN 28765	Sechskantschrauben mit Schaft, metrisches Feingewinde, Produktklassen A und B (Gewinde M8x1 bis M100x4)

Tabelle 2.7. Gebräuchlichste Sechskantmuttern nach ISO und DIN mit Festigkeitsklassen nach DIN EN 20898–2 und DIN EN ISO 898–6

ISO	DIN	Inhalt
4032 [1)]	DIN EN 24032	Sechskantmuttern (M1,6 bis M39), Typ 1; Produktklassen A und B
4033	DIN EN 24033	Sechskantmuttern, Typ 2; Produktklassen A und B
4034	DIN EN 24034	Sechskantmuttern (M5 bis M39), Produktklasse C
4035 [2)]	DIN EN 24035	Sechskantmuttern (M1,6 bis M52), niedrige Form (mit Fase); Produktklassen A und B
4036	DIN EN 24036	Niedrige Sechskantmuttern (ohne Fase); Produktklasse B
8673	DIN EN 28673	Sechskantmuttern, Typ 1, mit metrischem Feingewinde; Produktklassen A und B
8674	DIN EN 28674	Sechskantmuttern, Typ 2, mit metrischem Feingewinde; Produktklassen A und B
8675	DIN EN 28675	Niedrige Sechskantmuttern mit metrischem Feingewinde; Produktklassen A und B

1) sollten im Bereich bis M39 bei legierten und unlegierten Stählen anstelle von DIN 934 verwendet werden
2) enthält die Festigkeitsklassen 04 und 05 (eingeschränkte Belastbarkeit) nach DIN 267–24 (bisher DIN 267 Teil 4)

Abbildung 2.4 a–h und Abb. 2.5 zeigen einige Beispiele für derzeit genormte Schrauben- und Mutterformen (DIN ISO 1891-1979).

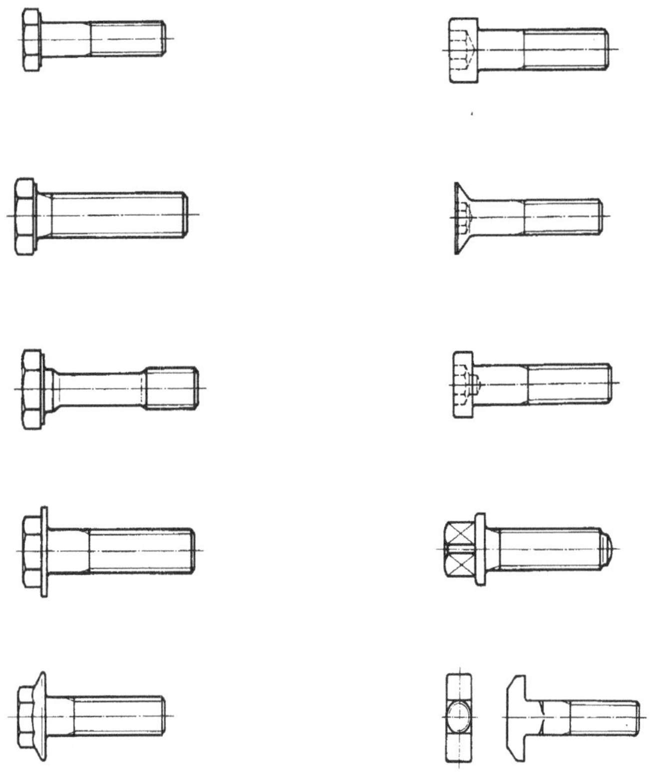

Abb. 2.4.a. Beispiele für derzeit genormte Schraubenformen
Linke Reihe von oben: Sechskantschraube – Sechskantschraube mit Gewinde bis Kopf – Sechskantschraube mit Dehnschaft – Sechskantbundschraube – Sechskant-Flanschschraube.
Rechte Reihe von oben: Zylinderschraube mit Innensechskant – Senkschraube mit Innensechskant – Zylinderschraube mit Innensechskant und Zapfenführung – Vierkantschraube mit Bund – Hammerschraube mit Vierkantansatz.

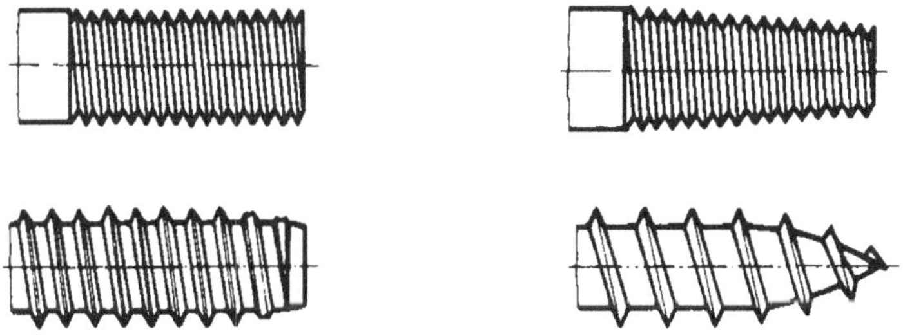

Abb. 2.4.b. Beispiele für derzeit genormte Schraubengewinde
Oben von links: Metrisches Gewinde – Konisches Gewinde
Unten von links: Blechschraubengewinde – Holzschraubengewinde

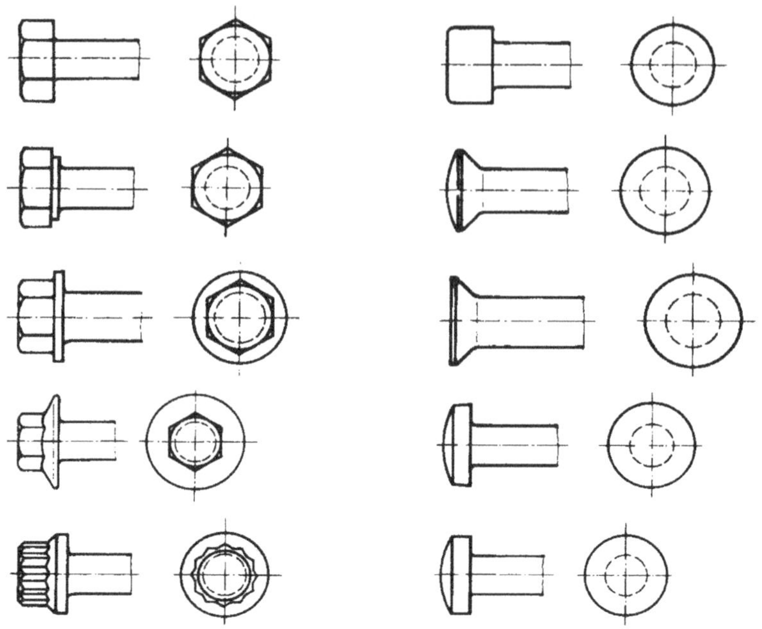

Abb. 2.4.c. Beispiele für derzeit genormte Schrauben-Kopfformen.
Linke Reihe von oben: Sechskantkopf – Sechskantkopf mit Telleransatz – Sechskantkopf mit Bund – Sechskantkopf mit Flansch – Zwölfkantkopf
Rechte Reihe von oben: Zylinderkopf – Linsensenkkopf – Senkkopf – Linsenkopf – Linsenzylinderkopf

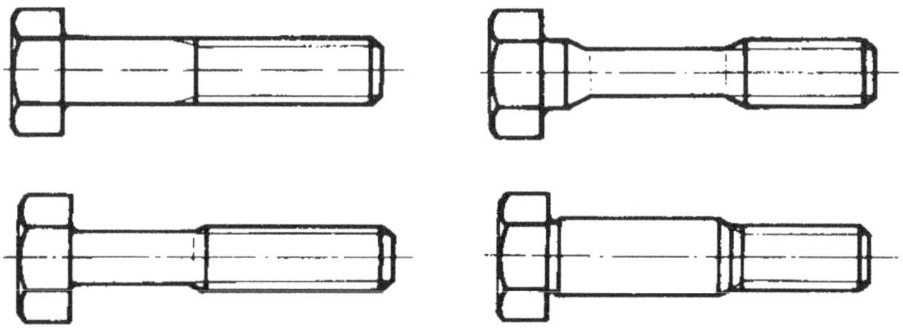

Abb. 2.4.d. Beispiele für derzeit genormte Schrauben-Schaftformen.
Oben von links: Vollschaft – Dehnschaft ($d_{sch} < d_3$).
Unten von links: Dehnschaft ($d_{Sch} \approx d_2$) – Passschaft

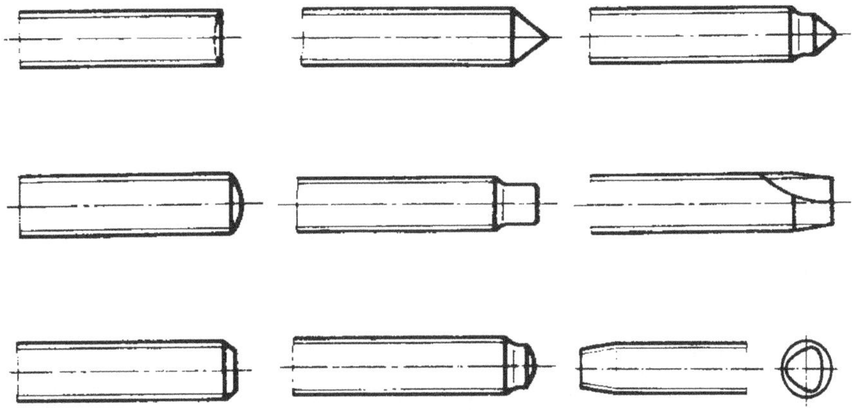

Abb. 2.4.e. Beispiele für derzeit genormte Gewindeenden.
Obere Reihe von links: ohne Kuppe – Spitze – Ansatzspitze, abgeflacht.
Mittlere Reihe von links: Linsenkuppe – Zapfen – Schneidschraubenende mit Schabenut.
Untere Reihe von links: Kegelkuppe – Ansatzkuppe – Gewindeformende Schraube.

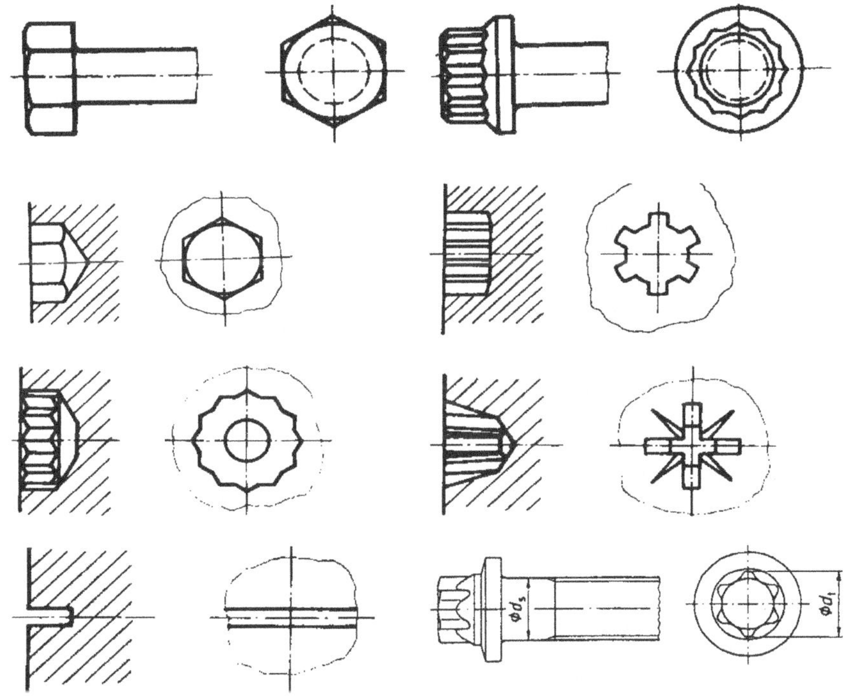

Abb. 2.4.f. Beispiele für derzeit genormte Kraftangriffsformen.
Linke Reihe von oben: Sechskant – Innensechskant – Innenzwölfzahn – Schlitz
Rechte Reihe von oben: Zwölfzahn – Innenkeilprofil – Pozidriv-Kreuzschlitz – Außensechsrund

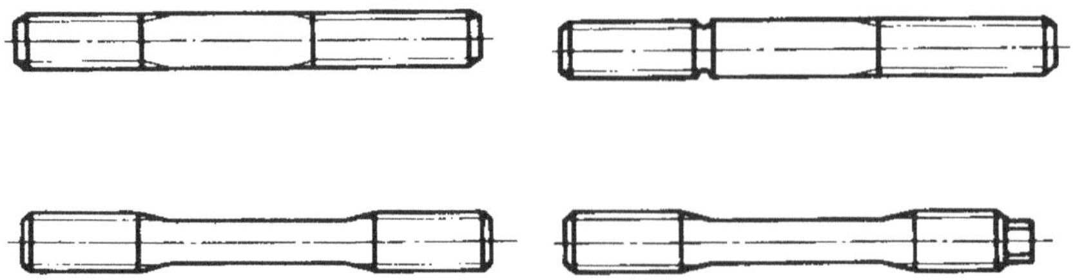

Abb. 2.4.g. Beispiele für derzeit genormte Stiftschrauben.
Oben von links: Stiftschraube – Stiftschraube mit Freistich.
Unten von links: Stiftschraube mit Dehnschaft – Schraubenbolzen mit Dehnschaft und Zapfen.

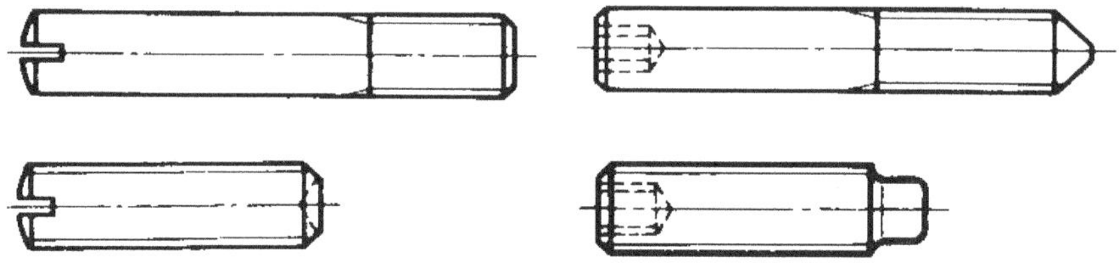

Abb. 2.4.h. Beispiele für derzeit genormte Gewindestifte.
Oben von links: Gewindestift mit Schlitz, Schaft und Kegelkuppe – Gewindestift mit Innensechskant, Schaft und Spitze.
Unten von links: Gewindestift mit Schlitz und Kegelkuppe – Gewindestift mit Innensechskant und Zapfen.

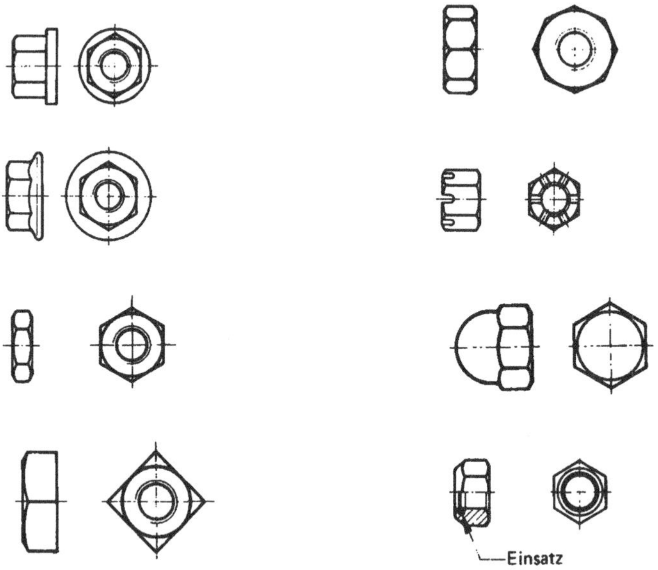

Abb. 2.5. Beispiele für derzeit genormte Mutterformen
Linke Reihe von oben: Sechskantmutter mit Bund – Flanschmutter – Sechskantmutter, niedrig – Vierkantmutter.
Rechte Reihe von oben: Sechskantmutter – Kronenmutter – Hutmutter – Sechskant-Sicherungsmutter mit Kunststoffring.

Gewindeformende Schrauben gestalten die Montage von Bauteilen durch den Verzicht auf zusätzliche Arbeitsgänge, z. B. Schneiden des Muttergewindes, in vielen Fällen einfach, schnell und kostengünstig. Die gewindeformenden Schrauben können entsprechend ihrer Gewindeform gemäß Tabelle 2.8 eingeteilt werden.

Tabelle 2.8. Gewindeformende Schrauben

Norm	Bezeichnung
DIN 968	Linsenkopf-Blechschrauben mit Bund und Kreuzschlitz
DIN 6928	Sechskant-Blechschrauben mit Bund
DIN 34819	Linsenkopf-Blechschrauben mit Bund und Innensechsrund
DIN ISO 1479	Sechskant-Blechschrauben
DIN ISO 1481	Flachkopf-Blechschrauben mit Schlitz
DIN ISO 1482	Senk-Blechschrauben mit Schlitz (Einheitskopf)
DIN ISO 1483	Linsensenk-Blechschrauben mit Schlitz (Einheitskopf)
DIN ISO 7049	Linsenkopf-Blechschrauben mit Kreuzschlitz
DIN ISO 7050	Senk-Blechschrauben mit Kreuzschlitz
DIN ISO 7051	Linsensenk-Blechschrauben mit Kreuzschlitz
DIN 7500-1	Gewindefurchende Schrauben für metrisches ISO-Gewinde: Formen, Bezeichnung, Anforderungen
DIN 7513	Gewinde-Schneidschrauben, Schlitzschrauben – Maße, Anforderungen, Prüfungen
DIN 7516	Gewinde-Schneidschrauben, Kreuzschlitzschrauben – Maße, Anforderungen, Prüfungen
DIN EN ISO 15480	Sechskant-Bohrschrauben mit Bund mit Blechschraubengewinde
DIN EN ISO 15481	Flachkopf-Bohrschrauben mit Kreuzschlitz mit Blechschraubengewinde
DIN EN ISO 15482	Senk-Bohrschrauben mit Kreuzschlitz mit Blechschraubengewinde
DIN EN ISO 15483	Linsensenk-Bohrschrauben mit Kreuzschlitz mit Blechschraubgewinde

2.3 Grundnormen

Die Grundnormen für Schrauben, Muttern und ähnliche Formteile gliedern sich in

- Grundmaßnormen (maßliche Eigenschaften) und
- Gütenormen bzw. technische Lieferbedingungen (funktionellen Eigenschaften).

Die Grundnormen DIN ISO 272 – Schlüsselweiten für Sechskantschrauben und Muttern –, DIN EN 20273 – Durchgangslöcher für Schrauben – und DIN ISO 4759 Teil 1 – Toleranzen für Verbindungselemente – bilden dabei zusammen mit DIN EN ISO 898–1 – Mechanische Eigenschaften von Schrauben aus Kohlenstoffstahl und legiertem Stahl – und DIN EN 20898–2 – Mechanische Eigenschaften von Muttern mit festgelegten Prüfkräften; Regelgewinde – die Basis für Produktnormen über Schrauben und Muttern.

Tabelle 2.9 gibt eine Übersicht über die wichtigsten Grundmaßnormen für mechanische Verbindungselemente.

2.3.1 Grundmaßnormen

Die Grundmaßnormen sind Bestandteil von DIN-Taschenbuch 193 [2.2] (s. Tabelle 2.9.).

Tabelle 2.9. Wichtigste Grundmaßnormen für mechanische Verbindungselemente

Norm	Ausgabe	Titel (Kurzform)	Bemerkung
DIN 66	04–1990	Senkungen für Senkschrauben	Mit Einheitsköpfen nach DIN ISO 7721
DIN 74	04–2003	Senkungen für Senkschrauben	Ausgenommen mit Köpfen nach DIN EN 27721
DIN 76–1	12–1983	Gewindeausläufe, Gewindefreistiche	Für metrisches ISO-Gewinde nach DIN 13
DIN 76–2	12–1984	Gewindeausläufe, Gewindefreistiche	Für Rohr-Gewinde nach DIN ISO 228-1
DIN ISO 272	10–1979	Schlüsselweiten für Sechskantschrauben und -muttern	
DIN 962	11–2001	Bezeichnungsangaben, Formen und Ausführungen,	
DIN 974–1	05–1991	Senkdurchmesser für Schrauben mit Zylinderkopf	Konstruktionsmaße
DIN 974–2	05–1991	Senkdurchmesser für Sechskantschrauben und Sechskantmuttern	Konstruktionsmaße
DIN EN ISO 1478	12–1999	Blechschraubengewinde	
DIN ISO 1891	09–1979	Schrauben, Muttern und Zubehör, Benennungen	
DIN EN ISO 4753	07–2000	Enden von Teilen mit metrischem ISO-Außengewinde	
DIN EN ISO 4757	10–1994	Kreuzschlitze für Schrauben	
DIN EN ISO 4759–1	04–2001	Toleranzen für Schrauben und Muttern	Produktklassen A, B und C
DIN EN ISO 4759–3	09–2000	Toleranzen für Verbindungselemente – Teil 3: Flache Scheiben für Schrauben und Muttern	Produktklassen A, B und C
DIN 7998	2–1975	Gewinde und Schraubenenden von Holzschrauben	
DIN EN 20225	02–1992	Schrauben und Muttern; Bemaßung	
DIN EN 20273	02–1992	Durchgangslöcher für Schrauben	

Für bestimmte Schraubenabmessungen wurden neue Schlüsselweiten festgelegt, die für handelsübliche Sechskantschrauben und -muttern und für Schraubenverbindungen im Stahlbau (Stahlbauschrauben und -muttern nach DIN 7968, DIN 7990 und DIN 7999) aus Tabelle 2.10 zu entnehmen sind.

Tabelle 2.10. Alte und neue Schlüsselweiten für Sechskantschrauben

Gewinde		M10	M12	M14	M22
Schlüsselweite	alt	17	19	22	32
mm	neu	16	18	21	34

2.3.2 Technische Lieferbedingungen

Die technischen Lieferbedingungen sind Bestandteil von DIN-Taschenbuch 55 [2.3]. Grundlage der technischen Lieferbedingungen bildet dabei DIN 267, deren Inhalt in Tabelle 2.11 als Übersicht dargestellt ist. Einige Teile dieser Norm sind inzwischen von entsprechenden DIN ISO-Normen abgelöst worden, worauf bei den folgenden Ausführungen im Einzelfall hingewiesen wird.

DIN 267 gilt für mechanische Verbindungselemente als Fertigteile im Lieferzustand. Die Norm legt allgemeine Anforderungen fest und erfasst die im Rahmen der technischen Lieferbedingungen geltenden DIN-Normen über Toleranzen, Werkstoffe und Werkstoffprüfung. Nähere Angaben darüber finden sich in DIN ISO 8992.

Tabelle 2.11. Normen über technische Lieferbedingungen für mechan. Verb.elemente [2.3]

Norm	Ausg.	Titel
DIN 267-2	11-1984	Mechanische Verbindungselemente; Technische Lieferbedingungen; Ausführung und Maßgenauigkeit
DIN 267-3	08-1983	Mechanische Verbindungselemente; Technische Lieferbedingungen; Festigkeitsklassen für Schrauben aus unlegierten oder legierten Stählen; Umstellung der Festigkeitsklassen
DIN 267-6	09-1975	Mechanische Verbindungselemente; Technische Lieferbedingungen; Ausführungen und Maßgenauigkeit für Produktklasse F
DIN 267-10	01-1988	Mechanische Verbindungselemente; Technische Lieferbedingungen; Feuerverzinkte Teile
DIN 267-13	08-1993	Mechanische Verbindungselemente; Technische Lieferbedingungen; Teile für Schraubenverbindungen mit besonderen mechanischen Eigenschaften zum Einsatz bei Temperaturen von −200°C bis +700°C
DIN 267-24	08-1983	Mechanische Verbindungselemente; Technische Lieferbedingungen; Festigkeitsklassen für Muttern (Härteklassen)

Tabelle 2.11. Fortsetzung

Norm	Ausg.	Titel
DIN 267–26	10–1987	Mechanische Verbindungselemente; Technische Lieferbedingungen; Federelemente aus Federstahl für Schraubenverbindungen
DIN 267–27	01–2004	Mechanische Verbindungselemente; Technische Lieferbedingungen; Schrauben aus Stahl mit klebender Beschichtung
DIN 267–28	01–2004	Mechanische Verbindungselemente; Technische Lieferbedingungen; Schrauben aus Stahl mit klemmender Beschichtung
DIN 267–29	08–1993	Mechanische Verbindungselemente; Produktklassen für Teile für Schraubenverbindungen zum Einsatz bei Temperaturen von –200°C bis +700°C
DIN 267–30	02–2001	Mechanische Verbindungselemente; Technische Lieferbedingungen; Metrische gewindefurchende Schrauben der Festigkeitsklasse 10.9
DIN 946	10–1991	Bestimmung der Reibungszahlen von Schrauben und Muttern unter festgelegten Bedingungen
DIN 969	12–1997	Verbindungselemente mit Gewinde – Schwingfestigkeitsversuch bei Axialbelastung - Prüfverfahren und Auswertung der Ergebnisse
DIN EN 493	07–1992	Verbindungselemente; Oberflächenfehler; Muttern
DIN EN 20898–2	02–1994	Mechanische Eigenschaften von Verbindungselementen; Teil 2: Muttern mit festgelegten Prüfkräften; Regelgewinde
DIN EN 20898–7	04–1995	Mechanische Eigenschaften von Verbindungselementen; Teil 7: Torsionsversuch und Mindest-Bruchdrehmomente für Schrauben mit Nenndurchmessern 1 mm bis 10 mm
DIN EN 26157–1	12–1991	Verbindungselemente; Oberflächenfehler; Schrauben für allgemeine Anforderungen
DIN EN 26157–3	12–1991	Verbindungselemente; Oberflächenfehler; Schrauben für spezielle Anforderungen
DIN EN 28839	12–1991	Mechanische Eigenschaften von Verbindungselementen; Schrauben und Muttern aus Nichteisenmetallen
DIN EN ISO 898–1	11–1999	Mechanische Eigenschaften von Verbindungselementen aus Kohlenstoffstahl und legiertem Stahl – Teil 1: Schrauben
DIN EN ISO 898–5	10–1998	Mechanische Eigenschaften von Verbindungselementen aus Kohlenstoffstahl und legiertem Stahl – Teil 5: Gewindestifte und ähnliche nicht auf Zug beanspruchte Verbindungselemente
DIN EN ISO 898–6	02–1996	Mechanische Eigenschaften von Verbindungselementen – Teil 6: Muttern mit festgelegten Prüfkräften; Feingewinde
DIN EN ISO 2320	03–1998	Sechskantmuttern aus Stahl mit Klemmteil – Mechanische und funktionelle Eigenschaften
DIN EN ISO 2702	10–1994	Wärmebehandelte Blechschrauben aus Stahl – Mechanische Eigenschaften

Tabelle 2.11. Fortsetzung

Norm	Ausg.	Titel
DIN EN ISO 3269	11–2000	Mechanische Verbindungselemente – Annahmeprüfung
DIN EN ISO 3506–1	03–1998	Mechanische Eigenschaften von Verbindungselementen aus nichtrostenden Stählen – Teil 1: Schrauben
DIN EN ISO 3506–2	03–1998	Mechanische Eigenschaften von Verbindungselementen aus nichtrostenden Stählen – Teil 2: Muttern
DIN EN ISO 3506–3	03–98	Mechanische Eigenschaften von Verbindungselementen aus nichtrostenden Stählen – Teil 3: Gewindestifte und ähnliche nicht auf Zug beanspruchte Schrauben
DIN EN ISO 3506–4	10–2003	Mechanische Eigenschaften von Verbindungselementen aus nichtrostenden Stählen – Teil 4: Blechschrauben
DIN EN ISO 4042	01–2001	Verbindungselemente – Galvanische Überzüge
DIN EN ISO 7085	01–2000	Mechanische und funktionelle Eigenschaften von einsatzgehärteten und angelassenen metrischen gewindefurchenden Schrauben
DIN EN ISO 10666	02–2000	Bohrschrauben mit Bohrschraubengewinde – Mechanische und funktionelle Eigenschaften
DIN EN ISO 10683	02–2001	Verbindungselemente – Nichtelektrolytisch aufgebrachte Zinklamellenüberzüge
DIN EN ISO 15330	01–2000	Verbindungselemente – Verspannungsversuch zur Entdeckung von Wasserstoffversprödung – Verfahren mit parallelen Auflageflächen
DIN EN ISO 16047	10–2005	Verbindungselemente – Drehmoment/Vorspannkraftversuch
DIN ISO 8992	12–1992	Verbindungselemente; Allgemeine Anforderungen für Schrauben und Muttern

Tabelle 2.12. Produktklassen und Normen über Toleranzen für mechanische Verbindungselemente nach DIN 267 Teil 2 bzw. DIN ISO 4759 Teil 1

Produktklasse (Ausführung)		Toleranzen	
neu	bisher	Maß-, Form- und Lagetoleranzen	Allgemeintoleranzen
A	m	DIN ISO 4759 Teil 1	DIN 7168–m
B	mg	bzw.	DIN 7168–g
C	g	DIN 267 Teil 2	DIN 7168–g

DIN 267 Teil 2 ergänzt DIN ISO 4759 Teil 1 und gilt bezüglich der Oberflächenrauheiten bei Schrauben und Muttern für jene Produktnormen, in denen auf DIN 267 Teil 2 hingewiesen ist. Für Gewinde-Nenndurchmesser von 1,6 bis 150 mm werden dabei die drei in Tabelle 2.12 aufgeführten Produktklassen unterschieden.

DIN EN ISO 898 Teil 1, welche DIN 267 Teil 3 und Teil 7 ersetzt, legt Festigkeitsklassen, mechanische Eigenschaften sowie Prüfverfahren fest für Schrauben mit

- Regelgewinde M 1,6 bis M 39 und Feingewinde M8x1 bis M39x3
- ISO-Gewinde nach ISO 68
- Durchmesser-Steigungs-Kombinationen nach ISO 261 und ISO 262
- Gewindetoleranzen nach ISO 965-1 und ISO 965–2

aus unlegiertem oder legiertem Stahl. Sie gilt nicht für Gewindestifte und ähnliche Verbindungselemente mit Gewinde, die nicht auf Zug beansprucht werden und legt keine Anforderungen für Eigenschaften wie

- Schweißbarkeit,
- Korrosionsbeständigkeit,
- Warmfestigkeit über 300°C (+250°C für *10.9*) oder Kaltzähigkeit unter -50°C,
- Scherfestigkeit oder
- Dauerfestigkeit fest.

Abbildung 2.6 zeigt das Bezeichnungssystem für die Festigkeitsklassen von Schrauben. Das jeweils zugehörige Kennzeichen besteht aus zwei Zahlen, die durch einen Punkt voneinander getrennt sind. Die erste Zahl entspricht 1/100 der Nennzugfestigkeit R_m in N/mm^2, die zweite Zahl gibt das Zehnfache des Verhältnisses von Nennstreckgrenze zur Nennzugfestigkeit an. Durch Multiplikation beider Zahlen erhält man 1/10 der Nennstreckgrenze in N/mm^2.

Beispiel für Festigkeitsklasse 12.9:
Nennzugfestigkeit $R_m = 1200\,\text{N/mm}^2$
Nennstreckgrenze bzw. Nenn-0,2%-Dehngrenze = $10 \cdot 12 \cdot 9 = 1080\,\text{N/mm}^2$.

Zur Identifikation von Festigkeitsklasse und Hersteller müssen Sechskant- und Zylinderschrauben mit dem entsprechenden Festigkeitskennzeichen und zusätzlich mit einem Herstellerkennzeichen versehen sein (s. DIN EN ISO 898 Teil 1, Abschnitt 9).

Tabelle 2.13 enthält die *Ausgangswerkstoffe* für die Schrauben der genannten Festigkeitsklassen. Die *Prüfverfahren zur Kontrolle der mechanischen Eigenschaften von Schrauben* gemäß Tabelle 2.14 umfassen die Zug- und Härteprüfung, den Prüfkraft-, Schrägzug- und Kerbschlagbiegeversuch, die Prüfung von Kopfschlagzähigkeit, Randentkohlung und von Oberflächenfehlern sowie die Kontrolle der Anlasstemperatur.

Die mechanischen Eigenschaften von Gewindestiften und ähnlichen, nicht auf Zug beanspruchte Verbindungselemente von 1,6 mm bis 39 mm Durchmesser sind in DIN EN ISO 898–5 beschrieben. Hier werden die Festigkeitsklassen mit einem Symbol, bestehend aus einer Zahl und einem Buchstaben, zum Beispiel 14H, angegeben. Die Zahl 14 steht für eine Vickershärte von 140, der Buchstabe H für die Härte.

Die technischen Lieferbedingungen für Schrauben aus Stahl mit klebender und klemmender Beschichtung sind in den Normen DIN 267–27 und DIN 267–28 zugrunde gelegt.

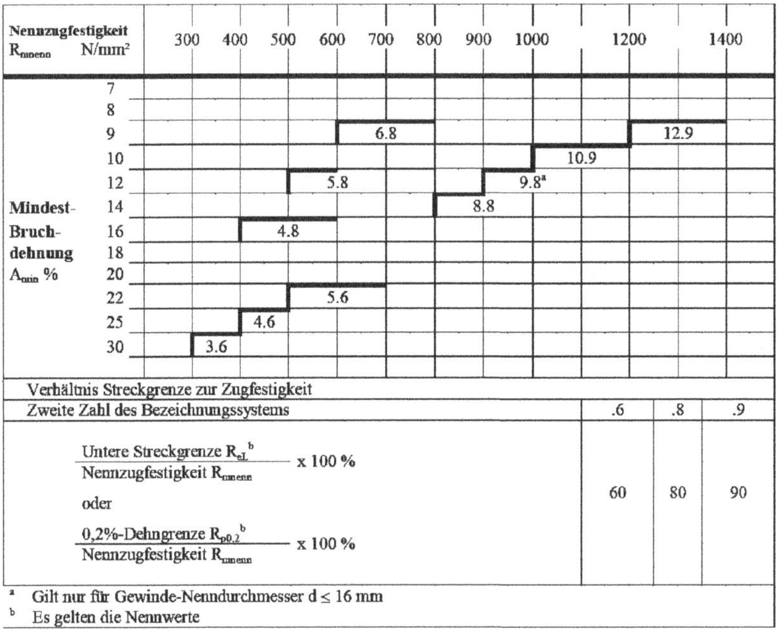

Abb. 2.6. Bezeichnungssystem der Festigkeitsklassen nach DIN EN ISO 898 Teil 1

Die klebende Beschichtung im Sinne von DIN 267–27 versteht sich als Rundumbeschichtung aus mikroverkapseltem Klebstoff (MK), der durch das Einschrauben aktiviert wird und nach Aushärtung einem selbsttätigen Losdrehen des Verbindungselements entgegen wirkt (s. Kap. 9).

Tabelle 2.13. Festigkeitsklassen und Ausgangswerkstoffe für Schrauben nach DIN EN ISO 898–1

Festigkeitsklasse	Werkstoff und Wärmebehandlung	Chemische Zusammensetzung (Massenanteil in %) Stückanalyse					Anlasstemperatur °C
		C		P	S	B[a]	
		min.	max.	max.	max.	max.	min.
3.6[b]	Kohlenstoffstahl	–	0,20	0,05	0,06	0,003	
4.6[b] 4.8[b]	Kohlenstoffstahl	–	0,55	0,05	0,06	0,003	–
5.6	Kohlenstoffstahl	0,13	0,55	0,05	0,06	0,003	–
5.8[b] 6.8[b]	Kohlenstoffstahl	–	0,55	0,05	0,06	0,003	–
8.8[c]	Kohlenstoffstahl mit Zusätzen (z. B. Bor, Mn, oder Cr), abgeschreckt und angelassen	0,15[d]	0,40	0,035	0,035	0,003	425
8.8[c]	Kohlenstoffstahl, abgeschreckt und angelassen	0,25	0,55	0,035	0,035	0,003	425

Tabelle 2.13. Fortsetzung

Festigkeitsklasse	Werkstoff und Wärmebehandlung	Chemische Zusammensetzung (Massenanteil in %) Stückanalyse					Anlasstemperatur °C
		C		P	S	B[a]	
		min.	max.	max.	max.	max.	min.
9.8	Kohlenstoffstahl mit Zusätzen (z. B. Bor, Mn, oder Cr), abgeschreckt und angelassen	0,15[d]	0,35	0,035	0,035	0,003	425
	Kohlenstoffstahl, abgeschreckt und angelassen	0,25	0,55	0,035	0,035		
10.9[e f]	Kohlenstoffstahl mit Zusätzen (z. B. Bor, Mn, oder Cr), abgeschreckt und angelassen	0,15[d]	0,35	0,035	0,035	0,003	340
10.9[f]	Kohlenstoffstahl, abgeschreckt und angelassen	0,25	0,55	0,035	0,035	0,003	425
	Kohlenstoffstahl mit Zusätzen (z. B. Bor, Mn, oder Cr), abgeschreckt und angelassen	0,20[d]	0,55	0,035	0,035		
	legierter Stahl, abgeschreckt und angelassen[g]	0,20	0,55	0,035	0,035		
12.9[f h i]	Legierter Stahl, abgeschreckt und angelassen[g]	0,28	0,50	0,035	0,035	0,003	380

[a] Der Borgehalt darf 0,005% erreichen, vorausgesetzt, dass das nicht wirksame Bor durch Zusätze von Titan und/oder Aluminium kontrolliert wird.
[b] Für diese Festigkeitsklassen ist Automatenstahl mit folgenden maximalen Phosphor-, Schwefel- und Bleianteilen zulässig: P = 0,11%; S = 0,34%; Pb = 0,35%.
[c] Für Nenndurchmesser über 20 mm kann es notwendig sein, einen für die Festigkeitsklasse 10.9 vorgesehenen Werkstoff zu verwenden, um eine ausreichende Härtbarkeit sicherzustellen.
[d] Bei Kohlenstoffstählen mit Bor als Zusatz und einem Kohlenstoffgehalt unter 0,25% (Schmelzanalyse) muss ein Mangangehalt von mindestens 0,60% für die Festigkeitsklasse 8.8 und 0,70% für die Festigkeitsklassen 9.8, 10.9 und *10.9* vorhanden sein.
[e] Für Produkte aus diesen Stählen muss das Kennzeichen der Festigkeitsklasse zusätzlich unterstrichen sein. *10.9* muss alle für 10.9 festgelegten Eigenschaften erreichen. Die geringere Anlasstemperatur bei *10.9* ergibt jedoch ein unterschiedliches Spannungsrelaxationsverhalten bei höheren Temperaturen.
[f] Der Werkstoff für diese Festigkeitsklassen muss ausreichend härtbar sein, um sicherzustellen, dass im Gefüge des Kerns im Gewindeteil ein Martensitanteil von ungefähr 90% im gehärteten Zustand vor dem Anlassen vorhanden ist.
[g] Legierter Stahl muss mindestens einen der folgenden Legierungsbestandteile in der angegebenen Mindestmenge enthalten: Chrom 0,30%, Nickel 0,30%, Molybdän 0,20%, Vanadium 0,10%. Wenn zwei, drei oder vier Elemente in Kombination festgelegt sind und geringere Legierungsanteile haben, als oben angegeben, dann ist der für die Klassifizierung anzuwendende Grenzwert 70% der Summe der oben angegebenen Einzelgrenzwerte für die zwei, drei oder vier betreffenden Elemente.
[h] Für die Festigkeitsklasse 12.9 ist eine metallografisch feststellbare, mit Phosphor angereicherte weiße Schicht an Oberflächen, die auf Zug beansprucht werden, nicht zulässig.
[i] Die chemische Zusammensetzung und die Anlasstemperatur werden zurzeit untersucht.

Eine klemmende Beschichtung (KL) im Sinne von DIN 267–28 besteht aus einem auf das Gewinde der Schraube aufgebrachten Kunststoff, der beim Einschrauben eine Klemmwirkung hervorruft. Klemmende Beschichtungen können als Rundumbeschichtung, streifenförmige Beschichtung oder Fleckbeschichtung ausgeführt sein. Sie können das Losdrehen der Verbindung nicht aufhalten, verhindern jedoch ein vollständiges Lösen.

Die Normen DIN 267–27 und DIN 267–28 definieren die Begriffe wie Einschraubdrehmoment, Anziehdrehmoment, Losbrechdrehmoment und Ausschraubdrehmoment und legen hierfür Anforderungen sowie Prüfverfahren fest.

Für mechanische Verbindungselemente, an die hinsichtlich Ausführung und Maßgenauigkeit besondere Anforderungen gestellt werden, z. B. in der Feinwerktechnik, enthält DIN 267 Teil 6 Lieferbedingungen für *Schrauben und Muttern der Produktklasse F* mit Nenndurchmessern $1 \leqq d < 3$ mm.

Die Anforderungen von metrischen gewindeformenden Schrauben werden für Schrauben der Festigkeitsklasse 10.9 in DIN 267–30, s. Tabelle 2.15 und Tabelle 2.16 und für einsatzvergütete (einsatzgehärtet und angelassen) Schrauben in DIN EN ISO 7085, s. Tabelle 2.17 und Tabelle 2.18 festgelegt.

Im Februar 1994 wurde die internationale Norm DIN EN 20898 Teil 2 für Muttern ins nationale Normenwerk übernommen. Sie ersetzt DIN 267 Teil 4. Insbesondere führte die Modifikation der Festigkeitsklassen zu einer Vergrößerung der bisher üblichen Mutterhöhe (s. Tabelle 2.3) und zur Festlegung höherer Prüfkräfte.

Auf der Basis von DIN EN 20898 Teil 2 werden nunmehr alte und neue (modifizierte) Festigkeitsklassen und die entsprechenden Produktnormen (s. Tabelle 2.7) eindeutig getrennt. Das Bezeichnungssystem für Muttern mit Nennhöhen ≥0,8D geht aus Tabelle 2.19 hervor.

Tabelle 2.14. Mechanische Eigenschaften von Schrauben nach DIN EN ISO 898 Teil 1

Mechanische und physikalische Eigenschaft			Festigkeitsklasse					
			3.6	4.6	4.8	5.6	5.8	6.8
Nennzugfestigkeit $R_{m\,Nenn}$	N/mm²		300	400		500		600
Mindestzugfestigkeit $R_{m\,min}$ [d e]	N/mm²		330	400	420	500	520	600
Vickershärte HV10	min.		95	120	130	155	160	190
$F \geq 98$ N	max.		220 [f]					250
Brinellhärte HB	min.		90	114	124	147	152	181
$F = 30\,D^2$	max.		209 [f]					238
Rockwellhärte HR	min.	HRB	52	67	71	79	82	89
		HRC	–					
	max.	HRB	95 [f]					99,5
		HRC	–					–
Oberflächenhärte HV 0,3	max.		–					
Untere Streckgrenze R_{eL} [h] N/mm²	Nennwert		180	240	320	300	400	480
	min.		190	240	340	300	420	480
0,2%-Dehngrenze $R_{P0,2}$ [i] N/mm²	Nennwert		–					

Tabelle 2.14. Fortsetzung

Mechanische und physikalische Eigenschaft		Festigkeitsklasse					
		3.6	4.6	4.8	5.6	5.8	6.8
	min.						
Spannung unter Prüfkraft	S_P/R_{eL} oder $S_P/Rp_{0,2}$	0,94	0,94	0,91	0,93	0,90	0,92
	S_P	180	225	310	280	380	440
Bruchdrehmoment M_B	Nm min.	–					
Bruchdehnung A	% min.	25	22	–	20	–	–
Brucheinschnürung Z	% min.	–					
Festigkeit unter Schrägzugbelastung [e]		Die Werte unter Schrägzugbelastung für ganze Schrauben (nicht Stiftschrauben) dürfen die in Abschnitt 5.2 angegebenen Mindestzugfestigkeiten nicht unterschreiten.					
Kerbschlagarbeit KU	J min.	–			25	–	
Kopfschlagzähigkeit		Kein Bruch					
Mindesthöhe der nicht entkohlten Gewindezone E		–					
Maximale Tiefe der Auskohlung G	mm	–					
Härte nach Wiederanlassen		–					
Oberflächenzustand		In Übereinstimmung mit ISO 6157–1 oder ISO 6157–3, soweit zutreffend					

Mechanische und physikalische Eigenschaft			Festigkeitsklasse				
			8.8 [a]		9.8 [b]	10.9	12.9
			d ≤ 16 mm [c]	d > 16 mm [c]			
Nennzugfestigkeit $R_{m\,Nenn}$	N/mm²		800	800	900	1000	1200
Mindestzugfestigkeit $R_{m\,min}$ [d e]	N/mm²		800	830	900	1040	1220
Vickershärte HV10 $F \geq 98$ N	min.		250	255	290	320	385
	max.		320	335	360	380	435
Brinellhärte HB $F = 30\,D^2$	min.		238	242	276	304	366
	max.		304	318	342	361	414
Rockwellhärte HR	min.	HRB	–	–	–	–	–
		HRC	22	23	28	32	39
	max.	HRB	–	–	–	–	–
		HRC	32	34	37	39	44
Oberfl.härte HV 0,3	max.		[g]				
Untere Streckgrenze R_{eL} [h] N/mm²	Nennwert		–	–	–	–	–
	min.		–	–	–	–	–
0,2%-Dehngrenze $R_{P0,2}$ [i] N/mm²	Nennwert		640	640	720	900	1080
	min.		640	660	720	940	1100

Tabelle 2.14. Fortsetzung

Mechanische und physikalische Eigenschaft		Festigkeitsklasse				
		8.8 [a]		9.8 [b]	10.9	12.9
		$d \leq 16$ mm [c]	$d > 16$ mm [c]			
	S_P / R_{eL} oder $S_P / R_{p0,2}$	0,91	0,91	0,90	0,88	0,88
Spannung unter Prüfkraft	S_P	580	600	650	830	970
Bruchdrehmoment M_B	Nm min.	Siehe ISO 898-7				
Bruchdehnung A	% min.	12	12	10	9	8
Brucheinschnürung Z	% min.	52		48	48	44
Festigkeit unter Schrägzugbelastung [e]		Die Werte unter Schrägzugbelastung für ganze Schrauben (nicht Stiftschrauben) dürfen die in Abschnitt 5.2 angegebenen Mindestzugfestigkeiten nicht unterschreiten.				
Kerbschlagarbeit KU	J min.	30	30	25	20	15
Kopfschlagzähigkeit		Kein Bruch				
Mindesthöhe der nicht entkohlten Gewindezone E		$1/2H_1$			$2/3H_1$	$3/4H_1$
Maximale Tiefe der Auskohlung G	mm	0,015				
Härte nach Wiederanlassen		Härteabfall max. 20 HV				
Oberflächenzustand		In Übereinstimmung mit ISO 6157–1 oder ISO 6157–3, soweit zutreffend				

a) Bei Schrauben der Festigkeitsklasse 8.8 mit Gewindedurchmesser $d \leq 16$ mm besteht ein erhöhtes Abstreifrisiko für Muttern, wenn die Schraubenverbindung über die Prüfkraft der Schraube hinaus angezogen wird. Die Norm ISO 898–2 wird zur Beachtung empfohlen.
b) Die Festigkeitsklasse 9.8 gilt nur für Gewinde-Nenndurchmesser $d \leq 16$ mm.
c) Für Stahlbauschrauben liegt die Grenze bei 12 mm.
d) Die Mindest-Zugfestigkeiten gelten für Schrauben mit Nennlängen $l \geq 2{,}5d$. Die Mindesthärten gelten für Schrauben mit Nennlängen $< 2{,}5d$ und für solche Produkte, die nicht im Zugversuch geprüft werden können (zum Beispiel wegen der Kopfform).
e) Für die Prüfung an ganzen Schrauben müssen die Bruchkräfte, die zur Berechnung von R_m verwendet werden, mit den Werten in den Tabellen 6 und 8 übereinstimmen.
f) Ein Härtewert am Ende der Schraube darf höchstens 250 HV, 238 HB oder 99,5 HRB betragen.
g) Die Oberflächenhärte darf am jeweiligen Produkt 30 Vickerspunkte der gemessenen Kernhärte nicht überschreiten, wenn sowohl die Oberflächenhärte als auch die Kernhärte mit HV 0,3 ermittelt werden. Für die Festigkeitsklasse 10.9 darf eine Oberflächenhärte von 390 HV nicht überschritten werden.
h) Falls die Streckgrenze R_{eL} nicht bestimmt werden kann, gilt die 0,2%-Dehngrenze $R_{P0,2}$. Für die Festigkeitsklassen 4.8, 5.8 und 6.8 sind die Werte für R_{eL} nur als Berechnungsgrundlage angegeben, sie werden nicht geprüft.
i) Das der Bezeichnung der Festigkeitsklasse entsprechende Streckgrenzenverhältnis und die Mindestspannung an der 0,2%-Dehngrenze $R_{p0,2}$ gelten für spanend bearbeitete Proben. Bei Prüfung von ganzen Schrauben variieren diese Werte aufgrund von Auswirkungen des Herstellungsverfahrens und der Größeneinflüsse.

Tabelle 2.15. Mechanische und funktionelle Anforderungen für gewindeformende Schrauben 10.9 nach DIN 267–30

Nenndurchmesser der Schraube mm	min. Bruchdreh-moment Nm	max. Einschraubdreh-moment [1] Nm	min. Zugkraft bei Bruch N
2	0,45	0,23	2 150
2,5	1,0	0,50	3 530
3	1,9	0,95	5 230
3,5	3,0	1,5	7 050
4	4,4	2,2	9 130
5	9,3	4,7	14 800
6	16	8,0	20 900
8	40	20,0	38 100
10	81	40,5	60 300

1) 50% des Mindestbruchdrehmoments

Für Neukonstruktionen sind die Festigkeitsklassen nach DIN EN 20898 Teil 2 anzuwenden. Hierbei wird unterschieden zwischen Muttern der Klassen

4 – 5 – 6 – 8 – 10 – 12 mit voller Belastbarkeit (Nennhöhe ≥ 0,8D)

und

04 – 05 mit eingeschränkter Belastbarkeit (Nennhöhe $0{,}5D \leq m < 0{,}8D$).

Tabelle 2.20 enthält eine Übersicht über die mechanischen Eigenschaften von Muttern mit Regelgewinde nach DIN EN 20898 Teil 2.

Ausführliche Erläuterungen zur Belastbarkeit von Schraubenverbindungen finden sich im Anhang A von DIN EN 20898 Teil 2 (s. auch Abschnitt 5.1.5.2).

Analog zu DIN EN 20898–2 definiert DIN EN ISO 898–6 die mechanischen Eigenschaften von Muttern mit festgelegten Prüfkräften und Feingewinde.

Muttern, für die auf Grund ihrer Form oder ihrer Maße keine Prüfkräfte angegeben werden können, lassen sich nach DIN 267 Teil 24 durch eine Klassifizierung nach ihrer Härte in verschiedene *Festigkeitsklassen (Härteklassen)* einteilen und gemäß Tabelle 2.21 kennzeichnen: Die Zahl steht für 1/10 der Mindesthärte nach Vickers, H steht für Härte.

Tabelle 2.16. Dicke der Prüfplatte und Lochdurchmesser für gewindeformende Schrauben 10.9 nach DIN 267-30

Gewinde-Nenndurchmesser	Plattendicke	Lochdurchmesser mm	
mm	mm	min.	max.
2	4	1,80	1,83
2,5	5	2,25	2,28
3	6	2,75	2,78
3,5	7	3,15	3,18
4	8	3,65	3,68

Tabelle 2.16 Fortsetzung

Gewinde-Nenndurchmesser mm	Plattendicke mm	Lochdurchmesser mm	
		min.	max.
5	10	4,50	4,53
6	12	5,40	5,43
8	16	7,30	7,34
10	20	9,20	9,24

Tabelle 2.17. Mechanische und funktionelle Anforderungen für einsatzvergütete gewindeformende Schrauben nach DIN EN ISO 7085

Nenndurchmesser der Schraube mm	Bruchdrehmoment min. Nm	Einschraubdrehmoment max. Nm	Zugkraft bei Bruch min. N
2	0,5	0,3	1940
2,5	1,2	0,6	3150
3	2,1	1,1	4680
3,5	3,4	1,7	6300
4	4,9	2,5	8170
5	10	5,0	13200
6	17	8,5	18700
8	42	21	34000
10	85	43	53900
12	150	75	78400

Tabelle 2.18. Dicke der Prüfplatte und Lochdurchmesser für einsatzvergütete gewindeformende Schrauben nach DIN EN ISO 7085

Gewinde-Nenndurchmesser mm	Plattendicke mm	Lochdurchmesser mm	
		min.	max.
2	2	1,800	1,825
2,5	2,5	2,250	2,275
3	3	2,750	2,775
3,5	3,5	3,150	3,180
4	4	3,650	3,680
5	5	4,500	4,530
6	6	5,400	5,430
8	8	7,300	7,336
10	10	9,200	9,236
12	12	11,100	11,143

Tabelle 2.19. Bezeichnungssystem für Muttern mit Nennhöhen ≥ 0,8D nach DIN EN 20898–2

Festigkeitsklasse der Mutter	Zugehörige Schraube		Mutter	
			Typ 1	Typ 2
	Festigkeitsklasse	Gewindebereich	Gewindebereich	
4	3.6 – 4.6 – 4.8	> M16	> M16	–
5	3.6 – 4.6 – 4.8	≤ M16	≤ M39	–
	5.6 – 5.8	≤ M39		
6	6.8	≤ M39	≤ M39	–
8	8.8	≤ M39	≤ M39	> M16 ≤ M39
9	9.8	≤ M16	–	≤ M 16
10	10.9	≤ M39	≤ M39	–
12	12.9	≤ M39	≤ M16	≤ M39

ANMERKUNG: Im Allgemeinen können Muttern der höheren Festigkeitsklasse anstelle von Muttern der niedrigen Festigkeitsklasse verwendet werden. Dies ist ratsam für eine Schraube-Mutter-Verbindung mit Belastungen oberhalb der Streckgrenze oder oberhalb der Prüfspannung.

Tabelle 2.20. Mechanische Eigenschaften von Muttern mit festgelegten Prüfkräften und Regelgewinde nach DIN EN 20898-2 (Auszug)

Gewinde		Festigkeitsklasse														
		04					05					4				
		Prüfspannung S_P	Härte HV		Mutter		Prüfspannung S_P	Härte HV		Mutter		Prüfspannung S_P	Härte HV		Mutter	
>	≤	N/mm²	min	max	Zustand	Typ	N/mm²	min	max	Zustand	Typ	N/mm²	min	max	Zustand	Typ
–	4															
4	7															
7	10	380	188	302	unv	niedrig	500	272	353	verg	niedrig					
10	16															
16	39											510	117	302	unv	1

Tabelle 2.20. Fortsetzung

Gewinde		Festigkeitsklasse														
		8										9				
		Prüfspannung S_P	Härte HV		Mutter		Prüfspannung S_P	Härte HV		Mutter		Prüfspannung S_P	Härte HV		Mutter	
-	4	800	180									900	170			
4	7	855										915				
7	10	870	200	302	unv	1	-	-	-	-	-	940	188	302	unv	2
10	16	880										950				
16	39	920	233	353	verg		890	180	302	unv	2	920				

Tabelle 2.20. Fortsetzung

Gewinde		Festigkeitsklasse														
		10					12									
		Prüfspannung S_P	Härte HV		Mutter		Prüfspannung S_P	Härte HV		Mutter		Prüfspannung S_P	Härte HV		Mutter	
>	≤	N/mm²	min	max	Zustand	Typ	N/mm²	min	max	Zustand	Typ	N/mm²	min	max	Zustand	Typ
-	4	1040					1140					1150				
4	7	1040					1140	295	353	verg	1	1150				
7	10	1040	272	353	verg	1	1140					1160	272	353	verg	2
10	16	1050					1170					1190				
16	39	1060					-	-	-	-	-	1200				

verg: vergütet, unv: unvergütet
ANMERKUNG: Die Mindesthärten sind nur verbindlich für Muttern, bei denen ein Prüfkraftversuch nicht durchgeführt werden kann, und bei vergüteten Muttern. Für alle anderen Muttern gelten die Mindesthärten nur als Richtwerte. Bei nicht vergüteten Muttern darf die Mindesthärte nicht Grund zur Zurückweisung sein, sofern der Prüfkraftversuch bestanden wird.

DIN EN ISO 2320, früher 267 Teil 15, legt die *mechanischen und funktionellen Eigenschaften für Sechskantmuttern aus Stahl mit Klemmteil* fest. Neben allgemeinen Anforderungen hinsichtlich Werkstoff, Wärmebehandlung, Ausführung und Gewinde enthält diese Norm eine Übersicht über die mechanischen Eigenschaften und die geforderten Prüfkräfte bzw. Klemm-Drehmomente. Die Prüfverfahren (Prüfkraftversuch, Härteprüfung und die Prüfung des Klemmdrehmomentes) werden ebenfalls beschrieben.

DIN EN 20898–7, früher DIN 267 Teil *25,* legt Mindestbruchdrehmomente für Schrauben der Abmessungen M1 bis M10 verschiedener Festigkeitsklassen fest (Tabelle 2.22) und beschreibt die Versuchsdurchführung.

Tabelle 2.21. Festigkeitsklassen (Härteklassen) nach DIN 267 Teil 24

		Festigkeitsklasse			
		11H	14H	17H	22H
Vickershärte	min.	110	140	170	220
HV 5	max.	185	215	245	300
Brinellhärte	min.	105	133	162	209
HB 30	max.	176	204	233	285

Härtewerte umgewertet nach DIN 50 150.

Der Vollständigkeit halber sei noch auf DIN EN ISO 7089 bis 7094 hingewiesen, in denen in ausführlicher Form die technischen Lieferbedingungen für Scheiben genannt sind. DIN EN ISO 4759–3 enthält eine Auswahl von Toleranzen zur Anwendung bei der Erstellung von ISO-Produktnormen für gestanzte flache Scheiben, Produktklassen A und C.

Mit DIN EN ISO 3269, früher 267 Teil 5, ist dem Besteller von Verbindungselementen ein Verfahren an die Hand gegeben, das er anwenden kann, um zu entscheiden, ob ein Los von Verbindungselementen den festgelegten technischen Anforderungen entspricht, sofern bei Bestellung kein anderes Annahmeverfahren mit dem Lieferer vereinbart wurde. Die Norm enthält neben spezifischen Definitionen aus dem Bereich der Stichprobenprüfung (insbesondere annehmbare Qualitätsgrenzlage AQL sowie Grenzqualität LQ) auch Angaben zum Umfang sowie Anweisungen zur Durchführung der Annahmeprüfung für Eigenschaften von Verbindungselementen. Zusätzlich wurden Angaben über die Annahmewahrscheinlichkeit und das Lieferantenrisiko aufgenommen.

Verbindungselemente mit galvanischen Überzügen sind Inhalt von DIN EN ISO 4042. Diese Norm behandelt maßliche Anforderungen an Verbindungselemente aus Stahl oder Kupferlegierung mit galvanischen Überzügen.

Sie legt Schichtdicken fest und gibt Empfehlungen zur Verminderung der Wasserstoffversprödungsgefahr bei Verbindungselementen mit hoher Festigkeit oder Härte oder bei oberflächengehärteten Verbindungselementen.

Tabelle 2.22. Mindest-Bruchdrehmomente nach DIN EN 20898–7

Gewinde	Gewindesteigung	Mindest-Bruchdrehmoment M_{Bmin} in Nm [1]			
		Festigkeitsklasse			
	mm	8.8	9.8	10.9	12.9
M1	0,25	0,033	0,036	0,040	0,045
M1,2	0,25	0,075	0,082	0,092	0,10
M1,4	0,3	0,12	0,13	0,14	0,16
M1,6	0,35	0,16	0,18	0,20	0,22
M2	0,4	0,37	0,40	0,45	0,50
M2,5	0,45	0,82	0,90	1,0	1,1
M3	0,5	1,5	1,7	1,9	2,1
M3,5	0,6	2,4	2,7	3,0	3,3
M4	0,7	3,6	3,9	4,4	4,9
M5	0,8	7,6	8,3	9,3	10
M6	1	13	14	16	17
M7	1	23	25	28	31
M8	1,25	33	36	40	44
M8 x 1	1	38	42	46	52
M10	1,5	66	72	81	90
M10x1	1	84	92	102	114
M10x1,25	1,25	75	82	91	102

[1] Diese Mindest-Bruchdrehmomente gelten für Schrauben mit Gewindetoleranzen 6g, 6f, 6e

Die Schichtdicken, die auf metrische ISO Gewinde nach ISO 965 aufgebracht werden können, hängen von dem zur Verfügung stehenden Grundabmaß ab, das wiederum vom Gewindedurchmesser und von den folgenden Toleranzlagen abhängt:

- g, f und e für Außengewinde (Tabelle 2.23)
- G für Innengewinde (Tabelle 2.24), oder H, falls gewünscht.

Die Toleranzlagen gelten vor dem Aufbringen des galvanischen Überzugs.

Für die Ausführung der Oberflächenbehandlung wird im Anhang E zu DIN EN ISO 4042 ein Schlüsselnummersystem angegeben, das die Art des Überzugsmetalls, die Schichtdicke bzw. den Schichtaufbau sowie Angaben über Glanzgrad und Nachbehandlung enthält (s. auch Kap. 6).

DIN EN ISO 10683 (Ausgabe 2001) legt Anforderungen für Schichtdicke, Korrosionsbeständigkeit sowie mechanische und physikalische Eigenschaften von nichtelektrolytisch aufgebrachten Zinklamellenüberzügen auf Verbindungselementen aus Stahl mit metrischem Gewinde fest.

Tabelle 2.25 enthält die theoretischen Obergrenzen der Schichtdicken für metrische ISO-Gewinde.

Nach der Salzsprühnebelprüfung nach ISO 9227 mit einer Prüfdauer nach Tabelle 2.26 darf das Grundmetall keinen sichtbaren Korrosionsangriff (Rotrost) aufweisen.

Tabelle 2.23. Obergrenze der Schichtdicken galvanischer Überzüge für metrische Außengewinde nach DIN EN ISO 4042 (Auszug)

Gewindesteigung P	Regelgewinde [a]	Toleranzlage g				
		Grundabmaß	Max. Schichtdicke [b]		[c]	
			Alle Nennlängen	Nennlänge l		
				l ≤ 5d	5d < l ≤ 10d	10d < l ≤ 15d
mm		µm	µm	µm	µm	µm
0,35	M1,6	–19	3	3	3	3
0,4	M2	–19	3	3	3	3
0,45	M2,5	–20	5	5	3	3
0,5	M3	–20	5	5	3	3
0,6	M3,5	–21	5	5	3	3
0,7; 0,75	M4; M4,5	–22	5	5	3	3
0,8	M5	–24	5	5	3	3
1	M6; M7	–26	5	5	3	3
1,25	M8	–28	5	5	5	3
1,5	M10	–32	8	8	5	5
1,75	M12	–34	8	8	5	5
2	M14; M16	–38	8	8	5	5
2,5	M18; M20; M22	–42	10	10	8	5
3	M24; M27	–48	12	12	8	8
3,5	M30; M33	–53	12	12	10	8
4	M36; M39	–60	15	15	12	10
4,5	M42; M45	–63	15	15	12	10
5	M48; M52	–71	15	15	12	10
5,5	M56; M60	–75	15	15	15	12
6	M64	–80	20	20	15	12

Tabelle 2.23 Fortsetzung

Gewindesteigung P	Regelgewinde [a]	Toleranzlage f				
		Grundabmaß [b]	Max. Schichtdicke [c]			
			Alle Nennlängen	Nennlänge l		
				l ≤ 5d	5d < l ≤ 10d	10d < l ≤ 15d
mm		µm	µm	µm	µm	µm
0,35	M1,6	–34	8	8	5	5
0,4	M2	–34	8	8	5	5
0,45	M2,5	–35	8	8	5	5
0,5	M3	–36	8	8	5	5
0,6	M3,5	–36	8	8	5	5
0,7; 0,75	M4; M4,5	–38	8	8	5	5
0,8	M5	–38	8	8	5	5
1	M6; M7	–40	10	10	8	5
1,25	M8	–42	10	10	8	5
1,5	M10	–45	10	10	8	5
1,75	M12	–48	12	12	8	8
2	M14; M16	–52	12	12	10	8
2,5	M18; M20; M22	–58	12	12	10	8
3	M24; M27	–63	15	15	12	10
3,5	M30; M33	–70	15	15	12	10
4	M36; M39	–75	15	15	15	12
4,5	M42; M45	–80	20	20	15	12
5	M48; M52	–85	20	20	15	12
5,5	M56; M60	–90	20	20	15	15
6	M64	–95	20	20	15	15

Tabelle 2.23 Fortsetzung

Gewindesteigung P	Regelgewinde [a]	Toleranzlage e				
		Grundabmaß [b]	Max. Schichtdicke [c]			
			Alle Nennlängen	Nennlänge l		
				l ≤ 5d	5d < l ≤ 10d	10d < l ≤ 15d
mm		µm	µm	µm	µm	µm
0,35	M1,6					
0,4	M2					
0,45	M2,5					
0,5	M3	–50	12	12	10	8
0,6	M3,5	–53	12	12	10	8
0,7; 0,75	M4; M4,5	–56	12	12	10	8
0,8	M5	–60	15	15	12	10
1	M6; M7	–60	15	15	12	10
1,25	M8	–63	15	15	12	10
1,5	M10	–67	15	15	12	10
1,75	M12	–71	15	15	12	10
2	M14; M16	–71	15	15	12	10

Tabelle 2.23 Fortsetzung

Gewindesteigung P	Regelgewinde [a]	Grundabmaß	Toleranzlage e			
			Max. Schichtdicke [b]	Max. Schichtdicke [c]		
			Alle Nennlängen	Nennlänge l: $l \leq 5d$	$5d < l \leq 10d$	$10d < l \leq 15d$
mm		µm	µm	µm	µm	µm
2,5	M18; M20; M22	–80	20	20	15	12
3	M24; M27	–85	20	20	15	12
3,5	M30; M33	–90	20	20	15	15
4	M36; M39	–95	20	20	15	15
4,5	M42; M45	–100	25	25	20	15
5	M48; M52	–106	25	25	20	15
5,5	M 56; M 60	–112	25	25	20	15
6	M64	–118	25	25	20	15

a) Die Angabe der Regelgewindedurchmesser ist nur zur Information. Die entscheidende Größe ist die Gewindesteigung.
b) Höchstwerte der Schichtdicke, wenn die Messung der örtlichen Schichtdicke vereinbart wurde.
c) Höchstwerte der Schichtdicke, wenn die Messung der mittleren Schichtdicke des Loses vereinbart wurde.

Tabelle 2.24. Obergrenze der Schichtdicken galvanischer Überzüge für metrische Innengewinde nach DIN EN ISO 4042

Gewindesteigung P	Regelgewinde [a]	Toleranzlage G	
		Grundabmaß	Max. Schichtdicke
mm		µm	µm
0,35	M1,6	+19	3
0,4	M2	+19	3
0,45	M2,5	+20	5
0,5	M3	+20	5
0,6	M3,5	+21	5
0,7; 0,75	M4; M4,5	+22	5
0,8	M5	+24	5
1	M6; M7	+26	5
1,25	M8	+28	5
1,5	M10	+32	8
1,75	M12	+34	8
2	M14; M16	+38	8
2,5	M18; M20; M22	+42	10
3	M24; M27	+48	12
3,5	M30; M33	+53	12
4	M36; M39	+60	15
4,5	M42; M45	+63	15
5	M48; M52	+71	15
5,5	M56; M60	+75	15
6	M64	+80	20

[a] Die Angabe des Regelgewindes ist nur zur Information. Die entscheidende Größe ist die Gewindesteigung

Die *Technischen Lieferbedingungen* für *feuerverzinkte Teile* sind in DIN 267 Teil 10 festgelegt und gelten für Schrauben und Muttern der Abmessungen M6 bis M36 der Festigkeitsklassen bis einschließlich 10.9 für Schrauben bzw. 10 für Muttern.

Um zu erreichen, dass die Gewindepaarung Schraube/Mutter nach dem Feuerverzinken funktionsfähig ist, gibt es zwei Möglichkeiten:

- Das ISO-metrische Bolzengewinde muss die Toleranzfeldlage a nach DIN 13 Teil 15 und somit die Grundabmaße nach Tabelle 2.27 haben und vor dem Feuerverzinken innerhalb der Toleranzklasse 8 (Produktklasse C) bzw. der Toleranzklasse 6 (Produktklasse A) liegen. Durch den Überzug darf die Nulllinie des Bolzengewindes nicht überschritten werden.
- Das für das Aufbringen des Zinküberzuges erforderliche Abmaß wird in die Mutter gelegt, so dass das Bolzengewinde nach dem Verzinken die Nulllinie überschreiten darf. Dieses Vorgehen ist möglich, wenn Schraube und Mutter zusammen, d. h. als Garnitur, geliefert werden.

Tabelle 2.25. Theoretische Obergrenzen der Schichtdicken von Zinklamellen-Überzügen für metrische ISO-Gewinde nach DIN EN ISO 10683 (Auszug)

Gewindesteigung P mm	Regelgewinde a	Innengewinde Toleranzlage G		Außengewinde Toleranzlage g	
		Grund abmaß µm	Schichtdicke µm	Grundabmaß µm	Schichtdicke µm
0,35	M1,6	+19	4	-19	4
0,4	M2	+19	4	-19	4
0,45	M2,5	+20	5	-20	5
0,5	M3	+20	5	-20	5
0,6	M3,5	+21	5	-21	5
0,7; 0,75	M4; M4,5	+22	5	-22	5
0,8	M5	+24	6	-24	6
1	M6; M7	+26	6	-26	6
1,25	M8	+28	7	-28	7
1,5	M10	+32	8	-32	8
1,75	M12	+34	8	-34	8
2	M14; M16	+38	9	-38	9
2,5	M18; M20; M22	+42	10	-42	10
3	M24; M27	+48	12	-48	12
3,5	M30; M33	+53	13	-53	13
4	M36; M39	+60	15	-60	15
4,5	M42; M45	+63	15	-63	15
5	M48; M52	+71	17	-71	17
5,5	M56; M60	+75	18	-75	18
6	M64	+80	20	-80	20

Tabelle 2.25. (Fortsetzung)

Gewinde-steigung P mm	Regelgewinde [a]	Außengewinde			
		Toleranzlage f		Toleranzlage e	
		Grund-abmaß µm	Schichtdi-cke µm	Grund-abmaß µm	Schicht-dicke µm
0,35	M1,6	-34	8		
0,4	M2	-34	8		
0,45	M2,5	-35	8		
0,5	M3	-36	9	-50	12
0,6	M3,5	-36	9	-53	13
0,7; 0,75	M4; M4,5	-38	9	-56	14
0,8	M5	-38	9	-60	15
1	M6; M7	-40	10	-60	15
1,25	M8	-42	10	-63	15
1,5	M10	-45	11	-67	16
1,75	M12	-48	12	-71	17
2	M14; M16	-52	13	-71	17
2,5	M18; M20; M22	-58	14	-80	20
3	M24; M27	-63	15	-85	21
3,5	M30; M33	-70	17	-90	22
4	M36; M39	-75	18	-95	23
4,5	M42; M45	-80	20	-100	25
5	M48; M52	-85	21	-106	26
5,5	M56; M60	-90	22	-112	28
6	M64	-95	23	-118	29

a) Angaben für Regelgewinde nur aus Zweckmäßigkeitsgründen. Das entscheidende Merkmal ist die Gewindesteigung

Die Mindestmaße des feuerverzinkten Gewindes ergeben sich aus den Mindestmaßen vor dem Feuerverzinken plus der Mindestschichtdicke (Tabelle 2.27). Muttergewinde werden nicht feuerverzinkt, sondern nachträglich in den feuerverzinkten Rohling eingeschnitten.

Auf Grund der verminderten Flankenüberdeckung feuerverzinkter Gewinde muss mit einer geringeren Belastbarkeit gegenüber Verbindungen mit geringerem Grundabmaß, z. B. bei Toleranzlagen g bis e, gerechnet werden. Deshalb sind die Mindestbruch- und Prüfkräfte feuerverzinkter Schrauben und Muttern gegenüber DIN EN ISO 898–1 und DIN EN 20898–2 kleiner. Zu ihrer Berechnung wurde in DIN 267–10 nicht der Nennspannungsquerschnitt des Schraubengewindes, sondern der für die Gewindetoleranz 8a berechnete Mindest-Spannungsquerschnitt zugrunde gelegt.

Die *Technischen Lieferbedingungen* für *Verbindungselemente aus rost- und säurebeständigen Stählen* enthält DIN EN ISO 3506–1 (Schrauben), DIN EN ISO 3506–2 (Muttern) und DIN EN ISO 3506–3 (Gewindestifte und ähnliche, nicht auf Zug beanspruchte Schrauben). Abb. 2.7 steht beispielhaft für das Bezeichnungssystem für nichtrostende Stahlsorten und Festigkeitsklassen, hier für Muttern.

Tabelle 2.26. Prüfdauer (Salzsprühnebelprüfung) für Zinklamellen-Überzüge nach DIN EN ISO 10683

Prüfdauer h	Mindestwerte der örtlichen Schichtdicke (falls vom Besteller vorgeschrieben) [a]	
	Überzug mit Chromat (flZnyc) µm	Überzug ohne Chromat (flZnnc) µm
240	4	6
480	5	8
720	8	10
960	9	12

[a] Der Besteller kann vorschreiben, ob er einen Überzug mit oder ohne Chromat wünscht. Andernfalls gilt das Kurzzeichen flZn.

Tabelle 2.27. Grundabmaße und Mindestschichtdicken für feuerverzinkte Schraubengewinde nach DIN 267 Teil 10

Regelgewinde (Schraube)	Gewinde-steigung	Grundabmaß	Mindestschichtdicke an der Messstelle [a)]
	P mm	A_0 µm	µm
M6	1	–290	40
M8	1,25	–295	40
M10	1,5	–300	40
M12	1,75	–310	40
M14; M16	2	–315	40
M18; M20; M22	2,5	–325	40
M24; M27	3	–335	40
M30; M33	3,5	–345	40
M36	4	–355	40

[a)] Mögliche Messstellen s. Abb. 6.22.

Die Norm enthält Angaben über die chemische Zusammensetzung der verwendeten Werkstoffe (Tabelle 2.28), die mechanischen Eigenschaften von rost- und

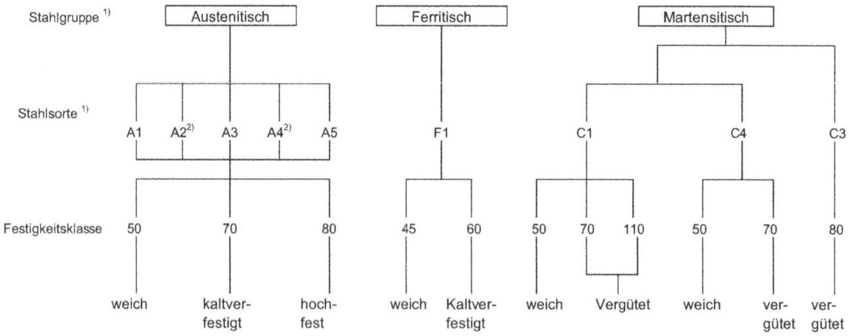

Abb. 2.7. Bezeichnungssystem für nicht rostende Stahlsorten und Festigkeitsklassen von Muttern nach DIN EN ISO 3506–2

säurebeständigen Verbindungselementen (Tabelle 2.29 und Tabelle 2.30) sowie die entsprechenden Prüfverfahren.

Tabelle 2.28. Nichtrostende Stähle nach DIN EN ISO 3506-1 – chemische Zusammensetzung

Stahlgruppe	Stahlsorte	Chemische Zusammensetzung (Massenanteil in %)								
		C	Si	Mn	P	S	Cr	Mo	Ni	Cu
Austenitisch	A1	0,12	1	6,5	0,2	0,15 bis 0,35	16 bis 19	0,7	5 bis 10	1,75 bis 2,25
	A2	0,1	1	2	0,05	0,03	15 bis 20	–	8 bis 19	4
	A3	0,08	1	2	0,045	0,03	17 bis 19	–	9 bis 12	1
	A4	0,08	1	2	0,045	0,03	16 bis 18,5	2 bis 3	10 bis 15	1
	A5	0,08	1	2	0,045	0,03	16 bis 18,5	2 bis 3	10,5 bis 14	1
Martensitisch	C1	0,09 bis 0,15	1	1	0,05	0,03	11,5 bis 14	–	1	–
	C3	0,17 bis 0,25	1	1	0,04	0,03	16 bis 18	–	1,5 bis 2,5	–
	C4	0,08 bis 0,15	1	1,5	0,06	0,15 bis 0,35	12 bis 14	0,6	1	–
Ferritisch	F1	0,12	1	1	0,04	0,03	15 bis 18	–	1	–

Anmerkungen: Die Stahlsorten und Stahlgruppen sind im Anhang B von DIN EN 3506–1 beschrieben. Nichtrostende Stähle nach ISO 683–13 bzw. ISO 4954 sind in den Anhängen C und D enthalten, bestimmte Werkstoffe für spezielle Anwendungsfälle im Anhang E.

Tabelle 2.29. Mechanische Eigenschaften von Verbindungselementen der martensitischen und ferritischen Stahlsorten nach DIN EN ISO 3506–1 und –2

Stahlgruppe	Stahlsorte	Festigkeitsklasse	Schrauben			Muttern Typ 1 (m ≥ 0,8d)
			Zugfestigkeit R_m [a)]	0,2%-Dehngrenze $R_{P0,2}$ [a)]	Bruchdehnung A_L [b)]	Prüfspannung S_P
			N/mm² min.	N/mm² min.	mm min.	N/mm² min.
Martensitisch	C1	50	500	250	0,2d	500
		70	700	410	0,2d	700
		110[d)]	1100	820	0,2d	1100
	C3	80	800	640	0,2d	800
	C4	50	500	250	0,2d	500
		70	700	410	0,2d	700
Ferritisch	F1[c)]	45	450	250	0,2d	450
		60	600	410	0,2d	600

Tabelle 2.29 Fortsetzung

Stahl-gruppe	Stahl sorte	Festigkeits-klasse	Schrauben und Muttern					
			Härte					
			HV		HB		HRC	
			min.	max.	min.	max.	min.	max.
Marten-sitisch	C1	50	155	220	147	209	–	–
		70	220	330	209	314	20	34
		110[d]	350	440	–	–	36	45
	C3	80	240	340	228	323	21	35
	C4	50	155	220	147	209	–	–
		70	220	330	209	314	20	34
Ferri-tisch	F1 [c]	45	135	220	128	209	–	–
		60	180	285	171	271	–	–

[a] Alle Werte sind bezogen auf den Spannungsquerschnitt des Gewindes.
[b] Die Bruchdehnung ist an der jeweiligen Länge der Schraube bestimmt und nicht an abgedrehten Proben.
[c] Gewinde-Nenndurchmesser $d \leq 24$ mm.
[d] Vergütet bei einer Anlasstemperatur von mindestens 275°C

Tabelle 2.30. Mechanische Eigenschaften von Verbindungselementen der austenitischen Stahlgruppen nach DIN EN ISO 3506

				Schrauben			Muttern Typ 1 ($m \geq 0{,}8d$)
Stahl-gruppe	Stahl-sorte	Festigkeits-klasse	Gewinde	Zugfes-tigkeit R_m [a]	0,2%-Dehn-grenze $R_{P0,2}$ [a]	Bruch-dehnung A_L [b]	Prüfspan-nung S_P
				N/mm² min.	N/mm² min.	mm min.	N/mm²
Auste-nitisch	A1, A2, A3, A4, A5	50	≤M39	500	210	0,6d	500
		70	≤M24 [c]	700	450	0,4d	700
		80	≤M24 [c]	800	600	0,3d	800

[a] Alle Werte sind bezogen auf den Spannungsquerschnitt des Gewindes
[b] Die Bruchdehnung wird an der jeweiligen Länge der Schraube bestimmt und nicht an abgedrehten Proben.
[c] Für Durchmesser über M24 müssen die Festigkeitswerte zwischen Besteller und Hersteller besonders vereinbart werden.

Tabelle 2.31. Mindestbruchdrehmomente für Blechschrauben nach DIN EN ISO 2702

Blechschraubengewinde	Oberflächenhärte HV 0,3	Kernhärte		Einsatzhärtungstiefe mm		Bruchdrehmoment Nm
	min.	min.	max.	min.	max.	min.
ST 2,2				0,04	0,10	0,45
ST 2,6						0,90
ST 2,9		270 HV 5	390 HV 5	0,05	0,18	1,5
ST 3,3						2,0
ST 3,5						2,7
ST 3,9	450			0,10	0,23	3,4
ST 4,2		270 HV 10	390 HV 10			4,4
ST 4,8						6,3
ST 5,5						10,0
ST 6,3				0,15	0,28	13,6
ST 8						30,5

Die Prüfung der mechanischen Eigenschaften wird an Schrauben als Fertigteilen durchgeführt. Zusätzlich sind in DIN EN ISO 3506–1 für austenitische Stähle Mindestbruchdrehmomente für Schrauben bis zur Abmessung M16 angegeben sowie für die Stahlgruppen A2, A4, C1 und C3 die 0,2%-Dehngrenzen bzw. Streckgrenzen bei höheren Temperaturen bis +400°C aufgeführt (s. auch Kap. 7).

DIN EN ISO 2702 legt die Eigenschaften von wärmebehandelten (einsatzgehärtet und angelassen) *Blechschrauben* mit Blechschraubengewinde nach ISO 1478 zusammen mit den zugehörigen Prüfmethoden fest. Diese Norm soll sicherstellen, dass sich weder das Blechschraubengewinde beim Einschrauben verformt noch die Schraube bricht. Hauptmerkmale für die Beurteilung der Funktionseigenschaften von Blechschrauben sind deshalb die Kernhärte, die Randhärte, die Einsatzhärtungstiefe und das Mindestbruchdrehmoment gemäß Tabelle 2.31.

DIN 267 Teil 13 legt die mechanischen Eigenschaften von Teilen für Schraubenverbindungen mit besonderen mechanischen Eigenschaften zum Einsatz bei Temperaturen von –200°C bis +700°C fest.

Sie enthält die für kaltzähe und warmfeste Schraubenverbindungen einsetzbaren Werkstoffe und Festigkeitsklassen (Tabellen 2.32, 7.2 und 7.4), Warmstreckgrenzen für die Festigkeitsklassen 5.6 und 8.8 (Tabelle 2.33) und zweckmäßige Werkstoffpaarungen für Schraube und Mutter (Tabelle 7.3).

Die Norm teilt die Werkstoffe in drei Temperaturbereiche ein:

–200°C	bis unter	–10°C
–10°C	bis	+300°C
	über	+300°C

Hinsichtlich der Festigkeitswerte von Schrauben und Muttern gelten neben DIN EN ISO 898-1, DIN EN 20898-2 und DIN EN ISO 3506 zusätzlich die Werkstoffnormen

- DIN 17240 – Warmfeste und hochwarmfeste Werkstoffe für Schrauben und Muttern; Gütevorschriften (inzwischen ersetzt durch DIN EN 10269)
- DIN 17280 – Kaltzähe Stähle; Technische Lieferbedingungen für Blech, Band, Breitflachstahl, Formstahl, Stabstahl und Schmiedestücke (inzwischen ersetzt durch DIN EN 10028, DIN EN 10222 und DIN EN 10269)
- DIN 17440 – Nichtrostende Stähle; Technische Lieferbedingungen für Blech, Warmband, Walzdraht, gezogenen Draht, Stabstahl, Schmiedestücke und Halbzeug (teilweise ersetzt durch DIN EN 10088).

Werden darüber hinaus zusätzliche Bedingungen gestellt, sind diese bei Bestellung zu vereinbaren, zum Beispiel nach den AD-Merkblättern W2, W7 und W10, den VdTÜV-Werkstoffblättern 435/3 und 490 oder den technischen Regeln für Dampfkessel TRD 106.

Für Teile für Schraubenverbindungen zum Einsatz bei Temperaturen von –200°C bis +700°C sind in DIN ISO 4759 entweder keine Toleranzen festgelegt oder die dort festgelegten Toleranzen sind für die Anwendung bei hohen oder bei tiefen Temperaturen nicht geeignet (zum Beispiel Gewindegrenzmaße, Form- und Lagetoleranzen). Deshalb werden hierfür in DIN 267 Teil 29 Produktklassen T1, T2 und T3 festgelegt, denen bestimmte Gewindegrenzmaße, Maßtoleranzen, Form- und Lagetoleranzen und Oberflächenrauheiten zugeordnet sind.

In DIN EN 28839, früher DIN 267 Teil 18, sind die technischen Lieferbedingungen für *mechanische Verbindungselemente aus Nichteisenmetallen* (Kupfer und Kupferlegierungen oder Aluminium und Aluminiumlegierungen) aufgeführt, wobei neben einer Werkstoffauswahl Werte für die mechanischen Eigenschaften der Verbindungselemente als Fertigteile angegeben sind (Tabelle 2.34).

Tabelle 2.32. Festigkeitsklassen für Anwendungstemperaturen von -10°C bis +300°C nach DIN 267 Teil 13

Festigkeitsklasse		Kennzeichen	
Schrauben nach DIN EN ISO 898–1	Muttern nach DIN EN 20898–2	Schrauben nach DIN EN ISO 898–1	Muttern nach DIN EN 20898–2
5.6	5–2 [1)]	5.6	5–2 [1)]
8.8	8	8.8	8

[1)] Durch den Zusatz „–2“ zum Kennzeichen der Festigkeitsklasse werden Thomasstahl und Automatenstahl ausgeschlossen.

Für verschiedene Arten von Oberflächenfehlern an Schrauben und Muttern werden Grenzwerte festgelegt:

- DIN EN 493: Muttern,
- DIN EN 26157–1: Schrauben für allgemeine Anforderungen,
- DIN EN 26157–3: Schrauben für spezielle Anforderungen.

Grundsätzlich gilt:
Treten Oberflächenfehler innerhalb der festgelegten Grenzwerte auf, dann müssen die mechanischen und funktionellen Eigenschaften nach DIN EN 20898–2, DIN EN ISO 898–6 und DIN EN ISO 2320 (Muttern) sowie DIN EN ISO 898–1 noch erreicht werden.

Die Normen enthalten umfassende Angaben über Arten, Ursachen und Erscheinungsformen von Oberflächenfehlern mit vielen Beispielen.

Tabelle 2.33. Warmstreckgrenzen für Festigkeitsklassen 5.6 und 8.8 nach DIN 267 Teil 13

Festigkeitsklasse	Mindest-Streckgrenze R_{eH} bzw. $R_{p0,2}$ in N/mm² bei				
	+20°C	+100°C	+200°C	+250°C	+300°C
5.6	300	270	230	215	195
8.8	640	590	540	510	480

Tabelle 2.34. Mechanische Eigenschaften für Verbindungselemente aus Nichteisenmetallen nach DIN EN 28839

Werkstoff		Gewinde-Nenndurchmesser d	Zugfestigkeit R_m min	0,2%-Dehngrenze $R_{p0,2}$ min	Bruchdehnung A min.
Kennzeichen	Kurzzeichen	mm	N/mm²	N/mm²	%
CU 1	Cu-ETP oder Cu-FRHC	$d \leq 39$	240	160	14
CU 2	CuZn37	$d \leq 6$	440	340	11
		$6 < d \leq 39$	370	250	19
CU 3	CuZn39Pb3	$d \leq 6$	440	340	11
		$6 < d \leq 39$	370	250	19
CU 4	CuSn6	$d \leq 12$	470	340	22
		$12 < d \leq 39$	400	200	33
CU 5	CuNi1Si	$d \leq 39$	590	540	12
CU 6	CuZn40Mn1Pb	$6 < d \leq 39$	440	180	18
CU 7	CuAl10Ni5Fe4	$12 < d \leq 39$	640	270	15
AL 1	AlMg3	$d \leq 10$	270	230	3
		$10 < d \leq 20$	250	180	4
AL 2	AlMg5	$d \leq 14$	310	205	6
		$14 < d \leq 36$	280	200	6

Tabelle 2.35 Fortsetzung

Werkstoff		Gewinde-Nenn-durchmesser d	Zugfestigkeit R_m min	0,2%-Dehngrenze $R_{p0,2}$ min	Bruchdehnung A min.
Kenn-zeichen	Kurzzeichen	mm	N/mm²	N/mm²	%
AL 3	AlSi1MgMn	$d \leq 6$	320	250	7
		$6 < d \leq 39$	310	260	10
AL 4	AlCu4MgSi	$d \leq 10$	420	290	6
		$10 < d \leq 39$	380	260	10
AL 5	AlZnMgCu0,5	$d \leq 39$	460	380	7
AL 6	AlZn5,5MgCu	$d \leq 39$	510	440	7

Literatur

2.1 DIN-Taschenbuch 45 (2000) Gewinde. Beuth Verlag GmbH
2.2 DIN-Taschenbuch 193 (2000) Mechanische Grundnormen. Beuth Verlag GmbH
2.3 DIN-Taschenbuch 55 (2000) Mechanische Verbindungselemente Technische Lieferbedingungen für Schrauben, Muttern und Unterlegteile. Beuth Verlag GmbH

3 Werkstoffe

3.1 Allgemeines

Die Wahl des Werkstoffs für die Verbindungselemente Schraube und Mutter einer Schraubenverbindung richtet sich im Wesentlichen nach folgenden Gesichtspunkten:

- Werkstofffestigkeit in Abhängigkeit von der Höhe der erforderlichen Montagevorspannkraft,
- Betriebsanforderungen auf Grund zusätzlicher mechanischer Beanspruchung, gegebenenfalls unter Berücksichtigung von Einflüssen wie Temperatur, Korrosion und Strahlung,
- Fertigungsbedingungen.

Die Funktionseigenschaften der Schraube werden neben ihrer Gestaltung und Bemessung wesentlich durch den Werkstoff und seine Eigenschaften nach der Schraubenfertigung bestimmt.

Aus der funktionsbedingten Formgebung der Schraube als gekerbtes Bauteil resultiert bereits bei verhältnismäßig niedriger Schrauben-Vorspannkraft örtlich eine extrem hohe mechanische Beanspruchung, die im Bereich größter Spannungskonzentration zum Erreichen und sogar Überschreiten der Werkstoffstreckgrenze führen kann (s. Abschnitt 5.1).

Für den Werkstoff bedeutet dies, dass auch bei hoher Festigkeit, die oft das Hauptkriterium für die Werkstoffauswahl darstellt, noch ein ausreichendes plastisches Formänderungsvermögen sichergestellt sein muss.

Darüber hinaus hängt die Funktionsfähigkeit der Schraubenverbindung maßgeblich von der gewählten Paarung aus Schrauben- und Mutterwerkstoff und deren Festigkeits- und Zähigkeitseigenschaften bei zügiger und wechselnder Beanspruchung ab.

Aber auch die Fertigungsbedingungen haben auf die Werkstoffeigenschaften sowie auf die mechanischen Eigenschaften der Schraubenverbindung im eingebauten Zustand einen wesentlichen Einfluss. Hier spielt neben der Art der Formgebung (spanend oder spanlos) sowie der Wärme- und Oberflächenbehandlung vor allem die Reihenfolge der Fertigungsschritte (Gewinde nach dem Vergüten des Schraubenrohlings gewalzt – schlussgewalzt – oder bereits vor der Wärmebehandlung des Schraubenrohlings gewalzt – schlussvergütet –) eine entscheidende Rolle (s. Abschnitt 5.2.2.1).

Vor diesem Hintergrund lassen sich die eingangs genannten Gesichtspunkte hinsichtlich der Auswahl geeigneter Werkstoffe wie folgt konkretisieren:

- Im Allgemeinen kommen für Schrauben diejenigen Stähle in Betracht, mit denen sich durch eine geeignete Wärmebehandlung hohe Festigkeiten bei gleichzeitig guten Zähigkeitseigenschaften erzielen lassen.
- Die zu berücksichtigenden speziellen Betriebsbedingungen wie korrosiv wirkende Umgebung, hohe oder tiefe Temperaturen, Strahlungseinflüsse usw. können Stähle mit bestimmter chemischer Zusammensetzung erforderlich machen. Unter Umständen kann hier auch der Einsatz anderer Werkstoffe notwendig sein wie Nichteisenschwermetall-Legierungen mit den Basismetallen Kupfer (elektrische Leitfähigkeit) oder Nickel (Hochtemperaturbeständigkeit) sowie Leichtmetall-Legierungen (großes Verhältnis von Festigkeit zu Gewicht). Nichtmetallische Werkstoffe eignen sich jedoch für Schraubenverbindungen nur, wenn an die Festigkeitseigenschaften vergleichsweise geringe Anforderungen gestellt werden.
- Die Forderung nach speziellen mechanischen Eigenschaften wie hohe Schwingfestigkeit kann schließlich den Gesichtspunkt der Fertigungsbedingungen für die Werkstoffauswahl in den Vordergrund rücken.

Nachfolgend werden vorwiegend die Stähle als wichtigste Werkstoffgruppe behandelt.

3.2 Werkstoffe für Schrauben und Muttern bei mechanischer Beanspruchung

Schrauben und Muttern als verbindende Konstruktionselemente haben in den allermeisten Fällen verhältnismäßig hohe mechanische Kräfte zu übertragen. Es ist daher erklärlich, dass Werkstoffe für Schraubenverbindungen primär nach Festigkeitsgesichtspunkten ausgewählt werden. Zur Erzielung der geforderten Festigkeitseigenschaften werden werkstofftechnisch drei festigkeitssteigernde Grundmechanismen genutzt, die sowohl einzeln als auch in kombinierter Form Anwendung finden:

- Festigkeitssteigerung durch Mischkristallhärtung (γ-α-Umwandlung),
- Festigkeitssteigerung durch Kaltverfestigung, z. B. bei austenitischen Stählen.
- Festigkeitssteigerung durch Ausscheidungshärtung, z. B. Nickel-Basislegierungen.

Unter Berücksichtigung anwendungs- und sicherheitstechnischer Erfordernisse kann die Werkstoffauswahl nach Festigkeitsgesichtspunkten vorgenommen werden. Bei der Forderung nach leichter Bauweise ist das spezifische Gewicht des Schrauben- und Mutterwerkstoffs ein zusätzliches Auswahlkriterium.

3.2.1 Zugfestigkeiten unterhalb 800 N/mm^2

Die Werkstoffanforderungen bis zu Zugfestigkeiten von etwa 800 N/mm^2 können im Allgemeinen mit unlegierten Kohlenstoffstählen erfüllt werden, wobei für die bei Schraubenwerkstoffen erforderliche gute Kaltformbarkeit der Einsatz von Stählen mit geringem Kohlenstoffgehalt sinnvoll ist (Tabelle 3.1). Zudem kann aus folgenden Gründen eine bestimmte Stahlreinheit vorgeschrieben werden:

Tabelle 3.1. Werkstoffe für Schrauben mit Festigkeitsklassen entsprechend DIN EN ISO 898 Teil 1, Gewindeabmessungen und Wärmebehandlung, Beispiele nach [3.1]

Festig-keitsklasse	Stahl		Gewindeabmessung	Wärmebehandlung nach der Kaltumformung
	Kurzname	Werkstoff-nummer		
3.6	QSt36–2	1.0203	bis M39	Glühen
4.6	UQSt36–2	1.0204		
	USt38–2	1.0217		
	UQSt38–2	1.0224		
4.8	QSt36–2	1.0203	üblich bis M16	Keine
	QSt38–2	1.0204		
5.6	Cq22	1.1152	bis M39	Glühen
5.8	Cq22	1.1152	bis M39	Keine
	Cq35	1.1172		
6.8	Cq35	1.1172	bis M39	Keine oder Vergüten
	35B2	1.5511		
	Cq45	1.1192		
8.8	22B2	1.5508	bis M12	Vergüten
	28B2	1.5510		
	19MnB4	1.5523	bis M22	
	35B2	1.5511	bis M39	
	Cq35	1.1172		
	Cq45	1.1192		
	34Cr4	1.7033	von M24 bis M39	
	37Cr4	1.7034		
10.9	19MnB4	1.5523	bis M8	
	35B2	1.5511		
	Cq35	1.1172		
	34Cr4	1.7033	ab M8 bis M18	
	41Cr4	1.7035	bis M 39	
	34CrMo4	1.7220		
	42CrMo4	1.7225		
12.9	34CrMo4	1.7220	bis M18	
	37Cr4	1.7034		
	41Cr4	1.7035		
	42CrMo4	1.7225	bis M24	
	30CrNiMo8	1.6580	bis M39	
	34CrNiMo6	1.6582		

- Hohe Umformgrade setzen ein möglichst gleichmäßiges und ungestörtes Gefüge ohne Fremdeinschlüsse, Feinporosität und Seigerungen voraus.
- Die aus konstruktiven Gründen unvermeidlichen hohen Spannungskonzentrationen in bestimmten Querschnittsbereichen von Schrauben (erster tragender Gewindegang, Kopf-Schaft-Übergang, Gewindeauslauf) verlangen eine möglichst geringe Kerbempfindlichkeit des Schraubenwerkstoffs.
- Die für Schraubenverbindungen notwendigen hohen Vorspannungen erfordern auf Grund der Kerbwirkung und der damit verbundenen Formänderungsbehinderung ausreichende Zähigkeitseigenschaften.

3.2.2 Zugfestigkeiten zwischen 800 und 1400 N/mm^2

Für Schrauben mit Zugfestigkeiten zwischen etwa 800 und 1400 N/mm^2 sind bereits überwiegend niedrig legierte Vergütungsstähle zur Erzielung ausreichender Festigkeits- und Zähigkeitskennwerte erforderlich (Tabelle 2.13 und Tabelle 3.1). Die hierfür üblichen Legierungselemente sind

- Chrom,
- Nickel,
- Molybdän,
- Vanadium,
- Mangan

sowie zunehmend auch Bor.

Borlegierte Stähle mit niedrigem Kohlenstoffgehalt besitzen eine gute Kaltformbarkeit bei gleichzeitig verbesserter Härtbarkeit (Abschnitt 3.5). Sie werden mit bestem Erfolg für Schrauben bis zur Festigkeitsklasse 10.9 verwendet [3.1].

Grundlage für die Werkstoffauswahl ist DIN EN 10263 *Walzdraht, Stäbe und Draht aus Kaltstauch- und Kaltfließpressstählen*, Ersatz für DIN 1654:

Teil 1:	Allgemeine technischen Lieferbedingungen
Teil 2:	Technische Lieferbedingungen für nicht für eine Wärmebehandlung nach der Kaltverarbeitung vorgesehene Stähle
Teil 3:	Technische Lieferbedingungen für Einsatzstähle
Teil 4:	Technische Lieferbedingungen für Vergütungsstähle
Teil 5:	Technische Lieferbedingungen für nichtrostende Stähle

Diese Norm enthält u. a. die chemische Zusammensetzung der einzelnen Stahlsorten sowie Angaben über die mechanischen Eigenschaften (Festigkeits- und Zähigkeitskennwerte). In den Tabellen 2.13 und 2.14 sind für Schrauben die nach DIN EN ISO 898 Teil 1 erforderlichen Ausgangswerkstoffe für die einzelnen Festigkeitsklassen, die chemische Zusammensetzung sowie wichtige geforderte mechanische Eigenschaften angegeben. Tabelle 3.2 zeigt die Grenzwerte der chemischen Zusammensetzung von Stählen für Muttern gemäß DIN EN 20898 Teil 2.

Die Auswahl des jeweiligen Stahls zur Erzielung der erforderlichen Eigenschaften bzw. Kennwerte bleibt dem Hersteller bzw. Anwender überlassen, was hauptsächlich für Sonderausführungen wichtig ist.

Eine Alternative zur Festigkeitsklasse 8.8 nach DIN EN ISO 898–1 stellen kaltumgeformte Verbindungselemente aus thermomechanisch behandeltem Vormaterial ohne vergütende Nachbehandlung dar. Im Vergleich zur konventionellen Fertigung entfallen die Arbeitsgänge „Vergüten“ und ggf. „Richten“ bei Teilen mit großem Schlankheitsgrad (Ziel: Reduzierung der Fertigungskosten). Derart hergestellte Teile entsprechen den Anforderungen von DIN EN ISO 898–1 für die Festigkeitsklasse 8,8 mit folgenden Ausnahmen:

- Durch die bei der Kaltumformung entstehende Kaltverfestigung können bei Schrauben Härtewerte bis 420 HV auftreten.
- Verfahrensbedingt liegt kein Vergütungsgefüge (angelassener Martensit) vor.

Im VDA-Werkstoffblatt 235–202 (Ausgabe Oktober 2001) werden die mechanischen Eigenschaften dieser Verbindungselemente, die hier mit „Festigkeitsklasse 800K“ bezeichnet werden, beschrieben. Danach können folgende Werkstoffe mit den in VDA 235–202 festgelegten chemischen Zusammensetzungen eingesetzt werden:

- 10MnSi7
- 20MnB4Ti
- 22MnB5Ti.

Tabelle 3.2. Grenzwerte der chemischen Zusammensetzung von Stählen für Muttern mit Festigkeitsklassen gemäß DIN EN 20898–2

Festigkeitsklasse		Chemische Zusammensetzung als Massenanteile in % (Stückanalyse)			
		C	Mn	P	S
		max.	min.	max.	max.
4 [a)], 5 [a)], 6 [a)]	–	0,50	–	0,060	0,150
8, 9	04 [a)]	0,58	0,25	0,060	0,150
10 [b)]	05 [b)]	0,58	0,30	0,048	0,058
12 [b)]	–	0,58	0,45	0,048	0,058

[a)] Muttern dieser Festigkeitsklassen dürfen aus Automatenstahl hergestellt werden, wenn nicht zwischen Besteller und Lieferer andere Vereinbarungen getroffen sind. Bei Verwendung von Automatenstahl sind folgende maximale Schwefel-, Phosphor- und Bleianteile zulässig:
Schwefel: 0,34%
Phosphor: 0,11%
Blei: 0,35%.

[b)] Bei diesen Festigkeitsklassen dürfen gegebenenfalls Legierungselemente hinzugefügt werden, um die mechanischen Eigenschaften der Muttern zu erreichen

Beim Einsatz von Schrauben der Festigkeitsklasse 8.8 aus diesen Stählen und mit dieser Herstellungsmethode gefertigt, ist insbesondere zu beachten, dass infolge der Kaltverfestigung das Plastifizierungsvermögen des Bauteilwerkstoffs eingeschränkt ist. Dies kann sich vornehmlich in einer reduzierten Belastbarkeit der Verbindungselemente an kritischen Kerbstellen, einem vergrößerten Streckgrenzenverhältnis und in einer beschränkten Wiederverwendbarkeit bei drehwinkelgesteuerter Schraubmontage auswirken.

Bei Temperaturbeanspruchung schon im Bereich unter 300°C, die zum Beispiel beim Aufbringen von Zinklamellenüberzügen zum Ziel eines Korrosionsschutzes auftritt, muss mit einer Veränderung der mechanischen Eigenschaften gerechnet werden (Abfall des Streckgrenzenverhältnisses, Abbau von Eigenspannungen verbunden mit reduzierter Schwingfestigkeit des Schraubengewindes, Zunahme des Plastifizierungsvermögens)

Nicht unerwähnt sollte bleiben, dass infolge der Kaltumformung im Zustand relativ hoher Werkstofffestigkeit des Schraubendrahtes – Mindestzugfestigkeit $R_{mmin} = 800\,N/mm^2$ – eine verminderte Standzeit der Press- und Walzwerkzeuge zu erwarten ist.

3.2.3 Zugfestigkeiten oberhalb 1400 N/mm^2

Für die sog. höchstfesten Verbindungselemente mit Zugfestigkeiten $R_m > 1400\,N/mm^2$ werden im Allgemeinen höher legierte Stähle eingesetzt. Bei diesen sind hinsichtlich Reinheit und Verarbeitung besondere Anforderungen zu stellen, um die festigkeitsbedingte erhöhte Kerbempfindlichkeit weitgehend zu mindern.

Ein hoher Reinheitsgrad lässt sich durch das Umschmelzen und Vergießen von Werkstoffen im Vakuum erzielen. Tabelle 3.3 verdeutlicht, dass bei einem hochfesten Ni–Cr–Mo-Vergütungsstahl bei gleicher Zugfestigkeit und 0,2%-Dehngrenze die Zähigkeitskennwerte der Bruchdehnung und Brucheinschnürung bei der Umschmelzung im Vakuum weitaus besser sind als die entsprechenden Werte des an Luft im Elektroofen hergestellten Stahls [3.3]. Für eine quantitative Bewertung eignet sich dabei insbesondere das in Tabelle 3.3 dargestellte Verhältnis der jeweiligen Zähigkeitskennwerte in Quer- und Längsrichtung.

Verbunden mit einer geeigneten Wärmebehandlung der Stähle sowie durch Gewindewalzen nach der Wärmebehandlung können bei beanspruchungsgerechter konstruktiver Gestaltung der Schrauben optimale mechanische Eigenschaften mit Zugfestigkeiten bis zu 2000 N/mm^2 bei zugleich hohem Streckgrenzenverhältnis erzielt werden.

Tabelle 3.4 enthält stellvertretend für eine Vielzahl möglicher Werkstoffe drei hochfeste Stähle, die insbesondere wegen ihrer günstigen gewichtsspezifischen Eigenschaften vorwiegend im Leicht-, Flugzeug- und Triebwerksbau sowie in der Raumfahrt Anwendung finden.

Tabelle 3.3. Einfluss der Erschmelzungsart des Stahls 38NiCrMoV7-3 - Werkstoff-Nr. 1.6926 - auf die Zähigkeitseigenschaften bei einer Vergütungsfestigkeit von ca. 1800 N/mm^2 [3.3]

Stahlerzeugungsverfahren	Bruchdehnung A ($L_0 = 5d_0$) %		Brucheinschnürung *Z* %		Verhältnis von Kennwert *quer* zu Kennwert *längs*	
	längs	quer	längs	quer	Aq / Al	Zq / Zl
Erschmelzen im Elektroofen	10	4	40	12	0,40	0,30
Umschmelzen im Vakuumlichtbogenofen	11	8	40	27	0,73	0,68

Tabelle 3.4. Werkstoffe für höchstfeste Schrauben

Werkstoff		Mechanische Eigenschaften bei Raumtemperatur			
Kurzname	Werkstoffnummer	Zugfestigkeit	0,2%-Dehngrenze	Bruchdehnung	Brucheinschnürung
		R_m	$R_{P0,2}$	A_5	Z
		N/mm²	N/mm²	%	%
X41CrMoV5–1	1.7783	1520–1670 [a)]	1340 [a)]	9 [a)]	40 [a)]
X2NiCoMo18–8–5	1.6359	930–1180 [c)]	640–940 [c)]	10–18 [c)]	
		1670–2210 [c)]	1570–1820 [c)]	6–8 [c)]	
X3CrNiMoAl13–8–2	1.4534	1410 [d)]	1310 [d)]	9 [d)]	50 [d)]

Tabelle 3.4. Fortsetzung

Werkstoff-		Physikalische Eigenschaften bei Raumtemperatur				Wärmebehandlungszustand
Kurzname	Werkstoffnummer	E-Modul	α	ρ	R_m/ρ	
		N/mm² x10³	µm/mK	kg/dm³	N/mm² / kg/dm³	
X41CrMoV5–1	1.7783	215 [b)]	11,4 [b)]	7,75	196–216	Vergütet
X2NiCoMo18–8–5	1.6359			7,75	120–152	lösungsgeglüht
			12,2 [c)]	7,75	216–286	ausgehärtet
X3CrNiMoAl13–8–2	1.4534	202 [e)]	10,5 [e)]	7,75	182	ausgehärtet

a) [3.4]
b) [3.5]
c) [3.6]
d) [3.7]
e) [3.8]

3.2.4 Schraubenverbindungen für den Leichtbau

Schraubenverbindungen im Leichtbau zeichnen sich durch ein besonders großes Verhältnis von Zugfestigkeit und spezifischem Gewicht aus. Dieses kann auf zwei Wegen erreicht werden:

- Einsatz von höchstfesten Werkstoffen gemäß Abschnitt 3.2.3,
- Einsatz von Leichtmetalllegierungen mit besonders geringem spezifischen Gewicht, z. B. Titanlegierungen (Tabelle 3.5), sowie Aluminium-(Tabelle 2.37), Magnesium- und Berylliumlegierungen.

Tabelle 3.5. Titanlegierungen für Schraubenverbindungen im Leichtbau

Werkstoff			Mechanische Eigenschaften bei Raumtemperatur			
Kurzname DIN 17006	Werkstoffnummer	Luftfahrtwerkstoffnummer	R_m	$R_{P0,2}$	A_5	Z
			N/mm^2	N/mm^2	%	%
TiAl6V4	3.7165	3.7164.1	900 [b)]	830 [b)]	8–10 [b)]	20–25 [b)]
		3.7164.7 [a)]	1070–1100 [b)]	1000–1030 [b)]	8 [b)]	15 [b)]
TiAl6V6Sn2	1.6359	3.7174.1	1000 [e)]	930 [e)]	7–8 [e)]	15–20 [e)]
		3.7174.7	1200 [e)]	1100 [e)]	6 [e)]	15 [e)]

Tabelle 3.5. Fortsetzung

Werkstoff			Physikalische Eigenschaften bei Raumtemperatur				Wärmebehandlungszustand
Kurzname nach DIN 17006	Werkstoffnummer	Luftfahrtwerkstoffnummer	E-Modul	α	ρ	R_m/ρ	
			10^3 N/mm^2	µm/mK	kg/dm^3	$\frac{N/mm^2}{kg/dm^3}$	
TiAl6V4	3.7165	3.7164.1	111 [c)]		4,45	202	geglüht
		3.7164.7 [a)]	111 [c)]	8,0 [d)]	4,45	240–247	ausgehärtet
TiAl6V6Sn2	1.6359	3.7184.1	114 [c)]		4,45	225	geglüht
		3.7184.7	114 [c)]	8,8 [d)]	4,45	270	ausgehärtet

a) bis Nenndurchmesser 25 mm
b) [3.9]
c) [3.6]
d) [3.10]
e) [3.11]

3.3 Werkstoffe für Schraubenverbindungen bei Komplexbeanspruchung

Bei einer Komplexbeanspruchung überlagern sich den rein mechanischen Beanspruchungen noch zusätzliche Komponenten, z. B.

- Korrosionsbeanspruchung, insbesondere elektrochemische Korrosion,
- thermische Beanspruchung durch hohe oder tiefe Temperaturen,
- Strahlungseinflüsse,

so dass bei der Werkstoffauswahl immer der Gesamtbeanspruchungszustand zu berücksichtigen ist. Dies erweist sich insbesondere beim gleichzeitigen Auftreten mehrerer zusätzlicher Beanspruchungskomponenten oft als recht problematisch.

Die chemische Zusammensetzung geeigneter Schraubenwerkstoffe für Komplexbeanspruchung ist vielfach ähnlich. Dennoch wird im Hinblick auf die praktische Anwendung nach Werkstoffen unterschieden, die neben den ohnehin geforderten Festigkeits- und Zähigkeitseigenschaften

- hohen Korrosionswiderstand,
- hohe Warmfestigkeit bzw. hohen Kriechwiderstand,
- hohe Kaltzähigkeit

aufweisen. Da zusätzliche Korrosion sowie auch hohe oder tiefe Temperaturen einen nachhaltigen Einfluss auf die mechanischen Eigenschaften von Schraubenverbindungen ausüben, wird in den Kapiteln 6 und 7 neben den notwendigen Grundlagen auch gesondert auf die Werkstoffauswahl unter derartigen Beanspruchungen eingegangen.

3.4 Technische Lieferbedingung des DSV für Schraubenstähle mit erhöhten Anforderungen

Die nachfolgend vorgestellten technischen Lieferbedingungen (TL) wurden von den Mitgliedsfirmen des Deutschen Schraubenverbandes (DSV) zusammengestellt. Sie sollen zu einer Sortenverringerung der eingesetzten Schraubenstähle führen. Für die hier behandelten geglühten und ungeglühten Rundwalzdrähte oder Stabstähle werden gegenüber den Angaben in Normen erhöhte Anforderungen festgeschrieben.

Bestellbeispiel:

Stahl DSV-TL (11/03) – 21 GKZ **ähnlich** Stahl DIN 1654 – 1.5523 GKZ.

Die Tabelle 3.6 zeigt die Auswahl von Schraubenstählen gemäß TL für Schraubenstähle des DSV.

Die TL des DSV gibt zum Teil von den Normen abweichende chemische Analysen für die einzelnen Werkstoffe vor (Tabelle 3.7).

Tabelle 3.6. Auswahl von Schraubenstählen gemäß TL für Schraubenstähle des DSV

	1	2	3	4	5	6	7
	Verwendungszweck / Werkstoff	Stähle ohne Wärmebehandlung	Einsatz-stähle	Vergütungs-stähle	Warm-feste Stähle	Kalt-zähe Stähle	Rostbe-ständige Stähle
1	C10	X					
2	C15E	X	X				
11	C16E		X				
12	16MnCr5		X				
13	C22		X				
14	C22 + Mn		X	X			
21	23MnB3		X	X	X		
22	(19+23)MnB4		X	X	X		
23	28B2			X			
24	32CrB4			X			
25	(35+38)B2			X	X		
26	36CrB4			X			
31	(34+37)Cr4			X			
32	34CrMo4			X			
33	34CrNiMo6			X	X		
41	21CrMoV5-7				X		
42	40CrMoV4-6				X		
43	X21CrMoNiV12-1				X		
44	X6NiCrTiMoVB25-15-2				X		
51	X5CrNi18-10					X	X
52	X3CrNiCu18-9-4					X	X
53	X6CrNiTi18-10					X	X
54	X5CrNiMo17-12-2					X	X
55	X6CrNiMoTi17-12-2					X	X
56	X3CrNiCuMo17-11-3-2					X	X

Tabelle 3.7. Eingeschränkte Analysen für Stähle aus der TL für Schraubenstähle des DSV, Ausgabe 11/2003, gegenüber DIN EN 10263 und EN 10269

1	2	3	4	5	6	7	8	9	10	11	12	13	14	15	16
DSV Nr.	Werkstoff- Analyse / Bezeichnung	C %	Si %	Mn %	P %	S %	Cr %	Mo %	Ni %	V %	Ti %	Al %	Cu %	B ppm	N %
1	1.1121 C10	0,09 0,13	- 0,10	0,35 0,55	- 0,025	- 0,025						0,02 -	- 0,30		
2	1.1141 C15E	0,14 0,18	- 0,10	0,35 0,55	- 0,015	- 0,015						0,02 -	- 0,30		
11	1.1148 C16E	0,14 0,18	- 0,15	0,70 0,90	- 0,015	- 0,015							- 0,30		
12	1.7131 16MnCr5	0,15 0,19	- 0,15	1,10 1,30	- 0,015	- 0,015	0,95 1,10						- 0,30		
13	1.1152 C22	0,20 0,24	- 0,15	0,40 0,60	- 0,015	- 0,015							- 0,30		
14	(1.1152) C22 + Mn	0,20 0,24	- 0,15	0,80 1,00	- 0,015	- 0,015							- 0,30		
21	1.5507 23MnB3	0,21 0,25	- 0,15	0,80 1,00	- 0,015	- 0,015	0,25 0,35				- 0,06	0,02 0,08	- 0,30	8 50	
22	1.5523** (19+23)MnB4	0,21 0,25	- 0,15	1,00 1,20	- 0,015	- 0,015	0,15 0,30				- 0,06	0,02 0,08	- 0,30	8 50	
23	1.5510 28B2	0,25 0,29	- 0,15	0,70 0,90	- 0,02*	- 0,015	0,15 0,30				- 0,06	0,02 0,08	- 0,30	8 50	
24	1.7076 32CrB4	0,30 0,34	- 0,15	0,70 0,90	- 0,02*	- 0,015	1,05 1,20				- 0,06	0,02 0,08	- 0,30	8 50	
25	1.5511 (35+38)B2	0,35 0,39	- 0,15	0,70 0,90	- 0,02*	- 0,015	0,15 0,30				- 0,06	0,02 0,08	- 0,30	8 50	
26	1.7077 36CrB4	0,34 0,38	- 0,15	0,70 0,90	- 0,02*	- 0,015	1,05 1,20				- 0,06	0,02 0,08	- 0,30	8 50	
31	1.7033 / 1.7034 (34+37)Cr4	0,34 0,37	- 0,15	0,70 0,90	- 0,02*	- 0,015	1,05 1,20						- 0,30		
32	1.7220 34CrMo4	0,34 0,37	- 0,15	0,70 0,90	- 0,015	- 0,015	1,05 1,20	0,20 0,30					- 0,30		
33	1.6582 34CrNiMo6	0,34 0,38	- 0,15	0,50 0,70	- 0,02*	- 0,015	1,55 1,70	0,15 0,30	1,40 1,70				- 0,30		
41	1.7709 21CrMoV5-7	0,21 0,25	0,15 0,35	0,60 0,80	- 0,025	- 0,015	1,35 1,50	0,65 0,80		0,25 0,35		- 0,03			
42	1.7711 40CrMoV4-7	0,40 0,44	0,15 0,35	0,60 0,80	- 0,025	- 0,015	1,05 1,20	0,60 0,75		0,25 0,35		- 0,01			
43	1.4923 X21CrMoV12-1	0,20 0,24	0,10 0,50	0,60 0,80	- 0,025	- 0,015	11,0 12,5	0,80 1,20	0,30 0,80	0,25 0,35					
44	1.4980 X6NiCrTiMoVB25-15-2	0,04 0,08	- 1,0	1,0 2,0	- 0,025	- 0,015	13,5 16,0	1,0 1,5	24,0 27,0	0,10 0,50	1,9 2,3	- 0,35		30 100	
51	A2 1.4301 X5CrNi18-10	- 0,07	- 1,0	- 2,0	- 0,045	- 0,030	17,0 19,0		8,0 11,0						- 0,11
52	A2 1.4567 X3CrNiCu18-9-4	- 0,04	- 1,0	- 2,0	- 0,045	- 0,030	17,0 19,0		8,0 10,0				3,0 4,0		- 0,11
53	A3 1.4541 X6CrNiTi18-10	- 0,08	- 1,0	- 2,0	- 0,045	- 0,030	17,0 19,0		9,0 12,0		5xC 0,80				
54	A4 1.4401 X5CrNiMo17-12-2	- 0,07	- 1,0	- 2,0	- 0,045	- 0,030	16,5 18,5	2,0 2,5	10,5 13,5						- 0,11
55	A5 1.4571 X6CrNiMoTi17-12-2	- 0,08	- 1,0	- 2,0	- 0,045	- 0,030	16,5 18,5	2,0 2,5	10,5 13,5		5xC 0,80				
56	A4 1.4578 X3CrNiCuMo17-11-3-2	- 0,04	- 1,0	- 2,0	- 0,045	- 0,015	16,5 17,5	2,0 2,5	10,0 11,0				3,0 3,5		- 0,11

* Falls erforderlich, kann P ≤ 0,015% bei der Bestellung der Stähle mit den DSV-Nr. 23, 24, 25, 26, 31 oder 33 vereinbart werden.

** Der Werkstoff Nr. 22 ist unterschiedlich zum Werkstoff 19MnB4 nach DIN EN 10269: C+0.01 Mn+0.05.

3.5 Einfluss der wichtigsten Legierungselemente auf die mechanisch-technologischen Eigenschaften von Stählen

Die Qualität eines Stahls hinsichtlich seiner mechanischen sowie seiner Verarbeitungseigenschaften wird sowohl durch die während der Stahlherstellung aufgenommenen Begleitelemente als auch durch gezielt eingesetzte Legierungselemente beeinflusst. Auf die Wirkung der wichtigsten dieser Elemente wird im Folgenden kurz eingegangen.

Kohlenstoff (C)

Kohlenstoff erhöht die Festigkeit bzw. die Härte. Die für die Schraubenfertigung unerlässliche Kaltformbarkeit nimmt jedoch mit steigendem C-Gehalt ab. Als obere Grenze für die praktische Anwendung kann ein C-Gehalt von etwa 0,45% angegeben werden.

Bor (B)

Um das bessere Umformverhalten niedrig gekohlter Stähle ($C < 0{,}25\%$) nutzen zu können, ohne an Vergütungsfestigkeit einzubüßen, nutzt man die festigkeitssteigernde Wirkung von Bor als Legierungselement [3.2, 3.12 bis 3.14]. Mit Borgehalten zwischen 5 und 50 ppm (1 ppm = 1 µg B/1 g Fe) kann die Härtbarkeit solcher Stähle entscheidend verbessert werden. Voraussetzung hierfür ist jedoch, dass Bor in gelöster Form vorliegt. Auf Grund der großen Neigung von Bor zur Bildung von Nitriden und Oxiden werden daher bei borlegierten Stählen die Elemente Stickstoff und Sauerstoff bereits während der Stahlherstellung weitgehend reduziert. Nicht zuletzt daraus resultieren die guten Zähigkeitseigenschaften dieser Stähle. Die hohe Affinität von Bor zu Kohlenstoff bewirkt eine kontinuierliche Abnahme der Härtbarkeitssteigerung mit zunehmendem C-Gehalt des Stahls. Oberhalb von etwa 0,60% C hat das Zulegieren von Bor keine festigkeitssteigernde Wirkung mehr [3.15]. Hier führen jedoch die üblichen Zusätze von 5 bis 50 ppm zu einer Verbesserung der Zähigkeitseigenschaften. Im Gegensatz zu den herkömmlichen durchhärtbarkeitssteigernden Legierungselementen (z. B. Chrom, Molybdän) besitzt Bor den großen Vorteil, dass es die Festigkeitseigenschaften des Stahls im unvergüteten Zustand nicht beeinflusst. Ein Weichglühen vor der Kaltumformung ist daher im Allgemeinen nicht erforderlich.

Chrom (Cr)

Chrom erhöht die Zugfestigkeit (Mischkristallbildung) und verringert die kritische Abkühlgeschwindigkeit. Dadurch erhöht sich die Einhärtetiefe (Behinderung der C-Diffusion). Neben der Warmfestigkeit verbessert Chrom die Zunderbeständigkeit (s. Abschnitt 7.1.3.4) und wirkt ab einer Konzentration von ca. 13% sowohl in ferritischen als auch in austenitischen Stählen korrosionshemmend durch die Bildung von resistenten Chrom-Oxid-Passivschichten, solange es in gelöster Form im Mischkristall vorliegt (s. Kapitel 6).

Vanadium (V)

Bei den in Vergütungsstählen üblichen Vanadinanteilen von etwa 0,1% wirkt dieses Element durch Bildung feinverteilter Karbide kornverfeinernd und behindert eine Anlassversprödung. Es verbessert somit indirekt die Zähigkeitseigenschaften des Werkstoffs.

Molybdän (Mo)
Ein Molybdänanteil von etwa 0,2% in Stählen steigert die Durchhärtbarkeit und behindert die Anlassversprödung. Es wirkt insgesamt gesehen wie alle sonderkarbidbildenden Elemente (z. B. Chrom, Vanadium, Wolfram, Bor) härte- und festigkeitssteigernd. Es findet sich wegen seiner bei höheren Temperaturen gefügestabilisierenden Wirkung häufig in Werkstoffen für höhere Betriebstemperaturen (s. Abschnitt 7.1.2.2).

Nickel (Ni)
In Verbindung mit Chrom und Molybdän kommt Nickel mit Gehalten von etwa 2% als Legierungselement bei Vergütungsstählen zur Anwendung. Es erhöht als Substitutionselement die Festigkeit des Mischkristalls und besitzt, da es keine Karbide bildet, eine vorteilhafte Wirkung auf die Zähigkeit des Stahls. Es empfiehlt sich insbesondere für die Vergütung großer Querschnitte, die hohe Festigkeits- und optimale Zähigkeitskennwerte aufweisen müssen. Da es als Legierungselement allein anlassversprödend wirkt, wird es meist gemeinsam mit Molybdän angewandt (z. B. 30CrNiMo8). Nickel in ausreichender Menge ist in Verbindung mit Chrom Hauptlegierungselement nichtrostender austenitischer Stähle mit ausgezeichneten Zähigkeitseigenschaften bis zu extrem niedrigen Temperaturen (s. Abschnitt 6.4.2 und 7.3.2).

Kobalt (Co)
Kobalt wird als Legierungselement vorwiegend zur Verbesserung der Anlassbeständigkeit und zur Erhöhung der Warmfestigkeit eingesetzt.

Titan (Ti)
Titan wirkt desoxidierend, denitrierend, schwefelbindend sowie karbidbildend. Die feinverteilten Karbide führen insbesondere bei korrosionsbeständigen Stählen zu einer verringerten Anfälligkeit gegenüber interkristalliner Korrosion (s. Abschnitt 6.4.2).

Mangan (Mn)
Mangan erhöht als Legierungselement die Festigkeit und die Zähigkeit. Mn desoxidiert und bindet Schwefel als Mangansulfid (*MnS*). Bei größeren Schwefelgehalten reduzieren die beim Walzen zeilenförmig verstreckten Mangansulfide die Verformungsfähigkeit senkrecht zur Walzrichtung.

Silizium (Si)
Si wird vorwiegend zur Stahlberuhigung eingesetzt, was insbesondere für die Zähigkeit und Alterungsbeständigkeit unlegierter Baustähle wichtig ist. Als Legierungselement verbessert es die Zunderbeständigkeit bei hitzebeständigen Stählen.

Aluminium (Al)
Aluminium wirkt stark desoxidierend und denitrierend. Durch die Bildung von Al-Nitriden hoher Härte wird insbesondere die Alterungsanfälligkeit von Stählen erheblich vermindert. Bei ferritischen Chromstählen führt das Zulegieren von Aluminium neben einer Verbesserung der Zunderbeständigkeit auch zu einer verringerten Empfindlichkeit gegenüber interkristalliner Korrosion (s. Kapitel 6).

Stickstoff (N)
Stickstoff wird als Legierungselement vorwiegend bei austenitischen Stählen zur Stabilisierung des Austenitgefüges eingesetzt. Die fein dispersen Nitrid-ausscheidungen bewirken eine Festigkeitssteigerung und eine Verbesserung der mechani-

schen Eigenschaften bei erhöhter Temperatur. Ausscheidungsvorgänge können jedoch auch zu einer Beeinträchtigung der Zähigkeitseigenschaften führen (Alterung) sowie bei unlegierten und niedriglegierten Stählen die Empfindlichkeit gegenüber interkristalliner Korrosion erhöhen.

Phosphor (P)

Phosphor wirkt stark anlassversprödend. Diese zähigkeitsmindernde Wirkung macht sich als Kaltsprödigkeit und als Empfindlichkeit gegenüber Schlagbeanspruchung bemerkbar. Daher wird im Allgemeinen der Phosphorgehalt auf ein Minimum reduziert.

Schwefel (S)

Schwefel wird wie Phosphor als unerwünschtes Begleitelement angesehen. Die üblicherweise ausreichenden Gehalte an Mangan binden den Schwefel zu punktförmig im Stahl verteiltem Mangansulfid mit hohem Schmelzpunkt und verringern damit die Rot- bzw. Heißbruchgefahr. Bis auf Sonderfälle wie Automatenstähle, bei denen zur Erzeugung kurzbrüchiger Späne mehr Schwefel zugesetzt wird, begrenzt man daher den Schwefelgehalt auf bestimmte Höchstwerte.

Wasserstoff (H)

Wasserstoff schädigt den Stahl. Er kann unter anderem bei der Stahlherstellung und/oder bei bestimmten Oberflächenbehandlungsverfahren, z. B. Beizen, in den Werkstoff gelangen und zur so genannten wasserstoffinduzierten Rissbildung führen (s. Kapitel 6).

Bei der Betrachtung der Einflüsse verschiedener Elemente auf die mechanisch-technologischen Werkstoffeigenschaften ist stets zu beachten, dass die Wirkung der einzelnen Legierungselemente nicht losgelöst von der Gesamtzusammensetzung des Werkstoffs gesehen werden darf. Das gilt besonders für die hier genannten Elemente im Zusammenhang mit dem jeweiligen Kohlenstoffgehalt. Gesteuert wird das Zusammenspiel schließlich durch eine auf Legierung und gewünschte Eigenschaftskennwerte abgestimmte Wärmebehandlung.

Literatur

3.1 Bossard (1982) Handbuch der Verschraubungstechnik. Zürich: Verlag Industrielle Organisation

3.2 Strelow D (1983) Mechanische Eigenschaften hochfester Schrauben aus niedriggekohlten borlegierten Werkstoffen bei Raumtemperatur und bei 300 °C. VDI-Z. 125: 92–98

3.3 Plöckinger E (1972) Eigenschaften von nach Sonderschmelzverfahren hergestellten Edelbaustählen einschließlich Stählen für Schmiedestücke. Stahl Eisen 92: 972-981

3.4 Werkstoff-Leistungsblatt 1.7784, Teil 3 (1976). Köln Beuth

3.5 Werkstoff-Leistungsblatt 1.7784 Beiblatt 1 (1976). Köln Beuth

3.6 Wellinger, Gimmel, Bodenstein (1972) Werkstofftabellen der Metalle. 7. Aufl. Stuttgart Kröner

3.7 Werkstoff-Leistungsblatt 1.4534 (1976). Köln Beuth

3.8 Werkstoff-Leistungsblatt 1.4534 Beiblatt 1 (1976). Köln Beuth

3.9 Werkstoff-Leistungsblatt 1.7164 Blatt 2 (1973). Köln Beuth

3.10 Smithels Colin A (1972) Metals Reference Book 5th edition London Boston Butterworths
3.11 Werkstoff-Leistungsblatt 3.7174 Blatt 2 (1979). Köln Beuth
3.12 Schuster M (1972) Borlegierte Vergütungsstähle für das Kaltpressen. Draht-Welt 58: 649–651
3.13 Härkönen S (1974) Kaltstauchdraht IB 18. Draht 25: 225–22
3.14 Engineer S (1976) Borlegierter Manganstahl TEW-25 MnB 4 zum Kaltstauchen. TEW-Technische Berichte 2: 125–129
3.15 Treppschuh H, Randak A, Domalski H, Kurzcja J Einfluß von Bor auf die Eigenschaften von Bau- und Werkzeugstählen. Stahlwerke Südwestfalen. Tech. Ber.: 59–67

4 Berechnung von Schraubenverbindungen

4.1 Einführung

Die Berechnung einer Schraubenverbindung zum Ziel einer belastungsgerechten Dimensionierung hängt in entscheidendem Maße von der Verbindungsgeometrie ab, die in die Hauptgruppen nach Abb. 4.1 unterteilt werden kann [4.1, 4.2].

Die nachfolgend erläuterten Berechnungsgänge erfolgen in enger Anlehnung an die VDI-Richtlinie 2230, in der in systematischer Form Rechenschritte für zylindrische Einschraubenverbindungen zusammengestellt wurden, die auch als Ausschnitt aus unendlich biegesteif gestalteten Mehrschraubenverbindungen betrachtet werden können (z. B. Zylinderkopfverschraubung, Gehäuseverschraubung).

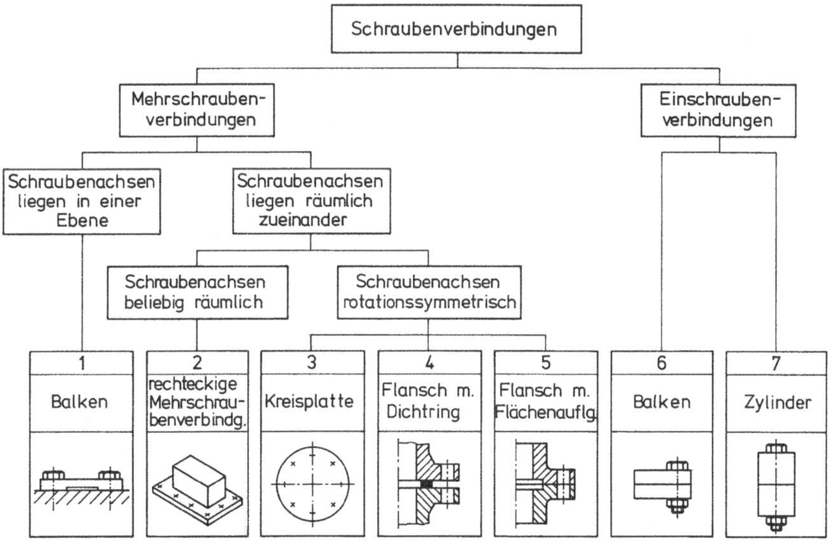

Abb. 4.1. Übersicht über die Verbindungsgeometrien bei Schraubenverbindungen [4.2]

4.2 Kraft-Verformungs-Verhältnisse

Die Betriebsbeanspruchung von Schraubenverbindungen wird maßgeblich von den Nachgiebigkeitsverhältnissen von Schraube und verspannten Teilen beeinflusst. Deshalb ist eine optimale Ausnutzung hoch beanspruchter Schraubenverbindungen nur durch eine gründliche Erfassung des Kraft-Verformungs-Zustands möglich.

4.2.1 Montagezustand

Die Längenänderung eines Bauteils wird für den elastischen Verformungsbereich nach dem Hookeschen Gesetz berechnet: $\varepsilon = \sigma/E$.

- ε: auf die Ausgangslänge l bezogene Längenänderung f: $\varepsilon = f/l$
- σ: Zug- oder Druckspannung
- E: Elastizitätsmodul des Werkstoffs

Mit $\sigma = F/A$ (F = Kraft und A = Querschnitt) und $\varepsilon = f/l$ lässt sich die „elastische Nachgiebigkeit" δ aus dem Elastizitätsgesetz wie folgt ableiten:

$$\varepsilon = \frac{\sigma}{E} \Rightarrow \frac{f}{l} = \frac{F}{A \cdot E} \Rightarrow \frac{f}{F} = \frac{l}{E \cdot A} = \delta \tag{4.1}$$

Nach VDI 2230, Ausgabe 2001 [4.3] gilt die Schraubenverbindung dann als zentrisch – biegefrei – verspannt, wenn sich ein gedachter, vom Schraubenkopf ausgehender, Druckkegel nach allen Seiten hin vollständig ausbreiten kann bzw. seine Ausbildung um die Schraubenachse seitensymmetrisch eingeschränkt ist (Abb. 4.2).

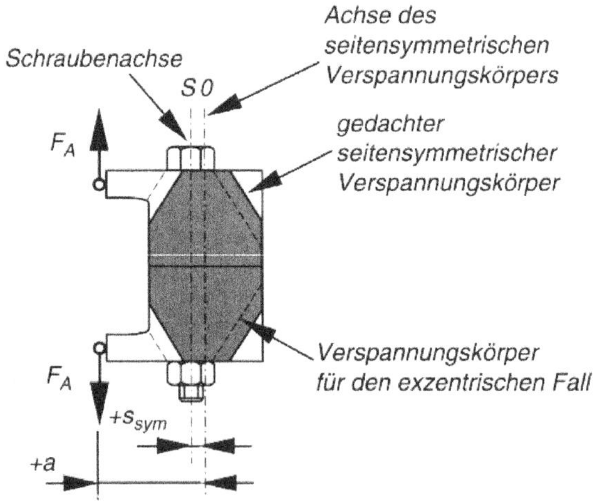

Abb. 4.2. Modell zur Bestimmung von s_{sym} für eine exzentrisch verspannte Verbindung aus einer gedachten zentrisch verspannten Verbindung [4.3]

Für diesen Sonderfall der zentrisch verschraubten Verbindung (Schraubenachse = Achse des seitensymmetrischen Verspannungskörpers), kann das Kraft-Verformungs-Verhalten wie folgt abgeleitet werden:

Wird eine Schraube auf eine bestimmte Vorspannkraft F_V, in diesem Fall auf die Montagevorspannkraft F_M, angezogen, dann längt sie sich um den Betrag f_{SM}. Die verspannten Teile drücken sich dabei um einen Betrag f_{PM} zusammen (Abb. 4.3 und 4.4).

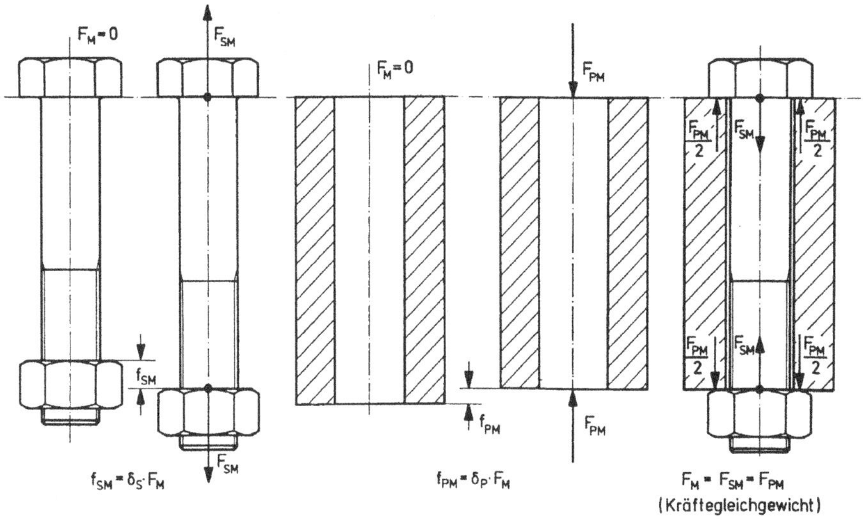

Abb. 4.3. Längenänderungen von Schraube f_{SM} und verspannten Teilen f_{PM} infolge der Montagevorspannkraft F_M (schematisch)

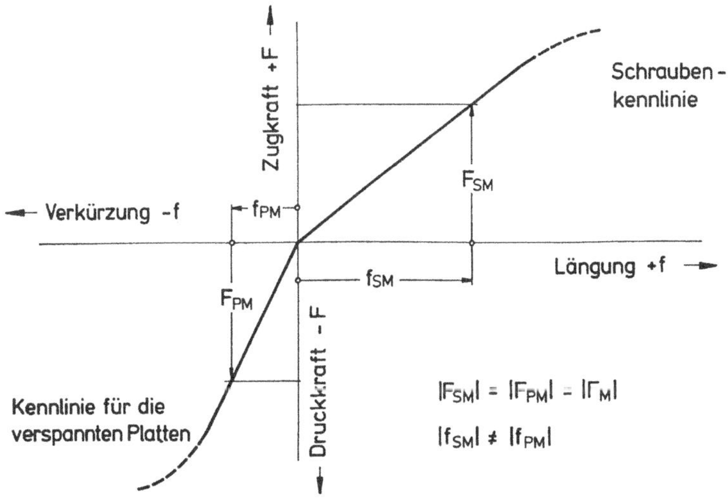

Abb. 4.4. Kraft-Verformungsschaubild für den Montagezustand einer Schraubenverbindung (schematisch)

Wird die Montagevorspannkraft F_M vorzeichenunabhängig als absolute Größe aufgetragen und eine horizontale Verschiebung der Kraft-Verformungs-Kennlinie für die verspannten Teile vorgenommen, dann lässt sich die bekannte Form des Verspannungsschaubilds, das sog. Verspannungsdreieck, konstruieren (Abb. 4.5).

Die Summe der Verformungen in der Schraubenverbindung bei der Montagevorspannkraft F_M beträgt $f_{SM} + f_{PM} = (\delta_S + \delta_P)\, F_M$.

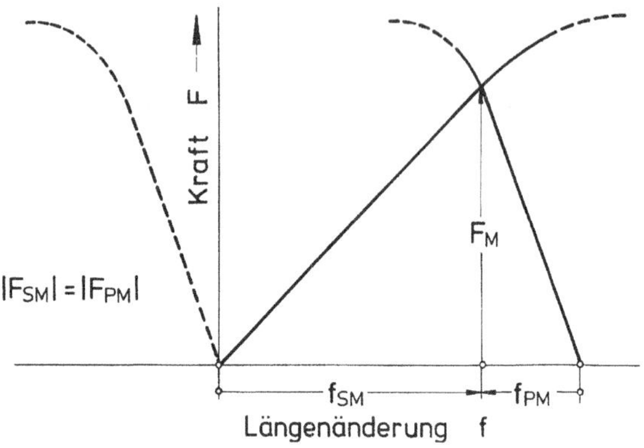

Abb. 4.5. Verspannungsschaubild für den Montagezustand einer Schraubenverbindung (schematisch)

4.2.1.1 Elastische Nachgiebigkeit der Schraube

Schrauben bestehen im Allgemeinen aus Teilabschnitten mit verschiedenen Querschnitten (Abb. 4.6).

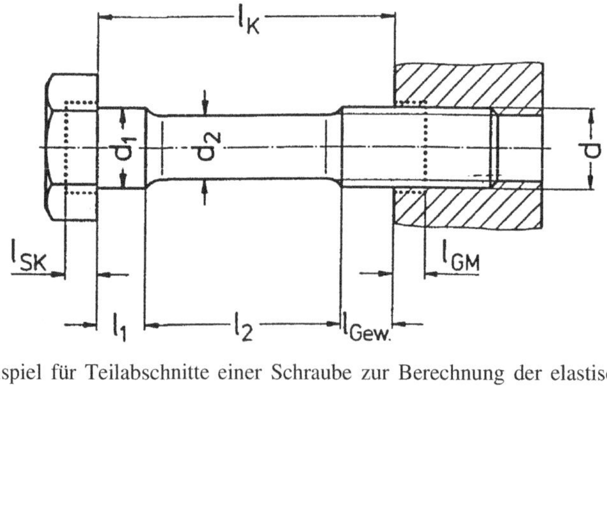

Abb. 4.6. Beispiel für Teilabschnitte einer Schraube zur Berechnung der elastischen Nachgiebigkeit δ_S

Diese Teilabschnitte sind hintereinander geschaltet, so dass sich die gesamte elastische Nachgiebigkeit δ_S der Schraube als Summe der elastischen Nachgiebigkeiten der einzelnen Elemente ergibt:

$$\delta_S = \delta_{SK} + \delta_1 + \delta_2 + \delta_{Gew} + \delta_{GM} \tag{4.2}$$

Die elastischen Nachgiebigkeiten des Schraubenkopfes und des in das Muttergewinde eingeschraubten Gewindeteils werden durch die Anteile δ_{SK} und δ_{GM} berücksichtigt,

$$\delta_{SK} = \frac{0{,}4 \cdot d}{E_S \cdot A_N} \text{ mit } A_N = \frac{\pi}{4} d^2 \tag{4.3}$$

bzw.

$$\delta_{GM} = \delta_G + \delta_M \tag{4.4}$$

wobei sich δ_{GM} aus der Nachgiebigkeit δ_G des eingeschraubten Schraubengewindekerns [4.1] und der Nachgiebigkeit δ_M infolge der Mutterverschiebung (axiale Relativbewegung zwischen Schraube und Mutter infolge elastischer Biege- und Druckverformung der Schrauben- und Muttergewindezähne) zusammensetzt.

Für genormte Stahlmuttern, zum Beispiel nach DIN EN ISO 4032 gilt:

$$\delta_G = \frac{0{,}5d}{E_S A_{d3}} \tag{4.5}$$

und

$$\delta_M = \frac{0{,}4 \cdot d}{E_S \cdot A_N} \tag{4.6}$$

Die elastische Nachgiebigkeit des nicht eingeschraubten, freien belasteten, Schraubengewindes wird nach [4.4] berechnet:

$$\delta_{Gew} = \frac{l_{Gew}}{E_S \cdot A_{d3}} \text{ mit } A_{d3} = \frac{\pi}{4} \cdot d_3^2) \tag{4.7}$$

Damit ergibt sich schließlich die gesamte elastische Nachgiebigkeit einer Schraube mit n zylindrischen Einzelelementen wie folgt:

$$\delta_S = \delta_{SK} + \delta_1 + \delta_2 + \ldots + \delta_n + \delta_{Gew} + \delta_{GM} =$$

$$= \frac{0{,}4d}{E_S A_N} + \frac{l_1}{E_S A_1} + \frac{l_2}{E_S A_2} + \ldots + \frac{l_n}{E_S A_n} + \frac{l_{Gew}}{E_S A_{d3}} + \frac{0{,}5d}{E_S A_{d3}} + \frac{0{,}4d}{E_S A_N} =$$

$$= \frac{l_1}{E_S A_1} + \frac{l_2}{E_S A_2} + \ldots + \frac{l_n}{E_S A_n} + \frac{l_{Gew} + 0{,}5d}{E_S A_{d3}} + \frac{0{,}8d}{E_S A_N}$$

$$\delta_S = \frac{4}{\pi E_S} \left(\frac{l_1}{d_1^2} + \frac{l_2}{d_2^2} + \ldots + \frac{l_n}{d_n^2} + \frac{l_{Gew} + 0{,}5d}{d_3^2} + \frac{0{,}8d}{d^2} \right) \tag{4.8}$$

4.2.1.2 Elastische Nachgiebigkeit aufeinander liegender verspannter Teile

Die Berechnung der elastischen Nachgiebigkeit δ_P der von der Schraube vorgespannten Teile verursacht besondere Schwierigkeiten, weil im Klemmbereich zwischen Schraubenkopf bzw. Mutter und Trennfuge der verspannten Teile die Druckspannung im Querschnitt radial nach außen abnimmt, wenn die Querabmessungen der verschraubten Teile den Kopfauflagedurchmesser d_W überschreiten. Die druckbeanspruchte Zone verbreitert sich vom Schraubenkopf bzw. der Mutter ausgehend zur Trennfuge hin. In Abb. 4.7 und Abb. 4.8 ist in vereinfachter Form die Druckeinflusszone vom Schraubenkopf zur gepressten Trennfuge linear zunehmend dargestellt [4.5].

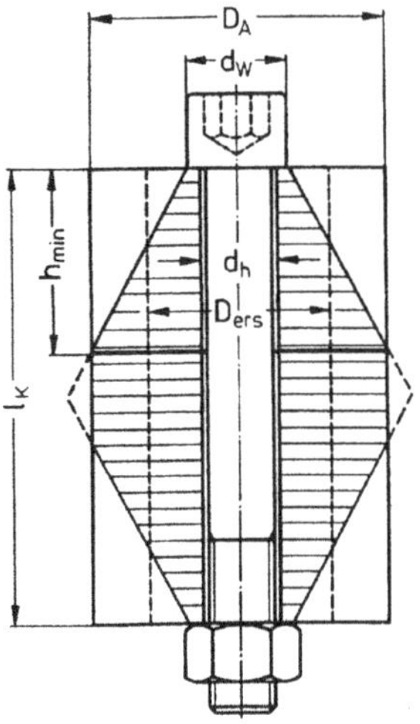

Abb. 4.7. Druckeinflusszone in einer zylindrischen Durchsteckverschraubung

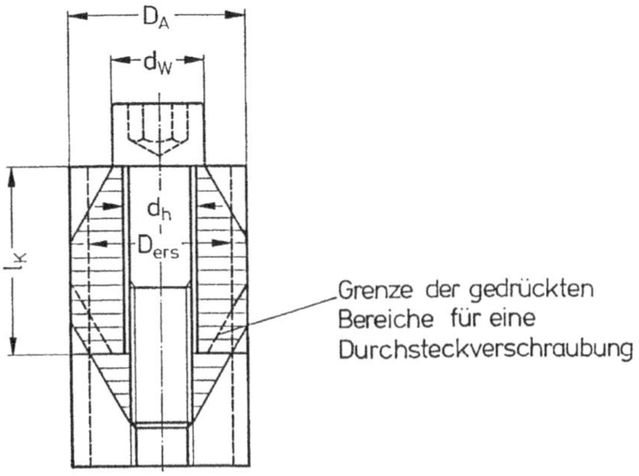

Abb. 4.8. Druckeinflusszone in einer zylindrischen Sacklochverschraubung

Weil demnach bei verspannten Teilen, deren Außendurchmesser D_A größer ist als der Kopfauflagedurchmesser d_W , nur Teilbereiche druckbeansprucht werden, vermindert sich der für die Berechnung der elastischen Nachgiebigkeit δ_P zu Grunde zu legende Querschnitt. Deshalb wird ein sog. Ersatzquerschnitt A_{ers} als Hilfsgröße herangezogen (Abb. 4.9).

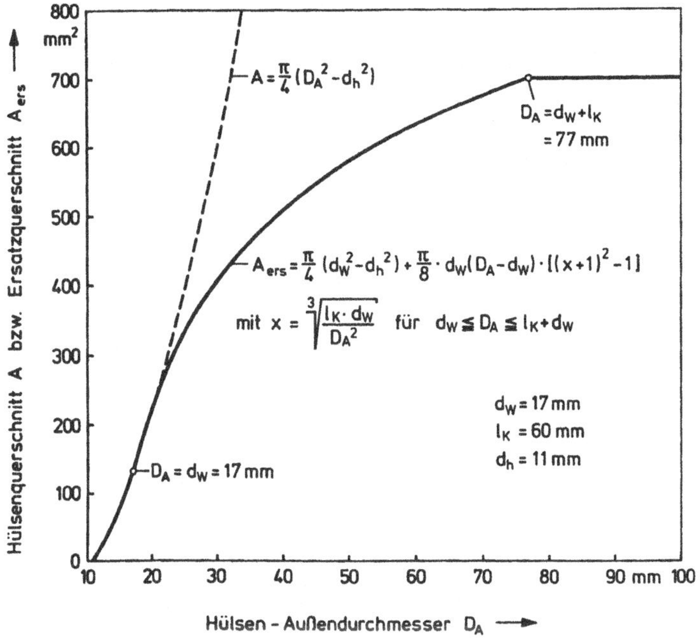

Abb. 4.9. Hülsenquerschnitt A bzw. Ersatzquerschnitt A_{ers} einer Durchsteckverschraubung M10 [4.5]

Der Ersatzquerschnitt A_{ers}

Gegenüber früheren Arbeiten [4.6 bis 4.12] kann der für die Berechnung der elastischen Nachgiebigkeit δ_P verspannter Teile zu Grunde zu legende Ersatzquerschnitt A_{ers} vereinfacht nach folgender Gleichung ermittelt werden [4.1]:

$$A_{ers} = \frac{\pi}{4}(d_w^2 - d_h^2) + \frac{\pi}{8} d_w (D_A - d_w)[(x+1)^2 - 1] \tag{4.9}$$

$$\text{mit } x = \sqrt[3]{\frac{l_K d_w}{D_A^2}}$$

Diese Rechenbeziehung gilt für den Bereich

$$d_w \le D_A \le d_w + l_K$$

Sie gilt für $d_w < D_A \leq 1{,}5 d_w$ bis zu einer maximalen Klemmlänge $l_{Kmax} = 8d$.

Nach [4.13] ist die elastische Nachgiebigkeit δ_P für Sacklochverschraubungen kleiner als für Durchsteckverschraubungen. Allgemein sind jedoch die Nachgiebigkeitsverhältnisse für Sacklochverschraubungen noch nicht hinreichend erforscht. Deshalb wird zunächst für Durchsteck- und Sacklochverschraubungen der gleiche Rechengang zur Ermittlung der elastischen Nachgiebigkeiten verspannter Teile vorgeschlagen, zumal dadurch für die Sacklochverschraubungen eine größere Schraubenzusatzkraft errechnet wird und damit das Ergebnis auf der „sicheren" Seite liegt.

Für $D_A < d_w$ bzw. $D_A > d_w + l_K$ werden folgende Annahmen getroffen:

$D_A < d_w$

In diesem Außendurchmesserbereich der verspannten Teile (schlanke Hülse) wird von einer homogenen Druckbeanspruchung über dem gesamten Hülsenquerschnitt ausgegangen. Damit wird

$$A_{ers} = \frac{\pi}{4}(D_A^2 - d_h^2) \tag{4.10}$$

$D_A > d_w + l_K$

Für $D_A > d_w + l_K$ bleibt der Ersatzquerschnitt A_{ers} annähernd konstant. Daher wird in solchen Fällen A_{ers} mit Gl. (4.9) aus der Grenzbedingung $D_A = d_w + l_K$ ermittelt:

$$A_{ers} = \frac{\pi}{4}(d_w^2 - d_h^2) + \frac{\pi}{8} d_w l_K [(x+1)^2 - 1] \tag{4.11}$$

$$\text{mit } x = \sqrt[3]{\frac{l_K d_w}{(l_K + d_w)^2}} \, .$$

Die elastische Nachgiebigkeit δ_P bei zentrischer Schraubenanordnung und entrischer Krafteinleitung

Die elastische Nachgiebigkeit δ_P zentrisch verspannter Teile (Abstand der Schraubenachse *S-S* von der Schwerpunktachse 0-0 des Biegekörpers $s_{sym} = 0$) ergibt sich aus Abb. 4.2 und nach [4.1] zu

$$\delta_P = \frac{f_P}{F} = \frac{l_K}{A_{ers} \cdot E_P} \tag{4.12}$$

Diese Beziehung gilt in der Regel nur für satt aufeinander liegende Teile und z. B. nicht für dünne Bleche größerer Anzahl, die nicht völlig eben sind. Sie enthält darüber hinaus nicht den Einfluss der Kontaktnachgiebigkeit. Durch diese wird die Längsnachgiebigkeit δ_P vergrößert. Sie ist im Bedarfsfall lastabhängig experimentell zu bestimmen.

VDI 2230 [4.3] hat das Modell des Ersatzquerschnitts A_{ers} (Ersatzquerschnittsmodell in [4.1]) verlassen und arbeitet stattdessen mit dem Modell des Ersatz-Verformungskegels (Abb. 4.10 und Abb. 4.11).

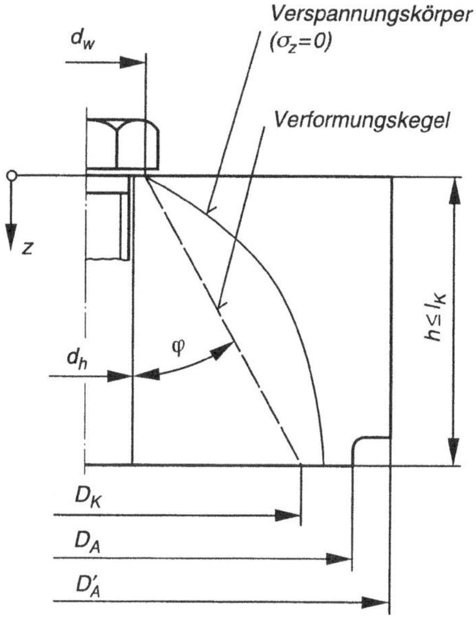

Abb. 4.10. Verspannungskörper und Verformungskegel nach [4.3]

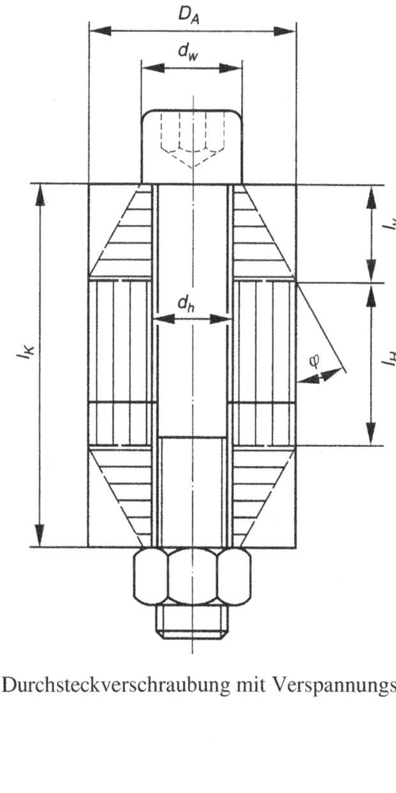

Abb. 4.11. Zylindrische Durchsteckverschraubung mit Verspannungskegel und -hülse nach [4.3]

Eine Verformungshülse liegt nach [4.3] dann zusätzlich zum Verformungskegel vor, wenn $D_A < D_{A,Gr}$ (Abb. 4.12).

Hierbei ist

$$D_{A,Gr} = d_w + w \cdot l_K \cdot \tan\varphi \tag{4.13}$$

mit
$w = 1$ für DSV (Durchsteckverschraubungen(Abb. 4.11)
und
$w = 2$ für ESV (Einschraubverbindungen (Abb. 4.8).

Die elastische Nachgiebigkeit δ_P wird nach [4.3] wie folgt berechnet:

Für $D_A \geq D_{A,Gr}$, *nur Kegel*, gilt:

$$\delta_P = \frac{2\ln\left[\dfrac{(d_w + d_h)\cdot(d_w + w\cdot l_K \cdot \tan\varphi - d_h)}{(d_w - d_h)\cdot(d_w + w\cdot l_K \cdot \tan\varphi + d_h)}\right]}{w\cdot E_P \cdot \pi \cdot d_h \cdot \tan\varphi} \tag{4.14}$$

Für $d_w < D_A < D_{A,Gr}$, Kegel + Hülse, gilt:

$$\delta_P = \frac{\dfrac{2}{w\cdot d_h \cdot \tan\varphi}\ln\left[\dfrac{(d_w + d_h)\cdot(D_A - d_h)}{(d_w - d_h)\cdot(D_A + d_h)}\right] + \dfrac{4}{D_A^2 - d_h^2}\left[l_K - \dfrac{(D_A - d_w)}{w\cdot \tan\varphi}\right]}{E_P \cdot \pi} \tag{4.15}$$

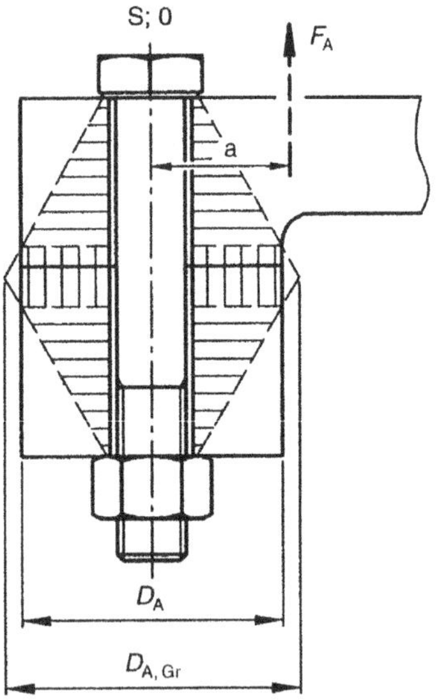

Abb. 4.12. Zentrisch verspannte Durchsteckverschraubung nach [4.3]

Nach [4.3] ist der Kegelwinkel φ des Ersatz-Verformungskörpers nicht konstant. Bei Verbindung mit Normschrauben gilt:

DSV: $\tan\varphi_D = 0{,}362 + 0{,}032\ln(\beta_L/2) + 0{,}153\ln y$

ESV: $\tan\varphi_E = 0{,}348 + 0{,}013\ln\beta_L + 0{,}193\ln y$

mit $\beta_L = l_K/d_w$ und $y = D'_A/d_w$ (Abb. 4.10).

Werden Bauteile mit unterschiedlichen E-Moduli verspannt, ist nach [4.3] der Verformungskörper in entsprechende Teil-Verformungskörper mit gleichem E-Modul zu zerlegen.

Die Berechnung mit dem Ersatz-Verformungskegelmodell führt grundsätzlich zu höheren Werten der elastischen Plattennachgiebigkeit als die mit dem Ersatzquerschnittsmodell. Mit zunehmender Klemmlänge werden die Unterschiede kleiner.

Ab einer Klemmlänge von $> 3d$ unterscheiden sich beide Verfahren nur noch um etwa $\leq 10\%$.

Unterhalb einer Klemmlänge von $3d$ werden die Differenzen größer. Bei einer unteren Klemmlänge von $1d$ ist das rechnerische δ_P nach dem Ersatzverformungskegelmodell um etwa 50% größer als das nach dem Ersatzquerschnittsmodell.

Für die Anwendung des Ersatzquerschnittsmodells sprechen:

- Relativ einfache Handhabung der Rechenbeziehung
- Die Rechenbeziehung hat sich langjährig bewährt

Für die Anwendung des Ersatz-Verformungskegelmodells spricht:
Die Erfassung des Einflusses unterschiedlicher E-Moduli von verspannten Teilen.

Beide Verfahren besitzen den Nachteil, dass sie ausschließlich für zylindrische Verformungskörper gelten. Diese wiederum sind in der Verschraubungstechnik sehr selten.

Die Anpassung des Rechenergebnisses an nichtzylindrische verspannte Verformungskörper, zum Beispiel an eine Pleuelstange, ist nur bedingt mit analytischen Mitteln, zumindest nicht ohne erheblich größeren Rechenaufwand, möglich.

Die sichere Verifizierung des Rechenergebnisses kann nur in einem späteren Versuch an der real ausgebildeten Schraubenverbindung gelingen.

Die elastische Nachgiebigkeit bei exzentrischer Schraubenanordnung und exzentrischer Krafteinleitung

Nicht selten sind Schraubenverbindungen exzentrisch verspannt. Dabei sind Schraubenachse und die Achse des seitensymmetrischen Verspannungskörpers um den Abstand s (oder s_{sym} nach [4.3]) voneinander entfernt (Abb. 4.13). Ein nicht seitensymmetrischer Verformungskörper führt infolge der unterschiedlichen Teilnachgiebigkeiten zu beiden Seiten der Schraubenachse zur Schiefstellung des Schraubenkopfes. Diese exzentrische Verspannung bewirkt neben der Längsverformung des Ersatz-Verformungskörpers zusätzlich eine Biegeverformung der verspannten Teile.

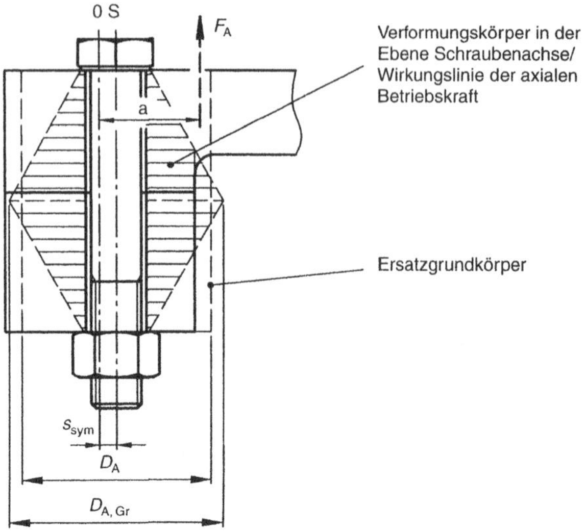

Abb. 4.13. Exzentrisch verspannter Verformungs-Körper [4.3]

Damit vergrößert sich deren elastische Nachgiebigkeit von δ_P nach δ_P^*.

Die Rechenbeziehungen der Kraft-Verformungsverhältnisse sind nach [4.3] im Fall exzentrischer Verspannung unter folgenden Bedingungen gültig:

- Die verspannten Teile bilden einen prismatischen Körper.
- Die verspannten Teile bestehen aus Grund- und Anschlusskörper. Im Trennquerschnitt der Grundkörper ist die Flächenpressung auf der Biegezugseite größer als Null
- Alle Querschnitte des Grundkörpers bleiben unter Belastung eben. In ihnen stellt sich eine lineare Spannungsverteilung ein.
- Der Durchmesser der Trennfugenfläche liegt innerhalb eines Grenzwertes G (Abb. 4.7). Für DSV gilt: $G = d_W + h_{min}$ Empfehlungen für ESV siehe [4.3].

Die elastische Nachgiebigkeit δ_P* exzentrisch verspannter Teile lässt sich grundsätzlich mit folgender Rechenbeziehung erfassen:

$\delta_P^* = \delta_P + s^2 \cdot \beta_P$ mit β_P als elastischer Biegenachgiebigkeit:

$$\beta_P = \frac{l_K}{E_P \cdot I_{Bers}} \tag{4.16}$$

Das zur Berechnung der elastischen Nachgiebigkeiten der verspannten Teile benötigte Flächenträgheitsmoment I_{Bers} wird nur durch den Verformungskörper bestimmt – ohne Lochabzug – , weil die Schraube über ihre Kopf- und Mutterauflage mit zur Biegung herangezogen wird.

Die Anschlusskörper (h_1 und h_2 in Abb. 4.14) befinden sich außerhalb des Verformungskörpers und haben deshalb keinen Einfluss auf die Biegeverformungen des Grundkörpers.

Allgemein gilt bei $D_A > d_w$ für die Plattenhöhe h:

$$I_B = \frac{h}{\int\limits_{z=0}^{z=h} \frac{dz}{I(z)}} \tag{4.17}$$

Bei „zerklüfteter“ Geometrie des Grundkörpers (Absätze, Hinterschneidungen), bei sog. gestuften Biegekörpern, können sich mehrere unterschiedliche Flächenträgheitsmomente I_{B1}, I_{B2} bis I_{Bn} für Biegekörper mit entsprechenden Längenanteilen l_1 bis l_n ergeben, die zu einem sog. Ersatzflächenträgheitsmoment I_{Bers} zusammengefasst werden.

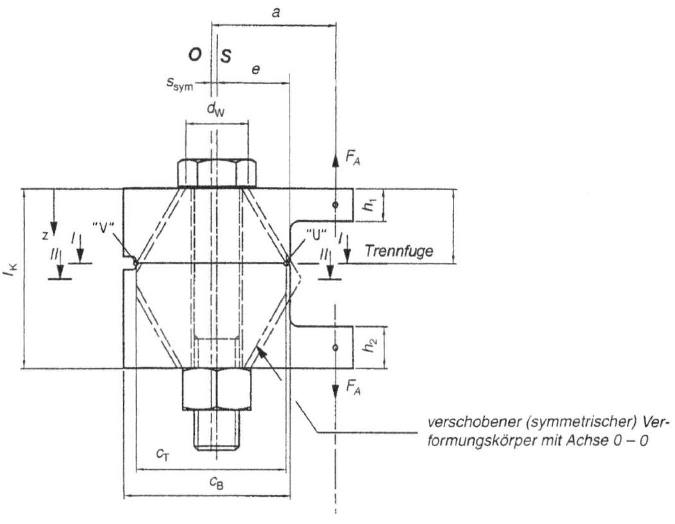

Abb. 4.14. Prismatischer Grundkörper einer DSV mit Anschlusskörper nach [4.3]

Mit $l_1 + l_2 + \dots + l_n = l_K$ und den für diese Abschnittslängen zugeordneten Flächenträgheitsmomente I_{B1}, I_{B2} bis I_{Bn} ergibt sich das Ersatzflächenträgheitsmoment zu:

$$I_{Bers} = \frac{l_K}{\frac{l_1}{I_{B1}} + \frac{l_2}{I_{B2}} + \dots \frac{l_n}{I_{Bn}}} \tag{4.18}$$

In [4.3] werden nähere Angaben zum Flächenträgheitsmoment des zentrisch und exzentrisch verspannten Verformungskegels und der Verformungshülse gemacht:

- Zentrisch verspannter Verformungskegel

$$I_{Bers} = 0{,}147 \cdot \frac{(D_A - d_W) \cdot d_W^3 \cdot D_A^3}{D_A^3 - d_W^3}$$

- Exzentrisch verspannter Verformungskegel

$$I_{Bers} = I_{Bers\,\mathrm{zentrisch}} + \mathrm{s}_{\mathrm{sym}}^2 \cdot \frac{\pi}{4} D_A^2$$

- Verformungshülse

$$I_{Bers} = I_B = \frac{bc_T^3}{12} \quad \text{(Abb. 4.14)}$$

- Aus Hülse und Kegel zusammengesetzter Verformungskörper

$$I_{Bers} = \frac{l_K}{\frac{2}{w} \cdot \frac{l_V}{I_{Bers}^{Ve}} + \frac{l_H}{I_{Bers}^{H}}}$$

Aus Gleichung (4.16) lässt sich die elastische Nachgiebigkeit für exzentrisch verspannte Schraubenverbindungen schließlich wie folgt herleiten:

$$\delta_P^* = \delta_P + s^2 \cdot \beta_P$$

Mit $\beta_P = \dfrac{l_K}{E_P \cdot I_{Bers}}$ wird daraus:

$$\delta_P^* = \delta_P + s^2 \cdot \frac{l_K}{E_P \cdot I_{Bers}} \tag{4.19}$$

Mit dem Ersatzquerschnittsmodell, bei dem für $\delta_P = \dfrac{f_P}{F} = \dfrac{l_K}{A_{ers} E_P}$ gilt, kann die Rechenbeziehung wie folgt umgeformt werden:

$$\delta_P^* = \frac{l_K}{A_{ers} E_P} \cdot \left(1 + s^2 \cdot \frac{A_{ers}}{I_{Bers}} \right) = \delta_P \cdot \left(1 + s^2 \cdot \frac{A_{ers}}{I_{Bers}} \right) \tag{4.20}$$

Der Abstand s wurde nach [4.1] mit „Abstand der Schraubenachse zur Schwerpunktachse der Trennfugenfläche ohne Abzug des Schraubenlochs“ definiert. Nachdem in [4.3] die Ermittlung von s_{sym} nicht explizit beschrieben wird, wird empfohlen, in Zweifelsfällen den Abstand s weiterhin nach [4.1] zu berechnen.

4.2.2 Betriebszustand

Die in vorgespannten Schraubenverbindungen wirkenden Betriebskräfte F_B werden im Allgemeinen über die verspannten Teile in die Verbindung eingeleitet (Abb. 4.15). Sie wirken in den weitaus häufigsten Fällen außerhalb der Schraubenlängsachse (exzentrische Betriebsbeanspruchung ist der Regelfall!) und bewirken damit eine zusätzliche Biegebeanspruchung. Betriebskräfte greifen im Allgemeinen innerhalb eines bestimmten Klemmbereichs der verspannten Teile und nicht direkt unter dem Schraubenkopf oder der Mutter an.

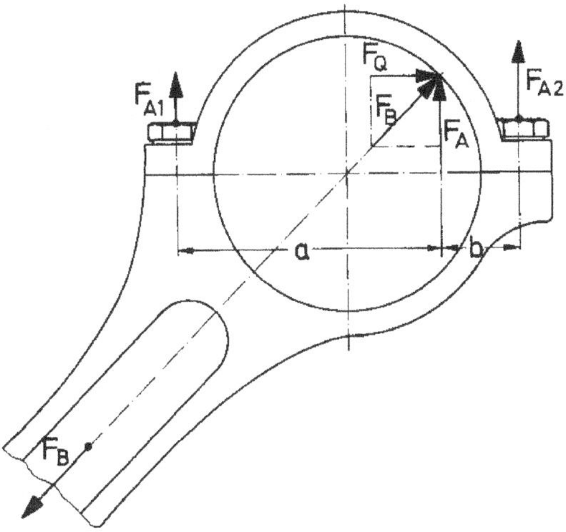

Abb. 4.15. Exzentrisch betriebsbeanspruchte Pleuelverschraubung

4.2.2.1 Zentrischer Angriff einer axialen Betriebskraft in der Ebene der Schraubenkopf- bzw. Mutterauflagefläche

Die Schraubenkopf- bzw. Mutterauflagefläche als Krafteinleitungsebene für eine Betriebskraft ist zwar in der Praxis kaum realisierbar, aber zur Ableitung der Kraft-Verformungs-Verhältnisse gut geeignet.

Wird die bis zur Montagevorspannkraft F_M vorgespannte Schraubenverbindung durch eine äußere, axial wirkende Komponente F_A der Betriebskraft F_B (Abb. 4.16), zugbeansprucht, dann wird das innere Kräftegleichgewicht verändert. Durch F_A wird die Schraube zusätzlich zugbeansprucht und damit weiter über den Betrag f_{SM} hinaus gelängt, während sich die zunächst bei der Montage um den Betrag f_{PM} zusammengedrückten Teile entspannen und die Trennfugenkraft damit abnimmt.

Im Gegensatz zum Montagezustand sind Betrag *und* Richtung der Verformung von Schraube und verspannten Teilen infolge der Betriebskraft F_A identisch ($f_{SA} = f_{PA}$). Die Schraubenkraft nimmt um $F_{SA} = f_{SA}/\delta_S$ auf F_S zu, die Trennfugenkraft analog um $F_{PA} = f_{PA}/\delta_P$ auf die Restklemmkraft F_{KR} ab: $F_{KR} = F_M - F_{PA}$ (Abb. 4.17).

Die Abnahme der Montagedruckkraft in den verspannten Teilen infolge der Betriebskraft F_A bewirkt, dass die Schraube von der Betriebskraft F_A nur den Differenzbetrag $F_{SA} = F_A - F_{PA}$ „spürt".

Im Montagezustand beträgt die Summe der Verformungen von Schraube und verspannten Teilen $f_{ges} = f_{SM} + f_{PM}$. Unter der Betriebskraft F_A wird sie zu

$$f_{ges} = f_{SM} + f_{SA} + (f_{PM} - f_{PA})$$

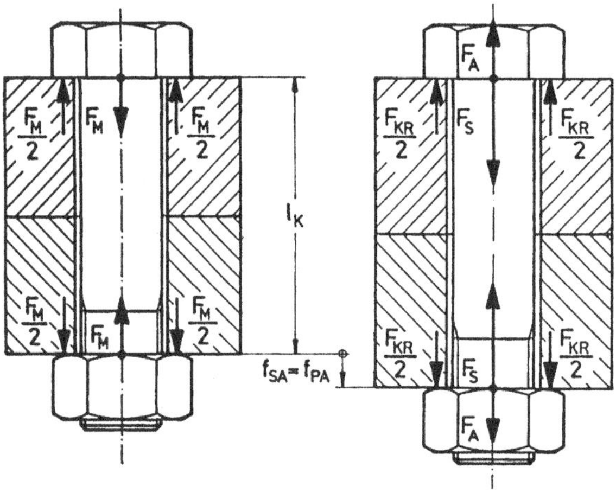

Abb. 4.16. Zentrisch verspannte und betriebsbeanspruchte Schraubenverbindung

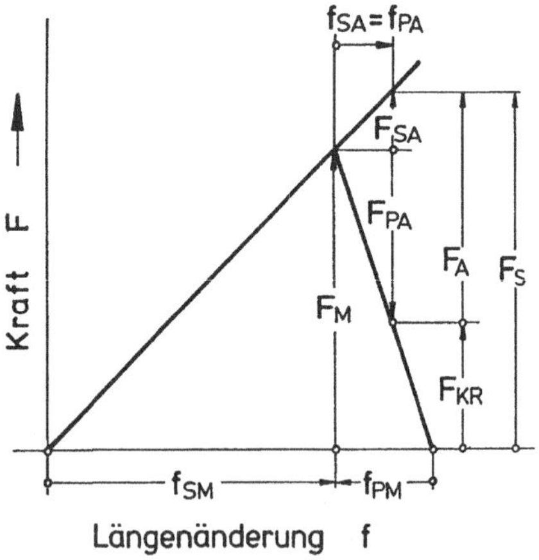

Abb. 4.17. Verspannungsschaubild für den Betriebszustand einer Schraubenverbindung

Mit $f_{SA} = f_{PA}$ gilt

$$f_{ges} = f_{SM} + f_{PM} \tag{4.21}$$

Die Gesamtverformung bleibt also immer konstant, solange die Restklemmkraft F_{KR} größer als Null ist, d. h. solange die Trennfuge infolge der Betriebskraft nicht vollständig entlastet wird.

Betriebskraft als statische Zugkraft

Analog zum Montagezustand lässt sich auch für den Betriebszustand das Verspannungsschaubild darstellen (Abb. 4.17).

Der Anteil F_{SA} der Betriebskraft F_A, um den die Schraube im Betrieb zusätzlich beansprucht wird, wird üblicherweise als Funktion von der Betriebskraft F_A angegeben. Dazu wird das Kraftverhältnis Φ eingeführt:

$$\Phi = F_{SA} / F_A \quad \text{oder} \quad F_{SA} = \Phi \cdot F_A$$

Bei zentrischem Angriff der Betriebskraft direkt unter dem Schraubenkopf und der Mutter wird das Kraftverhältnis mit Φ_K (Index „$_K$" steht für *Kopf*) gekennzeichnet.

Φ_K berechnet sich zu

$$\Phi_K = \frac{\delta_P}{\delta_S + \delta_P}, \text{ d. h.}$$

$$F_{SA} = \frac{\delta_P}{\delta_S + \delta_P} F_A \tag{4.22}$$

Mit $F_{SA} = F_A - F_{PA}$ wird der Anteil F_{PA} der Betriebskraft F_A, um den sich die verspannten Teile entlasten: $F_{PA} = F_A - F_{SA}$.

Nach Abb. 4.17 tritt ein Abheben, d. h. völliges Entlasten der Trennfugen, dann ein, wenn die Kraft F_{PA} die Größe der Montagevorspannkraft F_M erreicht. Die zum Abheben nötige Betriebskraft F_A, nämlich F_{Aab}, beträgt:

$$F_{PAab} = (1 - \Phi_K) F_{Aab} = F_M$$

und damit

$$F_{Aab} = F_M / (1 - \Phi_K) \tag{4.23}$$

Betriebskraft als statische Druckkraft

Eine von außen auf die vorgespannte Verbindung wirkende Druck-Betriebskraft F_A vermindert die Montagevorspannkraft der Schraube und erhöht die Trennfugenkraft der verspannten Teile. In diesem Fall sind die Zusatzkräfte wegen der Kongruenz der Kraft-Verformungs-Verhältnisse lediglich mit negativem Vorzeichen, aber in gleicher Größe in die Rechnung einzuführen (Abb. 4.18).

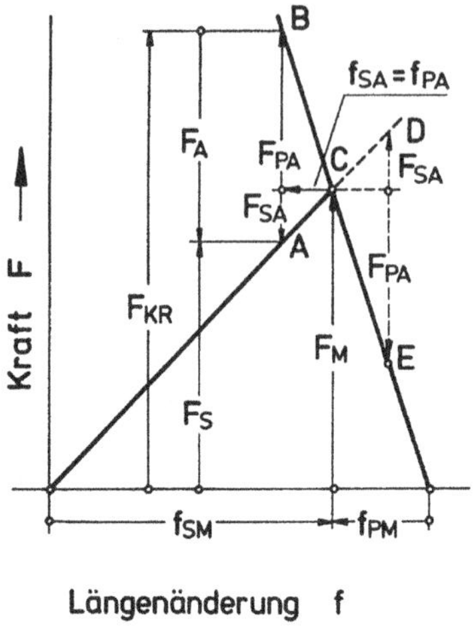

Abb. 4.18. Verspannungsschaubild für den Fall einer Druck-Betriebskraft

Betriebskraft als sinusförmige Schwingkraft

Bei Schwell-Betriebsbeanspruchung ($F_{Au} = 0$, $F_{Ao} = F_A$) ergibt sich die Zusatzamplitude in der Schraube gemäß Abb. 4.19 zu

$$F_{SA} = \Phi_K \frac{F_A}{2} = \frac{F_{SA}}{2} \tag{4.24}$$

Die mittlere Schraubenkraft beträgt $F_{sm} = F_M + F_{SAa} = F_M + \Phi_K F_A/2$.

Die Kraft-Verformungs-Verhältnisse bei Zug-Schwell-Betriebsbeanspruchung ($F_{Au} > 0$, $F_{Au} < F_A < F_{Ao}$) verdeutlicht Abb. 4.20.

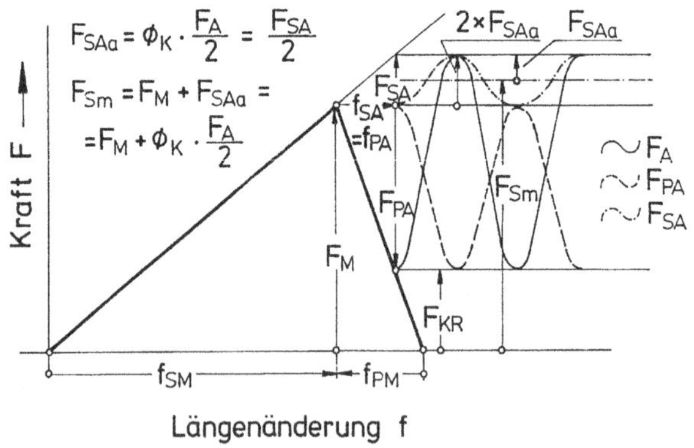

Abb. 4.19. Verspannungsschaubild für den Fall einer Schwell-Betriebskraft ($F_{Au} = 0$, $F_{Ao} = F_A$)

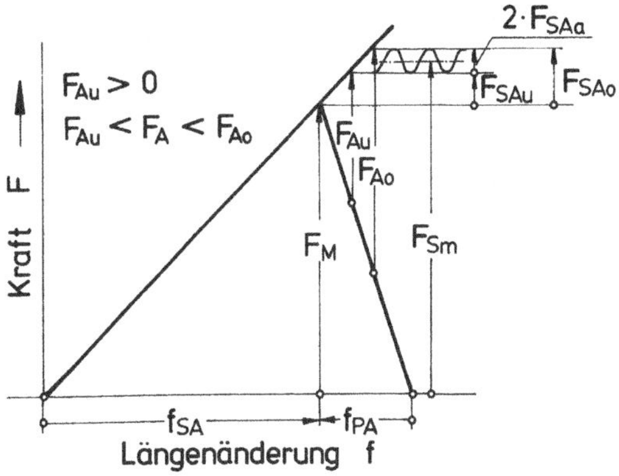

Abb. 4.20. Verspannungsschaubild für den Fall einer Zug-Schwell-Betriebskraft ($F_{Au} > 0, F_{Ao} > F_{Au}$)

Abbildung 4.21 stellt den Fall einer Zug-Druck-Betriebsbeanspruchung dar: ($F_{Ao} > 0$, $F_{Au} < 0$).

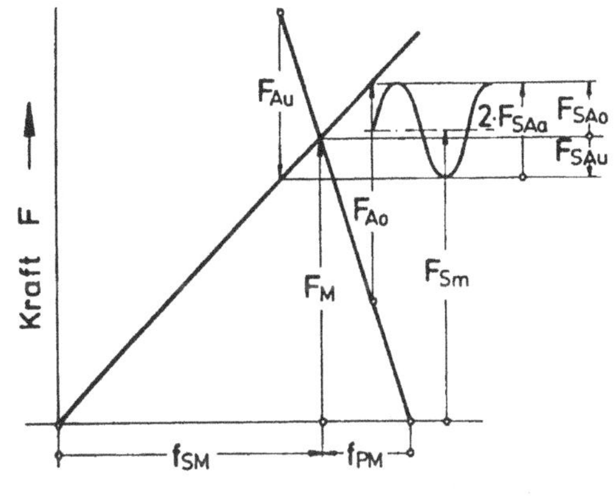

Abb. 4.21. Verspannungsschaubild für den Fall einer Zug-Druck-Betriebskraft ($F_{Ao} > 0$, $F_{Au} < 0$)

Überelastische Beanspruchung durch die Betriebskraft

Bewirkt die Betriebskraft F_A eine überelastische Verformung der Schraube $f_{Z(S)}$ oder der verspannten Teile $f_{Z(P)}$,dann vermindert sich die Montagevorspannkraft F_M gemäß Abb. 4.22 um den Betrag

$$F_Z = \frac{f_{Z(S/P)}}{\delta_S + \delta_P} \tag{4.25}$$

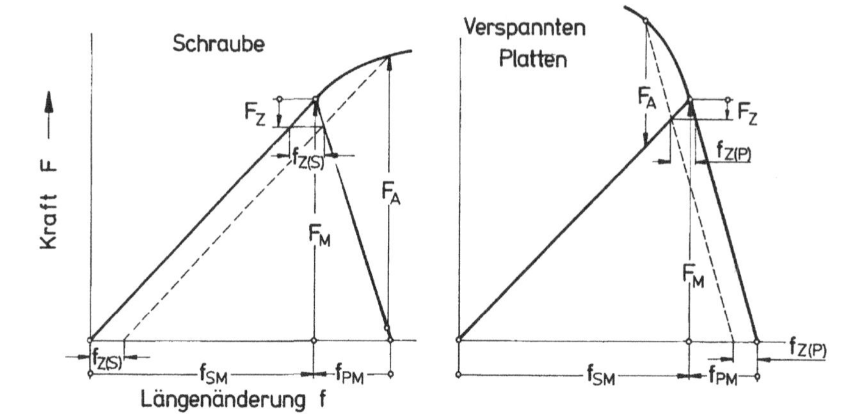

$$\frac{f_{Z(S/P)}}{(f_{SM}+f_{PM})} = \frac{F_Z}{F_M} \longrightarrow F_Z = \frac{f_{Z(S/P)}}{(f_{SM}+f_{SP})} \cdot F_M \longrightarrow F_Z = \frac{f_{Z(S/P)}}{\delta_S + \delta_P}$$

Abb. 4.22. Verspannungsschaubild für den Fall einer überelastischen Beanspruchung von Schraube oder verspannten Teilen (Platten) durch F_A. (Links: Schraube. Rechts: verspannte Teile)

4.2.2.2 Zentrischer Angriff einer axialen Betriebskraft innerhalb der verspannten Teile zwischen Schraubenkopf und Mutter

Die Betriebskräfte werden in der Praxis im Allgemeinen über bestimmte Klemmbereiche innerhalb der verspannten Teile in die Verbindung eingeleitet. Gegenüber der Krafteinleitung in den Ebenen der Schraubenkopf- bzw. Mutterauflagefläche bewirkt dies eine Veränderung der Nachgiebigkeitsverhältnisse und damit der Schraubenzusatzkräfte (Abb. 4.23).

Eine zum Beispiel in den Ebenen 2–2 und 3–3 wirkende Betriebskraft dehnt nicht nur die Schraube zusätzlich, sondern bewirkt darüber hinaus eine zusätzliche Zusammendrückung der verspannten Teile zwischen den Ebenen 1–1 und 2–2 sowie 3–3 und 4–4. Diese Klemmlänge $l_K - nl_K = (1-n)l_K$ der verspannten Teile muss deshalb bei der Berechnung der elastischen Dehnung der Schraube hinzugerechnet werden.

Damit bewirkt die Betriebskraft F_{An} eine der Berechnung der elastischen Nachgiebigkeit der Schraube zugrunde zu legende Zusatzverformung f_{SAn}:

$$f_{SAn} = \underbrace{\frac{F_{SAn} l_K}{E_S A_S}}_{\text{Schrauben-längung}} + \underbrace{\frac{F_{SAn}(1-n) l_K}{E_P A_{ers}}}_{\text{Stauchung der verspannten Teile}} \tag{4.26}$$

Daraus wird:

$$\frac{f_{SAn}}{F_{SAn}} = \delta_{SAn} = \underbrace{\frac{l_K}{E_S A_S}}_{\delta_S} + \underbrace{\frac{(1-n) l_K}{E_p A_{ers}}}_{(1-n)\delta_P},$$

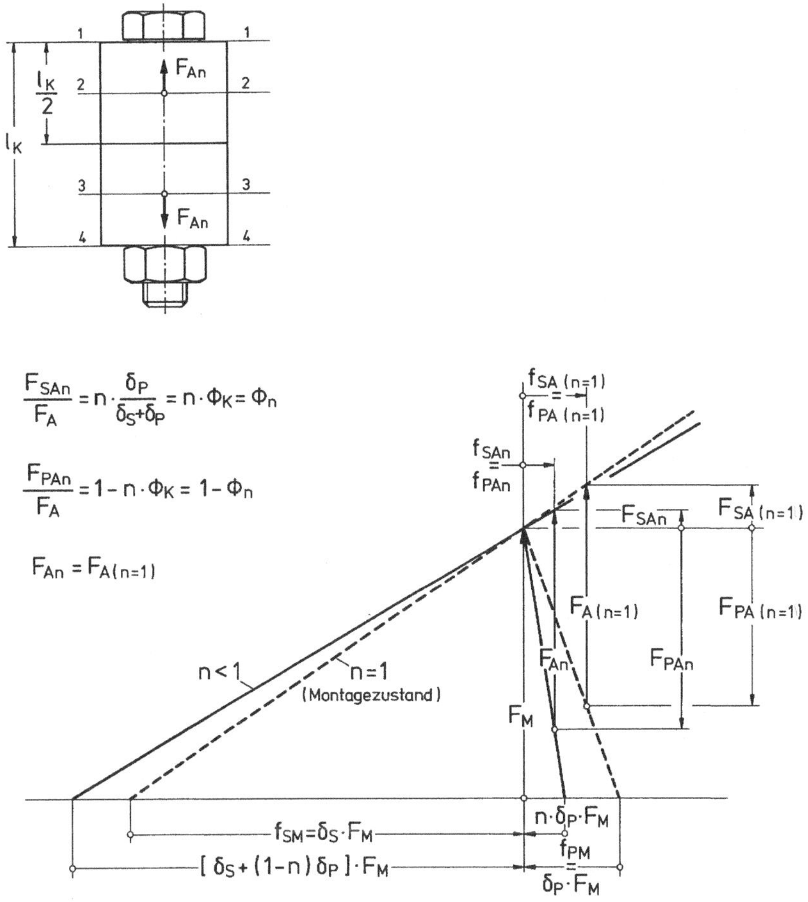

Abb. 4.23. Verspannungsschaubild für den Fall einer innerhalb der verspannten Teile eingeleiteten Betriebskraft F_A

oder für die elastische Nachgiebigkeit der Schraube:

$$\delta_{SAn} = \delta_S + (1-n)\delta_P \tag{4.27}$$

Das Ergebnis zeigt, dass die der Schraube zugeordnete Nachgiebigkeit δ_{SAn} um den Betrag $(1-n)\delta_P$, der dem Anteil der zusätzlich gedrückten Teile entspricht, größer wird, wenn die Betriebskraft in einem Abstand von $n \cdot l_K$ innerhalb der verspannten Teile angreift. Lediglich der zwischen den Ebenen 2–2 und 3–3 liegende Teil der verspannten Teile mit der reduzierten Klemmlänge $n \cdot l_K$ entlastet sich infolge der Betriebskraft F_{An} um den Betrag $f_{PAn} = \dfrac{F_{PAn} \cdot n \cdot l_K}{E_p \cdot A_{ers}}$.

Die elastische Nachgiebigkeit der verspannten Teile wird nach Abb. 4.23 um den Faktor n reduziert.

$$\delta_{PAn} = \frac{f_{PAn}}{F_{PAn}} = n\frac{l_K}{E_P A_{ers}} = n\delta_P \,.$$

Mit $f_{SAn} = f_{PAn}$ und $F_{SAn} + F_{PAn} = F_{An}$ gilt:

$$F_{SAn} = \frac{n\delta_P}{\delta_S + \delta_P} F_{An} = n\Phi_K F_{An} = \Phi_n F_{An} \tag{4.28}$$

$$F_{PAn} = \frac{\delta_S + (1-n)\delta_P}{\delta_S + \delta_P} F_{An} = (1 - n\Phi_K) F_{An} = (1 - \Phi_n) F_{An} \tag{4.29}$$

Das Kraftverhältnis ϕ_n für jeden beliebigen Kraftangriff zwischen $0 \le n < 1$ errechnet sich demnach durch Multiplikation von ϕ_K mit dem Klemmlängenanteil n:

$$\phi_n = n \cdot \phi_K = n \cdot \frac{\delta_P}{\delta_S + \delta_P} \tag{4.30}$$

Die Verschiebung der Kraftangriffspunkte der Betriebskraft in Richtung zur Trennfuge der verspannten Teile bewirkt wegen des abnehmenden Faktors n eine Verringerung der Schraubenzusatzkraft F_{SA}. Im Grenzfall $n = 0$ beträgt die Zusatzkraft in der Schraube ebenfalls Null. Tabelle 4.1 gibt für die Grenzfälle $n = 0$ und $n = 1$ und den in der Praxis oft mit guter Näherung zutreffenden Wert $n = 0{,}5$ [4.14] einen Überblick über die daraus resultierenden Kraft-Verformungs-Verhältnisse.

Die sicherste Methode zur Bestimmung des Faktors n stellt die direkte Messung der Schraubenkraft in der ausgeführten Konstruktion dar.

Wegen der relativ großen Unsicherheiten in Bezug auf die Festlegung des Faktors n werden von [4.2] die Richtwerte entsprechend Abb. 4.24 vorgeschlagen.

Aus Sicherheitsgründen sollten nach [4.14] zwei Berechnungen ausgeführt werden:

Tabelle 4.1. Kraft-Verformungs-Verhältnisse für $n = 0$, 0,5 und 1

n	0	0,5	1
$\Phi_n = n\Phi_K$	0	$\Phi_K/2$	Φ_K
F_{SAn}	0	$F_A\, \Phi_K/2$	$F_A\, \Phi_K$
F_{PAn}	F_A	$F_A\, (1-\Phi_K/2)$	$F_A\, (1-\Phi_K)$
δ_{SAn}	$\delta_S + \delta_P$	$\delta_S + \delta_P/2$	δ_S
δ_{PAn}	0	$\delta_P/2$	δ_P

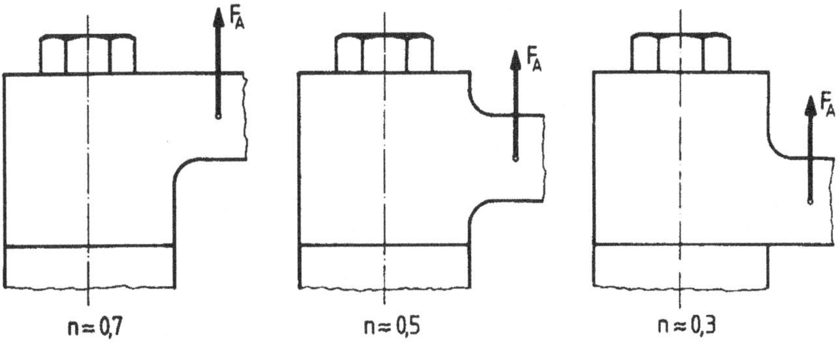

Abb. 4.24. Richtwerte für den Faktor *n* [4.2]

Eine mit relativ hoch geschätztem Faktor n, die die maximale Schraubenbeanspruchung ergibt, und eine mit relativ niedrig angenommenem Wert n, um die Einhaltung einer erforderlichen Restklemmkraft zu überprüfen (Beispiel: $n = 0{,}7$ und $n = 0{,}3$).

VDI 2230 [4.3] weist darauf hin, dass die Definition von n als Längenverhältnis zwischen der Länge l der entlasteten Abschnitte der verspannten Teile und der Klemmlänge l_K nur für eine verspannte Hülse mit $D_A \leq d_W$ gültig sei, weil unter dieser Bedingung alle Querschnitte unter Vorspannung eben bleiben.

In VDI 2230 [4.3] wird die Ermittlung von n auf der Basis von [4.15] angeboten.

Hiernach ergibt sich der Krafteinleitungsfaktor n: $n = \dfrac{f_{VK1} + f_{VK2}}{f_{V1} + f_{V2}}$, wenn in einer vorgespannten Verbindung (Abb. 4.25) die Verschiebungen f_{V1} und f_{V2} der beiden Schraubenauflageflächen sowie die daraus resultierenden Verschiebungen f_{VK1} und f_{VK2} der Punkte K, an denen die Betriebskräfte angreifen, bekannt sind.

Für zentrisch verspannte Verbindungen wird der Krafteinleitungsfaktor n von den in Abb. 4.26 dargestellten Größen, die sich auf einen prismatischen Körper beziehen, beeinflusst.

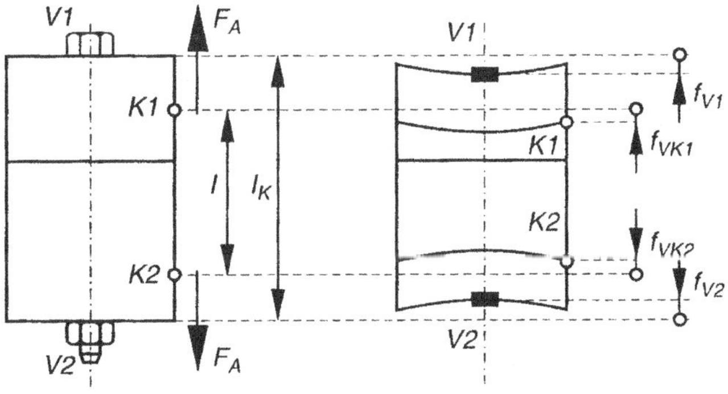

Abb. 4.25. Kräfte und Verformungen in der vorgespannten Verbindung [4.3]

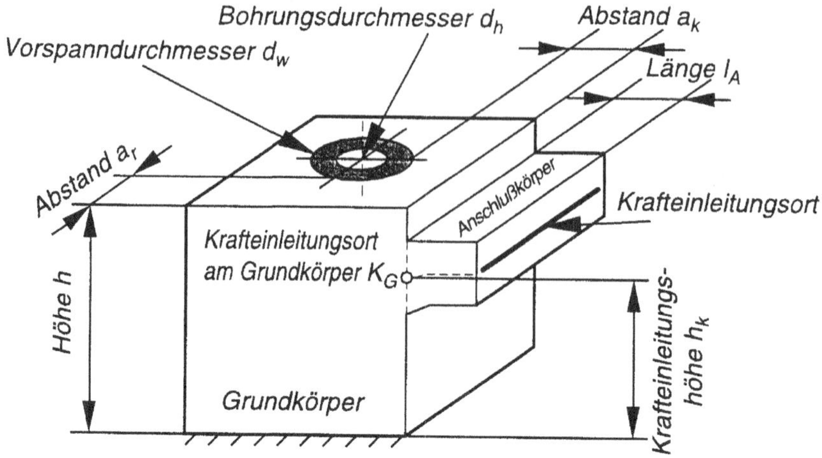

Abb. 4.26. Den Krafteinleitungsfaktor n beeinflussende Parameter [4.3]

VDI 2230 [4.3] geht zur vereinfachten Ermittlung des Krafteinleitungsfaktors n wie folgt vor:

- *Herauslösen der Einschrauben-Verbindung aus der Gesamtverbindung.* Die Einschraubenverbindung sollte kraftseitig so aus ihrer Umgebung herausgelöst werden, dass die Schnittflächen momentenfrei sind (Abb. 4.27).
- *Aufteilen der Verbindung in Grund- und Anschlusskörper.* Über den Anschlusskörper können Betriebskräfte in den Grundkörper geleitet werden. Der Krafteinleitungsort K_G wird nach [4.16] in die halbe Höhe des Anschlusskörpers gelegt (Abb. 4.26)
- *Festlegen des Verbindungstyps.* Die Verbindung wird einem der Typen in Abb. 4.28 zugeordnet. Die Lage der Trennfuge ist dabei zu beachten. Bei Einschraubverbindungen stellt die untere Platte die Einschraubseite dar. Die Höhe h entspricht dann der Höhe der oberen Platte (Abb. 4.26).
- *Ermittlung der* Parameter. Die Höhe h, der Abstand a_K sowie die Länge l_A sind zu ermitteln (Abb.4.26). Bei zentrischer Belastung gilt: $l_A = 0$.
- *Ermittlung des Krafteinleitungsfaktors n.* n kann direkt oder durch lineares Interpolieren aus Tabelle 4.2 ermittelt werden.

Tabelle 4.2. Krafteinleitungsfaktoren n zu den Verbindungstypen SV 1 bis SV 6 [4.3]

l_A/h	0,00				0,10				0,20				≥ 0,5			
a_K/h	0,00	0,10	0,30	≥ 0,5	0,00	0,10	0,30	≥ 0,5	0,00	0,10	0,30	≥ 0,5	0,00	0,10	0,30	≥ 0,5
SV 1	0,70	0,55	0,30	0,13	0,52	0,41	0,22	0,10	0,34	0,28	0,16	0,07	0,16	0,14	0,12	0,04
SV 2	0,57	0,46	0,30	0,13	0,44	0,36	0,21	0,10	0,30	0,25	0,16	0,07	0,16	0,14	0,12	0,04
SV 3	0,44	0,37	0,26	0,12	0,35	0,30	0,20	0,09	0,26	0,23	0,15	0,07	0,16	0,14	0,12	0,04
SV 4	0,42	0,34	0,25	0,12	0,33	0,27	0,16	0,08	0,23	0,19	0,12	0,06	0,14	0,13	0,10	0,03
SV 5	0,30	0,25	0,22	0,10	0,24	0,21	0,15	0,07	0,19	0,17	0,12	0,06	0,14	0,13	0,10	0,03
SV 6	0,15	0,14	0,14	0,07	0,13	0,12	0,10	0,06	0,11	0,11	0,09	0,06	0,10	0,10	0,08	0,03

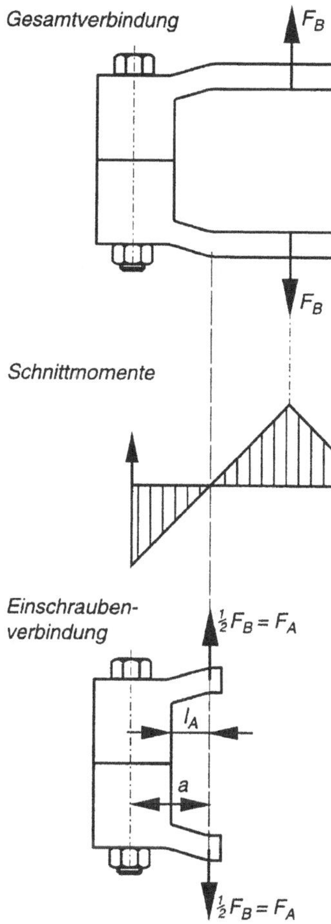

Abb. 4.27. Herauslösen der Einschraubenverbindung aus der Gesamtverbindung [4.3]

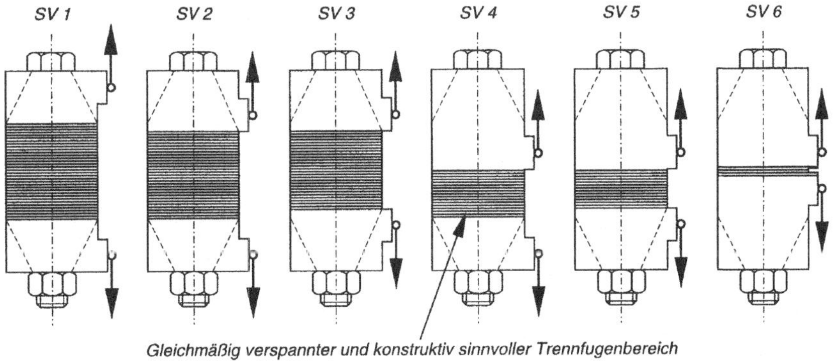

Abb. 4.28. Verbindungstypen nach [4.3]

4.2.2.3 Exzentrischer Angriff einer axialen Betriebskraft

Exzentrisch verspannte und exzentrisch betriebsbeanspruchte Schraubenverbindungen sind der Regelfall: Die Wirkungslinie A–A der axialen Komponente F_A der Betriebskraft liegt nicht in der Schraubenachse S–S, und die Schraubenachse selbst ist nicht mit der Schwerpunktachse (nach [4.3]: der „*Achse des seitensymmetrischen Verformungskörpers*“, Abb. 4.2) der verschraubten Teile 0–0 identisch (Abb. 4.29).

Analog zu δ_P^* erfolgt die Herleitung der elastischen Nachgiebigkeit des verspannten Biegekörpers gemäß Abb. 4.29 wie folgt:

$f_P^{**} = f_1 + f_2$ (f_1 = Axialverformung infolge Axialkraft, f_2 = Biegeverformung infolge Biegekraft).

Entsprechend folgt: $\delta_P^{**} = \delta_1 + \delta_2$. Dabei sind

$\delta_1 = \delta_P = \dfrac{l_K}{E_P \cdot A_{ers}}$ (Ersatzquerschnittsmodell nach [4.1]

und $\delta_2 = \dfrac{\sigma_b \cdot l_K}{E_P \cdot F}$

Mit $\sigma_b = \dfrac{M_b}{W_b} = \dfrac{a \cdot F}{I_{Bers} / s}$ wird $\delta_2 = \dfrac{a \cdot s \cdot l_K}{E_P \cdot I_{Bers}}$.

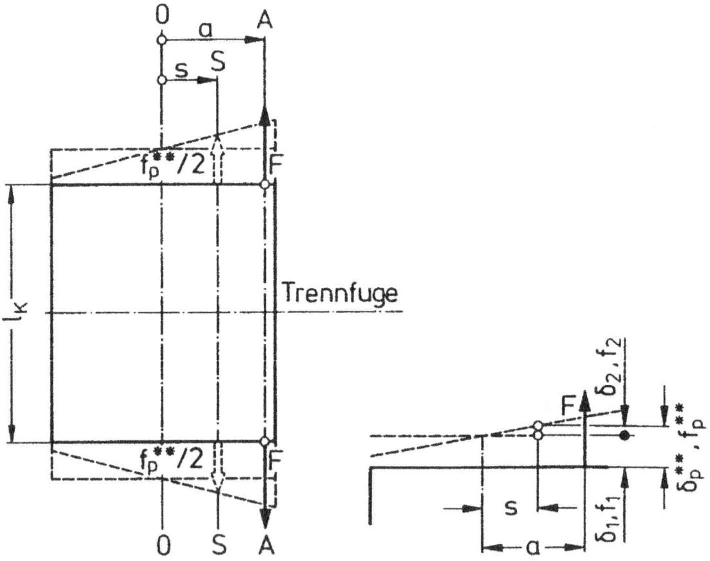

Abb. 4.29. Elastische Verformung eines „Biegekörpers“ (Betriebszustand)

Damit wird nach dem Ersatzquerschnittsmodell [4.1]:

$$\delta_P^{**} = \delta_1 + \delta_2 = \delta_P + \frac{a \cdot s \cdot l_K}{E_P \cdot I_{Bers}} = \delta_P\left(1 + \frac{asA_{ers}}{I_{Bers}}\right) \tag{4.31}$$

Mit dem Ersatz-Verformungskegelmodell nach [4.3] wird

$$\delta_P^{**} = \delta_P + \frac{a \cdot s_{sym} \cdot l_K}{E_P \cdot I_{Bers}} \tag{4.32}$$

Wie bei δ_P^* können auch bei δ_P^{**} nach dem Ersatz-Verformungskegelmodell Werkstoffe mit unterschiedlichen E-Moduli berücksichtigt werden:

$$\delta_P^{**} = \delta_P + a \cdot s_{sym} \cdot \sum_{i=1}^{m} \frac{li}{E_{Pi} \cdot I_{Bers,i}} \tag{4.33}$$

Der Abstand a ist dabei immer als positiver Wert in die Rechnung einzusetzen. Zur Vorzeichenregel bezüglich s bzw. s_{sym} siehe Tabelle 4.3.

Der Abstand a, die Entfernung der Ersatzwirkungslinie der axialen Betriebskraft von der Achse des seitensymmetrischen Verformungskörpers, ergibt sich aus der Lage des der Schraube am nächsten liegenden Nullpunktes des Biegemomentenverlaufs im System (Abb. 4.27). VDI 2230 leistet leider zu seiner Berechnung keine Hilfestellung. Die Berechnung von a kann nur mit Hilfe elastomechanischer Gesetze unter Berücksichtigung statisch unbestimmter Größen ermittelt werden.

Tabelle 4.3. Vorzeichenregelung nach [4.3]

		Zug-Betriebskraft			Druck-Betriebskraft		
Belastungsfall/ Variante		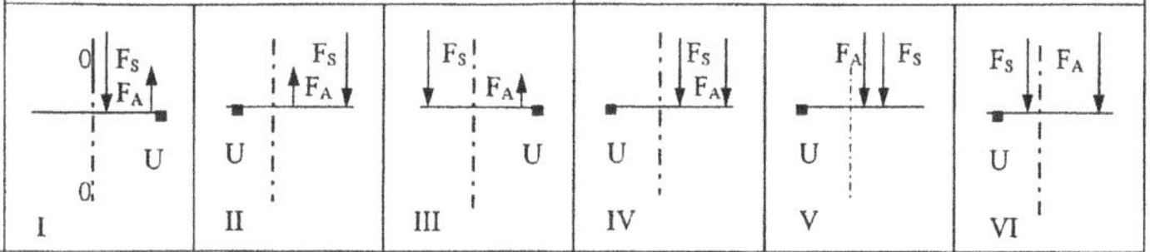 I	II	III	IV	V	VI
Abmessungs-verhältnisse		Lage von a und s_{sym} zu 0 – 0			Lage von a und s_{sym} zu 0 – 0		
		auf gleicher Seite		versch.	auf gleicher Seite		versch.
		$a \geq s_{sym}$	$a < s_{sym}$	Seiten	$a \geq s_{sym}$	$a < s_{sym}$	Seiten
Vor-zeichen	s_{sym}	+	+	–	+	+	–
	u	+	–	+	–	–	–
Erläuterungen		– Der Abstand a der Ersatzwirkungslinie der axialen Betriebskraft ist **immer positiv**. – Der Punkt **U** liegt immer an der äußersten Stelle der **klaffgefährdeten Seite** der Trennfuge, demzufolge der Punkt V auf der äußersten Stelle der anderen Seite. – Der Abstand v ist immer **positiv**.					

Anmerkung: Die Fälle V und VI können nur in Ausnahmefällen zum Klaffen führen. Fall IV ist nur aus Gründen der Vollständigkeit aufgeführt, ein Klaffen ist nicht zu erwarten.

Kräfte und Verformungen bis zur Abhebegrenze

Für den Fall der Einleitung der Betriebskraft F_A in der Ebene der Kopf- bzw. Mutterauflagefläche (Abb. 4.16) leitet sich das Kraftverhältnis analog wie folgt ab:

Die Schraube dehnt sich unter der Betriebskraft F_A um den gleichen Betrag, um den die verspannten Teile aufgrund der Entspannung auffedern, d. h. $f_{SA} = f_{PA}$

Mit $f_{SA} = \delta_S F_{SA}$, $f_{PA} = \delta_P F_{PA}$ und $F_{SA} + F_{PA} = F_A$ gilt allgemein:

$\delta_S F_{SA} = \delta_P F_A - \delta_P F_{SA}$

Für den Fall der exzentrisch verspannten und exzentrisch betriebsbelasteten Schraubenverbindung wird der Betriebskraft F_A die elastische Nachgiebigkeit δ_P^{**} und der Schraubenzusatzkraft F_{SA} die elastische Nachgiebigkeit δ_P^* zugeordnet. Damit wird

$$\delta_S F_{SA} = \delta_P^{**} F_A - \delta_P^* F_{SA} \tag{4.34}$$

Aus Gl. (4.34) erhält man zunächst

$$F_{SA} = \frac{\delta_P^{**}}{\delta_S + \delta_P^*} F_A$$

und daraus das für diesen Beanspruchungsfall relevante Kraftverhältnis

$$\Phi = \frac{F_{SA}}{F_A} = \frac{\delta_P^{**}}{\delta_S + \delta_P^*} = \Phi_{eK} \tag{4.35}$$

Analog Gleichung (4.30) gilt für das Kraftverhältnis bei Krafteinleitung innerhalb der Bauteile

$$\Phi_{en} = \frac{F_{SA}}{F_A} = n \frac{\delta_P^{**}}{\delta_S + \delta_P^*} = n\Phi_{eK}$$

Mit $\delta_P^* = \delta_P \left(1 + \frac{s^2 A_{ers}}{I_{Bers}}\right)$ und $\delta_P^{**} = \delta_P \left(1 + \frac{a s A_{ers}}{I_{Bers}}\right)$

wird für das Ersatzquerschnittsmodell nach [4.1]

$$\Phi_{en} = n \cdot \frac{\delta_P \left(1 + \frac{a s A_{ers}}{I_{Bers}}\right)}{\delta_S + \delta_P \left(1 + \frac{s^2 A_{ers}}{I_{Bers}}\right)} \tag{4.36}$$

Bei Anwendung des Ersatz-Verformungskegelmodells nach [4.3] wird

$$\Phi_{en} = n \cdot \frac{\delta_P + a \cdot s_{sym} \frac{l_K}{E_P \cdot I_{Bers}}}{\delta_S + \delta_P + s_{sym}^2 \frac{l_K}{E_P \cdot I_{Bers}}} \tag{4.37}$$

Für die verschiedenen in der Praxis vorkommenden Fälle wird die Schraubenzusatzkraft:

- Bei s (s_{sym}) ≠ 0 und a > 0: $F_{SA} = \frac{\delta_P^{**}}{\delta_S + \delta_P^*} F_A$
- Bei s (s_{sym}) ≠ 0 und $a = 0$: $F_{SA} = \frac{\delta_P}{\delta_S + \delta_P^*} F_A$
- Bei $a = s$ (s_{sym}) ≠ 0: $F_{SA} = \frac{\delta_P^*}{\delta_S + \delta_P^*} F_A$

Der sehr seltene Fall einer reinen Biegemomentbelastung wird in [4.3] ausführlich beschrieben. An dieser Stelle wird hierauf verzichtet.

Tabelle 4.4 gibt eine Übersicht über die Kraftverhältnisse Φ in Abhängigkeit von den Betriebskraft-Einleitungsbedingungen.

Tabelle 4.4. Krafteinleitung und Kraftverhältnis Φ bei unterschiedlichen Verschraubungsfällen

Position der Schraube	Angriffspunkt der Betriebskraft F_A	Kraftverhältnis $\Phi = F_{SA}/F_A$
In Schwerpunktachse, s = 0	In Schraubenachse, in Schraubenkopf- bzw. Mutterauflagefläche, a = 0, n = 1	$\Phi_K = \frac{\delta_P}{\delta_S + \delta_P}$
In Schwerpunktachse, s = 0	In Schraubenachse, innerhalb der verspannten Teile, a = 0, 0 < n < 1	$\Phi_n = n\Phi_K = n\frac{\delta_P}{\delta_S + \delta_P}$
In Schwerpunktachse, s = 0	Außerhalb der Schraubenachse, in Schraubenkopf- bzw. Mutterauflagefläche, a ≠ 0, n = 1	$\Phi_{eK} = \Phi_K$
In Schwerpunktachse, s = 0	Außerhalb der Schraubenachse, innerhalb der verspannten Teile, a ≠ 0, 0 < n < 1	$\Phi_{en} = \Phi_n = n\Phi_K$
Außerhalb der Schwerpunktachse, s ≠ 0	In Schraubenachse, in Schraubenkopf- bzw. Mutterauflagefläche, a = s, n = 1	$\Phi_{eK} = \frac{\delta_P^{**}}{\delta_S + \delta_P^*} = \frac{\delta_P^*}{\delta_S + \delta_P^*}$
Außerhalb der Schwerpunktachse, s ≠ 0	In Schraubenachse, innerhalb der verspannten Teile, a = s, 0 < n < 1	$\Phi_{en} = n\Phi_{eK} = n\frac{\delta_P^*}{\delta_S + \delta_P^*}$
Außerhalb der Schwerpunktachse, s ≠ 0	Außerhalb der Schraubenachse, in Schraubenkopf- bzw. Mutterauflagefläche, a > s, n = 1	$\Phi_{eK} = \frac{\delta_P^{**}}{\delta_S + \delta_P^*}$
Außerhalb der Schwerpunktachse, s ≠ 0	Außerhalb der Schraubenachse, innerhalb der verspannten Teile, a > s, 0 < n < 1	$\Phi_{en} = n\Phi_{eK} = n\frac{\delta_P^{**}}{\delta_S + \delta_P^*}$

Kräfte und Verformungen an der Abhebegrenze

Das einseitige Abheben exzentrisch verspannter und betriebsbeanspruchter Teile auf der Zugseite einer Schraubenverbindung beginnt dann, wenn die Trennfugenpressung an der Stelle $x = u$ (Abb. 4.30) Null wird.

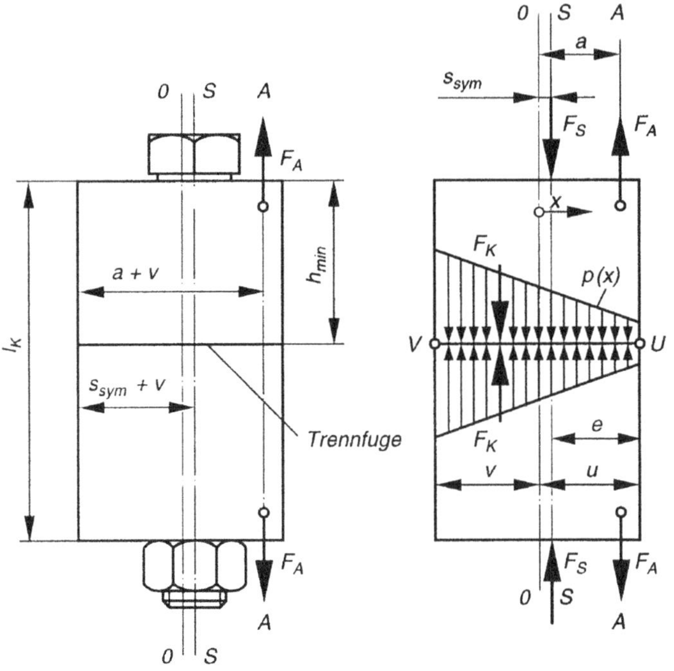

Abb. 4.30. Flächenpressung in der Trennfuge exzentrisch verspannter und exzentrisch betriebsbelasteter Schraubenverbindungen [4.3]

Biegezugseitig erfolgt die Öffnung der Trennfuge (Stelle u) dann, wenn die Betriebskraft F_A oder ein äußeres Moment M_B den Grenzwert F_{Aab} bzw. M_{Bab} überschreitet.

Wenn die Trennfugenbreite den Grenzwert $d_W + h_{min}$ nicht überschreitet, darf von einer von der Vorspannkraft erzeugten konstanten Druckspannung und einem von der Betriebskraft hervorgerufenen linearen Biegespannungsverlauf ausgegangen werden.

Unter der Annahme dieser Spannungsverteilung in der Trennfuge (Abb. 4.30) gilt:

$$p(x) = -\frac{F_K}{A_D} + \frac{M_{Kl}}{I_{BT}} x \tag{4.38}$$

Mit Klemmkraft F_K:

$$F_K = F_V - (1 - \Phi_{en})F_A \tag{4.39}$$

und dem resultierenden Moment in der Klemmfläche:

$$M_{Kl} = F_A(a - \phi_{en} \cdot s_{sym}) - F_V \cdot s_{sym} \tag{4.40}$$

gilt für den Flächenpressungsverlauf:

$$p(x) = \frac{1}{A_D}\left[F_A(1-\phi_{en}) - F_V + \frac{F_A(a - s_{sym}\phi_{en}) - F_V s_{sym}}{I_{BT}/A_D} x\right] \tag{4.41}$$

Dabei sind:
F_V: Vorspannkraft.
A_D: Trennfugenfläche abzüglich der Fläche des Loches für die Schraube.
I_{BT}: Trägheitsmoment der Trennfugenfläche.

Wird neben der Betriebskraft F_A zusätzlich noch ein Betriebsmoment M_B eingeleitet, werden

$$F_K = F_V - (1 - \Phi_{en})F_A + \frac{\phi_m}{s_{sym}} M_B \quad \text{und}$$

$$M_{Kl} = F_A(a - \phi_{en} \cdot s_{sym}) - F_V \cdot s_{sym} + M_B(1 - \phi_m)$$

Nach [4.3] sind von der Trennfuge weg weisende Betriebskräfte F_A und entgegen dem Uhrzeigersinn drehende Betriebsmomente M_B immer mit positiven Vorzeichen einzusetzen!

Aus der Abhebebedingung $p(x = u) = 0$ folgt: $F_A = F_{Aab}$.

Damit wird der Klammerausdruck in Gleichung (4.41) für $x = u$ Null:

$$F_{Aab}(1 - \Phi_{en}) - F_V + \frac{F_{Aab}(a - s_{sym}\Phi_{en}) - F_V s_{sym}}{I_{BT}/A_D} u = 0\,.$$

Für die Größen u, s_{sym} und a müssen die Vorzeichen entsprechend den jeweiligen Beanspruchungsbedingungen eingesetzt werden (Tabelle 4.3).

Aus dieser Rechenbeziehung kann für die überwiegend ohne ein äußeres Biegemoment M_B vorliegenden Schraubenverbindungen die Betriebskraft F_{Aab} errechnet werden, bei der einseitiges Aufklaffen der Trennfuge einsetzt:

$$F_{Aab} = F_V\left(\frac{I_{BT} + A_D \cdot u \cdot s_{sym}}{I_{BT}(1 - \phi_{en}) + A_D \cdot u(a - \phi_{en} \cdot s_{sym})}\right) \tag{4.42}$$

Bei vorgegebener Betriebskraft F_A wird die das Klaffen verhindernde Mindestvorspannkraft F_{Vab} somit:

$$F_{Vab} = F_A\left(\frac{I_{BT} + a \cdot u \cdot A_D}{I_{BT} + s_{sym} \cdot u \cdot A_D} - \phi_{en}\right) \tag{4.43}$$

Die Klemmkraft an der Abhebegrenze beträgt damit:

$$F_{Kab} = F_{Vab} - (1 - \phi_{en})F_A = F_A \frac{a \cdot u \cdot A_D - s_{sym} \cdot u \cdot A_D}{I_{BT} + s_{sym} \cdot u \cdot A_D} \tag{4.44}$$

Soll sichergestellt sein, dass kein einseitiges Abheben unter der exzentrisch angreifenden Axialkraft F_A eintritt, dann muss die dazu erforderliche Klemmkraft F_{Kerf} mindestens so groß sein wie die an der Abhebegrenze vorhandene Klemmkraft F_{Kab}.

Kräfte und Verformungen oberhalb der Abhebegrenze

Überschreitet die Betriebskraft F_A den für den Beginn des Klaffens kritischen Wert F_{Aab}, dann verlässt die zunächst lineare Kraft-Verformungs-Kennlinie für die verspannten Teile ihren ursprünglichen Verlauf und knickt ab (Abb. 4.31).

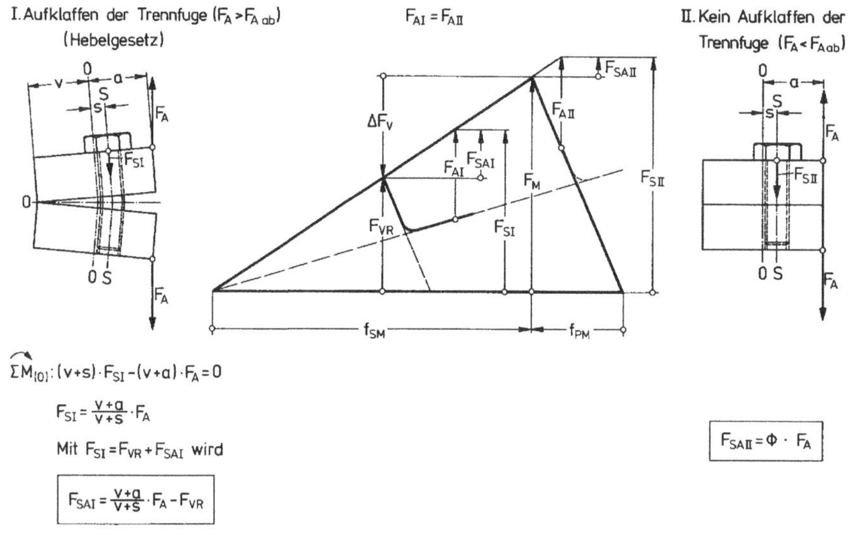

Abb. 4.31. Zunahme der Schraubenzusatzkraft F_{SA} durch einseitiges Aufklaffen der Trennfuge

Nach dem Beginn des einseitigen Klaffens steigen die Schraubenzusatzkräfte progressiv besonders stark an. Im Grenzfall des einseitigen Kantentragens hat das bekannte Verspannungsschaubild keine Gültigkeit mehr. Hier gelten nur noch die Hebelgesetze, d. h.

$$F_{SA} = \frac{a+v}{s+v} F_A - F_V \tag{4.45}$$

und die Schraubenzusatzkraft ist unter diesen Bedingungen von der Vorspannkraft abhängig. Abb. 4.31 verdeutlicht darüber hinaus, dass das vollständige einseitige Kantentragen, das mit abnehmender Vorspannkraft zunehmend auftritt, Schraubenzusatzkräfte hervorrufen kann, die sogar die in die Verbindung eingeleitete Betriebskraft überschreiten können (Hebelgeometrie!!).

Nach VDI 2230 geschieht die Dimensionierung der Schraube grundsätzlich zunächst unter Berücksichtigung der Klemmkraft, die benötigt wird, ein einseitiges Aufklaffen der unter Druck stehenden Trennfuge infolge der Betriebskraft F_A zu vermeiden.

In der Verschraubungspraxis wird aber das partielle Aufklaffen der Trennfugen hin und wieder bewusst in Kauf genommen, um eine bessere Ausnutzung der Verschraubung zu erreichen. In diesem Fall besitzt die Frage nach dem Verhältnis von Betriebskraft F_A und der daraus resultierenden Schraubenzusatzkraft F_{SA} eine besondere Bedeutung.

Und gerade in diesem Bereich – bei einer Betriebskraft oberhalb der Abhebebetriebskraft ($F_A > F_{Aab}$) – ist eine exakte Bestimmung des Funktionsverlaufs $F_{SA} = f(F_A)$ nur ganz schwer möglich.

Es wird deshalb eine Näherungslösung vorgeschlagen, die mit Hilfe eines Kreisbogens eine überschlägige Bestimmung der Schraubenzusatzkraft im Bereich zwischen dem Beginn des Aufklaffens und dem Grenzfall des einseitigen Kantentragens ermöglichen soll (Abb. 4.32).

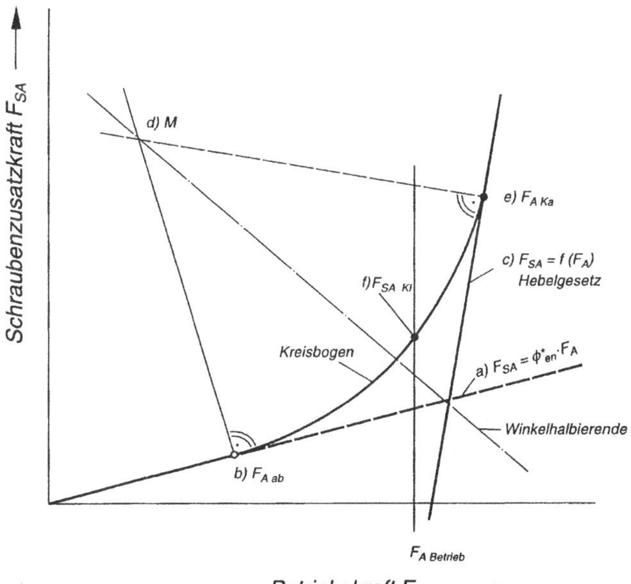

Abb. 4.32. Schema der grafischen Ermittlung der Schraubenzusatzkraft F_{SA} bei klaffenden Verbindungen [4.17]

Die Berechnung bzw. grafische Darstellung der Schraubenzusatzkraft F_{SA} bis zur Abhebegrenze und oberhalb F_{SAab} (Abb. 4.32) geschieht hierbei in folgenden 6 Schritten:

1. Berechnung der Schraubenzusatzkraft F_{SA} vor der Abhebegrenze in Abhängigkeit von F_A mit der bekannten elementaren Rechenbeziehung: $F_{SA} = \Phi_{en} F_A$.
2. Begrenzung dieser elementaren Beziehung bei der Abhebebetriebskraft F_{Aab}:

$$F_{Aab} = F_V \left(\frac{I_{BT} + A_D \cdot u \cdot s_{sym}}{I_{BT}(1-\phi_{en}) + A_D \cdot u(a - \phi_{en} \cdot s_{sym})} \right).$$

3. Berechnung der Kraftverhältnisse für den Fall des idealen Kantentragens mit dem Hebelgesetz (Abb. 4.33):

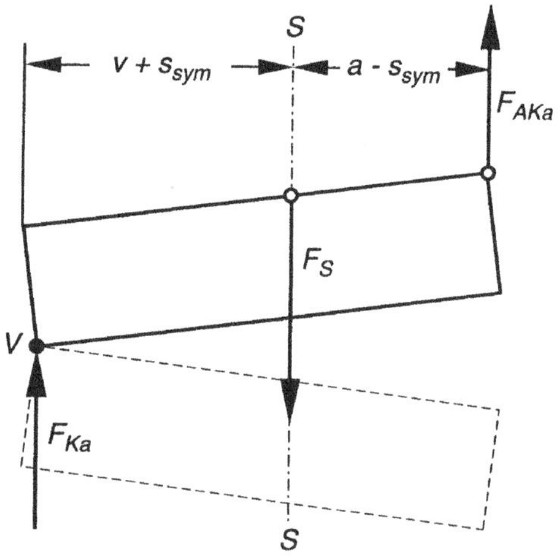

Abb. 4.33. Schema der Kraftverhältnisse bei klaffenden Verbindungen [4.17]

$$F_{SA} = F_A \cdot (v + a)/(v + s_{sym}) - F_V \tag{4.46}$$

4. Zwischen den Geraden von a) und c) in Abb. 4.32 wird der Aufklaffvorgang durch eine progressive, tangential in beide Geraden einmündende, Kurve dargestellt. Für eine Überschlagsdimensionierung wird sie durch einen Kreis ersetzt, der in die Gerade a) beim Abhebepunkt F_{Aab} und in die Gerade c) (Hebelgesetz) jeweils tangential einmündet (Abb. 4.32). In der graphischen Darstellung findet man den Kreismittelpunkt als Schnittpunkt des Lotes auf die Gerade a) in F_{Aab} und der Winkelhalbierenden der Geraden a) und c). Hierbei ist zu beachten, dass für die Koordinatenachsen gleiche Maßstäbe verwendet werden.

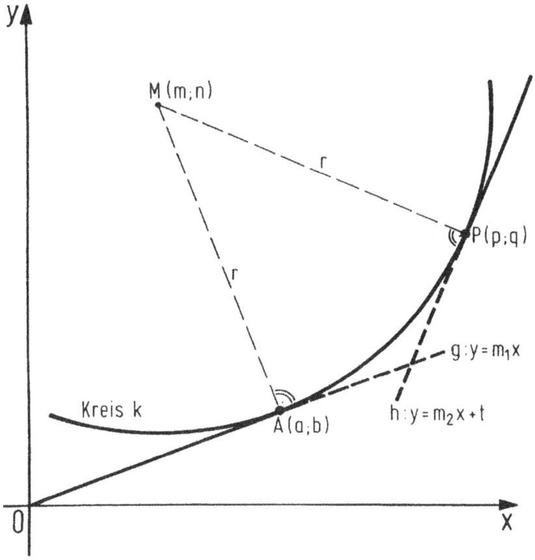

Abb. 4.34. Skizze für die mathematische Herleitung der Funktionsgleichung für den Kreisbogen

Die Funktionsgleichung des Kreisbogens wird wie folgt beschrieben:
M (m; n) sei der Mittelpunkt des gesuchten Kreises *K*, *A* $(a; b = m_1 a)$ bzw. *P(p; q)* die Berührpunkte von K mit der Geraden *g*: $y = m_1 x$ bzw. der Geraden h: $y = m_2 x + t$. Der Radius von *K* sei *r*.
Die Kreisgleichung $(x-m)^2 + (y-n)^2 = r^2$ ist bestimmt, wenn *m, n, r* bekannt sind.
Als Bedingungsgleichung für *m, n, r* erhält man:
M liegt auf dem Lot auf *g* in *A*,

$$y = -1/m_1 \cdot (x-a) + m_1 a$$

Mit $x = m$ und $y = n$ folgt:

$$m = a(1 + m_1^2) - m_1 n \tag{4.47}$$

M hat von *g* und *h* den gleichen Abstand (Hessesche Normalform):

$$-\frac{m_1 \cdot m - n}{\sqrt{1+m_1^2}} = -\frac{m_2 \cdot m - n + t}{\sqrt{1+m_2^2}} \tag{4.48}$$

Der Abstand von *M* zu *g* beträgt *r*:

$$r = -\frac{m_1 \cdot m - n}{\sqrt{1+m_1^2}} \tag{4.49}$$

m aus Gleichung (4.47) in Gleichung (4.48) eingesetzt ergibt:

$$n = m_1 \cdot a - \frac{(m_2 - m_1) \cdot a + t}{\sqrt{(1+m_1^2) \cdot (1+m_2^2) - (1+m_1 m_2)}} \tag{4.50}$$

Damit lassen sich auch m und r mit Hilfe der Gleichungen (4.47) und (4.49) berechnen.
Mit den somit berechneten Größen m, n, und r wird die Funktionsgleichung des Kreises K wie folgt beschrieben:

$$y = n - \sqrt{r^2 - (x-m)^2}$$

Mit $y = F_{SA}$ und $x = F_A$ wird daraus für $F_{Aab} \leq F_A \leq F_{AKa}$:

$$F_{SA} = n - \sqrt{r^2 - (x-m)^2}$$

Mit $m_1 = \Phi$, $m_2 = \dfrac{v+a}{v+s}$, $a = F_{Aab}$, und $t = -F_V$ werden m, n *und* r:

$$n = \phi \cdot F_{Aab} - \frac{\left(\dfrac{v+a}{v+s} - \phi\right) \cdot F_{Aab} - F_V}{\sqrt{\left[1 + \left(\dfrac{v+a}{v+s}\right)^2\right] \cdot (1+\varphi^2) - \left(1 + \phi \cdot \dfrac{v+a}{v+s}\right)}}$$

$$m = F_{Aab} \cdot (1+\phi^2) - \phi \cdot n$$

$$r = \frac{n - \phi \cdot m}{\sqrt{1+\phi^2}}$$

5. Bestimmung von F_{AKa} (Beginn des einseitigen Kantentragens):
In der graphischen Darstellung findet man F_{AKa} als Fußpunkt des Lotes von M auf die Gerade c), Abb. 4.32. Die Koordinaten für diesen Punkt P in Abb. 4.34 lassen sich wie folgt berechnen:

P liegt auf h:

$$q = m_2 \cdot p + t \tag{4.51}$$

In P haben h und K dieselbe Steigung:

$$-\frac{p-m}{q-n} = m_2 \tag{4.52}$$

Gleichung (4.51) in Gleichung (4.52) eingesetzt, ergibt:

$$p = \frac{m + m_2 \cdot (n-t)}{m_2^2 + 1},$$

das heißt analog zu Abschn. 5. mit m und n aus Abschn. 5.:

$$F_{AKa} = \frac{m + \frac{v+a}{v+s} \cdot (n + F_V)}{1 + \left(\frac{v+a}{v+s} \right)^2} \tag{4.53}$$

6. Bestimmung der Schraubenzusatzkraft F_{SA} für die Betriebskraft F_A:
   In der graphischen Darstellung ergibt sich F_{SA} als Ordinate des zur Abszisse F_A gehörigen Kreispunktes, Abb. 4.32. Die Berechnung von F_{SA} erfolgt mit der in Rechenschritt 4 angegebenen Funktionsgleichung.

Biegemomente, Biegeverformungen und Schraubenbeanspruchung

Die außerhalb der Schwerpunktachse der verspannten Teile (Achse des seitensymmetrischen Verformungskörpers) angreifenden Kräfte F_A und F_S und die äußeren Biegemomente M_B erzeugen ein Gesamtbiegemoment M_{Bges}, das wiederum in der Schraube eine Zusatzbiegespannung σ_{SAb} verursacht. σ_{SAb} muss insbesondere bei der Beurteilung der Dauerhaltbarkeit berücksichtigt werden.

Das Gesamtbiegemoment M_{Bges} ergibt sich aus den Belastungsbedingungen in Abb. 4.35 zu:

$$M_{Bges} = F_A a + F_S s_{sym} + M_B \tag{4.54}$$

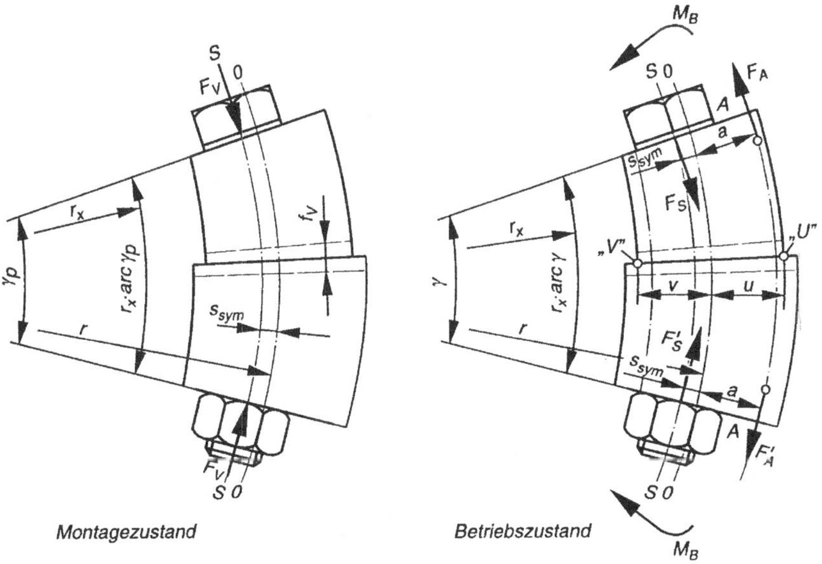

Abb. 4.35. Biegekörper [4.3]

Für die Berechnung des aus der Betriebsbelastung resultierenden Zusatzbiegemoments M_b wird das aus der Vorspannkraft resultierende Moment $F_V \cdot s_{sym}$ vom Gesamtmoment abgezogen.

$$M_b = M_{Bges} - F_V \cdot s_{sym} = F_A \cdot a + F_S \cdot s_{sym} + M_B - F_V \cdot s_{sym} \tag{4.55}$$

Mit $F_{SA} = \phi_{en} \cdot F_A + \phi_m \cdot \frac{M_B}{s_{sym}}$ wird daraus:

$$M_b = F_A \cdot a + \left(F_V + \phi_{en} F_A + \phi_m \cdot \frac{M_B}{s_{sym}} \right) \cdot s_{sym} + M_B - F_V \cdot s_{sym} \tag{4.56}$$

oder

$$M_b = F_A \cdot a \cdot \left[1 + \phi_{en} \frac{s_{sym}}{a} + \frac{M_B}{F_A \cdot a} \cdot (1 + \phi_m) \right] \tag{4.57}$$

Analog zur elastischen Längsnachgiebigkeit δ definiert VDI 2230 eine elastische Biegenachgiebigkeit β. Diese dient der Berechnung des Biegewinkels γ.

Vereinfacht gilt für den einseitig eingespannten Biegestab: $\gamma = \frac{M_B \cdot l_K}{E \cdot I}$

Analog zur Berechnung der Längsnachgiebigkeit gilt für die Biegenachgiebigkeit allgemein:

$$\beta_i = \frac{\gamma_i}{M_B} = \frac{l_i}{E \cdot I_i} \tag{4.58}$$

Für eine Schraube, bestehend aus zylindrischen Einzelelementen, berechnet sich die elastische Biegenachgiebigkeit β_S als Summe der Teilnachgiebigkeiten analog δ_S zu:

$$\beta_S = \beta_{SK} + \beta_1 + \beta_2 + ... + \beta_n + \beta_{GM} + \beta_{Gew} \tag{4.59}$$

Wird diese elastische Biegenachgiebigkeit β_S auf einen zylindrischen Stab mit der Länge l_{ers}, dem konstanten Querschnitt A_{d3} und dem konstanten Trägheitsmoment I_{d3} zurückgeführt, dann errechnet sich für diesen Stab eine Ersatzlänge, die als fiktive Länge nicht mit der Klemmlänge identisch ist, wie folgt:

Mit $\beta_S = \frac{l_{ers}}{E_S \cdot I_{d3}}$ wird $l_{ers} = \beta_S E_S I_{d3}$ mit $I_{d3} = \frac{\pi}{64} d_3^4$

Für den Biegewinkel γ_S gilt dann:

$$\gamma_S = \beta_S \cdot M_{BgesS} = \frac{l_{ers} \cdot M_{BgesS}}{E_S \cdot I_{d3}} \tag{4.60}$$

Der Biegewinkel γ ist für die Schraube und die verspannten Teile gleich groß (Abb. 4.35).

$$\gamma_S = \gamma_P = \gamma \tag{4.61}$$

Mit Gleichung (4.60) wird aus Gleichung (4.61):

$$\beta_S \cdot M_{BgesS} = \beta_P \cdot M_{BgesP} \text{ bzw. } M_{BgesP} = M_{BgesS} \cdot \frac{\beta_S}{\beta_P} \tag{4.62}$$

Mit der Gleichgewichtsbedingung $M_{Bges} = M_{BgesS} + M_{BgesP}$ wird

$$M_{BgesS} = \frac{M_{Bges}}{1 + \frac{\beta_S}{\beta_P}} \tag{4.63}$$

Im Allgemeinen ist $\beta_S >> \beta_P$. Deshalb kann vereinfachend geschrieben werden:

$$M_{BgesS} = \frac{\beta_P}{\beta_S} M_{Bges} \tag{4.64}$$

Analog Gleichung (4.64) wird $M_{bS} = \frac{\beta_P}{\beta_S} M_b$. Daraus folgt mit dem Zusatzbiegemoment M_b aus Gleichung (4.57) für das Zusatzbiegemoment in der Schraube:

$$M_{bS} = \frac{\beta_P}{\beta_S} \cdot F_A \cdot a \cdot \left[1 + \phi_{en} \frac{s_{sym}}{a} + \frac{M_B}{F_A \cdot a} \cdot (1 + \phi_m) \right] \tag{4.65}$$

Vereinfachend für den überwiegend vorliegenden Fall $M_B = 0$ ergibt sich für die Verbindung in Abb. 4.35 schließlich aus Gleichung (4.65):

$$M_{bS} = \frac{\beta_P}{\beta_S} \left(1 + \Phi_{en} \frac{s_{sym}}{a} \right) F_A \cdot a \tag{4.66}$$

Die Dauerhaltbarkeit bestimmende Gesamt-Zusatzspannung auf der maximal beanspruchten Biegezugseite der Schraube, resultierend aus Axial- und Biegezusatzspannung, berechnet sich zu

$$\sigma_{SAb} = \sigma_{SA} + \sigma_b = \frac{F_{SA}}{A_{d3}} + \frac{M_{bS}}{W_{d3}} \tag{4.67}$$

Mit $\sigma_{SA} = \frac{\phi_{en} \cdot F_{SA}}{A_{d3}}$ und mit Gleichung (4.66) wird daraus:

$$\sigma_{SAb} = \frac{\phi_{en} \cdot F_{SA}}{A_{d3}} + \frac{\beta_P}{\beta_S} \left(1 + \Phi_{en} \frac{s_{sym}}{a} \right) \frac{F_A \cdot a}{W_{d3}} \tag{4.68}$$

Für die Bestimmung der Spannungen wird in Gleichung 4.68 entgegen [4.3] der Gewindekernquerschnitt A_{d3} bzw. das zugehörige Widerstandsmoment W_{d3} herangezogen.

Begründung: Der Gewindekernquerschnitt war für die Darstellung der Dauerhaltbarkeitswerte (Abb. 4.36) von Schraubengewinden in der Vergangenheit in einschlägigen Arbeiten verwendet worden und hat sich dabei gut bewährt.

Mit

$$F_{SA} = \phi_{en} \cdot F_A \,,\; A_{d3} = \frac{\pi}{4} d_3^2 \,, \text{ und } W_{d3} = \frac{I_{d3}}{d_3/2} \text{ wird}$$

$$\sigma_{SAb} = \frac{\Phi_{en} F_A}{A_{d3}} + \frac{\beta_P}{\beta_S}\left(1 + \Phi_{en}\frac{s_{sym}}{a}\right)\frac{F_A a d_3}{2 I_{d3}}$$

oder schließlich

$$\sigma_{SAb} = \frac{\Phi_{en} F_A}{A_{d3}}\left[1 + \frac{\beta_P}{\beta_S}\left(\frac{1}{\Phi_{en}} + \frac{s_{sym}}{a}\right)\frac{a \pi d_3^3}{8 I_{d3}}\right] \tag{4.69}$$

Die Einführung dieser Ersatzlänge l_{ers} vereinfacht die Berechnung des Spannungsausschlags der exzentrisch betriebsbeanspruchten Schraubenverbindung.

Mit

$$\beta_S = \frac{l_{ers}}{E_S I_{d3}} \text{ und } \beta_P = \frac{l_K}{E_P \bar{I}_{Bers}} \text{ wird } \frac{\beta_P}{\beta_S} = \frac{l_K}{l_{ers}} \frac{E_S}{E_P} \frac{I_{d3}}{\bar{I}_{Bers}}.$$

$\bar{I}_{Bers}$ ist das Ersatzträgheitsmoment für den gestuften Biegekörper abzüglich des Trägheitsmoments für das Schraubenloch: $\bar{I}_{Bers} = I_{Bers} - \frac{\pi}{64} d_h^4$

Damit kann für σ_{SAb} geschrieben werden:

$$\sigma_{SAb} = \frac{\Phi_{en} \cdot F_A}{A_{d3}}\left[1 + \frac{l_K}{l_{ers}} \cdot \frac{E_S}{E_P}\left(\frac{1}{\Phi_{en}} + \frac{s_{sym}}{a}\right)\frac{a \pi d_3^3}{8 \bar{I}_{Bers}}\right] \tag{4.70}$$

Liegen a und s auf der gleichen Seite neben der Schwerpunktachse der verspannten Teile, so folgt schließlich:

$$\sigma_{SAb} = \frac{\Phi_{en} \cdot F_A}{A_{d3}}\left[1 + \frac{l_K}{l_{ers}} \cdot \frac{E_S}{E_P}\left(\frac{1}{\Phi_{en}} - \frac{s_{sym}}{a}\right)\frac{a \pi d_3^3}{8 \bar{I}_{Bers}}\right] \tag{4.71}$$

Die Biegezusatzspannungs-Amplituden $\pm\, \sigma_{SA}/2$ werden schließlich mit zulässigen Schwingspannungen für metrische Schraubengewinde (Abb. 4.36) verglichen.

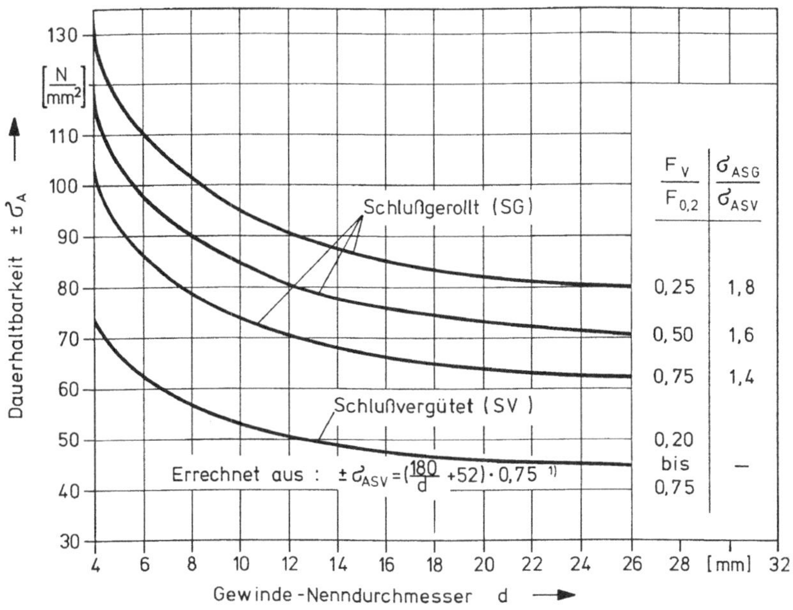

Abb. 4.36. Richtwerte für die Dauerhaltbarkeit hochfester schlussvergüteter und schlussgerollter Schraubengewinde der Festigkeitsklassen 8.8 bis 12.9

Querkraftbeanspruchte Schraubenverbindungen

Grundsätzlich werden Schraubenverbindungen so ausgelegt, dass Querkräfte (senkrecht zur Schraubenachse wirkende Betriebskräfte) durch Haftreibung in den Trennfugen einer vorgespannten Verbindung übertragen werden (Gleitfeste Verbindungen).

Wenn diese Forderung aus konstruktiven Gründen nicht erfüllt werden kann, dann müssen Querkräfte partiell oder vollständig durch das Verbindungselement selbst, zum Beispiel Passschrauben oder andere Elemente, zum Beispiel Hülsen oder Stifte, formschlüssig übertragen werden (Scher/Lochleibungsverbindungen).

Für die Festlegung der Anzahl q_F der Kraft – (F) – übertragenden bzw. q_M der Momenten – (M) – übertragenden Trennfugen sind alle am Gleitprozess der verspannten Bauteile beteiligten inneren Trennfugen zu berücksichtigen. Die Gesamttragfähigkeit ergibt sich schließlich aus der Summe der Einzeltragfähigkeiten dieser Trennfugen.

Die Prüfung von Scher/Lochleibungs-Verbindungen kann in Anlehnung an DIN 50 141 – Scherversuch, 1982 – oder LN 65 150 – Zweischnittiger Scherversuch an Schrauben und Bolzen, 1977 – erfolgen.

Mit der Anzahl der am Gleitprozess beteiligten Trennfugen q_F und q_M und der Ruhereibungszahl in der Trennfuge μ_T gilt für die zur Übertragung von Querkräften zur Verfügung stehende minimale Restklemmkraft F_{KRmin} (Abb. 3.37) und die zur reibschlüssigen Übertragung der Querkräfte erforderliche Klemmkraft F_{KQerf}:

$$F_{KR\min} = F_{M\min} - (1 - \phi_{en})F_{A\max} - F_Z \tag{4.72}$$

$$F_{KQerf} = \frac{F_{Q\max}}{q_F \cdot \mu_{T\min}} + \frac{M_{Y\max}}{q_M \cdot r_a \mu_{T\min}} \tag{4.73}$$

mit M_Y: Drehmoment um die Schraubenachse
und r_a: Reibradius in den verspannten Teilen

Zur Vermeidung des Rutschens in der Schraubenverbindung und zur Aufrechterhaltung des Reibschlusses gilt die Forderung:

$$F_{KR\min} > F_{KQerf}\,.$$

Nach Überwinden der Haftreibung entsteht durch quer zur Schraubenachse wirkende Betriebskräfte in der Schraubenverbindung eine Scher/Lochleibungs-Beanspruchung.

Für die Scherspannung in dem in der Trennfuge liegenden Schraubenquerschnitt A_T gilt dann:

$$\tau_{\max} = F_Q / A_\tau$$

mit F_Q auf den Schraubenbolzen einwirkende Querkraft, eventuell um den gegenüber der Quer-Betriebskraft verminderten Reibkraftanteil.

Um gegen Abscheren des Schraubenbolzens sicher zu sein, wird gefordert:

$$\tau_{\max} < \tau_B$$

Daraus folgt mit τ_B als Scherfestigkeit des Schraubenwerkstoffs:

$$F_Q < \tau_B \cdot A_\tau$$

4.3 Rechenschritte

Die Berechnung einer Schraubenverbindung geht von einer beliebig gerichteten Betriebskraft F_b aus. Diese Betriebskraft und die durch sie verursachten Verformungen der Bauteile bewirken an der einzelnen Verschraubungsstelle eine axiale Betriebskraft F_A, eine Querkraft F_Q, ein Biegemoment M_b und gegebenenfalls ein Drehmoment M_T.

Diese „Ausgangsgrößen" F_A, F_Q, M_b und M_T werden für die Berechnung der Schraubenverbindung nach VDI 2230 als bekannt vorausgesetzt.

Bei der rechnerischen Ermittlung der erforderlichen Schraubenabmessung werden, ausgehend von den vorab genannten Beanspruchungsbedingungen, folgende Einflussfaktoren berücksichtigt:

- Vorspannkraftverluste F_Z durch Setzvorgänge, eventuell auch durch Wärmedehnungen oder Relaxationsprozesse bei höheren Temperaturen.
- Klemmkraftverluste F_{PA} infolge des Betriebskraftangriffs: $F_{PA} = (1-\Phi)\, F_A$.

- Die erforderliche Klemmkraft F_{Kerf}, die für bestimmte betriebliche Anforderungen erforderlich ist, z. B. für eine Dichtfunktion, für das Verhindern einseitigen Aufklaffens der Trennfugen und/oder eines selbsttätigen Losdrehens von Schrauben als Folge von Querschiebungen in den Trennfugen.
- Anziehfaktor $\alpha_A = F_{Mmax} / F_{Mmin}$ als Maß für die Streuung der Montagevorspannkraft (siehe Kapitel 8).

Um sicherzustellen, dass die im Betrieb einer Schraubenverbindung erforderliche Klemmkraft F_{Kerf} vorhanden ist, muss die Schraube für die Montagevorspannkraft F_{Mmax} nach Gleichung (4.74) ausgelegt werden.

Die Montagevorspannkraft F_M dient in VDI 2230 als Basis für die Festlegung des Schraubendurchmessers.

Bei den tabellarisch in VDI 2230 [4.3] aufgeführten Montagevorspannkräften F_M (Tabellen 4.6 bis 4.9) wird die genormte Mindeststreckgrenze der Schraube zu 90% ausgenutzt. Die Gesamtbeanspruchung im Schraubenbolzen bei der Montage setzt sich dabei aus Axial- und Torsionsspannungen zusammen (Kap. 8).

$$F_{M\max} = \alpha_A F_{M\min} = \alpha_A [F_{Kerf} + (1-\Phi) F_A + F_Z] \tag{4.74}$$

Für die Montagevorspannkraft für Schaftschrauben gilt bei 90%-iger Ausnutzung der genormten Mindeststreckgrenze der Schraube:

$$F_M = \sigma_M A_S = \frac{0{,}9 R_{p0,2}}{\sqrt{1+3\left[\frac{3}{1+d_3/d_2}\left(\frac{P}{\pi d_2}+1{,}155\mu_G\right)\right]^2}} A_S \tag{4.75}$$

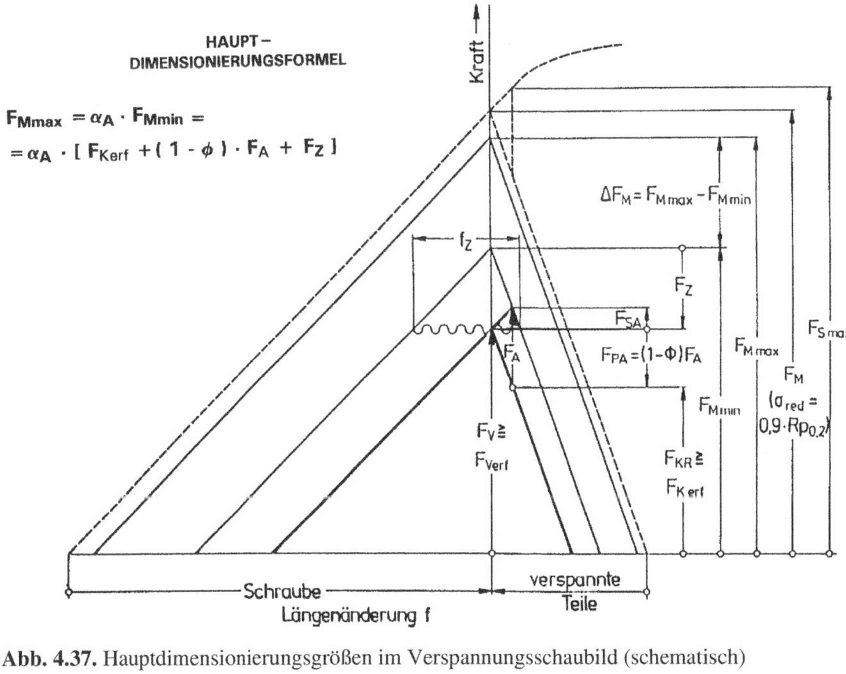

Abb. 4.37. Hauptdimensionierungsgrößen im Verspannungsschaubild (schematisch)

Daraus folgt nach VDI 2230, dass die von der axialen Komponente F_A der Betriebskraft F_b herrührende Komponente F_{SA} nicht größer als $0{,}1R_{p0,2}A_S$ sein darf, wenn verhindert werden soll, dass die Gesamtschraubenkraft F_S die Streckgrenze des Schraubenbolzens bei Betriebsbeanspruchung überschreitet:

$$F_{SA} = \Phi \; F_A \leq 0{,}1 R_{p0,2} A_S \, .$$

Im Fall einer Schwingbeanspruchung darf die Schwingkraftamplitude $\pm F_{SAa}$ die zulässige Schraubenschwingkraft (Dauerhaltbarkeit, Abb. 4.36) nicht überschreiten.

Rechenschritt 1

Überschlägige Bestimmung des Schraubendurchmessers mit Hilfe von Tabelle 4.5, des Klemmlängenverhältnisses l_K/d und überschlägige Bestimmung der Flächenpressung p unter dem Schraubenkopf:

Flächenpressung unter dem Schraubenkopf für den Montagezustand:

$$p_{M\max} = \frac{F_{M\max}}{A_{P\min}} \leq p_G \tag{4.76}$$

mit

F_{Mmax} maximale Montagevorspannkraft = f(Montageverfahren),
p_G Grenzflächenpressung, Tabelle 4.10,
A_{Pmin} Kleinstmögliche Kopf/Mutter-Auflagefläche $A_{P\min} = \frac{\pi}{4}(d_{w\min}^2 - d_{h\max}^2)$,
d_{Wmin} Kleinstmöglicher äußerer Auflagedurchmesser des Schraubenkopfes oder der Mutter,
d_{hmax} Größtmöglicher innerer Auflagedurchmesser des Schraubenkopfes oder der Mutter.

Rechenschritt 2

Festlegung des Anziehfaktors $\alpha_A = \dfrac{F_{M\max}}{F_{M\min}}$ nach Tabelle 4.11.

Rechenschritt 3

Bestimmung der erforderlichen Mindestklemmkraft F_{Kerf} unter Berücksichtigung folgender Forderungen:

- Übertragung von Querkräften F_Q oder Drehmomenten M_T durch Reibschluss aus Gl.(4.73)

$$F_{KQerf} = \frac{F_{Q\max}}{q_F \cdot \mu_{T\min}} + \frac{M_{Y\max}}{q_M \cdot r_a \mu_{T\min}}$$

- Dichtfunktion

$$F_{KP} = A_D \cdot p_{i,\max}$$

- Kein einseitiges Aufklaffen der Trennfugen bei exzentrischer Belastung und/oder Verspannung (Gl. 4.44, ohne Berücksichtigung eines äußeren Moments).

$$F_{Kab} = F_{Vab} - (1-\phi_{en})F_A = F_A \frac{a \cdot u \cdot A_D - s_{sym} \cdot u \cdot A_D}{I_{BT} + s_{sym} \cdot u \cdot A_D}$$

Aus allen diesen Forderungen folgt: $F_{Kerf} \geq F_{KQ\max}; F_{KP\max}; F_{Kab}$

Tabelle 4.5. Abschätzen des Durchmesserbereichs von Schrauben [4.3]

1	2		3	A	Zur Betriebskraft nächst größere Kraft in Spalte 1	
Kraft N	Nenndurchmesser mm Festigkeitsklasse			B	Für F_{Mmin} weiter nach unten in Spalte 1:	
	12.9	10.9	8.8		um **4 Zeilen** für statische oder dynamische Querkraft	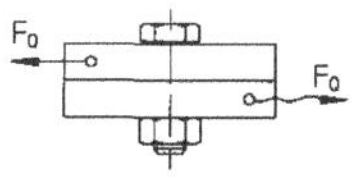
250					um **2 Zeilen** für dynamische und exzentrische Axikraft	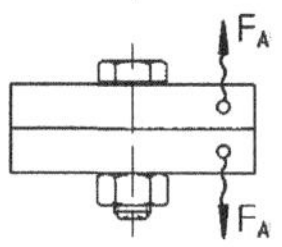
400						
630						
1000	3	3	3			
1600	3	3	3			
2500	3	3	4		um **1 Zeile** für statisch/exzentrische Axialkraft oder	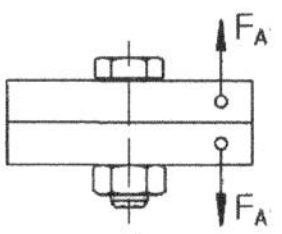
4000	4	4	5			
6300	4	5	6			
10000	5	6	8			
16000	6	8	10			
25000	8	10	12			
40000	10	12	14			
63000	12	14	16		dynamisch/ zentrische Axialkraft	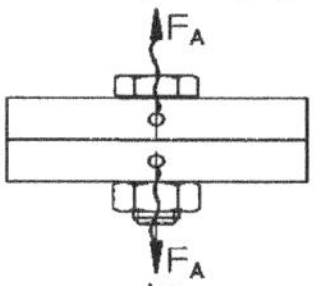
100000	16	18	20			
160000	20	22	24			
250000	24	27	30			
400000	30	33	36			
630000	36	39			um **0 Zeilen** für statisch/zentrische Axialkraft	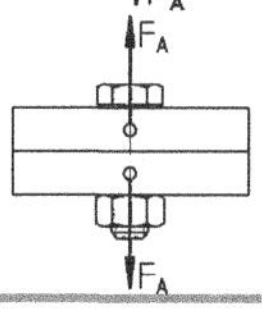

Rechenschritt 4

Bestimmung des Kraftverhältnisses ϕ:

Aus Gl. (4.36):
$$\Phi_{en} = n\Phi_{ek} = n \frac{\delta_P \left(1 + \frac{asA_{ers}}{I_{Bers}}\right)}{\delta_S + \delta_P \left(1 + \frac{s^2 A_{ers}}{I_{Bers}}\right)}$$
(Ersatz-Querschnittsmodell).

Aus Gl. (4.37): $\Phi_{en} = n \cdot \dfrac{\delta_P + a \cdot s_{sym} \dfrac{l_K}{E_P \cdot I_{Bers}}}{\delta_S + \delta_P + s_{sym}^2 \dfrac{l_K}{E_P \cdot I_{Bers}}}$ (Ersatz-Verformungskegelmodell).

Rechenschritt 5

Bereits bei Raumtemperatur kann nach der Montage einer Schraubenverbindung ein Vorspannkraftabfall F_z durch Setzen eintreten.

Mit Setzen bezeichnet man allgemein das Einebnen von Oberflächenrauhigkeiten in den Schraubenkopf- und Mutterauflageflächen, Mutter- und Bolzengewindeflanken und den Trennfugen der verspannten Teile. Weil schon beim Anziehen der Schraube ein Einebnen der Oberflächenrauhigkeiten stattfindet, sind die Setzbeträge f_Z im Allgemeinen kleiner, als von der Größe der Rauhigkeitswerte angenommen werden müsste.

Die Setzbeträge, die nach einer bestimmten Betriebsdauer einen bestimmten Vorspannkraftabfall bewirken, sind abhängig von der

- Festigkeit der spannenden und verspannten Teile,
- Rauhigkeit der im Eingriff stehenden Flächen,
- Höhe der Flächenpressungen,
- Art und Größe der Beanspruchungen,
- Temperatur,
- elastischen Nachgiebigkeit der spannenden und verspannten Teile.

Bestimmung des Vorspannkraftverlustes F_Z infolge Setzens:

$F_Z = \dfrac{f_Z}{\delta_S + \delta_P}$, aus Gl. (4.25) mit f_Z aus Tabelle 4.12.

Rechenschritt 6

Bestimmung des erforderlichen Schraubendurchmessers durch Wahl einer geeigneten Schraube aus Tabelle 4.6 bis 4.9 für die Montagevorspannkraft

$$F_M \geq F_{M\max} = \alpha_A [F_{Kerf} + (1-\Phi)F_A + F_Z].$$

Für streckgrenzüberschreitende Anziehmethoden gilt (ohne Berücksichtigung von α_A):

$$F_{M\min} = F_{Kerf} + (1-\Phi)F_A + F_Z .$$

Für die Schraubenwahl gilt hier: $F_M \geq 0{,}9\ F_{Mmin}$

Rechenschritt 7

Wiederholung der Rechenschritte 4 bis 6, falls Durchmesser und/oder Festigkeitsklasse der Schraube geändert werden müssen.

Tabelle 4.6. Montagevorspannkräfte F_M und Anziehdrehmomente M_A (gerechnet mit $\mu_G = 0{,}12$ als mittlerer Reibungszahl im Gewinde) bei $\nu = 0{,}9$ für **Schaftschrauben** mit metrischem Regelgewinde nach DIN 13; Kopfabmessungen wie bei Sechskantschrauben nach DIN EN ISO 4014–4018, Durchgangslöcher „mittel" nach DIN EN 20273

Gewinde	Fest.-klasse	Montagevorspannkräfte F_M in kN für μ_G						Anziehdrehmomente M_A in Nm für μ_K					
		0,08	0,10	0,12	0,14	0,16	0,20	0,08	0,10	0,12	0,14	0,16	0,20
	8.8	4,6	4,5	4,4	4,3	4,2	3,9	2,3	2,6	3,0	3,3	3,6	4,1
M4	10.9	6,8	6,7	6,5	6,3	6,1	5,7	3,3	3,9	4,6	4,8	5,3	6,0
	12.9	8,0	7,8	7,6	7,4	7,1	6,7	3,9	4,5	5,1	5,6	6,2	7,0
	8.8	7,6	7,4	7,2	7,0	6,8	6,4	4,4	5,2	5,9	6,5	7,1	8,1
M5	10.9	11,1	10,8	10,6	10,3	10,0	9,4	6,5	7,6	8,6	9,5	10,4	11,9
	12.9	13,0	12,7	12,4	12,0	11,7	11,0	7,6	8,9	10,0	11,2	12,2	14,0
	8.8	10,7	10,4	10,2	9,9	9,6	9,0	7,7	9,0	10,1	11,3	12,3	14,1
M6	10.9	15,7	15,3	14,9	14,5	14,1	13,2	11,3	13,2	14,9	16,5	18,0	20,7
	12.9	18,4	17,9	17,5	17,0	16,5	15,5	13,2	15,4	17,4	19,3	21,1	24,2
	8.8	15,5	15,1	14,8	14,4	14,0	13,1	12,6	14,8	16,8	18,7	20,5	23,6
M7	10.9	22,7	22,5	21,7	21,1	20,5	19,3	18,5	21,7	24,7	27,5	30,1	34,7
	12.9	26,6	26,0	25,4	24,7	24,0	22,6	21,6	25,4	28,9	32,2	35,2	40,6
	8.8	19,5	19,1	18,6	18,1	17,6	16,5	18,5	21,6	24,6	27,3	29,8	34,3
M8	10.9	28,7	28,0	27,3	26,6	25,8	24,3	27,2	31,8	36,1	40,1	43,8	50,3
	12.9	33,6	32,8	32,0	31,1	30,2	28,4	31,8	37,2	42,2	46,9	51,2	58,9
	8.8	31,0	30,3	29,6	28,8	27,9	26,3	36	43	48	54	59	68
M10	10.9	45,6	44,5	43,4	42,2	41,0	38,6	53	63	71	79	87	100
	12.9	53,3	52,1	50,8	49,4	48,0	45,2	62	73	83	93	101	116
	8.8	45,2	44,1	43,0	41,9	40,7	38,3	63	73	84	93	102	117
M12	10.9	66,3	64,8	63,2	61,5	59,8	56,3	92	108	123	137	149	172
	12.9	77,6	75,9	74,0	72,0	70,0	65,8	108	126	144	160	175	201
	8.8	62,0	60,6	59,1	57,5	55,9	52,6	100	117	133	148	162	187
M14	10.9	91,0	88,9	86,7	84,4	82,1	77,2	146	172	195	218	238	274
	12.9	106,5	104,1	101,5	98,8	96,0	90,4	171	201	229	255	279	321
	8.8	84,7	82,9	80,9	78,8	76,6	72,2	153	180	206	230	252	291
M16	10.9	124,4	121,7	118,8	115,7	112,6	106,1	224	264	302	338	370	428
	12.9	145,5	142,4	139,0	135,4	131,7	124,1	262	309	354	395	433	501
	8.8	107	104	102	99	96	91	220	259	295	329	360	415
M18	10.9	152	149	145	141	137	129	314	369	421	469	513	592
	12.9	178	174	170	165	160	151	367	432	492	549	601	692
	8.8	136	134	130	127	123	116	308	363	415	464	509	588
M20	10.9	194	190	186	181	176	166	438	517	592	661	725	838
	12.9	227	223	217	212	206	194	513	605	692	773	848	980
	8.8	170	166	162	158	154	145	417	495	567	634	697	808
M22	10.9	242	237	231	225	219	207	595	704	807	904	993	1151
	12.9	283	277	271	264	257	242	696	824	945	1057	1162	1347
	8.8	196	192	188	183	178	168	529	625	714	798	875	1011
M24	10.9	280	274	267	260	253	239	754	890	1017	1136	1246	1440
	12.9	327	320	313	305	296	279	882	1041	1190	1329	1458	1685
	8.8	257	252	246	240	234	220	772	915	1050	1176	1292	1498
M27	10.9	367	359	351	342	333	314	1100	1304	1496	1674	1840	2134
	12.9	429	420	410	400	389	367	1287	1526	1750	1959	2153	2497
	8.8	313	307	300	292	284	268	1053	1246	1348	1597	1754	2931
M30	10.9	446	437	427	416	405	382	1500	1775	2033	2274	2498	2893
	12.9	522	511	499	487	474	447	1755	2077	2380	2662	2923	3386

Tabelle 4.7. Montagevorspannkräfte F_M und Anziehdrehmomente M_A (gerechnet mit $\mu_G = 0{,}12$ als mittlerer Reibungszahl im Gewinde) bei $\nu = 0{,}9$ für **Dehnschrauben** mit metrischem Regelgewinde nach DIN 13; Kopfabmessungen wie bei Sechskantschrauben nach DIN EN ISO 4014–4018, Durchgangslöcher „mittel" nach DIN EN 20273, Dehnschaftdurchmesser $d_T = 0{,}9 d_3$

Gewinde	Fest.-klasse	Montagevorspannkräfte F_M in kN für μ_G						Anziehdrehmomente M_A in Nm für μ_K					
		0,08	0,10	0,12	0,14	0,16	0,20	0,08	0,10	0,12	0,14	0,16	0,20
	8.8												
M4	10.9												
	12.9												
	8.8												
M5	10.9												
	12.9												
	8.8	7,5	7,3	7,0	6,8	6,5	6,0	5,4	6,2	7,0	7,7	8,3	9,4
M6	10.9	11,0	10,7	10,3	9,9	9,6	8,9	7,9	9,1	10,3	11,3	12,3	13,9
	12.9	12,9	12,5	12,1	11,6	11,2	10,4	9,2	10,7	12,0	13,2	14,3	16,2
	8.8	11,1	10,8	10,5	10,1	9,8	9,1	9,0	10,5	11,9	13,2	14,3	16,3
M7	10.9	16,3	15,9	15,4	14,8	14,3	13,3	13,3	15,5	17,5	19,3	21,0	23,9
	12.9	19,1	18,6	18,0	17,4	16,8	15,6	15,5	18,1	20,5	22,6	24,6	28,0
	8.8	13,8	23,4	13,0	12,5	12,1	11,2	13,1	15,2	17,1	18,9	20,5	23,2
M8	10.9	20,3	19,7	19,1	18,4	17,8	16,5	19,2	22,3	25,2	27,8	30,1	34,2
	12.9	23,8	23,1	22,3	21,5	20,8	19,3	22,5	26,1	29,5	32,5	35,3	40,0
	8.8	22,1	21,5	20,8	20,1	19,4	18,0	26	30	34	38	41	46
M10	10.9	32,5	31,5	30,5	29,5	28,4	26,4	38	44	50	55	60	68
	12.9	38	36,9	35,7	34,5	33,3	30,9	45	52	59	65	70	80
	8.8	32,3	31,4	30,4	29,4	28,3	26,3	45	52	59	65	71	80
M12	10.9	47,5	46,1	44,6	43,1	41,6	38,7	66	77	87	96	104	118
	12.9	55,6	53,9	52,2	50,5	48,7	45,2	77	90	101	112	122	138
	8.8	44,5	43,2	41,8	40,4	39	36,3	71	83	94	104	113	129
M14	10.9	65,3	63,4	61,4	59,4	57,3	53,2	105	122	138	153	166	189
	12.9	76,4	74,2	71,9	69,5	67,1	62,3	123	143	162	179	195	221
	8.8	61,8	60,1	58,3	56,5	54,6	50,8	111	131	148	165	179	205
M16	10.9	90,8	88,3	85,7	82,9	80,1	74,6	164	192	218	242	264	301
	12.9	106,3	103,4	100,3	97	93,8	87,3	191	225	255	283	308	352
	8.8	77	75	72	70	68	63	159	186	210	232	253	288
M18	10.9	110	106	103	100	96	89	226	264	299	331	360	410
	12.9	128	124	121	117	113	105	265	309	350	387	421	480
	8.8	100	97	94	91	88	82	225	264	300	332	362	414
M20	10.9	142	138	134	130	125	117	320	376	427	473	516	589
	12.9	166	162	157	152	147	136	375	440	499	554	604	689
	8.8	125	122	118	115	111	103	308	363	413	460	502	575
M22	10.9	179	174	169	163	158	147	439	517	589	655	715	819
	12.9	209	203	197	191	185	172	514	605	689	766	837	958
	8.8	143	140	135	131	127	118	387	454	515	572	623	711
M24	10.9	204	199	193	187	180	168	551	646	734	814	887	1013
	12.9	239	233	226	218	211	196	644	756	859	953	1038	1185
	8.8	190	185	180	174	169	157	571	673	768	854	933	1069
M27	10.9	271	264	256	248	240	224	814	959	1093	1216	1329	1523
	12.9	317	309	300	291	281	262	952	1122	1279	1424	1555	1782
	8.8	231	224	218	211	204	190	775	912	1038	1154	1259	1441
M30	10.9	329	320	310	301	291	271	1104	1299	1479	1643	1793	2052
	12.9	384	374	363	352	340	317	1292	1520	1730	1923	2099	2402

Tabelle 4.8. Montagevorspannkraft F_M und Anziehdrehmomente M_A (gerechnet mit $\mu_G = 0{,}12$ als mittlerer Reibungszahl im Gewinde) bei $\nu = 0{,}9$ für **Schaftschrauben** mit metrischem Feingewinde nach DIN 13; Kopfabmessungen wie bei Sechskantschrauben nach DIN EN ISO 4014–4018, Durchgangslöcher „mittel“ nach DIN EN 20273

Gewinde	Fest.-klasse	Montagevorspannkräfte F_M in kN für μ_G						Anziehdrehmomente M_A in Nm für μ_K					
		0,08	0,10	0,12	0,14	0,16	0,20	0,08	0,10	0,12	0,14	0,16	0,20
	8.8	21,2	20,7	20,2	19,7	19,2	18,1	19,3	22,8	26,1	29,2	32,0	37,0
M8x1	10.9	31,1	30,4	29,7	28,9	28,1	26,5	28,4	33,5	38,3	42,8	47,0	54,3
	12.9	36,4	35,6	34,7	33,9	32,9	31,0	33,2	39,2	44,9	50,1	55,0	63,6
	8.8	27,7	27,2	26,5	25,9	25,2	23,7	28,0	33,2	38,1	42,6	46,9	54,4
M9x1	10.9	40,7	39,9	39,0	38,0	37,0	34,9	41,1	48,8	55,9	62,6	68,8	79,8
	12.9	47,7	46,7	45,6	44,4	43,3	40,8	48,1	57,0	65,4	73,3	80,6	93,4
	8.8	35,2	34,5	33,7	32,9	32,0	30,2	39	46	53	60	66	76
M10x1	10.9	51,7	50,6	49,5	48,3	47,0	44,4	57	68	78	88	97	112
	12.9	60,4	59,2	57,9	56,5	55,0	51,9	67	80	91	103	113	131
	8.8	33,1	32,4	31,6	30,8	29,9	28,2	38	44	51	57	62	72
M10x1,25	10.9	48,6	47,5	46,4	45,2	44,0	41,4	55	65	75	83	92	106
	12.9	56,8	55,6	54,3	52,9	51,4	48,5	65	76	87	98	107	124
	8.8	50,1	49,1	48,0	46,8	45,6	43,0	66	79	90	101	111	129
M12x1,25	10.9	73,6	72,1	70,5	68,7	66,9	63,2	97	116	133	149	164	190
	12.9	86,2	84,4	82,5	80,4	78,3	73,9	114	135	155	174	192	222
	8.8	47,6	46,6	45,5	44,3	43,1	40,6	64	76	87	97	107	123
M12x1,5	10.9	70,0	68,5	66,8	65,1	63,3	59,7	95	112	128	143	157	181
	12.9	81,9	80,1	78,2	76,2	74,1	69,8	111	131	150	167	183	212
	8.8	67,8	66,4	64,8	63,2	61,5	58,1	104	124	142	159	175	203
M14x1,5	10.9	99,5	97,5	95,2	92,9	90,4	85,3	153	182	209	234	257	299
	12.9	116,5	114,1	111,4	108,7	105,8	99,8	179	213	244	274	301	349
	8.8	91,4	89,6	87,6	85,5	83,2	78,6	159	189	218	244	269	314
M16x1,5	10.9	134,2	131,6	128,7	125,5	122,3	155,5	233	278	320	359	396	461
	12.9	157,1	154,0	150,6	146,9	143,1	135,1	273	325	374	420	463	539
	8.8	122	120	117	115	112	105	237	283	327	368	406	473
M18x1,5	10.9	174	171	167	163	159	150	337	403	465	523	578	674
	12.9	204	200	196	191	186	176	394	472	544	613	676	789
	8.8	114	112	109	107	104	98	229	271	311	348	383	444
M18x2	10.9	163	160	156	152	148	139	326	386	443	496	545	632
	12.9	191	187	182	178	173	163	381	452	519	581	638	740
	8.8	154	151	148	144	141	133	327	392	454	511	565	660
M20x1,5	10.9	219	215	211	206	200	190	466	558	646	728	804	940
	12.9	257	252	246	241	234	222	545	653	756	852	941	1100
	8.8	189	186	182	178	173	164	440	529	613	692	765	896
M22x1,5	10.9	269	264	259	253	247	233	627	754	873	985	1090	1276
	12.9	315	309	303	296	289	273	734	882	1022	1153	1275	1493
	8.8	228	224	219	214	209	198	570	686	796	899	995	1166
M24x1,5	10.9	325	319	312	305	298	282	811	977	1133	1280	1417	1661
	12.9	380	373	366	357	347	330	949	1143	1326	1498	1658	1943
	8.8	217	213	209	204	198	187	557	666	769	865	955	1114
M24x2	10.9	310	304	297	290	282	267	793	949	1095	1232	1360	1586
	12.9	362	355	348	339	331	312	928	1110	1282	1442	1591	1856
	8.8	293	288	282	276	269	255	822	992	1153	1304	1445	1697
M27x1,5	10.9	418	410	402	393	383	363	1171	1413	1643	1858	2059	2417
	12.9	489	480	470	460	448	425	1370	1654	1922	2174	2409	2828
	8.8	281	276	270	264	257	243	806	967	1119	1262	1394	1630
M27x2	10.9	400	393	384	375	366	346	1149	1378	1594	1797	1986	2322
	12.9	468	460	450	439	428	405	1344	1612	1866	2103	2324	2717
	8.8	353	347	339	331	323	306	1116	1343	1556	1756	1943	2276
M30x2	10.9	503	494	483	472	460	436	1590	1912	2216	2502	2767	3241
	12.9	588	578	565	552	539	510	1861	2238	2594	2927	3238	3793

Tabelle 4.9. Montagevorspannkraft F_M und Anziehdrehmomente M_A (gerechnet mit $\mu_G = 0{,}12$ als mittlerer Reibungszahl im Gewinde) bei $\nu = 0{,}9$ für **Dehnschrauben** mit metrischem Feingewinde nach DIN 13; Kopfabmessungen wie bei Sechskantschrauben nach DIN EN ISO 4014–4018, Durchgangslöcher „mittel“ nach DIN EN 20273, Dehnschaftdurchmesser $d_T = 0{,}9 d_3$.

Gewinde	Fest.-klasse	Montagevorspannkräfte F_M in kN für μ_G						Anziehdrehmomente M_A in Nm für μ_K					
		0,08	0,10	0,12	0,14	0,16	0,20	0,08	0,10	0,12	0,14	0,16	0,20
	8.8	15,5	15,0	14,6	14,1	13,6	12,7	14,1	16,6	18,8	20,9	22,8	26
M8x1	10.9	22,7	22,1	21,4	20,7	20	18,6	20,7	24,3	27,7	30,7	33,5	38,2
	12.9	26,6	25,8	25,1	24,3	23,4	21,8	24,3	28,5	32,4	35,9	39,2	44,7
	8.8	20,5	20	19,4	18,8	18,2	16,9	20,7	24,4	27,8	31	33,8	38,8
M9x1	10.9	30,1	29,3	28,5	27,6	26,7	24,9	30,4	35,9	40,9	45,5	49,7	57
	12.9	35,3	34,3	33,3	32,3	31,2	29,1	35,6	42	47,8	53,2	58,2	66,7
	8.8	26,3	25,6	24,9	24,1	23,3	21,8	29	34	39	44	48	55
M10x1	10.9	38,6	37,6	36,5	35,4	34,3	32	43	50	58	64	70	81
	12.9	45,2	44	42,8	41,5	40,1	37,4	50	59	68	75	82	95
	8.8	24,4	23,5	22,8	22,1	21,3	19,8	28	32	37	41	44	51
M10x1,25	10.9	35,5	34,5	33,5	32,4	31,3	29,1	40	47	54	60	65	74
	12.9	41,5	40,4	39,2	37,9	36,6	34,1	47	55	63	70	76	87
	8.8	37,3	36,4	35,3	34,2	33,1	30,9	49	58	67	74	81	93
M12x1,25	10.9	54,8	53,4	51,9	50,3	48,6	45,4	72	86	98	109	119	137
	12.9	64,1	62,5	60,7	58,8	56,9	53,1	85	100	114	127	139	160
	8.8	34,8	33,8	32,8	31,8	30,7	28,6	47	55	63	70	76	87
M12x1,5	10.9	51,1	49,7	48,2	46,6	45,1	42	69	81	92	102	111	127
	12.9	59,8	58,1	56,4	54,6	52,8	49,1	81	95	108	120	130	149
	8.8	50,3	49	47,6	46,1	44,6	41,6	78	91	104	116	127	146
M14x1,5	10.9	73,9	72	69,9	67,7	65,5	61,1	114	134	153	171	187	214
	12.9	86,5	84,2	81,8	79,3	76,7	71,5	133	157	179	200	218	250
	8.8	68,6	66,9	65,1	63,1	61,1	57,1	119	141	162	181	198	228
M16x1,5	10.9	100,8	98,3	95,6	92,7	89,8	83,8	175	207	238	265	290	334
	12.9	118	115	111,8	108,5	105	98,1	205	243	278	310	340	391
	8.8	93	90	88	85	83	77	179	213	245	274	301	347
M18x1,5	10.9	132	129	125	122	118	110	255	304	349	390	428	494
	12.9	154	151	147	142	138	129	299	355	408	457	501	578
	8.8	85	82	80	77	75	70	169	200	227	253	276	317
M18x2	10.9	121	117	114	110	107	99	241	284	324	360	394	451
	12.9	141	137	133	129	125	116	282	333	379	422	461	528
	8.8	117	115	112	108	105	98	249	298	342	384	422	488
M20x1,5	10.9	167	163	159	154	150	140	355	424	488	547	601	694
	12.9	196	191	186	181	175	164	416	496	571	640	703	813
	8.8	145	142	138	134	130	122	338	404	466	523	575	666
M22x1,5	10.9	207	202	197	191	185	173	481	575	663	744	819	948
	12.9	242	236	230	224	217	203	563	673	776	871	958	1110
	8.8	176	172	167	163	158	148	439	526	607	682	751	871
M24x1,5	10.9	250	245	238	232	225	211	625	749	865	972	1070	1241
	12.9	293	286	279	271	263	246	731	876	1012	1137	1252	1452
	8.8	165	161	156	152	147	137	422	502	576	645	708	816
M24x2	10.9	235	229	223	216	209	196	601	715	821	919	1008	1163
	12.9	274	268	261	253	245	229	703	837	961	1075	1179	1361
	8.8	227	222	217	211	204	192	637	765	885	996	1098	1276
M27x1,5	10.9	323	316	308	300	291	273	907	1090	1260	1418	1564	1817
	12.9	378	370	361	351	341	319	1061	1275	1475	1660	1830	2126
	8.8	215	210	204	198	192	180	616	735	846	948	1042	1205
M27x2	10.9	306	298	291	282	274	256	877	1047	1205	1351	1484	1717
	12.9	358	349	340	330	320	300	1026	1225	1410	1581	1737	2009
	8.8	271	265	258	251	243	228	857	1026	1183	1329	1462	1694
M30x2	10.9	386	277	367	357	346	324	1221	1461	1685	1892	2082	2413
	12.9	452	441	430	418	405	379	1429	1710	1972	2214	2436	2823

Tabelle 4.10. Anhaltswerte für Grenzflächenpressungen verschiedener Werkstoffe [4.3]

Werkstoffgruppe	Werkstoffkurzname	Zugfestigkeit R_{mmin} N/mm²	Scherfestigkeit τ_{Bmin} N/mm²	Grenzflächenpressung p_G N/mm²
Unlegierte Baustähle	USt 37–2	340	200	490
	St50–2	470	280	710
	St52–3U	510	300	760
Niedriglegierte Vergütungs-stähle	Cq45	700	460	630
	34CrMo4	1000	660	870
	34CrNiMo6	1200	720	1080
	38MnSi–VS5–By	900	580	810
	16MnCr5	1000	650	900
Austenitische Stähle	X5CrNi18–12	500	400	630
	X5CrNiMo17–12–2	510	410	460
	X5NiCrTi26–15	960	670	860
Gusseisen	GG–25	250	350	900
	GG26–Cr	260	350	600
	GGG–40	400	360	700
	GGG–50	500	450	900
	GGG–60	600	540	1000
Aluminium-Knetlegierungen	AlMgSi1–F31	290	170	260
	AlMgSi1–F28	260	150	230
	AlMg4,5Mn–F27	260	150	230
	AlZnMgCu1,5	540	330	410
Aluminium-Gusslegie-rungen	GK–AlSi9Cu3	180	110	220
	GD–AlSi9Cu3	240	140	290
	GK–AlSi7Mg–wa	250	150	380
Magnesium-legierungen	AZ91	310	200	280
	GD–AZ91	200	130	180
Titanlegierung	TiAl6V4	890	600	890

Rechenschritt 8

Berechnung der zulässigen Gesamtschraubenkraft F_{Smax}.

F_{Smax} wird nicht überschritten, wenn $F_M \geq F_{Mmax}$ (aus Rechenschritt 6) und wenn $F_{SA} = \Phi F_A \leq 0{,}1\ R_{p0,2} \cdot A_S$.

Für Dehnschrauben mit $A_T < A_S$ gilt sinngemäß: $\Phi \cdot F_A \leq 0{,}1\ R_{p0,2} \cdot A_T$.

Bei streckgrenzüberschreitenden Anziehverfahren beschränkt sich die Prüfung auf die Frage, ob eine zusätzliche plastische Dehnung der Schraube durch die Betriebskraft zu erwarten und zulässig ist und wie oft die Schraube wieder verwendet werden kann.

Tabelle 4.11. Richtwerte für den Anziehfaktor α_A [4.1]

Anzieh-faktor α_A	Streuung $\frac{\Delta F_M}{2F_{Mm}}\%$	Anziehverfahren	Einstellverfahren	Bemerkungen	
(1)*)	± 5 bis ± 12	Streckgrenzgesteuertes Anziehen. Motorisch oder manuell.		Die Vorspannkraftstreuung wird wesentlich bestimmt durch die Streuung der Streckgrenze im verbauten Schraubenlos. Die Schrauben werden hier für F_{mmin} dimensioniert; der Anziehfaktor α_A entfällt deshalb für die Berechnung bei diesen Anziehmethoden.	
(1)*)	± 5 bis ± 12	Drehwinkelgesteuertes Anziehen. Motorisch oder manuell.	Versuchsmäßige Bestimmung von Voranziehmoment und Drehwinkel (Stufen).		
1,2 bis 1,6	± 9 bis ± 23	Hydraulisches Anziehen.	Einstellung über Längen- bzw. Druckmessung.	Niedrigere Werte für lange Schrauben ($l_K/d \geq 5$) Höhere Werte für kurze Schrauben ($l_K/d \leq 2$)	
1,4 bis 1,6	± 17 bis ± 23	Drehmomentgesteuertes Anziehen mit Drehmomentschlüssel, signalgebendem Schlüssel oder Präzisionsdrehschrauber mit dynamischer Drehmomentmessung.	Versuchsmäßige Bestimmung der Sollanziehdrehmomente am Originalverschraubungsteil, zum Beispiel durch Längungsmessung der Schraube.	Niedrigere Werte für: Große Zahl von Einstell- bzw. Kontrollversuchen (z. B. 20). Geringe Streuung des abgegebenen Moments. Elektronische Drehmomentbegrenzung während der Montage bei Präzisionsdrehschraubern.	Niedrigere Werte für: • Kleine Drehwinkel, d. h. relativ steife Verbindungen. • relativ weiche Gegenlage

Tabelle 4.11. Fortsetzung

Anziehfaktor α_A	Streuung $\frac{\Delta F_M}{2F_{Mm}}\%$	Anziehverfahren	Einstellverfahren	Bemerkungen	
1,6 bis 1,8	± 23 bis ± 28		Bestimmung des Sollanziehdrehmoments durch Schätzen der Reibungszahl (Oberflächen- und Schmierverhältnisse).	Niedrigere Werte für: messende Drehmoment-schlüssel: • gleichmäßiges Anziehen. • Präzisiondrehschrauber. Höhere Werte für: signalgebende oder ausknickende Drehmomentschlüssel	• Gegenlagen, die nicht zum Fressen neigen, zum Beispiel phosphatiert, geölt. Höhere Werte für (bei): • große Drehwinkel, d. h. relativ nachgiebige Verbindungen sowie Feingewinde. • große Härte der Gegenlage, verbunden mit rauher Oberfläche. • Formabweichungen
1,7 bis 2,5	± 26 bis ± 43	Drehmomentgesteuertes Anziehen mit Drehschrauber	Einstellen des Schraubers mit Nachziehmoment, das aus Sollanziehmoment (für geschätzte Reibungszahl) und einem Zuschlag gebildet wird.	Niedrigere Werte für: • große Zahl von Kontrollversuchen (Nachziehmoment). • Schrauber mit AbSchaltkupplung.	
2,5 bis 4,0	± 43 bis ± 60	Impulsgesteuertes Anziehen mit Impulsschrauber	Einstellen des Schraubers über Nachziehmoment - wie oben.	Niedrigere Werte für: • große Zahl von Einstelversuchen (Nachziehmoment). • auf horizontalem Ast der Schraubercharakteristik. • spielfreie Impulsübertragung.	

Rechenschritt 9

Überprüfung der Dauerhaltbarkeit: Der berechnete Spannungsausschlag σ_a im Schraubengewinde darf die Schwingfestigkeit σ_A (Abb. 4.36) nicht überschreiten:

$$\sigma_a = \Phi_{en} \frac{F_{Ao} - F_{Au}}{2A_{d3}} \leq \sigma_A$$

Die bei einer exzentrischen Belastung auftretende Biegespannung ist nach Gl. (4.70) bzw. Gl. (4.71) mit zu berücksichtigen:

$$\frac{\sigma_A}{\sigma_{SAb}/2} = \frac{\sigma_A}{\left[1 + \left(\frac{1}{\Phi_{en}} \pm \frac{s}{a}\right)\frac{l_K}{l_{ers}}\frac{E_S}{E_P}\frac{a\pi d_3^3}{8\bar{I}_{Bers}}\right]\frac{\Phi_{en}F_A}{2A_{d3}}} \geq 1 \tag{4.77}$$

Für die in Gleichung 4.77 benötigte Ersatzlänge $l_{ers} = \beta_S E_S I_{d3}$ wird die Biegenachgiebigkeit der Schraube aus Gleichung 4.59 wie folgt berechnet:

$$\beta_S = \beta_{SK} + \beta_G + \beta_M + \beta_{Gew} + \beta_1 + ... + \beta_n =$$

$$= \frac{l_{SK}}{I_d E_S} + \frac{l_G}{I_{d3} E_S} + \frac{l_M}{I_d E_S} + \frac{l_{Gew}}{I_{d3} E_S} + \frac{l_1}{I_{d1} E_S} + ... + \frac{l_n}{I_{dn} E_S} =$$

$$= \frac{0{,}4d}{\frac{\pi}{64} d^4 E_S} + \frac{0{,}5d}{\frac{\pi}{64} d_3^4 E_S} + \frac{0{,}4d}{\frac{\pi}{64} d^4 E_S} + \frac{l_{Gew}}{\frac{\pi}{64} d_3^4 E_S} + \frac{l_1}{\frac{\pi}{64} d_1^4 E_S} + ... + \frac{l_n}{\frac{\pi}{64} d_n^4 E_S} =$$

$$= \frac{64}{\pi E_S}\left[\frac{0{,}8d}{d^4} + \frac{0{,}5d}{d_3^4} + \frac{l_{Gew}}{d_3^4} + \frac{l_1}{d_1^4} + ... + \frac{l_n}{d_n^4}\right],$$

so dass schließlich für die Ersatzlänge l_{ers} folgt:

$$l_{ers} = \frac{64}{\pi E_S}\frac{\pi}{64} d_3^4 E_S [...] = d_3^4 \left(\frac{0{,}8d}{d^4} + \frac{0{,}5d + l_{Gew}}{d_3^4} + \frac{l_1}{d_1^4} + \frac{l_2}{d_2^4} + ... + \frac{l_n}{d_n^4}\right) \tag{4.78}$$

Tabelle 4.12. Richtwerte für Setzbeträge bei Schrauben, Muttern und verspannten Teilen aus Stahl [4.3]

Mittlere Rautiefe R_Z nach DIN 4768	Belastung	Richtwerte für Setzbeträge µm		
		Gewinde	Kopf-/Mutter-auflagefläche	Innere Trenn-fugen
< 10 µm	Zug/Druck	3	2,5	1,5
	Schub	3	3	2
10 µm bis < 40 µm	Zug/Druck	3	3	2
	Schub	3	4,5	2,5
40 µm bis < 160 µm	Zug/Druck	3	4	3
	Schub	3	6,5	3,5

Rechenschritt 10

Nachrechnung der Flächenpressung unter der Kopf- bzw. Mutterauflage:

$$p_{\max} = \frac{F_{M\max} + \Phi F_A}{A_{P\min}} \leq p_G \tag{4.79}$$

mit A_{Pmin} aus Rechenschritt 1.

Für streckgrenz- und drehwinkelgesteuerte Anziehverfahren kann in erster Näherung geschrieben werden (s. auch Abb. 4.37):

$$p_{\max} \approx \frac{1{,}4 F_M}{A_{P\min}} \leq p_G \tag{4.80}$$

mit p_G aus Tabelle 4.10.

4.4 Grafische Darstellung der Kräfte und Verformungen

Die grafische Darstellung der Kräfte und Verformungen in einer Schraubenverbindung kann im Verspannungsschaubild (Abb. 4.38) in folgenden Schritten vorgenommen werden:

4.4.1 Kraft-Verformungskennlinie des spannenden Teils (der Schraube):

Mit $SO = f_{SV} = \delta_S \cdot F_V$ (ohne Betriebskraft),

$S'O = \left[\delta_S + (1-n)\cdot\delta_P^*\right]\cdot F_V$ (mit Betriebskraft) und Vorspannkraft F_V ergeben sich die Geraden SV und $S'V$

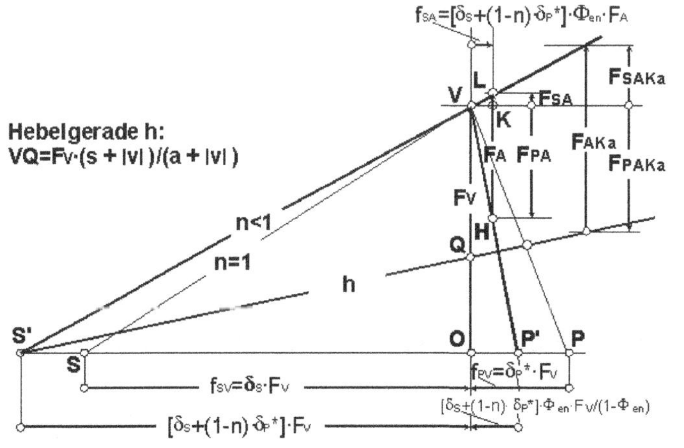

Abb. 4.38. Verspannungsschaubild einer Schraubenverbindung (schematisch)

4.4.2 Kraft-Verformungskennlinie der verspannten Teile:

Mit

$OP = f_{PV} = \delta_P^* \cdot F_V$ (ohne Betriebskraft),

$OP' = \left[\delta_S + (1-n)\delta_P^*\right] \cdot \phi_{en} \cdot F_V / \left(1 - \phi_{en}\right)$ (mit Betriebskraft und Vorspannkraft F_V ergeben sich die Geraden *PV* und *P'V*.

4.4.3 Betriebskraft F_A (zwischen *S'V* und *P'V* parallel zu *VO* durch K):

$$VK = f_{SA} = \left[\delta_S + (1-n) \cdot \delta_P^*\right] \cdot F_{SA} = \left[\delta_S + (1-n) \cdot \delta_P^*\right] \cdot \phi_{en} \cdot F_A$$

Mit Abstand *VK* und Betriebskraft F_A ergibt sich *HL*.

4.4.4 Betriebskraft F_A für partielles Aufklaffen der Trennfuge, für $F_{Aab} < F_A < F_{AKa}$:

Mit Abstand $VK = f_{SAab}$ liegt *H* nicht mehr auf *VP'*, sondern auf der gekrümmten Linie, die in die Hebelgerade einmündet.

4.4.5 Betriebskraft F_A für Kantentragen, für $F_A \geq F_{AKa}$:

Mit $VQ = F_V \cdot (s + |v|)/(a + |v|)$ ergibt sich die Hebelgerade *S'Q* (Abb. 4.38).

Herleitung von *OP'*:

Mit $VK/OP' = KH/OV$ wird $OP' = VK \cdot OV/KH$.

Mit $VK = f_{SA} = \left[\delta_S + (1-n) \cdot \delta_P^*\right] \cdot \phi_{en} \cdot F_A$,

$OV = F_V$ und

$KH = F_{PA} = (1 - \phi_{en}) \cdot F_A$ wird

$OP' = \left[\delta_S + (1-n) \cdot \delta_P^*\right] \cdot \phi_{en} \cdot F_V / (1 + \phi_{en})$

Mit $\phi_{en} = n \cdot \delta_P^{**} / (\delta_S + \delta_P^*)$ wird daraus:

$$OP' = \frac{n \cdot \delta_P^{**} \cdot (\delta_S + \delta_P^* - n \cdot \delta_P^*) \cdot F_V}{\delta_S + \delta_P^* - n \cdot \delta_P^{**}}$$

4.5 Berechnungsbeispiel – Pleuelschraubenverbindung

Am Beispiel einer Pleuel-Schraubenverbindung – Durchsteckverschraubung mit Mutter, Abb. 4.39 und Abb. 4.40 – soll im Folgenden der Rechengang mit dem elementaren Berechnungsansatz erläutert werden.

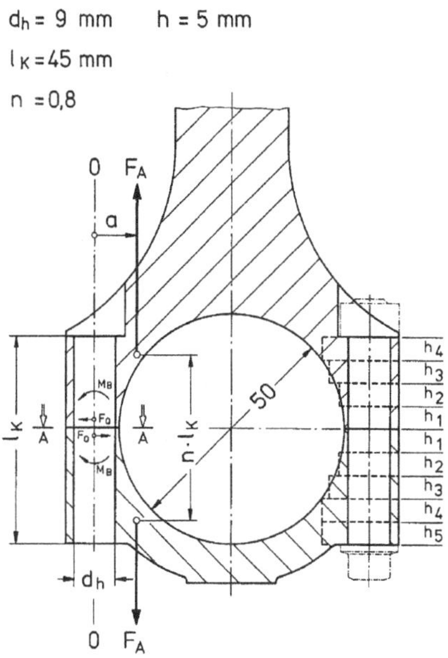

Abb. 4.39. Geometrie der Pleuelstange, Kräfte und Momente

Ausgangsgrößen

- Geometrie der Pleuelstange, s. Abb. 4.39.
- Axiale Betriebskraft in der Trennfuge: $F_A = 5000\,\text{N}$
- Querkraft in der Trennfuge: $F_Q = 2440\,\text{N}$
- Biegemoment in der Trennfuge: $M_B = 48\,\text{Nm}$
- Abstand a der Kraftwirkungslinie von F_A: $a = M_B/F_A = 9{,}6\,\text{mm}$

Überschlagsdimensionierung

1. Schraubendurchmesser

Mit Hilfe von Tabelle 4.5 ergibt sich für $F_A = 5000\,\text{N}$ aus Spalte 1:

- Nächsthöhere Betriebskraft: $F_A = 6300\,\text{N}$
- Zwei Schritte weiter für dynamische und exzentrisch angreifende Axialkraft: $F_{Mmin} = 16000\,\text{N}$
- Möglichkeiten der Dimensionierung: M6–12.9 oder M8–10.9 oder M10–8.8.

Es wird zunächst eine Schraube M8 in die engere Wahl gezogen. Um Gewicht zu sparen und gleichzeitig eine möglichst große elastische Nachgiebigkeit zu erzielen, soll die Schraube als Dehnschraube mit einem Dehnschaftdurchmesser $d_T = 0{,}9d_3$ ausgeführt werden.

Aus diesem Grund wird die Festigkeitsklasse von 10.9 auf 12.9 erhöht.

- Vorläufig gewählte Schraube: M8 – 12.9
- Dehnschaftdurchmesser: $d_T = 0{,}9d_3 = 0{,}9 \cdot 6{,}466 = 5{,}82\,\text{mm}$

Die Form der Pleuelschraube zeigt Abb. 4.40.

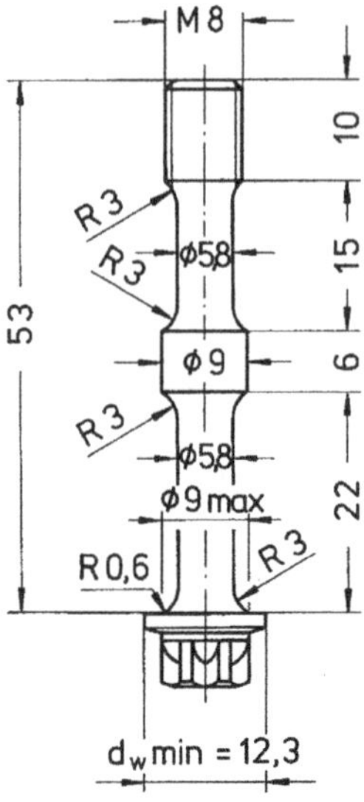

Abb. 4.40. Pleuelschraube M8x53–12.9 mit ASR E10-Kraftangriff

2. Klemmlängenverhältnis l_K/d

Das Klemmlängenverhältnis bestimmt sich aus den Abmessungen des Pleuels gemäß Abb. 4.39 wie folgt:

- Klemmlänge: $l_K = 45$ mm.
- Schraubendurchmesser: $d = 8$ mm
- Klemmlängenverhältnis: $l_K/d = 45/8 = 5{,}63$

3. Flächenpressung unter dem Schraubenkopf

Die Schraube soll drehwinkelgesteuert angezogen werden. Dabei wird sie über die Streckgrenze hinaus vorgespannt und kann somit gegenüber den Montagevorspannkräften F_M in den Tabellen 4.6 bis 4.9, die nur eine 90%ige Ausnutzung der genormten Mindeststreckgrenze vorsehen ($\nu = 0{,}9$; F_M bezieht sich in den folgenden Ausführungen immer auf diese Ausnutzung von 90%), deutlich höhere Vorspannkräfte erreichen. Die maximal mögliche Montagevorspannkraft $F_{M\ max}$ lässt sich nach Abb. 4.41 näherungsweise wie folgt berechnen:

(1) Montagevorspannkraft F_M bei 90%iger Ausnutzung der genormten Mindeststreckgrenze (Tabellen 4.6–4.9).

(2) Montagevorspannkraft bei 100%iger Ausnutzung der genormten Mindeststreckgrenze: $F_{0,2\min} = F_M / 0{,}9$.

(3) Montagevorspannkraft bei 100%iger Ausnutzung der *maximalen* Streckgrenze. Für $F_{0,2\ max}/F_{0,2\ min} \approx 1{,}2$ ergibt sich: $F_{M\max} = 1{,}2 \cdot F_M / 0{,}9$

(4) Für den Fall, dass die Schraube etwa bis zu einer mittleren Kraft zwischen Höchstzugkraft F_{max} und Streckgrenzkraft $F_{0,2max}$ vorgespannt wird (Punkt (4) in Abb. 4.41 auf der gestrichelten Kraft-Verformungskennlinie), erhöht sich die Montagevorspannkraft bei einem angenommenen Streckgrenzenverhältnis $S = R_{p\,0,2} / R_m = 0{,}9$ gegenüber $F_{0,2max}$, Punkt (3) in Abb. 4.41, um den Faktor $(1 + 1/0{,}9)/2 \approx 1{,}06$. Damit erhöht sich die maximal mögliche Montagevorspannkraft F_{Mmax} gegenüber F_M (Punkt (1) in Abb. 4.41) auf

$$F_{M\max} = \frac{1{,}06 \cdot 1{,}2}{0{,}9} \cdot F_M \approx 1{,}4 \cdot F_M$$

Die maximale Flächenpressung p_{max} berechnet sich daraus überschlägig zu:

$$p_{\max} \approx 1{,}4 \cdot \frac{F_M}{A_{P\min}}$$

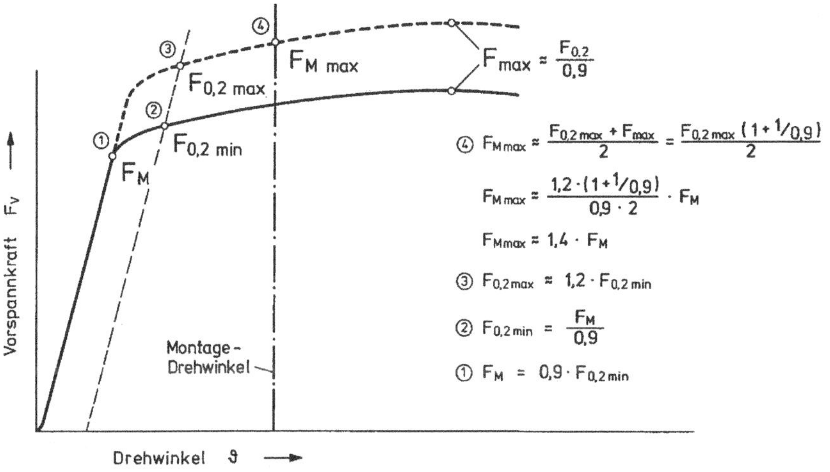

Abb. 4.41. Maximal mögliche Montagevorspannkraft F_{Mmax} einer drehwinkelgesteuert angezogenen Schraube (schematisch)

Für die gewählte Dehnschraube M8–12.9 ergibt sich aus Tab. 4.7 bei einer „sicherheitshalber“*) relativ niedrig angenommenen Gewindereibungszahl $\mu_G = 0{,}08$ die Montagevorspannkraft $F_M(v = 0{,}9)$: $F_M = 23800$ N

*) „Sicherheitshalber“ bedeutet hier: Bei geschätzter niedrigster Reibungszahl wird die Schraube bis zur größtmöglichen Montagevorspannkraft angezogen. Dabei entsteht rechnerisch die größtmögliche Flächenpressung unter dem Schraubenkopf.

Die kleinstmögliche Kopf- bzw. Mutterauflagefläche A_{Pmin} für einen ASR-Schraubenkopf der ASR-Größe E10 bestimmt sich gemäß Abb. 4.39 und Abb. 4.40:

$$A_{P\min} = \frac{\pi}{4}(d_{w\min}^2 - d_{h\max}^2) = \frac{\pi}{4}(12{,}3^2 - 9^2) = 55{,}2 \quad mm^2$$

Daraus ergibt sich die maximale Flächenpressung:

$$p_{\max} = \frac{1{,}4 \cdot 23800}{55{,}2} = 604 \quad N/mm^2$$

Die Grenzfächenpressung p_G kann aus Tabelle 4.10 ermittelt werden. Bei einem Pleuelwerkstoff Cq45, vergütet auf $R_m = 800\,\text{N/mm}^2$, erhält man durch Extrapolation: $p_G = 730\,\text{N/mm}^2$ Die rechnerisch maximal mögliche Flächenpressung liegt also mit 604 N/mm² noch unter diesem kritischen Grenzwert p_G: $p_{max} < p_G$.

Anziehfaktor α_A

Der Anziehfaktor α_A wird nach Tabelle 4.11 festgelegt:

Er bleibt beim drehwinkelgesteuerten Anziehen in der Berechnung unberücksichtigt, weil bei dieser Montagemethode eine Überbeanspruchung der Schraube während der Montage nicht erfolgen kann. Eine Überdimensionierung ist demnach nicht erforderlich. Die Schraubenverbindung wird somit für F_{Mmin} ausgelegt und es wird so gerechnet, als wäre $\alpha_A = 1$ (s. auch Kap. 8).

Mindestklemmkraft F_{Kerf}

1. Zur Vermeidung von Querschiebungen in der Trennfuge

Die kritische und damit größte Mindestklemmkraft F_{K1erf} zur Übertragung der in der Trennfuge angreifenden Querkraft ergibt sich unter Berücksichtigung einer geschätzten kleinstmöglichen Reibungszahl μ_{Tr} in der Trennfuge:

$$F_{K1erf} = \frac{F_Q}{\mu_{Tr}} \,.$$

- Geschätzte kleinstmögliche Reibungszahl in der Trennfuge: $\mu_{Tr} = 0{,}15$
- Mindestklemmkraft zur Vermeidung von Querschiebungen in der Trennfuge:

$$F_{K1erf} = \frac{2440}{0{,}15} = 16267\,N$$

2. Vermeidung einseitigen Aufklaffens der Trennfugen

Mit Gleichung (4.44) gilt:

$$F_{K2erf} = \frac{(a-s)u}{I_{BT}/A_D + su} F_A \quad \text{mit } s \text{ nach [4.1]}$$

Die erforderlichen Größen zur Berechnung von $F_{K\,erf}$ bestimmen sich wie folgt:

- Flächenträgheitsmoment I_{BT}

Die Berechnung des Flächenträgheitsmoments I_{BT} der Trennfugenfläche geschieht ohne Abzug des Schraubenlochs (Abb. 4.42 und Abb. 4.43).

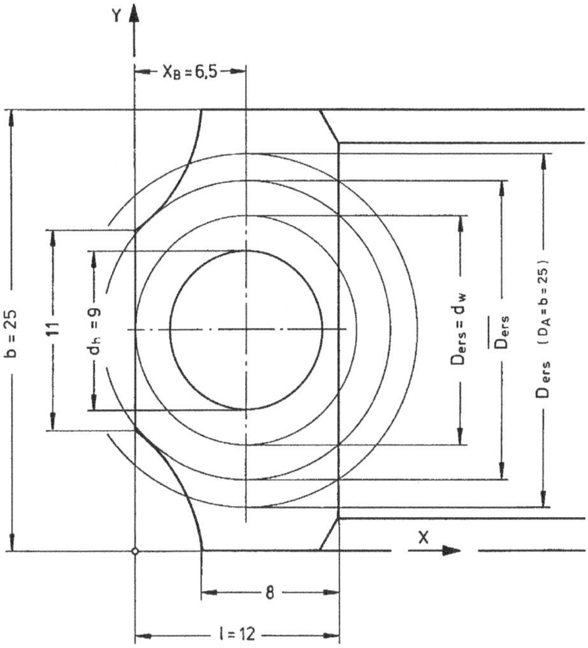

Abb. 4.42. Trennfugenfläche in der Pleuelstange (Schnitt A–A in Abb. 4.39)

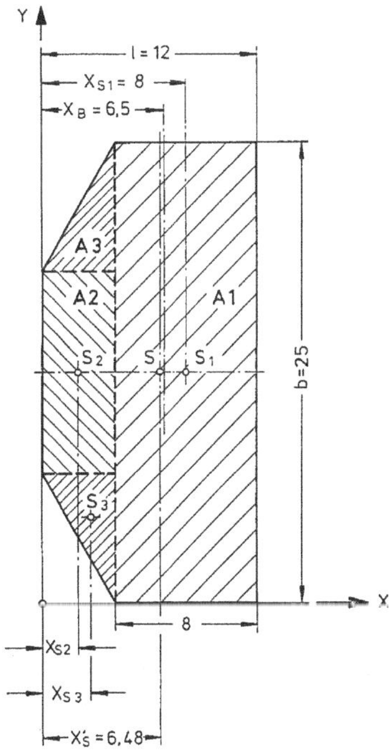

Abb. 4.43. Vereinfachte Darstellung der Trennfugenfläche (ohne Schraubenloch)

Die Berechnung des Flächenträgheitsmoments von I_{BT} der Trennfugenfläche erfolgt anhand der vereinfacht dargestellten Trennfugenfläche gemäß Abb. 4.43.

- Querschnitte:

  $A_1 = 200\,\text{mm}^2$
  $A_2 = 44\,\text{mm}^2$,
  $A_3 = 14\,\text{mm}^2$,
  $A_{ges} = A_1 + A_2 + 2A_3 = 272\,\text{mm}^2$.

- Abstände x_{Si} der Schwerpunktachsen der Flächen A_i von der y-Achse.

  $x_{S1} = 8\,\text{mm}$,
  $x_{S2} = 2\,\text{mm}$,
  $x_{S3} = 8/3\,\text{mm}$.

- Abstand x_s' des Gesamtschwerpunkts von der y-Achse

$$x_s' = \frac{\sum A_i x_{si}}{\sum A_i} = \frac{200 \cdot 8 + 44 \cdot 2 + 2 \cdot 14 \cdot 8/3}{200 + 44 + 28} = 6{,}48 \text{ mm}$$

- Abstand s der Schraubenachse von der Schwerpunktachse

  $s = x_B - x_s' = 6{,}5 - 6{,}48 = 0{,}02\,\text{mm}$

- Abstände Δx_i der Schwerpunktachsen der Flächen A_i von der Gesamtschwerpunktachse

  $\Delta x_i = x_{Si} - x_s'$

  $\Delta x_1 = 8 - 6{,}48 = 1{,}52\,\text{mm}$,
  $\Delta x_2 = 2 - 6{,}48 = -4{,}48\,\text{mm}$,
  $\Delta x_3 = 8/3 - 6{,}48 = -3{,}81\,\text{mm}$.

- Flächenträgheitsmomente I_{BT}, bezogen auf die Gesamt-Schwerpunktachse η (ohne Lochabzug) mit η als Ordinate in Abb. 4.43 im Abstand x_S' vom Ursprungspunkt durch den Schwerpunkt S.

  $I_{BT}(\eta) = I_1 + I_2 + 2\,I_3$

  Mit

$$I_1 = \frac{b \cdot 8^3}{12} + \Delta x_1^2 \cdot A_1 = \frac{25 \cdot 8^3}{12} + 1{,}52^2 \cdot 200 = 1528{,}7 \;\; mm^4,$$

$$I_2 = \frac{11 \cdot (l-8)^3}{12} + \Delta x_2^2 \cdot A_2 = \frac{11 \cdot 4^3}{12} + 4{,}48^2 \cdot 44 = 941{,}8 \;\; mm^4 \text{ und}$$

$$2 \cdot I_3 = 2\left[\frac{\left(\frac{b-11}{2}\right) \cdot (l-8)^3}{36} + \Delta x_3^2 \cdot A_3\right] = 2 \cdot \left(\frac{7 \cdot 4^3}{36} + 3{,}81^2 \cdot 14\right) = 431{,}3 \;\; mm^4 \text{ wird}$$

  $I_{BT}(\eta) = 1528{,}7 + 941{,}8 + 431{,}3 = 2901{,}8\,\text{mm}^4$
  oder gerundet: $I_{BT}(\eta) = 2900\,\text{mm}^4$

- Trennfugenfläche A_D

  $A_D = A_1 + A_2 + 2A_3 - A_{Bohrung} = 272 - \pi/4 \cdot 9^2 = 208{,}4\ \text{mm}^2$.

  Mit den geometrischen Größen

– a (Abstand der Kraftwirkungslinie, Abb. 4.39); $a = 9{,}60$ mm
– s (Abstand der Schraubenachse von der Schwerpunktachse); $s = 0{,}02$ mm und
– $u = l - x_s'$ (zugseitiger Randabstand von der Schwerpunktachse, Abb. 4.43);

  $u = 12 - 6{,}48 = 5{,}52$ mm

  ergibt sich somit F_{K2erf} mit Gleichung (4.44) zu

$$F_{K2erf} = \frac{(9{,}60 - 0{,}02) \cdot 5{,}52}{\frac{2900}{208{,}4} + 0{,}02 \cdot 5{,}52} \cdot 5000\ N = 18851\ N$$

  Da $F_{K2erf} > F_{K1erf}$, gilt für die weitere Rechnung:

  $F_{Kerf} = 18850$ N

Kraftverhältnis Φ

Mit dem Ersatzquerschnittsmodell wird das Kraftverhältnis Φ nach Gl. (4.36) ermittelt:

$$\Phi_{en} = n\Phi_{ek} = n \frac{\delta_P \left(1 + \frac{asA_{ers}}{I_{Bers}}\right)}{\delta_S + \delta_P \left(1 + \frac{s^2 A_{ers}}{I_{Bers}}\right)}$$

Die erforderlichen Rechengrößen bestimmen sich wie folgt:

- Faktor n für die Höhe der Krafteinleitung

  Der Krafteinleitungsfaktor n wird nach Abb. 4.39 geschätzt: $n = 0{,}8$.

- Elastische Nachgiebigkeit δ_P der verspannten Teile.

  Mit dem Ersatzquerschnittsmodell gilt nach Gleichung (4.12)

$$\delta_P = \frac{l_K}{A_{ers} E_P}$$

Der Ersatzquerschnitt A_{ers} ist nur schwer exakt zu erfassen, weil die Form des Druckkörpers über der Klemmlänge nicht konstant und zudem nicht um die Schraubenachse rotationssymmetrisch ausgebildet ist.

Es wird eine Näherungslösung in Form eines mittleren Ersatzquerschnitts $\overline{A}_{ers}$ für die Trennfugenfläche versucht.

Zunächst wird der Ersatzquerschnitt für eine rotationssymmetrische Trennfuge mit dem größtmöglichen Durchmesser $D_A = b = 25$ mm ermittelt (Abb. 4.42). Dieser Durchmesser entspricht der gesamten Länge der Trennfugenfläche b:

– Ersatzquerschnitt $A_{ers}(D_A = 25)$ für die rotationssymmetrische Trennfuge (Gl. 4.9):

$$A_{ers(D_A=25)} = \frac{\pi}{4}(d_w^2 - d_h^2) + \frac{\pi}{8} d_w (D_A - d_w) \cdot [(x+1)^2 - 1] \cdot$$

Mit

$$x = \sqrt[3]{\frac{l_K \cdot d_w}{D_A^2}} = \sqrt[3]{\frac{45 \cdot 13}{25^2}} = 0{,}98$$

und $d_w = 13$ mm (Nennmaß in Abb. 4.40) ergibt sich für den Ersatzquerschnitt:

$$A_{ers(D_A=25)} = \frac{\pi}{4}(13^2 - 9^2) + \frac{\pi}{8} \cdot 13(25-13) \cdot [(0{,}98+1)^2 - 1] = 248{,}02 \quad mm^2$$

Zur Überprüfung des diesem Ersatzquerschnitt $A_{ers}(D_A = 25)$ – er beinhaltet nicht den Querschnitt des Schraubenlochs –, zuzuordnenden so genannten „Ersatzdurchmessers" wird diesem Ersatzquerschnitt zunächst der Querschnitt des Schraubenlochs mit dem Durchmesser $d_h = 9$ mm hinzu addiert. Damit wird die Gesamtfläche A_{ges}:

$A_{ges} = A_{ers}(D_A = 25) + A_{Bohrung} = 248{,}02 + 63{,}6 = 311{,}62$ mm².

Aus dieser Gesamtfläche wird der dazugehörige Ersatzdurchmesser $D_{ers}(D_A = 25)$ ermittelt.

– Ersatzdurchmesser $D_{ers}(D_A = 25)$

$$D_{ers(D_A=25)} = \sqrt{\frac{A_{ges} \cdot 4}{\pi}} = \sqrt{\frac{311{,}62 \cdot 4}{\pi}} = 19{,}92 mm$$

Dieser Ersatzdurchmesser reicht deutlich über die schmalen Trennfugenseiten mit $l = 12$ mm (Abb. 4.43) hinaus. Er ist damit für die sinnvolle Berechnung eines Ersatzquerschnitts zu groß.

Ein kleinstmöglicher Ersatzdurchmesser $D_{ers}(D_A = 13)$ für $D_A = d_w = 13$ mm wiederum wäre zu klein, weil er den in den breiten Seiten (b = 25) der Trennfugen über d_w hinausragenden Druckverlauf nicht erfasste.

Die Näherungsrechnung berücksichtigt deshalb einen mittleren Ersatzquerschnitt $\overline{A}_{ers}$ als arithmetischen Mittelwert aus $A_{ers}(D_A = 25)$ und $A_{ers}(D_A = d_W = 13)$:

– Ersatzquerschnitt $A_{ers}(D_A = d_W = 13)$.

$$A_{ers(d_W=13)} = \frac{\pi}{4}(d_w^2 - d_h^2)$$

Mit $d_W = 13$ mm und $d_h = 9$ mm wird $A_{ers}(D_A = 13) = 69{,}12$ mm².

– Mittlerer Ersatzquerschnitt $\overline{A}_{ers}$.

$$\overline{A}_{ers} = \frac{A_{ers(D_A=25)} + A_{ers(D_A=d_w)}}{2} = (248 \text{ mm}^2 + 69{,}12 \text{ mm}^2)/2 = 158{,}56 \text{ mm}^2.$$

Für den mittleren Ersatzquerschnitt gilt ein dazugehöriger Ersatzdurchmesser

$$\overline{D}_{ers} = \sqrt{\frac{\pi}{4}(\overline{A}_{ers} + A_{Bohrung})} = \sqrt{\frac{\pi}{4}(158{,}56 + 63{,}3)} = 16{,}82 \text{ mm}$$

Mit

$l_K = 45$ mm,

$\overline{A}_{ers} = 158{,}56$ mm²

und

$E_P = 210000$ N/mm² (Stahl Cq45) wird schließlich die elastische Nachgiebigkeit δ_P der verspannten Teile: $\delta_P = 1{,}35 \cdot 10^{-6}$ mm/N

- Elastische Nachgiebigkeit δ_S der Schraube

Die elastische Nachgiebigkeit δ_S der Schraube berechnet sich nach Gleichung (4.8):

$$\delta_S = \frac{4}{\pi E_S}\left(\frac{l_1}{d_1^2} + \frac{l_2}{d_2^2} + \ldots + \frac{l_n}{d_n^2} + \frac{l_{Gew} + 0{,}5d}{d_{3Gew}^2} + \frac{0{,}8d}{d^2}\right).$$

Die zur Berechnung erforderlichen Größen ergeben sich aus Abb. 4.40:

Elastizitätsmodul Stahl Cq45	E_S	=	21000	N/mm²
Dehnschaftlänge kopfseitig	l_1	=	22	mm
Dehnschaftdurchmesser kopfseitig	d_1	=	5,8	mm
Länge Passschaft	l_2	=	6	mm
Durchmesser Passschaft	d_2	=	9	mm
Dehnschaftlänge gewindeseitig	l_3	=	15	mm
Durchmesser Dehnschaft gewindeseitig	d_3	=	5,8	mm
Freie belastete Gewindelänge	l_{Gew}	=	2	mm
Gewinde-Nenndurchmesser	d	=	8	mm
Gewinde-Kerndurchmesser	d_3	=	6,466	mm

Daraus folgt:

$$\delta_S = \frac{4}{\pi 210000}\left(\frac{22}{5{,}8^2} + \frac{6}{9^2} + \frac{15}{5{,}8^2} + \frac{2 + 0{,}5 \cdot 8}{6{,}466^2} + \frac{0{,}8}{8}\right)$$

$$\delta_S = 8{,}59 \cdot 10^{-6}\, mm / N$$

- Ersatz-Flächenträgheitsmoment I_{Bers}

Bei der vorliegenden Pleuelverschraubung handelt es sich um einen gestuften Biegekörper, bei dem der biegebeanspruchte Querschnitt und damit das Flächenträgheitsmoment über der Klemmlänge nicht konstant sind. Daher wird zur Ermittlung des Kraftverhältnisses Φ die Berechnung eines Ersatzflächenträgheitsmoments I_{Bers} erforderlich. Sie wird vereinfacht ausgeführt durch Aufteilung des Biegekörpers in einzelne Teilabschnitte, deren Höhen h so gering gewählt werden, dass vereinfacht mit Querschnitten konstanter Seitenlänge gearbeitet werden kann (Abb. 4.39). In diesem Beispiel sind die Teilhöhen mit h_1 bis h_5 bezeichnet. Für jedes einzelne Flächenelement wird das Flächenträgheitsmoment einzeln berechnet. Danach werden alle einzelnen Flächenträgheitsmomente I_{B1} .... I_{B5} zu einem Ersatzflächenträgheitsmoment des gesamten Biegekörpers I_{Bers} nach Gleichung 4.18 zusammengefasst:

$$I_{Bers} = \frac{l_K}{\frac{2h_1}{I_{B1}} + \frac{2h_2}{I_{B2}} + \frac{2h_3}{I_{B3}} + \frac{2h_4}{I_{B4}} + \frac{h_5}{I_{B5}}}$$

Mit den in Tabelle 4.13 berechneten Flächenträgheitsmomenten I_{B1} bis I_{B5} folgt:

$$I_{Bers} = \frac{45}{\frac{10}{2901{,}8} + \frac{10}{3733{,}5} + \frac{10}{6489{,}5} + \frac{10}{8669{,}8} + \frac{5}{8669{,}8}} = 4789 mm^4$$

Tabelle 4.13. Teil-Flächenträgheitsmomente des gestuften Biegekörpers nach Abb. 4.39 (ohne Lochabzug)

Rechengrößen			Abschnitt				
			1	2	3	4	5
Querschnitte A_i	A_1	mm²	200	225	287,5	325	325
	A_2	mm²	44	44	44	44	44
	A_3	mm²	14	14	14	14	14
	$A_{ges} = A_1 + A_2 + 2A_3$	mm²	272	297	359,5	397	397
Abstände x_{Si} der Schwerpunktachsen von der y-Achse	x_{S1}	mm	8	8,5	9,75	10,5	10,5
	x_{S2}	mm	2	2	2	2	2
	x_{S3}	mm	8/3	8/3	8/3	8/3	8/3
Abstand des Gesamtschwerpunkts von der y-Achse	x'_S	mm	6,48	6,99	8,25	9,01	9,01
Abstand der Schraubenachse von der Schwerpunktachse	s	mm	0,02	-1,13	-4,40	-5,75	-5,75
Abstände Δx_i der Schwerpunktachsen der Flächen A_i von η	Δx_1	mm	1,52	1,51	-1,50	-1,49	-1,49
	Δx_2	mm	-4,48	-4,99	-6,25	-7,01	-7,01
	Δx_3	mm	-3,81	-4,32	-5,58	-6,34	-6,34
Trägheitsmomente I	I_1	mm⁴	1528,7	2031,8	3815,4	5298,6	5298,6
	I_2	mm⁴	941,8	1154,3	1777,4	2220,8	2220,8
	I_3	mm⁴	431,3	547,4	896,7	1150,4	1150,4
	$I_B = I_1+I_2+I_3$	mm⁴	2901,8	3733,5	6489,5	8669,8	8669,8

Für die Berechnung des Kraftverhältnisses Φ_{en} stehen jetzt die Rechengrößen zur Verfügung:

Krafteinleitungsfaktor (geschätzt)	n	=	0,8	–
Elastische Platten-Nachgiebigkeit	δ_P	=	$1{,}35 \cdot 10^{-6}$	mm/N
Elastische Schrauben-Nachgiebigkeit	δ_S	=	$8{,}59 \cdot 10^{-6}$	mm/N
Ersatzflächenträgheitsmoment	I_{Bers}	=	4789	mm^4
Ersatzquerschnitt	A_{ers}	=	158,6	mm^2
Abstand Schwerpunktachse–Ersatzwirkungslinie der Betriebskraft	a	=	9,6	mm
Abstand Schwerpunktachse–Schraubenachse	s	=	0,02	mm

Daraus folgt für das Kraftverhältnis:

$$\Phi_{en} = 0{,}8 \cdot \frac{1{,}35 \cdot \left(1 + \frac{9{,}60 \cdot 0{,}02 \cdot 158{,}6}{4789}\right)}{8{,}59 + 1{,}35 \cdot \left(\frac{0{,}02^2 \cdot 158{,}6}{4789}\right)} = 0{,}109$$

Die Berechnung von Φ_{en} wurde in dieser Ausführlichkeit hauptsächlich zur Erläuterung der Teilrechengänge vorgenommen, obwohl wegen der relativ kleinen Exzentrizität s in diesem Rechenbeispiel einer relativ schlanken Schraubenverbindung für Φ_{en} vereinfacht auch Φ_n hätte gesetzt werden können ($\Phi_n = n\Phi_K = 0{,}1087$).

Vorspannkraftverlust F_Z infolge Setzens

Nach Gleichung (4.25) gilt für den Vorspannkraftverlust durch Setzen F_Z der Verbindung:

$$F_Z = \frac{f_Z}{\delta_S + \delta_P}$$

Mit $f_z = 3+3+3+2 = 11$ µm (für Zug/Druck-Beanspruchung) aus Tabelle 4.12 für $R_z = 10$ µm folgt für den Vorspannkraftverlust durch Setzen:

Mittlere Rautiefe R_Z nach DIN 4768	Belastung	Richtwerte für Setzbeträge µm		
		Gewinde	Kopf-/Mutter-auflagefläche	Innere Trenn-fugen
10 µm bis < 40 µm	Zug/Druck	3	3	2

$$F_Z = \frac{11 \cdot 10^{-3}}{(8{,}59 + 1{,}35) \cdot 10^{-6}} = 1107 \quad N$$

Erforderlicher Schraubendurchmesser

Beim drehwinkelgesteuerten Anziehen muss die Schraube für die erforderliche Mindest-Montagevorspannkraft ausgelegt werden. Hierbei bleibt der Anziehfaktor unberücksichtigt.

Diese ergibt sich aus der Hauptdimensionierungsformel:

$$F_{M\min} = F_{Kerf} + (1 - \Phi)F_A + F_Z$$

Die benötigten Rechengrößen sind:

Erforderliche Klemmkraft	F_{Kerf}	=	18850	N
Kraftverhältnis	Φ_{en}	=	0,109 für $n = 0{,}8$	
Betriebskraft	F_A	=	5000	N
Setzkraftverlust	F_Z	=	1107	N

Daraus ergibt sich die für die Betriebssicherheit erforderliche Montagevorspannkraft

$F_{Mmin} = 18850 + (1 - 0{,}109) \cdot 5000 + 1107 = 24410$ N.

Es muss nun überprüft werden, ob diese Montagevorspannkraft von einer Dehnschraube M8–12.9 mit einem Dehnschaftdurchmesser $d_T = 5{,}82$ mm sicher aufgebracht werden kann. Die Montagevorspannkraft F_M wird in Abhängigkeit vom Ausnutzungsgrad ν der Schraubenstreckgrenze wie folgt berechnet (Kap. 8):

$$F_M = A_T \frac{\nu R_{p0,2}}{\sqrt{1 + 3\left[\frac{1{,}5 d_2}{d_T}\tan(\varphi + \rho')\right]^2}}$$

Dabei ist

$$A_T = \frac{\pi}{4} d_T^2 = 26{,}6 \ mm^2$$

Beim drehwinkelgesteuerten Anziehverfahren wird die Mindeststreckgrenze der Schraube nicht nur in jedem Fall erreicht, sondern sie wird im Allgemeinen überschritten. Die Montagevorspannkraft liegt dann zwischen der Streckgrenzkraft und der Höchstzugkraft F_{max} (Abb. 4.41). Bei einem für die Festigkeitsklasse 12.9 geschätzten Mindest-Streckgrenzenverhältnis von 0,9 wird somit eine Montagevorspannkraft erreicht, die sich wie folgt ermitteln lässt (s. Abb. 4.41):

$$F_M \approx \frac{F_{0,2} + F_{\max}}{2} = \frac{F_{0,2} + F_{0,2}/0{,}9}{2} = 1{,}06 \cdot F_{0,2} \cdot$$

Der Ausnutzungsgrad ν kann demnach mit etwa 1,06 angesetzt werden. Mit $R_{p0,2min} = 1100$ N/mm^2 ergeben sich in Abhängigkeit von der Gewindereibungszahl die aus Tabelle 4.7 entnommenen Montagevorspannkräfte in Tabelle 4.14.

Die Zahlenwerte für $\nu = 1{,}06$ zeigen, dass selbst bei der relativ hohen Gewindereibungszahl von $\mu = 0{,}14$ die erforderliche Mindest-Montagevorspannkraft von 24410 N sicher erreicht wird.

Bei phosphatierter und geölter Oberfläche von Schraube und Mutter und in Anbetracht der Tatsache, dass die Zugfestigkeit der Schraube im Allgemeinen über dem genormten Mindestwert liegt, dürfte die Dehnschraube M 8–12.9 den Anforderungen in Bezug auf die das einseitige Abheben verhindernde Montagevorspannkraft genügen, zumal selbst bei einem gegenüber 0,8 deutlich verringerten Betriebskraft-Angriffsfaktor von $n = 0{,}3$ die erforderliche Montagevorspannkraft F_{Mmin} infolge des relativ geringen Kraftverhältnisses Φ nur geringfügig vergrößert wird.

Tabelle 4.14. Montagevorspannkraft F_M als Funktion der Gewindereibungszahl μ_G für eine Dehnschraube M8–12.9 bei einem Ausnutzungsgrad $\nu = 1{,}06$ (aus Tabelle 4.7)

μ_G	F_M ($\nu = 0{,}9$)	F_M ($\nu = 1{,}06$)
	N	N
0,08	23800	28030
0,10	23100	27210
0,12	22300	26260
0,14	21500	25320

Gesamtschraubenkraft F_S

Die Gesamt-Schraubenkraft resultiert aus der Addition der Montagevorspannkraft F_M und der infolge der Betriebskraft zusätzlich entstandenen Schraubenzusatzkraft F_{SA}: $F_S = F_M + F_{SA} = F_M + \phi \cdot F_A$

Mit F_M wird die Schraube zwar bereits über die Streckgrenze vorgespannt. Die Betriebskraft F_A führt im allgemeinen dennoch ohne weitere plastische Verformung zu einer Erhöhung der Schraubenkraft über F_M hinaus, weil insbesondere durch zumindest teilweisen Abbau der Torsionsspannung nach Beendigung des Montagevorgangs die Gesamtbeanspruchung im Schraubenbolzen reduziert wird und damit neue Beanspruchungsreserven frei werden (s. Kap. 8).

Die größtmögliche Schraubenzusatzkraft F_{SA} liegt im ungünstigsten Fall eines Krafteinleitungsfaktors $n = 1$ vor:

$$F_{SA} = \Phi_{en} \cdot \frac{1}{0{,}8} \cdot F_A = \Phi_{ek} F_A = \frac{0{,}109}{0{,}8} \cdot 5000 \; = \; 681 \; N \, .$$

Dies entspricht nur etwa 3% der Montagevorspannkraft F_M.

Dauerhaltbarkeitsnachweis für die Schraube

Infolge des exzentrischen Kraftangriffs müssen zusätzlich zu axialen Zusatzspannungen auch Biegezusatzspannungen von der Schraube übertragen werden. Die aus Axial- und Biegespannungen resultierende Zusatzspannung in der Schraube errechnet sich für positives s zu (Gleichung 4.71):

$$\sigma_{SAb} = \frac{\Phi_{en} F_A}{A_{d3}} \left[1 + \frac{l_K}{l_{ers}} \frac{E_S}{E_P} \left(\frac{1}{\Phi_{en}} - \frac{s}{a} \right) \frac{a \pi d_3^3}{8 \bar{I}_{Bers}} \right] .$$

Zur Berechnung von σ_{SAb} müssen vorab die beiden noch fehlenden Rechengrößen $\bar{I}_{Bers}$ (Ersatzflächenträgheitsmoment des Verformungskörpers mit Abzug des Schraubenlochs) und die Ersatzlänge l_{ers} der Schraube ermittelt werden.

- Flächenträgheitsmoment $\bar{I}_{Bers}$ mit Abzug des Schraubenlochs (Rechengang analog I_{Bers}).

  Mit den Rechenwerten in Tabelle 4.15 ergibt sich:

$$\bar{I}_{Bers} = \frac{45}{\frac{10}{2579{,}8} + \frac{10}{3392{,}2} + \frac{10}{5930{,}7} + \frac{10}{7872{,}1} + \frac{5}{7872{,}1}} = 4320 \; mm^4$$

- Ersatzlänge l_{ers} der Schraube.

  Die Ersatzlänge l_{ers} der Schraube berechnet sich gemäß Gleichung 4.78 zu:

$$l_{ers} = d_{3Gew}^4 \cdot \left[\frac{l_1}{d_1^4} + \frac{l_2}{d_2^4} + \frac{l_3}{d_3^4} + \frac{l_{Gew} + 0{,}5d}{d_{3Gew}^4} + \frac{0{,}8d}{d^4} \right]$$

Die erforderlichen Rechenwerte – Schraubenmaße – hierfür sind (s. Abb. 4.40):

Gewindekerndurchmesser	d_{3Gew}	=	6,466	mm
Schaftlänge kopfseitig	l_1	=	22	mm
Passschaftlänge	l_2	=	6	mm
Schaftlänge gewindeseitig	l_3	=	15	mm
Länge des freien belasteten Gewindes	l_{Gew}	=	2	mm
Gewindenenndurchmesser	d	=	8	mm
Dehnschaftdurchmesser kopfseitig	d_1	=	5,8	mm
Passschaftdurchmesser	d_2	=	9	mm
Dehnschaftdurchmesser gewindeseitig	d_3	=	5,8	mm

Damit ergibt sich die Ersatzlänge $l_{ers} = 67{,}48$ mm.

Tabelle 4.15. Teil-Flächenträgheitsmomente des gestuften Biegekörpers nach Abb. 4.39 (mit Lochabzug)

Rechengrößen			Abschnitt				
			1	2	3	4	5
Querschnitte A_i	A_1	mm²	200	225	287,5	325	325
	A_2	mm²	44	44	44	44	44
	A_3	mm²	14	14	14	14	14
	$A_{ges} = A_1+A_2+2A_3$	mm²	272	297	359,5	397	397
	$A_{Bohrung}$	mm²	63,6	63,6	63,6	63,6	63,6
	$A_D' = A_{ges}-A_{Bohrung}$	mm²	208,4	233,4	295,9	333,4	333,4
Abstände x_{Si} der Schwerpunktachsen von der y-Achse	x_{S1}	mm	8	8,5	9,75	10,5	10,5
	x_{S2}	mm	2	2	2	2	2
	x_{S3}	mm	8/3	8/3	8/3	8/3	8/3
	$x_{Bohrung}$	mm	6,5	6,5	6,5	6,5	6,5
Abstand des Gesamtschwerpunkts von der y-Achse	x_S	mm	6,47	7,12	8,63	9,48	9,48
Abstand der Schraubenachse von der Schwerpunktachse	s	mm	0,03	- 0,62	-2,13	-2,98	-2,98
Abstände Δx_i der Schwerpunktachsen der Flächen A_i von η	Δx_1	mm	1,63	1,38	-1,12	-1,02	-1,02
	Δx_2	mm	-4,47	-5,12	-6,63	-7,48	-7,48
	Δx_3	mm	-3,80	-4,45	-5,96	-6,81	-6,81
Trägheitsmomente I	I_1	mm⁴	1534,9	1947,2	3529,1	4915,2	4915,2
	I_2	mm⁴	937,8	1212,1	1992,8	2510,5	2510,5
	I_3	mm⁴	429,2	579,4	1019,5	1323,4	1323,4
	$I_{Bohrung}$	mm⁴	322,1	346,5	610,7	887,0	887,0
	$I_B = I_1+I_2+I_3-I_{Bohrung}$	mm⁴	2579,8	3392,2	5930,7	7872,1	7872,1

Zur Berechnung der Biegezusatzspannung werden benötigt:

Kraftverhältnis	Φ_{en}	=	0,109	
Betriebskraft	F_A	=	5000	N
Gewindekernquerschnitt	A_{d3}	=	32,84	mm²
Klemmlänge	l_K	=	45	mm
Ersatzlänge	l_{ers}	=	67,48	mm
E-Modul	E_S, E_P	=	210000	N/mm²
Abstand Schraubenachse–Schwerpunktachse	s	=	0,02	mm
Abstand Schwerpunktachse–Ersatzwirkungslinie der Betriebskraft	a	=	9,6	mm
Gewindekerndurchmesser	d_{3Gew}	=	6,466	mm
Ersatzflächenträgheitsmoment	$\bar{I}_{Bers}$	=	4320	mm^4

Damit folgt schließlich: $\sigma_{SAb} = 40{,}5\ \text{N/mm}^2$

Diese Biegezusatzspannung im Schraubengewinde ist relativ gering.

Begründung: Relativ großes Flächenträgheitsmoment der verspannten Teile, geringer positiver Abstand s der Schraubenachse von der Schwerpunktachse der verspannten Teile und Verhinderung des einseitigen Aufklaffens der Trennfuge durch hohe Montagevorspannkraft.

Selbst für den Grenzfall eines größtmöglichen Kraftangriffsfaktors $n = 1$ wäre $\sigma_{SAb} = 44{,}7\ \text{N/mm}^2$ und damit der Spannungsausschlag im Schraubengewinde nur:

$$\pm\sigma_a = \pm\frac{\sigma_{SAb}}{2} = \pm\ 22{,}35\ N/mm^2$$

Diese Schwingbeanspruchung stellt keine hohen Anforderungen an das Schraubengewinde.

Für ein schlussvergütetes Schraubengewinde M8 gilt als zulässiger Spannungsausschlag (Abb. 4.36):

$$\sigma_{Azul} \approx \pm\ 56\ \text{N/mm}^2.$$

Das gewählte Schraubengewinde ist demnach dauerfest ausgelegt.

Wegen der hier vorliegenden relativ geringen Zusatzbeanspruchung des Schraubengewindes könnte überlegt werden, den Gewindedurchmesser zu verringern oder die Festigkeitsklasse von 12.9 auf 10.9 zu reduzieren. Wenn dadurch partielles Aufklaffen der Trennfuge entstehen würde, könnte mit Hilfe des vereinfachten nichtlinearen Berechnungsansatzes (Abschnitt 4.22.3) eine Optimierung vorgenommen werden mit dem Ziel einer besseren Ausnutzung der Schraubenverbindung.

Nachrechnung der Flächenpressung unter dem Schraubenkopf

Der bereits geführte Nachweis der Flächenpressung bleibt gültig, weil beim drehwinkelgesteuerten Anziehen die dort zugrunde gelegten Flächenpressungen infolge von zusätzlichen Betriebskräften nicht mehr nennenswert gesteigert werden können.

Literatur

4.1 VDI-Richtlinie 2230 (1986) Systematische Berechnung hoch beanspruchter Schraubenverbindungen. Beuth Verlag

4.2 Galwelat M (1979) Rechnerunterstützte Gestaltung von Schraubenverbindungen. Dissertation TU Berlin

4.3 VDI-Richtlinie 2230 (2001) Systematische Berechnung hoch beanspruchter Schraubenverbindungen. Beuth Verlag

4.4 Schneider W (1981) TH Darmstadt Diplomarbeit am Institut für Werkstoffkunde unveröffentlicht

4.5 Thomala W (1982) Elastische Nachgiebigkeit verspannter Teile einer Schraubenverbindung. VDI-Z 124: 205–214

4.6 Rötscher F (1927) Die Maschinenelemente. Springer Berlin

4.7 Weiß H, Wallner F (1963) Die HV-Schraube unter Zugbelastung. Stahlbau Rundschau 24: 15–22

4.8 Fritsche G (1962) Grundlagen einer genaueren Berechnung statisch und dynamisch beanspruchter Schraubenverbindungen. Diss. TU Berlin

4.9 Birger J A (1961) Die Stauchung zusammengeschraubter Platten oder Flansche. Russ. Eng. J. 5: 28–35 und (1963) Konstr. Masch. Appar. Gerätebau 15: 160

4.10 Vitkup E B (1961) Die Verformung zusammengeschraubter Platten. Russ. Eng. J. 5: 39–40 und (1963) Konstr. Masch. Appar. Gerätebau 15: 161

4.11 Rydchenko V M, Tkachenko V A (1962) Die maximale Schraubenkraft einer vorgespannten Schraubenverbindung. Russ. Eng. 8: 11–13 und (1963) Konstr. Masch. Appar. Gerätebau 15: 466

4.12 Fernlund J (1970) Druckverteilung zwischen Dichtflächen an verschraubten Flanschen. Konstr. Masch. Appar. Gerätebau 22: 218ff

4.13 Wächter K, Beer R, Jannasch D (1977) Berechnung der elastischen Flanschnachgiebigkeit von Schraubenverbindungen. Maschinenbautechnik 26: 61–66

4.14 Illgner K H (1967) Das Verspannungs-Schaubild von Schraubenverbindungen. Draht-Welt 53: 43–49

4.15 Hanau A (1994) Zum Kraftleitungsverhalten zentrisch verspannter Schraubenverbindungen. Diss. TU Berlin.

4.16 Dreger H (1982) Beitrag zur rechnerischen Ermittlung des Faktors n_{red}. VDI-Z. 124 18: 85–89

4.17 Faulhaber A, Thomala W (1987) Erläuterungen zur Richtlinie VDI 2230 Blatt 1 (1986) – Der nichtlineare Berechnungsansatz. VDI-Z. 129 9: 79–84

5 Tragfähigkeit von Schraubenverbindungen bei mechanischer Beanspruchung

Das Festigkeitsverhalten insbesondere gekerbter Bauteile gegenüber mechanischer Beanspruchung wird nachhaltig von der Belastungs-Zeit-Funktion (zügige oder schwingende Beanspruchung) beeinflusst. Während konstruktiv bedingte Kerben (Querschnittsübergänge) bei rein zügiger Beanspruchung die Tragfähigkeit von Bauteilen im Falle ausreichender Werkstoffzähigkeit verbessern können, wird diese bei Schwingbeanspruchung grundsätzlich herabgesetzt.

Wegen der grundlegend unterschiedlichen Versagenskriterien bei diesen beiden Beanspruchungsformen unterscheidet sich auch die werkstoffmechanische Behandlung des Festigkeitsnachweises voneinander. Deshalb ist eine getrennte Betrachtung der Tragfähigkeit von Schraubenverbindungen bei zügiger Beanspruchung und bei Schwingbeanspruchung sinnvoll und erforderlich.

5.1 Tragfähigkeit bei zügiger Beanspruchung

Schraubenverbindungen haben vornehmlich die Aufgabe, zwei oder mehrere Teile einer Konstruktion lösbar miteinander zu verbinden. Die für die Funktion einer Schraubenverbindung erforderlichen Vorspannkräfte (zügige Beanspruchung) wirken jeweils in Richtung der Schraubenachse und stellen somit Längskräfte dar. Die Beanspruchungsrichtung im Schraubenbolzen bleibt auch dann axial, wenn die von außen angreifenden Betriebskräfte nicht in Schraubenachsrichtung wirken. Hier muss jedoch vorausgesetzt werden, dass die Querkraftkomponenten der Betriebskraft durch Reibschluss zwischen den verspannten Teilen und unter dem Schraubenkopf bzw. der Mutter aufgenommen werden können (Kap. 4). Aus Gründen größtmöglicher Ausnutzbarkeit der Festigkeitseigenschaften von Schraubenverbindungen ist konstruktiv in jedem Fall anzustreben, die Beanspruchungen in der Schraube auf reine Axialspannungen zu beschränken. Wegen ihrer praktischen Bedeutung werden jedoch zusätzlich auch biege- und scherbeanspruchte Verbindungen (z. B. Passschrauben) im Hinblick auf ihr Tragvermögen besprochen.

Der Einfluss von Torsionsmomenten beim Anziehen von Schraubenverbindungen auf deren Tragfähigkeit wird im Kapitel 8 erläutert.

Bei der Bemessung von Schraubenverbindungen hat sich in der Vergangenheit das Konstruktionsprinzip durchgesetzt, dass im Fall einer Überbeanspruchung der Schraubenbolzen im freien belasteten Gewinde (Kerbstelle 5 in Abb. 5.1) brechen soll [5.1]. Der Bruch an dieser Stelle ist in der Regel mit einer deutlichen plastischen Verformung des Gewindes verbunden, wodurch ein bevorstehendes Bruchereignis,

z. B. durch Undichtwerden von Flanschen oder Geräuschentwicklung gelockerter Teile unter schwingender Beanspruchung, angekündigt werden kann. Es besteht so die Möglichkeit des Stillsetzens einer Anlage vor dem eigentlichen Schadensereignis. Folgeschäden können auf diese Weise entweder ganz vermieden oder zumindest eingeschränkt werden.

Die Erfüllung dieses Konstruktionsprinzips erfordert eine gezielte Abstimmung der Tragfähigkeit der einzelnen für einen Bruch der Verbindung infrage kommenden Stellen (Abb. 5.1). Die verspannten Teile bleiben hierbei unberücksichtigt.

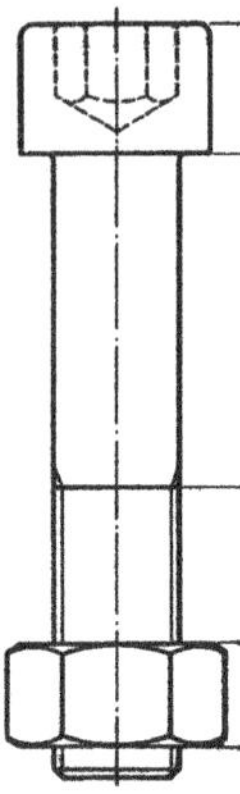

	Tragfähigkeit	Versagensort	Versagen durch :
Kopf	$F_{S\,Kopf}$	1	Abscheren des Schraubenkopfes
		2	Bruch am Übergang Kopf - Schaft
Schaft	$F_{B\,Schaft}$	3	Bruch im ungekerbten Schaftteil
		4	Bruch im Gewindeauslauf
freies belastetes Gewinde	$F_{B\,Gewinde}$	5	Bruch im freien belasteten Gewindeteil
		6	Bruch im ersten tragenden Gewindegang
im Eingriff befindliches Gewinde	$F_{S\,Gewinde}$	7	Abstreifen des im Eingriff befindlichen Bolzen - und/oder Muttergewindes

Abb. 5.1. Das Konstruktionsprinzip für Schraubenverbindungen

Das Konstruktionsprinzip verlangt:

$$F_{BGewinde} < F_{SKopf}$$

$$F_{BGewinde} < F_{BSchaft}$$

$$F_{BGewinde} < F_{SGewinde}$$

Abbildung 5.2 zeigt, dass Schrauben unter Zugbelastung infolge Kerbwirkung örtlich erhebliche Spannungskonzentrationen aufweisen und zwar

- am Kopf-Schaft-Übergang,
- im Gewindeauslauf,
- im freien belasteten Gewinde,
- im Bereich des ersten in das Muttergewinde eingeschraubten Bolzengewindegangs (erster tragender Gewindegang).

Im Bereich dieser Kerben wird unter Zugbeanspruchung die Querkontraktion behindert. Es entsteht ein mehrachsiger gleichsinniger Spannungszustand mit inhomogener Verteilung von Axial-, Tangential- und Radialspannungen über dem Kerbquerschnitt (Abb. 5.3).

Die Mehrachsigkeit des Spannungszustands beeinflusst maßgeblich das Tragvermögen gekerbter Bauteile bei zügiger Beanspruchung in Abhängigkeit von der Werkstoffzähigkeit. Spannungskonzentrationen bewirken bei Werkstoffen mit hinreichenden Zähigkeitseigenschaften i.allg. eine Tragfähigkeitssteigerung (Kerbverfestigung) bei gleichzeitiger Verringerung des Formänderungsvermögens (Spannungsversprödung) [5.2].

Diese festigkeitssteigernde Wirkung verringert sich mit abnehmender Werkstoffzähigkeit und kehrt sich ab einer unteren Grenzzähigkeit in eine festigkeitsmindernde Wirkung um (Kerbentfestigung).

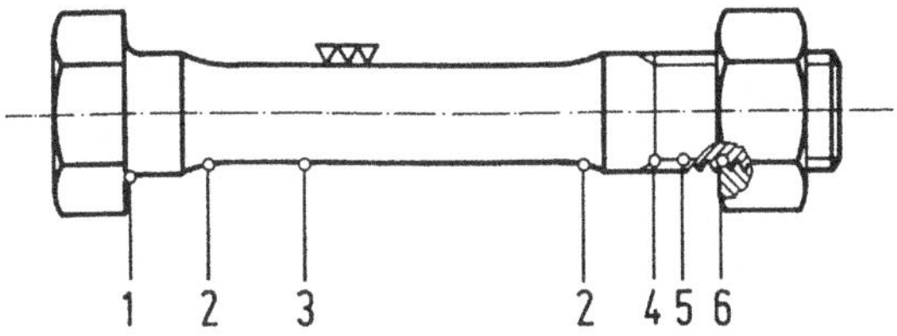

Kerbstelle	1	2	3	4	5	6
Kerbfaktor, Formzahl α^*_K	≈ 3–5	≈ 1,1	1	≈ 3–4	≈ 2–3	≈ 4–10
Kerbwirkungszahl β_K	≈ 2–4	≈ 1–1,1	1	≈ 2	≈ 1,5–2	≈ 2–8

Abb. 5.2. Kerbstellen einer Schraubenverbindung. α^*_K berücksichtigt gegenüber α_K zusätzlich die Krafteinleitungsbedingungen.

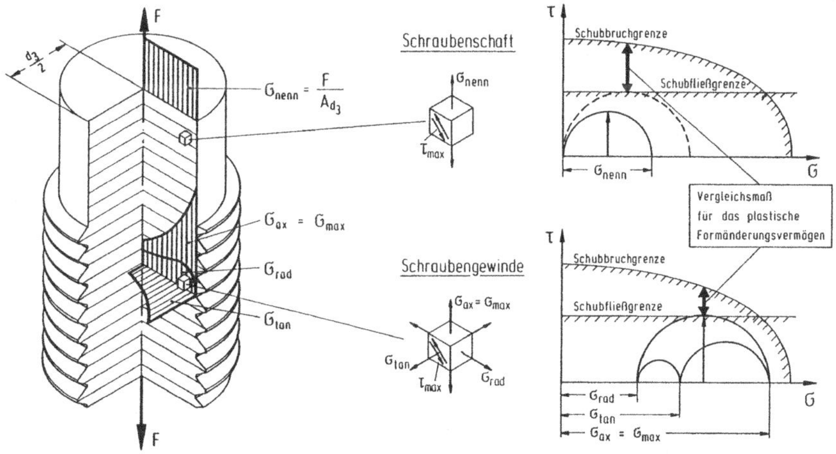

Abb. 5.3. Spannungszustände im Schraubenbolzen (schematisch)

Abbildung 5.4 zeigt hierzu die Ergebnisse von Zugversuchen an ungekerbten und unterschiedlich scharf gekerbten zylindrischen Probestäben aus dem Vergütungsstahl 41Cr4 im normalgeglühten (zähen) und gehärteten (spröden) Werkstoffzustand. Die Kerbschärfe wird jeweils durch die Formzahl α_K beschrieben. Sie kennzeichnet das Verhältnis der Maximalspannung zur Nennspannung.

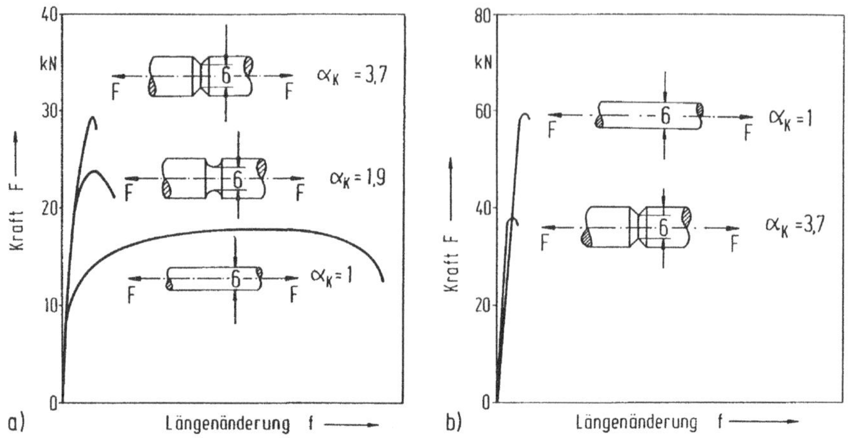

Abb. 5.4. Einfluss einer Spannungsversprödung infolge Kerben bei zähem und sprödem Werkstoffzustand des Stahls 41Cr4 [5.2] a) normalgeglüht; b) gehärtet

Auf Schrauben übertragen bedeutet dieser Sachverhalt:
Schrauben aus einem zähen Werkstoff besitzen unter der Voraussetzung gleicher tragender Querschnitte an den Stellen höherer Kerbwirkung (Formzahl $\alpha^*_K > 1$ in Abb. 5.2) auch eine höhere Tragfähigkeit. Bei Vollschaftschrauben (hier entspricht der Gewindeaußendurchmesser dem Schaftdurchmesser, $d_{Gewinde} = d_{Schaft}$), deren Gewinde tief genug d. h. überkritisch (s. Abschnitt 5.1.5), in das Muttergewinde eingeschraubt ist, tritt daher bei zügiger Überbeanspruchung der Bruch stets im freien belasteten Gewinde ein (Abb. 5.5a), weil das Schraubengewinde in diesem Fall den Teil der Schraube mit dem kleinsten Querschnitt darstellt.

In Abhängigkeit vom Verformungsverhalten des Werkstoffs und von den konstruktiven Gegebenheiten (z. B. freie belastete Gewindelänge) erfolgt der Gewaltbruch an dieser Stelle mit deutlicher plastischer Verformung.

Schrauben aus Werkstoffen mit eingeschränkten Zähigkeitseigenschaften (spröd) versagen an der Stelle höchster Spannungskonzentration verformungsarm (Abb. 5.5b).

Neben den geschilderten werkstoffmechanischen Einflüssen sind für die Tragfähigkeit der Schraube weiterhin folgende Faktoren maßgeblich:

- *Festigkeit und Zähigkeit des Werkstoffs.* Grundsätzlich lässt sich die Tragfähigkeit von Schrauben mit zunehmender Werkstofffestigkeit erhöhen, vorausgesetzt, der Werkstoff besitzt selbst bei höchsten Festigkeiten noch ausreichende Zähigkeit, damit durch teilplastische Verformungsprozesse im Kerbgrundbereich des Gewindes eine Spannungsumlagerung stattfinden kann. Hierzu werden besondere Anforderungen an die chemische Zusammensetzung des Werkstoffs, an das Erschmelzungs- und Vergießungsverfahren sowie an die Wärmebehandlung gestellt. Die Zähigkeitseigenschaften von Schraubenwerkstoffen werden bei ferritischen hochfesten Vergütungsstählen auch gern mit dem Streckgrenzenverhältnis des Werkstoffs beurteilt. Dieses Verhältnis von Werkstoff-Streckgrenze zu

Werkstoff-Zugfestigkeit nimmt im Allgemeinen zunächst mit zunehmender Werkstoff-Zugfestigkeit zu, um ab etwa einer Zugfestigkeit von 1200 N/mm² wieder abzufallen (Abb. 5.6). Grund: Wirkung von Rest-Eigenspannungen nach dem Vergütungsprozess bei relativ niedrigen Anlasstemperaturen). Bei diesem Verlauf des Streckgrenzenverhältnisses besteht die Gefahr einer Fehlinterpretation des Werkstoffzustands, weil nach dem Gesagten ein relativ niedriges Streckgrenzverhältnis nicht immer mit einem duktilen Werkstoffzustand in Verbindung gebracht werden darf.

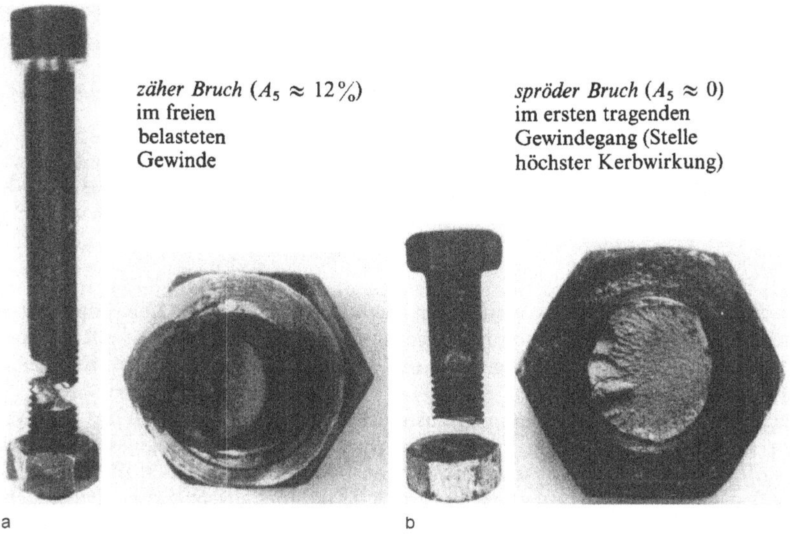

Abb. 5.5. Bruchverhalten von Schrauben aus zähen und spröden Werkstoffen bei Prüfung im Zugversuch (zügige Überbeanspruchung)

- *Oberflächenbehandlung.* Die Zähigkeitseigenschaften des Schraubenwerkstoffs können durch Oberflächenbehandlungsverfahren, die eine unkontrollierte Randaufkohlung oder Wasserstoffeindiffusion bewirken, verschlechtert werden. Vor allem bei hochfesten Schrauben mit Festigkeitsklassen ab 12.9 und damit eingeschränktem plastischen Verformungsvermögen sind deshalb Aufkohlungs- bzw. Rückkohlungsprozesse oder die Einhaltung des Kohlenstoffpegels im Schutzgas beim Härten der Schrauben zu kontrollieren. Ebenso ist eine Aufnahme atomaren Wasserstoffs in den Stahl, z. B. beim Beizen oder bei einer chemischen bzw. elektrochemischen Oberflächenbehandlung, möglichst zu vermeiden (s. Kapitel 6). Durch eine *Feuerverzinkung* wird die Tragfähigkeit von Schrauben bis zur Festigkeitsklasse 12.9 bei zügiger Beanspruchung nicht beeinträchtigt [5.3 bis 5.5]. Dies gilt auch für hochtemperaturverzinkte Schrauben der Festigkeitsklasse 10.9 (Zinkbadtemperatur oberhalb 530°C) [5.6].

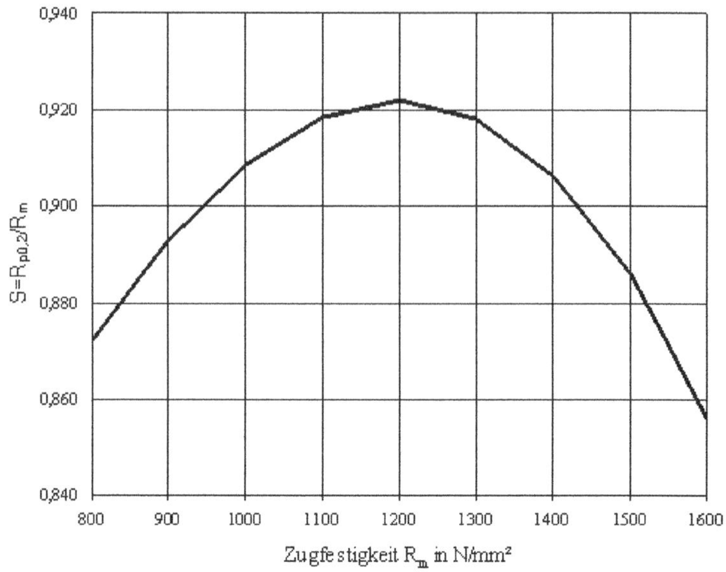

Abb. 5.6. Streckgrenzenverhältnis für die Vergütungsstähle 35B2, 34Cr4, 34CrMo4 und 30CrNiMo8 in Abhängigkeit von der Zugfestigkeit (Quelle: Landgrebe R (1985) VDI-Z 127)

- *Fertigungsbedingungen.* Die durch das Walzen des Schraubengewindes hervorgerufene Kaltverfestigung in der oberflächennahen Randschicht kann eine Festigkeitssteigerung des Gewindes bewirken, die soweit führt, dass der Bruch der Schraube trotz geringeren Querschnitts des Gewindes gegenüber dem Schraubenschaft im nicht kaltverfestigten Schraubenschaft erfolgt. Beispiele hierfür sind hochfeste Schrauben kleiner Durchmesser, deren Gewinde nach dem Vergüten des Schraubenrohlings aufgewalzt worden sind (schlussgerollte bzw. schlussgewalzte Gewinde), und Schrauben aus austenitischen Stählen, die besonders stark bei der Kaltumformung verfestigen. Die Festigkeitseigenschaften austenitischer Stähle können nicht durch eine konventionelle Vergütung (Härten und Anlassen), sondern ausschließlich durch eine Kaltverfestigung eingestellt werden (Abb. 5.7). Deshalb sind austenitische Schrauben immer Schrauben mit schlussgerolltem Gewinde.
- *Mutterwerkstofffestigkeit.* Bei hoher Festigkeit des Schraubenwerkstoffs und gleichzeitig niedriger Zähigkeit besteht zunehmend die Gefahr eines verformungsarmen Gewaltbruchs der Schraube im Bereich des ersten tragenden Gewindegangs. Hohe Festigkeiten des Mutterwerkstoffs begünstigen diese Bruchform infolge besonders ungleichmäßiger Gewindelastverteilung. In [5.7] wird daher empfohlen, hochfeste Schraubenbolzen mit hinreichend hohen Muttern zu paaren, deren Festigkeit höchstens 2/3 der Schraubenwerkstofffestigkeit beträgt.

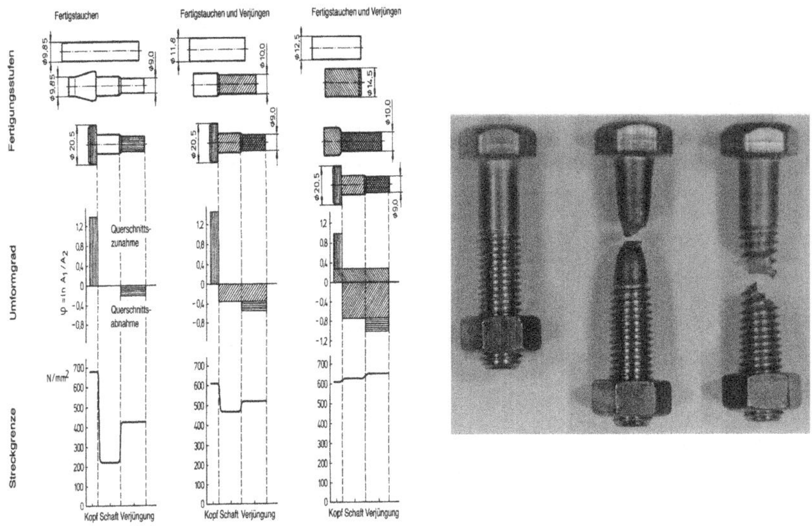

Abb. 5.7. links: Kaltverfestigung und Fertigungsverfahren, rechts: Bruch nichtrostender austenitischer Schrauben aus X5CrNi19–11.

- *Beanspruchungsart.* Infolge der beim Anziehen durch Drehen der Mutter oder der Schraube zusätzlich wirksamen Torsionsspannungen wird die Bruchkraft der Schraube gegenüber der ausschließlich axial zugbelasteten Verbindung vermindert. Zunehmende Gewindereibung verstärkt diesen Effekt (s. Abschnitt 8.3).
- *Umgebungsbedingungen.* Besondere Umgebungsbedingungen wie korrosiv wirkende Medien und/oder hohe bzw. tiefe Temperaturen können die Tragfähigkeit von Schrauben beeinflussen (s. Kapitel 6 und 7).

5.1.1 Freies belastetes Schraubengewinde

Bei metrischen Schraubengewinden aus zähem Werkstoff kann die Zug-Bruchkraft infolge der hier herrschenden Kerbwirkung (Querkontraktionsbehinderung) um bis zu 20% größer sein als die eines ungekerbten zylindrischen Probestabs mit einem dem Gewindekerndurchmesser d_3 entsprechenden Durchmesser [5.8].

Sie ist jedoch wegen der Entlastungskerbwirkung der aneinander gereihten Gewindegänge nicht so groß wie im Gewindeauslauf (Beginn des Kerbbereichs) und im ersten tragenden Gewindegang an der Stelle der Mutterauflagefläche. Mit abnehmendem Abstand zwischen Gewindeauslauf und Mutterauflagefläche nimmt infolge der Verringerung der Entlastungskerbwirkung die Formänderungsbehinderung zu. Dies wird als Übergangseffekt [5.9] bezeichnet und führt zu einer Tragfähigkeitssteigerung, die für den Grenzfall der Einzelkerbe, bei dem das Bolzengewinde bis zum Gewindeauslauf in die Mutter eingeschraubt wird, ein Maximum erreicht (Abb. 5.8). Der Übergangseffekt und die festigkeitssteigernde Wirkung des mehrachsigen Spannungszustands im freien belasteten Gewinde werden bei der Zugprüfung von Schrauben als Fertigteile in DIN EN ISO 898–1 folgendermaßen berücksichtigt:

- Festlegung eines Mindestabstands von $1 \cdot d$ zwischen Gewindeauslauf und Mutterauflagefläche,
- Einführung des sog. Spannungsquerschnitts A_S.

Die Anwendung des Spannungsquerschnitts erlaubt die näherungsweise Ermittlung der Zugfestigkeit des Schraubenwerkstoffs direkt durch Prüfung des fertigen Bauteils:

$$R_m = \frac{F_m}{A_S}$$

mit F_m = Höchstzugkraft der Schraube im Zugversuch

Die empirisch ermittelte Formel für den Spannungsquerschnitt metrischer Gewinde,

$$A_S = \frac{\pi}{4} d_S^2 = \frac{\pi}{4} \left(\frac{d_2 + d_3}{2} \right)^2 \tag{5.1}$$

hat sich hierfür inzwischen weltweit durchgesetzt.

Der dem Spannungsquerschnitt zugeordnete Durchmesser d_S liegt gemäß Gl. (5.1) zwischen dem Kern- und Flankendurchmesser und drückt aus, dass ein ungekerbter Probestab mit dem Durchmesser d_S die gleiche Höchstzugkraft überträgt wie ein metrisches Gewinde mit dem Kerndurchmesser d_3 und dem Flankendurchmesser d_2.

Für metrische Gewinde sind die Spannungsquerschnitte in DIN 13 Teil 28 als Nennspannungsquerschnitte aufgeführt, denen die Gewindenenndurchmesser zugrunde liegen.

Die mit Hilfe des *Nenn*spannungsquerschnitts ermittelte Werkstoffzugfestigkeit kann aus folgenden Gründen nur eine Näherung sein [5.8]:

- Die Kern- und Flankendurchmesser d_2 und d_3 streuen innerhalb der Toleranzen nach DIN 13 und sind wegen des Gewinde-Grundabmaßes kleiner als die dem Nennspannungsquerschnitt zugrunde liegenden Nennmaße (Abb. 5.9). Der Unterschied zwischen dem „Ist-Spannungsquerschnitt" und dem fiktiven, empirisch ermittelten, Nennspannungsquerschnitt ist insbesondere bei kleinen Gewinden ($\leq$ M6) relativ groß. Daraus resultieren in der Praxis nicht selten Schwierigkeiten hinsichtlich der in DIN EN ISO 898–1 geforderten Mindest-Bruchkräfte für Schraubengewinde, obwohl die mechanischen Kennwerte wie Werkstoffzugfestigkeit oder Werkstoffhärte erreicht worden sind.
- Die Abhängigkeit der Erhöhung der Tragfähigkeit des Gewindes vom Festigkeits- und Zähigkeitsverhalten des Werkstoffs bleibt unberücksichtigt (s. Abb. 5.4).
- Mögliche im Gewindebolzenquerschnitt vorherrschende Festigkeitsinhomogenitäten (z. B. bei nach der Kaltumformung nicht wärmebehandelten Teilen mit vom Kern zum Bauteilrand ansteigenden Werkstoffhärten) können nicht erfasst werden.

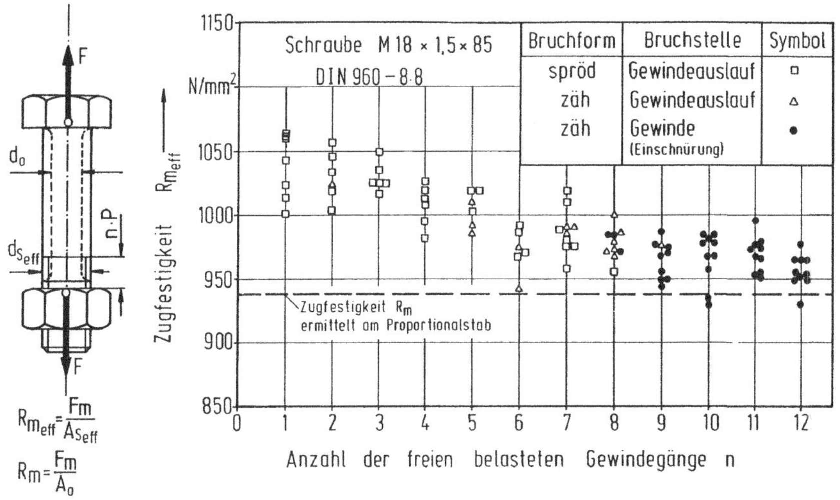

Abb. 5.8. Einfluss des Abstands *nP* zwischen Gewindeauslauf und Mutterauflagefläche auf die Zugfestigkeit des Schraubengewindes (Feingewinde M18x1,5x85–8.8)[5.8]

Feingewinde besitzen gegenüber Regelgewinden eine geringfügig überlegene Tragfähigkeit, die aus dem beim Feingewinde größeren tragenden Kernquerschnitt herrührt. Der Tragfähigkeitsunterschied entspricht etwa dem Verhältnis der Spannungsquerschnitte [5.10].

5.1.2 Schraubenschaft

Das freie belastete Schraubengewinde und der Schraubenschaft besitzen dann die gleiche Tragfähigkeit, wenn folgende Forderung erfüllt wird:

Höchstzugkraft des Schaftes = Höchstzugkraft des Gewindes:

$$R_m \cdot A_{Sch} = R_m \cdot A_S, \tag{5.2}$$

d. h. wenn $A_{sch} = A_S$.

Mit $A_{Sch} = \frac{\pi}{4} d_{Sch}^2$ und $A_S = \frac{\pi}{4}\left(\frac{d_2 + d_3}{2}\right)^2$

gilt: $d_{Sch} = \frac{d_2 + d_3}{2} = d_S = (1{,}02....1{,}06)\, d_3$.

Hiermit wird das freie belastete Gewinde zur „Schwachstelle" der Schraube, wenn der Schaftdurchmesser d_{sch} größer ist als der dem Spannungsquerschnitt zugeordnete Durchmesser d_S (Abb. 5.10).

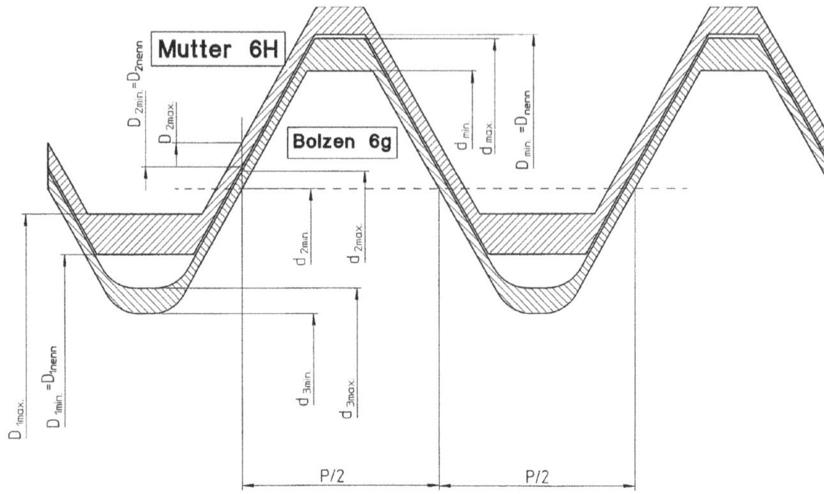

Abb. 5.9. Metrisches Gewindeprofil für Schraube und Mutter – Paarungsmaße

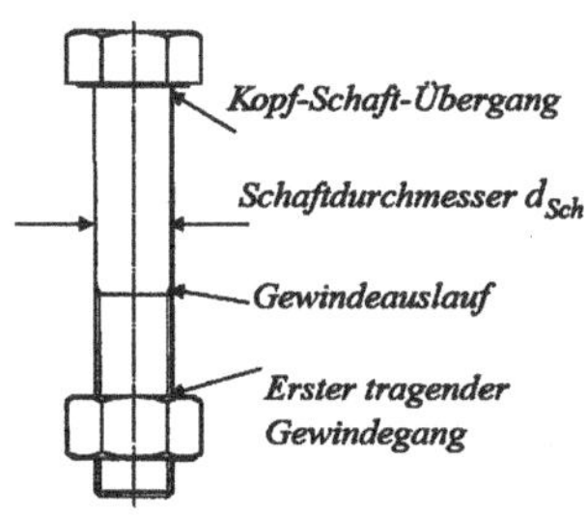

Abb. 5.10. Schraubenschaftdurchmesser und kritische Kerbstellen einer Schraubenverbindung

5.1.3 Gewindeauslauf und Kopf-Schaft-Übergang

Der Gewindeauslauf (Abb. 5.10) weist infolge verminderter Entlastungskerbwirkung gegenüber dem benachbarten voll ausgebildeten Schraubengewinde eine stärkere Verformungsbehinderung und damit bei ausreichender Werkstoffzähigkeit eine größere Tragfähigkeit bei zügiger Beanspruchung auf als das Gewinde.

Die Tragfähigkeit des Übergangs vom Kopf zum Schaft ist infolge der Kerbverfestigung (Querkontraktionsbehinderung) mindestens ebenso groß wie die des Schaftes, vorausgesetzt, dass keine Verminderung der Tragfähigkeit infolge Stoff- und/oder unzulässiger Spannungsversprödung vorliegt (zum Beispiel durch einen zu geringen Kopf-Schaft-Übergangsradius).

Die Kerbwirkung unter dem Schraubenkopf nimmt mit zunehmendem Übergangsradius ab.

5.1.4 Schraubenkopf

Bei axialer Zugbeanspruchung der Schraube wirken am Kopf-Schaft-Übergang Biege- und Scherspannungen.

Bei der Berechnung der für die Erfüllung des Konstruktionsprinzips erforderlichen Kopfhöhe können, wie die Praxis zeigt, die Einflüsse von Biegung und Kerbwirkung (bei hinreichender Ausrundung des Kopf-Schaft-Übergangsradius) vernachlässigt werden.

- *Schraubenkopf mit Außen-Kraftangriff*

Bei Überbeanspruchung stellt sich bei Schrauben mit Außen-Kraftangriff ein Bruchverlauf gemäß Abb. 5.11 ein. Der *Scher*bruch beginnt am Radius R des Schraubenkopf-Schaft-Übergangs und verläuft in der Regel achsparallel bis zur Kopf-Stirnfläche. Die Scherbruchfläche schließt den Radius R des Schraubenkopf-Schaft-Übergangs ein.

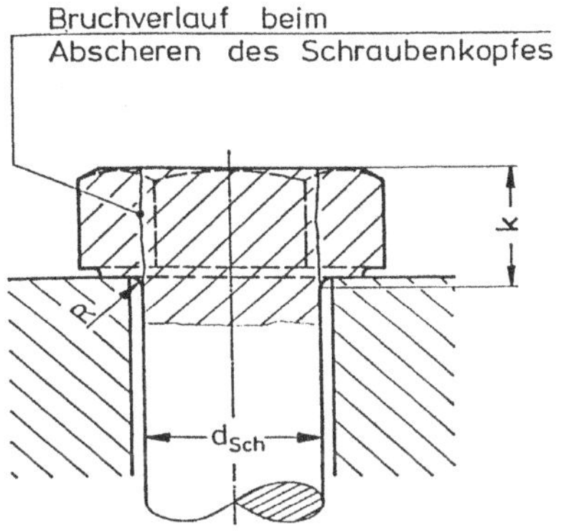

Abb. 5.11. Bruchverlauf beim Abscheren eines Schraubenkopfes mit Außen-Kraftangriff (hier Außensechskant)

Unter Berücksichtigung des Konstruktionsprinzips ergibt sich für die Berechnung der Höchstscherkraft des Schraubenkopfes folgende Forderung:

Höchstscherkraft des Kopfes > Höchstzugkraft des Gewindes!

$$\tau_B \cdot A_{Schr} > R_m \cdot A_S, \tag{5.3}$$

$$\text{bzw. } \tau_B \cdot \pi \cdot d_{Sch} \cdot k > R_m \cdot A_S,$$

oder aufgelöst nach der Kopfhöhe k:

$$k > \frac{A_S}{\pi d_{Sch}} \cdot \frac{R_m}{\tau_B}. \tag{5.4}$$

Für die üblicherweise für hochfeste Schrauben verwendeten Vergütungsstähle nimmt die bezogene Scherfestigkeit $x = \tau_B / R_m$ im Festigkeitsbereich von 800 bis 1400 N/mm^2 etwa linear von 0,70 auf 0,60 ab (Abb. 5.12).

Bei austenitischen Stählen mit besonders hoher Duktilität (Zähigkeit) ist der Scherfestigkeitsverlauf ebenfalls linear, das Scherfestigkeitsverhältnis jedoch gegenüber den ferritischen Vergütungsstählen höher (Abb. 5.13).

Für die Verschraubungspraxis bedeutet dies, dass Schrauben aus austenitischen CrNi-Stählen relativ höher scherbelastet werden können und dementsprechend mit einer niedrigeren Kopfhöhe auskommen können als Schrauben aus hochfesten Vergütungsstählen.

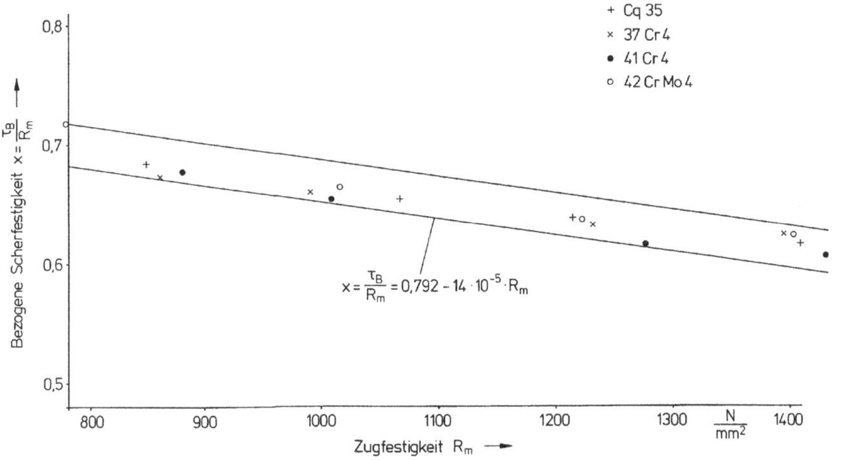

Abb. 5.12. Zug- und Scherfestigkeit verschiedener Vergütungsstähle [5.11]

Für die Berechnung der Schraubenkopfhöhe hochfester Schrauben aus ferritischen Vergütungsstählen kann x für die einzelnen Festigkeitsklassen wie folgt eingesetzt werden [5.11]:

x = 0,65 für Festigkeitsklasse 8.8

x = 0,62 für Festigkeitsklasse 10.9

x = 0,60 für Festigkeitsklasse 12.9

Die zur Erfüllung des Konstruktionsprinzips mindestens erforderliche Höhe des Schraubenkopfes wird schließlich aus Gl. (5.4) wie folgt abgeleitet:

$$k_{\min} = \frac{A_S}{\pi d_{Sch}} \cdot \frac{1}{x} \qquad (5.5)$$

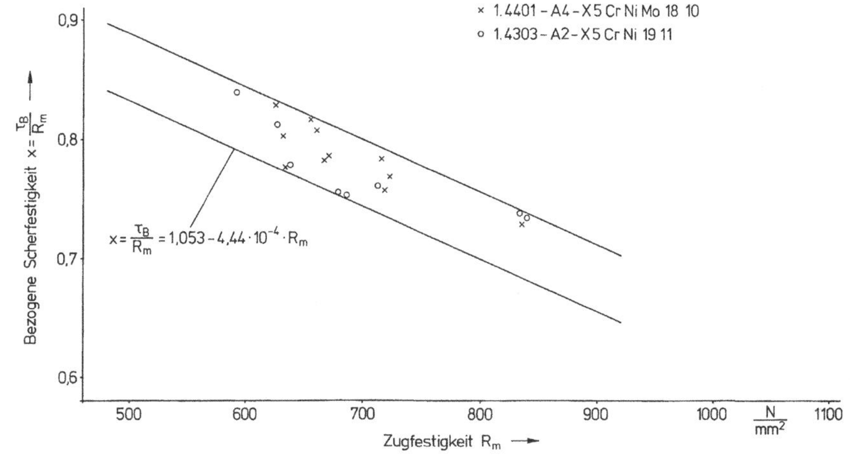

Abb. 5.13. Zug- und Scherfestigkeit austenitischer Stähle [5.11]

Die Kopfhöhen von Sechskantschrauben nach DIN EN ISO 4014 bis 4018 sind um etwa 65% größer als die rechnerische Mindestkopfhöhe k_{min}, so dass ein Abstreifen der Köpfe bei Überbeanspruchung der Schraube in der Regel nicht auftreten kann.

- *Schraubenkopf mit Innen-Kraftangriff*

Bei Überbeanspruchung von Schraubenköpfen mit Innen-Kraftangriff, z. B. Innensechskant, Innenvielzahn, Innensechsrund, Kreuzschlitz usw., tritt der *Scher*bruch zwischen der unteren Begrenzungslinie der Kraftangriffsflächen (Schlüsselflächen) und dem Schaft an der Stelle des Übergangs zum Kopf auf (Abb. 5.14).

Die „Restbodendicke" y endet demzufolge nicht in Höhe der Schraubenkopfauflage, sondern jeweils um den Betrag des Kopf-Schaft-Übergangsradius nach unten zum Schraubenschaft hin versetzt.

Dies konnte in umfangreichen Untersuchungen an Zylinderschrauben mit Innensechskant bzw. Innenverzahnung nachgewiesen werden [5.11 und 5.12].

Die erforderliche Restbodendicke von Schraubenköpfen mit Innen-Kraftangriff lässt sich auch hier wie bei Schraubenköpfen mit Außen-Kraftangriff unter Vernachlässigung von Biege- und Kerbspannungen nach [5.11] wie folgt berechnen:

Abbildung 5.14 zeigt die im maßgeblichen Beanspruchungsbereich wirkenden Spannungen sowie den Bruchverlauf.

Während im Schraubenschaft infolge der von außen angreifenden, in Achsrichtung verlaufenden Kraft F eine Hauptspannung σ_1 wirkt, berechnet sich die im

$$\sigma_1 = \frac{F}{A_{Sch}} = \frac{4F}{\pi\, d_{Sch}^2} \tag{5.6}$$

Scherkegel wirksame Spannung p in Achsrichtung zu $p = F/A_{Scher}$.

Die Scherfläche wird dabei wie folgt bestimmt:

Gl. (5.7) berücksichtigt als obere Begrenzungslinie der Scherfläche anstatt der Schlüsselweite SW vereinfachend einen Kreis mit dem mittleren Durchmesser d_m des Innen-Kraftangriffs. Dieser richtet sich nach der jeweiligen Geometrie des Innenangriffs und muss von Fall zu Fall festgelegt werden.

$$A_{Scher} = \frac{d_{Sch} + d_m}{2} \cdot \pi \cdot s_m \qquad (5.7)$$

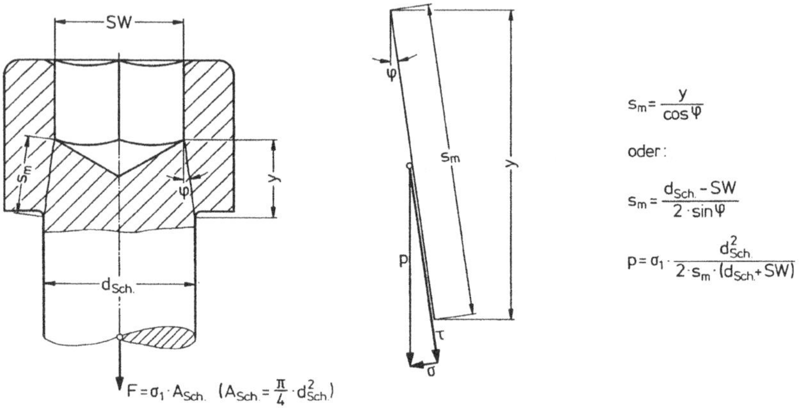

Abb. 5.14. Bruchverlauf beim Abstreifen eines Schraubenkopfes mit Innen-Kraftangriff und niedriger Restbodendicke (schematisch nach [5.11 und 5.12]

Beispiel: Innensechskant bei einer Zylinderschraube nach Abb. 5.14:

$$d_m = \frac{SW + e}{2} = \frac{SW + 1{,}14\,SW}{2} = 1{,}07\,SW \quad \text{(s. a. Abb. 8.18).}$$

Für p ergibt sich durch Einsetzen von $F = \sigma_1 \cdot A_{Sch}$ (Abb. 5.14):

$$p = \frac{\sigma_1 A_{Sch}}{A_{Scher}} = \sigma_1 \frac{d_{Sch}^2}{2 s_m (d_{Sch} + d_m)}$$

In der Mantelfläche des Scherkegels werden infolge p sowohl Normalspannungen σ als auch Schubspannungen τ wirksam. Der Normalspannungsanteil σ berechnet sich zu: $\sigma = p \cdot \sin\varphi$, der Schubspannungsanteil τ zu: $\tau = p \cdot \cos\varphi$.

Für p kann demnach auch geschrieben werden:

$$p = \sqrt{\sigma^2 + \tau^2} = \sqrt{p^2 \sin^2\varphi + p^2 \cos^2\varphi} \qquad (5.8)$$

Die aus Normal- und Scherbeanspruchung resultierende Bruchfestigkeit – eine sogenannte „reduzierte Bruchfestigkeit“ R_{mred} – wird analog Gl. (5.8) wie folgt berechnet:

$$R_{mred} = \sqrt{(R_m \sin\varphi)^2 + (\tau_B \cos\varphi)^2} \tag{5.9}$$

Mit $\tau_B = x \cdot R_m$ ergibt sich: $R_{mred} = R_m \sqrt{\sin^2\varphi + x^2 \cos^2\varphi}$

Damit bei zügiger Beanspruchung der Schraubenkopf mindestens die gleiche Haltbarkeit aufweist wie das freie belastete Gewinde, muss wieder die Bedingung erfüllt sein:

Höchstscherkraft des Kopfes > Höchstzugkraft des Gewindes!

$$R_{mred} \cdot A_{Scher} > R_m \cdot A_S \cdot$$

Mit $A_{Scher} = \frac{d_{Sch} + d_m}{2} \cdot \pi \cdot s_m = \frac{d_{Sch} + d_m}{2} \cdot \pi \cdot \frac{y}{\cos\varphi}$

und Gl. (5.9) ergibt sich nach Umformung für die Mindestbodendicke:

$$y_{\min} = \frac{2 A_S}{x \cdot \pi \cdot (d_{Sch} + d_m) \cdot \sqrt{\left(\frac{\tan\varphi}{x}\right)^2 + 1}} \tag{5.10}$$

Da der Neigungswinkel φ des Scherkegels bei der Berechnung der Mindestbodendicke nicht bekannt ist, wird er mit

$\tan\varphi = (d_{Sch} - d_m)/2 y_{\min}$ in Gl. 5.10 eingesetzt.

Damit berechnet sich y_{min} zu:

$$y_{\min} = \frac{\sqrt{16 A_S^2 - \pi^2 (d_{Sch}^2 - d_m^2)^2}}{2 \cdot x \cdot \pi \cdot (d_{Sch} + d_m)} \tag{5.11}$$

Die Rechenbeziehung 5.11 gilt unverändert grundsätzlich nur dann, wenn der Wert unter der Wurzel größer Null ist und wenn der Schaftdurchmesser der Schraube d_{Sch} größer ist als der mittlere Durchmesser d_m des Innenkraftangriffs.

Drei Besonderheiten zur Anwendung von Gleichung 5.11 sollen deshalb an dieser Stelle hervorgehoben werden.

1. *Der Wurzelausdruck ist negativ, d. h.* $16 A_S^2 < \pi^2 \cdot (d_{sch}^2 - d_m^2)^2$.

Dieses Phänomen liegt dann vor, wenn die projizierte Scherkegelfläche zwischen dem Boden des Innenkraftangriffs und der Kopfauflagefläche größer ist als der Spannungsquerschnitt des Schraubengewindes. Beispiel hierfür ist eine Schraube mit vergrößertem Schaftdurchmesser direkt unter dem Schraubenkopf zur Erfüllung einer Zentrierfunktion in Verbindung mit einem besonders kleinen Durchmesser des Innenkraftangriffs. In diesem Fall darf der Innenkraftangriff sogar bis in den Schraubenschaft unterhalb der Kopfauflagefläche eintauchen, ohne die nach dem Konstruktionsprinzip geforderte Tragfähigkeit zu gefährden. Oder anders formuliert: In diesem Fall negativen Wurzelausdrucks bedarf der Schraubenkopf keiner sogenannten Restbodendicke y. y darf Null werden.

2. *Der mittlere Durchmesser dm des Innenkraftangriffs ist größer als der Schaftdurchmesser dSch (dm > dSch).*

Für den Fall, dass der Durchmesser des Kraftangriffs im Bereich des Kraftangriffsbodens und damit auch der mittlere Durchmesser der Scherbruchfläche des Kraftangriffs d_m größer ist als der Schaftdurchmesser d_{Sch} der Schraube direkt unter der Auflagefläche des Schraubenkopfes, folgt der Scherbruch nicht der Linie zwischen dem Kopf-Schaft-Übergangsradius des Schraubenkopfes und dem äußeren Durchmesser des Innenkraftangriffsbodens. Vielmehr wird der Scherbruch bei Überbeanspruchung des Schraubenkopfes parallel zur Schraubenachse verlaufen, beginnend im Bereich des Kopf-Schaft-Übergangsradius. Der Scherbruch endet schließlich im Boden des Innenkraftangriffs und erzeugt dort annähernd eine ringförmige Bruchfläche mit einem Durchmesser in der Größe des Schaftdurchmessers.

Für diesen Fall, nämlich $d_m > d_{Sch}$ wird deshalb in Gleichung (5.11) mit $d_m = d_{Sch}$ gerechnet.

3. *Schrauben mit Dehnschaft.*

Für Schrauben, bei denen im Schaftbereich nicht das Gewinde, sondern ein kleinerer Querschnitt, zum Beispiel ein Dehnschaft, die schwächste Stelle darstellt, wird anstelle des Spannungsquerschnitts A_S ein entsprechender Querschnitt A_T des Dehnschafts in die Rechnung eingesetzt (Taillenquerschnitt).

Insbesondere dann, wenn der Scherkegel der Bruchfläche größere Werte annimmt, zum Beispiel > 30°, führt eine Vernachlässigung dieses Scherwinkels φ bei der Berechnung der erforderlichen Restbodendicke zu einem nicht mehr vernachlässigbaren Fehler in Form einer Überdimensionierung(Abb. 5.15).

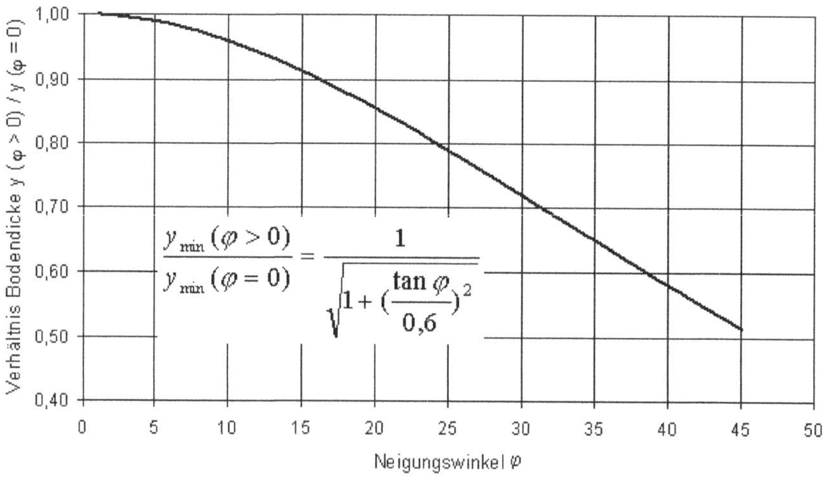

Abb. 5.15. Einfluss des Kegelwinkels φ auf die berechnete Restbodendicke y

Aus den Ausführungen in diesem Abschnitt ergeben sich für die Verschraubungspraxis folgende Hinweise:

- Der Kopf-Schaft-Übergangsradius vergrößert im Allgemeinen die Scherbruchfläche. Zur Optimierung der Tragfähigkeit des Schraubenkopfes sollte er deshalb hinreichend groß sein.
- Der Auslauf des Schraubengewindes sollte nicht zu nahe an die Kopfauflagefläche heranreichen, um die Tragfähigkeit des Schraubenkopfes nicht zu vermindern.
- Der Kegelwinkel φ sollte bei der Berechnung der Restbodendicke von Schraubenköpfen mit Innen-Kraftangriff nicht unberücksichtigt bleiben.

5.1.5 Ineinandergreifende Gewinde

Damit das Versagen von Schraubenverbindungen nicht durch Abstreifen der ineinandergreifenden Gewinde eintritt, ist eine ausreichende Einschraubtiefe (Mutterhöhe) m für das Bolzengewinde im Muttergewinde erforderlich. Eine sogenannte „kritische" Einschraubtiefe m_{kr} liegt dann vor, wenn die Tragfähigkeit der ineinandergreifenden Gewindegänge gleich der des freien belasteten Schraubengewindes bzw. des Schraubenschaftes ist [5.1].

Bei kleineren Einschraubtiefen als m_{kr} werden je nach dem jeweiligen Festigkeitsverhältnis von Bolzen- und Mutterwerkstoff entweder die Bolzen- oder die Muttergewinde oder beide zugleich abgestreift. In diesem „unterkritischen" Bereich steigt die Tragfähigkeit der Verbindung mit zunehmender Einschraubtiefe solange linear an, bis die Abstreiffestigkeit der eingeschraubten Gewindegänge die Zugfestigkeit des Schraubenbolzens erreicht.

Der Schnittpunkt der die Abstreiffestigkeit kennzeichnenden Geraden mit der von der Einschraubtiefe unabhängigen Zugfestigkeit des Bolzengewindes ergibt die kritische Einschraubtiefe m_{kr} (Abb. 5.16).

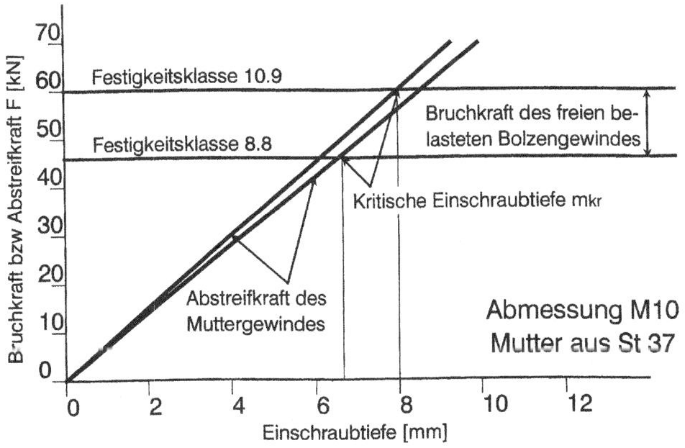

Abb. 5.16. Einschraubtiefe (Mutterhöhe) und Tragfähigkeit von Schraubenverbindungen M 10 bei zügiger Beanspruchung [5.1]

Eine Tragfähigkeitssteigerung der Schraubenverbindung bei zügiger Beanspruchung ist durch Vergrößern der Mutterhöhe über diesen kritischen Bereich hinaus deshalb nicht zu erreichen, weil die Belastbarkeitsgrenze hier durch die von der Einschraubtiefe unabhängige Bruchkraft des freien belasteten Bolzengewindes bzw. des Schraubenschafts begrenzt wird.

Bei unterkritischen Mutterhöhen treten bereits im unteren Vorspannkraftbereich ($F_V/F_{max} \leq 0{,}4$) plastische Verformungen der ineinander greifenden Gewindegänge von Bolzen und Mutter auf. So zeigten Zugversuche an Schraubenverbindungen mit Muttern aus unterschiedlichen Werkstoffen, dass schon bei relativ kleinen Zugkräften die Be- und Entlastungskennlinien nicht mehr übereinstimmen [5.13].

Während im rein elastischen Verformungsbereich des Gewindes die Kraftverteilung auf die einzelnen Muttergewindegänge sehr ungleichmäßig ist und der erste tragende Gewindegang einen Großteil der Gesamtkraft (ca. 40%) allein zu tragen hat, werden mit zunehmender plastischer Verformung der höher beanspruchten Gewindegänge auch die zunächst weniger stark belasteten nachfolgenden Gewindegänge verstärkt zur Kraftübertragung mit herangezogen. Mit steigender Belastung vergleichmäßigt (homogenisiert) sich auf diese Weise nicht nur die Kraftverteilung, sondern auch die elastische und plastische Verformung der Gewindegänge innerhalb des eingeschraubten Bereiches (Homogenisierung der Kraftverteilung).

Beim Einschrauben von Gewindebolzen in Muttern aus Werkstoffen mit relativ niedriger Festigkeit streifen bei unterkritischer Einschraubtiefe im Fall einer Überbeanspruchung die nur relativ wenig verformten Bolzengewindegänge das *Muttergewinde* ab (Abb. 5.17).

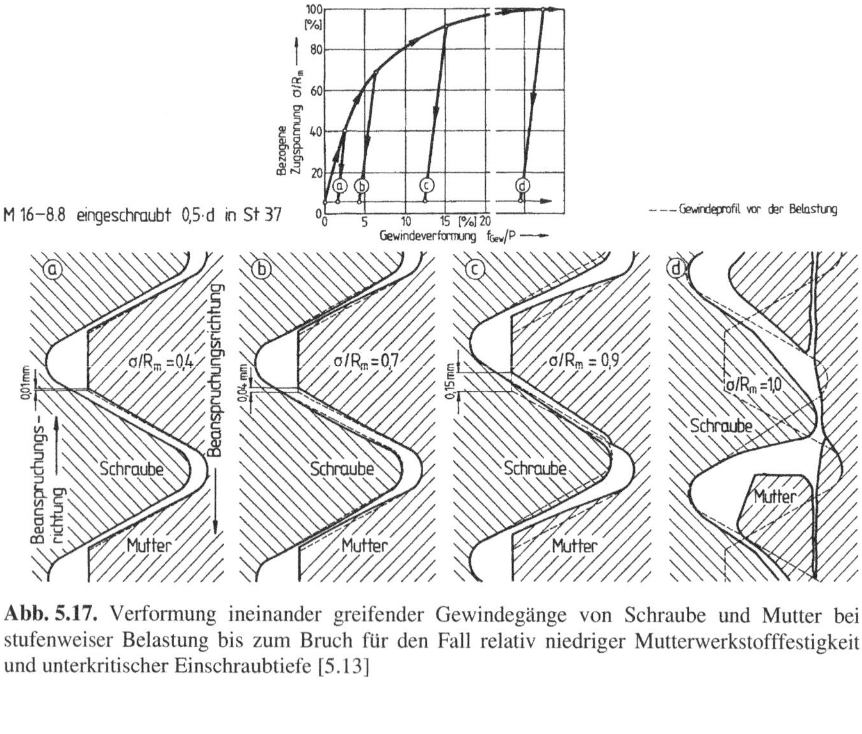

Abb. 5.17. Verformung ineinander greifender Gewindegänge von Schraube und Mutter bei stufenweiser Belastung bis zum Bruch für den Fall relativ niedriger Mutterwerkstofffestigkeit und unterkritischer Einschraubtiefe [5.13]

Die Tragfähigkeit der Schraubenverbindung ist in diesem Fall von der Scherfläche, die durch den Außendurchmesser des Schraubengewindes festgelegt wird, und der Scherfestigkeit des Mutterwerkstoffs abhängig.

Bei Annäherung der Werkstofffestigkeit der Mutter an die des Bolzens tritt bei Überbeanspruchung auch im Bolzengewinde eine zunehmend Beanspruchung mit verstärkter Biegeverformung auf. Je nach Flankenüberdeckungsgrad, der die Größe der Biegebeanspruchung bestimmt, kann es bei unterkritischer Einschraubtiefe zu einem Aneinander-Abgleiten der verbogenen Bolzen- und Muttergewindegänge oder zu deren Abscheren kommen.

Bei weiterer Erhöhung der Werkstofffestigkeit der Mutter bis über die des Bolzens hinaus erfolgt schließlich bei unterkritischer Einschraubtiefe der Bruch der Verbindung durch Abscheren der *Bolzengewindegänge*. Die Muttergewindegänge verbiegen sich dabei in Abhängigkeit von der Mutterwerkstofffestigkeit mehr oder weniger stark (Abb. 5.18).

Die Gesamtbeanspruchung im Muttergewinde ist dann am höchsten, wenn in der Schraubenverbindung die resultierenden Spannungen im Bereich der Bolzenzugfestigkeit liegen und wenn die Abstreifkraft des Muttergewindes und die Bolzen-Zug-Bruchkraft etwa gleich groß sind. Bei Schraubenverbindungen mit unterkritischen Mutterhöhen stellt sich nach [5.14] zusätzlich eine merkliche bleibende radiale Aufweitung des Mutterkörpers ein. Dies ist auf die Radialkomponente der zu übertragenden Zugkraft zurückzuführen, deren Größe vom Flankenwinkel des Gewindes abhängt.

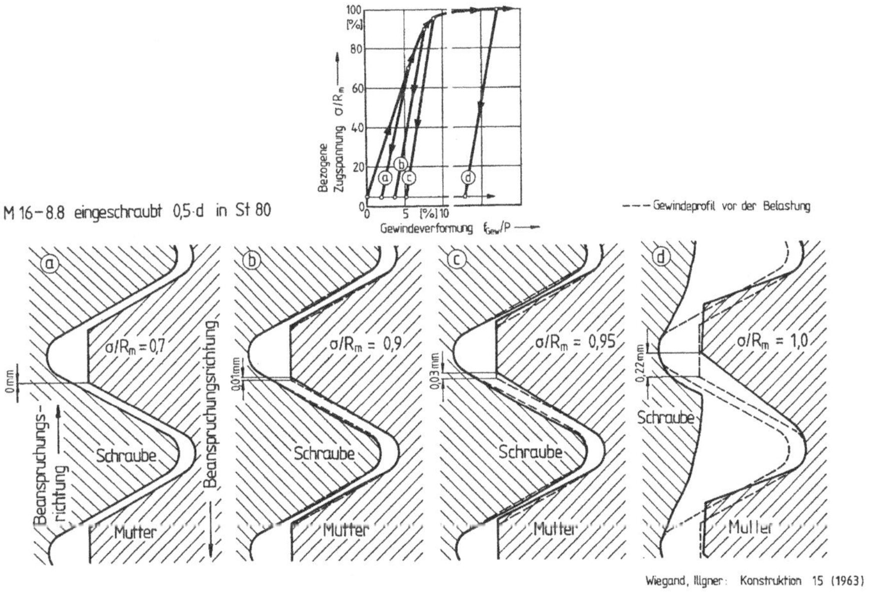

Abb. 5.18. Verformung ineinander greifender Gewindegänge von Schraube und Mutter bei stufenweiser Belastung bis zum Bruch für den Fall relativ großer Mutterwerkstofffestigkeit und unterkritischer Einschraubtiefe [5.13]

Die bleibende radiale Aufweitung der Mutter nimmt mit abnehmender Mutterhöhe zunächst zu. Sie erreicht bei etwa $m/d = 0{,}4$ ein Maximum und nimmt danach mit noch kleiner werdender Mutterhöhe wieder ab, da hier die übertragbare Zugkraft auf Grund verminderter Abstreiffestigkeit ebenfalls verringert wird. Zugversuche ergaben, dass die bleibende Mutteraufweitung dann sehr gering wird bzw. auf Null zurückgeht, wenn die Mutterhöhe die kritische Einschraubtiefe erreicht oder überschreitet [5.14].

Eine Behinderung der radialen Aufweitung kann entstehen, wenn sich im Bereich des ersten tragenden Muttergewindegangs der Mutterwerkstoff auch axial in den Freiraum zwischen Durchgangsloch und Schraubenbolzen hinein verformt.

5.1.5.1 Einflüsse auf die Abstreiffestigkeit

Die kritische Einschraubtiefe und damit die Abstreiffestigkeit hängen von einer Vielzahl von Faktoren ab, die sich zum Teil gegenläufig beeinflussen.

Gewindeform. Von den verschiedenen Gewindeformen lässt das metrische Spitzgewinde mit 60° Flankenwinkel die relativ kleinsten kritischen Einschraubtiefen zu. Wegen der hier auftretenden radialen Querkräfte muss jedoch eine ausreichende Mutterwandstärke (Schlüsselweite) vorhanden sein.

Gewindenenndurchmesser. Das kritische Mutterhöhenverhältnis $(m/d)_{kr}$ steigt mit zunehmendem Gewindedurchmesser d an (Abb. 5.19). Begründet wird dies mit der Zunahme der elastischen Biegenachgiebigkeit der bei größerem Kerndurchmesser weniger stark gekrümmten Gewindegänge und der mit zunehmendem Gewindedurchmesser ebenfalls zunehmenden Gewindefeinheit, d. h. das Verhältnis P/d wird kleiner[5.10]. Gewinde mit kleinem Steigungs-Durchmesser-Verhältnis besitzen einen relativ großen Gewinde-Kerndurchmesser. Damit steigt die Zug-Bruchkraft des Schraubenbolzens an. Dieser Anstieg bedeutet eine höhere Belastung der ineinander greifenden Gewinde von Schraube und Mutter, die schließlich durch eine größere Einschraubtiefe kompensiert werden muss.

Gewindetoleranzen. Nicht nur eine Verschiebung der Toleranzlage (z. B. von h nach g), sondern bereits die Änderung der Mutter- und Bolzengewindemaße innerhalb der genormten Gewindetoleranz (z. B. innerhalb $6g$) hat einen deutlichen Einfluss auf die kritische Einschraubtiefe [5.14]. Als Folge einer Ausnutzung der Toleranzfeldgrenzen können bei einer ungünstigen Paarung von kleinsten Bolzengewinden mit weitesten Muttern relativ kleine Flankenüberdeckungsgrade entstehen, die im Vergleich zu der größtmöglichen Flankenüberdeckung eine merklich größere kritische Mutterhöhe erfordern. Insbesondere bei kleinen Gewindeabmessungen wirkt sich die Gewindetoleranz aus. So wurde bei Gewinden M3 im ungünstigsten Fall eine Tragfähigkeitsminderung von 40% und bei Gewinden M10 eine 16%-ige Tragfähigkeitseinbuße festgestellt, bezogen auf die jeweils haltbarste Gewindeverbindung.

Gewindesteigung. Die Zug-Bruchkraft eines Schraubengewindes vergrößert sich mit abnehmender Gewindesteigung infolge zunehmenden tragenden Querschnitts – der Gewindekerndurchmesser nimmt zu. Um diese höhere Schraubenkraft ohne

Abstreifen der Gewindegänge übertragen zu können, muss bei vorgegebener Festigkeit des Mutterwerkstoffs die Scherfläche des Muttergewindes vergrößert werden. Feingewindemuttern besitzen somit zur Erfüllung des Konstruktionsprinzips eine größere kritische Mutterhöhe als Regelgewindemuttern (Abb. 5.19).

Bei extrem feinen Gewinden (z. B. M36x1 oder M36x0,5) kann selbst mit sehr großen Mutterhöhen (m > 1,5d) kein Bruch des Schraubenbolzens mehr erreicht werden, weil sich dieser nach dem Überschreiten der Schraubenstreckgrenze bzw. der 0,2%-Dehngrenze im freien belasteten Gewinde einschnürt, so dass die in das Muttergewinde eingeschraubten Bolzengewindegänge außer Eingriff kommen. Dieser Effekt wird durch die radiale Aufweitung der Mutter noch zusätzlich begünstigt. Die Stelle höchster Beanspruchung verschiebt sich dadurch weiter ins Innere der Mutter, wo sich die Einschnürung des Bolzens fortsetzt (Reißverschlusseffekt). Wenn die Flankenüberdeckung des Gewindes kleiner ist als die radiale Relativverschiebung von Bolzen- und Muttergewindegängen, dann versagt die Verbindung bei Überbeanspruchung unabhängig von der Mutterhöhe durch Abgleiten der ineinander greifenden Gewindegänge.

Mutterform und Schlüsselweite. Die Mutterform bzw. die Schlüsselweite beeinflusst die bei Zugbeanspruchung entstehende Radialaufweitung des Mutterkörpers. Da sich diese wiederum auf die Größe der Flankenüberdeckung auswirkt, resultiert hieraus eine direkte Abhängigkeit der Abstreiffestigkeit bzw. der kritischen Mutterhöhe von der Wanddicke des Mutterkörpers [5.14].

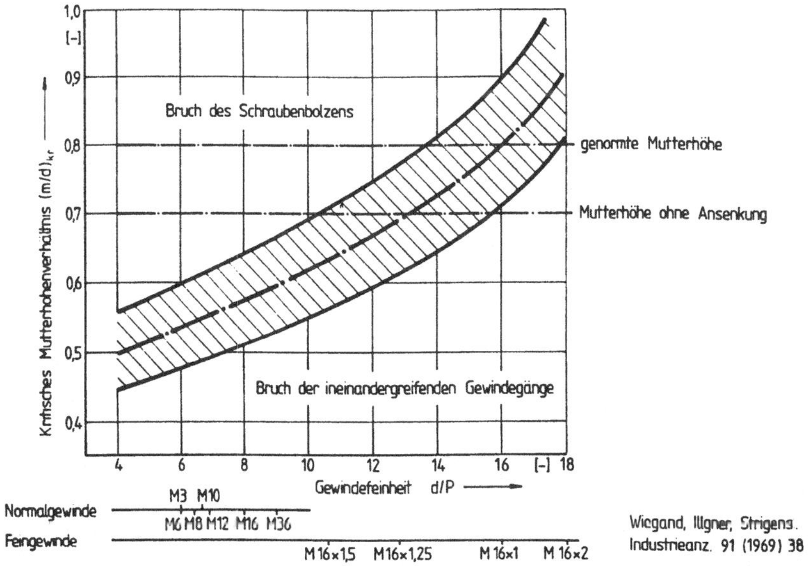

Abb. 5.19. Streubereich der im Versuch ermittelten kritischen Mutterhöhenverhältnisse $(m/d)_{kr}$ in Abhängigkeit von der Gewindefeinheit [5.10]

Schraubenloch. Mit zunehmendem Durchmesser des Schraubenlochs verstärkt sich die Biegebeanspruchung im Mutterkörper. Dies kann größere Einschraubtiefen erfordern, um die volle Tragfähigkeit der Verbindung ausnutzen zu können [5.13].

Relative Festigkeit und Zähigkeit der Werkstoffe der miteinander gepaarten Schraube und Mutter. Festigkeit und Zähigkeit des Mutterwerkstoffs wirken sich deutlich auf die Tragfähigkeit der Schraubenverbindung aus:

1. Relative Festigkeit. Im unterkritischen Mutterhöhenbereich werden Muttern mit relativ zum Schraubenwerkstoff geringerer Festigkeit bei Überbeanspruchung durch Abstreifen ihrer Gewindezähne zerstört (Durchmesser des Scherzylinders ≈ Außendurchmesser des Schraubengewindes d, s. Abb. 5.17. Mit zunehmender Mutterfestigkeit werden die Gewindezähne der Schraube stärker beansprucht und dadurch in zunehmendem Maße verformt. Überschreitet schließlich die Werkstofffestigkeit der Mutter einen bestimmten Grenzwert, dann ändert sich das Bruchereignis, und die Gewindezähne des Schraubengewindes streifen bei Überbeanspruchung ab (Durchmesser des Scherzylinders ≈ Muttergewindekerndurchmesser D_I, s. Abb. 5.18). Eine weitere Erhöhung der Mutterfestigkeit ändert an diesem Bruchereignis nichts mehr und wirkt sich bei unterkritischen Mutterhöhen auch nicht weiter haltbarkeitssteigernd auf die Schraubenverbindung aus. Aus diesem Grund wird bei unterkritischer Einschraubtiefe das Optimum an Abstreiffestigkeit dann erreicht, wenn das Verhältnis der Festigkeiten von Mutter- und Schraubenwerkstoff dem der Abstreifquerschnitte von Schrauben- und Muttergewinde entspricht, wenn es also in der Größenordnung von D_I/d liegt. Dieses Verhältnis beträgt bei den üblichen Gewindeabmessungen etwa 75–85%. Dieser Sachverhalt wird in der Praxis dadurch berücksichtigt, dass bei Schraube-Mutter-Paarungen die Festigkeiten der Mutterwerkstoffe im Allgemeinen um etwa 15 bis 25% niedriger liegen als diejenigen der Schraubenwerkstoffe (s. Kapitel 2).

Beispiel: Schraubenverbindung M10:
Schraube 8.8 – $HV_{min} = 250$, DIN EN ISO 898–1
Mutter 8 – $HV_{min} = 200$, DIN EN 20898–2, (Tab. 2.20).

2. Relative Zähigkeit. Neben der Festigkeit wirkt sich auch die Zähigkeit des Mutterwerkstoffs auf die Abstreiffestigkeit des Muttergewindes aus. Mit zunehmender Werkstoffzähigkeit – im Allgemeinen verbunden mit reduzierter Festigkeit – wird das Verhältnis von Scherfestigkeit τ_B zu Zugfestigkeit R_m größer. Hierin liegt beispielsweise die Ursache für die relativ hohe Abstreiffestigkeit von Muttern aus nichtrostenden austenitischen Stählen [5.15].

Überlagerte Torsionsbeanspruchung. Bei der Schraubenmontage entstehen im Schraubengewinde neben Axial- auch Torsionsspannungen (Kapitel 8). Diese setzen die zum Bruch des Schraubenbolzens erforderlichen Zugkräfte zurück. Eine Verringerung der für reine Axialbeanspruchung im Schraubenbolzen berechnete erforderliche Mutterhöhe ist aber deshalb im praxisrelevanten Reibungszahlbereich für hochfeste Schraubenverbindungen zwischen etwa $\mu = 0{,}08$ bis 0,14 kaum möglich, weil die durch Torsionsspannungen im Schraubenbolzen hervorgerufenen Schubspannungen in den belasteten Flanken der gepaarten Gewinde eine zusätzliche Beanspruchung der Muttergewinde verursachen. Der Gesamtbeanspruchungszustand im Muttergewinde bleibt hier somit annähernd unverändert.

Gewindeeinsätze. Gewindeeinsätze aus schraubenförmig gewickelten Stahldrähten finden hin und wieder in Innengewindewerkstoffen niedriger Festigkeit und zu Reparaturzwecken Verwendung. Bei häufig zu lösenden Schraubenverbindungen können sie aus folgenden Gründen nicht ohne Vorbehalt empfohlen werden [5.16]:

- Gewindeeinsätze bewirken nur einen relativ geringen Anstieg der statischen Auszugskraft.
- Gewindeeinsätze aus gewickeltem CrNi-Stahldraht können sich stark deformieren (verwinden).
- Die obere, scharfe Anfangsseite des Stahldrahts kann das Gewinde der Schraube bei mehrmaligem Anziehen anschneiden.
- Gewindeeinsätze können sich beim Lösen der Schrauben mit herausdrehen.

Selbstschneidende Gewindebuchsen können dagegen in Aluminiumlegierungen bei Bedarf eher verwendet werden. Sie erfordern jedoch je nach Legierung sehr genaue Vorbohrungen, wenn sie optimal ausgenutzt werden sollen.

5.1.5.2 Berechnung der erforderlichen Mutterhöhe

Das Berechnungsmodell zur Ermittlung der erforderlichen Mutterhöhe bei Zugbeanspruchung geht davon aus, dass sich die erforderliche Mutterhöhe ausschließlich aus der Scherbeanspruchung des Mutterwerkstoffs, hervorgerufen durch die Zugkraft im Bolzengewinde, ableitet, und dass der Einfluss überlagerter Biegekräfte in den Gewindegängen vernachlässigt werden kann.

Zudem setzt es voraus, dass zum Zeitpunkt des Brucherereignisses – Abscheren der Gewindegänge – auf Grund der plastischen Verformung der Schrauben- und/oder Muttergewindezähne eine gleichmäßige (homogene) Kraftverteilung auf *alle* Gewindegänge innerhalb der Mutter vorliegt.

Dieses Rechenmodell berücksichtigt die geometrischen Abmessungen, die mechanischen Eigenschaften der Verbindungselemente Schraube und Mutter und die elastischen Querverformungen des Mutterkörpers (Aufweitung). Es gestattet die Vorhersage der Versagensart bei Überbeanspruchung, z. B. Abstreifen des Bolzen- und/oder Muttergewindes oder Bolzenbruch außerhalb der Mutter.

Geometriedaten. Hierzu gehören der Spannungsquerschnitt des Schraubengewindes, die Scherfläche des Außen- und Innengewindes, die Einschraubtiefe und die Gewindesteigung, ferner Gewindemaße, Gewindetoleranzen, Gewindeform, Mutterform (Schlüsselweite) sowie die Durchgangslöcher für die Schrauben. Die effektive Einschraubtiefe ergibt sich aus der Differenz von Mutterhöhe und der beidseitigen Aussenkungen im Bereich der Mutterauflageflächen (Abb. 5.20).

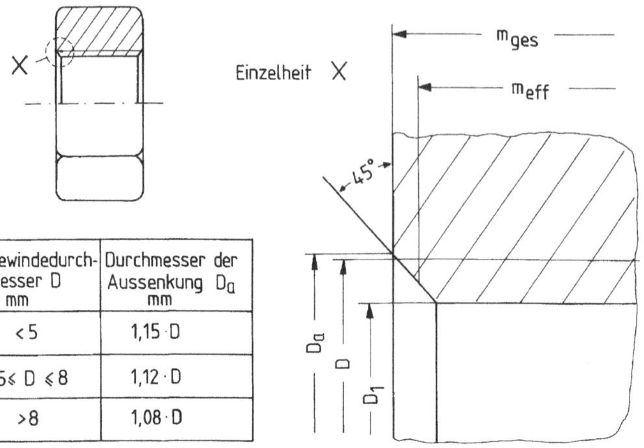

Gewindedurchmesser D mm	Durchmesser der Aussenkung D_a mm
< 5	1,15 · D
5 ≤ D ≤ 8	1,12 · D
> 8	1,08 · D

Abb. 5.20. Fertigungsbedingte Aussenkung des Muttergewindes im Bereich der Auflageflächen [5.17]

Es wird davon ausgegangen, dass die beidseitig ausgesenkten Bereiche nur etwa 40% der Tragfähigkeit des voll ausgebildeten Gewindes gleicher Höhe besitzen.

Dies führt zu folgender Beziehung für die effektive Einschraubtiefe:

$$m_{eff} = m_{ges} - (D_a - D_1) \cdot \tan 45 \cdot (1 - 0{,}4) \text{ bzw.}$$

$$m_{eff} = m_{ges} - (D_a - D_1) \cdot 0{,}6 \tag{5.12}$$

Mechanische Eigenschaften. Die Festigkeits- und Zähigkeitseigenschaften des Schrauben- und Mutterwerkstoffs wirken sich, wie bereits in Abschnitt 5.1.5.1 gezeigt, deutlich auf die Tragfähigkeit der Gewindeverbindung aus. Deshalb werden im Berechnungsansatz von [5.17] die Werkstoffkennwerte Scherfestigkeit τ_B und Zugfestigkeit R_m von Mutter- und Schraubenwerkstoff berücksichtigt.

Mutteraufweitung. Die Mutteraufweitung, die durch die Radialkomponente der auf die Gewindeflanke wirkenden Normalkraft hervorgerufen wird, reduziert die Flankenüberdeckung und damit die wirksamen Scherflächen von Bolzen- und Muttergewinde. Die daraus resultierende Verminderung der Tragfähigkeit mit abnehmender Mutterwanddicke (Verhältnis von Schlüsselweite/Durchmesser *SW/d*) wird nach Alexander [5.17] mit dem Faktor C_1 berücksichtigt (Abb. 5.21 und Abb. 5.22).

Nach [5.17] kann der aus der Mutteraufweitung resultierende Minderungsfaktor C_1 für den Geltungsbereich

$$1{,}4 \le \frac{SW}{d} < 1{,}9.$$

mit folgender Rechenbeziehung ermittelt werden:

$$C_1 = \left[-\left(\frac{SW}{d}\right)^2 + 3{,}8\left(\frac{SW}{d}\right) - 2{,}61 \right] \tag{5.13}$$

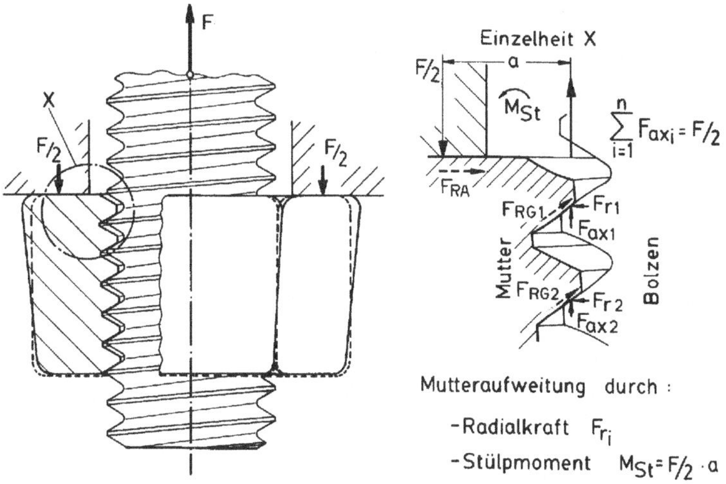

Abb. 5.21. Mutteraufweitung infolge Gewindebelastung

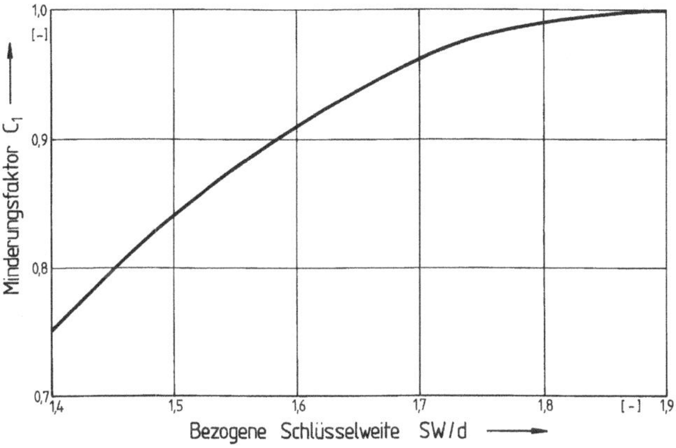

Abb. 5.22. Faktor C_1 zur Kennzeichnung der Verminderung der Abstreiffestigkeit von Bolzen- und Muttergewinde infolge Mutteraufweitung [5.17]

Relative Scherfestigkeit R_S von Mutter- und Bolzengewinde.

Das Scherfestigkeitsverhältnis, oder exakter formuliert, das Verhältnis der

$$R_S = R_{mM} \cdot A_{SGM} / R_{mB} \cdot A_{SGB} \tag{5.14}$$

Scherbruchkräfte von Mutter- und Bolzengewinde RS, bestimmt das Maß der plastischen Verbiegung von Bolzen- und Muttergewinde. Diese plastische Biegeverformung vermindert die effektive Scherfläche und verkleinert den Winkel zwischen belasteter Gewindeflanke und Schraubenachse. Hierdurch wird die Radialkraftkomponente verstärkt, die Mutteraufweitung vergrößert und somit die

Abstreiffestigkeit reduziert. Der Grad der Verminderung der Abstreiffestigkeit als Folge dieser Einflüsse wird mit den Faktoren C2 und C3 gekennzeichnet [5.17] und (Abb. 5.23). Abb. 5.23 lässt sich wie folgt interpretieren:

Das Muttergewinde besitzt im Bereich $0{,}4 < R_S < 1$ eine kleinere Scherbruchkraft als das Schraubengewinde. Bei Überbeanspruchung der Schraubenverbindung mit unterkritischer Mutterhöhe streift in diesem Bereich das Muttergewinde ab. Ausgehend von $R_S = 0{,}4$ nimmt mit ansteigender Scherfestigkeit des Mutterwerkstoffs und damit zunehmender Abstreifkräfte die plastische Verbiegung auch der Schraubengewindeflanken zu, verbunden mit einer zunehmenden Mutteraufweitung und einer Verminderung der effektiven Scherfläche infolge vergrößerten Flankenwinkels (Abb. 5.17).

Die *relative* Abstreiffestigkeit erreicht schließlich deshalb bei $R_S = 1$ ein Minimum. An dieser Stelle ist eine Vorhersage, ob Bolzen- oder Muttergewinde oder beide gleichermaßen abstreifen, unmöglich.

R_S-Werte größer als 1 sind durch Bolzengewinde-Abstreifer im unterkritischen Mutterhöhenbereich gekennzeichnet (Abb. 5.18). Es gilt die für die Abstreiffestigkeit des Bolzengewindes relevante Kurve C_2, die in gleicher Weise wie die C_3-Kurve interpretiert werden kann.

Die vergleichsweise höheren Werte gegenüber der Kurve C_3 oberhalb etwa $R_S = 1{,}4$ resultieren aus dem unterschiedlichen Streckgrenzenverhältnis des Werkstoffs, das bei relativ weichen Mutterwerkstoffen kleiner ist als bei hochfesten Schraubenwerkstoffen.

In Tabelle 5.1 sind die Gleichungen für die Faktoren C_2 und C_3 bei verschiedenen Festigkeitsverhältnissen R_S nach [5.17] angegeben. Die Berechnung der Faktoren C_2 und C_3 basiert auf dem für die Abstreiffestigkeit ungünstigen Fall geringer Reibung in der Schraubenverbindung.

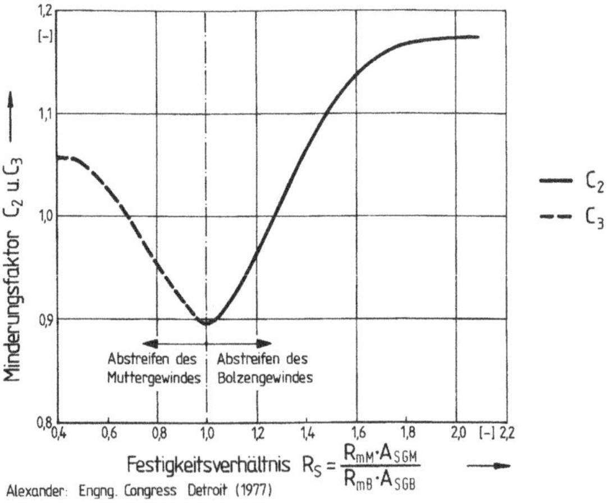

Abb. 5.23. Faktoren C_2 und C_3 zur Kennzeichnung der Verminderung der Abstreiffestigkeit von Bolzen- und Muttergewinde infolge plastischer Gewindeverformung [5.17]

Tabelle 5.1. Festigkeitsminderungsfaktoren C_2 und C_3 [5.17]

Bereich von R_S	Festigkeitsminderungsfaktoren C_2 und C_3
$1 < R_S < 2{,}21$	$C_2 = 5{,}594 - 13{,}682 \cdot R_S + 14{,}107 \cdot R_S^2 - 6{,}057 \cdot R_S^3 + 0{,}9353 \cdot R_S^4$
$R_S \leq 1$	$C_2 = 0{,}897$
$0{,}4 < R_S < 1$	$C_3 = 0{,}728 + 1{,}769 \cdot R_S - 2{,}896 \cdot R_S^2 + 1{,}296 \cdot R_S^3$
$R_S \geq 1$	$C_3 = 0{,}897$

Die maßgeblichen Querschnitte zur Berechnung der Höchstzugkraft des freien belasteten Gewindes und der Höchstscherkraft der im Eingriff befindlichen Gewinde (Abb. 5.24) werden gemäß Abb. 5.25 wie folgt berechnet:

- Spannungsquerschnitt des freien belasteten metrischen Schraubengewindes

$$A_S = \frac{\pi}{4}\left(\frac{d_2 + d_3}{2}\right)^2$$

- Scherquerschnitt des Muttergewindes

$$A_{SGM} = n\left(\frac{P}{2} + 2a\right)\pi\, d$$

Mit $n = \dfrac{m_{eff}}{P}$ (Anzahl der Gewindegänge)

und $a = \dfrac{d - D_2}{2} \cdot \tan 30°$ wird

$$A_{SGM} = \frac{m_{eff}}{P} \cdot \pi \cdot d \cdot \left[\frac{P}{2} + (d - D_2) \cdot \tan 30°\right] \tag{5.15}$$

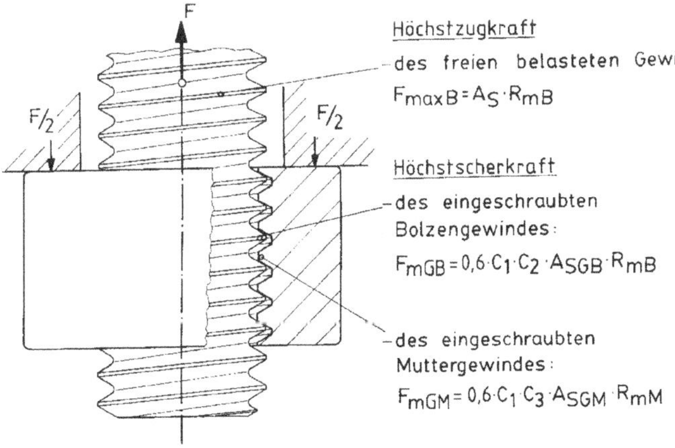

Abb. 5.24. Berechnung von Höchstzug- und Höchstscherkraft einer Gewindeverbindung

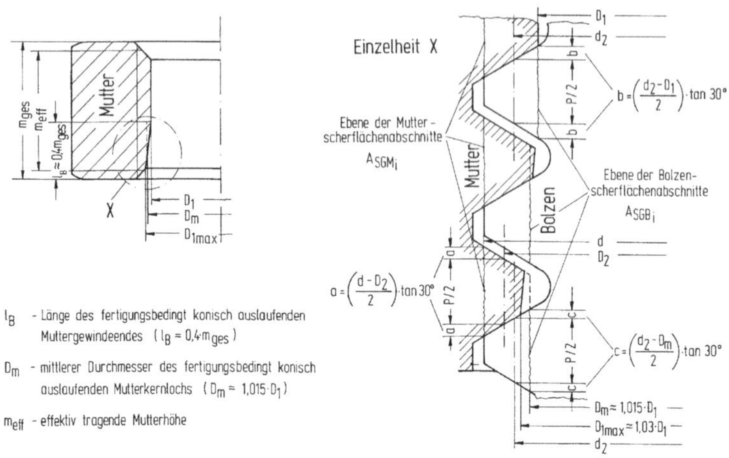

Abb. 5.25. Ermittlung der Bolzen- und Muttergewinde-Scherflächen am Beispiel einer Standardmutter [5.18]

- Scherquerschnitt des Bolzengewindes

$$A_{SGB} = \frac{m_{eff} - l_B}{P}\left(\frac{P}{2} + 2b\right)\pi D_1 + \frac{l_B}{P}\left(\frac{P}{2} + 2c\right)\pi D_m$$

Hierbei sind:

$\frac{m_{eff} - l_B}{P}$ = Anzahl der Gewindegänge im zylindrischen Kernloch,

$\frac{l_B}{P}$ = Anzahl der Gewindegänge im fertigungsbedingt konischen Mutter-Kernloch,

$b = \frac{d_2 - D_1}{2} \tan 30°$, und

$c = \frac{d_2 - D_m}{2} \tan 30°$.

Damit wird:

$$\begin{aligned} A_{SGB} = {} & \frac{m_{eff} - l_B}{P} \cdot \pi \cdot D_1 \cdot \left[\frac{P}{2} + (d_2 - D_1) \cdot \tan 30°\right] \\ & + \pi \cdot D_m \cdot \frac{l_B}{P} \cdot \left[\frac{P}{2} + (d_2 - D_m) \cdot \tan 30°\right] \end{aligned} \tag{5.16}$$

Aus dem Konstruktionsprinzip:

Höchstzugkraft des freien belasteten Gewindes	<	Höchstscherkraft der im Eingriff befindlichen Gewinde, d. h.
F_{mB}	<	F_{mGM}
F_{mB}	<	F_{mGB}

ergeben sich die mindestens erforderlichen effektiven Mutterhöhen jeweils wie folgt:

- Für den Fall des *Muttergewinde*abstreifens ($0{,}4 < R_S < 1$)

$$F_{mB} < F_{mGM}\text{, d. h. } A_S \cdot R_{mB} < \tau_{BM} \cdot C_1 \cdot C_3 \cdot A_{SGM}$$

bzw. vereinfacht für Vergütungsstahl mit $\tau_B / R_m = 0{,}6$ (Kap. 5.1.4):

$$A_S \cdot R_{mB} < 0{,}6 \cdot C_1 \cdot C_3 \cdot A_{SGM} \cdot R_{mM}$$

Mit Gleichung (5.15) ergibt sich daraus mit $\tau_{BM} / R_{mM} = 0{,}6$ für Stahlmuttern:

$$m_{eff\,\min} = \frac{A_S \cdot R_{mB} \cdot P}{0{,}6 \cdot C_1 \cdot C_3 \cdot \pi \cdot d \cdot \left[\frac{P}{2} + (d - D_2) \cdot \tan 30°\right] \cdot R_{mM}} + 0{,}8 \cdot P \tag{5.17}$$

Der Faktor *0,8P* berücksichtigt die Tatsache, dass aufgrund geometrischer Gegebenheiten (Gewindewendel) ein Teil des Muttergewindes von der Bolzengewindeflanke nicht druckbelastet wird und deshalb keinen Beitrag zur Kraftübertragung leistet [5.19].

Der für die Scherbelastbarkeit der Gewindeverbindung ungünstigste Fall liegt dann vor, wenn der Außendurchmesser *d* des Schraubengewindes an der unteren und der Flankendurchmesser D_2 des Muttergewindes an der oberen Toleranzgrenze liegen und wenn gleichzeitig im Bereich der vorgegebenen Festigkeitstoleranzen die maximale Zugfestigkeit des Schraubenwerkstoffs und die kleinste Zugfestigkeit des Mutterwerkstoffs vorliegen.

Die Rechenbeziehung (5.17) zur Ableitung der erforderlichen Einschraubtiefe wird deshalb für den Fall nicht bekannter effektiver Gewindemaße und Zugfestigkeitswerte wie folgt modifiziert:

$$m_{eff\,\min} = \frac{A_S \cdot R_{mB\max} \cdot P}{0{,}6 \cdot C_1 \cdot C_3 \cdot \pi \cdot d_{\min} \cdot \left[\frac{P}{2} + (d_{\min} - D_{2\max}) \cdot \tan 30°\right] \cdot R_{mM\min}} + 0{,}8 \cdot P \tag{5.17a}$$

Bei der Festlegung der effektiven Einschraubtiefe bzw. Mutterhöhe m_{effmin} für Standardmuttern mit Ansenkungen im Bereich der Mutterauflageflächen muss gemäß Gleichung (5.12) der Tatsache Rechnung getragen werden, dass die ausgesenkten Bereiche nach [5.17] nur zu 40% belastbar sind:

$$m_{eff} = m_{ges} - (D_a - D_1) \cdot 0{,}6$$

Richtwerte für die erforderlichen Einschraubtiefen für hochfeste Schrauben in Mutternwerkstoffen unterschiedlicher Scherfestigkeit, berechnet mit Gleichung 5.17a, zeigt Abb. 5.26.

Für Gewinde mit Feinsteigung und/oder geänderten Toleranzen können hiervon abweichende Einschraubtiefen erforderlich werden. Diese sollten jeweils mit der Rechenbeziehung (5.17a) ermittelt werden.

Die für die Berechnung der Einschraubtiefe benötigten Scherfestigkeitswerte τ_{BM} auch für andere Mutterwerkstoffe als Stahl enthält Tabelle 4.10 als Anhaltswerte.

Tabelle 5.2 gestattet eine überschlägige Umwertung der Scherfestigkeitswerte verschiedener Werkstoffe aus Zugfestigkeit und Härte.

- Für den Fall des *Bolzengewinde*abstreifens ($1 < R_S < 2{,}21$)

Beim Einschrauben von Gewindebolzen in Muttern aus Werkstoffen mit relativ hoher Festigkeit wird bei unterkritischer Einschraubtiefe im Fall einer Überbeanspruchung das Bolzengewinde von den höherfesten Muttergewindegängen abgestreift. Die Tragfähigkeit der Schraubenverbindung ist in diesem Fall von der Scherfläche, die durch den Innendurchmesser des Muttergewindes festgelegt wird, und der Scherfestigkeit des Bolzenwerkstoffs abhängig (Abb. 5.18). Der Rechengang wird analog zu dem vorab beschriebenen ausgeführt:

Die Forderung aus dem Konstruktionsprinzip lautet: $F_{mB} < F_{mGB}$ bzw.

$$A_S \cdot R_{mB} < x \cdot C_1 \cdot C_2 \cdot A_{SGB} \cdot R_{mB} \text{ mit } x = \frac{\tau_{BB}}{R_{mB}} \text{ (zum Beispiel 0,6 für Stahl).}$$

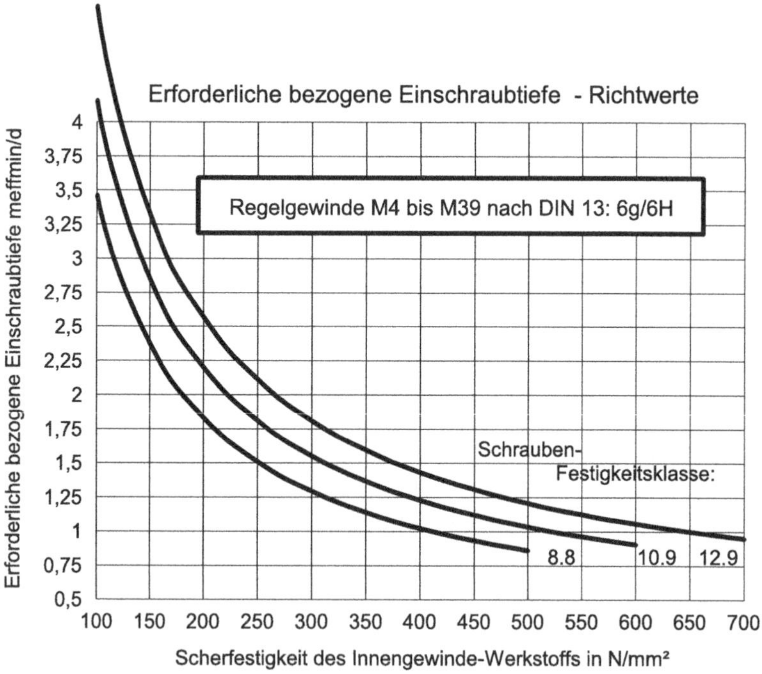

Abb. 5.26. Erforderliche bezogene Einschraubtiefen – Richtwerte

Tabelle 5.2. Überschlägige Ermittlung der Scherfestigkeit τ_B für verschiedene Werkstoffe durch Umwertung aus Zugfestigkeit R_m und Brinell-Härte *HB*

Werkstoff	τ_B/R_m	τ_B/HB
Unlegierte und niedrig legierte Vergütungsstähle	0,6	2
Titanlegierung (ausgehärtet)	0,6	2
Austenitische Stähle (lösungsgeglüht)	0,8	3
Austenitische Stähle (F60 bis F90)	0,65–0,75	2–2,5
Aluminiumlegierungen	0,7	1,5
Grauguss GG (GJL)	1,4	1,5
Grauguss GGG (GJS)	0,9	2

Mit Gleichung (5.16) ergibt sich daraus:

$$m_{eff\,\min} = \frac{A_S \cdot P}{x \cdot C_1 \cdot C_2 \cdot \pi \cdot D_1 \cdot \left[\frac{P}{2} + (d_2 - D_1) \cdot \tan 30^\circ\right]} + l_B \cdot \left[1 - \frac{D_m}{D_1} \cdot \frac{\frac{P}{2} + (d_2 - D_m) \cdot \tan 30^\circ}{\frac{P}{2} + (d_2 - D_1) \cdot \tan 30^\circ}\right] \tag{5.18}$$

Für Standardmuttern wird daraus mit $l_B = 0{,}4 m_{ges}$ (Abb. 5.25),

$m_{ges} = m_{eff} + (D_a - D_1) \cdot 0{,}6$, aus Gleichung (5.12), und

$D_m = 1{,}015 D_1$, Abb. 5.25:

$$m_{eff} = \frac{\frac{A_S \cdot P}{x \cdot C_1 \cdot C_2 \cdot \pi} + 0{,}0036 \cdot D_1 \cdot (D_a - D_1) \cdot \left[(2{,}015 \cdot D_1 - d_2) \cdot \tan 30^\circ - \frac{P}{2}\right]}{1{,}006 \cdot D_1 \cdot \left[(d_2 - 1{,}006 \cdot D_1) \cdot \tan 30^\circ + \frac{P}{2}\right]} \tag{5.19}$$

Wenn ein konischer Auslauf, der fertigungsbedingt bei gestanzten Muttern auftritt, nicht existiert, vereinfacht sich Gleichung (5.18) durch Gleichsetzen von $D_m = D_1$ zu:

$$m_{eff\,\min} = \frac{A_S \cdot P}{x \cdot C_1 \cdot C_2 \cdot \pi \cdot D_1 \cdot \left[\frac{P}{2} + (d_2 - D_1) \cdot \tan 30^\circ\right]} \tag{5.20}$$

Konsequenterweise sollte auch hier wie beim Muttergewinde ein verminderter Traganteil infolge nicht tragender Anteile des Muttergewindes berücksichtigt werden, so dass sich diese Rechenbeziehung modifiziert zu:

$$m_{eff\,min} = \frac{A_S \cdot P}{x \cdot C_1 \cdot C_2 \cdot \pi \cdot D_1 \cdot \left[\frac{P}{2} + (d_2 - D_1) \cdot \tan 30°\right]} + 0{,}8P \tag{5.21}$$

Bei Vernachlässigung eines (vorhandenen) konischen Auslaufs in der Berechnung der Mutterhöhe unter Anwendung der vereinfachten Gleichung 5.21 entsteht ein Rechenfehler in der Größenordnung von nur etwa 2 bis 5% im Gewinde-Abmessungsbereich zwischen M3 und M39. Die vereinfachte Berechnung führt somit zu einer um diesen relativ geringen Betrag zu niedrigen Mutterhöhe .

Der für die Belastbarkeit der Gewindeverbindung ungünstigste Fall liegt auch hier wieder dann vor, wenn der Flankendurchmesser d_2 des Schraubengewindes an der unteren und der Kerndurchmesser D_1 des Muttergewindes an der oberen Toleranzgrenze liegen.

Die Rechenbeziehung (5.21) zur Ableitung der erforderlichen Einschraubtiefe wird deshalb für den Fall nicht bekannter effektiver Gewindemaße wie folgt modifiziert:

$$m_{eff\,min} = \frac{A_S \cdot P}{x \cdot C_1 \cdot C_2 \cdot \pi \cdot D_{1max} \cdot \left[\frac{P}{2} + (d_{2min} - D_{1max}) \cdot \tan 30°\right]} + 0{,}8P \tag{5.22}$$

Interessanterweise gehen die Werkstofffestigkeiten von Schraube und Mutter in diesem Fall des Bolzengewindeabstreifens nicht in die Berechnung ein, weil hier die Zugfestigkeit des Schraubenwerkstoffs (steht im Zähler von Gleichung 5.22) mit der – von der Zugfestigkeit abhängigen – Scherfestigkeit desselben Schraubenwerkstoffs (steht im Nenner von Gleichung 5.22) verglichen wird.

5.1.6 Überlagerte Biegung

Biegebeanspruchungen sind im Betrieb von Schraubenverbindungen nicht immer auszuschließen. Solche zusätzlich zur axialen Vorspannung auftretenden Beanspruchungen können beispielsweise hervorgerufen werden durch Fertigungsfehler, wie

- schräge Auflageflächen an Schraubenkopf oder Mutter,
- schief geschnittene Gewinde,
- schräge oder exzentrische Schraubenköpfe oder
- nicht fluchtende Gewinde- und Durchgangslöcher.

Auch Montage- und Betriebsbeanspruchungen in exzentrisch verspannten und exzentrisch betriebsbeanspruchten Schraubenverbindungen sind die Ursache von Biege-Zusatzbeanspruchungen im Schraubenbolzen (s. Kapitel 4).

Die Größe der Biegebeanspruchung hängt wesentlich ab von der

- elastischen Nachgiebigkeit der Schrauben und der verspannten Teile,
- Vorspannkraft,
- Höhe der Betriebskraft.

Die Auswertung von Zugversuchen an Schraubenverbindungen mit zusätzlicher Biegebeanspruchung zeigt, dass trotz örtlich verschärftem Beanspruchungszustand überlagerte Biegebeanspruchungen keinen signifikant negativen Einfluss auf die Tragfähigkeit der Verbindung ausüben. Voraussetzung dafür sind jedoch eine ausreichend große Mutterhöhe sowie eine hinreichende Werkstoffzähigkeit, um örtlich auftretende Spannungsspitzen durch plastische Verformungen umlagern zu können [5.20 bis 5.23].

Dagegen können Schraubenverbindungen bei ungenügender Werkstoffzähigkeit und/oder zu kleiner Mutterhöhe infolge überlagerter Biegebeanspruchung bereits vorzeitig versagen (Abb. 5.27)

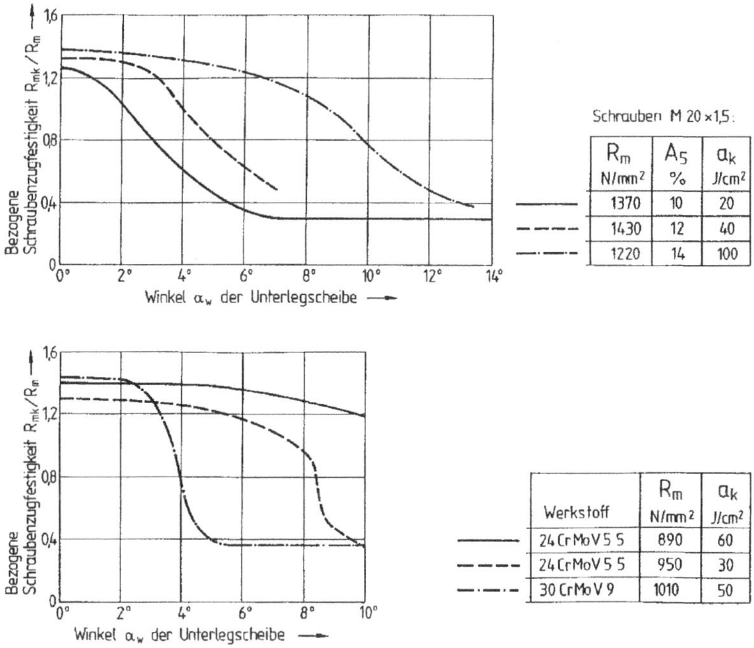

Schrauben M 20×1,5:

Linie	R_m N/mm²	A_5 %	a_k J/cm²
———	1370	10	20
– – –	1430	12	40
—·—	1220	14	100

Linie	Werkstoff	R_m N/mm²	a_k J/cm²
———	24CrMoV5 5	890	60
– – –	24CrMoV5 5	950	30
—·—	30CrMoV9	1010	50

Abb. 5.27. Werkstoffzähigkeit und Haltbarkeit von Schraubenverbindungen bei zügiger Beanspruchung mit überlagerter Biegung [5.22 und 5.23]

5.1.7 Flächenpressung

In den Trennfugenflächen von Schraubenverbindungen (z. B. unter den Auflageflächen von Schraubenkopf und -mutter (Abb. 5.28), zwischen belasteten Gewindeflanken, in den Trennfugen verspannter Bauteile) können bereits beim Anziehen so hohe Flächenpressungen auftreten, dass teilplastische Deformationen im Bauteilwerkstoff die Folge sind.

Zähe Werkstoffe verfestigen bei derartigen Verformungen (Kaltverfestigung, Abb. 5.29), so dass in der Regel höhere Flächenpressungen als die Werkstoff-Quetschgrenze, sog. Grenzflächenpressungen, in den Trennfugenflächen zugelassen werden können [5.24].

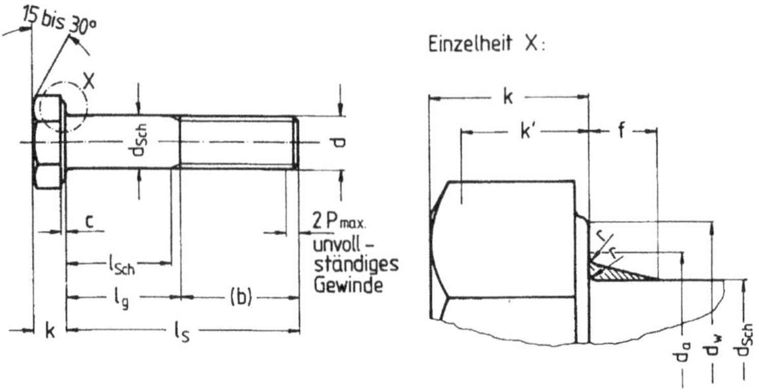

Abb. 5.28. Kopfauflagefläche von Sechskantschrauben

Treten jedoch entweder infolge hoher Vorspannkräfte zeitabhängig durch Kriechen zusätzliche bleibende Verformungen auf, wie dies z. B. bei Al- oder Mg-Legierungen bereits bei Raumtemperatur der Fall sein kann, oder werden durch schwingende Betriebskräfte weitere plastische Deformationen hervorgerufen, so kann

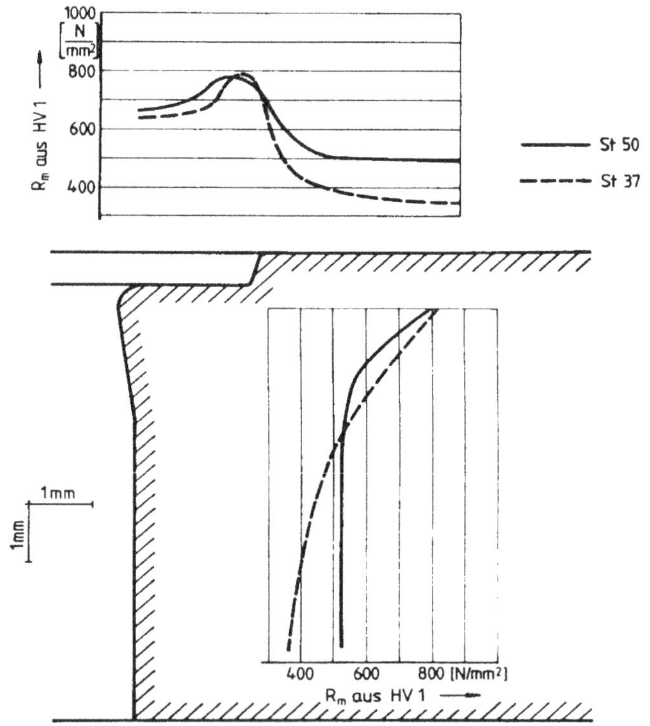

Abb. 5.29. Kaltverfestigung von Stählen St37 und St50 durch Verformung einer ringförmigen Auflagefläche [5.24]

dadurch die Betriebssicherheit der Verbindung gefährdet werden (z. B. Dauerbruchgefahr und/oder Gefahr selbsttätigen Lösens). Deshalb muss die Forderung gestellt werden, dass die zwischen dem Schraubenkopf bzw. der Mutter und den verspannten Teilen herrschende Flächenpressung die Grenzflächenpressung nicht überschreitet.

Tabelle 4.10 enthält für einige Werkstoffe Richtwerte über zulässige Grenzflächenpressungen. Für die Berechnung der Flächenpressung muss jeweils die tatsächliche Auflagefläche zugrunde gelegt werden. Übergangsradien oder Anfasungen sind zu beachten.

Wenn die Festigkeit des Verbindungselementes deutlich über der der verschraubten Teile liegt, zum Beispiel bei Verwendung von Stahl- oder hochfesten Aluminiumschrauben in Magnesium, dann bietet sich eine entsprechende Vergrößerung der Schrauben-Kopfauflagefläche zur Verringerung der Flächenpressung an (Abb. 2.4a), um zu vermeiden, dass nur eine bedingte Ausnutzung der Schraube bei der Montage erfolgen kann.

Bei Verwendung von Unterlegscheiben zur Verminderung der Flächenpressung ist auf ausreichende Festigkeit und Dicke zu achten.

5.2 Tragfähigkeit bei Schwingbeanspruchung

Schraubenverbindungen sind im Betrieb sehr oft zusätzlich zu zügigen Beanspruchungen – z. B. infolge einer Vorspannung – auch Schwingbeanspruchungen ausgesetzt. Dies ist für ihre Tragfähigkeit von ausschlaggebender Bedeutung, da Schrauben auf Grund ihrer funktionsbedingten Formgebung – Schraubenkopf, Schaft, Gewinde – eine Reihe hintereinander geschalteter Kerbstellen aufweisen, die zum Teil extreme Kerbspannungen hervorrufen. Diese Kerbspannungen sind Ursache dafür, dass Schraubenverbindungen nur relativ geringe Schwingkräfte übertragen können.

Die Haltbarkeit einer Schraubenverbindung bei Schwingbeanspruchung kann dadurch zum Teil auf weniger als 10% ihrer zügigen Haltbarkeit vermindert werden. Überwiegende Schadensursache ist daher der Dauerbruch.

Um für hoch beanspruchte Schraubenverbindungen möglichst gute Dauerhaltbarkeitseigenschaften zu erzielen, müssen die wesentlichen funktionellen und werkstofftechnischen Zusammenhänge beachtet werden. Die Kenntnis des Spannungszustands und der bei Schwingbeanspruchung vorliegenden Schädigungsmechanismen sind Voraussetzung für die konstruktive Gestaltung einer dauerbruchsicheren Verbindung.

5.2.1 Spannungszustand und Schädigungsmechanismen

Für die Haltbarkeit einer schwingbeanspruchten Schraubenverbindung ist im Allgemeinen der Ort höchster Spannungskonzentration maßgebend. Im Gegensatz zur zügigen Beanspruchung entsteht der Dauerbruch immer an der Stelle höchster Kerbwirkung. Die kerbwirkungsbedingte örtliche Dauerhaltbarkeitsminderung gegenüber einem nicht gekerbten Bauteil wird mit der Kerbwirkungszahl β_K beschrieben (Abb. 5.30). β_K ist im allgemeinen kleiner als die Spannungsformzahl α_K, hauptsächlich wegen der Fähigkeit vieler technischer Werkstoffe, Spannungsspitzen bei örtlichem Überschreiten der werkstoffeigenen Fließgrenze durch plastische Verformung umzulagern, und aufgrund der Stützwirkung, bedingt durch die inhomogene Spannungsverteilung im Kerbquerschnit (Abb. 5.31).

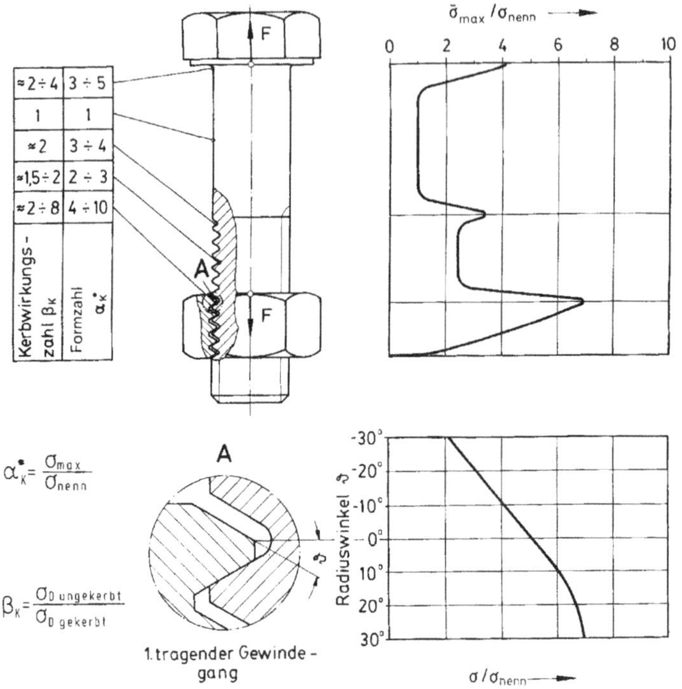

Abb. 5.30. Spannungsverteilung in einer Schraube-Mutter-Verbindung [5.25]

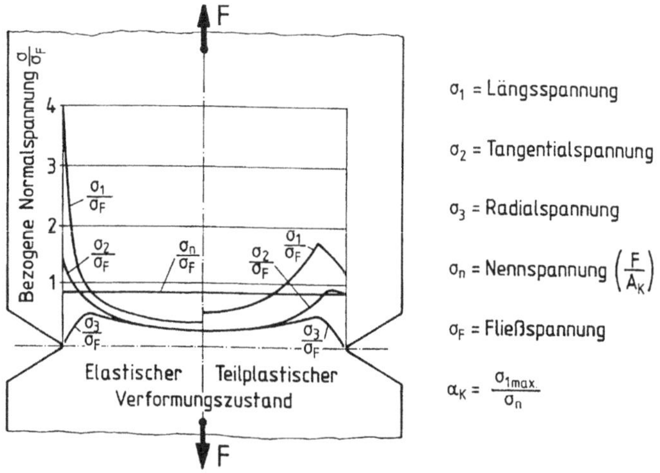

Abb. 5.31. Dreiachsiger Spannungszustand im Kerbquerschnitt eines gekerbten Rundstabes bei elastischer und bei teilplastischer Verformung (schematisch)

Infolge der geometrischen Gestalt und der Krafteinleitungsbedingungen ist die Kerbwirkungszahl β_K bei Schraubenverbindungen besonders groß (Abb. 5.32).

Dies ist der Grund für die zum Teil erhebliche Dauerhaltbarkeitsminderung gegenüber ungekerbten Bauteilen (Abb. 5.33).

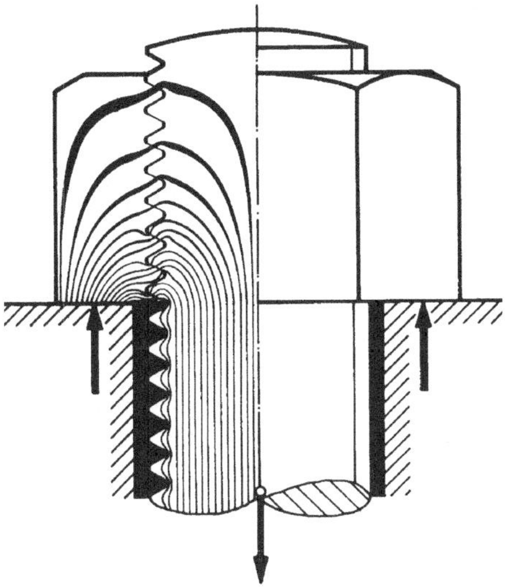

Abb. 5.32. Kraftfluss in einer Schraubenverbindung

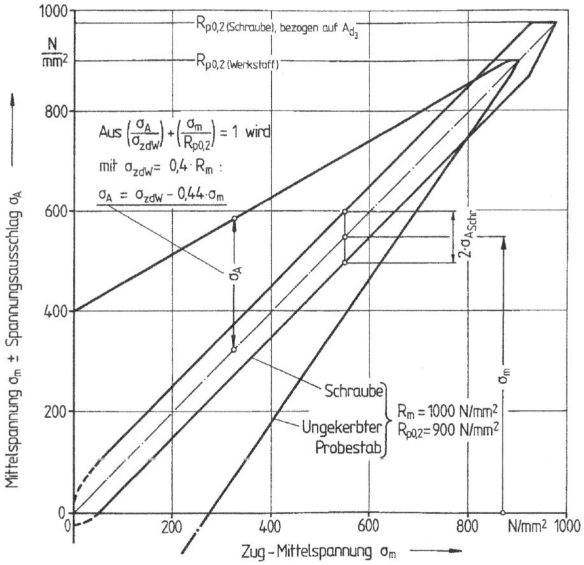

Abb. 5.33. Smith-Diagramm eines ungekerbten Rundstabes und einer Schraube-Mutter-Verbindung der Festigkeitsklasse 10.9 (schematisch)

Die höchstbeanspruchte Stelle einer Schraubenverbindung und damit die Stelle höchster Dauerbruchgefährdung ist im Allgemeinen der Gewindegrund des ersten tragenden Gewindegangs (Abb. 5.10). Die extreme Spannungsüberhöhung an dieser Stelle resultiert grundsätzlich aus der Kerbwirkung des Gewindes. Diese wird aber signifikant verschärft dadurch, dass die Schraubenkraft im Bereich der Mutterauflagefläche von der Gewindeflanke der Schraube auf die der Mutter übertragen und von dort um 180° in die Mutterauflagefläche eingeleitet wird (Abb. 5.32).

Abbildung 5.33 macht weiterhin deutlich, dass die Dauerfestigkeit des ungekerbten Probestabs im Gegensatz zur Schraube eine deutliche Mittelspannungsabhängigkeit aufweist.

Die im Schraubengewinde fehlende Mittelspannungsabhängigkeit lässt sich damit erklären, dass bereits im unteren Vorspannungsniveau eines Schraubenbolzens aufgrund extremer Kerbwirkung (Abb. 5.30) örtlich im Gewindegrund des ersten tragenden Schraubengewindegangs die Werkstofffließgrenze überschritten wird. Mit weiter zunehmender Vorspannkraft (Mittelspannung) verändert sich die Maximalspannung im randnahen Kerbbereich – dem Ort des Dauerbruchanrisses – des Schraubengewindes nur unwesentlich (Abb. 5.31, rechte Seite), weil eine nennenswerte Erhöhung der Werkstofffließgrenze nicht möglich ist. Ab Erreichen seiner eigenen Fließgrenze begegnet der Bauteilwerkstoff deshalb einer weiteren Erhöhung der mechanischen Beanspruchung vielmehr mit einem verstärkten Plastifizierungsprozess, der eine Ausdehnung des Plastifizierungszone im Gewindegrund des Schraubenbolzens quer zur Schraubenachse in Richtung Gewindeachse zur Folge hat.

Aus theoretischen und experimentellen Untersuchungen geht hinsichtlich des Schädigungsmechanismus grundsätzlich folgendes hervor:

- Das Spannungsmaximum im Bereich des ersten tragenden Gewindegangs liegt vom Gewindegrund aus um etwa 30° zur belasteten Gewindeflanke hin versetzt [5.27 und 5.28]. Bei Überbeanspruchung stellt sich dementsprechend auch hier der Dauerbruchanriss ein (Abb. 5.34).
- Der Bruchverlauf folgt zunächst dieser Winkellage und breitet sich danach in einer Ebene etwa senkrecht zur Schraubenachse aus, bis schließlich der Restgewaltbruch erfolgt. Die Größe der Restbruchfläche ist ein Indiz für die Höhe der Vorspannkraft in der Verbindung im Moment des Versagens und liefert oft wichtige Hinweise für die Schadensursache.

Dauerbrüche an Schraubenverbindungen sind in den meisten Fällen auf Dimensionierungsfehler und/oder mangelnde Vorspannkraft zurückzuführen. Ursache für eine zu geringe Vorspannkraft können auch eine unsachgemäße Montage und/oder ein Vorspannkraftabfall durch Lockern und/oder Losdrehen sein [5.29].

5.2.2 Einflüsse auf die Dauerhaltbarkeit von Schraubenverbindungen

Die Dauerhaltbarkeit von Schraubenverbindungen wird durch eine Vielzahl von Einflussfaktoren bestimmt (Tabelle 5.3).

Die Werkstoff- und Bauteileigenschaften, die konstruktive Gestaltung sowie die Montage der Schraubenverbindungen stehen dabei besonders im Vordergrund. Daraus lassen sich prinzipiell folgende Verbesserungsmaßnahmen ableiten [5.30] (Abb. 5.35):

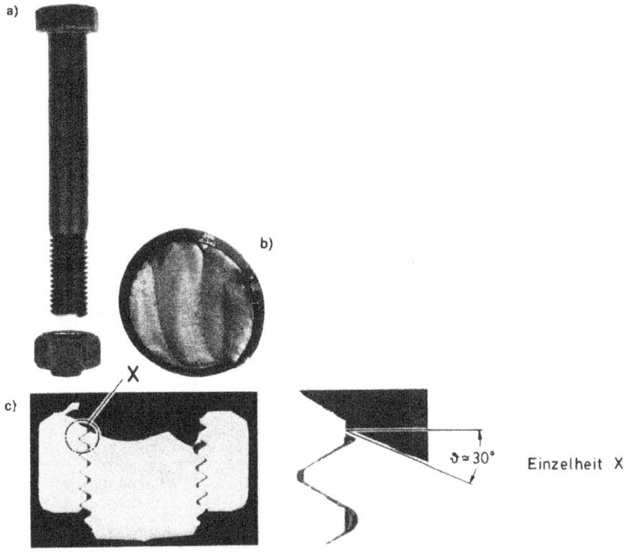

Abb. 5.34. Dauerbruch einer Sechskantschraube M16–8.8 im ersten tragenden Gewindegang [5.25]

Tabelle 5.3. Einflüsse auf die Dauerhaltbarkeit von Schraubenverbindungen [5.31]

Werkstoff	Fertigung	Konstrukt. Gestaltung	Beanspruchungsform	Umgebung	Oberfl.-zustand
Härte	spanlos	Gewindeform	Zug	Temperatur	Rauheit
Festigkeit	Spanend	Gewindedurchmesser	Druck	Korrosion	Risse
Duktilität	Wärmebehandlung	Gewindesteigung	Biegung		Überwalzungen
Verfestigung		Gewindetoleranzen	Vorspannung		Korr.schutz-Überzüge
E-Modul		Schraubenkopf	Prüffrequenz		Oberflächenhärte
Chem. Zusammensetzung		Schraubenschaft			Kohlungszustand
Gefüge		Mutterform			Schmierungszustand
Reinheitsgrad					
Erschmelzungsart					

- Erhöhung der Dauerhaltbarkeit der höchstbeanspruchten Stellen des *Schraubenbolzens*
- Verminderung der Beanspruchung im ersten tragenden Gewindegang durch gleichmäßigere Verteilung der Schraubenkraft auf alle Muttergewindegänge (Beeinflussung der *Schraube-Mutter-Verbindung)*
- Verminderung der Schraubenzusatzkraft durch beanspruchungsgerechte konstruktive Gestaltung und sachgerechte Montage (Beeinflussung der *Schraubenverbindung*).

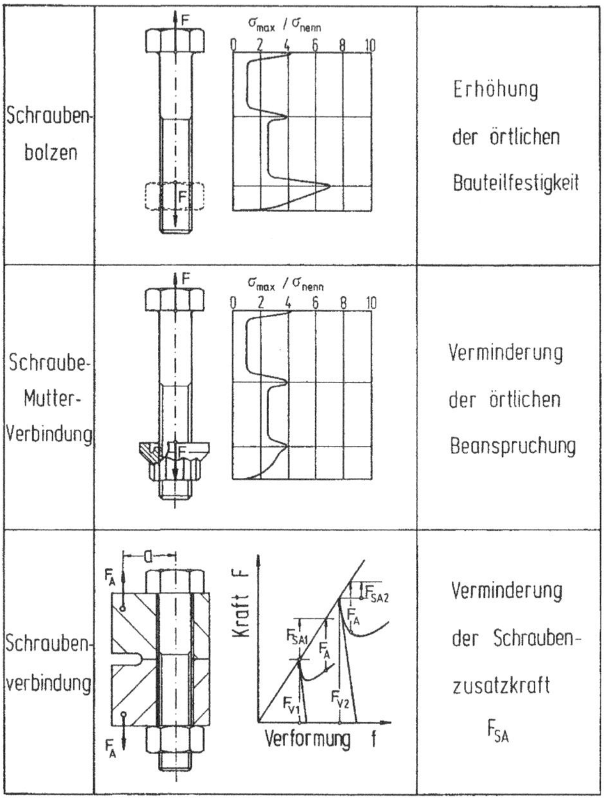

Abb. 5.35. Gezielte Beeinflussung der Dauerhaltbarkeit von Schraubenverbindungen [5.30]

5.2.2.1 Dauerhaltbarkeit der Schraube

Die Maßnahmen zur Dauerhaltbarkeitsverbesserung der Schraube zielen darauf ab, die Schwingfestigkeit an den kritischen Stellen

- Übergang Kopf-Schaft,
- Gewindeauslauf und
- erster tragender Gewindegang zu steigern.

Schraubengewinde

Nachfolgend werden die wesentlichen Einflussgrößen auf die Dauerhaltbarkeit des Schraubengewindes erläutert.

- *Gewindedurchmesser.*

Die Dauerhaltbarkeit des Schraubengewindes ist in ausgeprägtem Maß vom Durchmesser abhängig [5.31 bis 5.33]. Sie nimmt mit zunehmendem Durchmesser ab (Größeneinfluss, Kerbschärfe), wobei nach Abb. 5.36 ein annähernd hyperbelförmiger Zusammenhang besteht [5.31]. Die Kurven in Abb. 5.36 stellen die im Versuch ermittelten Dauerhaltbarkeitswerte mit etwa 1%-iger Bruchwahrscheinlichkeit dar (σ_{A1}). Sie zeigen, dass der Größeneinfluss ab einem Gewindedurchmesser von etwa 40 mm im Wesentlichen abgeklungen ist.

Eine Extrapolation der Versuchsergebnisse auf größere Gewindedurchmesser ist nur mit Einschränkung möglich, weil in diesem Durchmesserbereich die Gewindefeinheit ($d/p \geq 10$) und damit die Kerbschärfe deutlich ansteigt. Darüber hinaus können auch unterschiedliche Fertigungsbedingungen bei der Herstellung großer Gewinde einen zusätzlichen Einfluss ausüben. Auf Grund der Untersuchungen von [5.34] kann jedoch im Bereich zwischen M120 bis M300 mit Dauerhaltbarkeitswerten von $\pm\,\sigma_A = 30$ bis $45\,\text{N/mm}^2$ gerechnet werden.

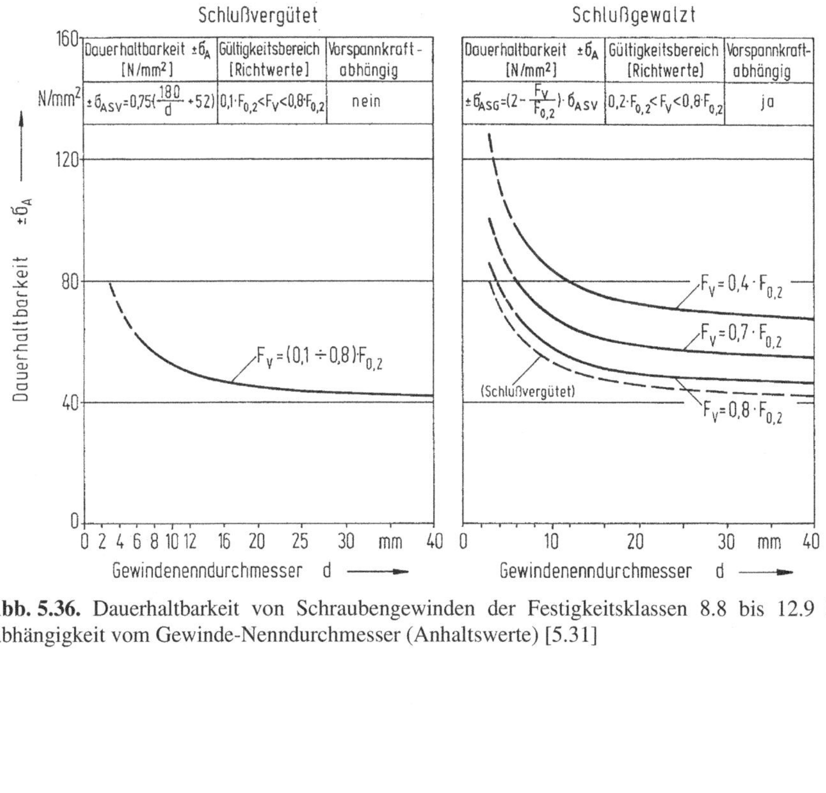

Abb. 5.36. Dauerhaltbarkeit von Schraubengewinden der Festigkeitsklassen 8.8 bis 12.9 in Abhängigkeit vom Gewinde-Nenndurchmesser (Anhaltswerte) [5.31]

- *Radius am Gewindegrund.*

Die Vergrößerung des Radius am Gewindegrund eines Schraubengewindes vermindert zwar grundsätzlich die Kerbwirkung des Gewindes [5.27 und 5.35], führt aber gleichzeitig bei konstanter Gewindesteigung zu einer Zunahme des Gewinde-Kernquerschnitts. Durch diese Maßnahme wird die Gewindetiefe verringert, was eine Abnahme der Biegenachgiebigkeit der Gewindezähne zur Folge hat. Hieraus resultiert eine ungleichmäßigere Aufteilung der Schraubenkraft auf die einzelnen im Eingriff befindlichen Gewindegänge, wodurch der erste tragende Bolzengewindegang relativ höher belastet wird. Die dauerhaltbarkeitssteigernde Wirkung des vergrößerten Radius am Gewindegrund kommt deshalb nicht mehr voll zum Tragen [5.36]. In Abb. 5.37 sind die Ergebnisse verschiedener Dauerhaltbarkeitsuntersuchungen in Abhängigkeit vom Radius am Gewindegrund dargestellt, die dies bestätigen.

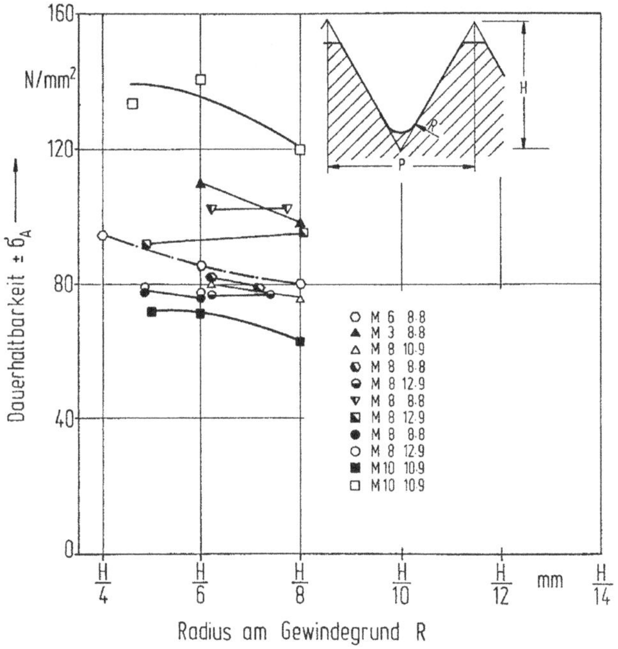

Abb. 5.37. Radius am Gewindegrund und Dauerhaltbarkeit von Schraubenverbindungen, Ergebnisse aus [5.20, 5.36 bis 5.38]

Verschiedentlich wurde aber bei der Prüfung von schlussgerollten Schrauben insbesondere im Zeitfestigkeitsgebiet bei relativ niedriger Vorspannung ein positiver Einfluss eines vergrößerten Radius am Gewindegrund auf die Schwingfestigkeit festgestellt. In der Luft- und Raumfahrt sind deshalb Gewinde mit einem größeren Radius am Gewindegrund (R_{max} = H/4,8) genormt (MJ-Gewinde nach DIN ISO 5855). Bei der Verwendung von Schrauben aus Beryllium (geringes spezifisches Gewicht, aber sehr kerbempfindlich) werden sogar noch stärker ausgerundete Gewinde eingesetzt (R = H/3,24).

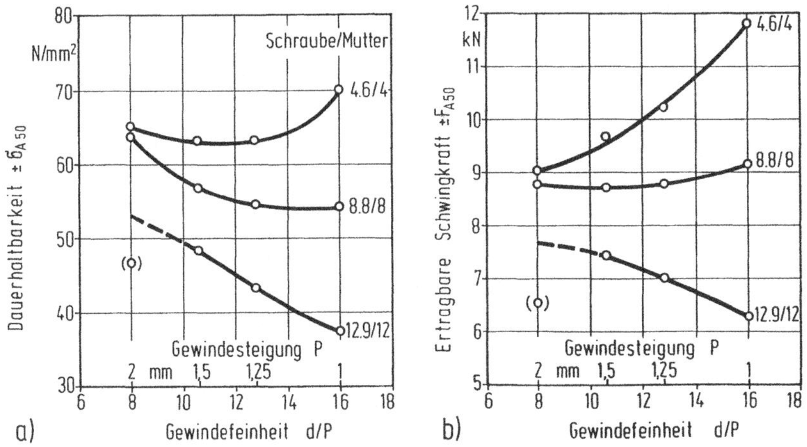

Abb. 5.38. Einfluss der Gewindesteigung auf die Dauerhaltbarkeit von Schraubenverbindungen M16 mit verschiedenen Festigkeitsklassen [5.39]

- *Gewindesteigung.*

Verschiedene Untersuchungen [5.31, 5.39] haben gezeigt, dass sich eine zunehmende Gewindefeinheit insbesondere bei höheren Vergütungsfestigkeiten des Schraubenwerkstoffs dauerhaltbarkeitsmindernd auswirkt.

Dieser Effekt nimmt mit zunehmender Festigkeit des Schraubenwerkstoffs zu und ist bei unvergüteten Schrauben niedriger Festigkeit und hoher Zähigkeit (zum Beispiel Festigkeitsklasse 4.6) nicht mehr erkennbar (Abb. 5.38a). Bei den Dauerhaltbarkeitswerten σ_{A50} handelt es sich um die auf den Gewindekernquerschnitt bezogenen – mit 50%-iger Bruchwahrscheinlichkeit ertragbaren – Schwingkräfte.

Hinsichtlich der ertragbaren Schwingkraft (Median mit 50%-iger Bruchwahrscheinlichkeit) fällt die Dauerhaltbarkeitsabnahme bei hochfesten Schrauben weniger deutlich aus (Abb. 5.38b), weil der tragfähigkeitssteigernde Einfluss des Feingewindes (größerer tragender Querschnitt) den kerbwirkungsbedingten dauerhaltbarkeitsmindernden Einfluss zum Teil wieder aufhebt. Bei den Schrauben der Festigkeitsklasse 4.6 scheint der erstgenannte Effekt des vergrößerten Gewindekernquerschnitts zu überwiegen, wodurch die ertragbaren Schwingkräfte mit abnehmender Gewindesteigung eher größer werden.

- *Schraubenfestigkeit und Schraubenwerkstoff.*

Die Dauerfestigkeit steigt in einem begrenzten Bereich grundsätzlich linear mit der Werkstofffestigkeit an [5.40 und 5.41]. Der Festigkeitseinfluss nimmt jedoch mit ansteigender Kerbschärfe ab und ist bei extremen Kerben ab $\alpha_K \approx 6$ im Wesentlichen abgeklungen (Abb. 5.39).

Gerade deshalb tritt bei Schraubenverbindungen der Einfluss des Werkstoffs auf die Dauerhaltbarkeit wegen der dominierenden Kerbwirkung des Gewindes zurück, sofern das Plastifizierungsvermögen ausreichend groß ist, um eine frühzeitige Schädigung (z. B. durch Einreißen der hoch beanspruchten Randschicht im Gewindegrund) zu verhindern.

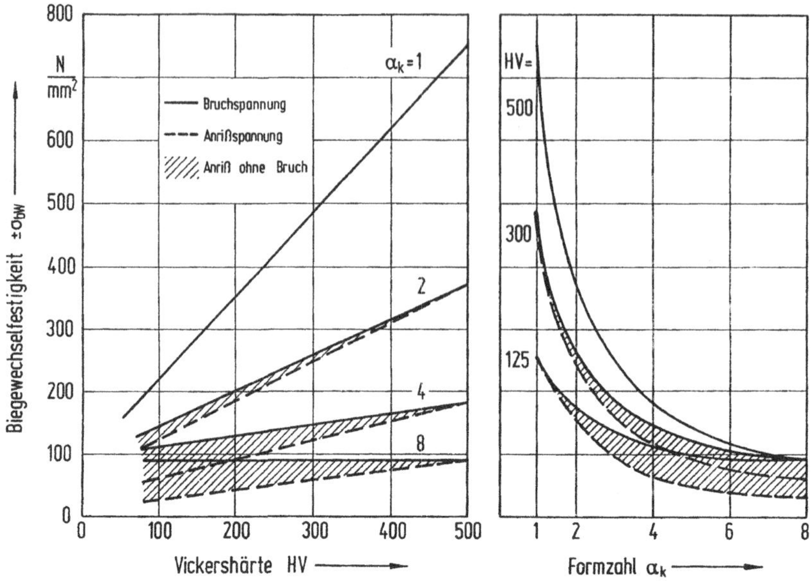

Abb. 5.39. Bruch- und Anrissspannung glatter und gekerbter Umlaufbiegeproben [5.41]

Dies erfordert bei höchstfesten Verbindungselementen den Einsatz vakuumerschmolzener und im Vakuum umgetropfter Werkstoffe und darüber hinaus besondere Vorkehrungen bei der Wärmebehandlung [5.42].

Bei ausreichender Werkstoffzähigkeit bestehen bezüglich der ertragbaren Schwingkraftamplituden zwischen Gewinden aus niedrig legierten Vergütungsstählen und hoch legierten nichtrostenden Stählen keine nennenswerten Unterschiede [5.43]. Dies gilt zum Teil auch für Schrauben aus Nichteisenmetallen, z. B. Kupferlegierungen wie Messinge und Bronzen [5.44 und 5.45]. Dagegen ist bei Schrauben aus Titanlegierungen von deutlich geringeren Dauerhaltbarkeitswerten auszugehen, wenn die Gewinde vor der Wärmebehandlung gewalzt wurden.

Dauerschwingversuche an M8-Schrauben aus der in der Luft- und Raumfahrt bevorzugt eingesetzten Titanlegierung TiAl6V4 ergaben Dauerhaltbarkeitswerte von nur $\pm\sigma_A = 20\,N/mm^2$ [5.46]. Daher werden die Gewinde solcher Schrauben zur Verbesserung der Dauerhaltbarkeit nach der Wärmebehandlung gewalzt (schlussgewalzte bzw. schlussgerollte Gewinde).

Wenngleich der Einfluss des Werkstoffs und seiner Festigkeit auf die Dauerhaltbarkeit des Schraubengewindes nur von relativ geringer Bedeutung ist, hängt die Dauerhaltbarkeit einer Schraubenverbindung indirekt doch von diesen beiden Faktoren ab. Mit hohen Vorspannkräften, die nur mit hochfesten Schraubenwerkstoffen realisierbar sind und/oder Schrauben mit großer elastischer Nachgiebigkeit (zum Beispiel durch Verwendung von Schrauben aus Leichtmetalllegierungen mit kleinem E-Modul) kann die Dauerhaltbarkeit infolge verringerter Schraubenzusatzkräfte verbessert werden (s. auch Kapitel 4).

- *Randentkohlung.*

Eine Randentkohlung führt zu einer Verminderung der Randschichthärte und kann damit die statischen und dynamischen Festigkeitseigenschaften von Bauteilen negativ beeinflussen. Ursachen für eine Randentkohlung bei Schrauben können ungünstige Wärmebehandlungsbedingungen entweder bereits bei der Herstellung und Verarbeitung des Ausgangsmaterials (Warmwalzen, Glühen) oder bei der späteren Vergütung des Schraubenrohlings sein. Untersuchungen von [5.31 und 5.47] zeigen allerdings übereinstimmend, dass selbst eine Randentkohlung, deren Ausmaß die zulässigen Grenzwerte nach DIN EN ISO 898–1 zum Teil erheblich überschreitet, die Dauerhaltbarkeit von Schraubengewinden kaum negativ beeinflusst.

Dies ist auf den dominierenden Einfluss der Kerbwirkung zurückzuführen, der den Einfluss der Werkstofffestigkeit weitgehend unterdrückt (s. vorhergehende Ausführungen über den Einfluss der Werkstofffestigkeit).

Abgekohlte oder entkohlte Randschichten von Schraubendrähten oder Schraubenrohlingen (noch ohne Gewinde) werden durch das Walzen des Gewindes nach der Wärmebehandlung des Schraubenrohlings (bei schlussgewalzten Schrauben) „entschärft", weil die randentkohlten Bereiche beim Gewindewalzen aus dem Gewindegrund in die Gewindespitzen verdrängt werden.

Allerdings muss in diesem Zusammenhang betont werden, dass sich eine stärkere Randentkohlung der Gewindeflanken von Schrauben auf das Anziehverhalten (höhere Fressneigung) und insbesondere auf die Haltbarkeit bei zügiger Beanspruchung (Abstreiffestigkeit) negativ auswirken kann.

- *Thermochemische Oberflächenbehandlung.*

Durch Nitrieren oder Einsatzhärten ist eine Steigerung der Dauerhaltbarkeit schwingbeanspruchter Bauteile grundsätzlich möglich. Sie ist die Folge der höheren Festigkeit der Randschicht, verbunden mit Druckeigenspannungen durch die Volumenzunahme. Da derartige Randschichten jedoch relativ spröd sind, ist die dauerhaltbarkeitssteigernde Wirkung bei Schraubenverbindungen auf geringe Vorspannungen beschränkt. Werden Schrauben nämlich hoch vorgespannt, reißen Nitrier- oder Einsatzschichten bei örtlichem Überschreiten der Werkstoffstreckgrenze bevorzugt im Gewindegrund ein. Wegen der dadurch verschärften Kerbwirkung muss daher mit einer Verringerung der Dauerhaltbarkeit gerechnet werden [5.48]. Aufgekohlte und nitrierte Schrauben sollten aus diesem Grund bei hohen Vorspannungen nicht schwingbeansprucht werden.

- *Korrosionsschutzschichten.*

Elektrochemisch abgeschiedene Oberflächenschutzschichten (z. B. Zink) haben im Allgemeinen auf die Dauerhaltbarkeit von Schrauben keinen negativen Einfluss [5.48]. Bei Schrauben, die durch eine Feuerverzinkung korrosionsgeschützt sind, muss dagegen infolge der relativ spröden Eisen-Zink-Legierungsschicht mit einer um bis zu 20% verminderten Dauerhaltbarkeit gerechnet werden [5.3–5.6].

Elektrochemisch abgeschiedene Chrom- oder Nickelschichten sollten für hoch beanspruchte Schrauben nicht als Korrosionsschutz vorgesehen werden. Sie können die Dauerhaltbarkeit je nach Abscheidungsbedingungen (Härte der Schicht und gegebenenfalls Zugeigenspannungen in der Randschicht) erheblich herabsetzen.

Für Zinklamellenüberzüge, die zunehmend als Korrosionsschutzüberzug Verwendung finden, gilt in Bezug auf das Schwingfestigkeitsverhalten von Gewinden grundsätzlich das für die galvanische Beschichtung Gesagte. Zu beachten ist dabei, dass bei diesen Überzügen Einbrenntemperaturen bis zu 300°C angewendet werden. In diesem Temperaturbereich werden die beim Gewindewalzen entstandenen Druckeigenspannungen weitgehend abgebaut, so dass der Dauerfestigkeitsvorteil schlussgerollter Gewinde nur bedingt genutzt werden kann.

- *Gewindefertigung.*

Von allen Einflussparametern hat die Gewindefertigung die größte Bedeutung im Hinblick auf die Verbesserung der Dauerhaltbarkeit von Schraubengewinden [5.31 und 5.37].

Vorwiegend werden Schraubengewinde spanlos hergestellt (gewalzt, gerollt). Dies kann sowohl vor (schlussvergütetete Gewinde) als auch nach der Wärmebehandlung erfolgen (schlussgerollte bzw. schlussgewalzte Gewinde), was sich in unterschiedlichem Maß auf die Dauerhaltbarkeit auswirkt.

Bei schlussvergüteten Schrauben kann je nach Gewindedurchmesser mit einer Dauerhaltbarkeit von etwa 45 bis 70 N/mm^2 gerechnet werden (Abb. 5.36). Demgegenüber besitzen schlussgewalzte Gewinde eine höhere Dauerhaltbarkeit, welche zusätzlich in erheblichem Maß von den Umformbedingungen beim Gewindewalzen (unterschiedliche Walzwerkzeuge) beeinflusst wird. So lassen sich beispielsweise mit Gewinde-Rollen erfahrungsgemäß bessere Dauerhaltbarkeitseigenschaften erzielen als mit so genannten Gewinde-Flachwalzbacken.

Das Gewinderollen ist allerdings mit höheren Herstellkosten verbunden, weil die Walzgeschwindigkeit (Rotation) niedriger ist als beim Walzen auf Flachwalzbacken (Translation).

Die Verbesserung der Dauerhaltbarkeit schlussgewalzter Gewinde beruht in erster Linie auf den bei der Fertigung induzierten Druckeigenspannungen 1. Art in der Randzone [5.49 bis 5.51]. Diese nehmen mit der Höhe der Streckgrenze des Schraubenwerkstoffs zu. Damit wächst auch der positive Einfluss auf die Schwingfestigkeitseigenschaften [5.33]. Allerdings zeigen schlussgewalzte im Gegensatz zu schlussvergüteten Schrauben hinsichtlich der ertragbaren Schwingkräfte im Allgemeinen einen signifikanten Vorspannkrafteinfluss (Abb. 5.36). Die positive Wirkung der das Schwingfestigkeitsverhalten verbessernden Druckeigenspannungen nimmt mit zunehmender Vorspannkraft ab.

Das Bild zeigt jedoch auch, dass schlussgewalzte Gewinde im Allgemeinen auch noch bei hohen Vorspannkräften schlussvergüteten Gewinden überlegen sind [5.33, 5.37, 5.52 und 5.53].

In [5.42] wird von höchstfesten Schrauben ($R_m = 1550–2000$ N/mm^2) aus dem Luftfahrtwerkstoff X41CrMoV5–1 berichtet, deren Gewinde in der „Halbwärme“ ($T = 425$°C) gewalzt wurden und dadurch neben fertigungsinduzierten Druckeigenspannungen zusätzlich eine temperaturbedingte Steigungsdifferenz aufwiesen. Hierdurch wurden je nach Vorspannkraft Dauerhaltbarkeitswerte von $\pm\sigma_A = 180$ N/mm² ($F_V = 0{,}7 \cdot F_{0,2}$) bzw. $\pm\sigma_A = 250$ N/mm² ($F_V = 0{,}5 \cdot F_{0,2}$) erreicht.

- *Schmierungszustand.*

Der Schmierungszustand im Gewinde beeinflusst die Schwingfestigkeit des Schraubengewindes. Mit verbesserten Gleiteigenschaften, d.h. mit verringerter Reibung, nimmt die Schwingfestigkeit zu [5.31].

Grund: Die bei Schwingbeanspruchung entstehenden Wechselgleitungen zwischen Bolzen- und Muttergewindeflanken werden bei entfetteten Gewinden besonders stark behindert, wodurch örtlich im Gewindegrund ein verschärfter Beanspruchungszustand entstehen kann.

Kopf-Schaft-Übergang und Gewindeauslauf

Obwohl der erste tragende Bolzengewindegang im Allgemeinen die höchste Spannungskonzentration aufweist (Abb. 5.35), sind dennoch unter bestimmten Voraussetzungen der Kopf-Schaft-Übergang und/oder der Gewindeauslauf dauerbruchgefährdet (z.B. durch Biegekräfte). Insbesondere dann, wenn die Dauerhaltbarkeit im Bereich des ersten tragenden Bolzengewindegangs durch fertigungstechnische und/oder konstruktive Maßnahmen heraufgesetzt wurde (z.B. schlussgewalztes Gewinde oder Mutter aus einem Werkstoff mit kleinerem E-Modul zur Homogenisierung der Kraftverteilung innerhalb der Mutter), sollte die Dauerhaltbarkeit des Kopf-Schaft-Übergangs und des Gewindeauslaufs überprüft und gegebenenfalls durch geeignete Maßnahmen verbessert werden.

Grundsätzlich sind zwei Arten von Maßnahmen zur Verbesserung der Dauerhaltbarkeit von Gewindeauslauf und Kopf-Schaft-Übergang geeignet und in der Praxis üblich:

- *Konstruktive Maßnahmen*

- ausreichend gerundeter Gewindeauslauf oder Freistich im Anschluss an das Schraubengewinde (Abb. 5.40)
- vergrößerte Ausrundung, z.B. Doppelradienkontur bzw. Einstich unter dem Schraubenkopf (Abb. 5.41).

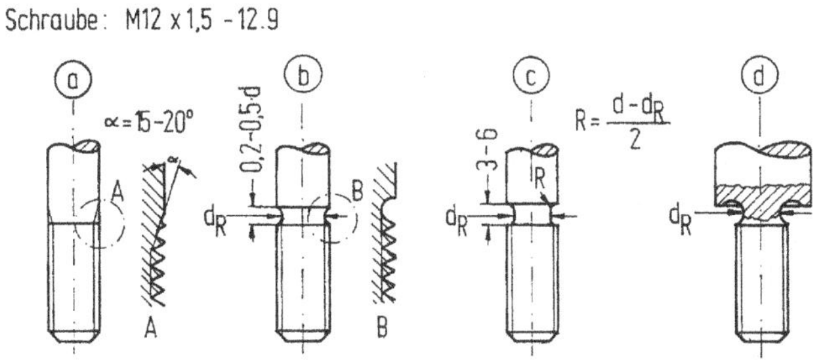

d_R [mm]	-	d_3	$(0{,}9 \div 0{,}95) \cdot d_3$	$0{,}95 \cdot d_3$
$\pm \sigma_A$ $\left[\frac{N}{mm^2}\right]$	55	70	75	75

Abb. 5.40. Konstruktive Gestaltung des Gewindeauslaufs und Dauerhaltbarkeit des Schraubengewindes [5.54]

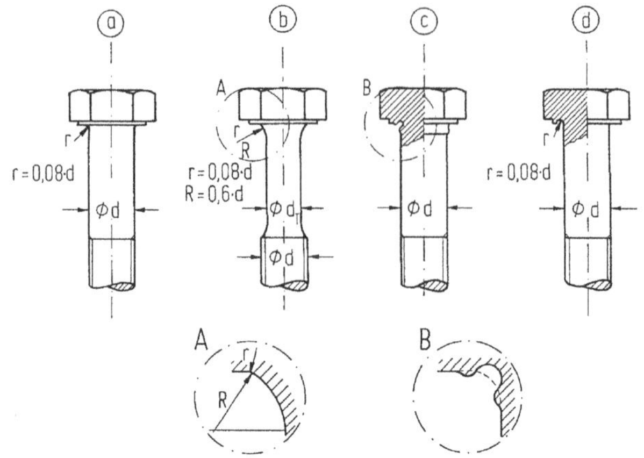

Abb. 5.41. Verschiedene Formen des Kopf-Schaft-Übergangs [5.48]

- *Fertigungstechnische Maßnahmen*

Festwalzen des Gewindeauslaufs und des Kopf-Schaft-Übergangs. Durch das Festwalzen kann zwar die Dauerhaltbarkeit dieser Kerbstellen infolge fertigungsbedingter Druckeigenspannungen verbessert werden, jedoch ist folgendes zu beachten:

- Die Reproduzierbarkeit wird durch maßliche und fertigungstechnische Schwankungen erschwert.
- Das Ergebnis ist nicht messbar.
- Das Verfahren ist zeit- und kostenaufwendig.
- Wulstbildung kann zu einer Veränderung der Kerbgeometrie führen (Veränderung der Auflagefläche s. Abb. 5.41c).

Schraubenschaft

Wegen der großen Kerbwirkung am Kopf-Schaft-Übergang, im Gewindeauslauf und insbesondere im ersten tragenden Gewindegang ist der Schaft von Schrauben normalerweise nicht dauerbruchgefährdet.

Dies trifft auch auf Dehnschrauben zu, wenn genügend große Übergangsradien vom Dehn- zum Vollschaft vorgesehen werden ($R > 0{,}5$d) [5.48] und der Schaftdurchmesser nicht zu klein ist.

Selbst die Oberflächenrauhtiefe des Dehnschafts beeinträchtigt die Dauerhaltbarkeit der Schraube im Allgemeinen nicht. Dies gilt selbst für Rauhtiefen R_t in der Größenordnung bis etwa 50 µm (Abb. 5.42). In diesem Bild sind die Dauerhaltbarkeiten (ohne Bruch ertragbare Schwingkräfte) von Gewinde und Dehnschaft (Dehnschaftdurchmesser $d_T = 0{,}9 d_3$) in Abhängigkeit von der Rauhtiefe R_t des Dehnschafts gegenübergestellt.

Die Dauerhaltbarkeitswerte in Abb. 5.42 wurden wie folgt ermittelt:

- *Gewinde*

Für die Abmessungen M8, M12, M16 und M20 wurden die Anhaltswerte für die Dauerhaltbarkeit des schlussvergüteten Gewindes aus Abb. 5.36 mit dem jeweiligen Nenn-Gewindekernquerschnitt $A_{d3} = \frac{\pi}{4} d_3^2$ multipliziert. Die somit errechneten dauerfest ertragbaren Schwingkräfte $F_{A(Gewinde)}$ wurden als von der Rauhtiefe des Dehnschafts unabhängige (konstante) Größen in Abb. 5.42 eingetragen (gestrichelte waagrechte Linien).

- *Dehnschaft*

Die Zug-Druck-Dauerhaltbarkeit vergüteter ungekerbter Proben wurde zunächst für eine Vorspannkraft von 70% der 0,2%-Dehngrenze (entspricht etwa einer 90%-ige Ausnutzung der Schraubenstreckgrenze aus Zug und Torsion) nach [5.26] berechnet (Abb. 5.33):

$$\left(\frac{\sigma_A}{\sigma_{zdW}}\right) + \left(\frac{\sigma_m}{R_{p0,2}}\right) = 1$$

Mit $\sigma_{zdW} \approx 0{,}4\ R_m$ und $\sigma_m = 0{,}7\ R_{p0,2}$ wird daraus:

$$\sigma_A = \left(1 - \frac{0{,}7 \cdot R_{P0,2}}{R_{P0,2}}\right) \cdot 0{,}4 \cdot R_m = 0{,}3 \cdot 0{,}4 \cdot R_m = 0{,}12 \cdot R_m$$

Für die in Abb. 5.42 verwendeten Schrauben ergibt sich für eine Zugfestigkeit $R_m = 1200\ \text{N/mm}^2$ eine Dauerhaltbarkeit des „glatten“ Dehnschaftes von $\pm\,\sigma_A = 144\ \text{N/mm}^2$.

Die Rauhtiefe R_t bewirkt nach [5.55] im logarithmischen Maßstab eine lineare Abnahme der Dauerfestigkeit. Danach beträgt σ_A bei $R_t = 50\ \mu\text{m}$ nur noch etwa 76% gegenüber der Dauerfestigkeit bei $R_t = 1\ \mu\text{m}$.

Die ertragbaren Schwingkräfte F_A der glatten Dehnschäfte ($R_t = 1\ \mu\text{m}$) mit $d_T = 0{,}9 d_3$ für die Schrauben M8, M12, M16 und M20 wurden zunächst durch Multiplikation von $\pm\,\sigma_A = 144\ \text{N/mm}^2$ mit den jeweiligen Dehnschaftquerschnitten errechnet:

$$\pm F_{A(Schaft)} = \pm\sigma_A \frac{\pi}{4} (0{,}9 \cdot d_3)^2$$

Für $R_t = 50\ \mu\text{m}$ wurden diese Werte mit dem Faktor 0,76 multipliziert. Das Beispiel in Abb. 5.42 für die schlussvergüteten Gewinde M8 bis M20 zeigt für eine Vorspannkraft von 70% der 0,2%-Dehngrenze des Schraubenschafts, dass bei einem Schaftdurchmesser von 90% des Gewinde-Kerndurchmessers selbst eine Rauhtiefe des Dehnschafts von 50 µm noch nicht zu einer gegenüber dem Schraubengewinde verminderten Dauerfestigkeit führt.

Aus dem Bild kann damit gefolgert werden, dass hinsichtlich der Betriebssicherheit schwingbeanspruchter Dehnschrauben keine Notwendigkeit für die Forderung nach extremen Oberflächengüten (kleine Rauhtiefen) des Schaftes besteht.

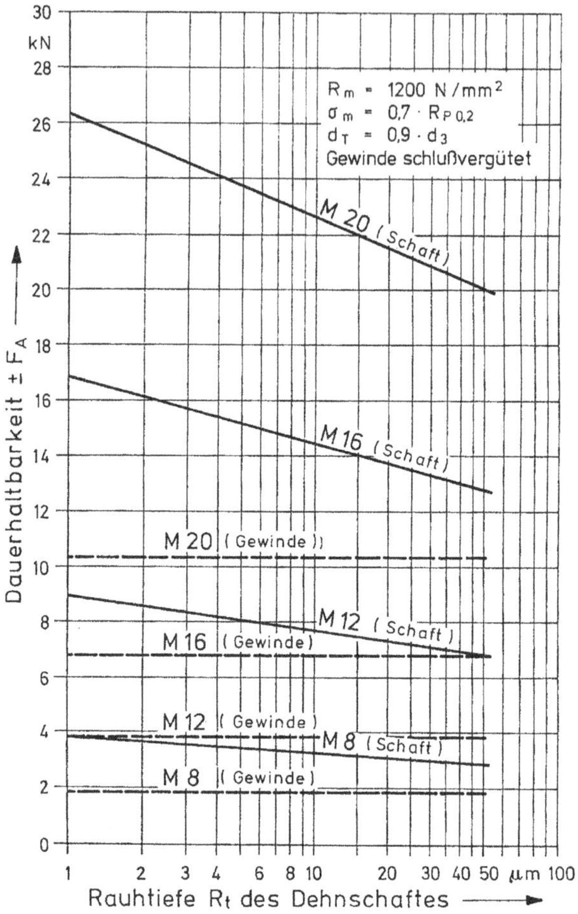

Abb. 5.42. Einfluss der Rauhtiefe R_t auf die Dauerhaltbarkeit des Dehnschafts im Vergleich zur Dauerhaltbarkeit eines schlussvergüteten Schraubengewindes

5.2.2.2 Dauerhaltbarkeit der Schraube-Mutter-Verbindung

Die Dauerhaltbarkeit der Schraube-Mutter-Verbindung wird entscheidend durch die Spannungsverteilung in den von der Mutter überdeckten Bolzengewindegängen beeinflusst. Die Maßnahmen zur Dauerhaltbarkeitssteigerung konzentrieren sich daher in erster Linie auf die Verminderung der Beanspruchung an der Stelle des dauerbruchgefährdeten ersten tragenden Gewindegangs (Abb. 5.35). Die hierfür maßgeblichen Einflussparameter werden nachfolgend erläutert.

Einschraubbedingungen

Bei einer Anordnung der Schraube-Mutter-Verbindung in der in Abb. 5.43b gezeigten Form ist eine Verbesserung der Dauerhaltbarkeit gegenüber dem Verschraubungsfall in Abb. 5.43a zu erwarten. Die über das Bolzengewinde übergreifenden

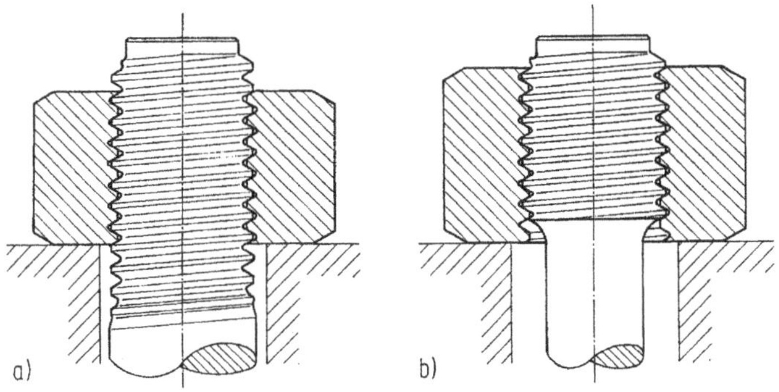

Abb. 5.43. Verbesserung der Krafteinleitungsbedingungen durch Eintauchen des Schraubengewindes mit Dehnschaft in das Muttergewinde

Muttergewindegänge bewirken eine geringere Spannungskonzentration im Bereich des ersten tragenden Gewindegangs, da hier nicht die Kerbwirkung des Gewindes, sondern die des relativ großen Übergangsradius zum Schaft vorliegt. Bei derartigen Schraube-Mutter-Verbindungen sollten jedoch hinreichend hohe Muttern vorgesehen werden, um eine ausreichende Einschraubtiefe wieder herzustellen.

Auch bei Sacklochverschraubungen kann durch die Ausführungsform der Gewindelöcher und der eingeschraubten Bolzen die Dauerhaltbarkeit der Verbindung beeinflusst werden. Abb. 5.44 zeigt verschiedene konstruktive Ausführungen von Sacklochverschraubungen mit den im Folgenden genannten Eigenschaften:

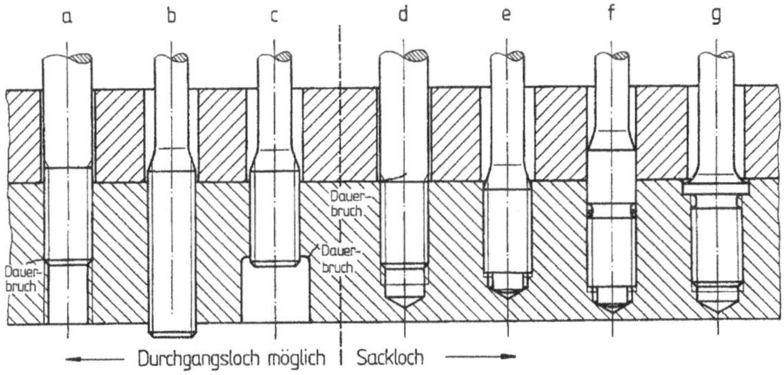

Abb. 5.44. Verschiedene Ausführungsformen von Sacklochverschraubungen

a) Dauerbruchgefahr auch im Muttergewinde.
b) Verminderung der Dauerbruchgefahr *im Muttergewinde* durch übergreifendes Bolzengewinde und *im ersten tragenden Gewindegang* durch biegeweiche Dehnschaftausführung.
c) Verminderung der Dauerbruchgefahr im Muttergewinde durch gerundete Aussenkung und übergreifendes Bolzengewinde

d) Dauerbruchgefahr im verklemmten Gewindeauslauf des Schraubengewindes
e) Verminderung der Dauerbruchgefahr gegenüber d) durch biegeweiche Ausführung, übergreifendes Muttergewinde und Verspannen der Schraube mit der Ansatzkuppe
f) wie e), jedoch mit Zentrierbund zur Verminderung von Biegespannungen im Schraubengewinde
g) Verminderung der Dauerbruchgefahr durch Verspannen des Bundes gegen die Auflagefläche des Muttergewindes zur weitgehenden Entlastung des Schraubengewindes von Biegebeanspruchungen

Mutterform

Die Verteilung der Schraubenkraft auf die einzelnen Muttergewindegänge geschieht sehr ungleichmäßig. Der erste tragende Gewindegang der Schraube wird am höchsten belastet (Abb. 5.35 und Abb. 5.45).

Genau dort in Höhe der Mutterauflagefläche liegt auch in der Regel die am höchsten dauerbruchgefährdete Stelle des Schraubengewindes.

Wie bereits berichtet, wird an dieser Stelle die Schraubenkraft vom Bolzen- auf das Muttergewinde übertragen und es erfolgt danach eine schroffe Umlenkung der Kraftlinien vom Schraubengewinde über das Muttergewinde in die Mutterauflagefläche hinein (Abb. 5.32).

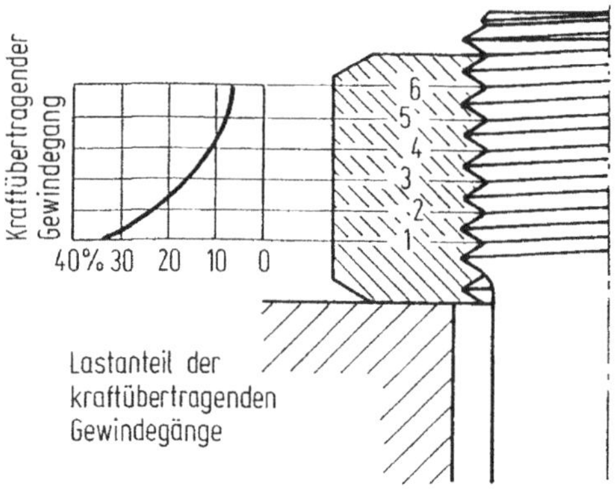

Abb. 5.45. Inhomogene Kraftverteilung innerhalb der Mutter

Eine Homogenisierung der Kraftverteilung in der Mutter, die zum Ziel hat, die kritische höchstbelastete Stelle zu entlasten und gleichzeitig die weiter von der Mutterauflagefläche entfernten Gewindegänge höher zu belasten, ist immer gut geeignet, die Schwingfestigkeit der Schraube-Mutter-Verbindung zu verbessern. Dies kann unter anderem dadurch erreicht werden, dass durch Verwendung von „Zugmuttern“ die Kraftumlenkung weniger schroff gestaltet wird (Abb. 5.46). Allerdings muss festgestellt werde, dass „Zugmuttern“ in der Praxis nur selten eingesetzt werden, weil der Erfolg dieser Maßnahme relativ gering, der Kostenaufwand aber relativ hoch ist.

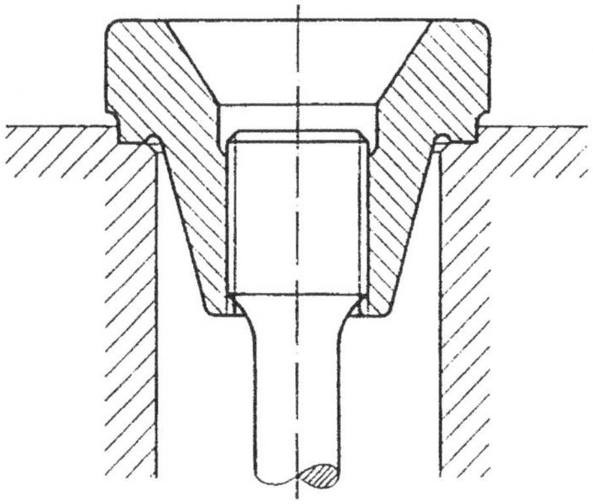

Abb. 5.46. „Zugmutter" mit konischer Außenform und einem über das Ende des Schraubengewindes übergreifenden Muttergewinde

Eine hinreichend große Einschraubtiefe ist ebenso geeignet, die Dauerhaltbarkeit von Gewindeverbindungen zu verbessern (Abb. 5.47).

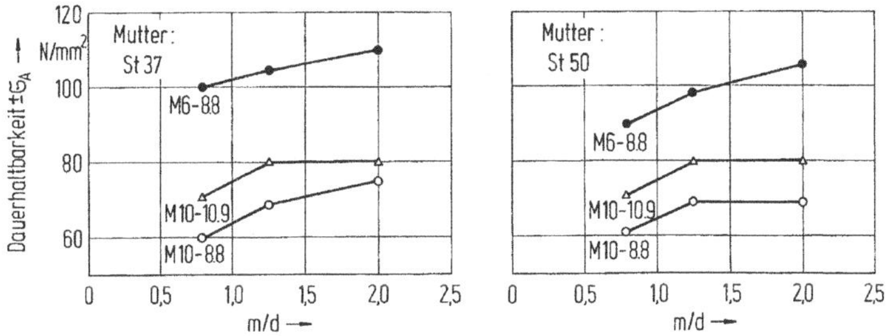

Abb. 5.47. Einschraubtiefe und Dauerhaltbarkeit von Schraubenverbindungen [5.32]

Mutterwerkstoff

Bei der Verwendung von Muttern aus Werkstoffen mit niedrigem E-Modul, zum Beispiel Aluminium oder Titan, kann die Kraftverteilung innerhalb der Mutter homogenisiert werden. Damit wird die Spannungskonzentration im Bereich des ersten tragenden Gewindegangs infolge größerer elastischer Biegenachgiebigkeit der Muttergewindegänge reduziert und die Dauerhaltbarkeit der Verbindung erhöht [5.56].

Verbesserungen können auch bereits durch Verwendung von Stahlmuttern erzielt werden, wenn deren Festigkeit geringer ist als die der eingesetzten Bolzen. Dies gilt insbesondere für höchstfeste Verbindungselemente (R_m > 1400 N/mm²). Hier sollte nach [5.7] die Mutterfestigkeit etwa 2/3 der Festigkeit des Bolzens betragen. Voraussetzung ist jedoch eine ausreichende Mutterhöhe, um die Verbindung genügend hoch vorspannen zu können und ein Gewindeabstreifen zu vermeiden (s. Abschnitt 5.1.5).

Gewindetoleranz

Flankenwinkel- und Durchmesserabweichungen innerhalb der genormten Toleranzen haben nur einen relativ geringen Einfluss auf die Höhe der Spannungskonzentration und wirken sich daher nur wenig auf die Dauerhaltbarkeit aus. Gewindeverbindungen mit engen Toleranzen (z. B. 4h/4H) sind aber im Hinblick auf die Dauerhaltbarkeit eher im Nachteil. Dagegen sind größere Toleranzen für Kern- Flanken- und Außendurchmesser (z. B. 6g/6H) für die Dauerhaltbarkeit der Gewindeverbindung vorteilhafter, weil sie die elastische Biegenachgiebigkeit der Gewindegänge vergrößern und damit die Lastverteilung homogenisieren [5.14].

Gewinde-Flankenwinkeldifferenz

Flankenwinkeldifferenzen zwischen Schrauben- und Muttergewinde führen zu einer Veränderung der Krafteinleitungsbedingungen und damit auch zu einer Veränderung der elastischen Biegenachgiebigkeit der Gewindegänge. In der Luftfahrt werden Gewindeverbindungen mit Flankenwinkeldifferenzen in Form des sog. asymmetrischen Gewindes eingesetzt (Abb. 5.48).

Frühere Untersuchungen an ähnlichen Gewindeprofilen zeigten jedoch, dass selbst eine Flankenwinkeldifferenz von 5° kaum zu einer nennenswerten Dauerhaltbarkeitsverbesserung führt [5.58]. Unter bestimmten Versuchsbedingungen (Prüfung im Zeitfestigkeitsgebiet bei relativ niedriger Vorspannkraft) wurden dagegen bei schlussgerollten Schrauben mit asymmetrischem Gewinde um bis zu 30% höhere Schwingfestigkeitswerte im Vergleich zu symmetrischen Gewinden ermittelt [5.59].

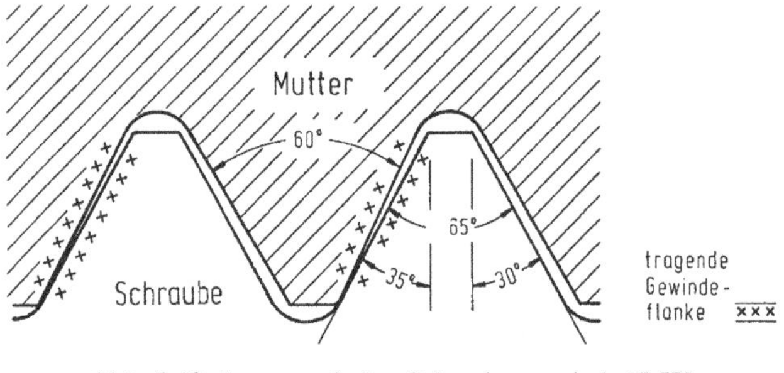

Abb. 5.48. Asymmetrisches Schraubengewinde [5.57]

Gewinde-Steigungsdifferenz

Die Dauerhaltbarkeit von Gewindeverbindungen kann verbessert werden, wenn Bolzen- und Muttergewinde mit einer Steigungsdifferenz gepaart werden [5.60 und 5.61]. Wenn das Bolzengewinde eine kleinere Steigung aufweist als das Muttergewinde, wird die Schraubenkraft zunächst in die der Auflagefläche abgewandten Seite Gewindegänge eingeleitet. Mit wachsender Vorspannkraft werden auch die näher zur Mutterauflagefläche liegenden Gewindegänge zunehmend an der Kraftübertragung beteiligt [6.62]. Daraus resultiert eine insgesamt gleichmäßigere Lastverteilung der gepaarten Gewindegänge.

Eine praktische Anwendung dieser Möglichkeit in der Verschraubungspraxis wurde bislang nicht bekannt, weil sich die Anpassung der Steigungsdifferenz an die jeweils vorherrschende Vorspannkraft, die zur optimalen Nutzung dieser Idee notwendig ist, nur schwer realisieren lässt.

5.2.2.3 Dauerhaltbarkeit der Schraubenverbindung (System Schraube-Mutter-Verspannte Teile)

Zur Verbesserung der Dauerhaltbarkeit von Schraubenverbindungen sind *die* Maßnahmen besonders wirksam, die darauf abzielen, die Schraube von der Kraft, die von der Betriebskraft F_A herrührt, zu entlasten, also die Schraubenzusatzkraft F_{SA} zu reduzieren (Abb. 5.35 unteres Drittel). Ziel ist somit die Verringerung des Kraftverhältnisses Φ (Kapitel 4). Es handelt sich damit um eine indirekte Maßnahme, die nicht primär die Erhöhung der Schwingfestigkeit des Verbindungselements zum Ziel hat. Vielmehr versucht sie das Gesamtsystem damit zu verbessern, die örtliche Beanspruchung an der kritischen Stelle, nämlich dem ersten tragenden Schraubengewinde, zu reduzieren. Das Verbindungselement selbst wird damit *nicht* dauerfester [5.62].

Diese (indirekte) Maßnahme zur Verbesserung der Schwingfestigkeit von Schraubenverbindungen erweist sich als die mit Abstand wirkungsvollste in Anbetracht der Tatsache, dass eine Verbesserung der Schwingfestigkeit von Schraubengewinden infolge der geschilderten extrem hohen Kerbwirkung nur sehr bedingt möglich ist.

Eine Verminderung von F_{SA} ist durch eine geeignete konstruktive Gestaltung der Verbindung und durch die Anwendung geeigneter Anziehverfahren möglich, mit denen bei der Montage eine möglichst hohe Vorspannkraft in die Verbindung eingeleitet wird. Dieser Sachverhalt gilt nicht nur für zentrisch beanspruchte, sondern vor allem für die in der Praxis weit häufiger auftretenden exzentrisch beanspruchten Schraubenverbindungen.

Im Folgenden werden die maßgeblichen Einflüsse auf die Dauerhaltbarkeit exzentrisch und zentrisch beanspruchter Schraubenverbindungen aufgeführt. Es werden die sich daraus ergebenden Möglichkeiten zur Verringerung der Schraubenzusatzkräfte diskutiert.

Elastische Nachgiebigkeiten

Die elastischen Nachgiebigkeiten von Schrauben und verspannten Teilen beeinflussen die Höhe der Schraubenzusatzkraft und damit die Dauerhaltbarkeit in entscheidender Weise. Durch Verwendung von Schrauben mit großer Nachgiebigkeit (z. B. mit kleinem Durchmesser-Klemmlängenverhältnis, Dehnschrauben oder Schrauben aus Werkstoffen mit kleinem E-Modul, zum Beispiel Schrauben aus Alu-Legierungen) können die Schraubenzusatzkräfte verringert werden (Abb. 5.49).

Da bei der Wahl der Schrauben jedoch auch die erforderliche Vorspannkraft und nicht zuletzt die Fertigungskosten eine wichtige Rolle spielen, muss oft ein Kompromiss geschlossen werden hinsichtlich statischer und dynamischer Tragfähigkeit, elastischer Nachgiebigkeit und der Kosten für die Schrauben (Abb. 5.50).

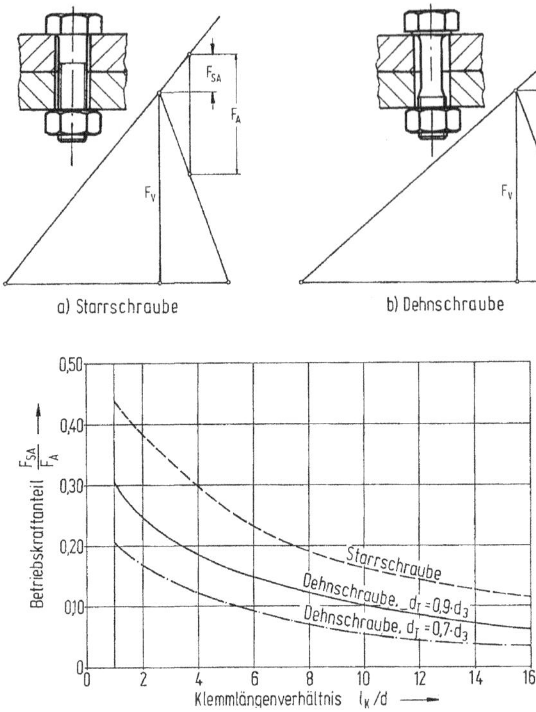

Abb. 5.49. Elastische Schraubennachgiebigkeit und Schraubenzusatzkraft F_{SA} [5.48]

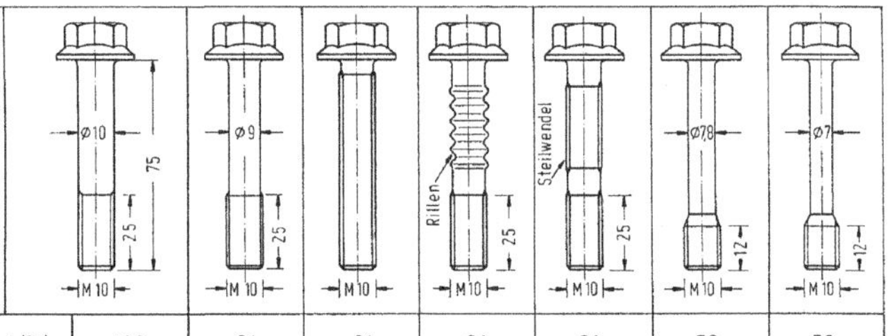

Schraubenform							
Gewicht (%)	100	91	91	91	91	76	70
statische Tragfähigkeit (%)	100	100	100	100	100	87	70
Nachgiebigkeit (%)	100	116	141	145	143	147	182
dynamische [a]) Tragfähigkeit (%)	100	112	131	130	130	135	162
Kosten (%)	100	96	107	118	118	156	163

[a]) bezogen auf die Schraubenverbindung

Abb. 5.50. Einfluss der konstruktiven Gestaltung von Schrauben auf Gewicht, Tragfähigkeit, Nachgiebigkeit und Kosten [5.57]

Eine Verringerung der Schraubenzusatzkraft lässt sich gemäß Abb. 5.51 überdies durch eine Reduzierung der elastische Nachgiebigkeit der verspannten Teile δ_P und die Verlagerung des Betriebskraftangriffspunktes möglichst in die Nähe der Trennfuge der verspannten Teile erreichen (kleiner Krafteinleitungsfaktor n, siehe Kapitel 4).

Die in Abb. 5.51 b bis f dargestellten Verbesserungsmaßnahmen gegenüber dem Verschraubungsfall a sind:

b) Verringerung des Schaftdurchmessers,
c) Vergrößerung der Schraubenlänge,
d) Verringerung des Gewindedurchmessers bei gleichzeitiger Erhöhung der Schraubenfestigkeit,
e) Vergrößerung der Schraubennachgiebigkeit durch Mitverspannen einer Hülse,
f) Verlagerung des Angriffspunkts der Betriebskraft in Richtung zur Trennfuge.

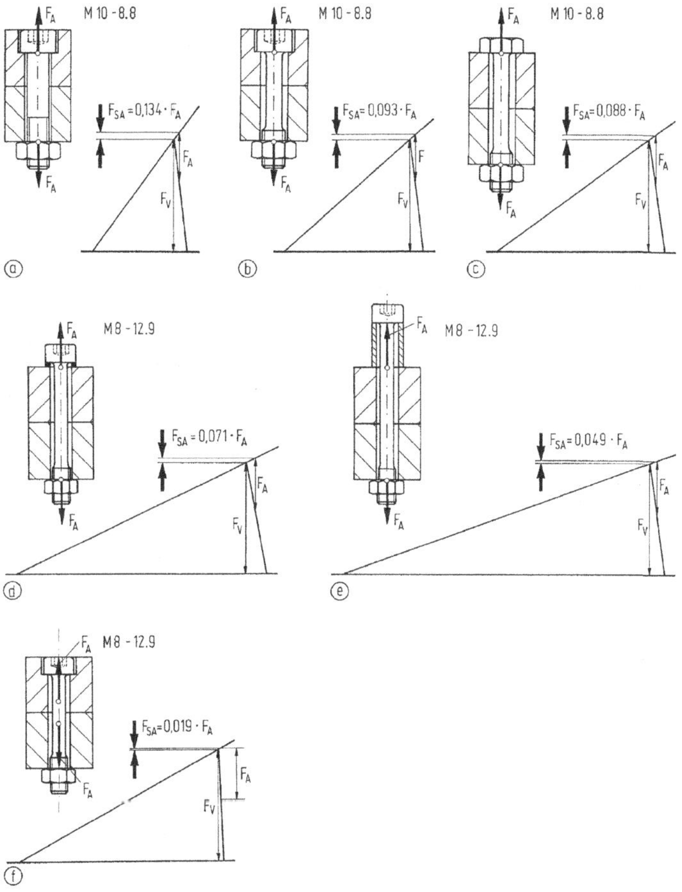

Abb. 5.51. Elastische Nachgiebigkeiten von Schraube und verspannten Teilen, Betriebskrafteinleitung und Schraubenzusatzkraft

Biege-Zusatzspannungen

Bei zusätzlich zu axialen Kräften wirkender Biegebeanspruchung nimmt die Dauerhaltbarkeit von Schraubenverbindungen im Gegensatz zur zügigen Beanspruchung (s. Abschnitt 5.1.6) in jedem Fall kontinuierlich ab (Abb. 5.52). Dies gilt umso mehr, je weniger der Schraubenwerkstoff in der Lage ist, Spannungsspitzen durch Plastifizierungsvorgänge umzulagern.

Anders formuliert: Mit zunehmender Festigkeit und damit im Allgemeinen abfallender Werkstoffzähigkeit reagieren Schrauben empfindlicher auf Zusatzbiegebeanspruchungen.

In Schraubenverbindungen können zusätzliche Biegespannungen hervorgerufen werden durch

- Fertigungsfehler, z. B. schräge Auflageflächen unter dem Schraubenkopf oder unter der Mutter, schief geschnittene Gewinde oder nicht fluchtende Gewindebohrungen bzw. Durchgangslöcher,
- konstruktiv bedingte schräge Auflageflächen (z. B. Gussschrägen),
- exzentrischen Betriebs-Kraftangriff (Abb. 5.53).

Die durch exzentrischen Betriebs-Kraftangriff hervorgerufenen Biege-Zusatzspannungen werden im Wesentlichen durch die Exzentrizität und die Höhe der Vorspannkraft beeinflusst (Kapitel 4).

Infolge überlagerter Biege-Zusatzspannungen im Schraubenbolzen kann die Biegebespannung im Kopf-Schaft-Übergangsradius sogar die Spannungsspitze im ersten tragenden Gewindegang übersteigen, so dass Dauerbrüche an der ansonsten unüblichen Stelle des Kopf-Schaft-Übergangs bei Überbeanspruchung die Folge sein können.

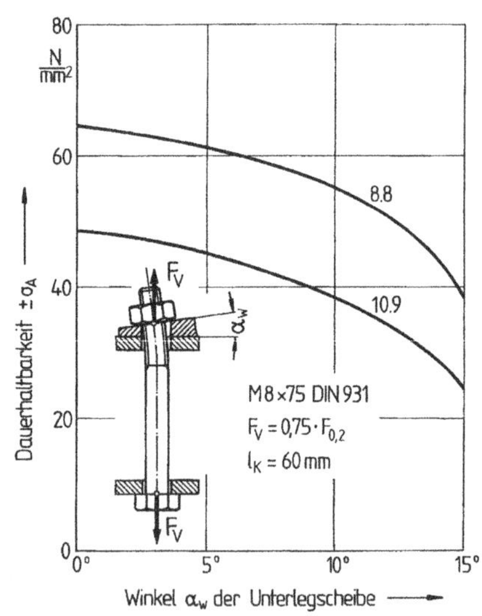

Abb. 5.52. Einfluss überlagerter Biegebeanspruchung auf die Dauerhaltbarkeit von Schraubenverbindungen [5.20]

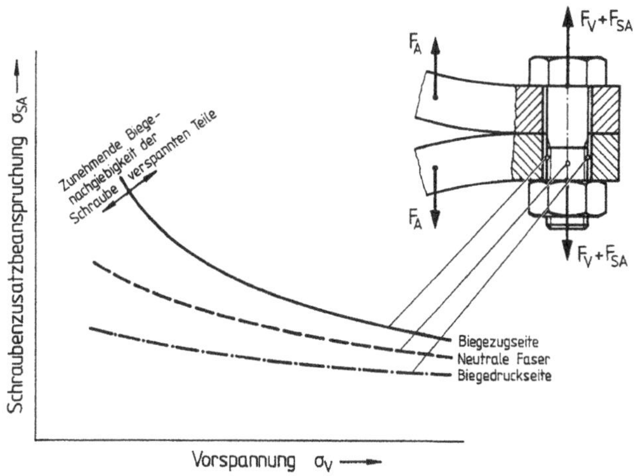

Abb. 5.1. Biegezusatzspannungen im Schraubenbolzen einer exzentrisch beanspruchten Schraubenverbindung in Abhängigkeit von der Vorspannung und der Biegenachgiebigkeit von Schraube und verspannten Teilen (schematisch)

Exzentrischer Betriebskraftangriff

Der Abstand des Betriebskraftangriffpunktes von der Schraubenachse (Exzentrizität *a*, Kapitel 4) wirkt sich insbesondere bei kleinen Vorspannkräften auf die Biegezusatzspannung (Abb. 5.54a) und damit auf die Dauerhaltbarkeit der Verbindung aus.

Konstruktiv sollten daher möglichst kleine Exzentrizitäten vorgesehen werden. Dies kann durch den Einsatz von Schrauben kleinerer Durchmesser erreicht werden, wobei entweder höherfeste und/oder eine größere Anzahl von Schrauben vorzusehen sind (z. B. bei Flanschverschraubungen, Abb. 5.55).

Nach [5.62 bis 5.64] sollten bei hoch beanspruchten Mehrschraubenverbindungen jeweils so viele Schrauben am Umfang vorgesehen werden, dass sich die unter der Vorspannkraft in den verspannten Teilen ausbildenden Druckkegel überlappen (Abb. 5.56). Schrauben kleinerer Abmessungen sind überdies auch wegen ihrer relativ höheren Dauerhaltbarkeit (s. Abb. 5.36) und wegen ihrer geringeren Biegeempfindlichkeit gegenüber dickeren Schrauben im Vorteil [5.62 und 5.65].

Im Fall einseitigen Aufklaffens der Trennfuge bei exzentrisch beanspruchten Schraubenverbindungen beeinflusst die Größe des Flanschüberstands *v* die Höhe der Zusatzspannung und damit die Dauerhaltbarkeit (Abb. 5.54b). Während bei Einschraubenverbindungen ein größerer Flanschüberstand die Schraubenzusatzkraft verringert, kann bei Mehrschraubenverbindungen das Gegenteil eintreten, weil hier infolge veränderter Kraft-Verformungsverhältnisse der Einfluss verminderter Flächenpressung überwiegt [5.64].

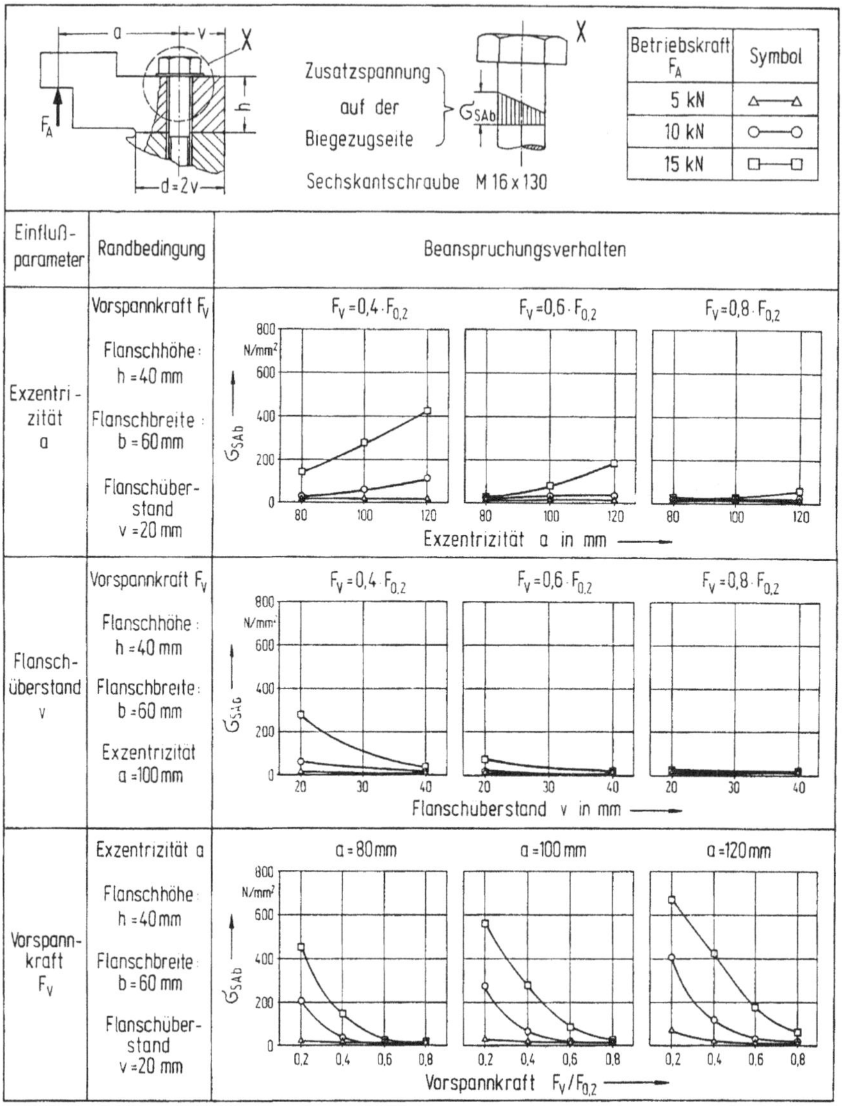

Abb. 5.54. Einfluss von Exzentrizität *a*, Flanschüberstand *v* und Vorspannkraft F_V auf die Biegezusatzspannung exzentrisch belasteter Schraubenverbindungen [5.21]

Vorspannkraft

Die Höhe der Vorspannkraft beeinflusst die Dauerhaltbarkeit und die Betriebssicherheit von Schraubenverbindungen ganz entscheidend.

Im Regelfall der exzentrisch verspannten und exzentrisch betriebsbeanspruchten Schraubenverbindung steigt die auf die Schraube einwirkende Zusatzkraft bzw. -spannung vor allem dann mit abnehmender Vorspannkraft an (Abb. 5.54c und

Kapitel 4), wenn ein Aufklaffen der Trennfuge stattfindet. Die Betriebshaltbarkeit einer solchen Verbindung kann nachhaltig verbessert werden, wenn durch eine ausreichende Montagevorspannkraft bzw. eine ausreichende Restklemmkraft in der Verbindung während des Betriebs ein Aufklaffen der Trennfugen der verspannten Teile verhindert wird [5.21].

Hohe Vorspannkräfte sind zum Beispiel bei zügig und/oder schwingbeanspruchten Schraubenverbindungen erforderlich, wenn Dichtfunktionen zu erfüllen sind oder wenn Querschiebungen, die zum selbsttätigen Lösen der Verbindung und zum anschließenden Dauerbruch der Schraube führen können, vermieden werden müssen [5.65], (Kapitel 4).

Hohe Vorspannkräfte gewährleisten auch hohe Restklemmkräfte im Betrieb und damit eine zusätzliche Sicherheit bei Vorspannkraftverlusten infolge Setzens und/oder Kriechens (s. Kapitel 9).

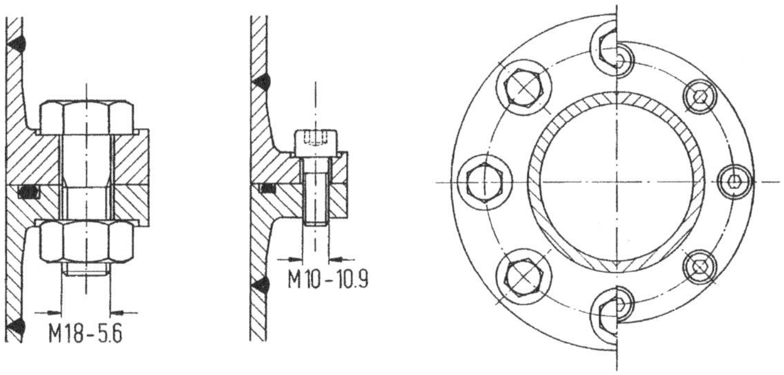

Abb. 5.55. Reduzierung der Betriebskraftexzentrizität *a* (und gleichzeitig Gewichtseinsparung) durch Verwendung hochfester Schrauben kleinerer Abmessung

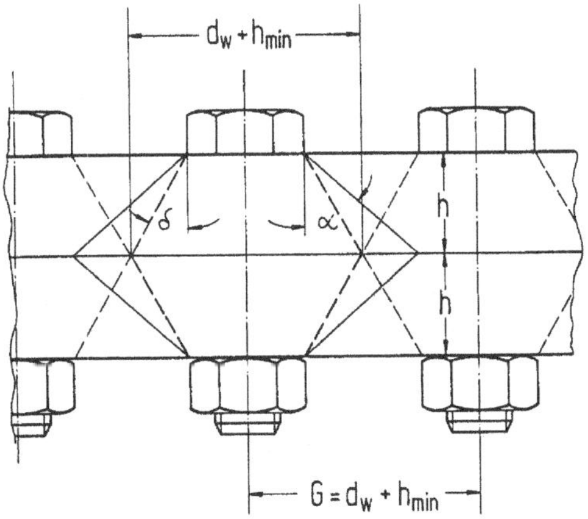

Abb. 5.56. Ausbildung der Druckkegel in verspannten Teilen [5.63]

Insgesamt sollten im Hinblick auf eine kompakte Bauweise (kleine Anschlussmaße) und auf eine hohe Dauerhaltbarkeit möglichst hochfeste Schrauben kleinerer Abmessungen gewählt und diese so hoch wie möglich (z. B. überelastisch) vorgespannt werden. Hierbei ist die Grenzflächenpressung der verspannten Teile zu beachten und gegebenenfalls der Einsatz von Verbindungselementen mit vergrößerter Auflagefläche (z. B. Schraubenkopf mit Telleransatz oder Unterlegscheiben) vorzusehen.

Das überelastische Anziehen von Schraubenverbindungen mit Hilfe von streckgrenzüberschreitenden Montageverfahren (streckgrenz- und drehwinkelgesteuertes Anziehen) wird zunehmend mit Erfolg angewendet. Es gestattet die optimale Ausnutzung der Schraube beim Anziehen und führt zu maximal möglichen Montagevorspannkräften (Kapitel 8). Die hier auftretenden plastischen Verformungen sollten sich in jedem Fall auf den Gleichmaßdehnungsbereich beschränken. Da hochfeste Schrauben der Festigkeitsklasse 8.8 bis 12.9 ausreichende Zähigkeitseigenschaften besitzen, können sie im Allgemeinen gefahrlos in den teilplastischen Verformungsbereich vorgespannt werden [5.66].

Aus folgenden Gründen kann davon ausgegangen werden, dass durch überelastisches Anziehen die Betriebshaltbarkeit der Verbindung nicht nur nicht beeinträchtigt, sondern deutlich verbessert wird:

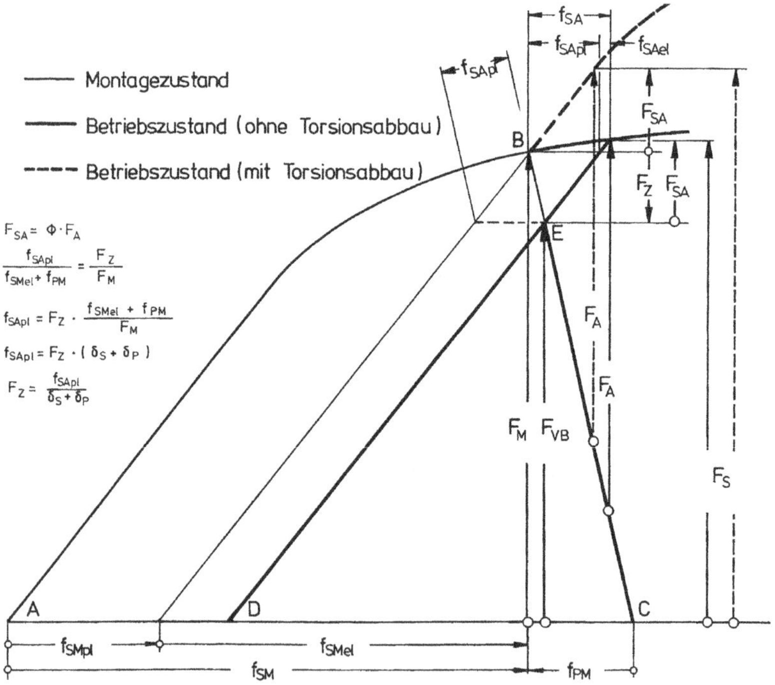

Abb. 5.57. Reduzierung der Montagevorspannkraft F_M um F_Z infolge plastischer Verformung der Schraube f_{SApl}

- Durch das elastische Rückfedern des Verschraubungssystems nach dem Montagevorgang findet ein teilweiser Abbau der beim Anziehen eingebrachten Torsionsspannung nicht nur im verspannten Bauteil, sondern auch in der Schraube statt. Dadurch werden Beanspruchungsreserven für die spätere Betriebsbeanspruchung freigesetzt [5.62] (Abb. 5.57 und Abschnitt 8.3).
- Durch den Plastifizierungsvorgang im Bolzen- und Muttergewinde beim Vorspannen der Schraube bis über die Streckgrenze hinaus wird eine gleichmäßigere Gewindelastverteilung erzeugt, die auch nach dem Entlasten bis zurück in den elastischen Bereich zumindest teilweise erhalten bleibt.
- Sollte nach der Montage eine weitere Plastifizierung der Schraube durch die Betriebskraft F_A eintreten, dann führt der hiermit immer verbundene Setz-Vorspannkraftverlust F_Z die Verbindung wieder in den elastischen Verformungsbereich zurück (Kap. 4 und Abb. 5.57). Bei anschließender Schwingbeanspruchung auf einem Vorspannkraftniveau unterhalb der Streckgrenze können dann auf Grund günstigerer Lastverteilung und möglicher lastinduzierter Druckeigenspannungen sogar höhere Dauerhaltbarkeitswerte für die Schraubenverbindung erreicht werden [5.20 und 5.66], Tabelle 5.4 und Abb. 5.58. Dies gilt sowohl für schlussgerollte als auch für schlussvergütete Schrauben.

Tabelle 5.4. Dauerhaltbarkeit unterschiedlich hoch vorgespannter Schraubenverbindungen M10x60 DIN EN ISO 4762–10.9 [5.66]

Schrauben-Gesamtdehnung f_S beim Vorspannen bzw. Montagevorspannkraft F_M	Dauerhaltbarkeit $\pm\sigma_{A50}$ in N/mm²	
	Gewinde schlussgerollt	Gewinde schlussvergütet
Vorgespannt um $f_S = 120\,\mu m$ ($F_M = 0{,}7F_{0,2}$)	118	71
Vorgespannt um $f_S = 320\,\mu m$ ($F_M = F_{0,2}$)	71	63
Vorgespannt um $f_S = 500\,\mu m$ ($F_M = 1{,}04F0_{,2}$)	68	61
Vorgespannt um $f_S = 500\,\mu m$, danach entlastet auf ($F_M = 0{,}7F_{0,2}$)	148	≈ 140

Voraussetzung für eine störungsfreie drehwinkelgesteuerte Montage, insbesondere Mehrfachmontage, ist eine hinreichende Plastifizierungslänge der Schraube, um das Überschreiten des Gleichmaßdehnungsbereichs (Abb. 5.58) während des Montageprozesses zu vermeiden. Mit Gleichmaßdehnungslänge wird in Abb. 5.58 der Bereich zwischen $F_{0,2}$ und F_{max} bezeichnet.

Bei Vollschaftschrauben (Schaftdurchmesser = Gewinde-Außendurchmesser) mit Teilgewinde (Abb. 5.50, links und Abb. 5.58) ist der Gleichmaßdehnungsbereich im Allgemeinen relativ kurz. Die plastische Verformung beschränkt sich hier auf den (relativ kurzen) Gewindebereich.

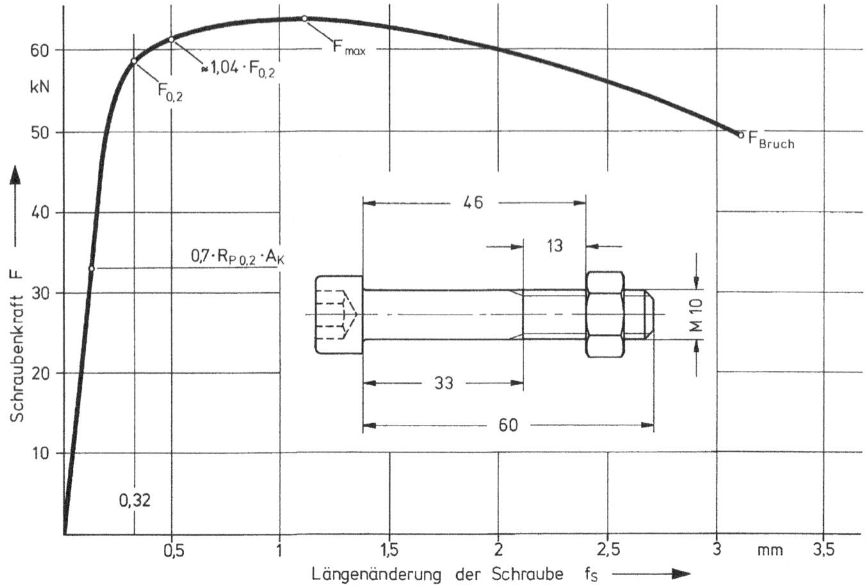

Abb. 5.58. Kraft-Verformungsschaubild einer Schraube M10x60–10.9 DIN EN ISO 4762

Schrauben dieser Art bieten sich für eine Drehwinkelmontage weniger gut an. Besser dagegen sind Dehnschaftschrauben oder Rollschaftschrauben (Schaftdurchmesser = Gewinde-Walzdurchmesser ≈ Gewinde-Flankendurchmesser) mit „Gewinde bis Kopf" geeignet (Abb. 5.50, zweite und dritte Schraube von links und Abb. 5.59). Bei diesen kann annähernd der gesamte Klemmlängenbereich zur Plastifizierung genutzt werden.

Konstruktive Gestaltung

Die Abb. 5.60 bis 5.62 zeigen in einer Übersicht für Zylinder-, Balken- und Mehrschraubenverbindungen die maßgeblichen konstruktiven Einflussparameter zur Erzielung einer hohen Dauerhaltbarkeit [5.63].

5.2.3 Schadensbeispiel und Abhilfemaßnahmen

Am Beispiel eines Dauerbruchs an einer Pleuelverschraubung bei einem Pkw-Motor (Abb. 5.63) sollen konkrete Maßnahmen zur Verbesserung der Betriebshaltbarkeit erläutert werden.

Bei der linken Pleuelschraube handelt es sich um einen typischen einseitigen Biegedauerbruch.

Die kleine sichelförmige Restbruchfläche deutet auf eine geringe Klemmkraft während des Schadensereignisses hin. Der Biegedauerbruch nahm seinen Ausgang an der Innenseite der Pleuelstange (Biege-Zugseite) und breitete sich von da aus über die gesamte Querschnittsfläche der Schraube aus. Die rechte Schraube erlitt einen Gewaltbruch offensichtlich als Folge des Dauerbruchs der links dargestellten Schraube. Letztlich ausschlaggebend für den Dauerbruch der linken Schraube dürfte eine zu geringe Vorspannkraft in der Verbindung gewesen sein, die im Zusammenwirken mit dem exzentrischen Kraftangriff und einem einseitigen Aufklaffen der Trennfuge zur Überbeanspruchung der Schraube geführt hat. Die mangelnde Vorspannkraft kann auf ein unsachgemäßes Anziehen bei der Montage und/oder aber auf ein Lockern oder gar selbsttätiges Losdrehen während des Betriebs zurückzuführen sein.

Abhilfemaßnahmen.

Im Hinblick auf die beiden möglichen Versagensursachen bieten sich für eine Verbesserung der Betriebssicherheit der Verbindung folgende Maßnahmen an:

1. Gesteuertes Anziehen mit geeigneten Anziehmethoden zur Erzielung einer definierten und ausreichend hohen Vorspannkraft, die ein Aufklaffen der Trennfuge der Verbindung verhindert.

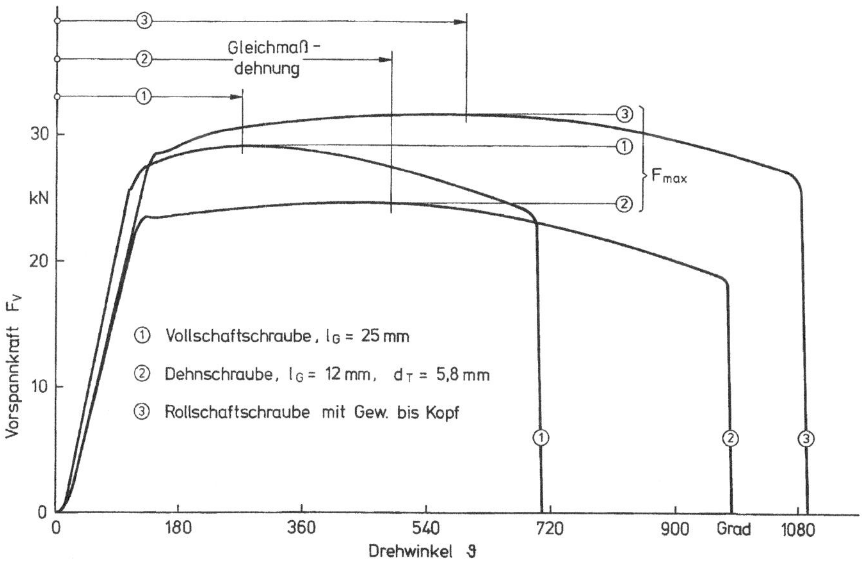

Abb. 5.59. Vorspannkraft-Drehwinkel-Kennlinien von Voll-, Dehnschaft- und Rollschaftschrauben M8x50–10.9

Pkt.	Gestaltungsrichtlinien	ungünstig	günstig
1	Vorspannkraft F_V : Möglichst hoch vorspannen - höhere Festigkeitsklasse - genaues Anziehverfahren - kleine Reibfaktoren	niedrige Vorspannkraft	hohe Vorspannkraft (Anziehverfahren mit kleinem Anziehfaktor α_A wählen)
2	Exzentrizität der Schraube s : Eine möglichst geringe Exzentrizität der Schraubenlage vorsehen.	große Exzentrizität s 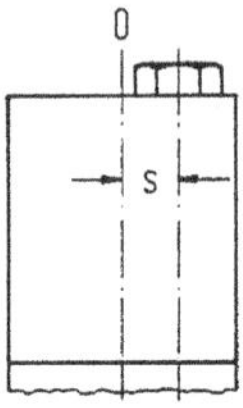	minimale Exzentrizität s 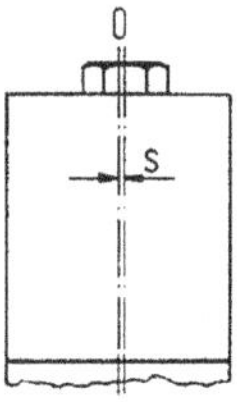
3	Exzentrizität des Kraftangriffs a : Minimale Exzentrizität bewirkt kleinere Schraubenzusatzkräfte.	große Exzentrizität a : 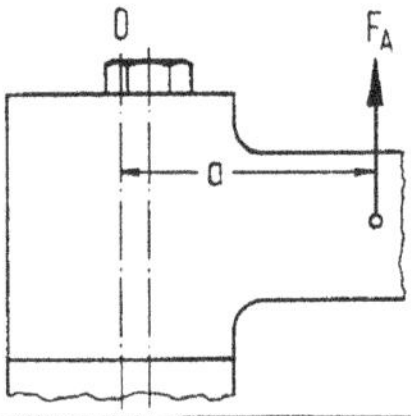	minimale Exzentrizität a : 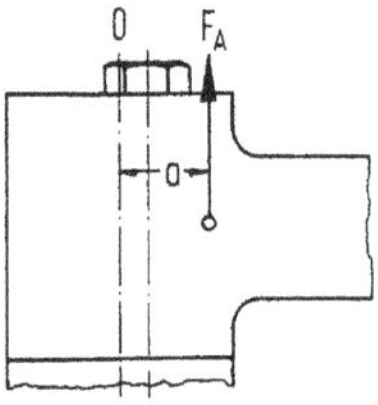
4	Höhe der Krafteinleitung : Den Kraftangriff möglichst weit nach unten zur Trennfuge legen.	Kraftangriff im oberen Bereich 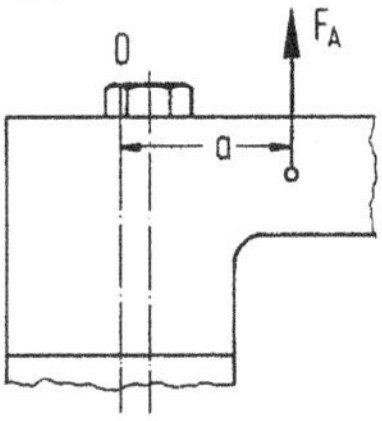	Kraftangriff in der Nähe der Trennfuge 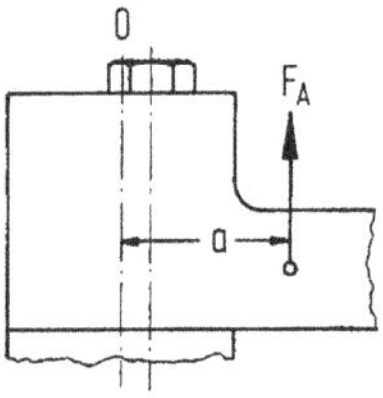
5	Steifigkeiten : Die Nachgiebigkeit der Schraube soll möglichst viel größer sein als die des Zylinders , $\delta_S \gg \delta_P$ (eventuell Taillenschraube).	dünner, schmaler Zylinder (bei gegebenem Nenndurchmesser) 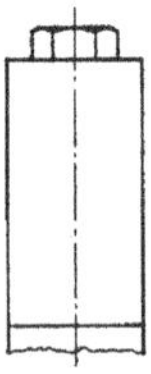	Zylinderdicke und -breite : $b, G = d_w + h_{min}$ 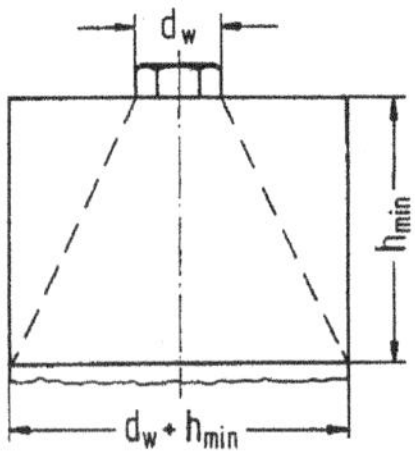

Abb. 5.60. Gestaltungsrichtlinien für Zylinderverbindungen [5.63]

2. Beanspruchungsgerechte konstruktive Gestaltung der Verbindung zur Vermeidung von Querschiebungen in den Trennfugen, z. B. durch Passschaft, exakt gefertigte Verzahnung, Verwendung von Schrauben mit größerem Klemmlängenverhältnis l_K/d, die die sog. Grenzverschiebung (Beginn der Querschiebungen, Kap. 9) zu größeren Werten hin verändert bzw. den Vorspannkraftverlust durch Setzen reduziert, Verminderung von Querkräften F_Q durch Anordnung der Schraubenachsen parallel zur Achse der Pleuelstange (Verzicht auf eine „Schrägteilung" des großen Auges der Pleuelstange).

Pkt.	Gestaltungsrichtlinien	ungünstig	günstig
1	Vorspannkraft F_V: Möglichst hoch vorspannen - höhere Festigkeitsklasse - günstiges Anziehverfahren - kleine Reibfaktoren	niedrige Vorspannkraft	hohe Vorspannkraft (Anziehverfahren mit kleinem Anziehfaktor α_A wählen)
2	Schraubenanzahl z: Eine möglichst große Schraubenanzahl vorsehen, die durch die Schlüsselaußenmaße begrenzt wird.	geringe Schraubenanzahl	große Schraubenanzahl, bei rotationssymmetrischer Verbindung: $z = \frac{d_t \cdot \pi}{d_w + h}$ (aufgerundet)
3	Flanschhöhe h: Flanschblatt möglichst dick gestalten. Richtwert: Blatthöhe = Exzentrizität	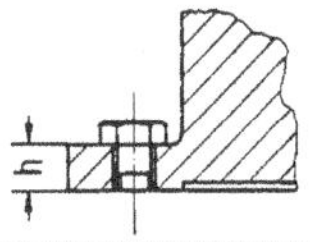	h = e 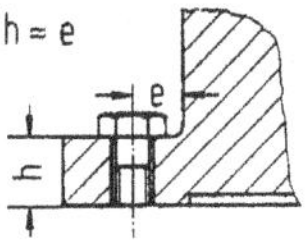
4	Exzentrizität e: Exzentrizität minimieren, eventuell Innensechskantschraube wählen.	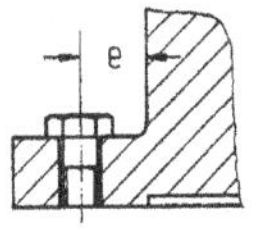	e → minimal 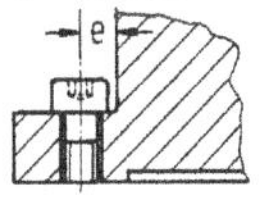
5	Flanschüberstand v: Flanschüberstand mindestens gleich der Flanschhöhe h oder größer setzen.	v < h 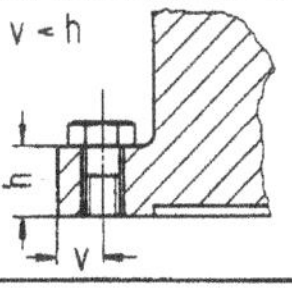	v ≈ h 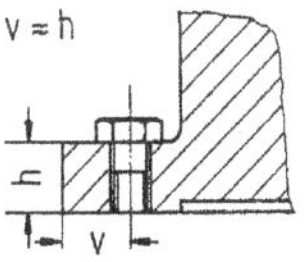
6	Auflagefläche: Eine definierte Fläche in der Trennfuge durch einen Einstich schaffen. Tiefe des Einstichs h_e maximal 10% der Flanschhöhe h	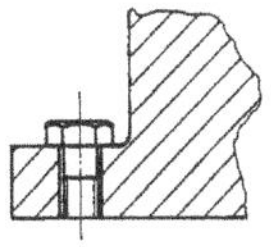	$l_1 \approx (d_w + h_{min})/2$ 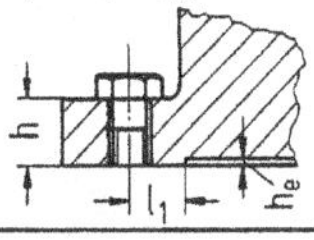
7	Anschlußsteifigkeit: Möglichst große Anschlußsteifigkeiten erzeugen: ideal ist der volle Anschlußquerschnitt.	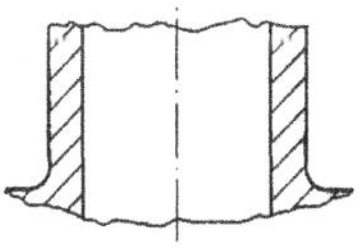	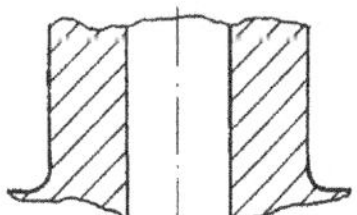

Abb. 5.61. Gestaltungsrichtlinien für räumliche Mehrschraubenverbindungen [5.63]

Pkt.	Gestaltungsrichtlinien	ungünstig	günstig
1	Vorspannkraft F_V: Möglichst hoch vorspannen - höhere Festigkeitsklasse - genaues Anziehverfahren - kleine Reibfaktoren	niedrige Vorspannkraft F_V	hohe Vorspannkraft F_V (Anziehverfahren mit kleinem Anziehfaktor α_A wählen)
2	Balkenbreite b: Möglichst die empfohlene Balkenbreite von $b = d_w + h_{min}$ ausnutzen.	sehr schmale Verbindungen 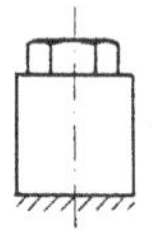	Balkenbreite $b = d_w + h_{min}$ 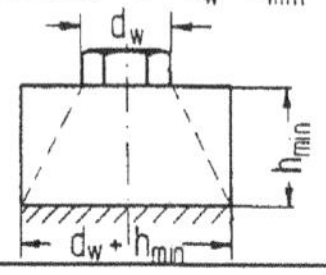
3	Balkenhöhe h: Größere Balkenhöhen bewirken geringere Schraubenzusatz-kräfte.	kleine Balkenhöhe h 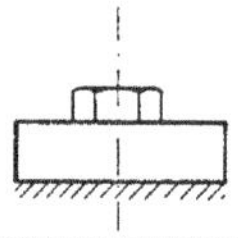	große Balkenhöhe h 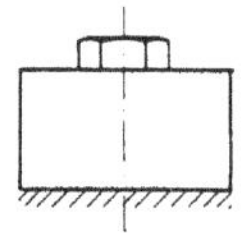
4	Überstand v: Überstand unbedingt vorsehen, damit sich die Stützwirkung voll ausbilden kann.	minimaler Überstand v 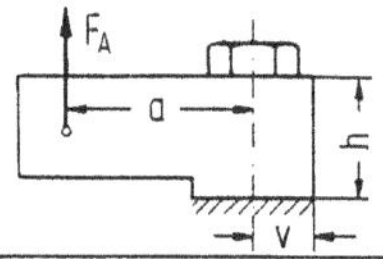	Überstand $v \approx h$ 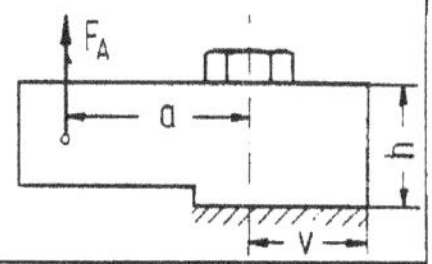
5	Anschließende Teile: Die Schraubenzusatzkraft wird kleiner, wenn die anschließenden Teile dem Balken eine parallele Verschiebung aufzwingen.	lose Kopplung 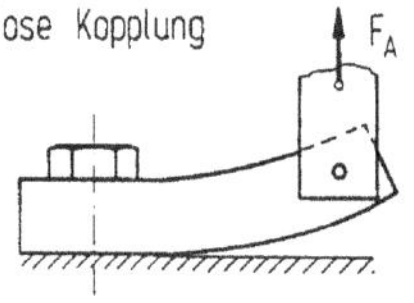	feste Kopplung 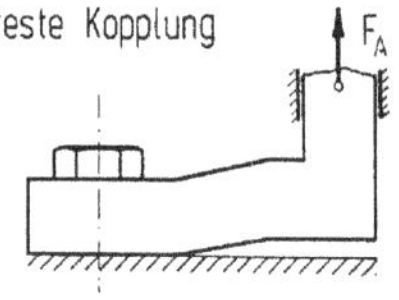

Abb. 5.62. Gestaltungsrichtlinien für räumliche Balkenverbindungen [5.63]

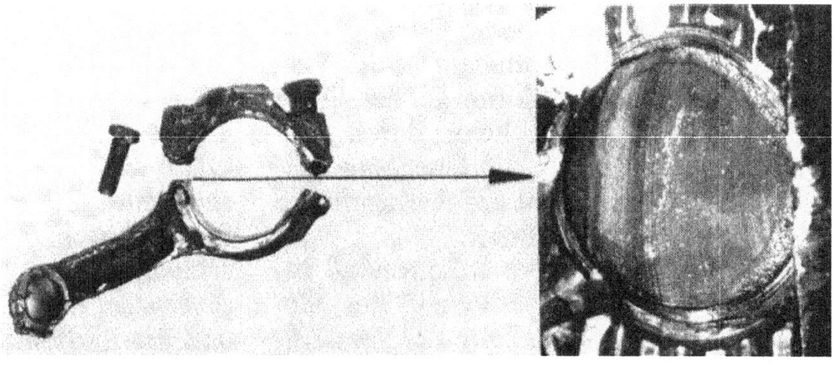

Abb. 5.63. Biegedauerbruch und Verformungen an einer schräg geteilten Pkw-Pleuelverschraubung [5.29]

5.2.4 Prüfung der Dauerhaltbarkeit von Schraubenverbindungen

Die Norm DIN 969 (Ausgabe Dezember 1997) „Schwingfestigkeitsversuch bei Axialbelastung" legt einheitliche Prüfbedingungen für die Durchführung von Schwingfestigkeitsversuchen bei Axialbelastung an Verbindungselementen mit Gewinde fest und gibt Empfehlungen für die Auswertung der Ergebnisse.

Im Sinne der Norm handelt es sich hierbei um Dauerhaltbarkeitsversuche an Schraubenverbindungen mit unendlich großer Nachgiebigkeit der verspannten Teile δ_P, d. h. durch die Art der Verspannung von Schraube und Mutter wirkt die von der Prüfmaschine erzeugte axiale, sinusförmige, Betriebskraft F_A in voller Höhe auf die Schraube. Darüber hinaus werden Vorspann- und Betriebskraft rein axial und zentrisch in die Verbindung eingeleitet. Biegekräfte werden, soweit möglich, vermieden (Abb. 5.64). Die Norm enthält detaillierte Vorschriften zum Versuchsaufbau und zur Versuchsdurchführung.

Abb. 5.64. Vorspannvorrichtung eines Hochfrequenzpulsators, Bauart Amsler

Die Versuchsergebnisse werden für das Zeitfestigkeitsgebiet im Gauß'schen Summenhäufigkeitsnetz und im Dauerfestigkeitsgebiet (Übergangsgebiet) entweder in einer vollständigen Wöhlerkurve (Zeitfestigkeit und Dauerhaltbarkeit) oder in Form eines Haigh-Diagramms (Abb. 5.65) dargestellt, das die Erfassung des Mittelspannungseinflusses auf die Dauerhaltbarkeit erlaubt.

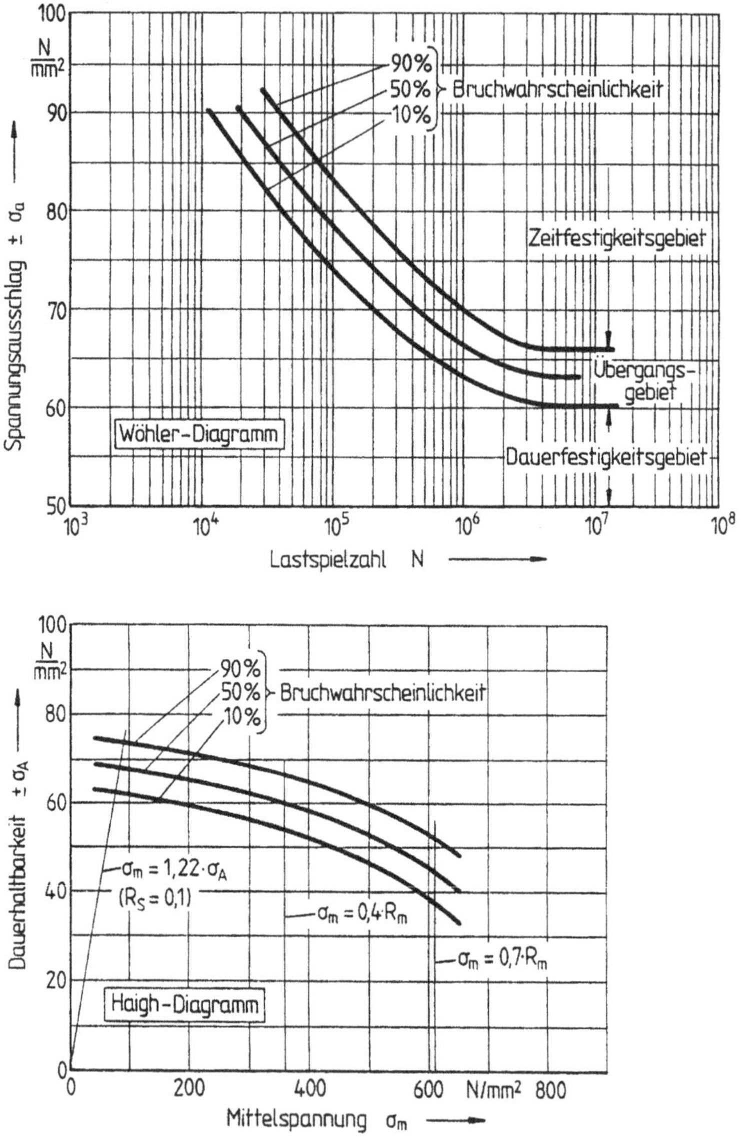

Abb. 5.65. Wöhler- und Haigh-Diagramm nach DIN 969

In den meisten Fällen wird bei der Durchführung der Versuche und der Auswertung der Versuchsergebnisse das so genannte Treppenstufenverfahren angewendet. Als weitere statistische Verfahren werden in DIN 969 ebenfalls das Abgrenzungs- und das arc sin-Verfahren beschrieben [5.67].

Als Dauerhaltbarkeit wird der Spannungsausschlag σ_A (N/mm^2) bezeichnet, den die Schraube ohne Bruch $5 \cdot 10^6$ bis 10^7Schwingspiele ertragen hat.

Der Versuchsbericht soll nach DIN 969 enthalten:

- Beschreibung der Schraube,
- Beschreibung des Teiles mit Innengewinde,
- Verwendung einer Prüfscheibe,
- Art und Prüffrequenz der Prüfmaschine,
- Für die Berechnung verwendeter Querschnitt,
- Art der Versuchsführung,
- Art und Lage des Bruchs,
- Angewendete statistische Auswerteverfahren,
- Klimatische Bedingungen.

Literatur

5.1 Thomala W (1981) Zur Tragfähigkeit von Schraube-Mutter-Verbindungen bei zügiger mechanischer Beanspruchung. VDI-Z. 123: 35–45

5.2 Kloos K H (1978) Spannungsbedingungen und Zähigkeitseigenschaften. VDI-Ber. 318: 131–142

5.3 Wiegand H, Strigens P (1972) Zum Festigkeitsverhalten feuerverzinkter HV-Schrauben. Ind. Anz. 43: 247–252

5.4 Wiegand H, Thomala W (1973) Zum Festigkeitsverhalten von feuerverzinkten HV-Schrauben. Draht-Welt 59: 542–551

5.5 Kloos K H, Schneider W (1983) Untersuchungen zur Anwendbarkeit feuerverzinkter HV-Schrauben der Festigkeitsklasse 12.9. VDI-Z. 125:101–111

5.6 Kloos K H, Landgrebe R, Schneider W (1986) Untersuchungen zur Anwendbarkeit hochtemperaturverzinkter HV-Schrauben der Festigkeitsklasse 10.9. VDI-Z. 128: 98–108

5.7 Wiegand H, Illgner K H (1968) Einfluss der Mutternfestigkeit und Mutternhöhe auf die Haltbarkeit hochfester Schraubenverbindungen. Draht-Welt 54: 115–120

5.8 Schneider W, Thomala (1984) W Hinweise zur Anwendung des Spannungsquerschnitts von Schraubengewinden. VDI-Z. 126: 84–91

5.9 Kellermann H, Klein H Chr (1955) Untersuchungen über den Einfluss der Reibung auf Vorspannung und Anzugsmoment von Schraubenverbindungen. Konstr. Masch. Appar. Gerätebau 7: 54–68

5.10 Wiegand H, Illgner K H, Strigens P (1969) Einfluss der Gewindesteigung auf die Haltbarkeit von Schraubenverbindungen bei zügiger Beanspruchung, Teile 1 und 2. Ind. Anz. 91: 869–874 und 2049–2054

5.11 Thomala W (1984) Beitrag zur Berechnung der Haltbarkeit von Schraubenköpfen mit Innen-Kraftangriff. VDI-Z.126: 315–321

5.12 Illgner K H (1965) Haltbarkeit von Schraubenköpfen mit Sechskant. Draht-Welt 51: 215–221

5.13 Wiegand H, Illgner K H (1963) Haltbarkeit von ISO-Schraubenverbindungen unter Zugbeanspruchung. Konstr. Masch. Appar. Gerätebau 15: 142–149

5.14 Wiegand H, Illgner K H (1967) Haltbarkeit von Schraubenverbindungen mit ISO-Gewindeprofil. Konstr. Masch. Appar. Gerätebau 19: 81–91

5.15 Bauer C O (1973) Kritische Höhe, Festigkeit und Sicherung von Muttern aus ferritischen Chrom-Nickel-Stählen. Werkstatt Betr. 106: 293–299

5.16 Dick G (1973) Untersuchungen zur statischen Auszugskraft hochfester Stahlschrauben aus Aluminium-Knetwerkstoffen. Aluminium 49: 626–632

5.17 Alexander E A (1977) Analysis and design of threaded assemblies. Int. Automotive Eng. Congress and Exposition Detroit. Rep. Nr. 770420

5.18 Schneider W (1983) Berechnung der Tragfähigkeit ineinander greifender Gewinde. VDI-Ber. 478: 55–62

5.19 Thomala W (1995) Zur Berechnung der erforderlichen Mutterhöhe bei Schraubenverbindungen. Konstruktion 47–9: 285–291

5.20 Illgner K H, Beelich K H (1966) Einfluss überlagerter Biegung auf die Haltbarkeit von Schraubenverbindungen. Konstr. Masch. Appar. Gerätebau 18: 117–124

5.21 Kloos K H, Schneider W (1984) Haltbarkeit exzentrisch beanspruchter Schraubenverbindungen. VDI-Z. 126:741–750

5.22 Matthaes K (1938) Die Kerbwirkung bei statischer Beanspruchung. Z. Luftf.-Forsch. 15: 38ff

5.23 Richter G (1957) und (1964) Versprödung metallischer Werkstoffe. Maschinenschaden 30: 39–42 und 37: 15–20

5.24 Junker G (1961) Flächenpressung unter Schraubenköpfen. Maschinenmarkt 67: 29–39

5.25 Schneider W (1980) Schäden an Schraubenverbindungen. Kongreßband Verbindungstechnik Köln

5.26 Munz D (1967) Einfluss von Eigenspannungen auf das Dauerschwingverhalten. Härterei-Techn. Mitt. 22: 52–61

5.27 Neuber H, Schmidt J, Heckel K (1975) Ein dauerschwingfestes Gewindeprofil. Konstr. Masch. Appar. Gerätebau 27: 419–421

5.28 Kloos K H, Thomala W (1979) Spannungsverteilung im Schraubengewinde. VDI-Z. 121: 127–137

5.29 Thomala W (1979) Der Dauerbruch, häufigster Schaden bei Schraubenverbindungen. Draht-Welt 65: 67–73

5.30 Kloos K H, Schneider W (1983) Optimierung der Dauerhaltbarkeitseigenschaften von Schraubenverbindungen durch gezieltes Nachrollen vorprofilierter Gewinde. Berichtsband DVM-Tag Düsseldorf: 29–36

5.31 Thomala W (1978) Beitrag zur Dauerhaltbarkeit von Schraubenverbindungen. Diss. TU Darmstadt

5.32 Wiegand H, Illgner K H, Beelich K H (1964) Die Dauerhaltbarkeit von Gewindeverbindungen mit ISO-Profil in Abhängigkeit von der Einschraubtiefe. Konstr. Masch. Appar. Gerätebau 16: 485–490

5.33 Wiegand H, Illgner K H, Junker G (1961) Neuere Ergebnisse und Untersuchungen über die Dauerhaltbarkeit von Schraubenverbindungen. Konstr. Masch. Appar. Gerätebau 13: 461–467

5.34 Kober A (1979) Analyse vergleichbarer Schäden, dargestellt am Beispiel von Umformmaschinen. Maschinenschaden 53: 161–168

5.35 Kloos K H, Landgrebe R, Schneider W (1991) Verschiedene Einflüsse auf die Spannungsverteilung in Schraubenverbindungen. VDI-Z. 133: 86–94
5.36 Thomala W (1974) Das Metrische Gewindeprofil als Streitobjekt. Ind. Anz. 96: 2215–2222
5.37 Blume D (1976) Einfluss von Gewindeherstellung und -profil auf die Dauerhaltbarkeit von Schrauben. Maschinenmarkt 82: 350–352
5.38 Turlach G, Kellermann R (1972) Hochfeste Schrauben – Gedanken zur Gestaltung und Anwendung. Verbindungstechnik (Sonderdruck) 4
5.39 Wiegand H, Strigens P (1970) Die Haltbarkeit von Schraubenverbindungen mit Feingewinden bei wechselnder Beanspruchung. Ind. Anz. 92: 2139–2144
5.40 Wiegand H, Tolasch G (1967) Dauerfestigkeitsverhalten einsatzgehärteter Proben. Härterei-Tech. Mitt. 22: 330–338
5.41 Bahre K (1977) Über das Verhalten nitrierter Stähle bei Wechselbeanspruchung unter dem Einfluss verschieden hoher Temperaturen. Diss. TU Darmstadt
5.42 Turlach G (1983) Schraubenverbindungen für den Leichtbau. VDI-Ber. 478: 85–95
5.43 Wiegand H, Illgner K H, Beelich K H (1967) Festigkeit und Formänderungsverhalten von Schraubenverbindungen insbesondere aus austenitischen Werkstoffen. Draht 18: 517–526
5.44 Thum A, Lorenz H (1940) Versuche an Schrauben aus Mg-Legierungen. VDI-Z. 84: 667–673
5.45 Bollenrath F, Cornelius H, Siedenburg W (1939) Festigkeitseigenschaften von Leichtmetallschrauben. VDI-Z. 83: 1169–1173
5.46 Kellermann R, Turlach G (1967) Hochfeste Titanschrauben aus der Titanlegierung TiAl6V4. Techn. Rundsch. 59: 9–15
5.47 Jay G T F, Sachs K (1967) Effect of partial decarburization on fatigue strength of bolts. J. Iron Steel Inst. 205: 85–87
5.48 Illgner K H, Blume D (1985) Schrauben Vademecum – Firmenbroschüre der Fa. Bauer & Schaurte Karcher GmbH, 6. Auflage
5.49 Strigens P 1971 Zum Einfluss der Oberflächenkaltverfestigung auf die Dauerfestigkeit von Stählen. Diss. TU Darmstadt
5.50 Fuchsbauer B (1983) Untersuchungen zur Schwingfestigkeitsoptimierung bauteilähnlicher Proben unterschiedlicher Größe durch Festwalzen. Diss. TU Darmstadt
5.51 Bahre K (1978) Zum Mechanismus der Wechselfestigkeitssteigerung und Druckeigenspannungen nach einer Oberflächenbehandlung. Z. Werkstofftech. 9: 45–56
5.52 Kellermann R, Turlach G (1967) Hochfeste Titanschrauben aus der Titanlegierung TiAI6V4. Mitt. Kamax-Werke und Techn. Rundsch. 59: 9–15
5.53 Junker G, Meyer G (1969) Dauerhaltbarkeitsuntersuchung von ultrahochfesten Schrauben mit metrischem ISO- und Sondergewinde. Laborber. SPS Unbrako Nr.9010
5.54 Yakushev A I (1964) Effect of manufacturing technology and basis thread parameters on the strength of threaded connections. Oxford Pergamon Press
5.55 Siebel E, Gaier M (1956) Untersuchungen über den Einfluss der Oberflächenbeschaffenheit auf die Dauerschwingfestigkeit metallischer Bauteile. VDI-Z 98: 1715–1723
5.56 Klein H Ch (1959) Hochwertige Schraubenverbindungen. Einige Gestaltungsprinzipien und Neuentwicklungen. Konstr. Masch. Appar. Gerätebau 11: 201–212 und 259–264

5.57 Turlach G (1984) Verbesserung der Dauerhaltbarkeit höchstfester Schraubenverbindungen. VDI-Z 126: 92–97
5.58 Wiegand H, Strigens P (1970) Einfluss der Gewindeform auf die Haltbarkeit von ultrahochfesten Verbindungen. Draht-Welt 56: 649–652
5.59 Walker R A (1974) Verbindungselemente für die Luft- und Raumfahrt sowie andere kritische Anwendungsbeispiele. VDI-Ber. 220: 155–172
5.60 Yoshimoto I, Maruyama K)1978) Investigation of the screw thread profile to improve the fatigue strength. Bull. Res. Lab. Precision Machinery Electronics No. 42
5.61 Jahnke E (1979) Belastungsverteilung in Gewindeverbindungen mit Steigungsdifferenzen. Diss. Univ. Dortmund
5.62 Kloos K H, Schneider W (1986) Untersuchung verschiedener Einflüsse auf die Dauerhaltbarkeit von Schraubenverbindungen. VDI-Z. 128: 101–109
5.63 Galwelat M (1980) Rechnerunterstützte Gestaltung von Schraubenverbindungen. Schriftenreihe Konstruktionstechnik 2. TU Berlin
5.64 Grote K H 1984 Untersuchung zum Tragverhalten von Mehrschraubenverbindungen. Schriftenreihe Konstruktionstechnik 6. TU Berlin
5.65 Junker G, Meyer G (1967) Neuere Betrachtungen über die Haltbarkeit von dynamisch belasteten Schraubenverbindungen. Draht-Welt, Beilage: Schrauben, Muttern, Formteile 53: 487–499
5.66 Thomala W (1983) Hinweise zur Anwendung überelastisch vorgespannter Schraubenverbindungen. VDI-Ber. 478: 43–53
5.67 Dünkel V (1999) Schwingfestigkeit von Schraubenverbindungen – optimierte Versuchsführung und deren Anwendung bei der Untersuchung von Randschicht- und Oberflächenzuständen – . Diss. TU Darmstadt (D 17), Shaker Verlag Aachen

6 Korrosion und Korrosionsschutz von Schraubenverbindungen

6.1 Einführung

Nach DIN 50900 Teil 1 versteht man unter Korrosion die Reaktion von Metallen mit ihrer Umgebung. Im Wesentlichen wird zwischen den drei folgenden Korrosionsmechanismen unterschieden:

- chemische Korrosion (z. B. Verzundern von Stahl),
- metallphysikalisch-chemische Korrosion (z. B. Druckwasserstoffangriff bei Stahl) und
- elektrochemische Korrosion (z. B. anodische und/oder kathodische Spannungsrisskorrosion).

Korrosion kann sich durch unterschiedliche Erscheinungsformen äußern:

- abtragende Korrosion (z. B. ebenmäßige oder flächige Korrosion),
- selektive Korrosion (z. B. Lochfraß, interkristalline Korrosion) und
- sog. rissbildende Korrosion (z. B. Spannungsriss- und Schwingungsrisskorrosion).

Schraubenverbindungen können durch einen korrosiven Angriff nicht nur eine optische Veränderung erfahren. Je nach Art oder Ausmaß eines Korrosionsangriffs kann auch ihre Betriebssicherheit gefährdet werden. Unter bestimmten Korrosionsbedingungen ist sogar ein vollständiges Versagen der Schraubenverbindung möglich. Infolge Korrosion können bei Schraubenverbindungen insbesondere folgende Schäden auftreten:

- Unzulässige optische Veränderungen in sichtbaren Bereichen, z. B. „Rostfahnen“ an Gebäudefassaden oder Rotrostbildung bei bestimmten Schraubenverbindungen in Kraftfahrzeugen (Imageschaden)
- Unlösbarkeit der Verbindung durch voluminöse Korrosionsprodukte,
- Verunreinigung der Umgebung der Verbindung durch Korrosionsprodukte und damit Gefahr sekundären Korrosionsbefalls
- Entstehung von Überbeanspruchungen durch örtliche Querschnittsverminderungen oder durch Kerbwirkung (Korrosionskerben),
- Sprödbruch infolge Spannungs- und/oder Schwingungsrisskorrosion oder Wasserstoffversprödung.

Diesen korrosionsbedingten Schäden entgegenzuwirken ist das Ziel aller Korrosionsschutzmaßnahmen. Die dem Korrosionsschutz zukommende Bedeutung verdeutlichen die jährlichen wirtschaftlichen Schäden infolge Korrosion, die allein für die Bundesrepublik Deutschland in einer Größenordnung von rd. 30 Mrd. € liegen. Dabei könnten nach [6.1] bis zu 30% dieser Kosten eingespart werden, wenn der derzeitige Wissensstand über Korrosion und Korrosionsschutz konsequenter genutzt würde.

Voraussetzungen für einen wirksamen Korrosionsschutz sind hierbei insbesondere die Kenntnis der Korrosionsmechanismen, der möglichen Korrosionsarten und ihrer Auswirkungen sowie des Zusammenspiels von korrosiver und mechanischer Beanspruchung.

6.2 Grundlagen der Korrosion

Korrosionsvorgänge stellen Phasengrenzflächenreaktionen zwischen Metalloberflächen und festen, flüssigen und gasförmigen Korrosionsmedien dar (DIN 50900). Die Korrosionsreaktion ist in der überwiegenden Zahl aller Korrosionsfälle elektrochemischer Art. Eine elektrochemische Korrosion erfolgt unter drei Voraussetzungen:

- Es müssen zwei verschieden edle (verschieden korrosionsbeständige) Metalle oder Metalloberflächen (Elektroden) vorliegen. Hieraus ergibt sich eine Spannungs- oder Potentialdifferenz als treibende Kraft für das Fließen eines Korrosionsstroms.
- Zwischen den beiden Elektroden muss eine elektrisch leitende Verbindung bestehen. Daraus ergibt sich bei ausreichend großer Potentialdifferenz die Möglichkeit eines Elektronenflusses.
- Beide Elektroden müssen von demselben Elektrolyten bedeckt sein (Voraussetzung für eine Ionenleitung).

Am Beispiel des in Abb. 6.1 schematisch dargestellten Lokalelements wird der Korrosionsvorgang verdeutlicht. Die unedle Metalloberfläche bildet die Lokalanode (A) und die edlere Metalloberfläche der Umgebung die Lokalkathode (K). Während an der *Lokalanode* ein *Oxidationsvorgang* Metallionen freisetzt, wandern die im Metall verbleibenden Elektronen zur *Lokalkathode* und führen dort zu einem *Reduktionsvorgang*. In dessen Verlauf kommt es an der Metalloberfläche je nach Umgebungsmedium zur

- Bildung von Hydroxylionen unter Mitwirkung von Sauerstoff aus dem Elektrolyt in neutralen und alkalischen Medien ($pH > 5$, Sauerstoffkorrosionstyp), oder zur
- Reduktion von Wasserstoffionen in sauren Medien ($pH < 5$, Wasserstoffkorrosionstyp).

Die bei der anodischen Teilreaktion (Metallauflösung) bzw. der kathodischen Teilreaktion (Reduktion) entstehenden Teilströme sind nicht direkt messbar. Deshalb wird mit Hilfe einer galvanostatischen oder potentiostatischen Messanordnung

(DIN 50918) das resultierende Potential bestimmt, das sich aus der Summe der Einzelpotentiale der beiden Teilvorgänge an der Anode bzw. Kathode ergibt (Summen-Stromdichte-Potentialkurve). Als Bezugselektrode wird hierfür die Standardwasserstoffelektrode oder auch Normalwasserstoffelektrode verwendet.

Diese Bezugshalbzelle besteht aus einer Platinelektrode, die in eine wässrige Lösung mit der Wasserstoffionen-Aktivität $a = 1$ (pH = 0, d.h. 1 mol $H^{\oplus}$-Ionen / l) eintaucht und die von Wasserstoffgas bei einem Druck von 1,013 bar umspült wird.

A Lokalanode
(Einschluss, unedles Gefügeteilchen)

K Lokalkathode
(Fläche in der Umgebung von A)

Anodenvorgang:
(Oxidation)

$$Me \rightarrow Me^{n+} + ne^-$$

Kathodenvorgang:
(Reduktion)

Sauerstofftyp

$$O_2 + 2H_2O + 4e^- \rightarrow 4OH^-$$

Wasserstofftyp

$$2H^+ + 2e^- \rightarrow H_2$$

Abb. 6.1. Vorgang der elektrochemischen Korrosion an einem Lokalelement (schematisch)

Der Wasserstoffelektrode ist willkürlich das Potential Null zugeordnet. Die sich aus einer solchen Potentialmessung ergebende Summen-Stromdichte-Potentialkurve für ein aktiv korrodierendes System (Metall-Elektrolyt) zeigt Abb. 6.2.

Die anodische Teilstromkurve kann mit Hilfe des Faradayschen Gesetzes und dem Gewicht des während des Korrosionsvorgangs in Lösung gegangenen Metalls bestimmt werden. Diese Methode ist jedoch streng genommen nur bei einer Stromausbeute von 100% exakt.

Faradaysches Gesetz:

$$m = \frac{M}{zF} It \tag{6.1}$$

mit

m – elektrochemisch umgesetzte Stoffmenge [g]
M = molare Masse [gmol^{-1}]
F = Faradaysche Zahl 96487 [Asmol^{-1}]
I = Stromstärke [A].
t = Zeit [s].
z = Ladungszahl, Wertigkeit [–].

Damit ergibt sich die kathodische Teilstromdichte-Potentialkurve aus der Differenz der Summen-Stromdichte-Potentialkurve und der anodischen Teilstromdichte-Potentialkurve:

$$i_{Kath} = i_{ges} - i_{Anod} \tag{6.2}$$

mit $i = I/A$ = Stromdichte [Acm^{-2}], wobei A = Kathodenfläche.

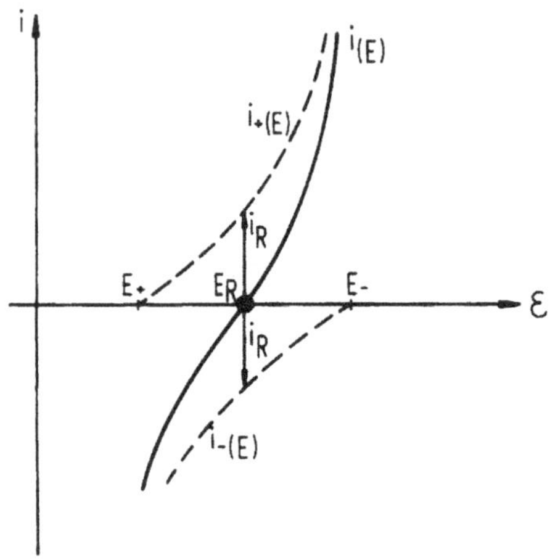

$i_{+(E)}$ =	Polarisationskurve der anodischen Teilreaktion
$i_{-(E)}$ =	Polarisationskurve der kathodischen Teilreaktion
$i_{(E)}$ =	Stromdichte-Potentialkurve der Gesamtreaktion, Mischpotentialkorrosion
E+, E- =	Gleichgewichtspotentiale der Teilreaktionen
E_R =	Ruhepotential der Gesamtreaktion
$i_+ + i_- = 0 \rightarrow$	freie ungehemmte Korrosion
i_R =	Reaktionsstrom beim Ruhepotential

Abb. 6.2. Summen-Stromdichte-Potentialkurve und Teil-Stromdichte-Potentialkurven der anodischen und der kathodischen Teilreaktion (gestrichelte Linien)

In einem Korrosionselement stellt sich ohne die Einwirkung von äußeren Strömen ein Gleichgewicht zwischen dem anodischen und dem kathodischen Teilvorgang ein, das Ruhepotential E_R. Dieses ist gemäß Abb. 6.2 identisch mit dem freien Korrosionspotential E_{Korr} bei freier ungehemmter Korrosion in einem Korrosionselement. Dabei ist i_R ein Maß für die Korrosionsgeschwindigkeit, d.h. je größer i_R, desto schneller verläuft die Korrosionsreaktion.

Ein besonderes Ruhepotential stellt das Normal- oder Standardpotential E_0 der Metalle dar. Dieses wird ermittelt, indem man das Metall unter Standardbedingungen (T = 25°C und p = 1,013 bar) in eine Lösung seines eigenen Salzes mit der Metallionenaktivität a = 1 eintaucht und das Elektrodenpotential dieser so entstandenen Halbzelle gegen die Standardwasserstoffelektrode misst.

Die Ordnung der Standardpotentiale der Metalle nach ihrer Größe führt zur *Normalspannungsreihe.* In der Elektrochemie werden Metalle mit einem positiven Potential als „edel“ und mit einem negativen Potential als „unedel“ bezeichnet. Als Faustregel gilt: Ein Metall wird umso stärker korrodiert, je negativer sein Potential ist (Tabelle 6.1). Im Allgemeinen weichen die Werte der tatsächlich auftretenden Elektrodenpotentiale merklich von der Spannungsreihe der Metalle ab, da sie von Faktoren wie

- Zusammensetzung,
- Bewegung,
- Temperatur

der Lösung abhängen. Zusätzlich können durch Korrosionsreaktionen Veränderungen auf der Metalloberfläche auftreten (z. B. Passivierung), die starke Potentialveränderungen verursachen. Bei unedlen Metallen kann in manchen Fällen die Abhängigkeit des gemessenen Potentials von der Konzentration des Metallsalzes in dem Elektrolyten nicht exakt bestimmt werden, da das Metall mit der Lösung direkt reagiert und die Metallionenkonzentration in der Phasengrenze Metall-Elektrolyt verschieden ist von der im Innern der Lösung. Für die praktische Handhabung ist die Normalspannungsreihe deshalb nur von untergeordneter Bedeutung.

Tabelle 6.1. Normalpotentiale und praktische Spannungsreihe in Meerwasser für einige Metalle [6.2]

Elektrodenpotentiale in bewegtem luftgesättigten künstlichen Meerwasser (DIN 50907) pH 7,5; 25°C; 1 bar		Normalpotentiale bei 25°C [a]	
Metall	E/mV	Metall	E_0/mV
Gold	+243	Gold	+1700
Silber	+149	Silber	+799
Nickel Ni 99,6	+46	Kupfer	+520
Kupfer	+10	(Wasserstoff)	±0
Austenitischer rostfreier Stahl	−45	Zinn	−140
Zinn	−180	Nickel	−230
Zink Zn 98,5	−284	Kadmium	−400
Hartchrom auf Stahl (50 µm)	−291	Eisen	−440
GG18 mit Gusshaut (Kupolofen)	−307	Chrom	−710
Stahl MnSt4	−335	Zink	−760
Aluminium 99,5	−667	Aluminium	−1660

[a] Gilt für die niedrigste Wertigkeitsstufe

Beispiele für vom Normalpotential abweichenden Elektrodenpotentiale in künstlichem Meerwasser sind als praktische Spannungsreihe in Tabelle 6.1 aufgeführt. Die hier angegebenen Normalpotentiale beziehen sich auf Metalle mit oxidfreier Oberfläche. Eine Reihe von Metallen bildet jedoch bei Berührung mit Luft

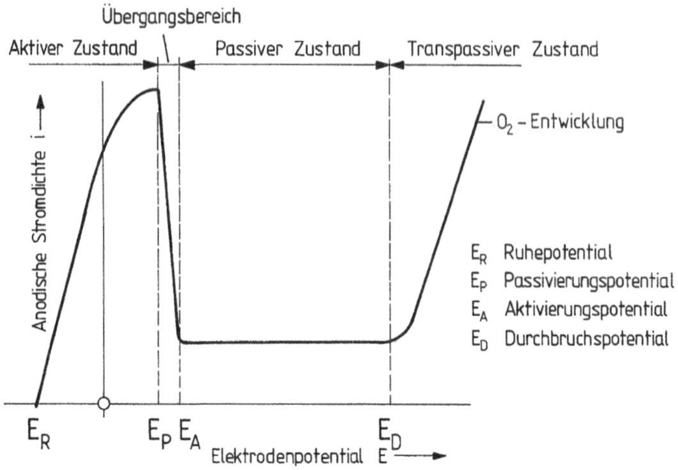

Abb. 6.3. Stromdichte-Potentialkurve passivierbarer Metalle (schematisch nach DIN 50900)

spontan eine Deckschicht (Selbstpassivierung), die das Metall vor einem weiteren Korrosionsangriff schützen kann. Diese Art der Deckschichtbildung vollzieht sich außer bei Aluminium noch bei Chrom und bei hoch legierten chromhaltigen Stählen mit mindestens 13% im Grundgitter gelöstem Chrom. Passiviertes Chrom weist in der Spannungsreihe ein Normalpotential von $E_0 = 1320$ mV auf gegenüber dem nicht passivierten Zustand von –710 mV.

Die schematische Stromdichte-Potentialkurve nach DIN 50900 (Abb. 6.3) stellt die Zusammenhänge zwischen der anodischen Stromdichte und dem Potential eines Metalls im aktiven, passiven und transpassiven Zustand dar. Für die Intensität der Metallauflösung bei Korrosion (Auflösung pro Flächeneinheit) ist die Korrosionsstromdichte i von besonderer Bedeutung.

$$i = \frac{I_{Korr}}{A_{Anod}} \tag{6.3}$$

mit

i = Korrosionsstromdichte [A cm^{-2}]
I_{Korr} = Korrosionsstrom [A]
A_{Anod} = Anodenfläche [cm^2]

Sie steuert den auf eine bestimmte Fläche bezogenen Stoffumsatz. Aus der Konstanz des Korrosionsstroms $I_{Korr} = I_{Kath} = I_{Anod}$ folgt, dass bei kleiner Anoden- und großer Kathodenfläche die Anodenstromdichte groß wird:

$i_{Anod}\, A_{Anod} = i_{Kath}\, A_{Kath}$ bzw.
$i_{Anod} / i_{Kath} = A_{Kath} / A_{Anod}$ und damit

$$i_{Anod} = i_{Kath} \cdot \frac{A_{Kath}}{A_{Anod}} \tag{6.4}$$

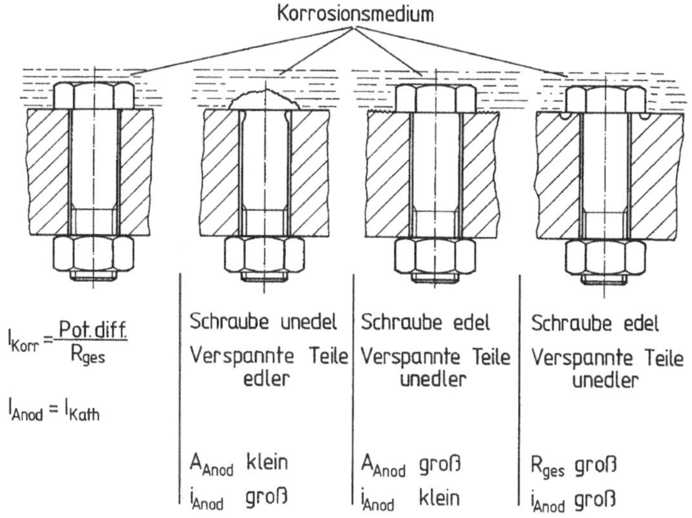

Abb. 6.4. Korrosionstypen für unterschiedliche Elektrodenpotentiale

Die auf einen relativ kleinen Bereich konzentrierte Korrosion an der Anode führt bei hoher Stromdichte zu starker örtlicher Auflösung. Ein Beispiel hierfür ist eine Schraube, die in ein Bauteil aus einem gegenüber dem Schraubenwerkstoff edleren Metall eingeschraubt wird. Sie korrodiert stark und löst sich schnell auf (Abb. 6.4).

Im umgekehrten Fall eines Verbindungselements aus einem edleren Werkstoff korrodiert die große Anodenfläche in dessen Umgebung stark verzögert, weil an der relativ kleinen Kathodenoberfläche nur ein begrenzter Elektronenaustausch pro Zeiteinheit möglich ist. Durch diese Hemmung der Kathodenreaktion wird auch der Anodenstrom vermindert. Darüber hinaus verteilt sich dieser auf die relativ große Anodenfläche, womit nach Gl. 6.4 die Anodenstromdichte und damit die anodische Auflösung pro Flächeneinheit klein werden. Durch geeignete Werkstoffauswahl sind somit die Korrosionsbedingungen beeinflussbar (korrosionsgerechte Konstruktion). Bei großer Anoden- und kleiner Kathodenfläche kann dennoch ein kritischer Schaden entstehen, wenn die elektrische Leitfähigkeit des Korrosionsmediums so gering ist (R_{ges} groß), dass sich der Korrosionsangriff auf die nähere Umgebung der Schraube konzentriert (z. B. Kondenswasser).

Die kathodischen Bereiche können unter bestimmten Bedingungen ebenfalls in ihrer Funktionsfähigkeit beeinträchtigt werden. wenn bei der Kathodenreaktion im Falle des Wasserstoffkorrosionstyps durch Reduktion von H-Ionen atomarer Wasserstoff entsteht, der zunächst an der Metalloberfläche adsorbiert wird (Abb. 6.5). Dies kann auch bei mit unedleren Überzügen kathodisch geschützten Verbindungselementen (z. B. galvanisch verzinkte Schrauben aus Vergütungsstählen) auftreten, wenn der metallische Überzug örtlich verletzt wird oder infolge der kathodischen Teilreaktion des Korrosionsprozesses H-Ionen an der freien Bauteiloberfläche adsorbiert werden.

Durch Hemmung der Rekombination der adsorbierten Wasserstoffatome zum Wasserstoffmolekül kann sich der Partialdruck des atomaren Wasserstoffs erhöhen.

Dadurch wird der Eintritt des atomaren Wasserstoffs in das Metall begünstigt. Eine Schädigung des Werkstoffs in Form eines wasserstoffinduzierten Sprödbruchs oder einer wasserstoffinduzierten Spannungsrisskorrosion kann die Folge sein (s. Abschnitt 6.3.2 und 6.4.5).

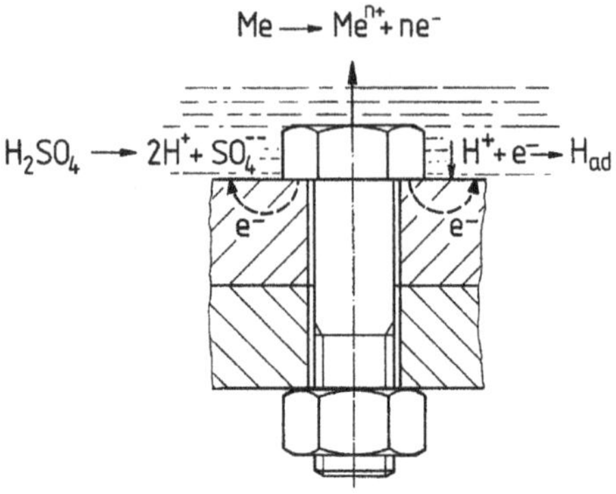

Abb. 6.5. Bildung adsorbierten atomaren Wasserstoffs an der Kathodenoberfläche

Tabelle 6.2. Korrosionsarten nach DIN 50900

Ohne mechanische Beanspruchung		Mit zusätzlicher mechanischer Beanspruchung
gleichmäßige Flächenkorrosion	selektive Korrosion – Interkristalline Korrosion – Transkristalline Korrosion	Spannungsrisskorrosion
Muldenkorrosion	Säurekondensatkorrosion (Taupunktkorrosion)	Schwingungsrisskorrosion (Korrosionsermüdung)
Lochkorrosion	Kondenswasserkorrosion (Schwitzwasserkorrosion)	Dehnungsinduzierte Korrision
Spaltkorrosion	Stillstandkorrosion	Erosionskorrosion
Kontaktkorrosion	Mikrobiologische Korrosion	Kavitationskorrosion
Korrosion durch unterschiedliche Belüftung	Anlaufen	Reibkorrosion (Korrosionsverschleiß)
Korrosion unter Ablagerungen (Berührungskorrosion)	Verzunderung	

6.3 Korrosionsarten

In DIN 50900 Teil 1 werden 14 Korrosionsarten ohne mechanische Beanspruchung und 6 Korrosionsarten mit zusätzlicher mechanischer Beanspruchung aufgeführt (Tabelle 6.2).

Schraubenverbindungen unterliegen grundsätzlich einer mechanischen Beanspruchung, die üblicherweise aus der Vorspannkraft und einer zusätzlichen Betriebskraft resultiert. Auf Grund der für Schraubenverbindungen spezifischen Beanspruchungsbedingungen wird in den folgenden Ausführungen nur auf die für Schraubenverbindungen zutreffenden Korrosionsarten aus Tabelle 6.2 eingegangen.

6.3.1 Korrosionsarten ohne mechanische Beanspruchung

6.3.1.1 Gleichmäßige Flächenkorrosion

Eine Flächenkorrosion bei einem metallischen Bauteil ist der einfachste Fall von Korrosion. Hierbei findet auf der gesamten Bauteiloberfläche ein nahezu gleichmäßiger Korrosionsabtrag statt, der – bei direktem Angriff auf den ungeschützten Grundwerkstoff ohne Korrosionsschutzüberzug – zu einer weitgehend gleichmäßigen Verringerung des Bauteilquerschnitts führt.

6.3.1.2 Kontaktkorrosion

Kontaktkorrosion ist eine beschleunigte Korrosion eines metallischen Bereichs, die bei einem Korrosionselement aus einer Paarung *Metall/Metall* oder *Metall/elektronenleitender Festkörper* auftreten kann. Hierbei ist der beschleunigt korrodierende Bereich die Anode des Korrosionselements.

Kontaktkorrosion ist häufig in sog. Mischbaukonstruktionen – wenn z. B. Leichtmetall- mit Stahlelementen kombiniert werden –, oft aber auch bei oberflächenbeschichteten Bauteilen anzutreffen (Beispiel Abb. 6.6). Die *Ionenleitung* kann von allen leitenden Flüssigkeiten (Elektrolyten) übernommen werden (z. B. von einem Flüssigkeitsfilm), während die *Elektronenleitung* durch die Kontaktstellen der Festkörper erfolgt (z. B. Schraubenkopf und verspannte Teile, Abb. 6.5). Häufig genügt bereits die Feuchtigkeit aus der Atmosphäre zum Entstehen von Kontaktkorrosion.

Von entscheidender Bedeutung für das Ausmaß der Korrosion sind die Potentialdifferenz und das Flächenverhältnis der miteinander gepaarten Metalle oder Bauteile (Abb. 6.4) sowie die Leitfähigkeit des sie bedeckenden Elektrolyten (Abb. 6.6).

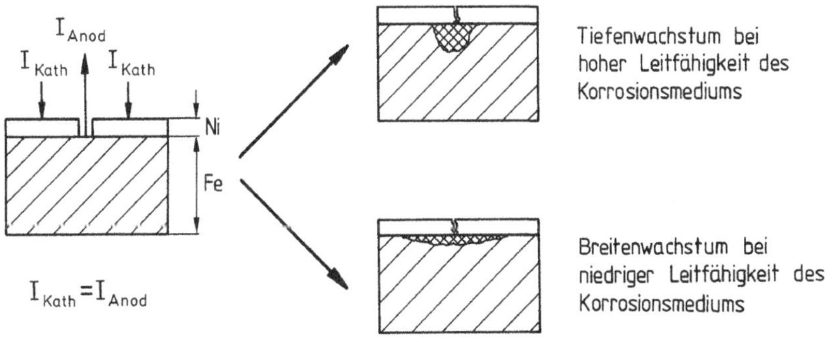

Abb. 6.6. Kontaktkorrosion im Bereich einer Unterbrechung/Verletzung in einem im Vergleich zum Grundmetall edleren Überzug (schematisch)

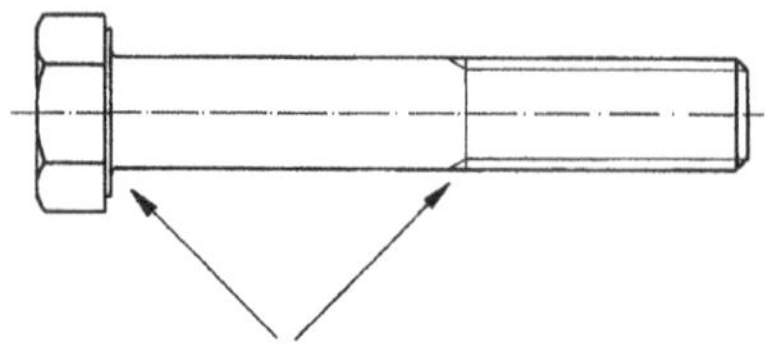

Abb. 6.7. Entstehung von Lokalanoden an Stellen unterschiedlich starker Kaltumformung bei unvergüteten Schrauben (Beispiel)

Weitere Formen der Kontaktkorrosion sind eine Lokalelementbildung zwischen heterogenen Legierungsbestandteilen an der Metalloberfläche oder zwischen unbeabsichtigt eingepressten Fremdmetallteilchen und dem Bauteil [6.3] (Abb. 6.1) sowie die Entstehung von anodischen und kathodischen Bezirken, die sich durch Inhomogenitäten im metallischen Werkstoff, z. B. an kaltverformten Stellen unterschiedlicher Umformgrade [6.4] (Abb. 6.7), ausbilden können.

6.3.1.3 Korrosion durch unterschiedliche Belüftung

Eine verstärkte örtliche Korrosion kann auch durch die Ausbildung eines Korrosionselements bei unterschiedlicher Belüftung (sog. Belüftungselement) auftreten. Hierbei bilden die weniger belüfteten Bereiche die Anode des Korrosionselements mit erhöhtem Metallabtrag, während die besser belüfteten Bereiche zur Kathode werden (Abb. 6.8). Im Extremfall kann im anodischen Bereich durch Hydrolyse gelöster Eisenionen eine zunehmende Ansäuerung des Elektrolyten stattfinden, die oft eine ausgeprägte Mulden- oder Narbenkorrosion zur Folge hat. Belüftungselemente entstehen häufig im Bereich von örtlichen Ablagerungen, Hohlräumen oder Spalten.

6.3.1.4 Spaltkorrosion

Spaltkorrosion ist eine örtlich verstärkte Korrosion in konstruktiv bedingten engen Spalten. Diese Korrosionserscheinung tritt bei Schraubenverbindungen häufig im Bereich der Kopf- und/oder Mutterauflageflächen oder im Bereich von Durchgangslöchern auf. In diesen Spalten verändert sich – ähnlich wie bei einem Belüftungselement (s. Abschnitt 6.3.1.3) – infolge Diffusionshemmung und Sauerstoffmangel die Elektrolytlösung, und es kommt zu erhöhtem Metallabtrag.

Kathodische Bereiche entstehen an Stellen, wo Sauerstoff für die Reduktionsreaktion zur Verfügung steht (s. Abb. 6.8). Bei verstärkter Hydrolyse von Korrosionsprodukten in Spalten kann in diesen Bereichen infolge einer Absenkung des pH-Wertes Lochkorrosion auftreten.

6.3.1.5 Berührungskorrosion

Berührungskorrosion ist eine örtliche Korrosion durch Berührung mit einem metallischen Fremdkörper. Die Korrosionsart kann hierbei entweder eine Spaltkorrosion, eine Kontaktkorrosion oder eine Korrosion durch unterschiedliche Belüftung sein.

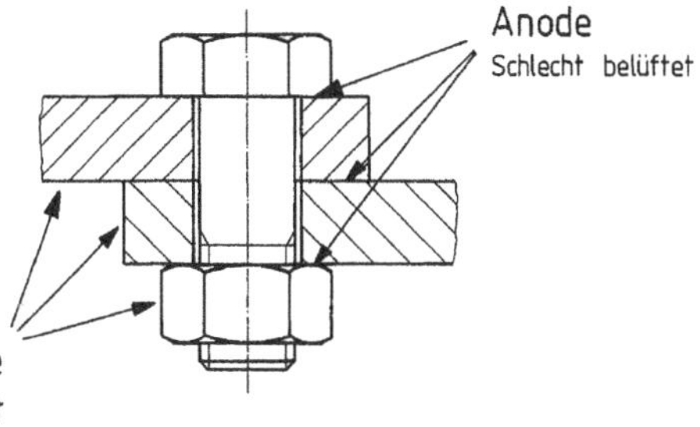

Abb. 6.8. Entstehung eines Korrosionselements in Spalten von Schraubenverbindungen

6.3.1.6 Selektive Korrosion

Eine selektive Korrosion ist dadurch gekennzeichnet dass beim Angriff eines Korrosionsmediums bestimmte Gefügebestandteile, korngrenzennahe Bereiche oder Legierungsbestandteile bevorzugt in Lösung gehen. Selektive Korrosion tritt nur bei mehrphasigen Legierungen auf. DIN 50900 unterscheidet zwischen interkristalliner Korrosion mit einem bevorzugten Korrosionsangriff auf korngrenzennahe Bereiche und transkristalliner Korrosion mit einem Korrosionsangriff quer durch die Kristallite und annähernd parallel zur Verformungsrichtung.

Ursache einer interkristallinen Korrosion sind relative elektrochemische Potentialunterschiede zwischen Korngrenzen und Korninnerem, die durch intermetallische Ausscheidungen entlang der Korngrenzen hervorgerufen werden (s. auch Abschnitt 6.4.2). Typische Beispiele sind der bevorzugte Korngrenzenangriff bei sensibilisierten CrNi-Stählen oder Nickellegierungen sowie bei Aluminiumlegierungen.

Weitere Erscheinungsformen der selektiven Korrosion sind die Spongiose, eine Auflösung des Ferrits bei Gusseisen durch mangelnde Schutzschichtbildung, die Entzinkung von CuZn-Legierungen (Messing) unter Zurücklassung porösen Kupfers, die Entnickelung und die Entaluminierung der intermetallischen Phasen bei Aluminiumlegierungen.

6.3.2 Korrosionsarten mit zusätzlicher mechanischer Beanspruchung

Die Arten der Korrosion mit zusätzlicher mechanischer Beanspruchung unter Berücksichtigung des Korrosionsmediums sind in Tabelle 6.3 zusammengestellt.

Tabelle 6.3. Arten der Korrosion mit zusätzlicher mechanischer Beanspruchung

Mechanische Beanspruchung (Last- und Eigenspannungen) Beanspruchungsart		Korrosionsbeanspruchung	
		Korrosionsmedium	Korrosionsart
zügig	Zug Druck Biegung Verdrehung	spezifisches Medium (Elektrolyt)	Spannungsrisskorrosion
schwingend	Zug-Druck Wechselbiegung Umlaufbiegung	jedes Medium (Elektrolyt)	Schwingungsrisskorrosion
reibend	Flüssigkeits-Misch- und Trocken-reibung	jedes Medium	Reibkorrosion (Korrosionsverschleiß)
schlagend	Erosion Kavitation	jedes aggressive Mediumjedes Medium (Elektrolyt)	Erosionskorrosion Kavitationskorrosion

6.3.2.1 Spannungsrißkorrosion (SpRK)

Spannungsrisskorrosion (SpRK) kann als anodische (Metallauflösung an einer Rissspitze) oder kathodische (wasserstoffinduzierte) Spannungsrisskorrosion auftreten. Die Gefahr einer SpRK ist unter folgenden Voraussetzungen gegeben (Abb. 6.9):

- Es muss ein Werkstoff mit einer erhöhten Empfindlichkeit gegenüber SpRK vorliegen
- Es muss ein spezifisches Korrosionsmedium wirken, gegenüber dem der Werkstoff eine besondere SpRK-Empfindlichkeit besitzt.
- Der Werkstoff muss einer mechanischen Beanspruchung durch Zuglastspannungen und/oder Zugeigenspannungen ausgesetzt sein.

Eine *anodische* SpRK (z.B durch Chlorionen) kann im Allgemeinen nur bei passiven Werkstoffen auftreten. Eine Risskeimbildung als Ausgangspunkt einer anodischen SpRK entsteht hierbei entweder im Bereich örtlicher Verletzungen der Passivschicht aus dem Werkstoffinneren (durchstoßende Gleitungen) oder im Bereich einer örtlichen Zerstörung der Passivschicht durch äußere Einwirkungen.

Im Gegensatz zur anodischen SpRK, bei der das Risswachstum durch eine Metallauflösung an der Rissspitze erfolgt, beruht die *kathodische* SpRK auf einer reversiblen oder irreversiblen Versprödung, verursacht durch in den Werkstoff eingedrungenen atomaren Wasserstoff. Dieser stammt aus einer elektrochemischen Wasserstoffentladung, die mit ihren Teilreaktionen in Abb. 6.10 dargestellt ist.

Eine kathodische Reduktion des Wasserstoffs kann z. B. stattfinden

- beim Beizen
- beim Phosphatieren
- bei einer galvanischen Metallabscheidung
- bei Korrosionsreaktionen im Betrieb
- beim Mechanismus des kathodischen Korrosionsschutzes.

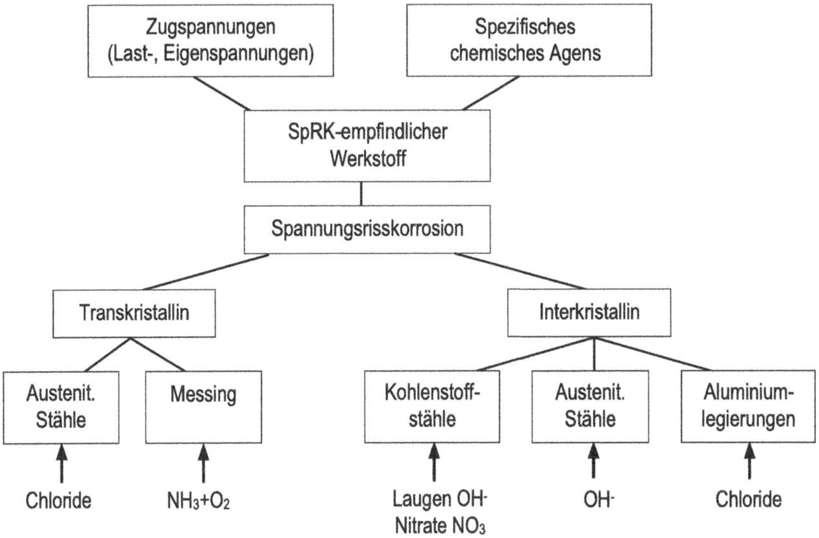

Abb. 6.9. Wesentliche Voraussetzungen für das Auftreten einer Spannungsrisskorrosion [6.5]

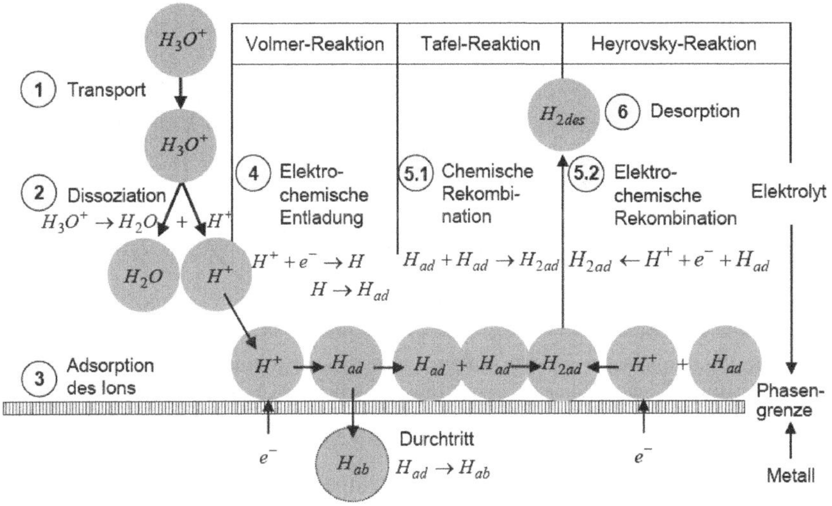

Abb. 6.10. Vorgänge bei der elektrochemischen Wasserstoffentladung [6.6]

Außerdem kann Wasserstoff auch im Rahmen der nachfolgend aufgeführten Prozesse vom Werkstoff aufgenommen werden:

- Stahlherstellung (Gasblasen)
- Kaltumformung oder spanende Bearbeitung (Zersetzung bestimmter Kühl- oder Schmierstoffe)
- Wärmebehandlung (Feuchtigkeit, Kohlenwasserstoffe)
- Schweißen (Wasser im Schutzgas, Elektrodenumhüllung).

Bei der Wärmebehandlung von Schrauben erfolgt insbesondere bei einem Aufkohlen in gasförmiger Atmosphäre (z. B. einsatzgehärtete Blechschrauben oder gewindefurchende metrische Schrauben) eine nicht unbeträchtliche Wasserstoffaufnahme [6.7, 6.8]. Der aufgenommene Wasserstoff kann jedoch durch ein nachfolgendes sachgerechtes Anlassen weitgehend wieder effundieren.

Die Ergebnisse zahlreicher Untersuchungen haben gezeigt, dass bei Schraubenverbindungen aus Stählen folgende Voraussetzungen erfüllt sein müssen (Abb. 6.11), damit die Gefahr eines wasserstoffinduzierten Sprödbruchs oder einer wasserstoffinduzierten Spannungsrisskorrosion verstärkt gegeben ist [6.6, 6.9 bis 6.12]:

	Werkstoffzustand: Hohe Zugfestigkeit bei eingeschränkter Zähigkeit Eingeschränktes Formänderungsvermögen Kritische Art, Größe und Verteilung von sog. Wassertofffallen / Fremdeinschlüssen	
Beanspruchung: Lastinduzierte Zug- und / oder Zugeigenspannungen Inhomogene Spannungsverteilung (z. B. infolge Biegung) Kerbwirkung (z. B. Bauteilgeometrie, Einschlüsse, etc.)	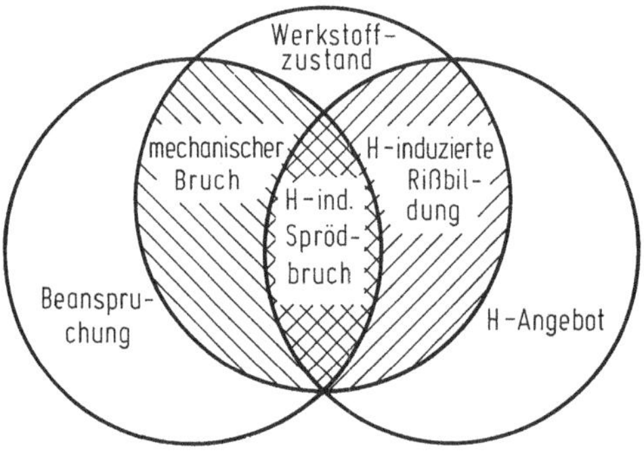	H-Angebot: Betriebsbedingt; z. B. infolge Korrosion Fertigungsbedingt; z. B. Wärmebehandlung, Säurebeizung, galv. Oberflächenbehandlung

Abb. 6.11. Voraussetzungen für das Auftreten eines wasserstoffinduzierten Sprödbruchs oder einer wasserstoffinduzierten Spannungsrisskorrosion (schematisch) [6.13]

- Es muss ein *Werkstoff* hoher Festigkeit mit eingeschränkter Zähigkeit vorliegen.
- Das Bauteil muss einer *mechanischen Beanspruchung* durch Zuglastspannungen und oder Zugeigenspannungen ausgesetzt sein, die noch eine zusätzliche Überhöhung durch makroskopische und/oder mikroskopische Kerbwirkung erfahren können.
- Das *Umgebungsmedium* muss eine ausreichende Menge diffusiblen Wasserstoffs anbieten, damit sich eine kritische Wasserstoffkonzentration im Werkstoff ausbilden kann.

Bei hochfesten Schrauben (ab Festigkeitsklasse 10.9) nimmt mit ansteigender Zugfestigkeit die *Wasserstoffversprödungsanfälligkeit* zu (Abb. 6.12). Je nach dem Grad einer vorhandenen Versprödungsanfälligkeit besitzen hochfeste Schrauben bei Vorhandensein von atomarem Wasserstoff auf Grund ihrer Bauteilgeometrie (scharfe Kerben) und auf Grund der an sie gestellten funktionalen Anforderungen eine erhöhte *Wasserstoffversprödungsgefährdung*:

- Eine hohe Werkstofffestigkeit bedingt bei gleicher chemischer Zusammensetzung im Allgemeinen eine Abnahme der Zähigkeit.
- Die Forderung nach Übertragung hoher Vorspannkräfte (insbesondere bei überelastischen Anziehverfahren) und Betriebskräfte bedeutet ein hohes Beanspruchungsniveau.
- Atomarer Wasserstoff kann während einer chemischen und/oder elektrochemischen Oberflächenbehandlung (z. B. kathodisches Entfetten, Beizen, Galvanisieren) und/oder im Rahmen eines Korrosionsprozesses an der Bauteiloberfläche angeboten werden.

Abb. 6.13 zeigt eine im Übergang Kopf-Schaft (Stelle hoher Kerbwirkung s. Abb. 5.2) gebrochene feuerverzinkte Sechskantschraube M27–12.9. Der Schaden in Form eines verzögerten Sprödbruchs, der den ehemaligen Austenitkorngrenzen folgende Rissverlauf und die in der REM-Aufnahme sichtbaren Korntrennungen im Bereich der Randzone deuten auf einen wasserstoffinduzierten Bruch hin.

Die Überschreitung der kritischen Wasserstoffkonzentration im Werkstoff wurde im vorliegenden Schadensfall durch eine fehlerhafte Säurebeizung verursacht.

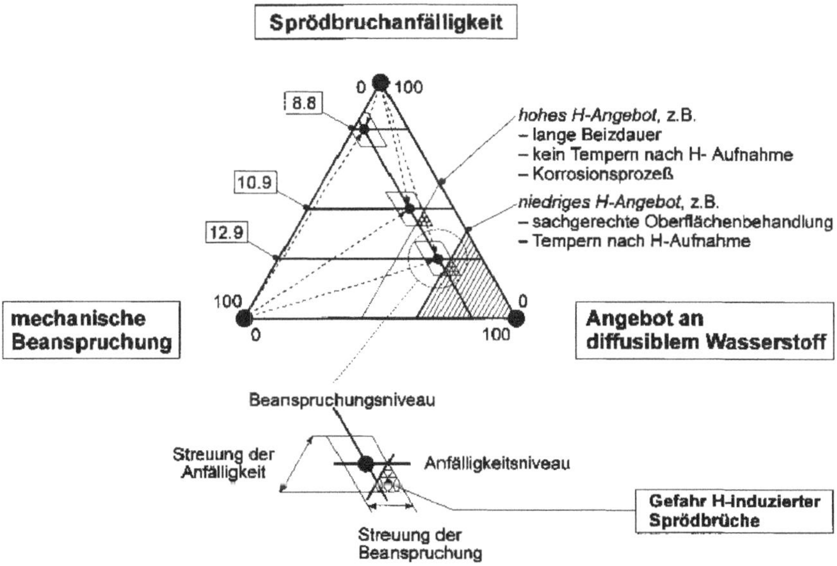

Abb. 6.12. Wasserstoffversprödungsanfälligkeit und Wasserstoffversprödungsgefährdung bei hochfesten und hoch beanspruchten Schrauben der Festigkeitsklassen 8.8, 10.9 und 12.9 (schematisch)

Eine derartige Werkstoffschädigung kann vermieden werden, wenn das Wasserstoffangebot gering gehalten wird und die Wasserstoffatome an der Oberfläche zu nicht diffusionsfähigen H_2-Molekülen rekombinieren können, bevor eine kritische Menge atomaren Wasserstoffs in den Werkstoff eindiffundiert ist. Bei modernen Galvanisierungsverfahren und bei sachgerechter Prozessführung ist dies im Allgemeinen sichergestellt, so dass Bedenken hinsichtlich einer durch das Galvanisieren hervorgerufenen Wasserstoffversprödung nicht immer begründet sind. Dies zeigen insbesondere die Untersuchungen in [6.6] und [6.11].

Sowohl bei der anodischen als auch bei der kathodischen SpRK erfolgt das Bauteilversagen meist spontan, ohne dass nennenswerte Verformungen oder sichtbare Korrosionsprodukte auf ein bevorstehendes Bruchereignis hinweisen. Diese Versagensart stellt daher für die betriebliche Praxis eine der gefährlichsten Korrosionserscheinungen dar.

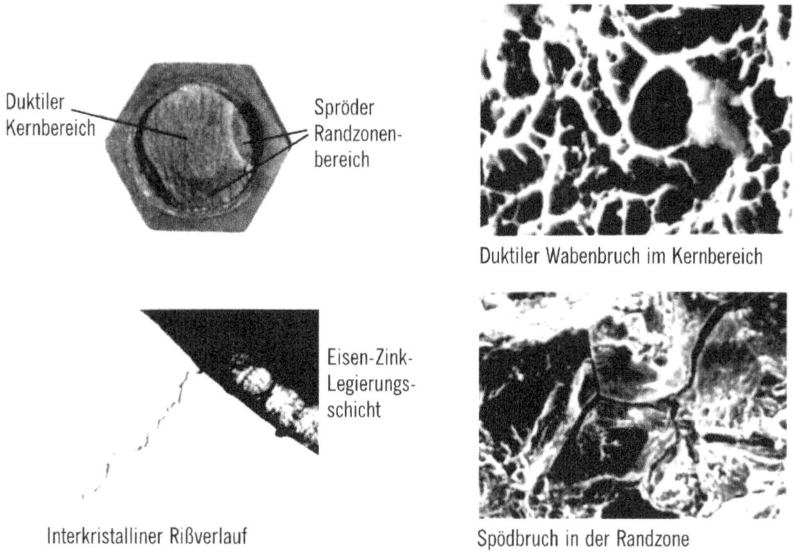

Abb. 6.13. Sprödbruch unter dem Kopf einer feuerverzinkten Sechskantschraube M27–12.9

6.3.2.2 Schwingungsrisskorrosion (SwRK)

Im Gegensatz zur Spannungsrisskorrosion ist jeder metallische Werkstoff in jedem Elektrolyten durch Schwingungsrisskorrosion (SwRK) gefährdet (Tabelle 6.3). Das Bruchversagen erfolgt ausschließlich durch transkristalline Risse, die im Wesentlichen senkrecht zu den wirkenden Hauptnormalspannungen entstehen.

Man unterscheidet zwischen einer SwRK im aktiven und passiven Zustand:

Bei der *SwRK im aktiven Zustand* gehen die Risse überwiegend von Korrosionsgrübchen an der Oberfläche aus. Es tritt nebeneinander eine Vielzahl von Rissen auf, und das Bruchbild zeigt ein zerklüftetes Aussehen mit auskorrodierten Rissflanken.

Bei der *SwRK im passiven Zustand* erfolgt die Risskeimbildung durch Verletzungen der Passivschicht aus dem Werkstoffinnern infolge von örtlich durch die Passivschicht hindurch tretenden Gleitbändern. Das Schadensbild ist gekennzeichnet durch die Entstehung glatter, wenig verästelter Risse. Es treten selten Korrosionsprodukte auf. Der Bruch ist fast nicht von einem Dauerbruch an Luft zu unterscheiden.

Bei einer Schwingungsrisskorrosion gibt es keine mit der Dauerfestigkeit an Luft vergleichbare Dimensionierungsgröße, sondern nur Korrosions-Zeitfestigkeitswerte. Die Lebensdauer eines durch SwRK beanspruchten Bauteils ist abhängig von der Korrosionsbeständigkeit des Werkstoffs gegenüber dem Umgebungsmedium, vom Grad seiner Aktivierung durch Plastifizierungen, von der Höhe der mechanischen Schwingbeanspruchung sowie von deren Frequenz.

6.3.2.3 Reibkorrosion (Korrosionsverschleiß)

Mit Reibkorrosion muss immer dann gerechnet werden, wenn durch eine oszillierende reibende Beanspruchung mit kleiner Wegamplitude Passivschichten oder auch andere Deck- und Schutzschichten durch Abrasion örtlich entfernt oder verletzt werden. An diesen fremdschichtfreien Oberflächen kann eine anodische Metallauflösung durch Wechselwirkung mit dem umgebenden Medium erfolgen. Insbesondere bei Passschrauben führen derartige Schichtverschleißprozesse zu Maßänderungen, wodurch häufig Funktionsstörungen verursacht werden.

Je nach örtlichen Flächenpressungswerten und Gleitschlupfbeträgen können die Schichtverschleißprozesse in lokale adhäsiv-abrasive Verschleißvorgänge übergehen. Dabei werden in unmittelbarer Nähe von Kaltschweißstellen Ermüdungsanrisse gebildet, die zu einer deutlichen Absenkung der Dauerhaltbarkeit führen.

Reibkorrosion an kritischen Stellen von Schrauben sollte daher durch sachgerechte konstruktive Gestaltung unbedingt vermieden werden.

6.4 Möglichkeiten des Korrosionsschutzes

Bei der Suche nach einem geeigneten Korrosionsschutz für Verbindungselemente sind die mechanischen Eigenschaften des Endprodukts (Festigkeit, Zähigkeit, Härte, Widerstand gegen Abrieb etc.), die Wirtschaftlichkeit seiner Herstellung oder Aufbringung (Verarbeitbarkeit, Werkstoffkosten etc.), die Funktionssicherheit während der Betriebs- oder Nutzungsdauer einer Konstruktion, die erforderliche Lebensdauer der Verbindungselemente im Vergleich zur gesamten Konstruktion sowie die miteinander gepaarten Werkstoffe (Vermeidung von Kontaktkorrosion) in die Bewertungsskala einzubeziehen. Heute spielen neben den rein funktionalen in verstärktem Maße auch optische Gesichtspunkte (Farbgebung, Design) eine Rolle. Die Wahl eines optimalen Korrosionsschutzes setzt die Kenntnis der Wirkung aller für einen gegebenen Anwendungsfall wichtigen Einflussgrößen voraus.

Grundsätzlich gilt: Einen absoluten Korrosionsschutz gibt es nicht!

Bei Schraubenverbindungen erfolgt die Auswahl eines geeigneten Korrosionsschutzes hauptsächlich nach folgenden Kriterien:

- Verbindungselemente müssen die Anforderungen, die sich aus mechanischer, thermischer und chemischer Beanspruchung ergeben, sicher erfüllen.
- Die Lebensdauer der Verbindungselemente muss der Lebensdauer oder der vorgesehenen Nutzungsdauer der miteinander gepaarten Teile angepasst sein.
- Der Korrosionsschutz muss hinsichtlich Prozesssicherheit und Wirtschaftlichkeit Schrauben und Muttern als Massenartikel gerecht werden.
- Beim Aufbringen von Korrosionsschutzüberzügen müssen in Abhängigkeit vom Beschichtungsverfahren gegebenenfalls prozessbedingte örtliche Schichtdickenunterschiede berücksichtigt werden:

  - *Bei galvanischen Überzügen*: geringere Streufähigkeit von Elektrolyten im Bereich von Querschnittsübergängen wie Kopf-Schaft-Übergang, Gewindegrund oder im Bereich größerer Vertiefungen wie Innen-Kraftangriffen oder Napfungen etc. sowie bei langen Teilen, s. auch Abschnitt 6.4.3.2.
  - *Bei im Tauch-Schleuder-Verfahren aufgebrachten Zinklamellenüberzügen oder anderen anorganischen oder organischen Überzügen*: Kantenflucht, z. B. an Außen-Kraftangriffsecken oder an den Gewindespitzen, Schichtanhäufungen im Bereich von Auflageflächen oder in den Gewindegrundbereichen oder in Vertiefungen bei schöpfenden Teilen, z. B. Schrauben mit Innen-Kraftangriff etc.).

- Festgelegte Toleranzen, z. B. für Gewinde oder Innen-Kraftangriffe, dürfen nicht überschritten werden.
- Die Dehnung des Schraubenschafts unter Vorspannung darf die Dehnfähigkeit der Schutzschicht nicht überschreiten (Aufreißen der Schicht).
- Gegebenenfalls müssen Forderungen an das Reibungsverhalten beim Anziehen (z. B. Einhaltung eines vorgegebenen Reibungszahlfensters bei miteinander gepaarten Verbindungselementen/Bauteilen) oder weitere funktionale Anforderungen berücksichtigt werden.
- Schraubenverbindungen müssen lösbar sein (Verletzung der Schutzschicht beim Anziehen und Lösen, Abrieb, Festfressen).

Das Ziel jeder Korrosionsschutzmaßnahme ist die Begrenzung des Korrosionsstroms auf ein Mindestmaß. Hierzu sind grundsätzlich alle in Abb. 6.14 aufgeführten Maßnahmen geeignet. Für Schraubenverbindungen sind eine geeignete konstruktive Gestaltung, der Einsatz korrosionsbeständiger Werkstoffe und/oder die Aufbringung von Oberflächenschutzüberzügen von besonderem Interesse.

6.4.1 Korrosionsgerechte konstruktive Gestaltung

Ein wirkungsvoller Korrosionsschutz beginnt schon bei der Konstruktion. Deshalb sollten im Hinblick auf eine korrosionsgerechte konstruktive Gestaltung zur Verbesserung des Korrosionsschutzes von Schraubenverbindungen die folgenden Gesichtspunkte besonders beachtet werden:

- Verwendung von metallischen Werkstoffen gleichen oder ähnlichen Potentials [6.3, 6.15 und 6.16].
- Vermeidung eines direkten Kontakts zweier Metalle ungleichen Potentials in Verbindung mit einem Elektrolyten, wenn eine Potentialdifferenz unumgänglich ist. Dies ist z. B. durch Isolation der Metalle mittels nicht leitender Schichten möglich (Abb. 6.15 bis 6.18).
- Vermeidung von Spalten, in die das Korrosionsmedium eindringen und infolge geänderter Konzentration bzw. ungleicher Belüftungsverhältnisse eine Spaltkorrosion verursachen kann (Abb. 6.8).
- Vermeidung eines ungünstigen Flächenverhältnisses von Anode zu Kathode. Der unedlere Teil einer Verbindung sollte gemäß Gl. 6.4 derjenige mit der größeren Oberfläche sein, damit infolge hoher Stromdichte kein unzulässig großer, örtlich begrenzter Abtrag entsteht (Abb. 6.1 und 6.4).

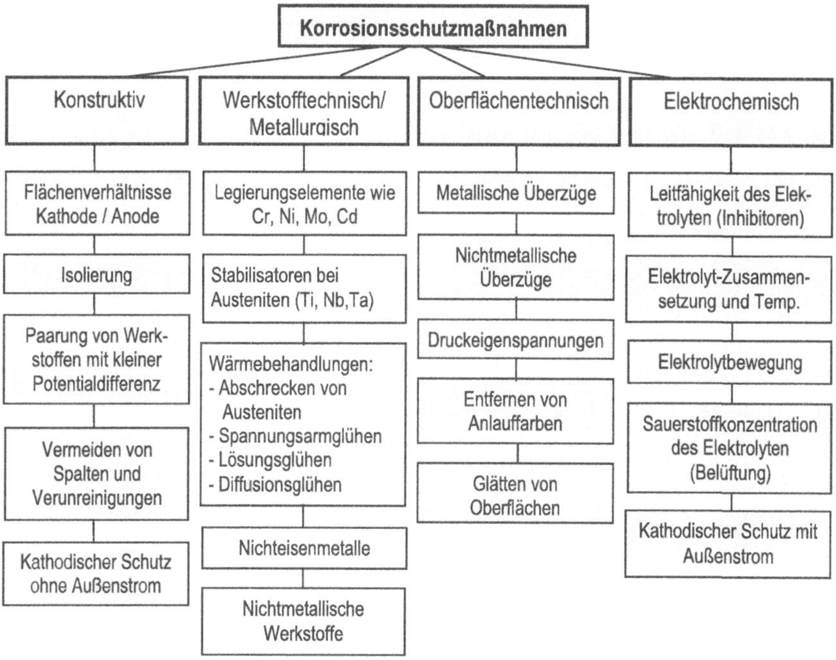

Abb. 6.14. Korrosionsschutzmaßnahmen

6.4.2 Einsatz nichtrostender Stähle

Neben Aluminium, Kupfer, Titan und deren Legierungen sowie Nickelbasislegierungen oder Kunststoffen, die dann eingesetzt werden, wenn neben Korrosionsbeständigkeit zusätzlich geringes spezifisches Gewicht (Leichtbau, Luftfahrt), elektrische Leitfähigkeit oder Isolationseigenschaften sowie Temperaturbeständigkeit gefordert werden, haben wegen ihrer ausgezeichneten Korrosionsbeständigkeit in den letzten Jahren insbesondere die nichtrostenden Stähle einen ausgedehnten Anwendungsbereich gefunden.

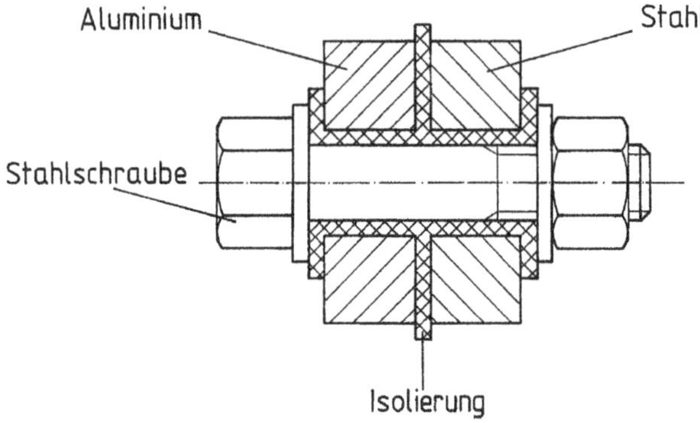

Abb. 6.15. Isolation einer Schraubenverbindung zur Vermeidung von Kontaktkorrosion (schematisch) [6.15]

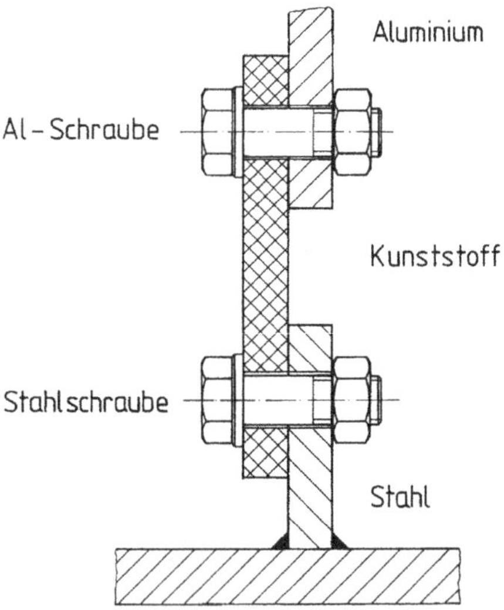

Abb. 6.16. Verbindung zweier Metalle mit neutralem Zwischenstück [6.16]

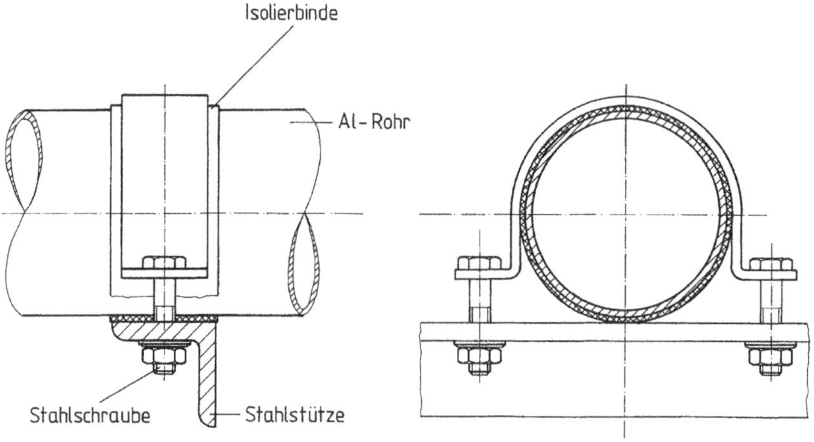

Abb. 6.17. Aluminiumrohrleitung mit Isolierbinde [6.3]

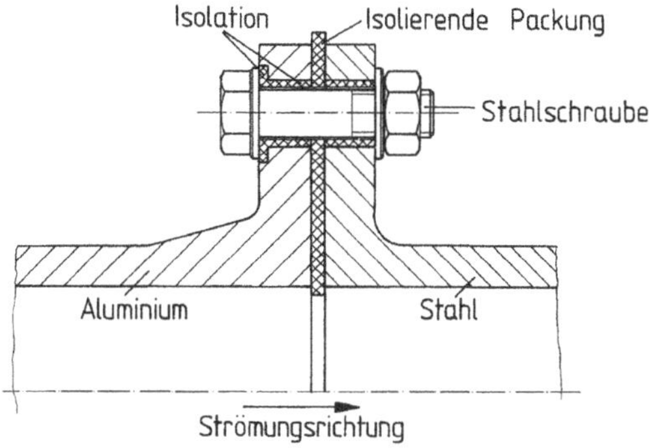

Abb. 6.18. Einfluss der Strömungsrichtung auf eine mögliche Kontaktkorrosion [6.15]

Wie schon in Abschnitt 6.2 beschrieben, beruht die Korrosionsbeständigkeit nichtrostender Stähle insbesondere auf den hohen im Grundgitter gelösten Chromanteilen von mehr als 13%. Auf Grund des hohen Chromgehalts bildet sich an der Stahloberfläche eine porenfreie Passivschicht, die einen Korrosionsangriff auf das Grundmetall verhindert. Abb. 6.19 zeigt die Abhängigkeit der Korrosionsgeschwindigkeit von Fe-Cr-Legierungen vom Chromgehalt unter drei verschiedenen Korrosionsbedingungen. Je nach den an die Stähle gestellten Anforderungen werden neben Chrom weitere Elemente zulegiert, die die Wirkung des Chroms auf die Passivschichtbildung verstärken.

Das Zusammenwirken der verschiedenen Legierungselemente führt zu unterschiedlichen Gefügeausbildungen. Nach der Art ihres Gefüges lassen sich die nichtrostenden Stähle in austenitische, martensitische und ferritische Stähle einteilen [6.17] (s. auch DIN EN ISO 3506). Die Erhaltung der austenitischen Struktur bei Raumtemperatur wird bei den üblichen Fe-Cr-Ni-Legierungen hauptsächlich durch den Nickelanteil sichergestellt. Eine Vergrößerung des Ni-Gehalts ist mit einer erhöhten Stabilität des Austenits verbunden.

Die Gefügeausbildung in Abhängigkeit von den Legierungselementen hat gemäß Abb. 6.19 und Abb. 6.20 auch ein unterschiedliches Passivierungsverhalten und damit auch ein unterschiedliches Korrosionsverhalten zur Folge.

Austenitischer rostfreier Stahl können nicht durch Martensitumwandlung gehärtet werden. Ihre Festigkeitseigenschaften lassen sich ausschließlich durch gezielte Kaltumformung (Kaltverfestigung) beeinflussen. Bei Austeniten mit metastabiler Gefügestruktur kann hierbei je nach Umformgrad örtlich eine Umwandlung in einen martensitähnlichen Zustand erfolgen (Umformmartensit), was die Korrosionsbeständigkeit beeinträchtigt. Legierungen mit höheren Cr- und Ni-Gehalten sind dagegen im Wesentlichen stabil austenitisch.

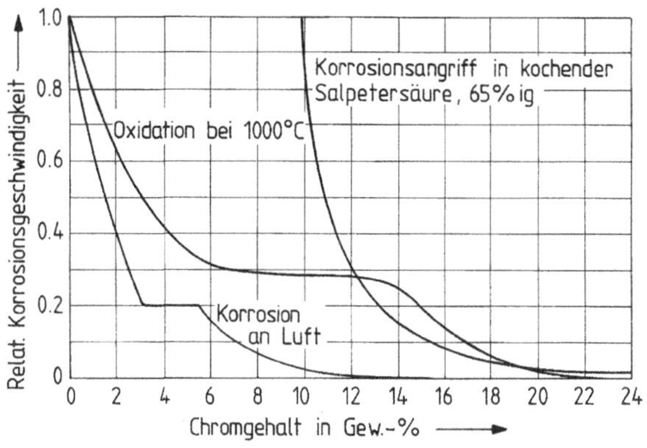

Abb. 6.19. Einfluss des Chromgehalts von Fe-Cr-Legierungen auf das Korrosionsverhalten [6.4]

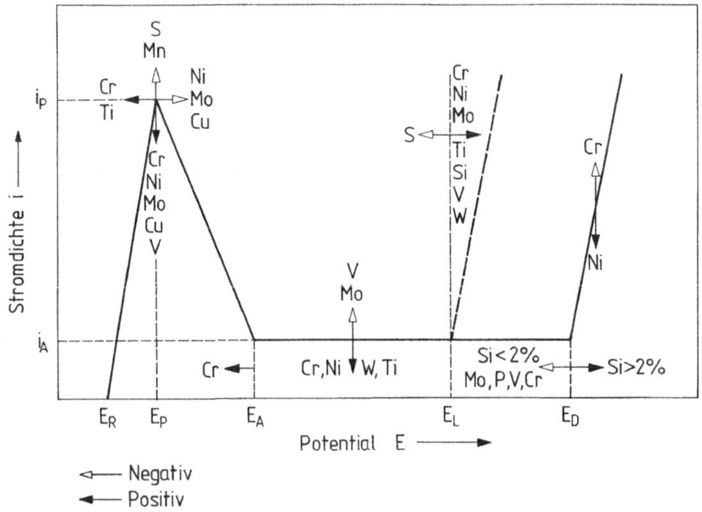

Abb. 6.20. Wirkung von Legierungselementen auf das Verhalten passivierbarer Stähle in wässrigen Lösungen [6.18]

Austenite sind aus folgenden Gründen nicht uneingeschränkt gegenüber allen Angriffsmedien und Umgebungsbedingungen korrosionsbeständig:

- Bei Vorhandensein von Zugspannungen neigen Austenite in chloridhaltigen Lösungen und hochkonzentrierten Laugen bei höheren Temperaturen zu Spannungsrisskorrosion [6.5] (Abb. 6.9).
  Abhilfe: Durch Zulegieren von Molybdän kann die Beständigkeit gegenüber chloridhaltigen Medien verbessert und damit dieser Gefahr begegnet werden.
- Bei ansonsten korrosionsbeständigen Stählen kann eine Verarmung der Matrix an Chrom durch Korngrenzenausscheidungen chromreicher Karbide, die bis zu 75% Chrom enthalten können, oder auch chromreicher Nitride in stickstofflegierten ferritischen Chromstählen, zu einer Anfälligkeit gegenüber interkristalliner Korrosion führen. Langsames Abkühlen durch den Bereich der so genannten Sensibilisierungstemperatur oder längere Schweißvorgänge rufen diese Anfälligkeit hervor. Deshalb werden austenitische Stähle von hohen Temperaturen abgeschreckt [6.19].

Wirksame Maßnahmen zur Vermeidung interkristalliner Korrosion sind:

- Lösungsglühen bei 1050 bis 1100°C und nachfolgendes Abschrecken
- Verminderung des Kohlenstoffgehalts ($C < 0{,}03\%$ bei ELC-Stählen)
- Zusatz von Stabilisatoren wie Ti, Nb, Ta, die eine höhere Affinität zu Kohlenstoff haben als Chrom (Karbidbildner).

Die Korrosionsbeständigkeit einzelner Metalle und Legierungen für Schrauben und Muttern gegenüber verschiedenen Umgebungsmedien zeigt Tabelle 6.4. Darüber hinausgehende Angaben sind dem einschlägigen Schrifttum zu entnehmen, z. B. [6.20]. Die chemische Zusammensetzung nichtrostender Stähle für Schrauben enthält DIN EN ISO 3506–1 (Tabelle 2.28). Die mechanischen Eigenschaften von Schrauben und Muttern aus nichtrostenden Stählen nach DIN EN ISO 3506 gelten für fertige Teile und sind in den Tabellen 2.29 und 2.30 zusammengestellt. DIN EN ISO 3506 gestattet auch den Einsatz anderer Stahlsorten als nach Tabelle 2.28, wenn dadurch am Fertigteil die gleichen physikalischen und mechanischen Eigenschaften und die gleiche Korrosionsbeständigkeit erreicht werden. Eine große Auswahl nichtrostender Stähle und Sonderlegierungen enthält DIN EN 10269 sowie DIN EN 10088–1. In Deutschland werden für Schraubenverbindungen aus Gründen der Sortenverminderung vorwiegend die folgenden rostfreien Stähle eingesetzt:

X5CrNi18–10	1.4301	A2, rostbeständig
X3CrNiCu18–9–4	1.4567	A2, rostbeständig
X6CrNiTi18–10	1.4541	A3, rostbeständig, Ti-stabilisiert
X5CrNiMo17–12–2	1.4401	A4, rost- und säurebeständig
X6CrNiMoTi17–12–2	1.4571	A5, rost- und säurebeständig, Ti-stabilisiert

Die rostfreien Stähle 1.4301 und 1.4567 der Werkstoffgruppe A2 sowie der rost- und säurebeständige Stahl 1.4401 der Werkstoffgruppe A4 sind aufgrund ihres niedrigen C-Gehalts, der rostfreie Stahl 1.4541 der Werkstoffgruppe A3 sowie der rost- und säurebeständige Stahl 1.4571 der Werkstoffgruppe A5 durch

Zugabe stabilisierender Elemente (hier: Titan (Ti)) weitgehend beständig gegen interkristalline Korrosion. Neben Titan werden auch Niob (Nb) und Tantal (Ta) zur Stabilisierung der Stähle der Werkstoffgruppen A3 und A5 verwendet.

Der A2-Stahl 1.4301 (X5CrNi18–10) findet heute für Schrauben immer weniger Verwendung, weil er nicht die Austenit-Stabilität aufweist wie der Stahl 1.4567 (X3CrNiCu18–9–4), der sich zudem besser verformen lässt.

Tabelle 6.4. Korrosionsbeständigkeit einzelner Metalle und Legierungen für Schrauben und Muttern (Richtwerte für Abtrag in μm/Jahr) [6.20]

	Zink, nicht chromatiert [Werte in Klammern = Kadmium]	Messing ~ Ms 63	Kupfer ~ CuNi1Si	Stahl, unlegiert, ungeschützt	18/9-Chrom-Nickel-Stahl	18/10/2-Chrom-Nickel-Molybdän-Stahl
Landluft	1 ÷ 3	rd. 4	rd. 2	÷60	< 2	< 2
Stadtluft	÷ 6 [÷ 15]	rd. 4	rd. 2	÷70	< 2	< 2
Industrieluft	rd. 6 ÷ 19 [÷ 30]	rd. 8	rd. 4	÷170	< 2	< 2
Meeresluft	rd. 2 ÷ 15	rd. 6	rd. 3	÷170	< 2	< 2
Leitungswasser mittelhart bis 60°C	rd. 20	rd. 10÷25	rd. 4÷10	variiert stark	< 2	< 2
Meerwasser	rd. 90	rd. 15÷100	rd. 10÷30	÷170	< 2	< 2
Salzsäure bei Raumtemperatur	unbeständig	unbeständig	rd. 30 (10%ig)	unbeständig	÷ 2100 (10%ig)	besser als 18/9-Stahl
Schwefelsäure bei Raumtemperatur	unbeständig	rd. 15÷1500 (1 normal)	rd. 8 (1 normal)	unbeständig	< 2	< 2
Natronlauge bei Raumtemperatur	unbeständig	rd. 75 (1 normal)	rd. 8 (4%ig)	rel. beständig (<10%ig)	rd. 5 (10%ig)	rd. 5 (10%ig)
Essigsäure bei Raumtemperatur	unbeständig	÷800	rd. 30 (20%ig)	unbeständig	< 2	< 2

6.4.3 Oberflächenüberzüge

Bei der Auswahl eines geeigneten Korrosionsschutzes sind unter anderem wirtschaftliche und verarbeitungstechnische Gesichtspunkte zu berücksichtigen (s. Abschnitt 6.4), die eine Funktionstrennung im Sinne eines „Verbundwerkstoffs" *Grundmetall/Überzug* erforderlich machen können. Bei metallischen Überzügen besitzt der Verbundwerkstoff nicht die Summe der Einzeleigenschaften, sondern Grundwerkstoff und Überzug treten in eine enge Wechselbeziehung zueinander. So besteht z. B. die Gefahr einer Kontaktkorrosion mit beschleunigtem Versagen des

Bauteils in den Fällen, in denen ein unedleres Grundmetall mit einem edleren metallischen Überzug versehen worden ist. Solange der Überzug vollkommen dicht ist, besteht keine Gefahr für den darunter liegenden Stahl. Treten jedoch auf Grund der Abscheidungsbedingungen Poren oder Risse im Überzug auf oder bilden sich Risse als Folge der Betriebsbeanspruchung, dann kann der zu schützende Grundwerkstoff verstärkt angegriffen werden. Wegen der kleinen Anodenfläche gegenüber einer relativ großen Kathodenfläche ist hier mit einer hohen anodischen Stromdichte zu rechnen. Günstiger sind in solchen Fällen z. B. unedlere metallische Überzüge, deren Korrosionsschutz zeitlich begrenzt ist. Ein solcher Schutz ist allerdings dort nicht anwendbar, wo das Medium nicht durch Korrosionsprodukte verunreinigt werden darf (z. B. in der Nahrungsmittelindustrie).

Beim Aufbringen von Oberflächenüberzügen auf Verbindungselemente müssen folgende Kriterien besonders beachtet werden:

- Durch das Oberflächenbeschichtungsverfahren muss ein Überzug von möglichst gleichmäßiger Dicke erzielt werden, z. B. durch eine ausreichende Streufähigkeit des Elektrolyten bei galvanischen Beschichtungsverfahren oder durch Optimierung der Applikationstechnik bei im Tauch-Schleuder-Verfahren aufgebrachten Überzügen.
- Zur Gewährleistung der Passfähigkeit bei der Paarung von Bolzen- und Muttergewinde darf die Schichtdicke ein durch die Gewindetoleranz vorgegebenes Maß nicht überschreiten.
- Der Überzug muss eine ausreichende Zähigkeit besitzen, damit er bei den unter Zugbelastung (z. B. im Kerbgrund von Gewinden) auftretenden hohen Verformungen nicht einreißt.

Die für Verbindungselemente gebräuchlichen Oberflächenüberzüge können in der in Abb. 6.21 dargestellten Weise in nichtmetallische, metallische sowie anorganische, organische und silikatische oder Kombinationen aus diesen eingeteilt werden.

6.4.3.1 Nichtmetallische Überzüge

Oberflächenölfilm. Das rasche Abkühlen von Schrauben und Muttern von der Anlasstemperatur in speziellen Ölemulsionen führt zu einer dünnen, ölkohlehaltigen, eingebrannten Oxidschicht, die im geölten Zustand einen dichten Oberflächenfilm ergibt. Solche als „vergütungsschwarz-geölt" oder als „einbrenngeschwärzt" bezeichneten Verbindungselemente besitzen für Transport- und Lagerungszwecke einen ausreichenden Korrosionsschutz, der die mechanischen Eigenschaften nicht beeinträchtigt.

Phosphatschicht. Die Phosphatierung ist ein Oberflächenbehandlungsverfahren, bei dem auf chemischem Weg Metallphosphate auf die Oberfläche von Eisenwerkstoffen und Zink aufgebracht werden. Es ist auch unter den Begriffen „Bondern", „Parkern" und „Atramentieren" bekannt. Die klassischen Phosphatierbäder sind wässrige Lösungen, die primäres Eisen-, Mangan- oder Zinkphosphat enthalten und an der Werkstückoberfläche eine unlösliche tertiäre Phosphatschicht von 1 bis 15 μm Dicke bilden.

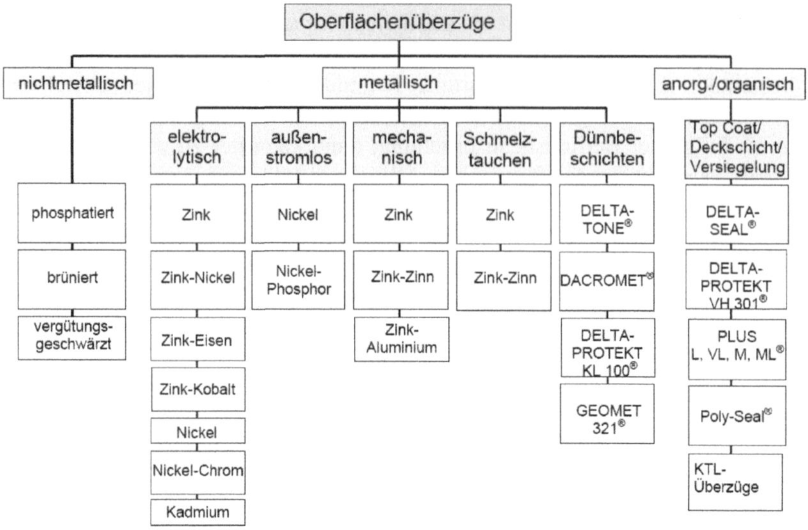

Abb. 6.21. Gebräuchliche Oberflächenüberzüge bei Schraubenverbindungen

Die bei größeren Schichtdicken nicht leitende kristalline Phosphatschicht bietet wegen ihrer Porosität *allerdings erst in Verbindung mit Öl*, das in der saugfähigen Schicht gut haftet, einen beschränkten Korrosionsschutz.

Daneben zeichnen sich Phosphatschichten bei der Schraubenfertigung wie auch bei Schrauben als Fertigteilen durch weitere günstige Eigenschaften aus. Eine Phosphatierung des Drahts vor der Schraubenfertigung ergibt bzw. ermöglicht

- niedrige Reibungszahlen der *geölten* Phosphatschicht,
- gute Haftung von Schmierstoffen in der Phosphatschicht,
- weitgehende Verhinderung der metallischen Berührung zwischen Werkzeug und Werkstück und damit Verminderung der Fressneigung und Erhöhung der Werkzeugstandzeiten beim Drahtziehen und Kaltumformen,
- höhere Umformgrade,
- höhere Umformgeschwindigkeiten und
- verbesserte Oberflächengüte des umgeformten Werkstücks.

Eine auf Schrauben als Fertigteile aufgebrachte Phosphatschicht besitzt bzw. ergibt bei der Schrauben-Montage bzw. im Betrieb einer Schraubenverbindung

- hohe Haftfestigkeit und Druckbeständigkeit auch noch nach mehrmaligem Anziehen,
- kleine Reibungszahlen mit geringer Streuung (nur) *im geölten Zustand*, die sich auch nach mehrmaligem Anziehen nicht nennenswert ändern und
- Temperaturbeständigkeit des Korrosionsschutzes in Abhängigkeit vom verwendeten Schmierstoff bis etwa 80 bis rd. 150°C (Schmierstoff-Temperaturbeständigkeit).

Die Schmierstoff-Temperaturbeständigkeit beeinflusst nicht nur das Korrosionsverhalten, sondern auch das Reibverhalten phosphatierter und geölter Schraubenverbindungen bei erhöhten Temperaturen nachhaltig. Die Verwendung phosphatierter Schrauben oberhalb der Schmierstofftemperaturbeständigkeitsgrenze (das kann bereits bei 150°C der Fall sein) kann während der Betriebsbeanspruchung zu einer drastischen Verschlechterung des Reibverhaltens führen. Dies wirkt sich beim späteren Losdrehen der Schrauben in Form angestiegener Losdrehmomente aus. Diese Erhöhung der Losdrehmomente kann erheblich sein (deutlich oberhalb der Anziehdrehmomente), so dass eine plastische Dehnung von Schrauben *beim Losdrehen* infolge der erhöhten Torsionsspannungen nicht ausgeschlossen werden kann.

Heute werden überwiegend Dünnschichtphosphatierungen angewendet, die sich gegenüber herkömmlichen Phosphatschichten durch ein geringeres Schichtgewicht auszeichnen.

Wenn vor dem Beschichten eines Verbindungselements mit metallischen Überzügen (z. B. Zinklamellenüberzüge) zur Verbesserung der Haftfähigkeit eine Phosphatschicht aufgebracht wird, muss durch möglichst geringe Schichtdicken der Phosphatschicht die für den kathodischen Schutz erforderliche elektrische Leitfähigkeit zwischen Substrat und Überzug sichergestellt werden.

Anstrich. Ein nach der Montage aufgebrachter Anstrich bietet einen gewissen Korrosionsschutz, wenn die Schicht nicht nur geschlossen ist, sondern auch eine passivierende Wirkung ausübt (z. B. Bleimennige). Der Korrosionsschutz kathodisch schützender Überzüge kann durch einen zusätzlichen Anstrich nach der Montage deutlich erhöht werden.

6.4.3.2 Galvanische Überzüge

Unter dem Begriff „*funktionelle Galvanotechnik*“ werden alle Verfahren zur Oberflächenbehandlung von Metallen (in Sonderfällen auch von Kunststoffen) verstanden, die der Herstellung metallischer Überzüge mit definierten Eigenschaften aus Elektrolyten mit oder ohne Anwendung von Außenstrom dienen [6.21]. Nach DIN 50961 sind galvanische Überzüge metallische Schichten, die aus einem Elektrolyten auf elektrisch leitenden oder leitend gemachten Gegenständen kathodisch abgeschieden wurden. Werden solche Oberflächenüberzüge an profilierten Teilen wie Schrauben abgeschieden, so ist die Schichtdicke wegen der unterschiedlichen Stromdichten nicht gleichmäßig, sondern im Allgemeinen an vorstehenden Kanten größer als in Einsenkungen wie Gewinden – insbesondere Innengewinden – (Abb. 6.22) oder Innen-Kraftangriffen.

Die galvanische Oberflächenbeschichtung von Schrauben und Muttern als Massenteile geschieht gewöhnlich in rotierenden Trommeln. Die Schichtdicken können durch die Arbeitsbedingungen (z. B. Badzusammensetzung, Stromdichte, Expositionszeit u.a.) gesteuert werden. Beim Trommelgalvanisieren treten die theoretisch zu erwartenden Schichtdickenunterschiede nur bedingt auf, weil durch gegenseitiges Aneinanderstoßen (Scheuern) vorstehender Partien der zu galvanisierenden Teile die Schichtdicke an diesen Stellen wieder durch mechanisch verursachten Abtrag reduziert wird. Gleichmäßigere Schichtdicken können durch stromlos (chemisch) abgeschiedene Überzüge erreicht werden.

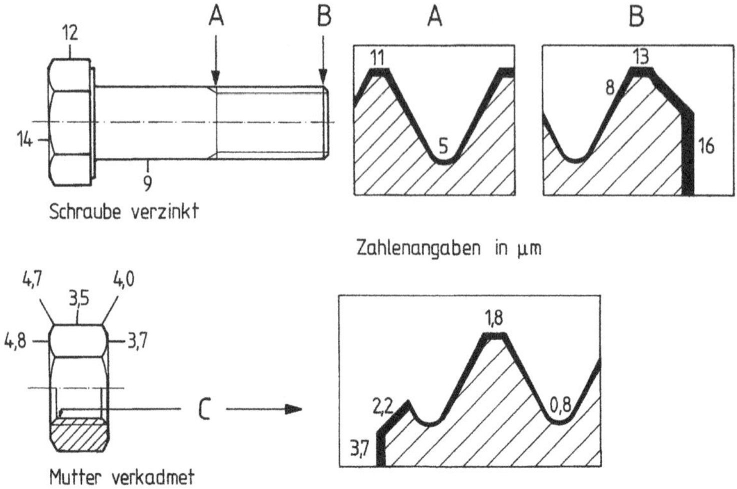

Abb. 6.22. Schichtdickenverteilung bei galvanisch beschichteten Schrauben und Muttern [6.22]

Aus Kostengründen ist dieses Verfahren jedoch auf Sonderteile beschränkt. Entscheidend ist, dass die dem Korrosionsangriff direkt ausgesetzten Bereiche von Schraube und Mutter (Schraubenkopf, Gewindeende, Schlüssel- und Stirnfläche der Mutter) ausreichende Schichtdicken aufweisen.

Deshalb wird die örtliche Schichtdicke galvanisch oberflächenbehandelter Schrauben und Muttern nach DIN EN ISO 4042 an den für die Beurteilung des Korrosionsschutzes maßgebenden Stellen gemessen, z. B. am Schraubenkopf oder am Gewindeende (Abb. 6.23). Es ist zu beachten, dass insbesondere bei langen Schrauben die Schichtdicke im mittleren Schraubenbereich im Allgemeinen geringer ist als am Kopf und am Gewindeende (s. auch Abb. 6.22).

Grundlage für die möglichen Schichtdicken bei Schrauben und Muttern sind nach DIN EN ISO 4042 die Toleranzen für metrisches ISO-Gewinde nach DIN 13 Teile 14 und 15 mit den Toleranzlagen e, f, g für das Bolzengewinde und G, H für das Muttergewinde (Tabellen 2.23 und 2.24).

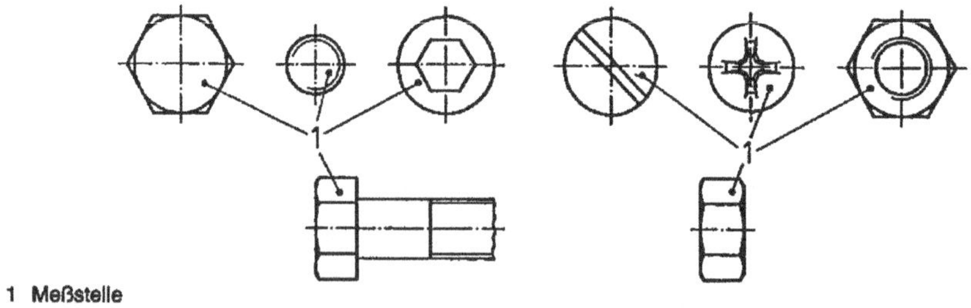

Abb. 6.23. Messstellen für die Bestimmung der Schichtdicke nach DIN EN ISO 4042 und DIN EN ISO 10683 (s. Abschnitt 6.4.3.3)

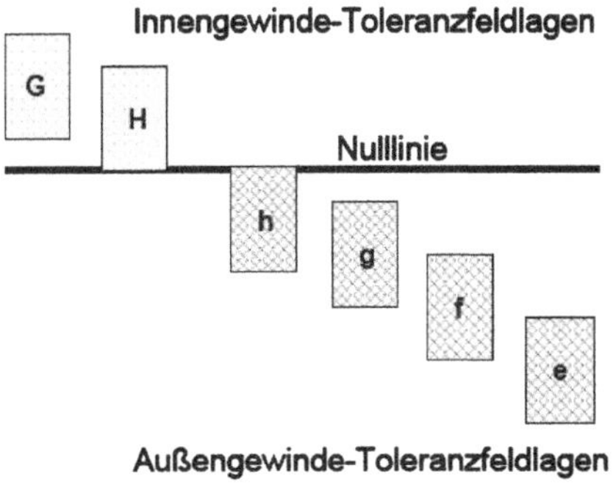

Abb. 6.24. Mögliche Toleranzfeldlagen für metrische ISO-Gewinde und Auswirkungen auf die maximal mögliche Schichtdicke (schematisch)

Die angegebenen Zahlenwerte für die Schichtdicken basieren auf der Forderung, dass auch bei vollständiger Ausnutzung der Gewindetoleranz nach einer galvanischen Oberflächenbehandlung die Nulllinie beim Bolzengewinde (Außengewinde) nicht überschritten und beim Muttergewinde (Innengewinde) nicht unterschritten werden darf (Abb. 6.24).

Als Überzugsmetalle für Schrauben und Muttern kommen hauptsächlich Zink oder Zink-Legierungen (insbesondere ZnNi-, ZnFe- und ZnCo- Legierungen) sowie für Sonderfälle auch noch Kadmium in Frage. Für dekorative Zwecke finden in der Praxis aber auch Kupfer-, Messing-, Nickel-, Nickel-Chrom-, Kupfer-Nickel-, Kupfer-Nickel-Chrom-, Zinn- und Kupfer-Zinn- Überzüge Verwendung.

Für die Beschreibung der gewünschten Oberflächenbehandlung, z. B. bei der Bestellung von galvanisch oberflächenbehandelten Schrauben, kann nach DIN EN ISO 4042 ein Schlüssel verwendet werden, der das Überzugsmetall, die Schichtdicke (Schichtaufbau), den Glanzgrad und die Art der Nachbehandlung umfasst (Tabellen 6.5 bis 6.7).

Bezeichnungsbeispiel für eine Sechskantschraube ISO 4014–M10x50–8.8 mit einem galvanischen Zinküberzug (A aus Tabelle 6.5) mit einer Mindestschichtdicke von 8 µm (3 aus Tabelle 6.6) mit Glanzgrad „glänzend“, gelblich irisierend chromatiert (L aus Tabelle 6.7):

Sechskantschraube ISO 4014–M10x50–A3L
oder mit Kurzzeichen:
Sechskantschraube ISO 4014–M10x50–8.8 Zn 8 gl c B.

Im Anhang E von DIN EN ISO 4042 sind die für die galvanischen Überzüge bei Schrauben und Muttern möglichen Kombinationen und der jeweilige Schlüssel der Kurzzeichen niedergelegt.

Zinküberzüge. Zink kann aus alkalisch-cyanidischen, sauren und alkalischen (cyanidfreien) Elektrolyten abgeschieden werden. Alkalisch-cyanidische Zinkbäder zeichnen sich durch gute Streufähigkeit aus und wurden deshalb bei der Trommelverzinkung von Schrauben und Muttern in der Vergangenheit bevorzugt eingesetzt.

Heute ist dieses Verfahren insbesondere aus Umweltschutzgründen stark rückläufig.

Tabelle 6.5. Überzugsmetalle nach DIN EN ISO 4042

Kennbuchstabe	Überzugsmetall / -legierung	Kurzzeichen
A	Zink	Zn
B	Cadmium	Cd [a])
C	Kupfer	Cu
D	Messing	CuZn
E	Nickel	Ni b [b])
F	Nickel-Chrom	Ni b Cr r [b])
G	Kupfer-Nickel-Chrom [c])	CuNi b Cr r [b])
J	Zinn	Sn
K	Kupfer-Zinn	CuSn
L	Silber	Ag
N	Kupfer-Silber	CuAg
P	Zink-Nickel	ZnNi
Q	Zink-Kobalt	Zn-Co
R	Zink-Eisen	ZnFe

a) Die Verwendung von Cadmium ist in bestimmten Ländern eingeschränkt
b) Der ISO-Klassifizierzierungscode ist in ISO 1456 festgelegt
c) Dicke der Chromschicht etwa 0,3 μm

Tabelle 6.6. Mindestschichtdicken (Gesamt-Schichtdicken) nach DIN EN ISO 4042

Kennzahl	Schichtdicke (Schichtaufbau) in μm	
	1 Überzugsmetall	2 Überzugsmetalle
0[a)]	Keine Schichtdicke vorgeschrieben	–
1	3	–
2	5	2 + 3
3	8	3 + 5
9	40	16 + 24
4	12	4 + 8
5	15	5 + 10
6	20	8 + 12
7	25	10 + 15
8	32	12 + 20

a) Die für das erste und das zweite Überzugsmetall festgelegten Dicken gelten für alle Kombinationen von Überzügen mit der Ausnahme, dass Chrom die oberste Schicht ist, die immer eine Dicke von 0,3 μm hat.

Da Zink im Allgemeinen unedler ist als Eisen (s. Tabelle 6.1), geht es bei einem Korrosionsangriff zuerst in Lösung (Opferanode) und bietet somit einen kathodischen Korrosionsschutz. Daneben hat Zink eine gute Fernschutzwirkung. Insbesondere bei guter Leitfähigkeit des Korrosionsmediums wird der ungeschützte Grundwerkstoff selbst im Abstand einiger Millimeter vom Rand eines Zinküberzugs entfernt noch nicht angegriffen.

Tabelle 6.7. Glanzgrad und Nachbehandlung nach DIN EN ISO 4042

Kennbuchstabe	Glanzgrad	Passivieren durch Chromatieren Eigenfarbe
A	matt	keine
B		bläulich bis bläulich irisierend [a)]
C		gelblich schimmernd bis gelbbraun, irisierend
D		olivgrün bis olivbraun
E	blank	keine
F		bläulich bis bläulich irisierend [a)]
G		gelblich schimmernd bis gelbbraun, irisierend
H		olivgrün bis olivbraun
J	glänzend	keine
K		bläulich bis bläulich irisierend [a)]
L		gelblich schimmernd bis gelbbraun, irisierend
M		olivgrün bis olivbraun
N	hochglänzend	keine
P	beliebig	wie B, C oder D
R	matt	braunschwarz bis schwarz
S	blank	
T	glänzend	
U [b)]	Alle Glanzgrade	ohne Chromatieren

[a)] gilt nur für Zn-Überzüge
[b)] Beispiel für einen solchen Überzug: A5U

Die Korrosionsschutzdauer geschlossener Zinküberzüge ist annähernd proportional der Überzugsdicke der Schichten. Durch nachträgliches Passivieren oder Chromatieren der verzinkten Oberfläche kann der Beginn des Korrosionsangriffs verzögert und damit die Korrosionsschutzwirkung verbessert werden (Tabelle 6.8). Chromatierungsschichten sind wasserunlöslich und bestehen im Wesentlichen aus Chromhydroxid $Cr(OH)_3$ und Chromchromat $Cr_2(CrO_4)_2$. Sie sind farblos oder bläulich, gelblich, olivgrün oder olivbraun bis schwarz (s. Tabelle 6.7). Sie sind je nach Herstellungsverfahren bis zu Temperaturen von rd. 60°C, in Sonderfällen auch bis 120°C beständig. Bei höheren Temperaturen trocknen Chromatschichten aus, und es bilden sich Risse, die die verbesserte Korrosionsschutzwirkung wieder aufheben. Dieser Verschlechterung des Korrosionsschutzes kann durch eine Versiegelung (in Grenzen) entgegengewirkt werden (s. auch Abschnitt 6.4.3.4).

Bei klimabedingter Korrosion erfolgt ein gleichmäßig-flächenhafter Abtrag des Zinks unter Ausbildung einer häufig nur locker anhaftenden Deckschicht. Je nach Umgebungsbedingungen sind dabei folgende Gesichtspunkte besonders zu beachten:

- In industrieller Atmosphäre ist die Lebensdauer einer Zinkschicht wegen der Empfindlichkeit des Zinks gegenüber Schwefelsäure geringer als in ländlicher Atmosphäre oder bei Seeklima [6.19].
- In sauerstoffhaltigem Wasser tritt oberhalb von 60°C eine Potentialumkehr zwischen Eisen und Zink ein. Dadurch verursacht die Zinkschicht durch die Bildung von ZnO eine lochförmige Korrosion des Grundmetalls [6.19].

- In Gegenwart von Kunststoffen, die aggressive Dämpfe oder Säuren (z. B. Ameisen- oder Essigsäure), Alkanale (Aldehyde), Phenole oder Ammoniak abgeben (z. B. Kabel, Schläuche und dergleichen in technischen Geräten), kann bereits bei geringer Kondenswasserbildung eine schnelle Korrosion des Zinküberzugs erfolgen.

Die hier für galvanische Zinküberzüge dargestellten Zusammenhänge gelten in ähnlicher Weise auch für die nachfolgend behandelten galvanischen Zink-Legierungs-Überzüge.

Zinklegierungsüberzüge. In den letzten Jahren sind insbesondere im Kraftfahrzeugbereich die Anforderungen an die Optik in sichtbaren Bereichen enorm gestiegen. Gleichzeitig sind die Korrosionsbelastungen der Bauteile durch verschärfte Umwelteinflüsse, erhöhte Temperaturbelastungen im Motorraum etc. ebenfalls größer geworden. Daher genügen heute galvanische Zinkschichten inklusive Chromatierung in weiten Bereichen den optischen und funktionalen Anforderungen nicht mehr [6.23]. Um den Forderungen der Automobilindustrie, insbesondere der Forderung nach erhöhter Weißrostbeständigkeit, Rechnung zu tragen, werden heute vermehrt galvanische Bäder zur Abscheidung von Zink-Legierungsüberzügen entwickelt [6.24 und 6.25].

Bereits seit einigen Jahren werden aus schwachsauren Elektrolyten abgeschiedene *Zink-Nickel-Überzüge* mit Nickelanteilen von 10–14 % eingesetzt. Die Oberfläche wird üblicherweise – wie bei Reinzink-Überzügen – gelb chromatiert und kann anschließend auch versiegelt werden. Im Vergleich zu den schwachsauren ZnNi-Elektrolyten erzeugen neuere alkalische ZnNi-Bäder Legierungsüberzüge mit Nickelgehalten von rd. 9–15%. Auf diese Überzüge können Transparent-, Gelb- oder Schwarzchromatierungen aufgebracht werden. Aufgrund einer Reihe von Vorteilen bei der Abscheidung aus alkalischen im Vergleich zu sauren ZnNi-Elektrolyten setzen sich die alkalischen ZnNi-Verfahren heute zunehmend durch.

Mit ZnNi-Überzügen auf Schrauben und Muttern können mit Schichtdicken von 10–15 µm hohe Korrosionsbeständigkeiten in einer Salzsprühnebelprüfung nach DIN EN ISO 9227 von über 720 Stunden gegenüber Grundmetallkorrosion erreicht werden. Weitere Vorteile von ZnNi-Überzügen sind die gegenüber anderen galvanischen Überzügen wesentlich weniger voluminösen Weißrostprodukte sowie die gute Verträglichkeit beim Verschrauben mit Aluminium-Bauteilen (keine Kontaktkorrosion).

Mit *Zink-Kobalt-Überzügen*, die mit einem Kobalt-Gehalt von 0,6 bis max. 1% auf Verbindungselementen abgeschieden werden, lassen sich nach einer (silberfreien) Schwarzchromatierung auch nach einer Temperaturbelastung von 120°C gute Beständigkeiten gegenüber Weißrostbildung erzielen. Daher werden solche Überzüge verstärkt z. B. im Motorraum von Kraftfahrzeugen eingesetzt. Auf ZnCo-Legierungsüberzüge können auch Gelb-, Oliv- oder Blauchromatierungen aufgebracht werden.

Auch mit *Zink-Eisen-Legierungen*, die aus cyanidfreien alkalischen Elektrolyten mit Eisengehalten von rd. 0,4–0,6% abgeschieden werden, kann eine Verbesserung des Korrosionsschutzes im Vergleich zu Reinzink-Überzügen erreicht werden.

Auch hier ist jedoch ein Chromatieren erforderlich, um eine erhöhte Weißrostbeständigkeit zu erzielen. Es können gelbe wie auch dunkelgraue bis schwarze (silberfreie) Chromatierungen aufgebracht werden. Während solche Überzüge bei Gestellware hervorragende Korrosionsbeständigkeiten von bis zu 600 Stunden in einer Salzsprühnebelprüfung ohne erkennbare Zinkkorrosion (Weißrost) erreichen können [6.23], erfüllen unter Serienbedingungen in Trommeln auf Schrauben aufgebrachte Zink-Eisen-Legierungsüberzüge heute nicht durchweg die an sie gestellten Erwartungen.

Durch galvanische Zink- und Zinklegierungsüberzüge wird die Tragfähigkeit von Schraubenverbindungen weder bei zügiger noch bei schwingender Beanspruchung beeinträchtigt. Allerdings sind die Haft- und Gleitreibungszahlen im ungeschmierten Zustand – insbesondere bei ZnNi-Überzügen – deutlich höher als im geschmierten Zustand und weisen sehr hohe Streuungen auf (s. Tabelle 8.3).

Kadmiumüberzüge. Die Potentialdifferenz zwischen *Cd* und *Fe* ist kleiner als zwischen *Zn* und *Fe*. Deshalb nimmt bei einer Verletzung einer Kadmiumschicht der kathodische Schutz des Stahls mit der Größe der Verletzung schneller ab, d.h. die Fernschutzwirkung von Kadmium ist bei Oberflächenverletzungen geringer als die von Zink. Wie bei Zink ergibt auch bei verkadmeten Teilen eine Chromatierung eine Verbesserung des Korrosionsschutzes (Tabelle 6.8).

Tabelle 6.8. Richtwerte für die Beständigkeit (in Stunden) chromatierter und nicht chromatierter Zn- und Cd-Überzüge im Salzsprühnebeltest nach ASTM B 117 [6.20]; (cB: transparent chromatiert; cC: gelb chromatiert; cD: oliv chromatiert)

Überzug	Schichtdicke in µm				
	3	6	9	12	24
Fe/Zn	12	24	48	72	144
Fe/Zn cB	24	48	96	144	288
Fe/Zn cC	48	96	168	240	>500
Fe/Zn cD	72	120	216	360	>500
Fe/Cd	60	120	300	>500	>1000
Fe/Cd cB	120	240	>500	>1000	>1000
Fe/Cd cC	240	500	>1000	>1000	>1090

Abgesehen von der guten Korrosionsschutzwirkung stehen dem günstigen Reibungsverhalten von Kadmiumschichten (niedrige Reibungszahlen bei geringer Streuung) folgende Nachteile im Vergleich zu Zinküberzügen gegenüber:

- Die Kadmiumbeschichtung ist wesentlich teurer als die galvanische Verzinkung
- Die Beschichtung mit Kadmium ist wegen seiner toxischen Wirkung umweltschädigend.

Hauptsächlich aus Umweltschutzgründen ist das Verfahren rückläufig.

Überzüge aus Kupfer und Kupferlegierungen. Überzüge aus Kupfer und dessen Legierungen werden wegen der Gefahr einer Lochfraßkorrosion überwiegend im

Innenraumklima (für dekorative Zwecke mit anschließender Lackierung oder Einfärbung) und als Zwischenschichten bei Kupfer-Nickel- und Kupfer-Nickel-Chrom-Überzügen verwendet.

Nickelüberzüge. Nickelüberzüge mit Schichtdicken von 8 bis 10 µm weisen kaum noch Poren auf. Insbesondere stromlos (chemisch) bis zu Dicken von 15 bis 25 µm abgeschiedene Nickelschichten sind auch auf profilierten Oberflächen gleichmäßig dick und wenig porig [6.26]. Aus Kostengründen besitzen stromlos abgeschiedene Nickelschichten allerdings für Gewindeteile nur eine untergeordnete Bedeutung. Darüber hinaus besteht insbesondere wegen ihrer relativ hohen Härte (500 bis 700 HV) die Gefahr einer Verminderung der Dauerhaltbarkeit von Schraubengewinden. Bei Überzügen, die der Außenatmosphäre ausgesetzt sind, wird Nickel durch eine Chromauflage geschützt, da es sonst seinen Glanz verliert. Durch Schwefelverbindungen kann die Nickelschicht lochfraßähnlich angegriffen werden [6.27].

Auch bei einer örtlichen Verletzung eines Nickelüberzugs auf Schrauben kann es aufgrund des gegenüber Stahl edleren Überzugs zu einem lochfraßähnlichen Korrosionsangriff der Stahloberfläche kommen (s. auch Abb. 6.6).

Chromüberzüge. Dünne Glanzchromschichten (0,25 bis 2,5 µm) dienen in erster Linie dem Korrosions- und Anlaufschutz von Nickelschichten. Sie sind spröde und neigen zur Rissbildung.

6.4.3.3 Zinklamellenüberzüge

In den vergangenen Jahren haben für mechanische Verbindungselemente neben galvanisch abgeschiedenen Überzügen Zinklamellenüberzüge (s. auch Abb. 6.21) eine große Bedeutung gewonnen [6.28 bis 6.32]. Hierbei handelt es sich um silberfarbene anorganische metallische Dünnbeschichtungen, deren Schichtdicken von rd. 5–15 µm denen galvanischer Überzüge entsprechen. Die Korrosionsschutzwirkung dieser Überzüge wird durch mit anorganischen Bindersystemen oder mit Chromaten vernetzte langgestreckte Zink- und Aluminiumpartikel erreicht. Durch das Vernetzen, das durch einen Einbrennprozess bei Temperaturen von üblicherweise 180–320°C erfolgt, wird innerhalb des gesamten Überzugs und zum Grundmetall die erforderliche elektrische Leitfähigkeit hergestellt und damit ein kathodischer Schutz des Grundmetalls gewährleistet.

DIN EN ISO 10683 legt für Zinklamellenüberzüge auf Verbindungselementen aus Stahl mit metrischem Gewinde Anforderungen an Lehrenhaltigkeit, Schichtdicken und Korrosionsbeständigkeiten (s. auch Tabellen 2.25 und 2.26) sowie an mechanische und physikalische Eigenschaften fest.

Eine charakteristische Eigenschaft von Zinklamellenüberzügen besteht darin, dass die örtlichen Schichtdicken erfahrungsgemäß bis zum Zweifachen der jeweiligen Mindest-Schichtdicken betragen können. Dies ist gegebenenfalls – ähnlich wie bei den galvanischen Überzügen – bei der Festlegung der Gewindetoleranzlagen zu berücksichtigen. Die Bestimmung der Schichtdicken bei Schrauben und Muttern erfolgt an den in Abb. 6.23 gekennzeichneten Stellen.

Neben einem gegenüber galvanischen Überzügen bei gleichen Schichtdicken üblicherweise höheren Korrosionsschutz liegt ein weiterer großer Vorteil von Zinklamellenüberzügen darin, dass beim eigentlichen Beschichtungsprozess kein Wasserstoff angeboten wird. Daher eignen sich diese Überzüge insbesondere für eine Beschichtung hochfester oder einsatzvergüteter (gehärtet und angelassen) Verbindungselemente. Zinklamellenüberzüge besitzen auch eine gute Wasserstoffdurchlässigkeit. So findet selbst nach einer Wasserstoffaufnahme im Rahmen von der Beschichtung vorgeschalteten Fertigungsschritten (z. B. Beizen) beim Einbrennprozess eine Wasserstoffeffusion statt, so dass eine Wasserstoffversprödungsgefährdung auf ein Minimum reduziert wird.

Bei der Beschichtung von Gewinden mit Steigungen unterhalb 0,8 mm (< M5) oder schöpfender Teile (z. B. Schrauben mit Innen-Kraftangriffen) sind besondere Sorgfalt sowie aufwendigere Beschichtungstechniken erforderlich.

Es ist – gegebenenfalls durch Versuche – sicherzustellen, dass durch den Einbrennprozess keine Beeinträchtigung der mechanischen und/oder physikalischen Eigenschaften hervorgerufen wird (z. B. Härteabfall infolge Überschreitens der Anlasstemperatur, Abbau von Rand-Druckeigenspannungen bei schlussgewalzten Gewinden etc.).

6.4.3.4 Versiegelungen und Deckschichten

Versiegelungen. Versiegelungen sind organische oder anorganische Schutzschichten von rd. 0,5–2 µm Schichtdicke. Sie werden vorzugsweise durch Tauchen oder Spritzen auf passivierte oder chromatierte Zink- oder Zinklegierungsüberzüge aufgebracht. Die Versiegelung dringt in die Passivierungs- oder Chromatierungsschicht ein und bildet eine Verbundschicht. Je nach Versiegelungsmittel wird die Versiegelung „nass in nass" oder nach einer Zwischentrocknung aufgetragen. Das Versiegelungsmittel kann zur Farbgebung (z. B. schwarz) mit Pigmenten versehen sein. Zur Einstellung definierter Reibungszahlen können Versiegelungen geeignete Schmierstoffzusätze enthalten.

Durch Versiegelungen kann die Bildung von Zinkkorrosion (Weißrost) hinausgezögert oder die Korrosionsschutzdauer bei phosphatierten Bauteilen (in Grenzen) erhöht werden.

Deckschichten. Deckschichten sind organische oder anorganische Schutzschichten mit Schichtdicken > 3 µm. Sie werden üblicherweise durch Tauchen oder Spritzen auf galvanische oder vorwiegend auf Zinklamellenüberzüge aufgebracht und je nach Typ bei Temperaturen zwischen rd. 50 und 200°C getrocknet. Deckschichten können zur individuellen Farbgebung (z. B. silber oder schwarz) mit Pigmenten versehen sein und zur Einstellung definierter Reibungszahlen geeignete Schmierstoffzusätze enthalten.

Deckschichten allein haben keine kathodische Schutzwirkung. Aufgrund ihrer isolierenden Wirkung können sie jedoch in Kombination mit galvanischen Überzügen oder insbesondere mit Zinklamellenüberzügen die Korrosionsschutzdauer teilweise beträchtlich erhöhen und darüber hinaus einen guten Schutz gegenüber Kontaktkorrosion bewirken, z. B. bei Verschraubungen in Aluminium- oder Magnesiumlegierungen.

6.4.3.5 Andere metallische Überzüge

Schmelztauch-Überzüge. Von den bekannten Metallschmelztauchverfahren hat für den Korrosionsschutz von Schraubenverbindungen – und hier besonders für Schrauben größerer Durchmesser im Stahlbau – das Feuerverzinken eine große Bedeutung erlangt. Die Feuerverzinkung ist nicht nur ein kostengünstiger, sondern wegen der großen Schichtdicken – die Mindestschichtdicke an der Messstelle muss nach DIN EN ISO 10684 mindestens 40 µm betragen (Tabelle 2.27) – auch ein wirksamer Korrosionsschutz.

Der durch Eintauchen in die Zinkschmelze bei Temperaturen von 450 bis 470°C – Normaltemperaturverzinkung – oder bei 530 bis 560°C – Hochtemperaturverzinkung – aufgebrachte Überzug haftet an der Oberfläche durch die Bildung von Eisen-Zink-Legierungsschichten unterschiedlichen metallurgischen Aufbaus [6.33]. Der Aufbau der einzelnen Phasen hängt von der Badzusammensetzung (*Al*-Gehalt), der Badtemperatur, der Tauchdauer, der chemischen Zusammensetzung des zu verzinkenden Werkstoffs (insbesondere Si-Gehalt) und der Abmessung der zu verzinkenden Teile ab.

Die Korrosionsgeschwindigkeiten sind bei galvanisch und im Schmelztauchverfahren aufgebrachten Zinkschichten von vergleichbarer Größenordnung. In Wasser neigen feuerverzinkte Oberflächen allerdings weniger zu lochförmiger Korrosion als galvanisch oberflächenbeschichtete [6.19].

Die Feuerverzinkung von Schrauben und Muttern kann zu einer Beeinträchtigung ihrer mechanischen Eigenschaften führen [6.34 bis 6.37]:

- Die relativ großen Schichtdicken erfordern eine entsprechende Vergrößerung des Gewindespiels. Die damit verbundene Verminderung der Flankenüberdeckung im Gewinde kann die Tragfähigkeit (Abstreiffestigkeit) der Verbindung verringern.
- Im ungeschmierten Zustand führt eine Feuerverzinkung zu erhöhten Reibungszahlen mit relativ großer Streuung. Eine geeignete Schmierung feuerverzinkter Schrauben und Muttern (z. B. MoS_2) kann das Anziehverhalten erheblich verbessern.
- Die Dauerhaltbarkeit feuerverzinkter Schrauben verringert sich durch die relativ spröden Eisen-Zink-Legierungsschichten im Vergleich zu unverzinkten Schrauben um bis zu 20%.

Die durch eine Schwingbeanspruchung hervorgerufenen Setzbeträge sind bei feuerverzinkten Schrauben nur unwesentlich größer als bei unverzinkten Schrauben.

Weiterhin ist zu beachten, dass hochfeste Schrauben ab Festigkeitsklasse 10.9 bei Abmessungen oberhalb M24 nur mit einer Normaltemperaturverzinkung feuerverzinkt werden dürfen, da bei einer Hochtemperaturverzinkung größerer Abmessungen die akute Gefahr einer dehnungsinduzierten SpRK in der Flüssigzinkphase gegeben ist. Derart vorgeschädigte Schrauben können unter Betriebsbeanspruchung insbesondere bei korrosiven Umgebungsbedingungen bevorzugt durch wasserstoffinduzierte SpRK versagen [6.38 und 6.39].

DIN EN ISO 10684 enthält die technischen Lieferbedingungen für feuerverzinkte Schrauben und Muttern (s. Abschnitt 2.3.2).

Mechanisch aufgebrachte Überzüge. Die mechanische Oberflächenbeschichtung mit Zink oder Kadmium (mechanical plating) wurde hauptsächlich zur Verhinderung einer wasserstoffinduzierten Rissbildung eingeführt, weil im Gegensatz zur galvanischen Metallabscheidung zumindest während des eigentlichen Beschichtungsprozesses kaum atomarer Wasserstoff an der Metalloberfläche entstehen soll [6.40 und 6.41]. Da jedoch das überwiegende Wasserstoffangebot auf die Vorbehandlung (Beizen von Schrauben) zurückzuführen ist [6.6, 6.13], kann auch beim mechanischen Plattieren eine wasserstoffinduzierte Sprödbruchbildung nicht mit Sicherheit ausgeschlossen werden.

Neben dem matten Aussehen mechanisch oberflächenbehandelter Teile sind folgende Nachteile dieses Verfahrens anzuführen:

- Das mechanische Plattieren ist teurer als die galvanische Oberflächenbeschichtung.
- Für die gleiche Korrosionsschutzwirkung wie bei galvanischen Oberflächenschichten sind größere Schichtdicken erforderlich.
- Die Neigung zu verstärktem Abrieb kann insbesondere bei der automatischen Schraubmontage zu Störungen führen.

Diffusionsschichten. Im Hinblick auf den Korrosionsschutz haben Diffusionsverfahren bei der Oberflächenbeschichtung von Schrauben und Muttern eine weniger große Bedeutung. Erwähnenswert sind das Inchromieren und das Sherardisieren. Das *Inchromieren* beschränkt sich auf Schrauben niedriger Festigkeit aus Stählen mit niedrigem Kohlenstoffgehalt (Chromkarbidbildung). Beim *Sherardisieren* werden die Teile in einer luftdicht verschlossenen, mit Zinkstaub und inerten Stoffen wie Sand, Kohle oder Kreide angefüllten rotierenden Trommel verpackt. Bei Temperaturen von 370 bis 450°C diffundiert Zink in die Oberfläche der zu verzinkenden Teile ein, was zur Bildung einer Eisen-Zink-Legierungsschicht mit einer Dicke von 10 bis 30 µm führt [6.42]. Die sherardisierte Oberfläche stellt einen guten Haftgrund für eine abschließende Lackierung dar.

6.4.3.6 Cr(VI)-freie Überzüge

Nach Anhang II der EU-Altautorichtlinie vom Juni 2002 dürfen ab 1.7.2007 keine Cr(VI)-haltigen Überzüge mehr zum Zweck des Korrosionsschutzes in Automobilen bis zu einem zulässigen Gesamtgewicht von 3,5 Tonnen eingesetzt werden. Nach der EU-Elektronik-Schrottverordnung ist ab 1.7.2006 ein Einsatz von Cr(VI)-haltigen Überzügen ebenfalls untersagt. Dies bedeutet, dass bei galvanischen Überzügen alle Chromatierungen durch gleichwertige Cr(VI)-freie Alternativen ersetzt werden müssen. Bei Zinklamellenüberzügen müssen für das bewährte System Dacromet® geeignete Cr(VI)-freie Varianten gefunden werden.

Bei galvanischen Zink- und Zinklegierungsüberzügen werden heute zur Erfüllung der Gesetzesvorgaben vorwiegend Cr(III)-basierte Dünnschicht- oder Dickschichtpassivierungen eingesetzt, oft in Verbindung mit geeigneten Versiegelungen.

Bei Zinklamellenüberzügen werden heute bereits eine Reihe Cr(VI)-freier Systeme großtechnisch eingesetzt.

Eine Übersicht zum Stand der Entwicklung Cr(VI)-freier Überzüge und der Umstellung bei mechanischen Verbindungselementen im Bereich der Automobilindustrie kann [6.43 und 6.44] entnommen werden. Es wird erwartet, dass die Forderung nach Cr(VI)-Freiheit von Oberflächenschutzsystemen in Zukunft auch von anderen Branchen übernommen werden wird.

6.4.4 Beeinflussung des Korrosionsmediums

Die Korrosionsschutzwirkung kann durch alle Maßnahmen verbessert werden, die die Korrosionsgeschwindigkeit herabsetzen. Dies lässt sich in manchen Fällen durch eine gezielte Beeinflussung des Korrosionsmediums erreichen:

- Temperaturerniedrigung
- Verringerung der Strömungsgeschwindigkeit
- Verringerung der Wasserstoffionenkonzentration oder des Sauerstoffgehalts
- Zusatz von Inhibitoren.

Während sich eine Veränderung der chemischen Zusammensetzung des Elektrolyten in der Praxis oft nur schwer verwirklichen lässt, ist die Zugabe geringer Mengen an Inhibitoren wirkungsvoller [6.4]. Inhibitoren sind organische oder anorganische Substanzen, die im Elektrolyten gelöst werden. Sie bilden an den anodischen oder kathodischen Bereichen der Metalle eine Schutzschicht, welche die beiden Teilvorgänge der anodischen Metallauflösung und insbesondere der kathodischen Reduktion (Bildung atomaren Wasserstoffs) hemmt.

6.4.5 Maßnahmen zur Verminderung der Gefahr einer wasserstoffinduzierten verzögerten Sprödbruchbildung

Die Anfälligkeit eines Stahls gegenüber Wasserstoffversprödung wächst mit zunehmender Werkstofffestigkeit bei gleichzeitiger Abnahme der Zähigkeit. Bei hochfesten vergüteten sowie bei einsatzgehärteten und angelassenen Werkstoffzuständen ist die Versprödungsanfälligkeit im Anlasstemperaturbereich von 250–350°C besonders groß [6.7, 6.14]. Sie wächst ferner mit zunehmendem *C*-Gehalt des Werkstoffs. Gleichzeitig erreicht die ebenfalls vom *C*-Gehalt abhängige Wasserstoffaufnahmefähigkeit in dem genannten Anlasstemperaturbereich ein Maximum, so dass hier bei einem fertigungs- und/oder betriebsbedingten Wasserstoffangebot bei unter Zugspannung stehenden Teilen eine ausgeprägte Sprödbruchgefahr besteht [6.7, 6.14].

Wenn Verbindungselemente mit hohen Zugfestigkeiten (oder Härten) mit galvanischen Überzügen versehen werden sollen, muss einer sachgerechten Werkstoffauswahl und Wärmebehandlung besondere Beachtung geschenkt werden. In DIN EN ISO 4042 heißt es hierzu:

„Wenn die Kern- oder Oberflächenhärte über 320 HV (Zugfestigkeit R_m rd. 1040 N/mm²) liegt, ist eine Überprüfung des Herstellprozesses unter Anwendung einer Prüfung zur Erkennung von Wasserstoffversprödung (Verspannungsprüfung) durchzuführen, um sicher zu sein, dass der Herstellprozess im Hinblick auf Wasserstoffversprödung beherrscht wird. Wenn Wasserstoffversprödung festgestellt wird, sind Änderungen des Herstellprozesses, z. B. die Einführung eines Temperprozesses, notwendig".

Es wird ausdrücklich darauf hingewiesen, dass bei Verbindungselementen aus Stählen mit Zugfestigkeiten $R_m \geq 1000\,\text{N/mm}^2$ bei den heute bekannten Verfahren zur Abscheidung von Metallüberzügen aus wässrigen Lösungen wasserstoffinduzierte verzögerte Sprödbrüche nicht mit Sicherheit ausgeschlossen werden können. Gleichzeitig wird aber erwähnt, dass mit der Auswahl eines für das Aufbringen eines galvanischen Oberflächenüberzugs besonders geeigneten Werkstoffs und unter sachgerechter Anwendung moderner Oberflächenbeschichtungsverfahren mit minimalem Wasserstoffangebot die Sprödbruchgefahr deutlich vermindert werden kann.

Wenn ein Einsatz wasserstoffversprödungsanfälliger Bauteile unvermeidbar ist, kommen zur Verminderung der Gefahr einer Wasserstoffversprödung folgende Möglichkeiten in Betracht:

- Vermeidung des Werkstoffkontakts mit allen in Frage kommenden Wasserstoffquellen (z. B. Beizbehandlung, galvanische Oberflächenbehandlung, Korrosionseinwirkung, kathodischer Korrosionsschutz). Ist dies nicht in vollem Umfang möglich, so muss das Wasserstoffangebot so weit wie möglich reduziert werden, z. B. bei einem fertigungsbedingten Wasserstoffangebot im Rahmen einer galvanischen Oberflächenbehandlung durch mechanische Reinigung oder Minimierung der Beizdauer, durch Einsatz geeigneter Beizinhibitoren [6.45], durch Anwendung galvanischer Bäder mit hoher Stromausbeute [6.10, 6.46] und durch Beseitigung aller im Umgebungsmedium als Promotoren wirkenden Substanzen [6.47 und 6.48].
- Die Gefahr einer Wasserstoffversprödung bei galvanisch beschichteten Teilen lässt sich auch durch eine geeignete thermische Nachbehandlung verringern, z. B. durch Tempern bei 200 bis 230°C mit einer zweckentsprechend gewählten Haltedauer [6.6, 6.12, 6.13]. Hierbei sind die Temperaturbeständigkeitsgrenze des jeweiligen Überzugs sowie die mechanischen und physikalischen Eigenschaften der Verbindungselemente zu berücksichtigen. Weiterhin ist zu beachten, dass z. B. galvanische Überzüge aus *Zn*, *Cd* und *Cr* ab Schichtdicken von rd. 2 µm die Wasserstoffdiffusion oder -effusion hemmen. Insbesondere dickere Überzüge können den Wiederaustritt des beim Beizen und beim Galvanisieren eindiffundierten Wasserstoffs aus dem Werkstoff deutlich behindern. Die Temperaturen einer Temperbehandlung sollten im vorgegebenen Rahmen so hoch wie möglich gewählt werden. Die erforderlichen Temperdauern sollten in Versuchen an Originalteilen festgelegt werden. In der Praxis sind in Abhängigkeit von Bauteil und Versprödungsgefährdung Temperdauern zwischen 2 und 24 Stunden üblich. Diese Praxiswerte wurden auch in DIN EN ISO 4042 übernommen.
- Zur Reduzierung einer Wasserstoffversprödungsgefährdung auf ein Minimum bei stark versprödungsanfälligen Teilen werden in DIN EN ISO 4042 und in DIN 50969 Beschichtungsverfahren empfohlen, bei denen – z. B. durch mechanisches Reinigen – entweder kein Wasserstoff angeboten wird oder bei denen

fertigungsbedingt aufgenommener Wasserstoff infolge hoher Wasserstoffdurchlässigkeit des Überzugs wieder gut effundieren kann. Hier kommen z. B. Zinklamellenüberzüge (s. Abschnitt 6.4.3.3) in Betracht. Bei diesen Überzügen kann selbst im Fall einer Wasserstoffaufnahme bei der Beschichtung vorgeschalteten Fertigungsschritten (z. B. Beizen) im Rahmen des Einbrennprozesses eine Wasserstoffeffusion erfolgen [6.29, 6.31].

- Nach DIN 50969 sollten bei Bauteilen aus unlegierten Kohlenstoffstählen und Baustählen sowie aus niedrig legierten Vergütungsstählen nach Überschreiten einer Zugfestigkeit von $R_m \approx 1200\,\text{N/mm}^2$ und Unterschreiten einer Brucheinschnürung von $Z \approx 50\%$ besondere Maßnahmen zur Vermeidung einer Wasserstoffversprödung getroffen werden. (z. B. Vermeidung einer Säurebeizung). Dazu zählt auch die Verringerung der Werkstoffbeanspruchung, z. B. durch die Verminderung von kerbbedingten Spannungskonzentrationen [6.49] oder von Zugeigenspannungen, die bei Überlagerung mit Zuglastspannungen zu einem kritischen Beanspruchungszustand führen können [6.50]. Bei einer Schraube sind hier jedoch aufgrund ihrer funktionsbedingten Formgebung und aufgrund der an sie gestellten Anforderungen hinsichtlich der mechanischen Beanspruchbarkeit nur begrenzte Verbesserungen möglich.
- Zur Überprüfung des Fertigungsprozesses von Verbindungselementen im Hinblick auf Wasserstoffversprödung – hier kommen alle Fertigungsschritte in Frage, bei denen es zu einer Wasserstoffaufnahme kommen kann – eignet sich eine Verspannungsprüfung, bei der die Teile in einer geeigneten Prüfvorrichtung bis in die Nähe ihrer jeweiligen Streckgrenze vorgespannt werden. Die Prüfbedingungen und die Durchführung von Verspannungsprüfungen für mechanische Verbindungselemente sind in DIN EN ISO 15330 beschrieben. In dieser Norm wird ausdrücklich betont, dass eine Verspannungsprüfung nur dann aussagefähig ist, wenn sie in einem sehr kurzen Zeitrahmen im Anschluss an den zu untersuchenden Fertigungsschritt durchgeführt wird. Daher eignet sich eine solche Prüfung üblicherweise nur für eine Prozesskontrolle, nicht aber für eine Annahmeprüfung.

6.5 Prüfung des Korrosionsschutzes

Die Auswahl eines geeigneten Korrosionsschutzes kann nur im Zusammenhang mit einer vorausgehenden Korrosionsprüfung erfolgen, bei der die Prüfbedingungen, denen der Werkstoff und das korrosive Medium unterliegen, nach Möglichkeit den späteren betrieblichen Verhältnissen angepasst sind (DIN 50905). Dies ist insbesondere dann unerlässlich, wenn im Betrieb zusätzliche mechanische und /oder thermische Beanspruchungen auftreten, wie es bei Schraubenverbindungen überwiegend der Fall ist.

Die Berücksichtigung von kombinierten mechanisch-korrosiven Beanspruchungen bereits bei der Festlegung der Versuchsbedingungen ist somit Voraussetzung für eine hinreichend sichere Aussage über die Korrosionsbeständigkeit von Schrauben und Muttern unter realen Betriebsbedingungen [6.51]. Für die Korrosionsprüfung werden folgende Methoden eingesetzt.

- *Genormte Kurzzeit-Korrosionsuntersuchungen*, die durch Verstärkung der Angriffsbedingungen wie Erhöhung der Temperatur oder der Konzentration des Korrosionsmediums in möglichst kurzer Zeit auswertbare Ergebnisse anstreben. Solche Untersuchungen führen jedoch oft zu Ergebnissen. die mit dem Verhalten unter Betriebsbedingungen nicht übereinstimmen. DIN 50905 weist darauf hin, dass beim Übertragen derartiger Ergebnisse auf die Praxis Vorsicht geboten ist.
- *Elektrochemische Prüfmethoden* (Konstanthaltung des Korrosionsstroms oder des Potentials oder Aufnahme von Stromdichte-Potentialkurven). Diese Verfahren bieten gegenüber Kurzzeit-Korrosionsprüfungen grundsätzlich den Vorteil, dass in relativ einfacher Weise und in einem vertretbaren Zeitraum nicht nur die verschiedenen für ein Bauteil in Frage kommenden Werkstoffe oder Werkstoffkombinationen, sondern auch metallische Überzüge hinsichtlich ihres elektrochemischen Verhaltens untersucht werden können.

Bei richtiger Anwendung erlauben beide Prüfmethoden eine gute Beurteilung des Werkstoffverhaltens auch bei kombinierter mechanisch-elektrochemischer Beanspruchung.

6.6 Normen

DIN EN ISO 1463, Ausgabe:2004–08
Metall- und Oxidschichten - Schichtdickenmessung - Mikroskopisches Verfahren (ISO 1463:2003); Deutsche Fassung EN ISO 1463:2004

DIN EN ISO 2177, Ausgabe:2004–08
Metallische Überzüge – Schichtdickenmessung – Coulometrisches Verfahren durch anodisches Ablösen (ISO 2177:2003); Deutsche Fassung EN ISO 2177:2004

DIN EN ISO 3892, Ausgabe:2001–12
Konversionsschichten auf metallischen Werkstoffen – Bestimmung der flächenbezogenen Masse der Schichten – Gravimetrisches Verfahren (ISO 3892:2000); Deutsche Fassung EN ISO 3892:2001

DIN EN 4437, Ausgabe:1998–04
Luft- und Raumfahrt - Metallische Werkstoffe - Prüfverfahren; Salzsprühnebelprüfung (Norm-Entwurf)

DIN EN 4527, Ausgabe:1999–05
Luft- und Raumfahrt - Aluminium und Aluminiumlegierungen; Prüfverfahren - Bestimmung der Anfälligkeit gegenüber Spannungsrisskorrosion

DIN EN ISO 4541, Ausgabe:1995–01
Metallische und andere anorganische Überzüge – Corrodkote-Korrosionsprüfung (CORR Test) (ISO 4541:1978); Deutsche Fassung EN ISO 4541:1994

DIN EN ISO 4543, Ausgabe:1995–01
Metallische und andere anorganische Überzüge – Allgemeine Richtlinien für Korrosionsversuche, anwendbar auf Lagerungsbedingungen (ISO 4543:1981); Deutsche Fassung EN ISO 4543:1994

DIN EN ISO 6270–2, Ausgabe:2005–09
Beschichtungsstoffe – Bestimmung der Beständigkeit gegen Feuchtigkeit – Teil 2: Verfahren zur Beanspruchung von Proben in Kondenswasserklimaten (ISO 6270-2:2005); Deutsche Fassung EN ISO 6270–2:2005

DIN EN ISO 6988, Ausgabe:1997–03
Metallische und andere anorganische Überzüge – Prüfung mit Schwefeldioxid unter allgemeiner Feuchtigkeitskondensation (ISO 6988:1985); Deutsche Fassung EN ISO 6988:1994

DIN EN ISO 7253, Ausgabe:2002–04
Beschichtungsstoffe - Bestimmung der Beständigkeit gegen neutralen Salzsprühnebel (ISO 7253:1996); Deutsche Fassung EN ISO 7253:2001

DIN EN ISO 7441, Ausgabe:1995–04
Korrosion von Metallen und Legierungen - Bestimmung der Kontaktkorrosion durch Freibewitterungsversuche (ISO 7441:1984); Deutsche Fassung EN ISO 7441:1995

DIN EN ISO 7539, Ausgabe:1995–08
Korrosion der Metalle und Legierungen – Prüfung der Spannungsrisskorrosion.
Teil 1: Allgemeine Richtlinien für Prüfverfahren (ISO 7539-1:1987); Deutsche Fassung EN ISO 7539–1:1995.
Teil 2: Vorbereitung und Anwendung von Biegeproben (ISO 7539-2:1989); Deutsche Fassung EN ISO 7539–2:1995.
Teil 3: Vorbereitung und Anwendung von Bügelproben (ISO 7539-3:1989); Deutsche Fassung EN ISO 7539–3:1995.
Teil 4: Vorbereitung und Anwendung von einachsig belasteten Zugproben (ISO 7539-4:1989); Deutsche Fassung EN ISO 7539–4:1995.
Teil 5: Vorbereitung und Anwendung von C-Ring-Proben (ISO 7539-5:1989); Deutsche Fassung EN ISO 7539–5:1995.

DIN EN ISO 9400, Ausgabe:1995–12
Legierungen auf Nickelbasis - Bestimmung der Beständigkeit gegen interkristalline Korrosion (ISO 9400:1990); Deutsche Fassung EN ISO 9400:1995

DIN EN ISO 10289, Ausgabe:2001–04
Verfahren zur Korrosionsprüfung von metallischen und anderen anorganischen Überzügen auf metallischen Grundwerkstoffen - Bewertung der Proben und Erzeugnisse nach einer Korrosionsprüfung (ISO 10289:1999); Deutsche Fassung EN ISO 10289:2001

DIN EN 12329, Ausgabe:2000–09
Korrosionsschutz von Metallen – Galvanische Zinküberzüge auf Eisenwerkstoffen mit zusätzlicher Behandlung; Deutsche Fassung EN 12329:2000

DIN EN 12330, Ausgabe:2000–09
Korrosionsschutz von Metallen – Galvanische Cadmiumüberzüge auf Eisenwerkstoffen; Deutsche Fassung EN 12330:2000

DIN EN 12373–1, Ausgabe:2001-10
Aluminium und Aluminiumlegierungen – Anodisieren - Teil 1: Methode zur Spezifizierung dekorativer und schützender anodisch erzeugter Oxidschichten auf Aluminium; Deutsche Fassung EN 12373–1:2001

DIN EN 12373–5, Ausgabe:1999–02
Aluminium und Aluminiumlegierungen – Anodisieren – Teil 5: Prüfung der Qualität von verdichteten, anodisch erzeugten Oxidschichten durch Bestimmung des Scheinleitwertes; Deutsche Fassung EN 12373-5:1998

DIN EN 12373–6, Ausgabe:1999–02
Aluminium und Aluminiumlegierungen – Anodisieren – Teil 6: Prüfung der Qualität von verdichteten, anodisch erzeugten Oxidschichten durch Bestimmung des Masseverlustes nach Eintauchen in Chromphosphorsäure-Lösung ohne vorherige Säurebehandlung; Deutsche Fassung EN 12373–6:1998

DIN EN 12373–7, Ausgabe:2002–11
Aluminium und Aluminiumlegierungen – Anodisieren – Teil 7: Prüfung der Qualität von verdichteten, anodisch erzeugten Oxidschichten durch Bestimmung des Masseverlustes nach Eintauchen in Chromphosphorsäure-Lösung mit vorheriger Säurebehandlung; Deutsche Fassung EN 12373–7:2002

DIN EN 12373–8, Ausgabe:1999-02
Aluminium und Aluminiumlegierungen – Anodisieren – Teil 8: Vergleichsbestimmung der Beständigkeit von gefärbten, anodisch erzeugten Oxidschichten gegen ultraviolettes Licht und Wärme; Deutsche Fassung EN 12373–8:1998

DIN EN 12373–15, Ausgabe:2000–12
Aluminium und Aluminiumlegierungen – Anodisieren – Teil 15: Prüfung der Beständigkeit von anodisch erzeugten Oxidschichten gegen Rissbildung bei Verformung; Deutsche Fassung EN 12373–15:2000

DIN EN 12476, Ausgabe:2001–10
Phosphatierüberzüge auf Metallen - Verfahren für die Festlegung von Anforderungen; Deutsche Fassung EN 12476:2000

DIN EN ISO 15330, Ausgabe 2000-01
Verspannungsversuch zur Entdeckung von Wasserstoffversprödung - Verfahren mit parallelen Auflageflächen

DIN 34804, Ausgabe:2002–10
Verbindungselemente – Veränderungsgrade von schwarzen Oberflächen (Norm-Entwurf)

DIN 50016, Ausgabe:1962–12
Werkstoff-, Bauelemente- und Geräteprüfung; Beanspruchung im Feucht-Wechselklima

DIN 50018, Ausgabe:1997–06
Prüfung im Kondenswasser-Wechselklima mit schwefeldioxidhaltiger Atmosphäre

DIN 50021, Ausgabe:1988–06
Sprühnebelprüfungen mit verschiedenen Natriumchlorid-Lösungen

DIN 50902, Ausgabe:1994–07
Schichten für den Korrosionsschutz von Metallen; Begriffe, Verfahren und Oberflächenvorbereitung

50903, Ausgabe:1967–01
Metallische Überzüge; Poren, Einschlüsse, Blasen und Risse, Begriffe

DIN 50905, Ausgabe:1987–01
Teil 1: Korrosion der Metalle; Korrosionsuntersuchungen; Grundsätze
Teil 2: Korrosion der Metalle; Korrosionsuntersuchungen; Korrosionsgrößen bei gleichmäßiger Flächenkorrosion
Teil 3: Korrosion der Metalle; Korrosionsuntersuchungen; Korrosionsgrößen bei ungleichmäßiger und örtlicher Korrosion ohne mechanische Belastung
Teil 4: Korrosion der Metalle; Korrosionsuntersuchungen; Durchführung von chemischen Korrosionsversuchen ohne mechanische Belastung in Flüssigkeiten im Laboratorium

DIN 50915, Ausgabe:1993–09
Prüfung von unlegierten und niedrig legierten Stählen auf Beständigkeit gegen interkristalline Spannungsrisskorrosion in nitrathaltigen Angriffsmitteln; Geschweißte und ungeschweißte Werkstoffe

DIN 50916–2, Ausgabe:1985–09
Prüfung von Kupferlegierungen; Spannungsrisskorrosionsprüfung mit Ammoniak; Prüfung von Bauteilen

DIN 50918, Ausgabe:1978–06
Korrosion der Metalle; Elektrochemische Korrosionsuntersuchungen

DIN 50919, Ausgabe:1984–02
Korrosion der Metalle; Korrosionsuntersuchungen der Kontaktkorrosion in Elektrolytlösungen

DIN 50920–1, Ausgabe:1985–10
Korrosion der Metalle; Korrosionsuntersuchungen in strömenden Flüssigkeiten; Allgemeines

DIN 50922, Ausgabe:1985–10
Korrosion der Metalle; Untersuchung der Beständigkeit von metallischen Werkstoffen gegen Spannungsrisskorrosion; Allgemeines

DIN 50928, Ausgabe:1985–09
Korrosion der Metalle; Prüfung und Beurteilung des Korrosionsschutzes beschichteter metallischer Werkstoffe bei Korrosionsbelastung durch wässrige Korrosionsmedien

DIN 50933, Ausgabe:1987–08
Messung von Schichtdicken; Messung der Dicke von Schichten durch Differenzmessung mit einem Taster

DIN 50958, Ausgabe:2001–07
Galvanische Überzüge - Modifizierte Corrodkote-Korrosionsprüfung (mod. Corr-Test)

DIN 50959, Ausgabe:1982–04
Galvanische Überzüge; Hinweise auf das Korrosionsverhalten galvanischer Überzüge auf Eisenwerkstoffen unter verschiedenen Klimabeanspruchungen

DIN 50961, Ausgabe:2000–09
Galvanische Überzüge - Zinküberzüge auf Eisenwerkstoffen - Begriffe, Korrosionsprüfung und Korrosionsbeständigkeit

DIN 50962, Ausgabe:1998–08
Galvanische Überzüge - Chromatierte Zinklegierungsüberzüge auf Eisenwerkstoffen

DIN 50967, Ausgabe:2005–11
Galvanische Überzüge - Nickel- und Nickel-Chrom-Überzüge auf Aluminiumwerkstoffen

DIN 50969, Ausgabe:1990-12
Beständigkeit hochfester Bauteile aus Stahl gegen wasserstoffinduzierten Sprödbruch - Nachweis durch Verspannungsprüfung sowie vorbeugende Maßnahmen

Literatur

6.1 Was kostet Korrosion? (1971) Bericht aus Großbritannien Werkst. Korros. 22:789–792

6.2 Müller K (1970) Lehrbuch der Metallkorrosion. Saugau Leuze

6.3 Spähn H, Fäßler K (1967) Kontaktkorrosion im Maschinen- und Apparatebau. Maschinenschaden 40: 81–89

6.4 Guy A G (1970) Metallkunde für Ingenieure Frankfurt/M. Akadem. Verlagsges.

6.5 Spähn H (1966) Oberfläche, Oberflächenbehandlung und Werkstoffverhalten. Metalloberfläche 20: 151–163

6.6 Landgrebe R (1993) Wasserstoffinduzierte Sprödbruchbildung bei hochfesten Schrauben aus Vergütungsstählen. Diss. TU Darmstadt

6.7 Kloos K H, Beyer S (1992) Wasserstoffversprödungsanfälligkeit hochfester Werkstoffzustände. Teil 1: Wasserstoffversprödungsanfälligkeit aus metallkundlicher Sicht. Mat.-wiss. u. Werkstofftech. 23: 274–282

6.8 Beyer S, Speckhardt H (1995) Wasserstoffversprödungsanfälligkeit bei einsatzgehärteten und angelassenen gewindefurchenden Schrauben – Möglichkeiten und Grenzen der Beeinflussbarkeit. Mat.-wiss. u. Werkstofftech. 26: 133–147

6.9 Steinhauser W (1964) Die Gefahr des verzögerten Sprödbruches bei hochfesten Stählen. Luftfahrttechnik, Raumfahrttechnik 10: 93–100

6.10 Weber J (1950) Oberflächenbehandlung und Wasserstoffversprödung. Galvanotechnik 71: 1082–1089

6.11 Kloos K H, Landgrebe R, Speckhardt H (1985) Untersuchungen zur wasserstoffinduzierten Rissbildung bei hochfesten Schrauben aus Vergütungsstählen. VDI-Z. 127: 92–102

6.12 Kloos K H, Beyer S, Landgrebe R (1989) Wasserstoffinduzierte Sprödbrüche bei Schraubenverbindungen – Ursachen, Einflüsse, Abhilfemaßnahmen. VDI-Berichte Nr. 766: 211–242

6.13 Kloos K H, Landgrebe R, Speckhardt H (1987) Einfluß unterschiedlicher Wärmebehandlungsverfahren auf die wasserstoffinduzierte Sprödbruchbildung bei Vergütungsstählen für die Schraubenfertigung. Z. f. Werkstofftech. 18: 411–422

6.14 Beyer S (1996) Wasserstoffversprödungsanfälligkeit hochfester Werkstoffzustände am Beispiel einsatzgehärteter und angelassener gewindefurchender Schrauben. Diss. TU Darmstadt. Shaker

6.15 Aluminium-Taschenbuch (1963) Düsseldorf. Aluminium-Verlag: 161–165 und 260–268

6.16 Muckley W (1966) Aluminium im Schiffbau. Ergänzter Sonderdruck aus: Aluminium 42: 10

6.17 Wehner H (1975) Zum Ausscheidungs- und Korrosionsverhalten eines ferritisch-austenitischen Chrom-Nickel-Molybdän-Stahls. Diss. TU Darmstadt

6.18 Edström J O, Carlen I C, Kämpinge S (1970) Anforderungen an Stähle für die chemische Industrie. Werkst. Korros. 21: 812–821

6.19 Uhlig H H (1975) Korrosion und Korrosionsschutz. Berlin: Akademie-Verlag

6.20 Illgner K H, Esser J (2001) Schrauben Vademecum. Firmenbroschüre der Fa. Textron Verbindungstechnik GmbH & Co. OHG. 9. Auflage, Rasch Verlag

6.21 Speckhardt H (1978) Funktionelle Galvanotechnik–eine Einführung. Oberfläche 19: 286–291

6.22 Bauer C O (1970) Korrosionsschutz für Verbindungselemente. Ind. Anz. 92: 1411–1414 und 1431–1435
6.23 Hesse H D (1995) Korrosionsschutz von Bauteilen durch Zink- und Zinklegierungsüberzüge. Vortrag auf dem DVM-Tag „Korrosion an Fahrzeugen" vom 10.–12. Mai 1995 in Berlin
6.24 Jiménez A, Kerle B, Schmidt H (1998) Zinklegierungsverfahren: Eigenschaften und Anwendungen in der Technik. Galvanotechnik 89: 1108–1118
6.25 Fontenay F (2002) Elektrolytisch abgeschiedene Zink- und Zinklegierungsschichten und deren Korrosionsbeständigkeit. Galvanotechnik 93: 2534–2542 u. 2827–2836
6.26 Druckschrift Nr. 63 der International Nickel Deutschland GmbH Düsseldorf (1971) Stromloses Dickvernickeln nach dem Kanigen-Dumi-Coat- und Nibodurverfahren
6.27 Müller W (1972) Galvanische Schichten und ihre Prüfung. Braunschweig: Vieweg
6.28 Kayser K (1984) Kritische Betrachtungen zum Korrosionsschutz an Schrauben. VDI-Z. 126: 98–108
6.29 Belz H W (1992) Eigenschaften und Anwendungsgebiete einer anorganischen Beschichtung mit hohen Korrosionsschutzeigenschaften. Draht 43: 853–856
6.30 Belz H W (1994) Organisch-anorganisches Mikroschichtsystem für optimalen Korrosionsschutz. Stahl 6: 54–55
6.31 Sontag A (1989) Korrosionsschutz-Beschichtungen werden zunehmend mit härtesten Anforderungen konfrontiert. Metalloberfläche 43: 524–526
6.32 Kloos K H, Kaiser B, Dünkel V, Hasselmann U (1995) Gebrauchseigenschaften beschichteter Schrauben–organische, anorganische und metallische Überzüge. Umformtechnik 29: 99–105
6.33 Wiegand H, Nieth F (1964) Untersuchungen über das Verhalten feuerverzinkter Stähle und Bauteile Stahl Eisen 54: 52–55
6.34 Wiegand H, Strigens P (1972) Zum Festigkeitsverhalten feuerverzinkter HV-Schrauben Ind. Anz. 94: 247–252
6.35 Wiegand H, Thomala W (1973) Zum Festigkeitsverhalten feuerverzinkter HV-Schrauben. Draht-Welt 59: 542–551
6.36 Kloos K H, Schneider W (1983) Untersuchungen zur Anwendbarkeit feuerverzinkter HV-Schrauben der Festigkeitsklasse 12.9. VDI-Z. 125: 101–S.111
6.37 Kloos K H, Landgrebe R, Schneider W (1986) Untersuchungen zur Anwendbarkeit hochtemperaturverzinkter HV-Schrauben der Festigkeitsklasse 10.9. VDI-Z. 128: 98–108
6.38 Beyer S, Dünkel V, Landgrebe R (1994) Dehnungsinduzierte Spannungsrisskorrosion in der Flüssigzinkphase bei der Hochtemperaturverzinkung von HV-Schrauben der Festigkeitsklasse 10.9 mit großen Abmessungen.
Teil 1: Untersuchung von Schadensfällen. Mat.wiss. u. Werkstofftech. 25: 158–166
Teil 2: Experimentelle und theoretische Untersuchungen zum Schadensmechanismus und Konsequenzen für die Praxis. Mat.wiss. u. Werkstofftech. 25: 459–470
6.39 Hasselmann U (1997) Flüssigmetallinduzierte Rissbildung bei der Feuerverzinkung hochfester HV-Schrauben großer Abmessungen infolge thermisch bedingter Zugeigenspannungen. Diss. TU Darmstadt. Shaker
6.40 Hess S, Walz K (1974) Das CB-KugelPlattieren. Draht 25: 356–360
6.41 Schroeder K F (1975) Mechanisches Verzinken. Metalloberfläche 29: 420–434 und 544–551

6.42 Müller W (1972) Oberflächenschutzschichten und Oberflächenvorbehandlung. Braunschweig: Vieweg
6.43 Korrosionsschutz der Zukunft – Was kommt nach der Chromatierung? Die EU-Altautoverordnung und Auswirkungen auf andere Branchen. Leuze 2001
6.44 Status-Report „Umstellung auf Cr(VI)freie Überzüge“: Aktuelle Veröffentlichungen des Deutschen Schraubenverbands e.V., Hagen. auf der homepage des Verbandes unter www.schraubenverband.de
6.45 Schröder I, Landgrebe R, Berger C (2003) Entwicklung eines praxistauglichen Prüfverfahrens zur Bewertung des Wasserstoffgefährdungspotenzials von Salzsäurebeizen für hochfeste Verbindungsmittel und vergleichende Untersuchung der Wirksamkeit von Inhibitoren zur Inhibierung der Wasserstoffaufnahme. Manuskript eines Vortrags auf einer Veranstaltung des GAV in Wiesbaden am 5. November
6.46 Weiner R (1976) Wasserstoffversprödung hochfester galvanisierter Stähle und ihre Beseitigung. Maschinenmarkt 52: 778–781
6.47 Baukloh W, Zimmermann G (1936) Wasserstoffdurchlässigkeit von Stahl beim elektrolytischen Beizen. Arch. Eisenhüttenwes. 9: 459–465
6.48 Nobe K, Saito Y (1983) Sulfide–promoters and acetylenic inhibitors of hydrogen penetration of 4103 steel. Werkst. Korros. 34: 348–354
6.49 Paatsch W (1981) Wasserstoffversprödung–Wie kann sie bei galvanisch verzinkten Verbindungselementen verhindert werden. Verbindungstechnik 13: 27–31
6.50 DGArbeitsblatt (1980) Vermeidung einer Wasserstoffversprödung galvanisierter Bauteile aus Stahl. Deutsche Gesellschaft für Galvanotechnik e. V., Düsseldorf
6.51 Speckhardt H (1975) Korrosion und Korrosionsschutz von Schraubenverbindungen. Draht: 589–594

7 Schraubenverbindungen bei hohen und tiefen Temperaturen

7.1 Schraubenverbindungen bei hohen Temperaturen

7.1.1 Einführung

Die Tragfähigkeit von Schraubenverbindungen kann durch den Einfluss hoher Temperaturen nachhaltig beeinträchtigt werden. Die Beeinträchtigung wird hervorgerufen durch temperaturbedingte Änderungen der mechanischen und physikalischen Werkstoffeigenschaften (z. B. Festigkeits- und Zähigkeitskennwerte, Elastizitätsmodul, thermischer Ausdehnungskoeffizient, Wärmeleitfähigkeit).

Insbesondere sind bei der konstruktiven Auslegung von Schraubenverbindungen Unterschiede in der thermischen Ausdehnung der spannenden und verspannten Teile sowie die Zeitabhängigkeit der mechanischen Eigenschaften im Kriechbereich der Werkstoffe zu beachten. Während z. B. bei Stählen plastische Verformungen in Schraubenverbindungen schon während der Montage bei Raumtemperatur durch Werkstoffverfestigung weitgehend zum Stillstand kommen können, können Kriechvorgänge bei hohen Temperaturen einen erheblichen Abbau der Montagevorspannkraft durch Relaxation bewirken. Dabei ist das Ausmaß der Relaxation werkstoff-, zeit-, temperatur- und lastabhängig.

Ein unzulässig hoher Abfall der Vorspannkraft in einer Schraubenverbindung während des Betriebs kann die Betriebssicherheit ganzer Anlagen gefährden.

Eine Vorspannkrafterhöhung dagegen, wie sie z. B. infolge unterschiedlicher Wärmedehnung oder gefügebedingter Werkstoffkontraktion auftreten kann, kann zu einer direkten Überbeanspruchung der Schraube führen (Überdehnung durch Teilplastifizierung oder im Extremfall Bruch).

Beim Hochtemperatureinsatz ist auch das Sprödbruchverhalten einer Schraubenverbindung zu beachten. Für eine mögliche Sprödbruchempfindlichkeit kann eine Zeitstandkerbversprödung des Werkstoffs oder eine verminderte Kerbschlagzähigkeit bei Raumtemperatur infolge längerzeitiger Einwirkung hoher Betriebstemperaturen maßgeblich sein.

Weiterhin ist die Kenntnis des Löseverhaltens nach Beanspruchung bei hohen Temperaturen von Bedeutung für die Beurteilung der Betriebseigenschaften einer Schraubenverbindung, da das Lösen durch chemische Oberflächenveränderungen im Betrieb (Verzundern, Hochtemperaturkorrosion) stark beeinträchtigt werden kann.

Wichtige Voraussetzungen zur optimalen Ausführung einer Schraubenverbindung für den Einsatz bei hohen Temperaturen sind also die Berücksichtigung

- der thermischen Ausdehnungsverhältnisse (Flansch–Schraube)
- des Relaxationsverhaltens,
- des Sprödbruchverhaltens und
- des Löseverhaltens.

7.1.2 Temperaturabhängigkeit der Werkstoffeigenschaften

7.1.2.1 Physikalische Werkstoffeigenschaften

Die physikalischen Eigenschaften wie thermischer Ausdehnungskoeffizient, Wärmeleitfähigkeit und spezifische Wärmekapazität sind werkstoff- und temperaturabhängig.

Der thermische Ausdehnungskoeffizient α stellt die Proportionalitätskonstante bei der Berechnung elastischer Längenänderungen infolge von Temperaturänderungen ΔT dar. Die temperaturbedingte Längenänderung f_T eines Teils mit der Länge l beträgt

$$f_T = \alpha \cdot l \cdot \Delta T \qquad (7.1)$$

Für die relative Längenänderung infolge Temperaturerhöhung ΔT: $\varepsilon_T = f_T / l$ gilt entsprechend:

$$\varepsilon_T = \alpha \cdot \Delta T \qquad (7.2)$$

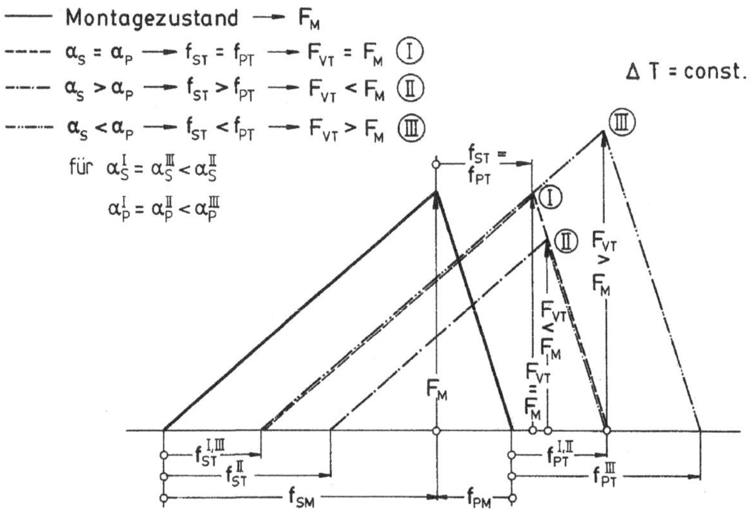

Abb. 7.1. Einfluss unterschiedlicher Wärmedehnung von Schrauben und verspannten Teilen auf die Vorspannkraft (schematisch)

Bei Schraubenverbindungen bewirken unterschiedliche thermische Ausdehnungskoeffizienten α von Schraube (α_S) und verspannten Teilen (α_P) eine Vorspannkraftänderung infolge unterschiedlich großer Längenänderungen.

Abb. 7.1 zeigt schematisch drei verschiedene Kraft-Verformungssituationen für eine Schraubenverbindung unter Berücksichtigung gleicher oder verschiedener thermischer Wärmeausdehnungskoeffizienten von Schrauben (α_S) und verspannten Teilen (α_P). Während im Fall I ($\alpha_S = \alpha_P$) die Montagevorspannkraft auch bei erhöhten Temperaturen konstant bleibt, sinkt im Fall II ($\alpha_S > \alpha_P$) die Vorspannkraft ab, und im Fall III ($\alpha_S < \alpha_P$) wird die Montagevorspannkraft infolge der stärkeren Wärmedehnung der verspannten Teile ansteigen.

Die temperaturabhängige Veränderung des E-Moduls und die hiermit verbundene Nachgiebigkeitsänderung von Schrauben und verspannten Teilen (s. Abschnitt 7.1.2.2) bleibt bei dieser Darstellung unberücksichtigt.

Es ist jedoch zu beachten, dass die Längenänderung wegen des mit der Temperatur ansteigenden thermischen Ausdehnungskoeffizienten progressiv mit der Temperatur zunimmt (Abb. 7.2).

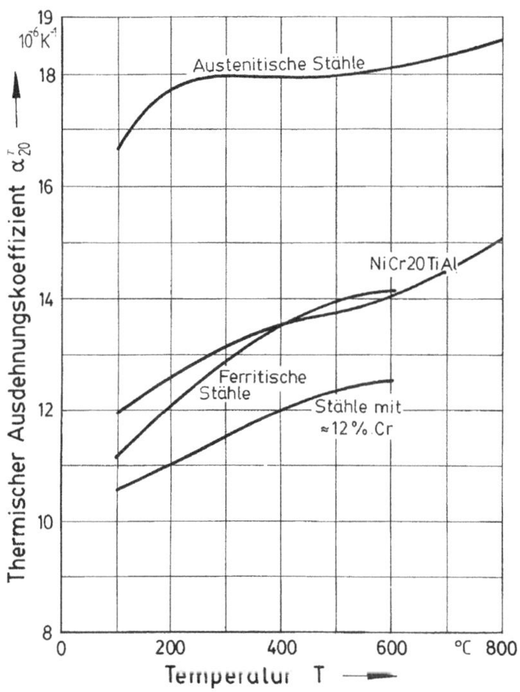

Abb. 7.2. Thermischer Ausdehnungskoeffizient α_{20}^{T} nach DIN 17240 (ersetzt durch DIN EN 10269–November 1999) für verschiedene Werkstoffgruppen

7.1.2.2 Mechanische Werkstoffeigenschaften

Die Temperatur hat einen wesentlichen Einfluss auf die Festigkeits- und Zähigkeitseigenschaften sowie den Elastizitätsmodul des Werkstoffs (Abb. 7.3).

Das Ausmaß und die Tendenz des temperaturbedingten Festigkeitsabfalls hängen von der chemischen Zusammensetzung des Werkstoffs ab (Abb. 7.4). Die Festigkeitskennwerte nicht kaltverfestigter austenitischer Stähle liegen gewöhnlich bei tiefen Temperaturen niedriger als die der ferritischen Stähle; bei hohen Temperaturen – etwa über 550°C – sind die Austenite jedoch wegen der geringeren Temperaturabhängigkeit ihrer Festigkeitseigenschaften den Ferriten überlegen. Bei ferritischen Stählen kann die Zugfestigkeit bei Temperaturen zwischen 300°C bis 450°C, bedingt durch Alterungsvorgänge, wieder auf die Raumtemperaturwerte oder etwas höher ansteigen und fällt anschließend stärker ab als bei austenitischen Stählen. Die Werte für die 0,2%-Dehngrenze bzw. Streckgrenze vermindern sich in der Regel im gesamten Temperaturbereich (Abb. 7.4).

Die Warmfestigkeitseigenschaften von Stählen werden stark durch Legierungselemente beeinflusst [7.1]. Einen dominierenden Einfluss auf die Erhöhung der Warmstreckgrenze und der Zeitstandfestigkeit üben Molybdän und Vanadium aus [7.2 und 7.3].

Die festigkeitssteigernde Wirkung der Legierungselemente beruht einerseits auf einer Mischkristallverfestigung und einer Verschiebung des Beginns der Kristallerholung und Rekristallisation zu höheren Temperaturen, andererseits auf einer Aushärtung durch die Bildung von Sekundärphasen (Sonderkarbide, Sondernitride, intermetallische Phasen), die erheblich zur Erhöhung der Warmfestigkeit und des Kriechwiderstands beitragen.

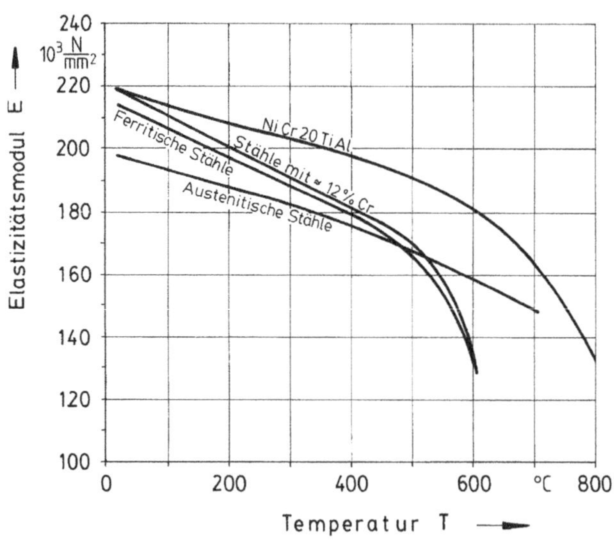

Abb. 7.3. Anhaltswerte für den Elastizitätsmodul verschiedener Werkstoffgruppen in Abhängigkeit von der Temperatur nach DIN EN 10269 (früher DIN 17240)

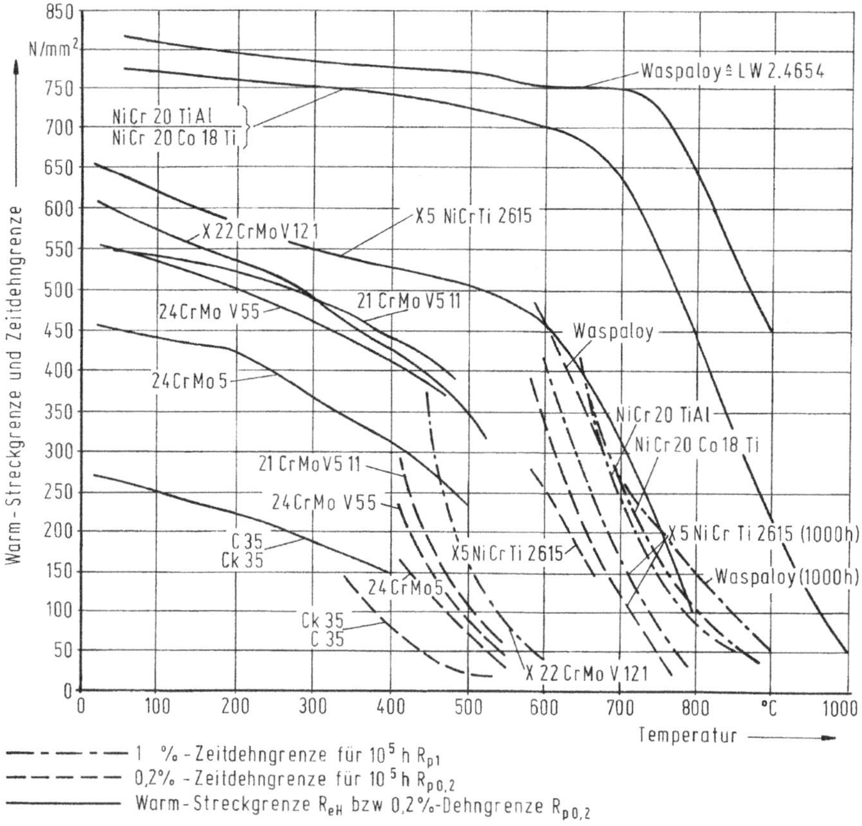

Abb. 7.4. Temperatureinfluss auf die mechanischen Eigenschaften verschiedener Werkstoffe [7.4]

Wichtigste Legierungselemente in niedrig legierten warmfesten Stählen sind neben Molybdän und Vanadium Chrom und Nickel [7.2], wobei Nickel im Wesentlichen zur Mischkristallverfestigung und zur Erhöhung der Durchvergütbarkeit bei Teilen größerer Abmessungen beiträgt. In austenitischen Cr-Ni-Stählen werden zur Erhöhung der Warmfestigkeit häufig die Elemente Molybdän, Niob, Tantal, Titan und Bor zulegiert. Bei höchsten Anforderungen an die Warmfestigkeit werden Werkstoffe auf Nickel- und Kobaltbasis eingesetzt.

Bei hohen Temperaturen können Bauteile bei verhältnismäßig niedrigen Spannungen (unterhalb der Fließgrenze) neben elastischen auch zeitabhängige plastische Formänderungen infolge von Kriechvorgängen erfahren, die konstruktiv beachtet werden müssen. Oberhalb bestimmter Grenztemperaturen liegen die Werkstoffkennwerte für zeitabhängiges Werkstoffverhalten wie die 1,0%-Zeitdehngrenze niedriger als z. B. die zeitunabhängige 0,2%-Dehngrenze des Warmzugversuchs (Abb. 7.4). Deshalb sind oberhalb dieser Schnittpunkttemperaturen die zeitunabhängigen Auslegungswerte nicht mehr maßgebend für die Bemessung eines Bauteils. Für Stähle liegen diese Grenztemperaturen je nach Werkstoffsorte und Auslegungsdauer im Temperaturbereich zwischen 300°C und 550°C.

Die Kriechneigung eines Werkstoffs ist abhängig von der Höhe der Temperatur sowie der Höhe und Dauer der Belastung (Abb. 7.5).

Der Verlauf der im Zeitstandversuch ermittelten bleibenden Dehnungen einer Probe (Zeitdehnlinie, Kriechkurve) lässt sich abhängig von der Beanspruchungsdauer in der Regel in drei Bereiche unterteilen:

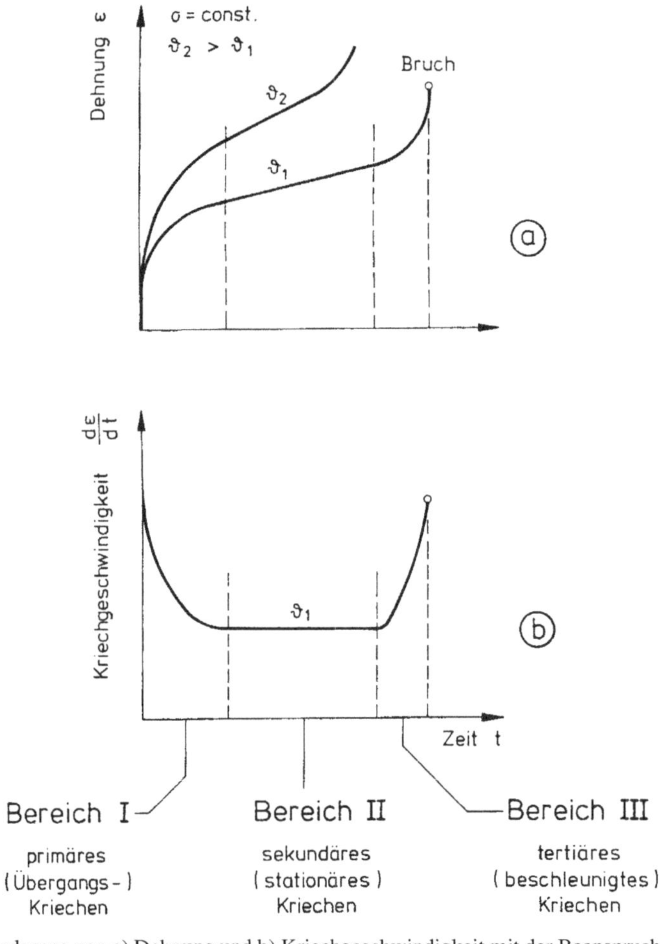

Abb. 7.5. Änderung von a) Dehnung und b) Kriechgeschwindigkeit mit der Beanspruchungsdauer (schematisch); Kennzeichnung der Kriechphasen

Kriechbereich I: Die Kriechgeschwindigkeit nimmt infolge zunehmender Verformungsverfestigung ab.

Kriechbereich II: Die Kriechgeschwindigkeit ist konstant und weist ein Minimum auf. Verfestigung und entfestigende Erholungsvorgänge stehen im Gleichgewicht. Der zweite Kriechbereich kann je nach Werkstoffzustand mehr oder weniger deutlich ausgeprägt sein; er kann mit zunehmender Temperatur oder Spannung kürzer werden und schließlich ganz verschwinden.

Kriechbereich III: Die Kriechgeschwindigkeit nimmt zu. Es kommt zum Einschnürvorgang im Bauteil und zum Bruch. Der dritte Kriechbereich kann bei verformungsarmen Brüchen nur von kurzer Dauer sein.

Der hier schematisch dargestellte Kriechablauf kann durch weitere Einflüsse wie Ausscheidungs- oder Alterungsvorgänge im Gefüge beeinflusst werden, so dass Abweichungen von dem modellhaften Werkstoffverhalten auftreten können [7.5].

Das Zeitstandverhalten (Kriechverhalten) wird nicht zuletzt auch von der geometrischen Form des Bauteils bestimmt. Unter der Wirkung örtlicher Spannungskonzentrationen, wie sie an Querschnittsübergängen oder Krafteinleitungsstellen auftreten, wird die Zeitstandfestigkeit bei duktilem Werkstoffverhalten erhöht, ähnlich wie die Zugfestigkeit eines gekerbten Probestabs bei Raumtemperatur im Vergleich zum ungekerbten Stab. Der Bruch erfolgt überwiegend transkristallin unter hoher örtlicher Verformung. Unter der gleichzeitigen Wirkung von Zeit, Temperatur und Spannung können manche warmfesten Werkstoffe bei ungünstigen Behandlungszuständen jedoch eine Verminderung ihrer Zähigkeit erfahren, die zu verformungsarmen interkristallinen Zeitstandbrüchen führen kann. Systematische Untersuchungen bei 500 bis 600°C am warmfesten Schraubenstahl 21CrMoV5–7 zeigen den Zusammenhang zwischen dem Ausmaß des Zähigkeitsrückgangs und der Art der Wärmebehandlung [7.6] (Abb. 7.6). Bei ausgeprägter Zähigkeitsabnahme kann eine Zeitstandkerbversprödung auftreten, d. h. ein vorzeitiger Bruch gekerbter gegenüber ungekerbten Probestäben mit gleicher Nennspannung [7.7 bis 7.9].

Im Hinblick auf die Beanspruchungsbedingungen von Schraubenverbindungen ist das Relaxationsverhalten der Werkstoffe von besonderer Bedeutung. Unter Relaxation eines Werkstoffs versteht man die Umsetzung von elastischer Dehnung in plastische Dehnung durch Kriechvorgänge bei konstanter Gesamtdehnung. Dabei werden sämtliche Mechanismen einer Kriechverformung wirksam. Die Anfangsspannung wird in dem Maße abgebaut, in dem sich der elastische Dehnungsanteil vermindert. Übertragen auf Schraubenverbindungen bedeutet dieser Vorgang eine zeitabhängige Abnahme der Vorspannkraft.

Während im Zeitstandversuch die Prüfung unter konstanter Prüfkraft und Temperatur vorgenommen wird (DIN EN 10291), werden im Relaxationsversuch (Entspannungsversuch) Gesamtdehnung und Temperatur konstant gehalten und die Restspannung zeitabhängig gemessen [7.10 und 7.11]. Zur Durchführung und Auswertung von Relaxationsversuchen kann die amerikanische Norm ASTM E 328 (Standard recommended practices for stress-relaxation tests for materials and structures), die britische Norm BS 3500: Part 6 (Tensile stress relaxation testing) oder Stahl-Eisen-Prüfblatt – SEP – 1260 (5–1996) herangezogen werden.

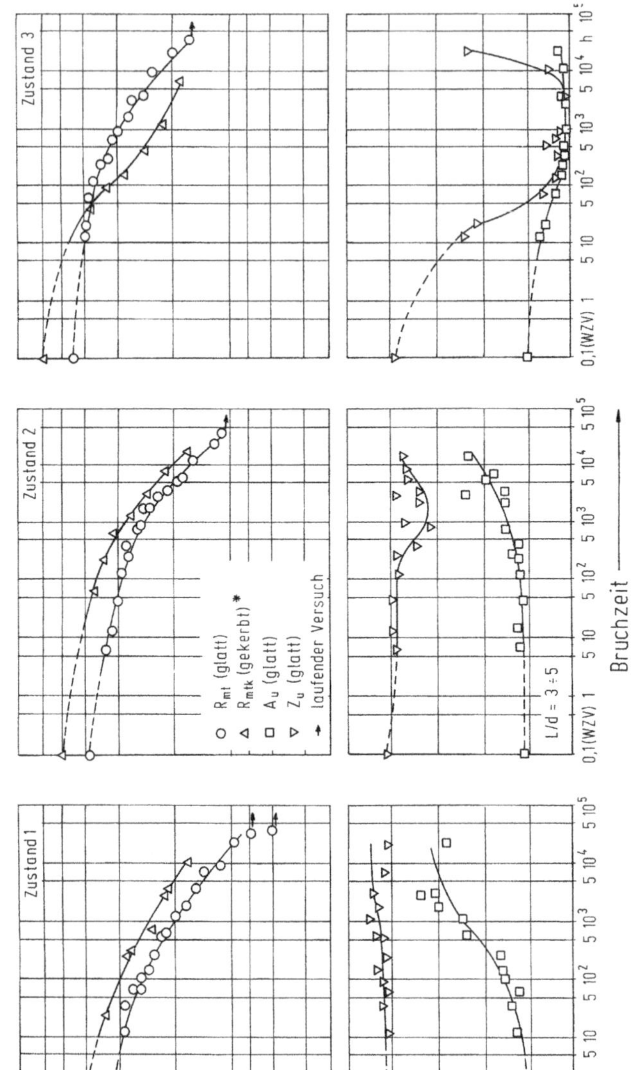

Abb. 7.6. Ergebnisse von Zeitstandversuchen bei 550°C an glatten und gekerbten Proben des Stahls 21CrMoV5–7 (Kerbdurchmesser d = 8 mm). WZV: Warmzugversuch; L/d: Messlängenverhältnis; * Kerbprobe nach DIN 50118, Entwurf Januar 1978 [7.6]. Zustand 1: 900°C 1 h/Öl + 750°C 2 h/Luft; Zustand 2: 930°C 1 h/Öl + 700°C 2 h/Luft; Zustand 3: 1000°C 1 h/Öl + 670°C 2 h/Luft.

7.1.3 Einfluss der Temperatur auf die Betriebseigenschaften von Schraubenverbindungen

Die Systemeigenschaften von Schraubenverbindungen werden bei Einwirkung hoher Temperaturen vom Werkstoff- und Bauteilverhalten geprägt. Das Bauteilverhalten wird insbesondere durch die Überlagerung von Wärmedehnungen, Kriech- und Relaxationsvorgängen sowie Setzerscheinungen in den Auflageflächen bestimmt. Während die Werkstoffeigenschaften durch Standardversuche (Warmzugversuch, Zeitstandversuch, Relaxationsversuch) vergleichsweise einfach zu ermitteln sind, können die Bauteileigenschaften und das Verhalten der gesamten verschraubten Konstruktion (Systemverhalten) nur unter Berücksichtigung der konstruktiven Gegebenheiten (Kerbwirkung, Nachgiebigkeitsverhältnisse von Schraube und verspannten Teilen, Werkstoffpaarung) abgeschätzt werden.

7.1.3.1 Vorspannkraftänderung infolge Wärmedehnung

Stationäre (zeitlich konstante) und instationäre (zeitlich sich ändernde) Temperaturfelder können infolge unterschiedlicher Wärmedehnungen und sich mit der Temperatur ändernder Elastizitätsmoduln der Werkstoffe von Schraube, Mutter und verspannten Teilen eine Änderung der Montagevorspannkraft hervorrufen.

Stationärer Fall. Die Relativausdehnung f_{rel} zweier Bauteile ist nach dem Hookeschen Gesetz direkt proportional den zwischen zwei formschlüssig verbundenen Bauteilen (Schraube und verspannte Teile) herrschenden Spannungen:

$$\sigma = \varepsilon \cdot E = \frac{f_{rel}}{l} E \tag{7.3}$$

Für den stationären Zustand wird die Längenänderung f_T eines Bauteils mit der Länge l unter der Annahme einer im Bauteil herrschenden mittleren Temperatur T_m wie folgt berechnet:

$$f_T = \alpha \cdot l \cdot \Delta T_m \quad \text{oder} \quad \varepsilon_T = \frac{f_T}{l} = \alpha \cdot \Delta T_m$$

mit α = thermischer Längenausdehnungskoeffizient des Bauteilwerkstoffs.

Die Relativausdehnung zwischen zwei Bauteilen im unverspannten Zustand wird damit allgemein zu

$$f_{rel} = \alpha_1 \cdot l_1 \cdot \Delta T_{m1} - \alpha_2 \cdot l_2 \cdot \Delta T_{m2} \tag{7.4}$$

Um die Relativdehnungen möglichst klein zu halten, bieten sich demnach für den stationären Zustand zwei Maßnahmen an:

- Für $\alpha_1 = \alpha_2$: Temperaturausgleich schaffen, d. h. $\Delta T_{m1} = \Delta T_{m2}$
- Für $T_{m1} \neq \Delta T_{m2}$: Wahl von Werkstoffen mit unterschiedlichen thermischen Längenausdehnungskoeffizienten, um die Temperaturdifferenz zu kompensieren, d. h. $\alpha_1 \neq \alpha_2$.

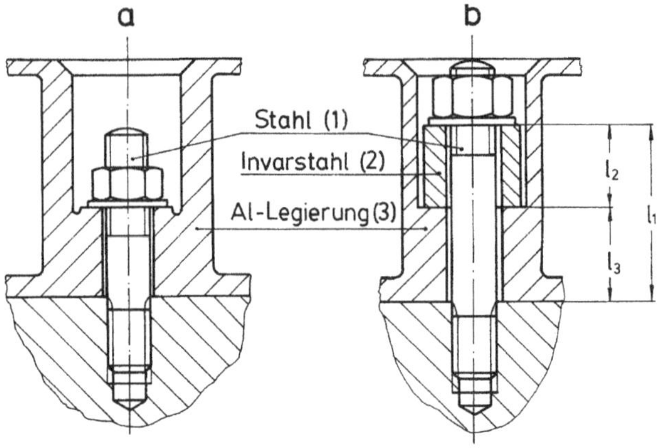

Abb. 7.7. Beispiel für eine Verschraubung von Aluminiumbauteilen mit Stahlschraube [7.12].

Abbildung 7.7 zeigt, wie für den stationären Fall unter der Annahme gleicher mittlerer Temperaturen T_m in allen Bauteilen des Systems und ungleicher thermischer Längenausdehnungskoeffizienten α durch konstruktive Maßnahmen Relativdehnungen vermieden werden können.

Fall a): wegen größerer thermischer Ausdehnung des Aluminiumflansches ist die Schraube infolge Überlastung gefährdet.

Fall b): ausdehnungsgerechte Gestaltung mit Dehnhülse aus „Invarstahl" mit Ausdehnungskoeffizient nahe Null ($\alpha \approx 0$), die die größere Ausdehnung des Alu-Flansches gegenüber der Schraube ausgleicht.
Der rechnerische Nachweis für die Forderung $f_{rel} = 0$ wird wie folgt geführt:

$$\alpha_1 \cdot l_1 \cdot \Delta T_{m1} - \alpha_2 \cdot l_2 \cdot \Delta T_{m2} - \alpha_3 \cdot l_3 \cdot \Delta T_{m3} = 0\,.$$

Mit

$$l_1 = l_2 + l_3 \text{ und } \lambda = \frac{l_2}{l_3} = \frac{\alpha_3 \cdot \Delta T_{m3} - \alpha_1 \cdot \Delta T_{m1}}{\alpha_1 \cdot \Delta T_{m1} - \alpha_2 \cdot \Delta T_{m2}}$$

und unter der Bedingung, dass

$$\Delta T_{m1} = \Delta T_{m2} = \Delta T_{m3}$$

und

α_1	=	$11 \cdot 10^{-6}\,\mathrm{K}^{-1}$	Stahl
α_2	=	$1 \cdot 10^{-6}\,\mathrm{K}^{-1}$	Invarstahl
α_3	=	$20 \cdot 10^{-6}\,\mathrm{K}^{-1}$	Aluminiumlegierung

erfüllt $\lambda = 0{,}9$ annähernd die Forderung nach $f_{rel} = 0$.

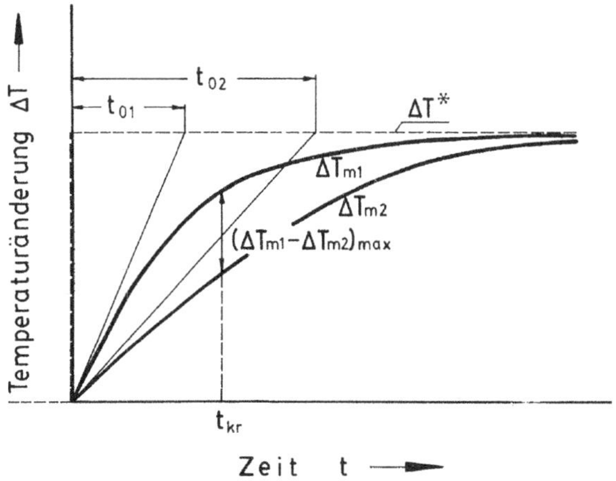

Abb. 7.8. Zeitliche Temperaturänderung unter einem Temperatursprung des aufgeheizten Mediums in zwei Bauteilen mit unterschiedlicher Zeitkonstante t_0 [7.12]

Instationärer Fall. Während einer zeitlichen Temperaturänderung (instationärer Zustand) entsteht oft eine größere Relativausdehnung als im stationären Endzustand wegen relativ großer vorkommender Temperaturunterschiede (Abb. 7.8).

Unter der vereinfachenden Annahme, dass

$$\alpha_1 = \alpha_2 = \alpha \text{ und } l_1 = l_2 = l\,,$$

gilt für die instationäre Relativausdehnung:

$$f_{rel} = \alpha \cdot l \cdot (\Delta T_{m1}(t) - \Delta T_{m2}(t)) \tag{7.5}$$

Der Verlauf des Temperaturanstiegs ΔT_m im Bauteil errechnet sich bei plötzlichem Temperaturanstieg des Umgebungsmediums auf ΔT^* nach folgender Gleichung:

$$\Delta T_m = \Delta T^*(1 - e^{\frac{-t}{t_0}}) \tag{7.6}$$

mit der Zeitkonstanten $t_0 = \dfrac{cm}{\alpha_ü \cdot A}$.

Hierin bedeuten:

c: spezifische Wärme des Bauteilwerkstoffs [$JK^{-1}kg^{-1}$]
m: Masse des Bauteils $= \rho \cdot V$ (ρ Dichte, V Volumen) [kg],
$\alpha_ü$: Wärmeübergangszahl an der beheizten Bauteiloberfläche [$Js^{-1}m^{-2}K^{-1}$],
A: beheizte Bauteiloberfläche [m^2].

Bei ungleichen Zeitkonstanten gibt es verschiedene Temperaturverläufe mit einem Differenzmaximum $(\Delta T_{m1} - \Delta T_{m2})_{max}$, bei dem es zu kritischen Wärmespannungen kommen kann.

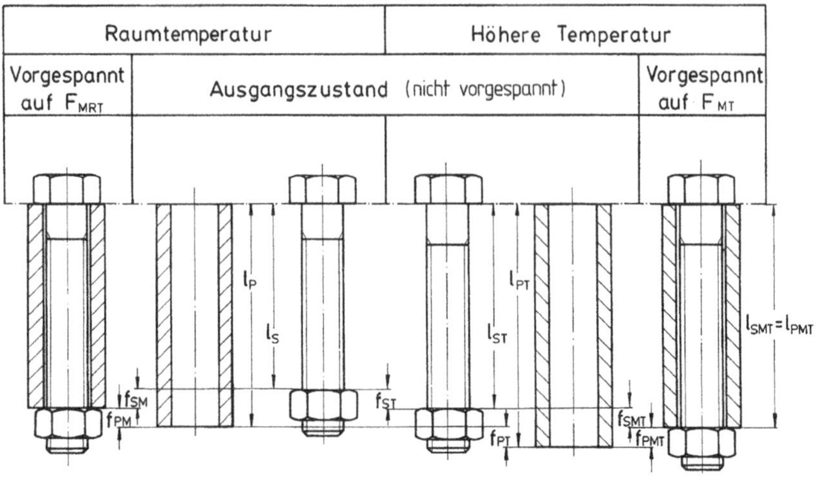

Abb. 7.9. Ausdehnungsverhalten einer Schraubenverbindung infolge höherer Temperatur (schematisch)

Für das thermische Ausdehnungsverhalten einer Schraubenverbindung gelten die folgenden Rechenbeziehungen unter der Annahme, dass im verspannten Zustand (Montagezustand ohne Betriebskraft) unter der Temperatur T die (Klemm-)Länge der Schraube l_{SMT} und die (Klemm-)Länge der verspannten Bauteile l_{PMT} gleich groß sind (Abb. 7.9):

$$l_{SMT} = l_{PMT} \tag{7.7}$$

Dabei sind

$$l_{SMT} = l_S + f_{ST} + f_{SMT} \tag{7.8.1}$$

und

$$l_{PMT} = l_P + f_{PT} - f_{PMT} \tag{7.8.2}$$

l_S: Schraubenlänge ($\approx$ Klemmlänge l_K) im thermisch und mechanisch unbelasteten Zustand.
l_P: Länge der verspannten Teile – Platten, Hülse – ($\approx$ Klemmlänge l_K) im thermisch und mechanisch unbelasteten Zustand.
f_{ST}: Längenänderung (Verlängerung) der unverspannten (mechanisch unbelasteten) Schraube – bezogen auf die Klemmlänge $l_K \approx l_S$ – infolge Temperaturerhöhung von RT (Raumtemperatur) auf Temperatur T.
f_{PT}: Längenänderung (Verlängerung) der unverspannten (mechanisch unbelasteten) verspannten Teile (Hülse) – bezogen auf die Klemmlänge $l_K \approx l_P$ – infolge Temperaturerhöhung von RT (Raumtemperatur) auf Temperatur T.
f_{SMT}: Längenänderung (Verlängerung) der Schraube – bezogen auf die Klemmlänge $l_K \approx l_S$ – infolge der Montagevorspannkraft F_{MT} bei Temperatur T.

f_{PMT}: Längenänderung (Verkürzung) der verspannten Teile – bezogen auf die Klemmlänge $l_K \approx l_S$ – infolge der Montagevorspannkraft F_{MT} bei Temperatur T.

Für die thermisch bedingte Längenänderung f_T eines Bauteils mit der Länge l infolge Temperaturdifferenz ΔT gilt allgemein: $f_T = \alpha \cdot l \cdot \Delta T$
Damit wird aus Gl. 7.7 und Gl. 7.8

$$f_{SMT} + f_{PMT} = l_p - l_S + \alpha_P \cdot l_P \cdot \Delta T_P - \alpha_S \cdot l_S \cdot T_S \tag{7.9}$$

Darin bedeuten die Indizes

S: Schraube
P: Platten (verspannte Teile),
T: Temperatur,
RT: Raumtemperatur,
M: Montagezustand.

Wird $l_P - l_S = f_{SM} + f_{PM}$ (Abb. 7.9) in Gl. 7.9 eingesetzt, folgt daraus:

$$f_{SMT} + f_{PMT} = f_{SM} + f_{PM} + \alpha_P \cdot l_P \cdot \Delta T_P - \alpha_S \cdot l_S \cdot \Delta T_S \tag{7.10}$$

f_{SM}: Längenänderung (Verlängerung) der Schraube – bezogen auf die Klemmlänge $l_K \approx l_S$ – infolge der Montagevorspannkraft F_M bei Raumtemperatur RT.
f_{PM}: Längenänderung (Verkürzung) der verspannten Teile – bezogen auf die Klemmlänge $l_K \approx l_S$ – infolge der Montagevorspannkraft F_M bei Raumtemperatur RT.

Mit

$$f_{SMT} = \frac{(l_S + f_{ST}) \cdot F_{MT}}{E_{ST} \cdot A_S} = \frac{(1 + \alpha_S \cdot \Delta T_S) \cdot F_{MT} \cdot l_S}{E_{ST} \cdot A_S}, \tag{7.11}$$

F_{MT}: Montagevorspannktaft bei Temperatur T.
E_{ST}: Elastizitätsmodul des Schraubenwerkstoffs bei Temperatur T.
A_S: Gewinde-Nennspannungsquerschnitt.

$$f_{PMT} = \frac{(1 + \alpha_P \cdot \Delta T_P) \cdot F_{MT} \cdot l_P}{E_{PT} \cdot A_P}, \tag{7.12}$$

E_{PT}: Elastizitätsmodul des Werkstoffs der verspannten Teile bei Temperatur T.
A_P: Querschnitt der verspannten Teile.

$$f_{SM} = \frac{F_{MRT} \cdot l_S}{E_{SRT} \cdot A_S} \tag{7.13}$$

F_{MRT}: Montagevorspannktaft bei Raumtemperatur RT.
E_{SRT}: Elastizitätsmodul des Schraubenwerkstoffs bei Raumtemperatur RT.

und

$$f_{PM} = \frac{F_{MRT} \cdot l_P}{E_{PRT} \cdot A_P} \tag{7.14}$$

E_{PRT}: Elastizitätsmodul des Werkstoffs der verspannten Teile bei Raumtemperatur RT.

wird aus Gl. 7.10

$$\frac{(1+\alpha_S \cdot \Delta T_S) \cdot F_{MT} \cdot l_S}{E_{ST} \cdot A_S} + \frac{(1+\alpha_P \cdot \Delta T_P) \cdot F_{MT} \cdot l_P}{E_{PT} \cdot A_P} =$$

$$\frac{F_{MRT} \cdot l_S}{E_{SRT} \cdot A_S} + \frac{F_{MRT} \cdot l_P}{E_{PRT} \cdot A_P} + \alpha_P \cdot l_P \cdot \Delta T_P - \alpha_S \cdot l_S \cdot \Delta T_S$$

und nach F_{MT} aufgelöst:

$$F_{MT} = \frac{\dfrac{F_{MRT} \cdot l_S}{E_{SRT} \cdot A_S} + \dfrac{F_{MRT} \cdot l_P}{E_{PRT} \cdot A_P} + \alpha_P \cdot l_P \cdot \Delta T_P - \alpha_S \cdot l_S \cdot \Delta T_S}{\dfrac{(1+\alpha_S \cdot \Delta T_S) \cdot l_S}{E_{ST} \cdot A_S} + \dfrac{(1+\alpha_P \cdot \Delta T_P) \cdot l_P}{E_{PT} \cdot A_P}} \tag{7.15}$$

Mit der vereinfachenden Annahme, dass $l_S \approx l_P$ und $\alpha_S \cdot \Delta T_S$ sowie $\alpha_P \cdot \Delta T_P << 1$, vereinfacht sich Gl. 7.15 nach entsprechender Umformung:

$$F_{MT} = F_{MRT} \cdot \underbrace{\frac{\dfrac{1}{E_{SRT} \cdot A_S} + \dfrac{1}{E_{PRT} \cdot A_P}}{\dfrac{1}{E_{ST} \cdot A_S} + \dfrac{1}{E_{PT} \cdot A_P}}}_{E-Modul} - \underbrace{\frac{\alpha_S \cdot \Delta T_S - \alpha_P \cdot \Delta T_P}{\dfrac{1}{E_{ST} \cdot A_S} + \dfrac{1}{E_{PT} \cdot A_P}}}_{Thermischer\ Ausdehnungskoeffizient} \tag{7.16}$$

Gleichung 7.16 beschreibt die Montagevorspannkraft F_{MT} in der Verbindung, die sich bei der Temperatur T einstellt. Sie enthält die ursprünglich bei Raumtemperatur aufgebrachte Montagevorspannkraft F_{MRT}, die Elastizitätsmoduln bei Raumtemperatur und der Temperatur T und den Einfluss der Wärmeausdehnung, gekennzeichnet durch den thermischen Ausdehnungskoeffizienten α.

Wenn vereinfacht die E-Moduln der Werkstoffe von Schraube und verspannten Teilen bei Raum- (E_{SRT}, E_{PRT}) und Betriebstemperatur T (E_{ST}, E_{PT}) als annähernd konstante Größe angenommen werden, vereinfacht sich die Rechenbeziehung (Gl. 7.16) für die Änderung der Vorspannkraft ΔF_M infolge Temperaturveränderung:

$$\Delta F_M = F_{MRT} - F_{MT} = \frac{\alpha_S \cdot \Delta T_S - \alpha_P \cdot \Delta T_P}{\dfrac{1}{E_S \cdot A_S} + \dfrac{1}{E_P \cdot A_P}} \tag{7.17}$$

Mit Einführung der elastischen Nachgiebigkeiten $\delta_S = \frac{l_S}{E_S \cdot A_S}$ und $\delta_P = \frac{l_P}{E_P \cdot A_P}$ (s. Abschnitt 4.2) und bei Temperaturgleichheit von Schraube und verspannten Teilen ($\Delta T_P = \Delta T_S$), kann Gl. 7.17 wie folgt umgeformt werden (Abb. 7.10):

$$\Delta F_M = \frac{(\alpha_S - \alpha_P) \cdot l_{KRT} \cdot \Delta T}{\delta_S + \delta_P} \tag{7.18}$$

Aus Abb. 7.10 und Gl. 7.18 geht hervor, dass bei Temperaturerhöhung (ΔT positiv) eine Erhöhung der Vorspannkraft erfolgt, wenn sich die verspannten Teile bei Temperaturerhöhung stärker ausdehnen als die Schrauben ($\alpha_P > \alpha_S$, z. B. bei Zylinderkopfschrauben aus Stahl in Aluminium-Zylinderköpfen). $\Delta F_M = F_{MRT} - F_{MT}$ wird in diesem Fall negativ.

Für den Fall, dass sich die Schrauben bei Temperaturerhöhung stärker ausdehnen als die verspannten Teile ($\alpha_S > \alpha_P$), erfolgt ein Absinken der Montagevorspannkraft: $\Delta F_M = F_{MRT} - F_{MT}$ wird in diesem Fall positiv.

Darüber hinaus zeigt Gl. 7.18 die Möglichkeiten auf, die geeignet sind, die Vorspannkraftänderung infolge Temperaturveränderung möglichst gering zu halten:

- *Differenz $\alpha_S - \alpha_P$ möglichst klein* halten, d. h. Verwendung von Werkstoffen mit annähernd gleichen thermischen Längenausdehnungskoeffizienten. Klassisches Beispiel ist die Verwendung von Schrauben aus Aluminiumlegierungen zum Beispiel in Aluminium- oder Magnesiumbauteilen anstelle von Stahlschrauben. Der Einsatz von Stahlschrauben in diesem Beispiel hätte in der Regel negative Folgen. Bei Temperaturerhöhung dehnen sich nämlich die Leichtmetallbauteile wesentlich stärker aus als die Stahlschraube. Die Folge kann eine plastische Verformung der Leichtmetallbauteile sein wegen drastisch angestiegener Vorspannkräfte bei erhöhter Temperatur. Die Flächenpressung unter dem Schraubenkopf kann dabei die Druckfließgrenze des Bauteilwerkstoffs übersteigen. Die irreversible plastische Verformung des Bauteilwerkstoffs kann schließlich nach dem Abkühlen der Schraubenverbindung zu einem erheblichen Vorspannkraftverlust führen.
- *δ_S und δ_P möglichst groß* machen ($\delta = \frac{l}{E \cdot A}$). Möglichst große elastische Nachgiebigkeiten von Schraube und verspannten Teilen sind zunächst mit kleinen Querschnitten A und kleinen E-Moduln der Werkstoffe von Schraube und verspannten Teilen zu erreichen. Eine große Klemmlänge l_K der Verbindung wirkt sich zwar grundsätzlich nachgiebigkeitssteigernd aus. Zumindest aber bei stationären Temperaturfeldern wirkt sie sich rechnerisch dennoch nicht vorteilhaft in Bezug auf eine Reduzierung der Vorspannkraftveränderung aus, wie Gleichung 7.18 zeigt. Hier kann die Rechengröße „*Klemmlänge*", die sowohl im Zähler wie im Nenner von Gleichung 7.18 steht, gekürzt werden. Sie spielt somit bei der Berechnung der Vorspannkraftveränderung infolge Temperaturänderung keine Rolle.

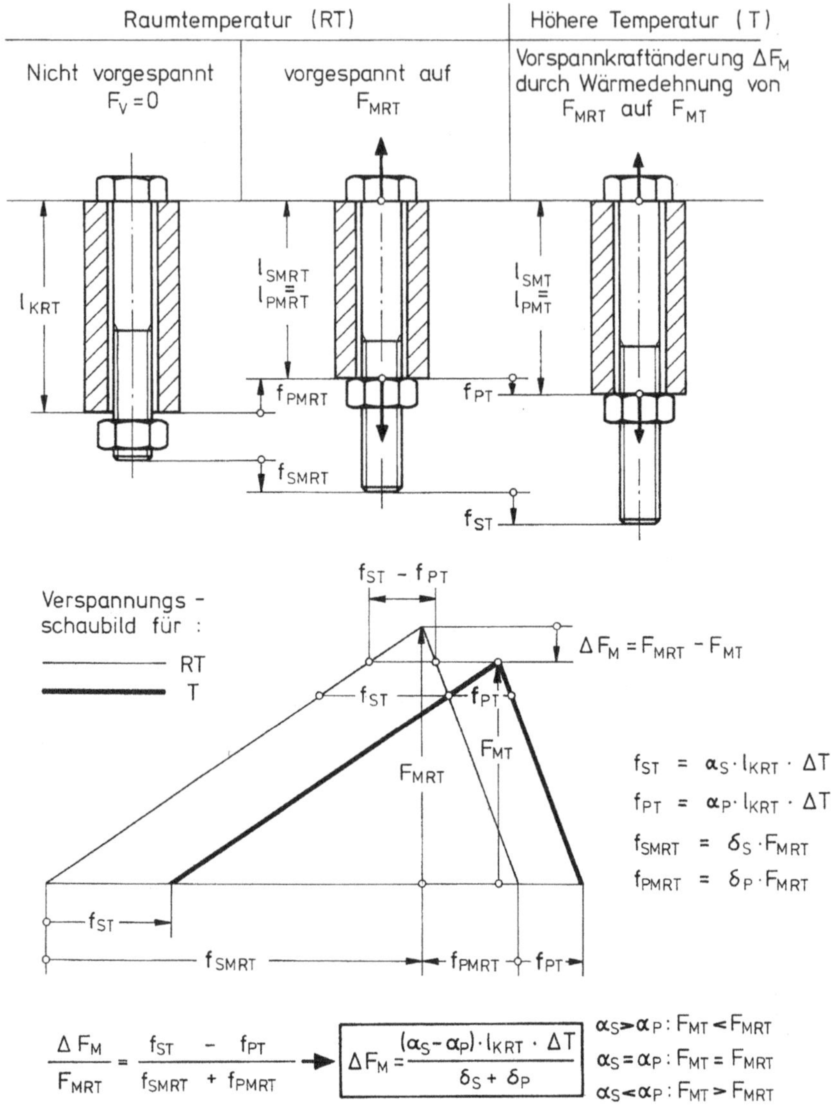

Abb. 7.10. Änderung der Montagevorspannkraft F_{MRT} einer Schraubenverbindung infolge Wärmeausdehnung (hier schematisch für $\alpha_S > \alpha_P$) [7.13]

Sie kann aber dann auf die temperaturbedingte Vorspannkraftänderung Einfluss nehmen, wenn die Temperaturverteilung in der Verbindung inhomogen ist. Weil sich z. B. beim schnellen Aufheizen von Dampfturbinen Schrauben im Allgemeinen langsamer erwärmen als die Flansche ($\Delta T_S < \Delta T_P$), werden Schrauben mit möglichst großer Dehnlänge und Dehnhülsen zwischen Flansch und Mutter eingesetzt, um die Wärmespannungen in der Schraube zu reduzieren (Abb. 7.11).

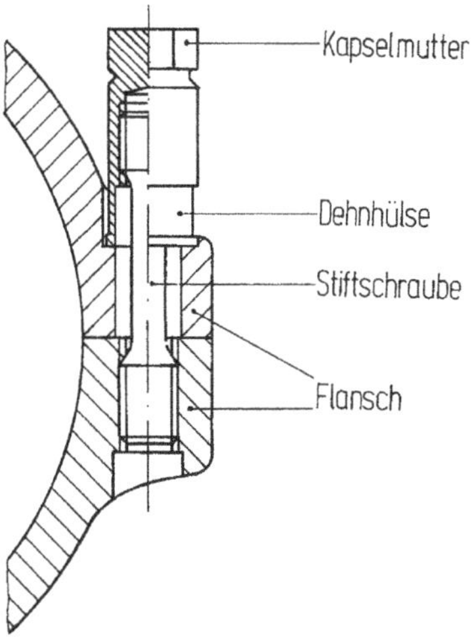

Abb. 7.11. Schraubenverbindungen für höhere Temperaturen nach DIN 2510 [7.15]

Nach [7.14] sollte die Dehnlänge der Schraube mindestens $4d$ betragen (d = Gewindenenndurchmesser).
Schmale Stege in den Teilfugenflächen vergrößern ebenso die Nachgiebigkeit der verspannten Teile (Abb. 7.12). Darüber hinaus haben sie eine gute Dichtwirkung, wenn sie über die Fließgrenze hinaus vorgespannt werden. Im unbelasteten Zustand besteht Linienberührung, die sich im belasteten Zustand infolge elastischer und plastischer Verformung in eine Flächenberührung umwandelt.

- *Bei instationären Temperaturverteilungen* ($\Delta T_S \neq \Delta T_P$, s. Gl. 7.17) ist darauf zu achten, dass die Temperaturunterschiede zwischen Schraube und verspannten Teilen nicht zu groß werden. Zu diesem Zweck werden z. B. Längsbohrungen in Dampfturbinen-Flanschschrauben zum Anwärmen von innen her (z. B. mit elektrischen Heizstäben) beim Anfahren einer Anlage vorgesehen. Die Längsbohrungen können zusätzlich dem Einführen einer Messvorrichtung zum kontrollierten Anziehen (Längenmessung) bei der Montage dienen (s. Abschnitt 8.4.3). Eine weitere Lösungsmöglichkeit, Temperaturunterschiede gering zu halten, besteht darin, die Schrauben direkt in den Flansch einzuschrauben. Die Schrauben gleichen sich dadurch Temperaturänderungen schneller an, erreichen andererseits aber auch höhere Betriebstemperaturen. Durchsteckverschraubungen sind allerdings da von Vorteil, wo keine Gefährdung durch rasches Anfahren besteht, weil sie im stationären Betriebszustand von außen oder durch Innenbohrungen kühlbar sind. Darüber hinaus haben sie eine größere elastische Nachgiebigkeit.
  Die durch instationäre Temperaturverläufe bewirkten Temperaturunterschiede lassen sich durch ein Angleichen der Zeitkonstanten t_0 (s. Gl. 7.6) verringern. Maßnahmen hierzu sind nach [7.12]:

– Angleichung des Verhältnisses von Volumen zu Querschnittsfläche V/A und

- Beeinflussung der Wärmeübergangszahl $\alpha_{ü}$ durch konstruktive Maßnahmen (z. B. Schutzhemden).

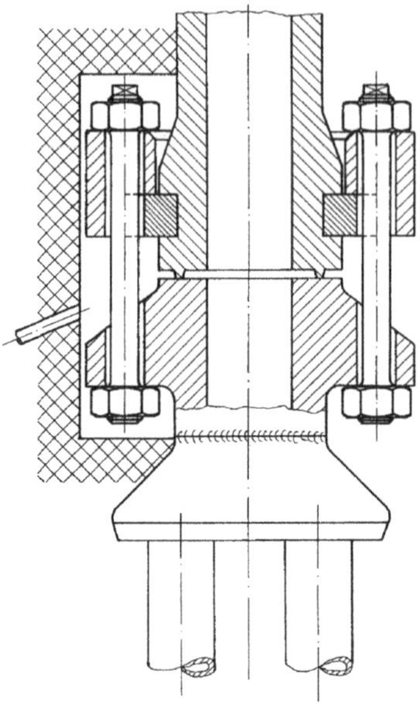

Abb. 7.12. Flanschverbindung mit schmalen Stegen in den Trennfugen [7.16]

- *Der Einfluss der E-Moduländerung* kann bei hohen Temperaturen (Gl. 7.16) von Bedeutung werden (s. Abb. 7.3). In diesem Fall sind Werkstoffe angezeigt, deren E-Modul sich temperaturabhängig weniger stark ändert, doch sind hier die technisch nutzbaren Möglichkeiten sehr begrenzt.

Treten infolge einer Erhöhung der Vorspannkraft während eines Aufheizvorgangs Plastifizierungen innerhalb einer Verbindung auf, so haben diese nach dem Temperaturausgleich einen zusätzlichen Vorspannkraftabfall zur Folge.

Die Gefahr von Plastifizierungen vermindert sich grundsätzlich mit zunehmender Klemmlänge l_K der Schraube (z. B. beim Einsatz von Dehnhülsen). Die Spannung σ in der Schraube ändert sich im elastischen Verformungsbereich zwar nach dem Hookeschen Gesetz zu:

$$\Delta\sigma = \frac{f_{ST}}{l_K} E_{ST} \tag{7.19}$$

Hierbei wirkt sich die Klemmlänge l_K, die auch in f_{ST} enthalten ist, nicht mehr direkt aus, aber die Erhöhung der Zugspannung in Schraubenverbindungen durch instationäre Temperaturfelder ist dennoch bei langen Schrauben kleiner als bei kurzen, wiel sich relativ lange Schrauben wegen geringerer mittlerer Temperatur weniger stark ausdehnen.

Abb. 7.13 zeigt schematisch am Beispiel des Verspannungsschaubilds den Einfluss von Elastizitätsmodul und thermischem Ausdehnungskoeffizienten auf die Änderung der Montagevorspannkraft F_{MRT} durch Temperaturerhöhung ($T > RT$).

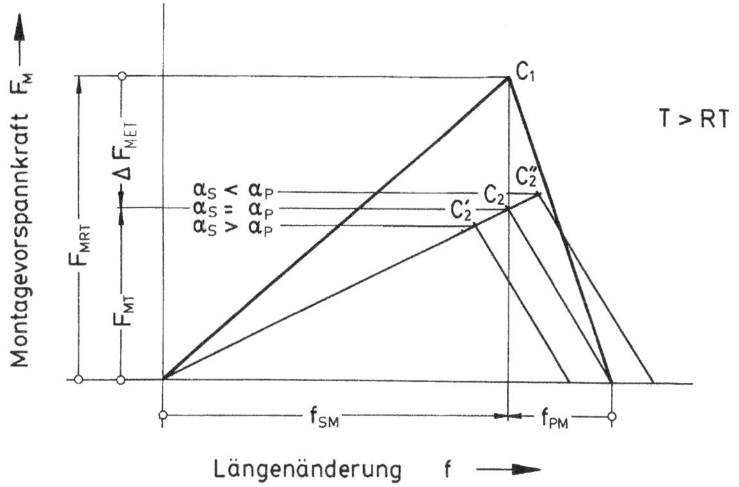

Abb. 7.13. Abhängigkeit der Vorspannkraft in Schraubenverbindungen von Elastizitätsmodul und thermischer Längenausdehnung (schematisch) [7.13]

Wegen der Vorspannkraftänderung durch Temperatureinfluss empfiehlt sich nach [7.17] die Berechnung der Vorspannkraft für die folgenden drei Fälle:

- Raumtemperatur
- Betriebstemperatur.
- größte Temperaturdifferenz während des Anfahrens bzw. Stillsetzens einer Anlage (s. Abb. 7.8).

7.1.3.2 Vorspannkraftänderung infolge Relaxation

Ermittlung der Relaxationseigenschaften von Schraubenverbindungen

Der Abfall der Vorspannkraft durch Relaxationsprozesse (Umsetzung elastischer Dehnungen in plastische Dehnung infolge von Kriechvorgängen) ist bei Schraubenverbindungen das Ergebnis komplexer Vorgänge. Er resultiert hier zusätzlich aus der:

- Verformung der belasteten Gewindegänge von Schraube und Mutter,
- Glättung von Oberflächenrauhigkeiten in allen belasteten Kontaktflächen sowie
- der Rückfederung der verspannten Teile (Flansch) [7.18].

Die sicherste Bestimmung des Relaxationsverhaltens von realen Schraubenverbindungen ist mit Hilfe einer den praktischen Verschraubungs- und Beanspruchungsfall simulierenden Versuchsanordnung möglich.

Da solche Versuche aus technischen und wirtschaftlichen Gründen nicht in jedem Fall durchführbar sind, haben sich in der Vergangenheit zwei Prüfverfahren durchgesetzt, bei denen Schraube und Mutter in eine Prüfvorrichtung mit definierter „Plattennachgiebigkeit“ (elastische Nachgiebigkeit der verspannten Bauteile) eingebaut werden. Die Ergebnisse solcher Relaxationsversuche sind unter Berücksichtigung der „Plattennachgiebigkeit“ auf den praktischen Verschraubungsfall übertragbar.

Eine dieser Prüfmethoden sieht das kontinuierliche Messen der Vorspannkraftänderung an einer Schraube-Mutter-Verbindung entsprechend dem Verfahren am Probestab [7.11] in Relaxationsprüfmaschinen vor. Hierbei werden im Unterschied zum Probestab Setzvorgänge in den Auflageflächen mit erfasst. Das Verfahren stellt den Grenzfall einer Verbindung mit der „Plattennachgiebigkeit“ $\delta_P = 0$ dar. Die Gesamtdehnung der Schraube-Mutter-Verbindung wird innerhalb der Regelschwankungen konstant gehalten. Diese Methode hat den Nachteil, dass sie weniger praxisnah ist, besitzt aber den Vorzug, dass sie als ideal starre Verbindung (keine elastische Rückfederung der verspannten Bauteile) den für Schraubenverbindungen größtmöglichen Vorspannkraftabfall ergibt. Mit diesen Versuchsergebnissen liegt der Konstrukteur auf der „sicheren Seite“. Darüber hinaus kann der zeitliche Verlauf des Vorspannkraftabfalls kontinuierlich gemessen werden.

Bei der zweiten Prüfmethode werden zur besseren Annäherung an den Praxisfall Schraubenverbindungen in Ersatzzylindern mit einem gegenüber dem Schraubenquerschnitt relativ großen Querschnitt verspannt (Schraubenverbindungsmodell in Stahl-Eisen-Prüfblatt 1260, Ausgabe Mai 1996).

Danach wird die gesamte Verbindung aufgeheizt. Der Vorspannkraftverlust wird bestimmt durch die Messung der elastischen Schraubenlängung vor und nach dem Versuch. Diese Methode liefert jeweils nur einen Messwert je Versuchskörper, da ein zeitlicher Verlauf der Vorspannkraft nicht kontinuierlich messbar ist.

Beim Schraubenverbindungsmodell wirkt wie in realen Schraubenverbindungen ($0 < \delta_P < \infty$) das Auffedern der verspannten Teile dem Vorspannkraftverlust des Schraubenbolzens entgegen. Bei gleichen plastischen Verformungen im Schraubenbolzen verbleibt deshalb eine höhere Restvorspannkraft als bei der Relaxation am Schraube-Mutter-Verbindungsmodell ohne verspannte Bauteile, wenn die Setzerscheinungen im Gewinde und in den Auflageflächen vernachlässigbar klein sind. Danach muss die Vorspannkraft realer Schraubenverbindungen zwischen den Grenzkurven des reinen Relaxationsversuchs ($\delta_P = 0$) und des Zeitstandversuchs ($\delta_P \rightarrow \infty$) liegen (Abb. 7.14).

Der Einfluss der Nachgiebigkeitsverhältnisse der verspannten Teile kann mit einem Elastizitätsfaktor b berücksichtigt werden (Abb. 7.14 und 7.15).

$$b = \frac{\delta_S + \delta_P}{\delta_S} \tag{7.20}$$

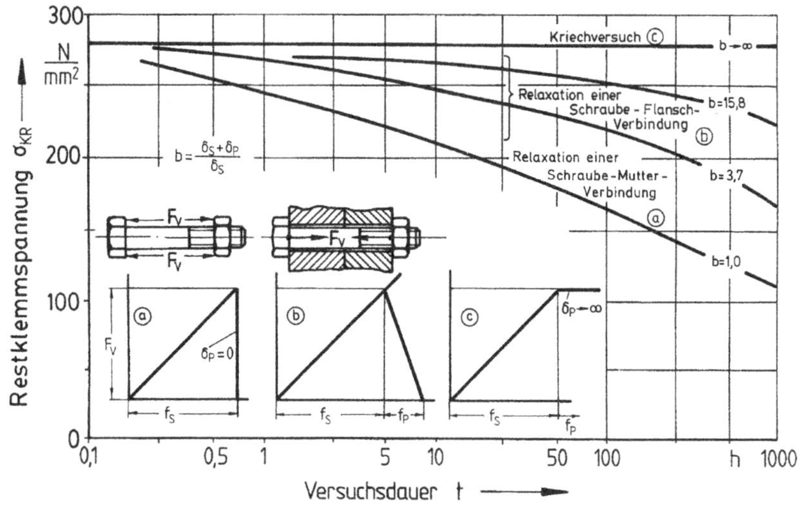

Abb. 7.14. Abhängigkeit der Restklemmspannung vom Elastizitätsfaktor b (Versuchsanordnung) und von der Versuchsdauer [7.19]

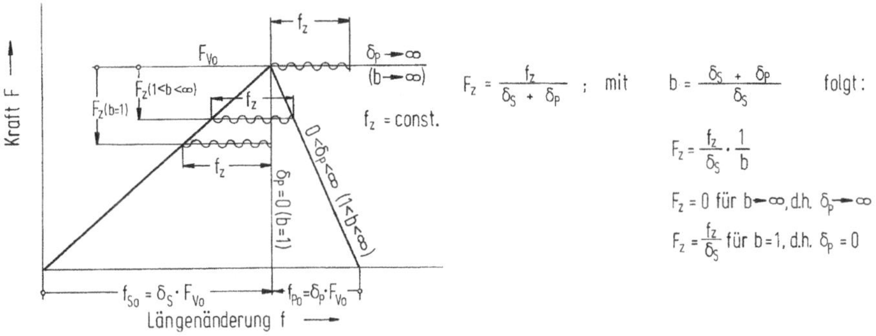

Abb. 7.15. Elastische Nachgiebigkeit verspannter Teile δ_P und Vorspannkraftabfall infolge Relaxation (schematisch) [7.13]

Charakteristisch für das Relaxationsverhalten ist der unmittelbar nach dem Aufbringen der Vorspannung mit hoher Geschwindigkeit einsetzende Entspannungsvorgang. Mit zunehmender Versuchsdauer wird die Relaxationsgeschwindigkeit deutlich kleiner (Abb. 7.16). Um aus Kurzzeitversuchen Aussagen über das Langzeitrelaxationsverhalten (gefordert: 70000 bis 90000 h Beanspruchungsdauer [7.10]) zu gewinnen, werden grafische und rechnerische Verfahren verwendet [7.20]. Es muss jedoch auf die hohe Unsicherheit von Extrapolationen mit hohen Extrapolationszeitverhältnissen (Verhältnis der geforderten Beanspruchungsdauer zum versuchsmäßig belegten Zeitraum) hingewiesen werden (DIN 50 118).

Zur Absicherung der Langzeitwerte sind daher Relaxationsversuche mit langer Beanspruchungsdauer unumgänglich [7.10, 7.20 und 7.26].

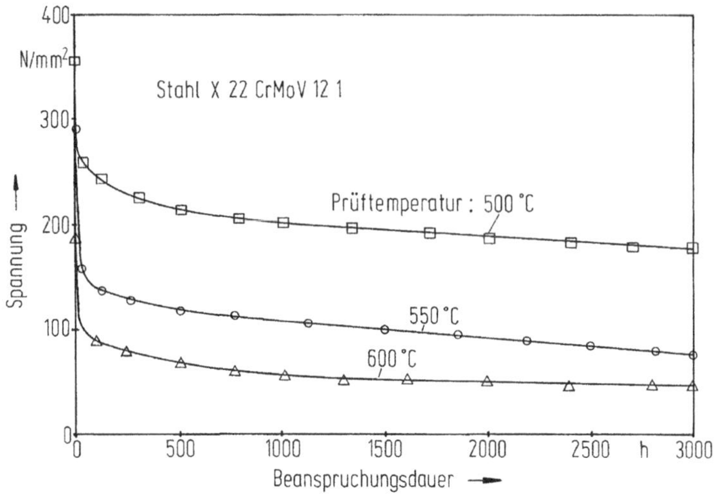

Abb. 7.16. Änderung der fortlaufend gemessenen Spannung in Abhängigkeit von der Beanspruchungsdauer im Relaxationsversuch unter einachsiger Zugbeanspruchung; Anfangsdehnung $\varepsilon_A = 0{,}2\%$ [7.10]

Relaxationsverhalten nach wiederholtem Nachspannen

Bei der Auslegung von Schraubenverbindungen für hohe Temperaturen sind die zur Berücksichtigung der Relaxation und Werkstoffwahl wichtigsten Randbedingungen

- die Betriebstemperatur,
- die Höhe der Anfangsvorspannkraft bzw. Anfangsdehnung und
- das Revisionsintervall, d. h. die Zeit bis zum Nachspannen oder Austausch der Verbindung.

Im Dampfturbinenbau sind fünf Jahre Betriebsdauer (rd. 45000 h) zwischen Revisionen üblich [7.14], im Flugtriebwerksbau werden Schraubenverbindungen teilweise nur für wenige 100 h Betriebsdauer belastet [7.27]. Infolge der Tendenz zu längeren Revisions- und damit größeren Nachspannintervallen gewinnt auch das Relaxationsverhalten der Werkstoffe bei tieferen Temperaturen zunehmend an Bedeutung (Temperaturen unter 450°C für Werkstoffe, die im Dampfturbinenbau eingesetzt werden).

Ein wiederholtes Nachspannen von Schraubenverbindungen führt zunächst infolge von Verfestigungsvorgängen zu höheren Restklemmkräften nach bestimmten Versuchszeiten bzw. bewirkt ein Vergrößern der Zeitintervalle bis zum Erreichen der gleichen Restklemmkraft [7.11]. Diese Klemmkrafterhöhung ergibt sich durch eine günstiger werdende Spannungsverteilung zwischen Bolzen- und Muttergewinde und durch die geringer werdende Kriechneigung bei Annäherung oder Erreichen des zweiten Kriechbereichs mit minimaler Kriechgeschwindigkeit (s. Abb. 7.5). Nach mehreren Nachziehvorgängen können sich dann kleinere Restklemmkräfte bzw. kürzere Zeitintervalle einstellen, die mit der zunehmenden Kriechgeschwindigkeit im Tertiärkriechbereich erklärbar sind.

Die Höhe der aufsummierten bleibenden Dehnung, bei der sich eine Werkstoffentfestigung bemerkbar macht, ist von folgenden Einflüssen abhängig:

- Werkstoff,
- Revisionszeit,
- Temperatur und
- Anfangsdehnung.

Nach [7.28 und 7.29] liegen bei ferritischen Stählen die kritischen Dehnungswerte bei etwa 0,2–0,4% und bei austenitischen Stählen etwa bei 0,45–0,55%. Wenn das Verformungsvermögen in den am höchsten beanspruchten Zonen erschöpft ist, kommt es zur Anrissbildung und nachfolgend zum Bruch [7.11].

In [7.20] wird ein sechsmaliges Nachziehen einer Verbindung als zulässig angesehen, wobei jedoch die aufsummierte bleibende Dehnung auf 2% begrenzt werden sollte. Die Bruchdehnung des Werkstoffs sollte ein Mehrfaches dieses Werts betragen [7.21], da zusätzlich Wärmedehnungen und Biegeverformungen sowie Dehnungskonzentrationen aufgenommen werden müssen. Nach diesen Untersuchungen sind die 1% CrMoV-Stähle den höher legierten 12% CrMoV-Stählen hinsichtlich der Restspannung nach mehrmaligem Nachziehen klar überlegen. In [7.14] wird eine Begrenzung der aufsummierten bleibenden Dehnung auf 1% empfohlen, da die Lebensdauer der Schraubenwerkstoffe damit als erschöpft gilt.

Bei Revisionen ist auch die Höhe der Elastizitätsgrenze $R_{p0,01}$ zu berücksichtigen, da diese nach langzeitiger Betriebsbeanspruchung soweit absinken kann, dass ein Vorspannen auf die gewünschte Ausgangsdehnung nicht mehr die erforderliche Vorspannkraft erzeugt.

Wichtig ist die Gewährleistung einer genauen Verlängerungsmessung an Schraubenbolzen bei allen An- und Nachziehvorgängen, z. B. an Teilfugen-, Ventilgehäuse- sowie Flanschschrauben von Einströmleitungen an Dampfturbinen. Diese Messung kann durch Innenbohrungen des Bolzens oder von außen erfolgen. Zum kontrollierten Anziehen und Lösen sollten thermische und hydraulische Verfahren angewendet werden (s. Abschnitt 8.4.3), bei denen die Schraube keine Torsion erfährt und Fresserscheinungen im Gewinde vermieden werden. Das Anziehen mit Drehmomentschlüsseln wird wegen der unbekannten Reibungsverhältnisse und Flanschverformungen für Großschrauben der Kraftwerkstechnik nicht empfohlen [7.14]. Beim thermischen Verfahren (Aufheizen des Bolzens über eine Innenbohrung) ist darauf zu achten, dass keine örtlichen Überhitzungen des Werkstoffs auftreten.

Auswirkung wichtiger Einflussgrößen auf das Relaxationsverhalten von Schraubenverbindungen

Das Relaxationsverhalten von Schraubenverbindungen wird von zahlreichen Einflussgrößen geprägt. Hierzu gehören:

- chemische Zusammensetzung und Wärmebehandlung des Werkstoffs der spannenden und verspannten Teile,
- Betriebstemperatur,
- Vorspannkrafthöhe,
- konstruktive Gestaltung der Verbindung (Nachgiebigkeitsverhältnisse),

- Art und Größe der Betriebsbeanspruchung,
- Fertigung von Schraube und Mutter,
- Flächenpressung und
- Oberflächenrauhigkeiten der gepaarten Teile.

Nach [7.30] überwiegen, abgesehen von der Betriebstemperatur, die Vorspannkraft bzw. die Anfangsdehnung, die chemische Zusammensetzung und die Wärmebehandlung des Werkstoffs gegenüber allen anderen Einflussgrößen.

Vorspannkraft. In höher vorgespannten Schraubenverbindungen verbleiben im Allgemeinen höhere Restklemmkräfte [7.10, 7.11,7.20 und 7.21]. Sie erhöhen sich etwa im gleichen Verhältnis wie die Anfangsvorspannkraft (Abb. 7.17). Bei Überschreiten kritischer Anfangsdehnungen kann die Restklemmkraft jedoch wieder abnehmen. Der restklemmkraftsteigernde Einfluss höherer Anfangsvorspannkräfte bzw. Anfangsdehnungen bleibt vor allem bei niedrigen Temperaturen langzeitig erhalten; entsprechend nehmen bei höheren Temperaturen die Restklemmkräfte mit höheren Anfangsdehnungen relativ stärker ab als bei niedrigen Anfangsdehnungen [7.10, 7.21, 7.31].

Abb. 7.18 zeigt, dass durch die Verwendung von Unterlegscheiben, die unter Temperatureinfluss durch Oxidschichtbildung dicker werden und damit die Vorspannkraft erhöhen, die Ergebnisse von Relaxationsversuchen nachhaltig beeinflusst werden können.

Im Dampfturbinenbau sind nach [7.20, 7.21 und 7.32] als Anfangsdehnungen Gesamtdehnungen zwischen 0,15 und 0,2% üblich; in [7.14] wird angemerkt, dass die Gesamtdehnungen für Schrauben aus Stählen üblicherweise 0,2% und für Schrauben aus Nickellegierungen 0,15% betragen. Bei tieferen Temperaturen (350–450°C)

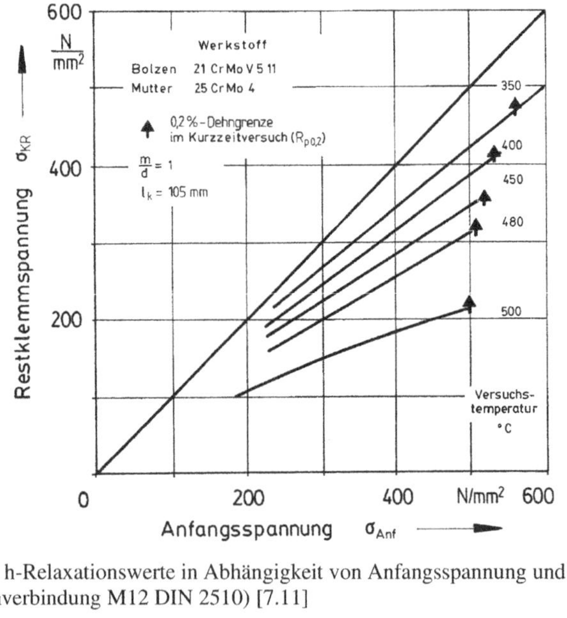

Abb. 7.17. 1000 h-Relaxationswerte in Abhängigkeit von Anfangsspannung und Versuchstemperatur (Schraubenverbindung M12 DIN 2510) [7.11]

könnte eine höhere Anfangsdehnung von z. B. 0,35% zu einer besseren Werkstoffausnutzung führen, wie aus der oben erwähnten Abhängigkeit der Restspannung von Anfangsdehnung und Temperatur zu schließen ist. Doch steht hierzu eine Absicherung durch langzeitige Versuche noch aus.

Bei Schraubenbolzen aus Nickellegierungen kann es von Vorteil sein, die Anfangsdehnungen niedrig zu halten (z. B. 0,1%), da diese Werkstoffe ebenso wie einige austenitische Stähle und Kobaltlegierungen stärkere Tendenzen zur gefügebedingten Volumenkontraktion in Abhängigkeit von der Temperatur und der Beanspruchungsdauer aufweisen [7.10, 7.21, 7.32, 7.33 und 7.42], die zu einem Lastanstieg führen können.

Temperatur. Mit zunehmender Temperatur nimmt die Restklemmkraft bei gleicher Anfangsdehnung zunächst langsam, dann im Bereich stark verminderten Kriech- und Relaxationswiderstands stark ab. Die werkstoffabhängigen Grenztemperaturbereiche für die Anwendung werden im nächsten Abschnitt behandelt.

Chemische Zusammensetzung der Schraubenwerkstoffe. Schrauben aus unlegierten und niedrig legierten Vergütungsstählen weisen bereits bei 350 bis 400°C einen erheblichen Vorspannkraftverlust auf. Höher legierte Werkstoffe besitzen dagegen ein günstigeres Relaxationsverhalten (Abb. 7.19). Die in [7.11] dargestellten Ergebnisse aus Relaxationsversuchen zeigen, dass bis zu Temperaturen von 350 bis 400°C durchaus niedrig legierte Vergütungsstähle verwendet werden können. Ihr Einsatz ist allerdings bei höheren Temperaturen auf Grund geringerer Warmfestigkeit und Zunderbeständigkeit in Frage gestellt.

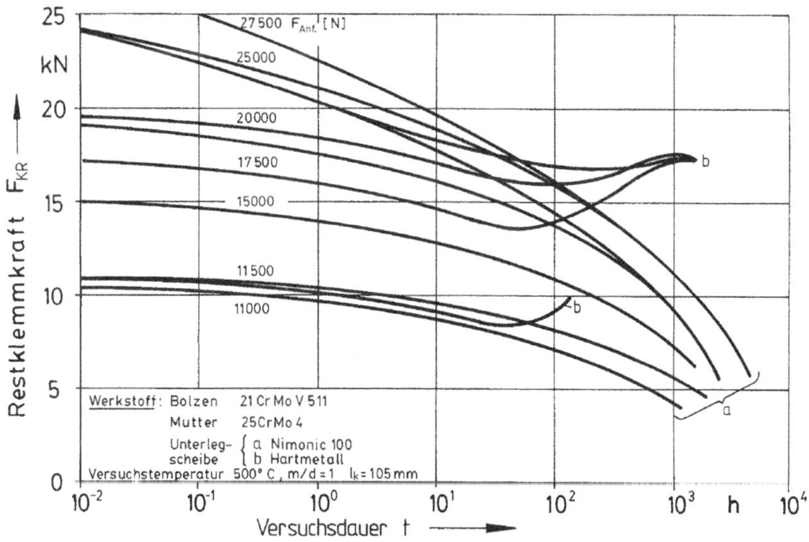

Abb. 7.18. Abhängigkeit der Restklemmkraft von der Anfangsvorspannkraft und der Versuchsdauer (Schraubenverbindung M12 DIN 2510). Einfluss von Unterlegscheiben aus verschiedenen Werkstoffen [7.11]

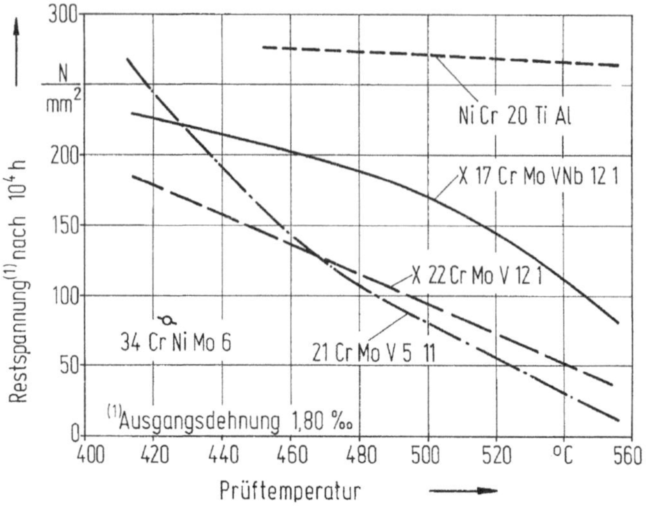

Abb. 7.19. Restspannung verschiedener Werkstoffe nach 10.000 h [7.34]

Die niedriglegierten Stähle 21CrMoV5–7 und 40CrMoV4–6 nach DIN EN 10269 zeigen einen hohen Relaxationswiderstand, der bei Temperaturen unter etwa 480°C den der 12%-CrMoV-Stähle übertrifft. Der Werkstoff 40CrMoV4–6 hat zwar hohe Streckgrenzenwerte, die Zähigkeitswerte bei Raumtemperatur liegen jedoch niedriger als bei 21CrMoV5–7. Daher sollte nach neueren Erfahrungen der Einsatz des Stahls 40CrMoV4–6 im Hinblick auf eine mögliche Versprödungstendenz auf Temperaturen unterhalb 480°C beschränkt bleiben. Die Anwendungsgrenze im Dauerbetrieb liegt für die niedrig legierten CrMoV-Stähle nach DIN EN 10269 bei rd. 540°C (Verzunderung); nach BS 4882 (British Standard) wird eine Verwendung nur bis 500°C und nach [7.30] bis 520°C empfohlen.

Nach [7.34] können die höher zunderbeständigen 12%-CrMoV-Stähle X22CrMoV12–1 und X19CrMoNbVN11–1 bis zu einer Temperatur von 560°C eingesetzt werden, von denen der letztgenannte einen höheren Relaxationswiderstand, aber auch eine höhere Sprödbruchempfindlichkeit infolge eingeschränkter Zähigkeit aufweist. Wegen etwas geringerer thermischer Ausdehnung der Stähle mit 12% Cr fällt die Vorspannkraft in Verbindungen mit Bolzen aus diesen Stählen und verspannten Teilen aus unlegierten oder niedrig legierten Werkstoffen mit der Temperatur weniger stark ab [7.21].

Die austenitischen Stähle, z. B. X7CrNiMoBNb16-16, der seine mechanischen Eigenschaften durch Warmkaltverfestigung und anschließende Auslagerung erhält, schließen mit Einsatztemperaturen von rd. 575 bis 650°C (DIN EN 10269) die Lücke zwischen den 12%-CrMoV-Stählen und der Nickelbasislegierung NiCr20TiAl. Bei wenig erhöhten Temperaturen sind austenitische Stähle in kaltverfestigtem Zustand den ferritischen Stählen wegen ihrer niedrigeren Streckgrenze (geringere Vorspannung) unterlegen [7.20].

Der Werkstoff NiCr20TiAl kann nach DIN EN 10269 bis 750°C eingesetzt werden. Wegen des hohen Relaxationswiderstands wird diese Nickellegierung häufig auch bei tieferen Temperaturen im Bereich 500–600°C verwendet. Sie besitzt bei 540°C und 30000 h Beanspruchungsdauer mehr als das 2,5-fache des Relaxationswiderstands der CrMoV-Stähle [7.34]. Da der thermische Längenausdehnungskoeffizient dieses Werkstoffs dem der ferritischen Stähle ähnlich ist, lassen sich beide Werkstofftypen gut kombinieren [7.20].

Ergebnisse aus umfangreichen langzeitigen Relaxationsuntersuchungen an 1%-CrMoV-Stählen, 12%-CrMoV-Stählen und den Werkstoffen X8CrNiMoBNb16–16wk sowie NiCr20TiAl bestätigen die in DIN EN 10269 angegebenen Relaxationsdaten [7.10]. Weitere Angaben über mittlere Restspannungen nach 30000 h für verschiedene CrMo-, CrNiMo-, MoV- und CrMoV-Stähle (einschließlich der 12%-CrMoV-Stähle) sowie der oben angegebenen Nickelbasislegierung finden sich in [7.14, 7.21 und 7.34]. Nach [7.34] ist das Relaxationsverhalten zwischen 300 und 425°C bei allen Werkstoffen ähnlich. Eine Differenzierung erfolgt erst bei höheren Temperaturen in Abhängigkeit von der chemischen Zusammensetzung.

Mutterwerkstoff. Für das Relaxationsverhalten einer Schraubenverbindung ist auch der Mutterwerkstoff von Bedeutung. Bestehen die Muttern aus Werkstoffen mit geringem Relaxationswiderstand, wird der Vorspannkraftabfall der Verbindung deutlich verstärkt, wie Abb. 7.20 beispielhaft zeigt. Umgekehrt ergibt ein Mutterwerkstoff mit höherem Kriechwiderstand höhere Restklemmkräfte [7.11 und 7.20].

In DIN 267 Teil 13 wird in diesem Zusammenhang darauf hingewiesen dass bei hohen Temperaturen und zum vollen Ausnutzen der Festigkeit des Schraubenwerkstoffs das Verhältnis der Warmstreckgrenzen von Mutter, und Schraubenwerkstoff den Wert 0,7 nicht unterschreiten sollte.

Wärmebehandlung von Schrauben- und Mutterwerkstoff. Die Wärmebehandlungsparameter in DIN EN 10269 wurden überwiegend auf Grund der Ergebnisse langzeitiger Zeitstandversuche [7.35] und Betriebserfahrungen optimiert, so dass eine möglichst hohe Zeitstandfestigkeit unter Vermeidung von Zeitstandkerbversprödung erzielt wird.

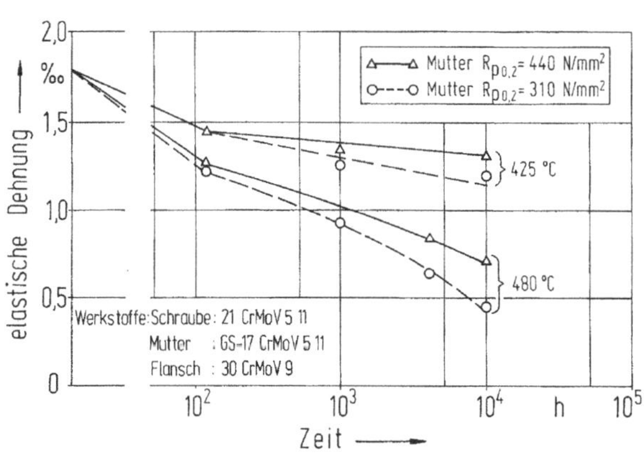

Abb. 7.20. Einfluss des Mutterwerkstoffs auf das Relaxationsverhalten [7.34]

Konstruktive Gestaltung der Verbindung. Um den Vorspannkraftverlust durch Relaxation und Setzen möglichst gering zu halten, sollten eine große elastische Nachgiebigkeit von Schrauben und verspannten Teilen (s. Abschnitt 7.1.3.1), glatte Auflageflächen (gute Oberflächenbearbeitung, auch der Gewindegänge) und möglichst wenig Trennfugen vorgesehen werden. Durch sorgfältige Bearbeitung von Dichtflächen kann auf die Verwendung von separaten Dichtungen verzichtet werden, die wesentlich zum Setzen und zur Relaxation einer Verbindung beitragen. Schmale Dichtleisten erfordern infolge höherer Flächenpressung geringere Schraubenkräfte und besitzen gute Dichtwirkung (Abb. 7.12).

Überlagerte Schwingbeanspruchung. Die Haltbarkeit schwingbeanspruchter Schraubenverbindungen bei hohen Temperaturen ist unter zwei Aspekten zu beurteilen:

- direkte Beeinflussung der Schwingfestigkeit der Schraube-Mutter-Verbindung durch Temperatureinwirkung.
- indirekte Beeinflussung der Schwingfestigkeit durch Verschärfung der Bauteilbeanspruchung infolge eines relaxationsbedingten Vorspannkraftabfalls.

Frühere Versuche führten zu Erkenntnissen, die bei der konstruktiven Gestaltung schwingbeanspruchter Schraubenverbindungen unter Mitwirkung hoher Temperatur zu beachten sind [7.36]:

- Bei höherer Temperatur (350°C) wird eine Verbesserung der Schwingfestigkeit gegenüber Raumtemperatur festgestellt, die auf eine gleichmäßigere Verteilung der Schraubenkraft auf die einzelnen Muttergewindegänge und die Verminderung der Spannungskonzentration im Gewindegrund als Folge von Plastifizierungsvorgängen im Schrauben- und Mutterwerkstoff zurückgeführt wird (Abb. 7.21)

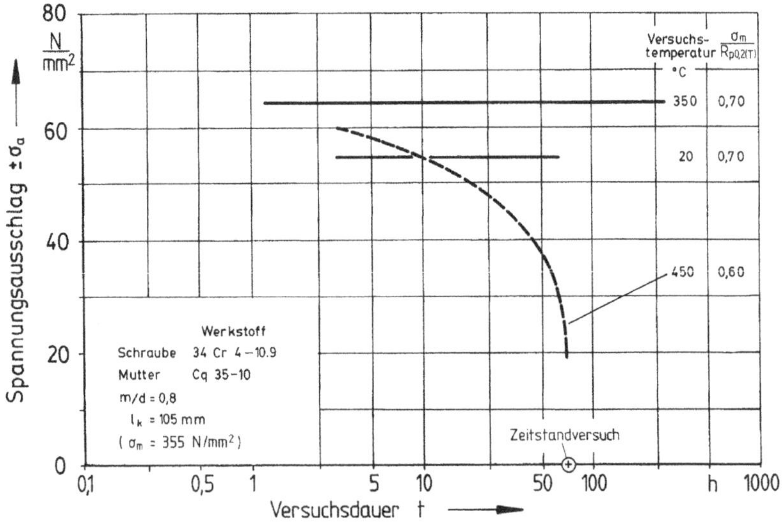

Abb. 7.21. Abhängigkeit des Spannungsausschlags von Versuchstemperatur und Versuchsdauer (Schraubenverbindung M12 DIN 931/DIN 934 bzw. DIN 912/DIN 934) [7.1]

[7.37]. Dieses Verhalten kann jedoch nicht bei der Dimensionierung warmfester Schraubenverbindungen berücksichtigt werden [7.18 und 7.36]. Unter dem Gesichtspunkt nämlich, dass langzeitige Schwingbeanspruchungen in Verbindung mit stetig fortschreitenden Veränderungen im Werkstoff oder in der Randschicht von Bauteilen den Eintritt eines Dauerbruchs begünstigen, ist bei hohen Temperaturen anders als bei Raumtemperatur keine definierte Dauerhaltbarkeit anzugeben, wie die Bruchkurve für 450°C in Abb. 7.21 erkennen lässt. Angesichts der vergleichsweise kurzen Versuchszeiten können auch bei 350°C nach längeren Zeiten noch Brüche erwartet werden.

- In Schwingversuchen mit konstanter Mittelspannung (Schwingzeitstandversuch) erfolgt bei höheren Schwingkraftamplituden der Dauerbruch vor dem Zeitstandbruch mit gleicher Oberspannung, während er bei kleineren Schwingkräften nach längerer Laufzeit eintritt und selbst die Bruchzeit des Zeitstandversuchs bei der Mittelspannung überschritten wird (Abb. 7.22).
- Schrauben, deren Gewinde nach der Wärmebehandlung gerollt wurden, besitzen bei Raumtemperatur infolge fertigungsinduzierter Druckeigenspannungen eine gegenüber schlussvergüteten Schrauben höhere Dauerhaltharkeit. Bei höheren Temperaturen (bereits ab 350°C) verschwindet dieser Effekt im Schwingzeitstandversuch nach längeren Laufzeiten durch zeit- und temperaturabhängige Erholungsprozesse, abhängig von Werkstoffzusammensetzung, Verformungsgrad und Temperatur, und das Verhalten gleicht sich dem der schlussvergüteten Schrauben an (Abb. 7.23).
- Bei Schraubenverbindungen tritt durch die bei hohen Temperaturen verstärkt wirkende Relaxation im Vergleich zu den Versuchen mit konstanter Mittelspannung ein ständiger Vorspannkraftabfall auf, der die aus der Zeitstandbeanspruchung resultierende Bruchgefahr weitgehend aufhebt [7.37] Schrauben neigen

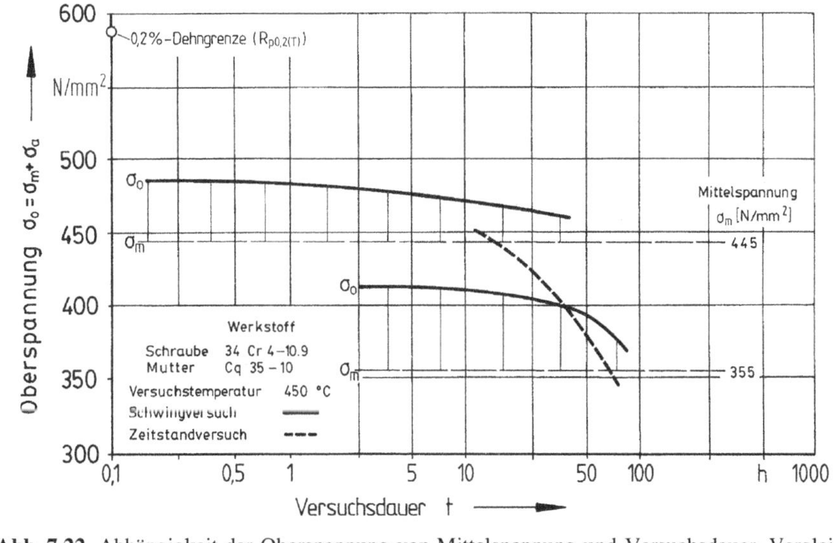

Abb. 7.22. Abhängigkeit der Oberspannung von Mittelspannung und Versuchsdauer. Vergleich mit der Zeitstandfestigkeit (Schraubenverbindung M12; $m/d = 0{,}8$; $l_K = 105$ mm) [7.11]

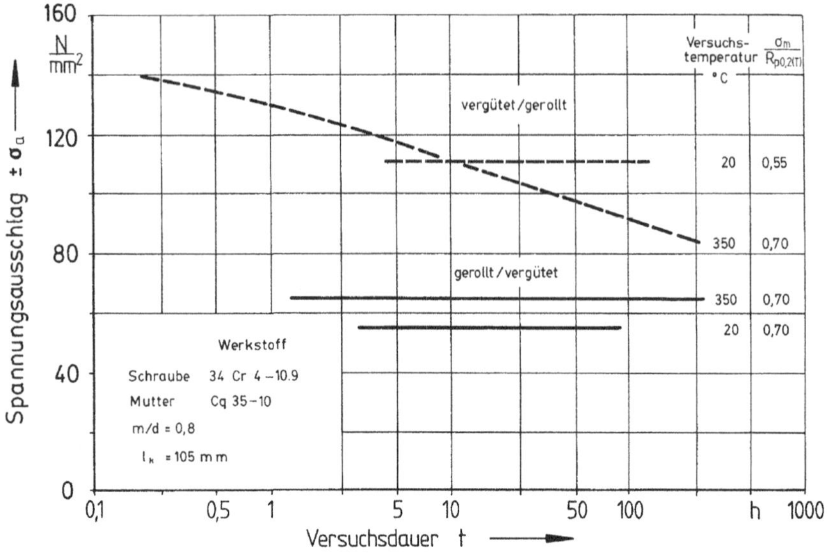

Abb. 7.23. Abhängigkeit des Spannungsausschlags von Versuchstemperatur, Versuchsdauer und Fertigungsfolge (Schraubenverbindung M12 DIN 931/DIN 934) [7.11]

im Schwingrelaxationsversuch daher eher zum Lockern und Losdrehen als im Schwingzeitstandversuch (Abb. 7.24), in dem in jedem Fall ab einer bestimmten Vorspannkrafthöhe nach entsprechender Versuchszeit ein Bruch der Schraube erfolgt. Die ertragbaren Schwingkräfte im Schwingrelaxationsversuch sind größer als im Schwingversuch bei konstant gehaltener Vorspannkraft (Schwingzeitstandversuch) [7.36].

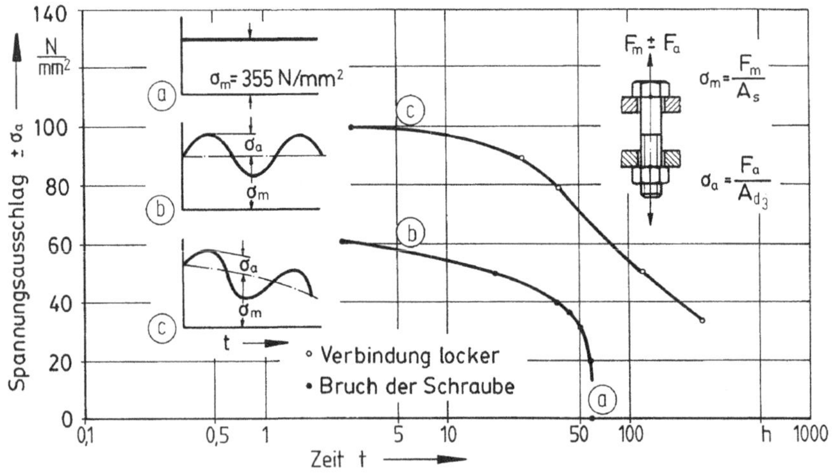

Abb. 7.24. Zeitstandfestigkeit und Schwingfestigkeit schlussvergüteter Schraubenverbindungen M12–10.9 aus 34Cr4 bei 450°C Versuchstemperatur. a) Zeitstandversuch; b) Schwingzeitstandversuch; c) Schwingrelaxationsversuch [7.38]

- Bei kleinen Schwingkraftamplituden (im Bereich der Dauerhaltbarkeit für Raumtemperatur) ordnen sich die Kurven der Schwingrelaxationswerte annähernd in das Streuband der statischen Relaxationswerte ein. Tritt ein Anriss auf, verstärkt sich die Relaxation schnell. Bei höheren Schwingkraftamplituden (im Zeitfestigkeitsgebiet) und bei höheren Temperaturen ergibt sich ein größerer Vorspannkraftverlust als in den statischen Relaxationsversuchen.
- Mit zunehmender Schwingbeanspruchung nimmt der Vorspannkraftverlust zu. Daher erleiden Schraubenverbindungen mit schlussgerollten Gewinden, die meist bei höheren Schwingkräften eingesetzt werden, im Betrieb einen größeren Vorspannkraftabfall als Schraubenverbindungen mit schlussvergüteten Gewinden.

7.1.3.3 Sprödbruchverhalten von warmfesten Schraubenverbindungen

Sprödbrüche von Schraubenbolzen, die bei hohen Temperaturen eingesetzt waren, haben in der Vergangenheit gelegentlich zu Schäden geführt [7.14, 7.21, 7.22, 7.34 und 7.39]. Ursache der Brüche, die überwiegend im ersten tragenden Gewindegang auftraten, war eine Zeitstandkerbversprödung des Werkstoffs oder eine starke Verminderung der Zähigkeitseigenschaften unter den betrieblichen Beanspruchungsbedingungen. In der Regel lagen beide Effekte gleichzeitig vor. Betroffen waren vor allem Schrauben aus niedrig legierten CrMoV- und CrNiMo-Stählen. Eine Verschärfung der Kerbwirkung trat in einigen Fällen infolge von bei Schadenseintritt bereits bestehenden Anrissen im Bereich des Gewindes auf, die bruchauslösend wirkten. Diese Anrisse können einmal als Zeitstandanrisse entstehen, zum anderen aber auch durch Wärmedehnungen beim Anfahren einer Anlage oder durch undefinierte Verhältnisse beim Anziehen oder Nachziehen der Schraubenverbindung, z. B. durch örtliche Überdehnung. Auch örtliche Überhitzungen in Heizbohrungen durch unsachgemäßes Erwärmen waren in Verbindung mit Bearbeitungsriefen Ursachen von Rissbildungen, wobei eine starke Aufhärtung des Werkstoffs im überhitzten Bereich erfolgte [7.14].

Neben Zeitstandbrüchen an Schraubenbolzen bei hoher Temperatur traten Brüche bereits auch während der wiederholten Montage auf [7.14 und 7.34].

Ein wesentlicher Grund für derartige Schäden an Schraubenverbindungen bestand in einer Vergütung auf zu hohe Ausgangsfestigkeit, wie sie früher teilweise für Schrauben aus niedrig legiertem CrMoV-Stahl vorgenommen wurde, um einen möglichst hohen Kriech- und Relaxationswiderstand zu erzielen (Abb. 7.6). Dadurch wurde neben einer Zeitstandkerbversprödung eine starke Absenkung der Kerbschlagzähigkeit bei Raumtemperatur nach Betriebsbeanspruchung ausgelöst.

Warmfeste Werkstoffe für Schrauben müssen also zur Vermeidung eines Sprödbruchversagens folgende Anforderungen erfüllen:

- Unempfindlichkeit gegen Zeitstandkerbversprödung,
- ausreichende Zähigkeit bei Raumtemperatur und Betriebstemperatur im Neuzustand,
- keine wesentliche Verminderung der Zähigkeit durch langzeitige Betriebsbeanspruchung.

Bei den technisch gängigen Werkstoffen für warmfeste und hochwarmfeste Schrauben und Muttern nach DIN EN 10269 ist auf Grund verbesserter chemischer Zusammensetzung (z. B. durch Begrenzung der Gehalte an Spurenelementen) und Wärmebehandlungsverfahren nicht mehr mit einer ausgeprägten Zeitstandkerbversprödung zu rechnen.

Auch die Abnahme der Kerbschlagzähigkeit nach Relaxationsbeanspruchung ist gering, wie Untersuchungen bis teilweise 30000 h an niedrig legierten CrMoV-Stählen, 12%-CrMoV-Stählen und der Nickellegierung NiCr20TiAl ergaben [7.34].

Zur Vermeidung von vorzeitigen Schraubenbrüchen werden Prüfungen an Schrauben im Zuge von Revisionen der Anlage vorgesehen, um mögliche Anrisse festzustellen und die Änderung der mechanischen Eigenschaften zu erfassen [7.14]. Der Prüfumfang ist abhängig vom Werkstoff und der erreichten bleibenden Dehnung der Schrauben.

7.1.3.4 Löseverhalten von Schraubenverbindungen nach Hochtemperaturbeanspruchung

Metallische Werkstoffe neigen bei hohen Temperaturen zu Grenzflächenreaktionen mit oxidierenden Gasen, die zur Bildung von Oxidschichten führen (Verzundern).

Das Anwachsen von Zunderschichten kann das ursprüngliche Gewindespiel stark verringern, bis im Grenzfall, insbesondere bei unterschiedlichen Wärmedehnungen zwischen Schraube und Mutter, der zum Lösen der Verbindung benötigte Freiraum zwischen Bolzen- und Muttergewinde vollständig ausgefüllt ist. Die gepaarten Gewinde sind damit formschlüssig blockiert und lassen sich in diesem Zustand nicht mehr lösen. Darüber hinaus kann die Lösbarkeit der Gewindeverbindung durch die Zersetzung, Vergasung und Eindiffusion von unsachgemäß eingesetzten Schmiermitteln beeinträchtigt werden. Der Einsatz von Kadmium sollte bei Temperaturen über 150°C, von Öl über 150°C und von MoS_2 über 400°C unterbleiben [7.17].

Der Gefahr des Klemmens im Gewinde wird hauptsächlich durch folgende Maßnahmen begegnet:

- *Vermeidung von Feingewinde* wegen relativ kleinem Gewindespiel.
- *Kein Übergreifen des Muttergewindes über das Bolzengewinde.* In den freien Muttergewindegängen können Rückstände, die sich je nach Lage der Verbindung durch Rauchgase, Kondensat, Korrosion und Verschmutzung bilden, die Lösbarkeit der Mutter erschweren.
- *Vergrößerung der Grundabmaße* von Regelgewinden. Nach DIN 2510 Teil 2 (Schraubenverbindungen mit Dehnschaft), DIN 267 Teil 13 (Technische Lieferbedingungen; Teile für Schraubenverbindungen mit besonderen mechanischen Eigenschaften zum Einsatz bei Temperaturen von –200°C bis +700°C) und DIN 267 Teil 29 (Produktklassen für Teile für Schraubenverbindungen zum Einsatz bei Temperaturen von –200°C bis +700°C) sind Schraubengewinde mit vergrößerten Grundabmaßen genormt. DIN 2510 Teil 2 enthält diese Grundabmaße, die nach Nenndurchmessern gestaffelt und als ein Vielfaches der Toleranzfeldlage e angegeben sind. Die Toleranzen der Schraubengewinde

entsprechen dem Toleranzgrad 6 nach DIN EN ISO 965–1. Für die Innengewindetoleranzen wurde an der für handelsübliche Muttern verwendeten Toleranz 6H festgehalten, nicht zuletzt aus Gründen der Austauschbarkeit und Sortenverminderung (Kostengründe). In DIN 267 Teil 13 wird vermerkt, dass infolge des vergrößerten Flankenspiels mit einer verringerten Abstreiffestigkeit des Gewindes gerechnet werden muss.

- *Auftragung von geeigneten Oberflächenüberzügen.* Geeignet sind galvanisch oder chemisch aufgebrachte metallische Überzüge, die dünne und porenfreie Oxidschichten bilden und damit den Zutritt des Sauerstoffs zum Grundwerkstoff versperren (z. B. Ag, Cr, Ni). Damit wird das übermäßige Anwachsen von Zunderschichten verhindert.
- *Verwendung geeigneter Schmiermittel.* Schmiermittel, die auch bei höheren Temperaturen ihre Schmiereigenschaften beibehalten. sind geeignet, das durch Oxidschichten hervorgerufene Festfressen der Gewinde zu vermeiden. Schmier- und Korrosionsschutzöle können, wie schon erwähnt, bei hohen Temperaturen verkoken und so die Lösbarkeit zusätzlich erschweren. Daher sind Festschmierstoffe (Pasten) auf der Basis von Graphit (Einsatz bis 600°C) oder von Metallpulvern (Cu, Al, Ni – Einsatz von Ni bis 1400°C –) zu bevorzugen. Ihre Trägersubstanz soll ohne Rückstände sein und der Feststoffanteil die Kontaktflächen einwandfrei trennen. Eine weitere Funktion des Schmiermittels besteht in der Abdichtung des Gewindes gegen korrosive Einflüsse. Für niedrige mechanische und thermische Beanspruchung (unter 260–300°C) kann auch PTFE eingesetzt werden. Weitere weniger häufig verwendete Festschmierstoffe auf anorganischer Basis sind z. B. Phosphate und Gläser [7.40, 7.41]. Schwefelhaltige Mittel sind wegen der Möglichkeit einer Spannungsrisskorrosion bei hohen Temperaturen (oberhalb 400°C) zu vermeiden [7.14, 7.40]. Bei austenitischen Stählen sollten aus Korrosionsgründen auch keine kupferhaltigen Schmiermittel angewendet werden. Es wird empfohlen, bei der Bewertung von Versuchsergebnissen für Schmierstoffe die Versuchsbedingungen besonders zu beachten.
- *Einsatz von zunderbeständigen Werkstoffen.* Durch Zulegieren von Cr, Si und Al wird die Zunderbeständigkeit von Eisenwerkstoffen erhöht, indem eine dünne, fest haftende und dichte Oxidschicht gebildet wird, die das unzulässige Wachsen der Zunderschicht behindert. Insbesondere hoch legierte Cr- und Cr-Ni-Stähle (Austenite) sind zunderbeständiger als niedrig legierte Stähle. Die Gehalte an Legierungszusätzen sind jedoch im Hinblick auf die mechanischen Eigenschaften begrenzt (für Angaben über die Höhe der üblichen oberen Verwendungstemperatur im Dauerbetrieb für zunderbeständige oder hitzebeständige Schraubenwerkstoffe s. Abschnitt 7.3).
- *Wahl einer geeigneten Werkstoffpaarung für Schraube und Mutter.* Auf der Basis von Erfahrungswerten aus der Praxis empfiehlt DIN 267 Teil 13 zweckmäßige Werkstoffpaarungen für Schrauben und Muttern (s. Abschnitt 7.3). Bei der Zusammenstellung dieser Paarungen wurden insbesondere das Anziehverhalten bei nicht torsionsfreier Montage (Gefahr des Festfressens), das Verhältnis von Bolzen- und Mutter-Werkstofffestigkeit und das Löseverhalten nach dem Betrieb berücksichtigt.

Das Löseverhalten von Schraubenverbindungen wird zusätzlich vom Grad der plastischen Verformung der Bolzen- und/oder Muttergewindegänge während der Betriebsbeanspruchung geprägt. Deshalb sind Werkstoffe zu verwenden, deren Zeitstandeigenschaften der Temperatur und der Beanspruchungshöhe angepasst sind. Darüber hinaus sind bei der Fertigung die Gewindemaße sorgfältig einzuhalten. Auch sollte konstruktiv versucht werden, die Gewindelastverteilung innerhalb der Mutter zu vergleichmäßigen, um den höchstbeanspruchten ersten tragenden Gewindegang zu entlasten (s. Abschnitt 5.2).

7.2 Schraubenverbindungen bei tiefen Temperaturen

Mit abnehmender Temperatur wächst der Formänderungswiderstand von Stählen, d. h. Streckgrenze und Zugfestigkeit nehmen zu, während das Verformungsvermögen (Bruchdehnung, Brucheinschnürung, Kerbschlagarbeit) geringer wird (Tabelle 7.1).

Damit steigt die Gefahr eines verformungslosen Sprödbruchs unter der Wirkung von Spannungskonzentrationen (Kerbwirkung, Eigenspannungen). Dieses Verhalten ist bei ferritischen Stählen ausgeprägter als bei austenitischen. Die ferritischen Stähle zeigen überwiegend einen Steilabfall in der Temperaturabhängigkeit ihrer Zähigkeitskennwerte, so dass ihr Einsatz für hoch belastete Verbindungen auf Temperaturen oberhalb dieses Steilabfalls beschränkt bleibt. Austenitische Stähle zeigen dagegen nur eine allmähliche Abnahme der Zähigkeit, die ihren Einsatz selbst bei tiefsten Temperaturen ermöglicht.

Tabelle 7.1. Mindestwerte der Kerbschlagarbeit (in Längsrichtung) bei tiefen Temperaturen nach DIN EN 10269

Werkstoff	Wärmebehandlung	Durchmesser d mm	Mindestwerte der Kerbschlagarbeit in J (ISO-V-Probe) bei einer Temperatur in °C							
			-196	-120	-100	-80	-60	-40	-20	+20
19MnB4	+QT	≤ 16					27		40	
25CrMo4	+QT	≤ 60					40	45	50	60
42CrMo4	+QT	≤ 60			27			40		50
30CrNiMo8	+QT	≤ 100						40		45
X12Ni5	+NT	≤ 45		40	50	60	65	65	70	70
X5CrNi18–10	+C700	≤ 35	50							80
X4CrNi18–12	+C700	≤ 35	50							80
X5CrNiMo17–12–2	+C700	≤ 35	50							80
X6NiCrTiMoVB25–15–2	+AT+P	≤ 160	40							50
NiCr20TiAl	+AT+P	≤ 160	20							20

+QT = vergütet; +C700 = kaltverfestigt; +AT + P = lösungsgeglüht + ausscheidungsgehärtet.

Bei der Auslegung von Schraubenverbindungen für tiefe Temperaturen ist besonders die Vorspannkraftänderung infolge von Wärmedehnungen zu berücksichtigen. Hier gelten die gleichen Angaben wie für Schraubenverbindungen bei hohen Temperaturen (s. Abschnitt 7.1.3.1), die sinngemäß auf den Tieftemperaturbereich anzuwenden sind.

Zur Berücksichtigung einer möglichen erhöhten Sprödbruchempfindlichkeit von Schraubenverbindungen bei tiefen Temperaturen sollten Spannungsspitzen durch scharfe Kerben oder durch Überlagerung herstellungsbedingter Zugeigenspannungen vermieden werden.

7.3 Werkstoffe für hohe und tiefe Temperaturen

Die Auswahl von Schrauben- und Mutterwerkstoffen für den Einsatz bei hohen und tiefen Temperaturen geschieht im Wesentlichen nach folgenden Kriterien:

- Betriebstemperatur,
- Betriebsbeanspruchung,
- Anpassung an den Flanschwerkstoff (Festigkeit, Ausdehnungsverhalten usw.),
- Oxidationsverhalten bzw. Verhalten unter Hochtemperaturkorrosion,
- Relaxationsverhalten
- Sprödbruchverhalten
- Kosten.

7.3.1 Werkstoffe für hohe Temperaturen

Im Temperaturbereich zwischen –10°C und +300°C werden die Schraubenwerkstoffe im allgemeinen nach DIN EN ISO 898–1, DIN EN 20898–2 und DIN EN ISO 3506 ausgewählt (s. Abschnitte 3.2 und 3.4). Besondere Anforderungen an die Temperaturbeständigkeit werden hier nicht gestellt. Dennoch sollte nicht vernachlässigt werden. dass sich auch schon in diesem Temperaturbereich die mechanischen Werkstoffeigenschaften ändern können (s. Abschnitt 7.1.2.2).

Oberhalb von 300°C finden warmfeste und hochwarmfeste Werkstoffe Verwendung (Tabelle 7.2).

Tabelle 7.2. Warmfeste und hochwarmfeste Werkstoffe nach DIN 267 Teil 13 und DIN EN 10269 für Anwendungstemperaturen über +300°C

Werkstoff-Kurzname	Werkstoffnummer	Kennzeichen	Dehngrenze $R_{p0,2}$	Zugfestigkeit R_m	Anhalt für die übliche obere Grenze der Anwendungstemperaturen im Dauerbetrieb
			N/mm^2 min.	N/mm^2 min.	°C
C35; C35V [1)]	1.0501	Y			+350
Ck 35 (C35E)	1.1181	YK	300	500	+350 [2)]
35B2	1.5511	YB	300	500	+350 [2)]
24CrMo5	1.7258	G	420	600	+400

Tabelle 7.2. Fortsetzung

Werkstoff-Kurzname	Werkstoffnummer	Kennzeichen	Dehngrenze $R_{p0,2}$	Zugfestigkeit R_m	Anhalt für die übliche obere Grenze der Anwendungstemperaturen im Dauerbetrieb
			N/mm² min.	N/mm² min.	°C
21CrMoV5–7	1.7709	GA	550	700	+540
40CrMoV4–6	1.7711	GB	700	850	+500
X22CrMoV12–1	1.4923	V	600	800	+580
X22CrMoV12–1	1.4923	VH	700	900	+580
X19CrMoNbVN11-1	1.4913	VW	750	900	+580
X7CrNiMoBNb16–16	1.4986	S	500	650	+650
X6NiCrTiMoVB25–15–2	1.4980	SD	600	900	+650
NiCr20TiAl	2.4952	SB	600	1000	+700

[1] Nur für Muttern
[2] Für Muttern kann die Temperatur im Dauerbetrieb um 50°C höher sein.

Zweckmäßige Werkstoffpaarungen von Schraube und Mutter enthält Tabelle 7.3.

Tabelle 7.3. Zweckmäßige Werkstoffpaarungen für Schraube und Mutter nach DIN 267 Teil 13 bzw. DIN EN 10269

Werkstoff	
Schraube	Mutter
Ck35, 35B2	C35 N, C35 V, Ck35, 35B2
24 CrMo5	Ck35, 35B2, 24CrMo5
21CrMoV5–7	24CrMo5, 21 CrMoV5–7
40 CrMoV4–7	21CrMoV5–7
X22CrMoV12–1 X19CrMoVNbN11–1	X22CrMoV12–1
X7CrNiMoBNb16–16	X7CrNiMoBNb16–16
X6NiCrTiMoVB25–15–2	X6NiCrTiMoVB25–15–2
NiCr20TiAl	NiCr20TiAl

7.3.2 Werkstoffe für tiefe Temperaturen

Für den Temperaturbereich zwischen unter –10 bis –200°C gibt Tabelle 7.4 eine Auswahl möglicher kaltzäher Werkstoffe und Anhaltswerte für ihre übliche untere Temperaturgrenze im Dauerbetrieb an. Weitere Stähle für den Einsatz im Druckbehälterbau bei tiefen Temperaturen enthält AD-Merkblatt W10.

Als kaltzäh werden unlegierte und legierte Stähle bezeichnet, die bei Temperaturen zwischen etwa –10°C bis –200°C ausreichende Zähigkeit besitzen. Als Merkmal der Kaltzähigkeit wurde für Werkstoffe nach DIN EN 10269 ein Wert der Kerbschlagzähigkeit (Tabelle 7.1) festgelegt. Dieser Wert darf bei der für einen Werkstoff vorgesehenen Betriebstemperatur nicht unterschritten werden.

Für Einsatztemperaturen unter −253°C sind gemäß AD-Merkblatt W10 die Werkstoffe nach Einzelgutachten des Sachverständigen auszuwählen.

Für den Betrieb bei tiefen Temperaturen haben sich nach [7.17] auch Schrauben und Muttern aus Kupferlegierungen mit rd. 95–98% Cu, 1 bis 4% Ni und 0,5 bis 1% Si bewährt.

Tabelle 7.4. Tieftemperaturbeständige Werkstoffe nach DIN 267 Teil 13 für Anwendungstemperaturen von -200°C bis unter -10°C

Werkstoff				Anhalt für die übliche untere Grenze der Temperaturen im Dauerbetrieb
Kurzname	Nummer	nach	Kennzeichen	
26CrMo4	1.7219	DIN 17280 (inzw. ersetzt durch DIN EN 10269)	KA	-60°C
12Ni19	1.5680		KB	-120°C
X5CrNi18-10	1.4301	DIN EN 10269, DIN 17440, DIN ISO 3506 bzw. AD-W10	A2 [1]	-200°C
X5CrNi18-12	1.4303		A2 [1]	-200°C
X6CrNiTi18-10	1.4541		A2 [1]	-200°C
X5CrNiMo17-12-2	1.4401		A4 [1]	-60°C [2] -200°C [3]
X6CrNiMoTi17-12-2	1.4571		A4 [1]	-60°C [2] -200°C [3]

[1] Den Kennzeichen A2 und A4 ist die Kennziffer für die Festigkeitsklasse anzugeben, z. B. A2-70. Nach Wunsch sind auch Werkstoffkurzname oder Werkstoffnummer anzugeben.
[2] Schrauben mit Kopf
[3] Schrauben ohne Kopf

7.4 Normen und Regelwerke

DIN EN ISO 898–1	Mechanische Eigenschaften von Verbindungselementen aus Kohlenstoffstahl und legiertem Stahl–Teil 1: Schrauben (11–99)
DIN EN 20898–2	Mechanische Eigenschaften von Verbindungselementen – Teil 2: Muttern mit festgelegten Prüfkräften, Regelgewinde (02–94)
DIN EN ISO 3506–1 bis -3	Mechanische Eigenschaften von Verbindungselementen aus nicht rostenden Stählen (03–98);
DIN 267–13	Mechanische Verbindungselemente. Technische Lieferbedingungen – Teile für Schraubenverbindungen mit besonderen mechanischen Eigenschaften zum Einsatz bei Temperaturen von –200°C bis +700°C (08–93)
DIN EN 10269	Stähle und Nickellegierungen für Befestigungselemente für den Einsatz bei erhöhten und/oder tiefen Temperaturen (11–99)
DIN 17440	Nichtrostende Stähle. Technische Lieferbedingungen für gezogenen Draht (03–2001)

DIN EN 10291	Einachsiger Zeitstandversuch unter Zugbeanspruchung – Prüfverfahren. (01–2001)
AD-W2	Austenitische Stähle (01–2000)
AD 2000-Merkbl. W7	Schrauben und Muttern aus ferritischen Stählen (10–2000)
AD-W10	Werkstoffe für tiefe Temperaturen, Eisenwerkstoffe (05–2000)
TRD-Richtlinie 106	Schrauben und Muttern aus Stahl (12–1996)

Neben DIN 267 Teil 13 sieht auch DIN EN ISO 3506 den Einsatz von Schrauben und Muttern aus nichtrostenden Stählen für höhere Temperaturen vor. Warmstreckgrenzen für martensitische Chromstähle und austenitische Cr-Ni-Stähle werden bis 400°C angegeben (s. Kapitel 6).

Literatur

7.1 Straube H (1968) Über die Grundlagen der Warmfestigkeit und die warmfesten metallischen Werkstoffe. Schweiz. Arch. angew. Wiss. Tech. 34: 237–256

7.2 Diehl H, Granacher J, Wiegand H (1975) Rechnerische Untersuchung des Einflusses von chemischer Zusammensetzung und Wärmebehandlung auf die Zeitstandfestigkeit warmfester ferritischer Stähle. Arch. Eisenhüttenwes. 46: 407–410

7.3 Diehl H, Granacher J, Wiegand H (1976) Einfluss des Molybdängehalts und der Gefügezusammensetzung auf die Zeitstandfestigkeit warmfester Chrom-Molybdän-Nickel-Vanadin-Stähle. Arch. Eisenhüttenwes. 47: 461–463

7.4 Turlach G (1980) Hochwarmfeste Schraubenverbindungen, Werkstoffe und Gestaltung. Verbindungstechnik 12: 15–19

7.5 Illschner B 1973 Hochtemperaturplastizität. Warmfestigkeit und Warmverformbarkeit metallischer und nichtmetallischer Werkstoffe. Berlin: Springer

7.6 Kloos K H, Diehl H (1979) Zum Einfluss von Querschnittsgröße, Kerbform und Wärmebehandlung auf die Zeitstandfestigkeit eines 1% CrMoV-Stahls. VGB-Kraftwerkstechnik 59: 724–731

7.7 Kloos K H, Diehl H (1979) Einfluss der Kerbgeometrie auf das Zeitstandverhalten des Stahls 21CrMoV5 7 in unterschiedlichen Wärmebehandlungszuständen. Arch. Eisenhüttenwes. 50: 255–260

7.8 Kloos K H, Diehl H (1978) Größeneinfluss und Kerbwirkung an bauteilähnlichen Rundstäben unter Zeitstandbeanspruchung. Z. Werkstofftech. 9: 359–366

7.9 Kloos K H, Diehl H (1979) Temperaturabhängigkeit des Zeitstandkerbverhaltens eines Stahls 21CrMoV5 7 nach unterschiedlichen Wärmebehandlungen. Arch. Eisenhüttenwes. 50: 521–526

7.10 Technische Forschung Stahl (1980): Relaxationsverhalten warmfester Stähle für Schrauben. Bericht EUR 6458. Hrsg.: Kommission der Europäischen Gemeinschaften, Generaldirektion Wissenschaftliche und Technische Information und Informationsmanagement, Luxemburg

7.11 Wiegand H, Beelich K H (1968) Relaxation bei statischer Beanspruchung von Schraubenverbindungen. Draht-Welt 54: 306–322

7.12 Pahl G (1973) Ausdehnungsgerecht. Konstr. Masch. Appar. Gerätebau 25: 367–373
7.13 Thomala W (1982) Schraubenverbindungen für hohe Temperaturen. Konstr. Elemente, Methoden 1: 65–68
7.14 VGB-Richtlinien für Schrauben im Bereich hoher Temperaturen (1981) VGB-R 505 M. Hrsg. VGB Technische Vereinigung der Großkraftwerksbetreiber. 4. Ausgabe, Düsseldorf
7.15 Reuter M (1958) Die Flanschverbindung im Dampfturbinenbau. BBC-Nachr. Sonderdruck 8: 19–29
7.16 Steinach K, Veenhoff F (1960) Die Entwicklung der Hochtemperaturturbinen der AEG. AEG-Mitt 50: 433–453
7.17 Illgner K H, Blume D (1985) Schrauben Vademecum. Firmenbroschüre der Fa. Bauer und Schaurte Karcher GmbH. 6. Auflage
7.18 Beelich K H (1968) Fatigue research on bolted joints at high temperatures. Symp. high specd fatigue testing, Las Vegas
7.19 Beelich K H (1970) Gesichtspunkte zur Deutung des Relaxationsverhaltens und zur Auslegung temperaturbeanspruchter Schraubenverbindungen. Draht-Welt 56: 3–8
7.20 Sachs K, Evans D G (1973) The relaxation of bolts at high temperatures. GKN Lab. Reprint No. 34 Wolverhampton (UK)
7.21 Branh G D, Draper J H M, Hodges N W, Marriot J B, Murphy M C, Smith A L, Toft L H (1974) High temperature bolts for steam power plant. Int. Conf. creep and fatigue in elevated temperature applications. Inst. Mech. Eng. Preprint C 192/73. Shefield (UK)
7.22 Wellinger K, Erker A, Mayer K H, Schäfer R (1975) Sprödbruchuntersuchungen an warmfesten Schraubenwerkstoffen. VGB-Kraftwerkstechnik 55: 455–466
7.23 Khein E A (1959) On the determination of high temperature-relaxation strength for long periods Ind. Lab. 25: 86–92
7.24 Schaar K (1961) Betrachtungen zu Kriech- und Relaxationsversuchen an Stahldrähten. Draht-Welt 47: 494–497
7.25 Finnie J, Heller W R (1959) Creep of engineering materials. New York: McGraw–Hill
7.26 Soo J N, Skelton R P (1980) A rapid method of estimating stress relaxation from creep data. 2nd Int. Conf. on engineering aspects of creep. Univ. Sheffield; Inst Mech. Enng. Vol. I, London; Preprint C 246/8: 97–104
7.27 Schubert F (1980) Hochwarmfeste Legierungen. In: Festigkeits- und Bruchverhalten bei höheren Temperaturen. Ber. zum Kontaktstudium Werkstoffkunde Eisen und Stahl III, Bd. 2. Düsseldorf: Verlag Stahleisen: 211–280
7.28 Buchan J, Kent R P, Kirke M (1966) Stress relaxation properties of some nickel-chromium alloys for steam power plant. Engineer 222: 480–483
7.29 Smith A J, Armstrong D J, Day M F, Hopkin L M T (1964) Stress relaxation properties of steels subjected to repeated straining. Proc. Inst. Mech. Eng. 178
7.30 Freemann J W, Voorhees H R (1956) Relaxation properties of steel and super-strength alloys at elevated temperatures. ASTM - Special Tech. Publ. Nr.187
7.31 Schmidt W, v d Steinen A, Hüskes H (1980) Über den Einfluss der Versuchsparameter auf die Ergebnisse von Entspannungsversuchen. Thyssen Edelst. Tech. Ber. 6: 117–120
7.32 Bartsch H (1985) Ermittlung und Beschreibung des Langzeitkriechverhaltens hochwarmfester Gasturbinenwerkstoffe. Diss. TU Darmstadt

7.33 Reppich B (1982) Ein auf Mikromechanismus abgestütztes Modell der Hochtemperaturfestigkeit und Lebensdauer für teilchengehärtete Legierungen. Z. Metallkd. 73: 697–705
7.34 Erker A, Mayer K H (1973) Relaxations- und Sprödbruchverhalten von warmfesten Schraubenverbindungen. VGB Kraftwerkstechnik 53: 121–131
7.35 Ergebnisse Deutsche Zeitstandversuche langer Dauer (1969). Hrsg. Verein Deutscher Eisenhüttenleute Düsseldorf Verlag Stahleisen
7.36 Wiegand H, Beelich K H (1968) Einfluss überlagerter Schwingbeanspruchung auf das Verhalten von Schraubenverbindungen bei hohen Temperaturen. Draht-Welt 54: 566–570
7.37 Wiegand H, Flemming G (1971) Hochtemperaturverhalten von Schraubenverbindungen VDI-Z. 16: 1239–1244
7.38 Beelich K H (1973) Kriech- und relaxationsgerecht. Konstr. Masch. Appar. Gerätebau 25: 415–421
7.39 Stange E, Holdt H, Schinn R (1960) Schrauben im Bereich hoher Temperaturen. Elektrizitätswirtschaft 18: 642–646
7.40 Gänsheimer J (1981) Festschmierstoffe im Kraftwerk. Maschinenschaden 54: 2–7
7.41 Trautmann H (1980) Kontrollierte Schraubenreinigung. Konstruktion Design 4: 24–25
7.42 Löser K (1992) Mechanische Langzeiteigenschaften von Nickelbasislegierungen für Dampfturbinenverschraubungen. VDI-Fortschrittbericht 255 VDI-Verlag Düsseldorf

8 Montage von Schraubenverbindungen

8.1 Einführung

Die Betriebssicherheit hoch beanspruchter Schraubenverbindungen hängt entscheidend von der Höhe der Vorspannkraft ab. Aufwendige Berechnungs- und Fertigungsmethoden bleiben dann wirkungslos, wenn eine Schraubenverbindung infolge unsachgemäßer Montage entweder zu hoch oder zu niedrig vorgespannt wird. Eine zu hohe Montagevorspannkraft führt zu einer direkten Überbeanspruchung, während zu niedrig vorgespannte Schraubenverbindungen auf indirektem Weg versagen können, z. B. durch selbsttätiges Lösen und/oder Dauerbruch, insbesondere bei exzentrischer Beanspruchung [8.1] und Abb. 4.31.

Ausreichend hohe und insbesondere mit geringen Streuungen behaftete Vorspannkräfte besitzen darüber hinaus hinsichtlich der wirtschaftlichen Gestaltung von Schraubenverbindungen folgende Vorteile:

- Eine Überdimensionierung der Schraubenverbindung wird vermieden.
- Ein Nachspannen wegen Vorspannkraftverlusten (Setzen, Relaxation) ist weniger häufig erforderlich, so dass Inspektionsintervalle verlängert werden können.

Vor diesem Hintergrund kommt dem Anziehvorgang bei der Montage hoch beanspruchter Schraubenverbindungen insbesondere hinsichtlich der Funktions- und Betriebssicherheit eine besondere Bedeutung zu.

8.2 Anziehdrehmoment und Vorspannkraft

Schraubenverbindungen werden im Allgemeinen durch Drehen der Mutter oder des Schraubenkopfes vorgespannt, wobei die Gewindeflanken und die Kopf- bzw. Mutterauflageflächen Gleitreibungskräften unterliegen.

Im elastischen Verformungsbereich und bei konstanten Reibungsverhältnissen besteht zwischen dem Anziehdrehmoment M_A und der Montagevorspannkraft F_M ein linearer Zusammenhang. Das Anziehdrehmoment setzt sich zusammen aus:

- Nutz- oder Gewindesteigungsdrehmoment M_{GSt},
- Gewindereibungsmoment M_{GR} und dem
- Kopfreibungsmoment M_{KR}.

Das Nutzdrehmoment erzeugt die Vorspannkraft in der Schraube. Es resultiert aus der Keilwirkung, die durch die Gewindesteigung hervorgerufen wird.

Der weitaus größere Teil des bei der Montage erzeugten Anziehdrehmoments muss bei den meisten Anziehverfahren zur Überwindung der Reibung in der Schraubenkopf- bzw. Mutterauflagefläche (Kopfreibungsmoment M_{KR}) und zwischen den Gewindeflanken von Schraube und Mutter (Gewindereibungsmoment M_{GR}) aufgebracht werden und ist deshalb für die Erzeugung der Vorspannkraft nicht nutzbar. Abb. 8.1 zeigt, dass bei Reibungszahlen im Bereich $\mu = 0{,}08$ bis 0,16 (bei hochfesten geschmierten Schraubenverbindungen üblicher Bereich, s. Tabelle 8.3) hierfür ca. 80–90% des Anziehdrehmoments verbraucht werden [8.2].

Rechnerisch stellt sich das Anziehdrehmoment M_A wie folgt dar:

$$M_A = M_{GSt} + M_{GR} + M_{KR} \tag{8.1}$$

Das Gewindedrehmoment M_G wird aus dem Gewindenutz- bzw. Gewindesteigungsdrehmoment M_{GST} und dem Gewindereibungsdrehmoment M_{GR} gebildet:

$$M_G = M_{GSt} + M_{GR} \tag{8.2}$$

Für das Anziehdrehmoment kann somit auch geschrieben werden:

$$M_A = M_G + M_{KR} \tag{8.3}$$

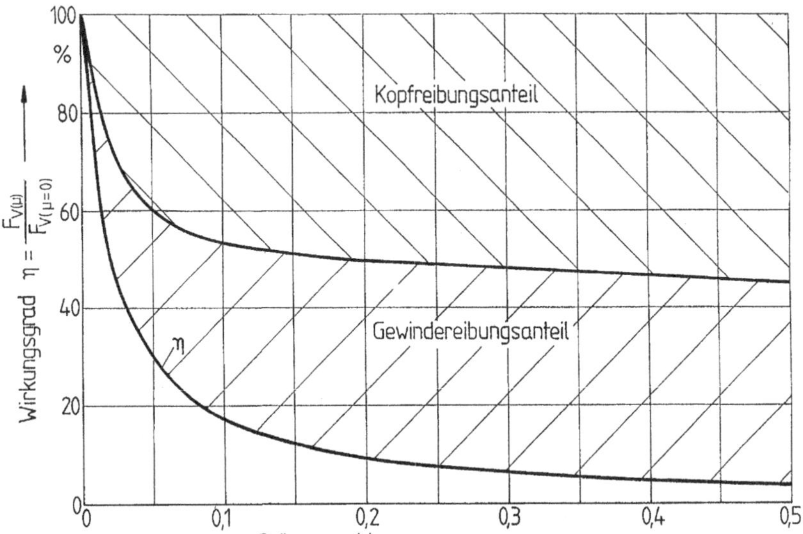

Abb. 8.1. Wirkungsgrad und Reibungsanteil beim Anziehen einer Schraube M10 DIN 931 in Abhängigkeit von der Reibung [8.2]

8.2.1 Gewindedrehmoment M_G

Die Herleitung des rechnerischen Zusammenhangs zwischen Gewindedrehmoment M_G und der Montagevorspannkraft F_M bzw. der Vorspannkraft F_V allgemein kann in drei Schritten vorgenommen werden:

8.2.1.1 Flachgewinde (Flankenwinkel $\alpha = 0°$) ohne Berücksichtigung der Gewindereibung ($\mu_G = 0$)

Zwischen den drei im Gewinde wirkenden Kraftkomponenten in Abb. 8.2

- Umfangskraft F_{UG},
- Vorspannkraft F_V und
- Normalkraft F_N besteht ein Kräftegleichgewicht:

$$\sum \vec{x} = 0: \qquad F_{UG} - F_N \sin\varphi = 0$$

$$\sum y \uparrow = 0: \qquad F_N \cos\varphi - F_V = 0$$

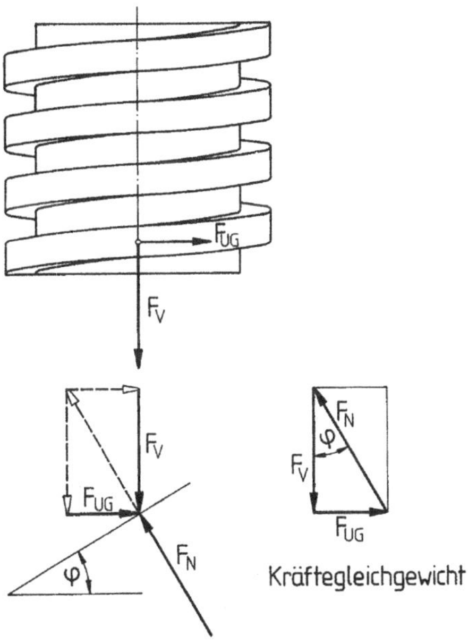

Abb. 8.2. Kräfte in der Axialschnittebene eines flachgängigen Gewindes (Flankenwinkel $\alpha = 0°$) ohne Berücksichtigung einer Gewindereibung ($\mu_G = 0$)

Das Eliminieren von F_N führt zu $F_{UG} = F_V \cdot \tan\varphi$.

Mit dem Flankendurchmesser des Bolzengewindes als Wirkungslinie für die Umfangskraft im Gewinde [8.3] errechnet sich das Gewindemoment zu

$$M_G = F_{UG}\frac{d_2}{2} = F_V\frac{d_2}{2}\tan\varphi \tag{8.4}$$

8.2.1.2 Flachgewinde ($\alpha = 0°$) mit Berücksichtigung der Gewindereibung ($\mu_G \neq 0$)

Unter Einbeziehung der Gewindereibung ändert sich das Kräftegleichgewicht gemäß Abb. 8.3:

$$\sum \vec{x} = 0: \qquad F_{UG} - F_N\sin\varphi - F_R\cos\varphi = 0$$

$$\sum y\uparrow = 0: \qquad F_N\cos\varphi - F_R\sin\varphi - F_V = 0$$

mit $F_R = \mu F_N = F_N\tan\rho$

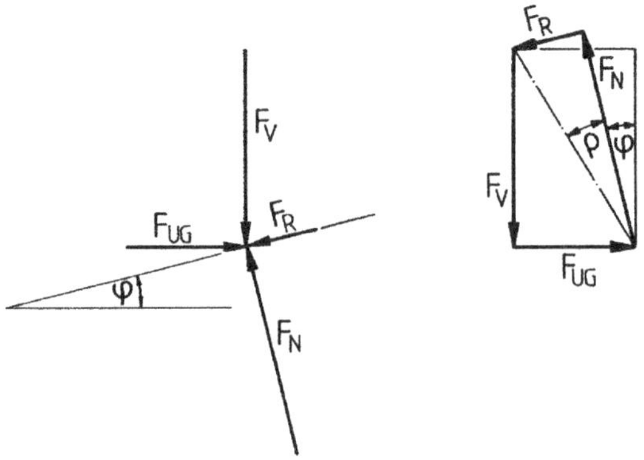

Abb. 8.3. Kräfte in der Axialschnittebene eines flachgängigen Gewindes ($\alpha = 0°$) mit Berücksichtigung der Gewindereibung ($\mu_G \neq 0$)

Durch Eliminieren von F_N und F_R wird die Umfangskraft F_{UG} berechnet zu:

$$F_{UG} = \frac{F_V}{1-\mu\tan\varphi}(\tan\varphi + \mu) \tag{8.5}$$

und mit $\mu = \tan\rho$ (ρ = Reibungswinkel) erhält man

$$F_{UG} = F_V\frac{\tan\varphi + \tan\rho}{1-\tan\rho\tan\varphi}$$

bzw.

$$F_{UG} = F_V\tan(\varphi + \rho) \tag{8.6}$$

Für das Gewindemoment ergibt sich schließlich

$$M_G = F_{UG}\frac{d_2}{2} = F_V\frac{d_2}{2}\tan(\varphi + \rho) \qquad (8.7)$$

8.2.1.3 Spitzgewinde ($\alpha \neq 0$) mit Berücksichtigung der Gewindereibung ($\mu_G \neq 0$)

Das Kräftegleichgewicht in der Axialschnittebene beschreibt Abb. 8.4. Die Normalkraftkomponente F'_N resultiert dabei aus der Projektion der senkrecht auf der Gewindeflanke stehenden Normalkraft F_N (Abb. 8.5). Es gilt die Beziehung:

$$F'_N = F_N\cos\frac{\alpha'}{2}. \qquad (8.8)$$

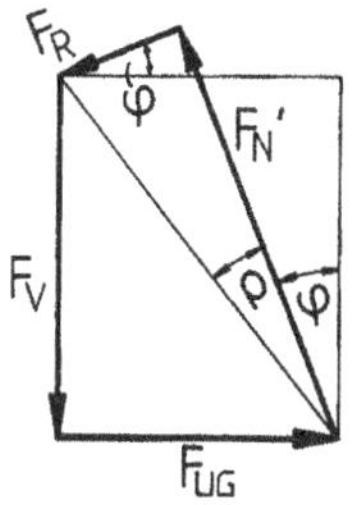

Abb. 8.4. Kräfte in der Axialschnittebene eines Spitzgewindes ($\alpha \neq 0$) mit Berücksichtigung der Gewindereibung ($\mu_G \neq 0$)

Die in einem Spitzgewinde zusätzlich auftretende Radialkomponente F_{Rad} der Normalkraft wirkt als Ringkraft, die die Mutter radial aufzuweiten versucht. Sie hat keinen Einfluss auf den Zusammenhang zwischen Gewindemoment und Vorspannkraft [8.4]. Der Gewindeflankenwinkel α' in der Wirkebene von F_N unterscheidet sich nur geringfügig vom Flankenwinkel α in der um den Gewindesteigungswinkel φ gedrehten Axialschnittebene. Zwischen α' und α besteht gemäß Abb. 8.5 folgender Zusammenhang:

$$\frac{x}{y} = \frac{\tan(\alpha'/2)}{\tan(\alpha/2)}$$. Mit x/y = cos φ wird daraus: $$\frac{\tan(\alpha'/2)}{\tan(\alpha/2)} = \cos\varphi$$

Es gilt: $\tan(\alpha'/2) = \dfrac{\sin(\alpha'/2)}{\cos(\alpha'/2)} = \dfrac{\sqrt{1-\cos^2(\alpha'/2)}}{\cos(\alpha'/2)}$

Damit wird: $\dfrac{\sqrt{1-\cos^2(\alpha'/2)}}{\cos(\alpha'/2)} = \cos\varphi\tan(\alpha/2)$,

oder $1-\cos^2(\alpha'/2) = \cos^2(\alpha'/2)\cos^2\varphi\tan^2(\alpha/2)$

Daraus folgt: $\cos(\alpha'/2) = \dfrac{1}{\sqrt{1+\cos^2\varphi\tan^2(\alpha/2)}}$.

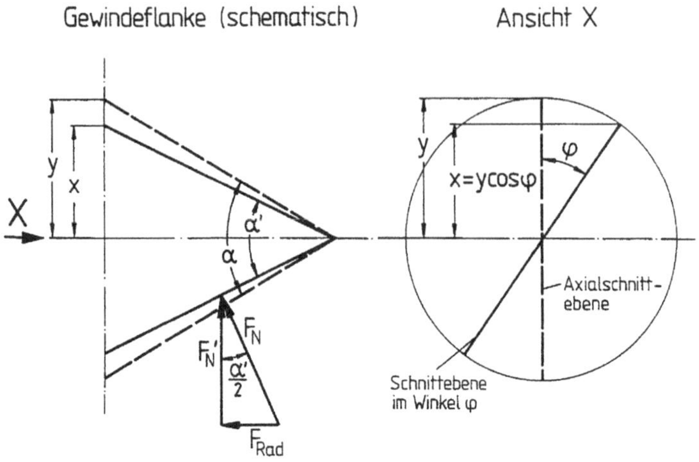

Abb. 8.5. Wirkungsrichtung der Normalkraft F_N beim Spitzgewinde mit dem Flankenwinkel α

Für genormte metrische ISO-Gewinde ist der Steigungswinkel φ bis hinunter zu Abmessungen von M3 nicht größer als 3,7°, so dass der Unterschied von $\cos\frac{\alpha'}{2}$ zu $\cos\frac{\alpha}{2}$ maximal 0,2% beträgt und deshalb vernachlässigbar ist.

Für F_N' kann somit geschrieben werden: $F_N' = F_N \cos(\alpha/2)$.

Analog zum Flachgewinde kann der Zusammenhang zwischen Gewindemoment und Vorspannkraft für Spitzgewinde mit einem Flankenwinkel α aus Abb. 8.4 wie folgt berechnet werden:

$$\sum \vec{x} = 0: \qquad F_{UG} - F_N' \sin\varphi - F_R \cos\varphi = 0$$

$$\sum y \uparrow = 0: \qquad F_N' \cos\varphi - F_R \sin\varphi - F_V = 0$$

Mit $F_R = \mu F_N$ und $F_N' = F_N \cdot \cos(\alpha/2)$ ergibt sich daraus für die Umfangskraft:

$$F_{UG} = F_V \frac{\tan\varphi + \dfrac{\mu}{\cos(\alpha/2)}}{1 - \dfrac{\mu}{\cos(\alpha/2)}\tan\varphi} \tag{8.9}$$

Mit $\mu_G = \tan\rho$ wird

$$F_{UG} = F_V \frac{\tan\varphi + \dfrac{\tan\rho}{\cos(\alpha/2)}}{1 - \dfrac{\tan\rho}{\cos(\alpha/2)}\tan\varphi} \tag{8.10}$$

Mit Einführung der Hilfsgröße $\tan\rho' = \dfrac{\tan\rho}{\cos(\alpha/2)} = \mu_G' = \dfrac{\mu_G}{\cos(\alpha/2)}$

ergibt sich für die Umfangskraft:

$$F_{UG} = F_V \frac{\tan\varphi + \tan\rho'}{1 - \tan\varphi \tan\rho'} = F_V \tan(\varphi + \rho') \tag{8.11}$$

und für das Gewindemoment

$$M_G = F_{UG} \frac{d_2}{2} = F_V \frac{d_2}{2} \tan(\varphi + \rho') \tag{8.12}$$

Für metrische ISO-Gewinde kann die Rechenbeziehung für den Zusammenhang zwischen dem Gewindedrehmoment M_G und der Vorspannkraft F_V vereinfacht wie folgt dargestellt werden.

Zunächst gilt: $\tan(\varphi + \rho') = \frac{\tan\varphi + \tan\rho'}{1 - \tan\varphi \tan\rho'}$

Zu tan φ: Der Gewindesteigungswinkel φ ist in der Regel, wie bereits erwähnt, kaum größer als etwa 4°. Damit wird $(\tan\varphi)_{max} = 0{,}07$.

Zu tan ρ': $\tan\rho'$ wird selbst bei relativ hohen Reibungszahlen kaum größer als 0,35 (dies gilt z. B. für $\mu = 0{,}3$).

Damit geht ($1 - \tan\varphi \cdot \tan\rho'$) gegen 1 (Fehler $\leq 3{,}5\%$), und es kann vereinfacht geschrieben werden: $\tan(\varphi + \rho') = \tan\varphi + \tan\rho'$.

Weiter gilt: $\tan\varphi = \frac{P}{\pi d_2}$ und für $\alpha = 60°$:

$\tan\rho' = \frac{\tan\rho}{\cos(\alpha/2)} = \mu_G' = \frac{\mu_G}{\cos(\alpha/2)} = 1{,}155\mu_G$. Die vereinfachte Form der Gleichung

lautet somit: $M_G = F_V \frac{d_2}{2}\left(\frac{P}{\pi d_2} + 1{,}155\mu_G\right)$ oder

$$M_G = F_V (0{,}159P + 0{,}577 d_2 \mu_G) \tag{8.13}$$

8.2.2 Kopfreibungsmoment M_{KR}

Das während des Anziehvorgangs durch die Gleitreibung in der Kopf- bzw. Mutterauflagefläche wirksame Kopfreibungsmoment M_{KR} wird wie folgt berechnet:

$$M_{KR} = F_V \mu_K \frac{D_{Km}}{2} \tag{8.14}$$

Gleichung 8.14 gilt für eine gleichmäßige Flächenpressung in rotationssymmetrischen Auflageflächen. D_{Km} ist der wirksame Reibungsdurchmesser der in der Kontaktfläche wirkenden resultierenden Flächenkraft. Er ist von der Form und der Größe der Auflagefläche abhängig. Die Mutteraufweitung, die sich beim Anziehen auf Grund einer Radialkraft im Gewinde einstellt, hat auf die Größe von D_{Km}

nur einen unbedeutenden Einfluss und wird deshalb bei der Berechnung von D_{Km} vernachlässigt [8.4].

Ausgehend von einem infinitesimalen Reibungsmoment dM_{KR}, gelten für den allgemeinen Fall einer rotationssymmetrischen Auflagefläche A_P für ein ringförmiges Flächenelement dA gemäß Abb. 8.6 folgende Beziehungen:

$$dM_{KR} = n \cdot \mu_K \cdot dA \cdot r\,. \tag{8.15}$$

Mit $n = p/\cos\gamma$ (spezifische Normalkraft) und $dA = 2\pi\, r\, dr$ wird

$$M_{KR} = 2 \cdot \pi \cdot \mu_K \cdot p \int_{r_h}^{r_w} \frac{r^2}{\cos\gamma} dr \tag{8.16}$$

und zusammen mit Gl. (8.14):

$$\frac{D_{Km}}{2} = \frac{2\pi}{A_p} \int_{r_h}^{r_w} \frac{r^2}{\cos\gamma} dr\,. \tag{8.17}$$

Im Folgenden werden mit Gl. (8.17) für drei in der Praxis häufig vorkommende Anwendungsfälle die jeweils für das Kopfreibungsmoment maßgeblichen mittleren Reibungsdurchmesser D_{Km} bestimmt.

- *Kugelzone als Auflagefläche* (Abb. 8.6, z. B. Kugelbundschraube)

  Mit $\cos\gamma = \sqrt{1 - \left(\frac{r}{\rho}\right)^2}$ wird

$$\frac{D_{Km}}{2} = \frac{\pi\rho^3}{A_p} \left[\arcsin\frac{r_w}{\rho} - \arcsin\frac{r_h}{\rho} + \frac{r_h}{\rho}\sqrt{1 - \left(\frac{r_h}{\rho}\right)^2} - \frac{r_w}{\rho}\sqrt{1 - \left(\frac{r_w}{\rho}\right)^2} \right] \tag{8.18}$$

  Die Einführung der Hilfsgrößen in Abb. 8.6 vereinfacht diese Beziehung zu:

$$\frac{D_{Km}}{2} = \frac{4\rho}{d_w^2 - d_h^2} (b\rho + r_h t_i - r_w t_a) \tag{8.19}$$

- Kegelstumpf als Auflagefläche (z. B. Senkschraube)

  Mit $\cos\gamma = \text{const}$ wird aus Gl. 8.17:

$$\frac{D_{Km}}{2} = \frac{1}{3\cos\gamma} \frac{d_w^3 - d_h^3}{d_w^2 - d_h^2} \tag{8.20}$$

- Kreisringfläche als Auflagefläche

  Mit $\cos\gamma = 1$ ($\gamma = 0°$) wird aus Gl. (8.20): $\frac{D_{Km}}{2} = \frac{1}{3} \frac{d_w^3 - d_h^3}{d_w^2 - d_h^2}$

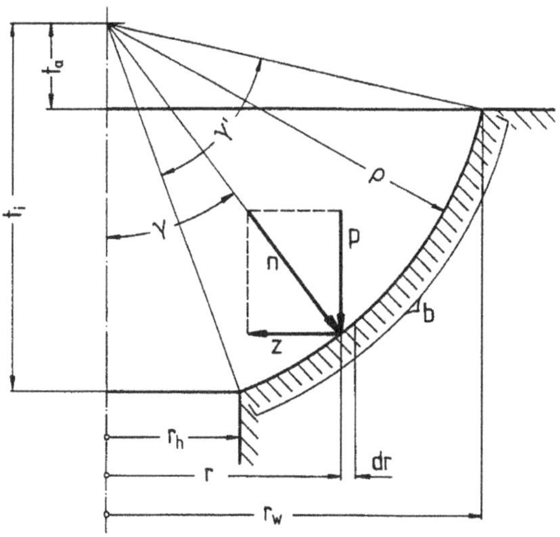

Abb. 8.6. Allgemeiner Fall einer rotationssymmetrischen Kopfauflage [8.3]

und durch Umformung

$$\frac{D_{Km}}{2}=\frac{d_w+d_h}{3}\left(1-\frac{1}{\dfrac{d_w}{d_h}+2+\dfrac{d_h}{d_w}}\right) \tag{8.21}$$

Wenn die Schraubenkopf-Auflagefläche als schmale Kreisringfläche betrachtet und für eine vereinfachte Berechnung der Kopfauflage-Außendurchmesser d_W mit dem Kopfauflage-Innendurchmesser d_h gleichgesetzt wird ($d_w \approx d_h$), kann Gleichung 8.21 durch Einsetzen von $d_w/d_h=1$ in der Klammer wie folgt umgeformt werden: $\frac{D_{Km}}{2}=\frac{d_w+d_h}{4}$ oder

$$D_{Km}=\frac{d_w+d_h}{2} \tag{8.22}$$

Nach [8.3] ist diese Näherung in fast allen praktischen Fällen zulässig. Für den idealen Fall einer gleichmäßigen Kraftverteilung in der Auflagefläche beträgt der Fehler selbst bei einem relativ großen Kopfdurchmesserverhältnis von $d_w/d_h=2$ weniger als 4%. Demgegenüber wird der Fehler bei der Berechnung des Kopfreibungsradius erheblich größer, wenn ein Kantentragen am Außen- oder Innenrand der Kopfauflagefläche nicht berücksichtigt wird (konkave oder konvexe Kopfauflage).

Für $d_w/d_h=2$ beträgt er dann 25% (Außentragen) bzw. 50% (Innentragen).

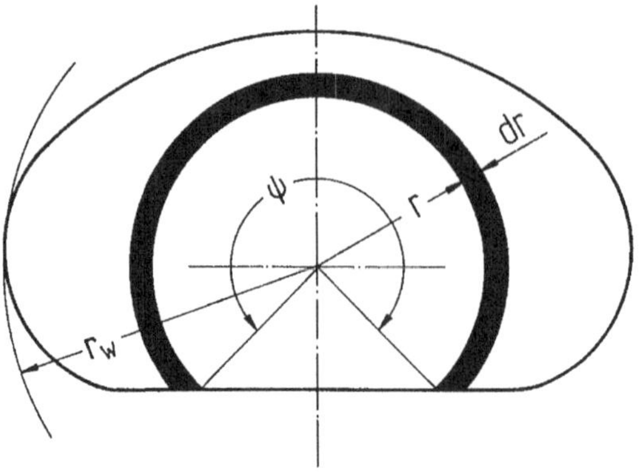

Abb. 8.7. Nicht rotationssymmetrische Kopfauflage [8.3]

- *Nicht rotationssymmetrische Kopfauflageflächen* (z. B. bei Pleuelschrauben als Verdrehsicherung bei der Montage mittels Mutter). Hierfür wird der Kopfreibungsdurchmesser D_{Km} nach Abb. 8.7 wie folgt ermittelt:

Mit $n = p$ und $dA = \frac{\psi}{180°} \cdot \pi \cdot r dr$ wird das Kopfreibungsmoment:

$$M_{KR} = \mu_K \cdot \pi \cdot p \int_{r_h}^{r_W} \frac{\psi}{180°} r^2 dr \tag{8.23}$$

Durch Einsetzen von M_{KR} aus Gl. 8.23 in Gl. 8.14 wird D_{Km}:

$$\frac{D_{Km}}{2} = \frac{M_{KR}}{F_V \mu_K} = \frac{\pi}{A_p} \int_{r_h}^{r_w} \frac{\psi}{180°} r^2 dr \tag{8.24}$$

Bei der im Allgemeinen nicht bekannten Abhängigkeit zwischen ψ und r muss dieses Integral zeichnerisch ausgewertet werden.

8.2.3 Anziehdrehmoment M_A

Das Anziehdrehmoment nach Gl. 8.1 bzw. Gl. 8.3 lässt sich nach der Herleitung der einzelnen Momentenanteile in den Gleichungen 8.12 und Gl. 8.14 nunmehr in folgender Form schreiben:

$$M_A = F_V \frac{d_2}{2} \tan(\varphi + \rho') + F_V \frac{D_{Km}}{2} \mu_K \tag{8.25}$$

Für metrische ISO-Gewinde mit einem Flankenwinkel $\alpha = 60°$ ergibt sich damit unter Berücksichtigung von Gl. 8.13:

$$M_A = F_V (0{,}159 P + 0{,}577 d_2 \mu_G + \frac{D_{Km}}{2} \mu_K) \tag{8.26}$$

Durch Gleichsetzen der Gewinde- und Kopfreibungszahlen:

$$\mu_G = \mu_K = \mu_{ges} \tag{8.27}$$

in Gl. 8.26 folgt für das Anziehdrehmoment:

$$M_A = F_V \left[0{,}159P + \mu_{ges} \left(0{,}577d_2 + \frac{D_{Km}}{2} \right) \right] \tag{8.28}$$

Diese Vereinfachung ist jedoch in den meisten Verschraubungsfällen nicht zulässig, da die Reibungszahlen im Allgemeinen unterschiedlich groß sind [8.5]. Dies trifft insbesondere für Verbindungen zu, bei denen Maßnahmen gegen ein selbsttätiges Losdrehen (s. Kap. 9) in Form einer Vergrößerung der Gewinde- bzw. der Kopfreibungszahlen ergriffen worden sind.

8.2.4 Reibungszahlen

Jede Schraubenverbindung stellt während des Anziehvorgangs an den verschiedenen reibbeanspruchten Trennfugen ein tribologisches System dar, so dass die Reibungszahlen maßgebend vom Werkstoff- und Oberflächenzustand der Reibpartner, dem Zwischenmedium (Schmierstoffe) und dem Umgebungsmedium abhängen. Eine quantitative Angabe von Reibungszahlen für den Montagevorgang ist daher äußerst problematisch.

Wegen der während des Anziehvorgangs sich einstellenden hohen Flächenpressungen und der meist relativ niedrigen Gleitgeschwindigkeiten herrschen sowohl im Gewinde als auch zwischen den Kopf- und Mutterauflageflächen Mischreibungsbedingungen mit unterschiedlich hohem Festkörperreibungsanteil. Infolge der Mischreibungsbedingungen können folgende für den Anziehvorgang bedeutende Sachverhalte auftreten.

- Streuung der Reibungszahlen und infolgedessen auch Streuung der Vorspannkräfte.
- Veränderung der Reibungszahlen, insbesondere bei mehrmaligem Anziehen.
  - Zunahme infolge adhäsiv-abrasiver Verschleißvorgänge zwischen den Trennfugen (Fressen),
  - Abnahme infolge von Einebnungsvorgängen

8.2.5 Einflüsse auf das Reibungsverhalten

Gemäß der am „Tribosystem" beteiligten Elemente

- Gleitkörperoberfläche,
- Gegenkörperoberfläche,
- Zwischenmedium und
- Umgebungsmedium

ergeben sich beim Anziehen von Schraubenverbindungen die in Tabelle 8.1 aufgeführten Einflussfaktoren.

Aus der dargestellten Übersicht sollen nachfolgend die wichtigsten Einflussgrößen in ihrer Wirkung auf die Reibungszahlen erörtert werden.

Tabelle 8.1. Einflüsse auf das Reibungsverhalten von Schraubenverbindungen

Einflussfaktor	Beispiele
Oberflächenausführung	weich, hart, metallisch blank, vergütungsschwarz, phosphatiert, beschichtet
Feingestalt der gepaarten Oberflächen	kaltumgeformt, spanend bearbeitet
Formgenauigkeit der gepaarten Oberflächen	konstruktiv bzw. fertigungsbedingt, beanspruchungsbedingt
Oberflächenzustand	trocken, geölt, geschmiert, mit Klebstoffen benetzt
Schmierstoff	Öle, Fette, Festschmierstoffe (Graphit, MoS_2, Metallpigmente), Trockenschmierstoff (Weichmetalle, Gleitlacke, Kunststoffe)
Montagebedingungen	Gleitgeschwindigkeit (stetig, ruckweise), Anzahl der Anziehvorgänge
Konstruktion	Schraubenabmessung, Gewindegeometrie, Einschraubtiefe, elastische Nachgiebigkeiten der Verbindung, Werkstoffpaarung

Schmierstoffe. Schmierstoffe haben neben dem Verhindern von Kaltverschweißungen, Verzundern bei hohen Temperaturen und von Korrosionsvorgängen vornehmlich die Aufgabe, die Reibungszahlen zu verringern und deren Streuung einzuengen (Tabelle 8.2). Der Vorteil der heute in großem Umfang verwendeten Schmieröle und -fette ist der relativ geringe Kostenaufwand. Die Nachteile von Schmierölen und -fetten aber sind:

- Kriechneigung (Gefahr des Austrocknens der Gewindeoberflächen),
- schlechtere Schmiereigenschaften bei hohen Flächenpressungen und niedrigen Gleitgeschwindigkeiten (Gefahr teilweisen Kaltverschweißens),
- Veränderung der Viskosität bzw. Konsistenz in Abhängigkeit von Zeit und Temperatur (hochviskose Produkte, Verkokungen) [8.6].

Deshalb finden nach [8.6] Pasten (Anteigungen von Ölen mit Festschmierstoffen) eine zunehmende Anwendung. Bei den dazu verwendeten Festschmierstoffen handelt es sich hauptsächlich um Graphit, Molybdändisulfid (MoS_2) oder Metallpigmente.

Metallpigmenthaltige Pasten verhindern besonders wirksam atmosphärische Korrosion sowie Reibkorrosion und schützen die Gewindeflanken durch Aufplattieren der Metallteilchen vor Kaltverschweißen und vor Oxidation. MoS_2- oder graphithaltige Pasten werden im mittleren Temperaturbereich (z. B. bei Kfz-Motoren) und metallpigmenthaltige Pasten im Hochtemperaturbereich (z. B. Auspuffanlagen von Verbrennungsmotoren, Gasturbinenbolzen) verwendet.

Außer Ölen, Fetten und Pasten finden auch Trockenschmierstoffe (Gleitlacke und Weichmetallfilme) in der Verschraubungstechnik Anwendung.

Tabelle 8.2. Schmierstoffe

Schmieröle und -fette	Relativ geringer Kostenaufwand. Aber: Kriechneigung (Gefahr des Austrocknens), schlechtere Schmiereigenschaften bei hohen Flächenpressungen und geringen Gleitgeschwindigkeiten. Veränderung der Viskosität = f(Zeit, Temperatur)
Pasten (Anteigung von Öl mit Festschmierstoff)	Festschmierstoff: Grafit-, MoS_2- oder metallpigmenthaltige Pasten verhindern atmosphärische Korrosion, Reibkorrosion, Kaltverschweißen und Oxidation bei hohen Temperaturen (> ca. 300°C). MoS_2- oder grafithaltige Pasten im mittleren Temperaturbereich (bis ca. 300°C)
Trockenschmierstoffe (Gleitlacke, Weichmetallfilm)	Gleitlacke auf Grafit-, MoS_2- oder PTFE-Basis Anorganische oder organische Dispersionen. Temperaturbeständigkeit: − 180°C bis + 300°C. Grifffester Schmierfilm.

Trockenschmierfilme – Gleitlacke auf Graphit-, MoS_2- oder Polytetrafluoräthylen-Basis (PTFE) – erleichtern die Montage und die Demontage und verhindern Beschädigungen während des Betriebes (z. B. bei Kfz-Auspuffanlagen). Sie stehen als Dispersionen in anorganischen oder organischen Bindern und Lösungsmitteln zur Verfügung. Nach dem Aushärten bilden sie eine fest haftende Schicht mit selbst unter schwierigen Bedingungen unveränderbaren Eigenschaften. Sie sind druck-, hitze- (bis über +300°C) und kältebeständig (bis −180°C). Darüber hinaus sind sie weitgehend gegen chemische Einflüsse beständig. Ein Verharzen (Altern) tritt nicht auf.

Gleitlacke bieten sich als Schmiermittel insbesondere da an, wo eine Verschmutzung bei der Montage durch Schmiermittel unerwünscht ist, denn der durch Trommeln und anschließendes Aushärten bei 150°C im Ofen gebildete Schmierfilm ist grifffest.

Werkstoff und Oberflächenzustand. Bei der Anwendung von Stahlschrauben aller Festigkeitsklassen und Abmessungen kann unter Berücksichtigung definierter Schmier- und Oberflächenbedingungen mit den in Tabelle 8.3 angegebenen Reibungszahlen gerechnet werden [8.7].

Für austenitische Schrauben, die wegen der für sie charakteristischen großen Werkstoffzähigkeit (selbst noch bei sehr tiefen Temperaturen) beim Anziehen eher zum Fressen neigen als hochfeste Schrauben aus niedrig legierten Vergütungsstählen, sind bei trockener Reibung entsprechend hohe Reibungszahlen zu berücksichtigen. Sie können in Grenzfällen im Bereich von $\mu = 0{,}5$ liegen. Durch Hochdruckschmiermittel, spezielle Oberflächenbehandlungen oder eine geeignete Werkstoffauswahl von Schraube und Mutter können jedoch die Reibungszahlen und auch deren Streubreite verringert werden [8.8] (Tabelle 8.4).

Tabelle 8.3. Zuordnung von Reibungszahlklassen (mit Richtwerten) zu verschiedenen Werkstoffen, Oberflächen und Schmierungszuständen nach VDI 2230 (Die Reibungszahlklasse B ist anzustreben, um eine möglichst hohe Vorspannkraft mit geringer Streuung aufzubringen)

Reibungszahl-klasse	μ_G und μ_K	Auswahl typischer Beispiele für	
		Werkstoff / Oberfläche	Schmierstoff
A	0,04–0,10	Metallisch blank; vergütungsschwarz; phosphatiert; galvan. Überzüge wie: Zn, Zn/Fe, Zn/Ni. Zink-Lamellen-Überzüge	Festschmierstoffe wie MoS_2, Grafit, PTFE, PA, PE, PI in Gleitlacken als Topcoats oder in Pasten; Wachsschmelzen; Wachsdispersionen
B	0,08–0,16	Metallisch blank; vergütungsschwarz; phosphatiert; galvan. Überzüge wie: Zn, Zn/Fe, Zn/Ni; Zink-Lamellen-Überzüge; Al- und Mg-Legierungen	Festschmierstoffe wie MoS_2, Grafit, PTFE, PA, PE, PI in Gleitlacken als Topcoats oder in Pasten; Wachsschmelzen; Wachsdispersionen; Fette; Öle
		Feuerverzinkt	MoS_2; Graphit; Wachsdispersionen;
		Organ. Beschichtungen	Integrierter Festschmierstoff oder Wachsdispersion
		Austenitischer Stahl	Festschmierstoffe oder Wachse; Pasten
C	0,14–0,24	Austenitischer Stahl	Wachsdispersionen; Pasten
		Metallisch blank; vergütungsschwarz; phosphatiert	Anlieferungszustand (leicht geölt)
		Galvan. Überzüge wie: Zn, Zn/Fe, Zn/Ni; Zink-Lamellen-Überzüge; Klebstoff	Ohne
D	0,20–0,35	Austenitischer Stahl	Öl
		Galvan. Überzüge wie: Zn, Zn/Fe; feuerverzinkt;	Ohne
E	$\geq 0,30$	Austenitischer Stahl; galvan. Überzüge wie: Zn/Fe, Zn/Ni; Al- und Mg-Legierungen	Ohne

Abhilfe bringt insbesondere eine Schmierung mit festschmierstoffhaltigen Pasten oder Gleitlacken. Wegen der Gefahr einer möglichen Spannungsrisskorrosion sind jedoch MoS_2-haltige Pasten oder Gleitlacke bei höheren Temperaturen nur unter Vorbehalt anwendbar. In diesem Fall bieten sich schwefelfreie Schmierstoffe an. In [8.10] wird nachgewiesen, dass die Reibverhältnisse bei Schraubenverbindungen aus nichtrostenden Stählen, warmfesten Stählen und Legierungen auch durch Zulegieren von Silizium bei mindestens einem der Reibpartner verbessert werden können.

Bei Schraubenverbindungen aus Titanlegierungen, die z. B. im Leichtbau, der Luft- und Raumfahrt und im Rennmotorenbau Verwendung finden, ist eine Schmierung unabdingbar. Ohne Schmierung kann die Reibungszahl infolge

Kaltverschweißens der Reibpartner erheblich ansteigen. Eine Verringerung der Reibungszahlen auf 0,1 bis 0,2 lässt sich durch Gleitlacke auf der Basis von MoS_2 oder Graphit erzielen, die wegen der besseren Haftung auf die vorher gebeizte Oberfläche aufgebracht werden. Die Schmierung verhindert darüber hinaus bei Titanlegierungen die Gefahr der Reibkorrosion.

Der Oberflächenzustand und die Oberflächenrauhigkeit beeinflussen die Reibungszahlen nachhaltig (Tabelle 8.5). Untersuchungen von [8.3] zeigten sowohl bei Öl- als auch MoS_2-Pasten-Schmierung für fein gedrehte Oberflächen die günstigsten Gleiteigenschaften. Dies ist darauf zurückzuführen dass durch Drehriefen die Schmierfilmbildung begünstigt wird, während polierte Oberflächen keine Schmierstofftransportfunktion besitzen

Tabelle 8.4. Reibungszahlen μ_G und μ_K für Schrauben und Muttern aus rost- und säurebeständigem Stahl [8.9]

Gegenlagewerkstoff	Schraubenwerkstoff	Mutterwerkstoff	Schmiermittel im Gewinde	Schmiermittel unter Kopf	Nachgiebigkeit der Verbindung	Reibungszahl im Gewinde μ_G	Reibungszahl unter Kopf μ_K
A2	A2	A2	ohne	ohne	sehr groß (Drehwinkel ≈1000 Grad)	0,26 bis 0,50	0,35 bis 0,50
			Spezialschmiermittel (Chlorparaffin-Basis)			0,12 bis 0,23	0,08 bis 0,12
			Korrosionsschutzfett			0,26 bis 0,45	0,25 bis 0,35
			ohne	ohne	klein (Drehwinkel ≈100 Grad)	0,23 bis 0,35	0,12 bis 0,16
			Spezialschmiermittel (Chlorparaffin-Basis)			0,10 bis 0,16	0,08 bis 0,12
		AlMgSi	ohne		sehr groß (Drehwinkel ≈1000 Grad)	0,32 bis 0,43	0,08 bis 0,11
			Spezialschmiermittel (Chlorparaffin-Basis)			0,28 bis 0,35	0,08 bis 0,12

Tabelle 8.5. Einfluss von Werkstoff- und Oberflächenzustand auf die Reibeigenschaften

Werkstoff / Oberfläche	Ohne Schmierung	Mit Schmierung
Austenitischer Stahl	Hohe Fressneigung, μ bis 0,5	Abhilfe durch Hochdruckschmiermittel, Pasten, Gleitlacke
Titanlegierungen	Hohe μ-Werte: Kaltverschweißen	MoS_2- oder Grafit-Gleitlack: $\mu = 0{,}1$ bis 0,2. Verhindern von Reibkorrosion
Feuerverzinkte Oberflächen	Hohe Reibungszahl	MoS_2- Schmierung empfohlen
Galvanisch abgeschiedene weiche Metallschichten wie Cd, Pb, Cu, Ag, Sn, Co	reduzieren die Reibung	
Feingedrehte Oberflächen	besitzen günstigere Gleiteigenschaften als polierte (Schmierstofftransportfunktion)	

Galvanisch abgeschiedene Metallschichten aus

- Kadmium,
- Blei,
- Kupfer,
- Silber,
- Zinn und
- Kobalt

mit relativ geringer Scherfestigkeit reduzieren ebenfalls die Reibungszahlen [8.10]. Sie verhindern am wirksamsten die Reibkorrosion. Silberschichten, die sich vornehmlich in der Luft- und Raumfahrt und in der Ultravakuumtechnik bewährt haben, sind bis +800°C verwendbar [8.6].

Die Oberflächen feuerverzinkter Schrauben weisen in ungeschmiertem Zustand hohe Reibungszahlen mit großer Streuung auf [8.9, 8.11 bis 8.14]. Feuerverzinkte Schrauben sollten daher immer im geschmierten Zustand (vorzugsweise MoS_2) montiert werden.

Formgenauigkeit und Montagebedingungen. Die Reibungszahlen werden infolge der unmittelbaren Rückwirkung auf die Flächenpressung nachhaltig von der Formgenauigkeit beeinflusst, insbesondere durch:

- Gewindeflanken-Abweichungen (fertigungsbedingt).
- Geometrie und Oberflächenfeingestalt der Kopfauflagefläche.
- Galvanische Beschichtungsverfahren.
- Biegeverformung der Gewindezähne.
- Wiederholtes Anziehen (Glättungen, Aufrauhungen).

Untersuchungen von [8.3, 8.15] ergaben, dass sich die Reibung bei wiederholtem Anziehen infolge von Glättungsvorgängen in den gepaarten Oberflächen vermindern kann (Abb. 8.8). Dadurch ist bei gleich bleibendem Anziehdrehmoment eine erhebliche Zunahme der Vorspannkraft möglich.

Je nach Paarungs- und Reibungsverhältnissen können beim ersten Anziehvorgang allerdings auch Oberflächenaufrauhungen auftreten, die beim zweiten Anziehen eine Verminderung der erreichten Vorspannung bewirken. Nach [8.10] verschlechtern sich bei oberflächengeschützten Verbindungen die Reibverhältnisse mit zunehmender Zahl von Anziehvorgängen in Abhängigkeit von der Art des Oberflächenschutzes, der Haftfestigkeit der Oberflächenschicht auf dem Grundwerkstoff und vom Grundwerkstoff selbst.

Die gezeigte Fülle möglicher Einflüsse auf die Reibungsverhältnisse von Schraubenverbindungen erschwert ein sicheres Abschätzen der Gewinde- und Kopfreibungszahlen vor der Montage. Deshalb ist es insbesondere für hoch beanspruchte Verbindungen, deren Montagevorspannkraft indirekt über das Anziehdrehmoment kontrolliert wird, empfehlenswert, die Reibungsverhältnisse versuchsmäßig zu erfassen. Als sicherste Möglichkeit bietet sich dabei die Bestimmung des Verhältnisses von Montagevorspannkraft und Anziehdrehmoment an der Originalverschraubung an. Laborversuche erlauben mit Hilfe moderner, ohne nennenswerte Verlustreibung arbeitender Geräte [8.9] die getrennte Erfassung von Kopf- und Gewindereibung. Die Übertragbarkeit solcher Laborversuche, zum Beispiel nach DIN EN ISO 16047,

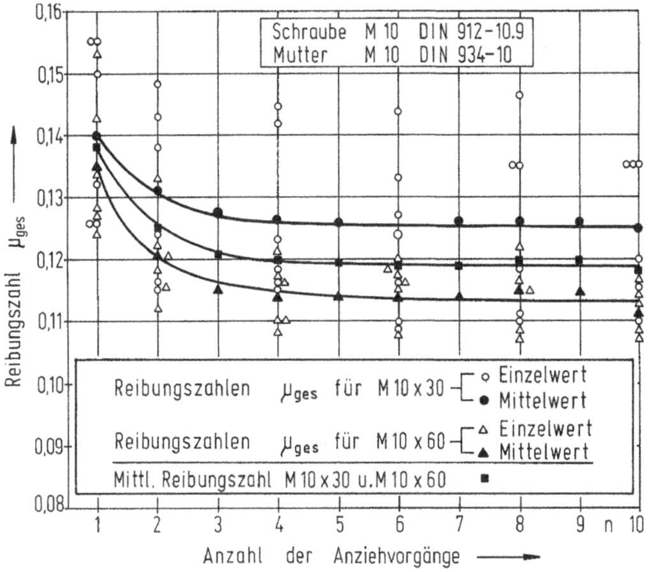

Abb. 8.8. Reibungszahl beim Anziehen von Zylinderschrauben M10–10.9 DIN 912 mit Muttern M10–10 DIN 934, beide ohne Oberflächenbehandlung, leicht geölt, beim Anziehen mit dem Drehschrauber, in Abhängigkeit von der Anzahl der Anziehvorgänge

bisher DIN 946, ist jedoch nur dann hinreichend möglich, wenn die Versuchsbedingungen den praktischen Verhältnissen annähernd entsprechen. Abb. 8.9 und Abb. 8.10 zeigen einen Reibungsprüfstand und ein auf diesem Prüfstand erzeugtes Messprotokoll.

Abb. 8.9. Reibungsprüfstand zur Ermittlung von Gewinde- und Kopfreibungszahl, zum Beispiel nach DIN 946 – abgelöst durch DIN EN ISO 16047, Ausgabe 10–2005

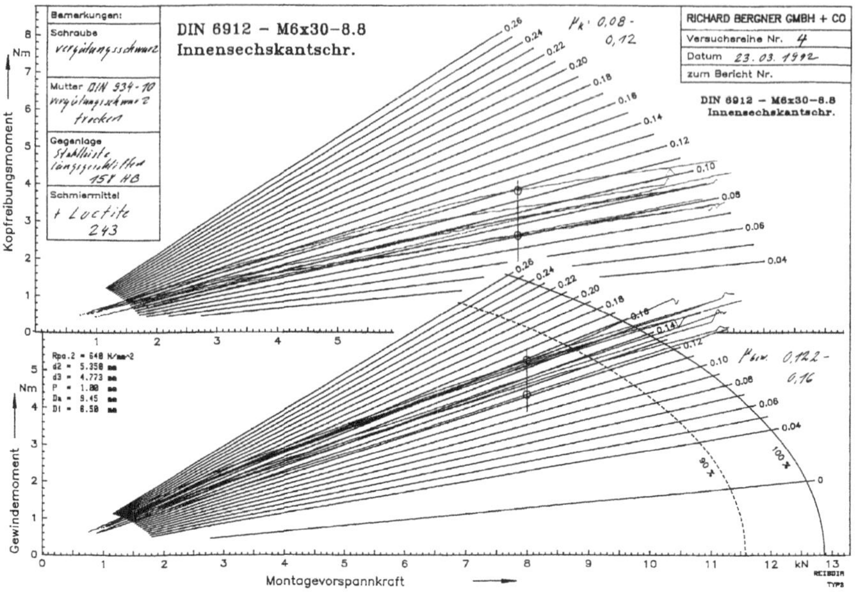

Abb. 8.10. Ergebnisprotokoll eines Montageversuchs nach DIN 946 – abgelöst durch DIN EN ISO 16047, Ausgabe 10–2005 – zur Ermittlung von Reibungszahlen

8.2.5.1 Einfluss adhäsiver Verschleißvorgänge auf das Reibungsverhalten

Unter Mischreibungsbedingungen mit hohem Festkörperreibungsanteil sowie bei Trockenreibung können zwischen den Reibpartnern adhäsive Verschleißvorgänge mit örtlichen Kaltverschweißungen (Fressen) entstehen. Eine stärkere Kaltverschweißneigung besitzen vor allem austenitische Stähle, Aluminium- und Titanlegierungen sowie feuerverzinkte Oberflächen. Erfolgt die Kaltverschweißung an einigen Oberflächenbereichen während des Anziehvorgangs, so werden die Reibungszahlen deutlich erhöht, und durch die Verlagerung der Scherebenen entsteht eine ausgeprägte Riefenbildung in Gleitbewegungsrichtung, verbunden mit Fresserscheinungen der gepaarten Oberflächen.

Das Fressen von miteinander in Berührung stehenden Reibpartnern kann als äußerster Grenzfall der Reibung betrachtet werden und kann zum Abwürgen von Schrauben schon bei relativ niedrigen Klemmkräften führen [8.16]. Gefährlicher allerdings noch als das Abwürgen der Schraube bei der Montage kann sich das Fressen von Gewindeverbindungen dann auswirken, wenn der Schraubenbolzen selbst bei vollem Montageanziehdrehmoment nicht bricht und dann für den Monteur der subjektive Eindruck einer ausreichenden Vorspannkraft entsteht.

Die in Wirklichkeit jedoch zu niedrige Montagevorspannkraft kann schließlich zum Versagen der Verbindung während des Betriebes führen, was unter Umständen mit erheblichen Folgeschäden verbunden sein kann. Grundsätzlich ist für das Verhindern von Fresserscheinungen Voraussetzung, dass ein direkter metallischer

Kontakt der gepaarten Oberflächen unterbleibt, indem durch adsorbierte Schmierschichten sowie Oxidschichten eine Annäherung der inneren Grenzschichten vermieden wird. Hierzu tragen die folgenden Maßnahmen bei [8.17]:

- Vermeiden harter Verunreinigungen (z. B. Späne),
- Wiederherstellen der Fremdschicht nach chemischen oder elektrochemischen Reinigungsprozessen,
- Verstärken der Fremdschicht durch konventionelle Schmiermittel,
- Vermeiden von Korrosionsprodukten oder Zunderschichten (z. B. durch Oberflächenbeschichtung),
- Glatte Oberflächen mit hohem Traganteil (z. B. gerollte Gewinde),
- Verhindern des Eindringens von Rauhigkeiten der Gegenflächen durch ausreichend hohe Oberflächenhärte,
- Vermeidung unzulässig hoher Flächenpressungen (konstruktive Gestaltung, Werkstoffwahl, Wärmebehandlung),
- Sachgerechtes Vorspannen bei der Montage.

8.3 Beanspruchung und Haltbarkeit von Schraubenverbindungen beim Anziehen

Bei den meisten der in der Praxis üblichen Anziehverfahren wird mittels geeigneter Werkzeuge ein Anziehdrehmoment M_A über den Schraubenkopf oder die Mutter in die Verbindung eingeleitet. Dieses erzeugt während des Verspannens die Montagevorspannkraft F_M, die eine Zugspannung σ_M im Schraubenbolzen bewirkt. Infolge des Gewindesteigungs- und -reibungsmoments M_G wird zusätzlich eine Torsionsspannung τ_M hervorgerufen.

Die während des Montagevorgangs auftretenden Beanspruchungen beeinflussen maßgeblich die Haltbarkeit von Schraubenbolzen und Mutter sowie die der Kraftangriffsflächen und der Montagewerkzeuge.

8.3.1 Beanspruchung und Haltbarkeit von Schraubenbolzen und Mutter

Die Haltbarkeit von Schraubenbolzen und Mutter während des Anziehvorgangs bei der Montage hängt wesentlich von folgenden Faktoren ab:

- Beanspruchungszustand,
- Höhe der Montagevorspannung,
- Einschraubtiefe.

8.3.1.1 Beanspruchungszustand

Im Schraubenbolzen herrscht aufgrund der Montagezugspannung σ_M und der Torsionsspannung τ_M ein zweiachsiger Spannungszustand. Daraus lässt sich unter Anwendung einer geeigneten Versagenshypothese eine Vergleichsspannung σ_{red}

formulieren, die unmittelbar mit einem einachsial ermittelten Werkstoffkennwert, z. B. der 0,2%-Dehngrenze, verglichen werden kann. Hierfür hat sich die Gestaltänderungsenergiehypothese in der Form

$$\sigma_{red} = \sqrt{\sigma_M^2 + 3\tau_M^2} \tag{8.29}$$

nicht nur für den Fließbeginn, sondern in Übereinstimmung mit Versuchsergebnissen auch für das Bruchversagen als sehr gut geeignet erwiesen [8.3, 8.18] (Abb. 8.11 und Abb. 8.12).

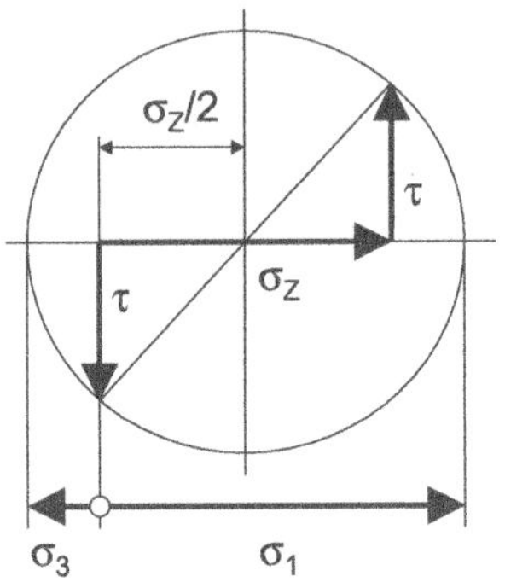

Abb. 8.11. Zweiachsiger Spannungszustand bei der Schraubenmontage: Zugspannung σ_Z und Torsionsspannung τ

Die Rechenbeziehung in Gl. 8.29 für die im Schraubengewinde bei der Montage aus Zug- (σ_Z) und Torsionsspannung (τ) resultierenden Vergleichsspannung σ_{red} kann mit der Gestaltänderungsenergiehypothese wie folgt hergeleitet werden:

$$\sigma_{red} = \frac{1}{\sqrt{2}}\sqrt{(\sigma_1 - \sigma_2)^2 + (\sigma_1 - \sigma_3)^2 + (\sigma_2 - \sigma_3)^2}$$

$$\text{Mit } \sigma_2 = 0 \text{ folgt}: \sigma_{red} = \frac{1}{\sqrt{2}}\sqrt{(\sigma_1 - \sigma_3)^2 + \sigma_1{}^2 + \sigma_3{}^2} \qquad \textit{oder}$$

oder

$$\sigma_{red} = \frac{1}{\sqrt{2}}\sqrt{2\sigma_1{}^2 - 2\sigma_1\sigma_3 + 2\sigma_3{}^2} = \sqrt{\sigma_1{}^2 - \sigma_1\sigma_3 + \sigma_3{}^2}$$

$$\textit{bzw.} \quad \sigma_{red} = \sqrt{(\sigma_1 - \sigma_3)^2 + \sigma_1\sigma_3}$$

$$\textit{Mit } \sigma_1 = \frac{\sigma_Z}{2} + \sqrt{\left(\frac{\sigma_Z}{2}\right)^2 + \tau^2} \;\textit{und}\; \sigma_3 = \frac{\sigma_Z}{2} - \sqrt{\left(\frac{\sigma_Z}{2}\right)^2 + \tau^2} \quad \textit{wird}$$

$$\sigma_{red} = \sqrt{\sigma_Z{}^2 + 3\tau^2}$$

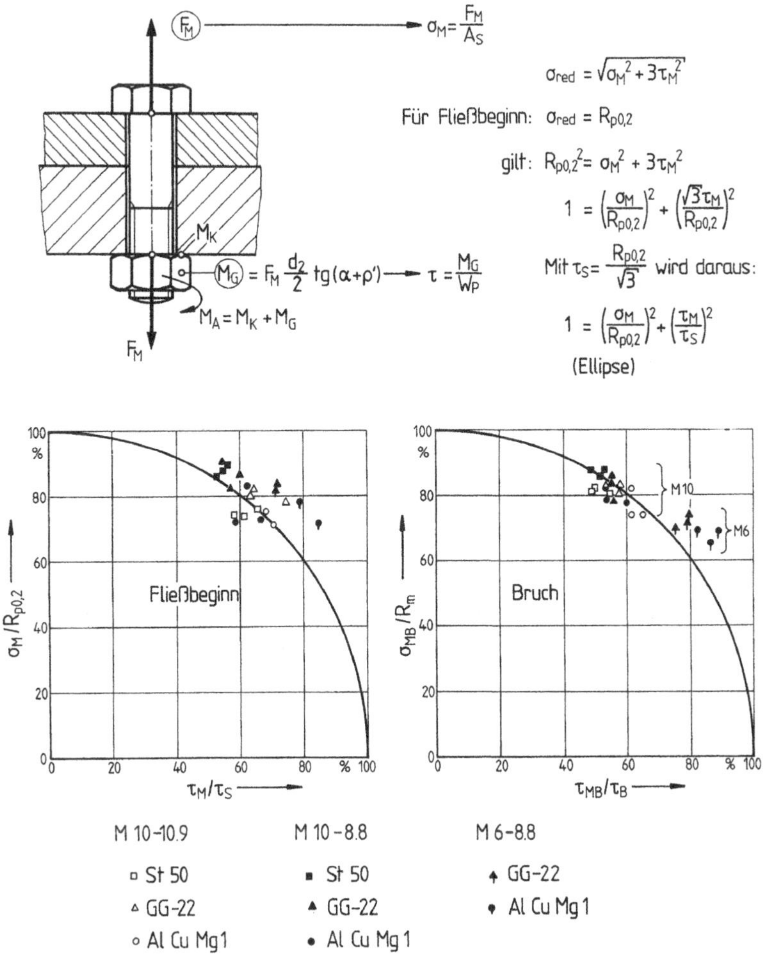

Abb. 8.12. Einfluss der Torsionsspannung τ_M auf die axiale Vorspannung σ_M bei Ausnutzung der Fließ- bzw. Bruchgrenze [8.16]

Zwischen der Zugspannung σ_M und der Torsionsspannung τ_M bei der Montage besteht nach der Gestaltänderungsenergiehypothese für Fließbeginn sowie für Bruchversagen ein elliptischer Zusammenhang, der sich durch eine geeignete Transformation gemäß Abb. 8.12 auch in Kreisform darstellen lässt.

Das Verhältnis von Torsionsspannung und Zugspannung während der Montage wird in Abb. 8.13 in Abhängigkeit von der Gewindereibungszahl μ_G gezeigt. Aus dieser Darstellung geht deutlich der dominierende Einfluss der Gewindereibung auf die sich im Gewinde aufbauende Torsionsspannung hervor.

Während der Anteil der aus der Gewindesteigung herrührenden Torsionsspannung bei reibungsfreiem Gewinde ($\mu_G = 0$) nur etwa 10% im Vergleich zur axialen

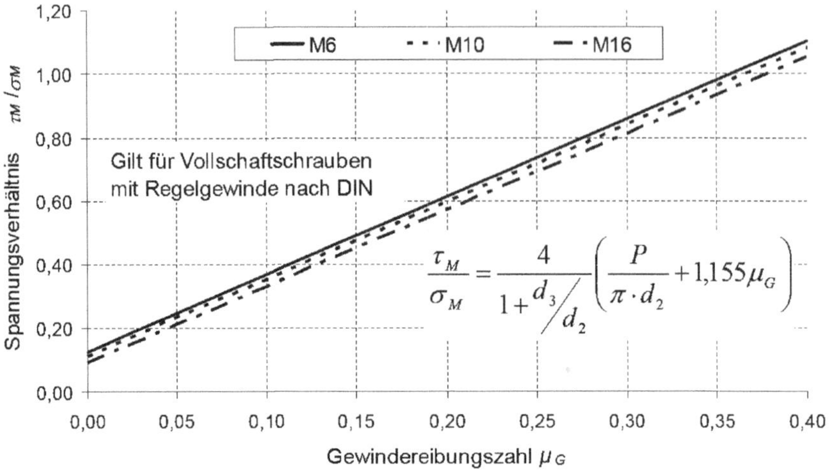

Abb. 8.13. Spannungsverhältnis τ_M / σ_M im Schraubengewinde in Abhängigkeit von der Gewindereibungszahl μ_G

Vorspannung σ_M ausmacht ($\tau_M / \sigma_M = 0.1$), beträgt er bei einer Gewindereibungszahl $\mu_G = 0{,}17$ bereits schon etwa 50%, und bei $\mu_G = 0.37$ erreicht er sogar die Größe der Zugspannung ($\tau_M / \sigma_M = 1$).

Das bedeutet, dass Schrauben mit hohen Gewindereibungszahlen bei vorgegebenem Ausnutzungsgrad in Bezug auf die Gesamtspannung σ_{red}, zum Beispiel 90% der Werkstoffstreckgrenze, nicht annähernd so hoch vorgespannt werden können wie Schrauben mit niedrigen Gewindereibungszahlen (s. auch Abb. 8.1).

Bei torsionsfreien Anziehverfahren, z. B. beim hydraulischen Anziehen (s. Abschnitt 8.4.3), wird die Schraube ausschließlich axial beansprucht. Daher gilt hierfür aus Gl. (8.29):

$$\sigma_{red_{(\tau=0)}} = \sigma_M \tag{8.30}$$

8.3.1.2 Montagevorspannung

Für eine ν%-ige Ausnutzung einer vorgegebenen Dehngrenze $R_{p0,2}$ bzw. Streckgrenze R_{eL} des Schraubenwerkstoffs gilt für die Vergleichsspannung σ_{red} aus Gl. 8.29:

$$\sigma_{red} = \sqrt{\sigma_M^2 + 3\tau_M^2} = \nu \cdot R_{p0,2} \tag{8.31}$$

Mit $\tau_M = M_G / W_p$, $M_G = F_M \frac{d_2}{2}(\frac{P}{\pi d_2} + 1{,}155\mu_G)$ aus Gl. 8.13, $W_P = \frac{\pi}{12} \cdot d_{Sch}^3$

(W_P ist das polare Widerstandsmoment des Schraubenschaftes mit dem Durchmesser d_{Sch} für den vollplastischen Verformungszustand) und

$F_M = \sigma_M \cdot A_{Sch} = \sigma_M \cdot \frac{\pi}{4} \cdot d_{Sch}^2$ gilt:

$$\sigma_M = \frac{\nu \cdot R_{p0,2}}{\sqrt{1 + 3\left[\frac{1{,}5 \cdot d_2}{d_{Sch}}\left(\frac{P}{\pi \cdot d_2} + 1{,}155 \cdot \mu_G\right)\right]^2}} \tag{8.32}$$

Im Gegensatz zum elastischen Verformungszustand, für den das polare Widerstandmoment W_P mit $W_P = \frac{\pi}{16} \cdot d_{Sch}^3$ eingesetzt wird (Abb. 8.14), geht die Berechnung der Montagevorspannkraft zunächst von einer 100%-igen Ausnutzung der Werkstoffstreckgrenze und damit von einem vollplastischen Verformungszustand als Berechnungsbasis aus. Von da aus wird je nach gewähltem Ausnutzungsgrad ν zurückgerechnet.

Eine Gesamtbeanspruchung des Schraubenwerkstoffs an der Streckgrenze, und damit die Annahme eines annähernd vollplastischen Verformungszustandes führt zu einer rechnerischen Darstellung des polaren Widerstandsmoments mit $W_P = \frac{\pi}{12} \cdot d_{Sch}^3$ (Abb. 8.15).

Für den Schaftdurchmesser d_{Sch} wird bei der Berechnung der Montagespannung σ_M im Schraubenbolzen immer der Durchmesser eingesetzt, der bei Zug- und Torsionsbeanspruchung zuerst die Fließgrenze erreicht, somit also immer der so genannte „kleinste Durchmesser", der Durchmesser des „schwächsten Querschnitts".

Bei Schrauben mit einem Schaftdurchmesser, der kleiner ist als der zum Spannungsquerschnitt A_S gehörende Durchmesser $d_S = (d_2 + d_3)/2$, liegt der schwächste Querschnitt im ungekerbten (Dehn-)Schaft. Die Berechnung der Zugspannung nach Gl. (8.32) wird daher mit $d_{Sch} = d_T$ als Schaftdurchmesser durchgeführt. Bei Schrauben mit einem gegenüber d_S größeren Schaftdurchmesser tritt bei Überbeanspruchung während des Anziehens in den meisten Fällen Fließen zuerst im freien belasteten Gewinde ein. Für die Berechnung von σ_M ist somit in diesem Fall der fiktive Spannungsdurchmesser d_S für d_{Sch} in Gl. (8.32) einzusetzen.

Für *Gewindeschaftschrauben* – Gewinde ist schwächster Querschnitt gilt damit:

$$\sigma_M = \frac{\nu \cdot R_{p0,2}}{\sqrt{1 + 3\left[\frac{3}{1 + d_3/d_2}\left(\frac{P}{\pi d_2} + 1{,}155\mu_G\right)\right]^2}} \tag{8.33}$$

Damit können nun die Montagevorspannkräfte bestimmt werden für

- Schrauben mit Schaftdurchmesser $d_{Sch} \geq d_S$

$$F_M = \sigma_M A_S \tag{8.34}$$

mit σ_M nach Gl. (8.33).

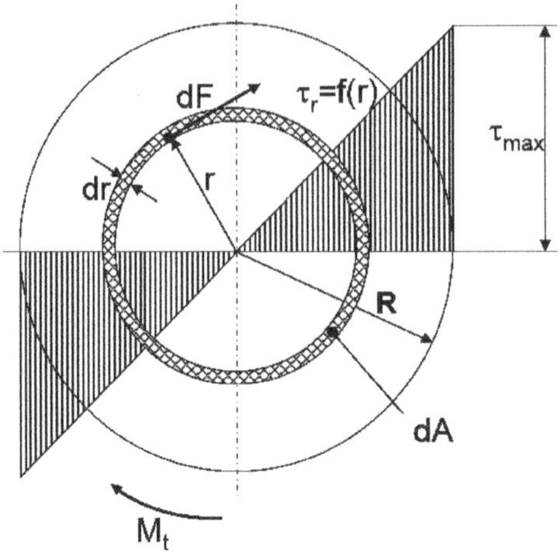

Am Flächenelement dA wirkendes Torsionsmoment dM_t:

$dM_t = r \cdot dF$

Mit $dF = \tau_r \cdot dA$ und $dA = 2 \cdot \pi \cdot r \cdot dr$

wird $dM_t = r \cdot \tau_r \cdot 2 \cdot \pi \cdot r \cdot dr = \tau_r \cdot 2 \cdot \pi \cdot r^2 \cdot dr.$

Mit $\tau_r = \frac{r}{R} \cdot \tau_{max}$

wird

$$M_t = \tau_{max} \cdot \frac{2\pi}{R} \cdot \int_0^R r^3 \cdot dr = \tau_{max} \cdot \frac{\pi \cdot R^3}{2}.$$

Mit $R = \frac{d}{2}$ wird $M_t = \tau_{max} \cdot \frac{\pi \cdot d^3}{16}.$

Mit $M_t = \tau_{max} \cdot W_P$ ist $W_P = \frac{\pi \cdot d^3}{16}.$

Abb. 8.14. Polares Widerstandsmoment W_P für den Kreisquerschnitt bei Torsionsbeanspruchung im elastischen Verformungszustand

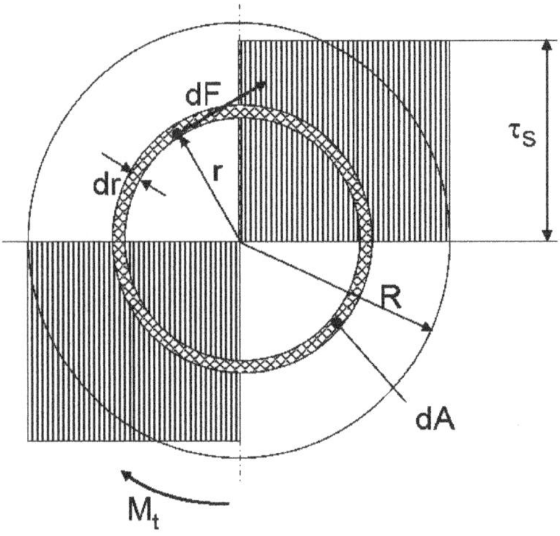

Am Flächenelement dA wirkendes Torsionsmoment dM_t:

$dM_t = r \cdot dF$

Mit $dF = \tau_S \cdot dA$ und $dA = 2 \cdot \pi \cdot r \cdot dr$

wird $dM_t = r \cdot \tau_S \cdot 2 \cdot \pi \cdot r \cdot dr = \tau_S \cdot 2 \cdot \pi \cdot r^2 \cdot dr.$

Mit $\tau_S = const.$

wird

$$M_t = \tau_S \cdot 2\pi \cdot \int_0^R r^2 \cdot dr = \tau_S \cdot \frac{2 \cdot \pi \cdot R^3}{3}.$$

Mit $R = \frac{d}{2}$ wird $M_t = \tau_{max} \cdot \frac{\pi \cdot d^3}{12}.$

Mit $M_t = \tau_S \cdot W_P$ ist $W_P = \frac{\pi \cdot d^3}{12}.$

Abb. 8.15. Polares Widerstandsmoment W_P für den Kreisquerschnitt bei Torsionsbeanspruchung im vollplastischen Verformungszustand

- Schrauben mit Schaftdurchmesser $d_{Sch} < d_S$ (Dehnschaftschrauben):

$$F_M = \sigma_M A_T = \sigma_M (\pi / 4) d_T^2 \tag{8.35}$$

mit σ_M nach Gl. (8.32) und Einsetzen des Dehnschaftdurchmessers d_T für d_{Sch}.

Die Montagevorspannkräfte in VDI 2230 wurden unter Berücksichtigung der beim Anziehen wirkenden Torsions- und Zugspannungen für eine 90%-ige Ausnutzung (ν=0,9) der genormten Mindeststreckgrenze berechnet, wobei den Schaftschrauben der Nennspannungsquerschnitt und den Dehnschrauben ein Querschnitt mit dem Schaftdurchmesser d_T=0,9 d_3 zugrunde liegt (Tabellen 4.6 bis 4.9). Diese Werte sind gerundet mit einem Rundungsfehler von maximal 1%.

Mit der Wahl der 90%-igen Ausnutzung der Schraube bei der Montage in VDI 2230 soll sichergestellt werden, dass der Schraubenbolzen für zusätzliche Betriebskräfte noch eine Ausnutzungsreserve von 10% besitzt.

Neuere Untersuchungen [8.19] und die inzwischen jahrelangen praktischen Erfahrungen zeigen jedoch, dass sich unmittelbar nach der Montage die Gesamtbeanspruchung in der Schraube verringert. Dadurch werden Reserven für eine zusätzliche Betriebsbeanspruchung frei. Selbst Schrauben, die bei der Montage voll bis zur Streckgrenze ausgenutzt worden sind ($\nu = 1{,}0$) können im Betrieb wieder zusätzlich beansprucht werden, ohne die Betriebssicherheit der Verbindung zu gefährden. Dies wird in Abb. 8.16 am Beispiel einer Schraubenverbindung M16–12.9 verdeutlicht.

Bei der gewählten Vorspannkraft von $F_M = 0{,}8\ F_{0,2}$ und der sich daraus berechneten Vergleichsspannung σ_{red} *von* etwa 0,93 $R_{p0,2}$ ergibt sich folgender Sachverhalt:

- Nach Wegnahme des äußeren Drehmoments (Anziehdrehmoment M_A) vermindert sich die Torsionsspannung in der Schraube und damit auch die Vergleichsspannung durch Rückfederung des Gesamtsystems Schraubenverbindung.
- Die Zugspannung und damit die eingebrachte Vorspannkraft bleiben nach Wegnahme des Anziehdrehmoments nahezu erhalten.
- Unter Betriebsbelastung steigt die Zugspannung um die Zusatzspannung an. Damit nimmt auch die Vergleichsspannung zu. Die Torsionsspannung bleibt dabei nahezu konstant.
- Selbst bei einer Betriebskraft von 100 kN – das entspricht ca. 60% der Streckgrenzenkraft der verspannten Schraube M16–12.9 – wird der am Ende des Montagevorgangs vorliegende Gesamtbeanspruchungszustand nicht mehr wieder erreicht.

Die Größe der Entlastung der Schraube nach dem Montagevorgang hängt insbesondere von der geometrischen Gestaltung der Schraubenverbindung und den Reibungsverhältnissen ab. Deshalb können hierzu keine allgemein gültigen Angaben gemacht werden. In Versuchen [8.19] war eine bis zu 10%-ige Verminderung der Vergleichsspannung nachweisbar. Diese Entlastung des Systems ist eine der wesentlichen Ursachen dafür, dass selbst bei überelastisch vorgespannten Schraubenverbindungen keine Beeinträchtigung der Betriebshaltbarkeit zu befürchten ist (Abb. 8.17):

Bei einem Torsionsspannungsabfall von 50% des ursprünglichen Werts – ein Abfall in dieser Größenordnung konnte mehrfach festgestellt werden [8.19] – wird selbst bei relativ hohen Schraubenzusatzkräften F_{SA} die Streckgrenze der Schraube nicht wieder erreicht. Nach Untersuchungen von [8.21] kann sogar die maximale Schraubenkraft F_S die im Zugversuch ermittelte Streckgrenzkraft erreichen.

Bei allen Anziehverfahren, bei denen im Schraubenschaft keine Torsionsbeanspruchung auftritt (zum Beispiel beim hydraulischen Anziehen), vereinfacht sich Gl. 8.31 wie folgt: $\sigma_{red_{(\tau=0)}} = \sigma_M = \nu \cdot R_{P0,2}$.

Für die Berechnung der Montagevorspannkraft F_M gilt dann:

$$F_{M\,\max} = \nu \cdot R_{p0,2} \cdot A_{Sch} = \nu \cdot R_{p0,2} \cdot \frac{\pi}{4} \cdot d_{Sch}^2 \qquad (8.36)$$

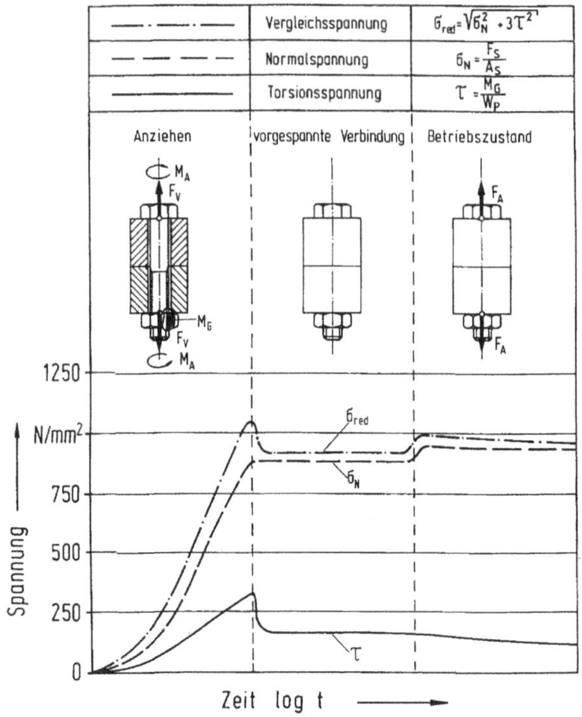

Abb. 8.16. Beanspruchung einer Schraube M16x130–12.9 DIN 931 bei der Montage mit einer Vorspannkraft von 142 kN (0,8x$F_{0,2}$) und einer Betriebskraft von 100 kN [8.19]

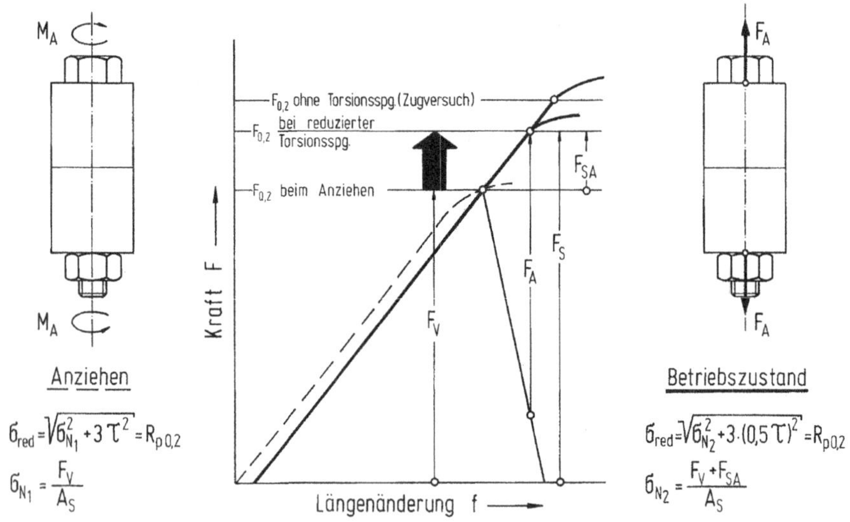

Abb. 8.17. Kraft-Verformungsschaubild einer überelastisch vorgespannten und betriebsbelasteten Schraubenverbindung [8.20]

8.3.2 Beanspruchung und Haltbarkeit von Kraftangriffsflächen und Montagewerkzeugen

Bei der Montage von Schraubenverbindungen wird das Anziehdrehmoment M_A über geeignet ausgebildete Kraftangriffsflächen von Schraube und Mutter, z. B.

- Innen- oder Außen-Sechskant,
- Innen- oder Außen-Sechsrund,
- Innen- oder Außen-Vielzahn,
- Schlitz,
- Kreuzschlitz usw.

von den Montagewerkzeugen auf den Schraubenkopf oder die Mutter übertragen. Eine technisch und wirtschaftlich optimale Gestaltung der Kraftangriffsflächen von Schraube und/oder Mutter und von Montagewerkzeugen ist dann realisiert, wenn die Schraube bei voller Ausnutzung der Tragfähigkeit der Kraftangriffsflächen und der Werkzeuge bis zu ihrer größtmöglichen Vorspannkraft (Streckgrenze bzw. 0,2%-Dehngrenze) angezogen und im Bedarfsfall wieder gelöst werden kann.
Letzteres gilt insbesondere dann, wenn die Losdrehmomente größer sind als die Anziehdrehmomente (z. B. bei Verwendung stoff- und formschlüssiger Schraubensicherungen oder wegen während des Betriebs bei erhöhten Temperaturen unwirksam gewordener Schmierstoffe).

Die Umfangskraft F_U am Schraubenkopf oder der Mutter bzw. am Werkzeug ergibt sich am Beispiel eines Sechskants aus Abb. 8.18 zu:

$$F_U = \frac{M_A}{r} \tag{8.37}$$

Die erforderliche Umfangskraft F_U zur Erzeugung des Anziehdrehmoments M_A wird umso größer, je kleiner der Abstand des Kraftangriffs von der Mittelachse des Schraubenbolzens ist. Die dadurch verursachte höhere Flächenpressung am Antrieb des Kopfes oder der Mutter kann durch entsprechend höheren Kopf bzw. größere Mutterhöhe reduziert werden [8.23], um ein Überschreiten der zulässigen Flächenpressung zu verhindern.

Unter der Voraussetzung einer über die Länge der Schlüsselfläche gleichmäßigen Druckverteilung und einer exakten Anpassung der Schlüsselflächen von Schraube und Werkzeug ergibt sich ohne Berücksichtigung von elastischen und/oder plastischen Formänderungen für die Flächenpressung $p = \sigma_U$ an den Schlüsselflächen beim Anziehen mit einem Drehmoment M_A folgender rechnerischer Zusammenhang:

$$\sigma_U = \frac{F_U}{A_{\mathrm{Pr}}} = \frac{M_A}{r} \cdot \frac{1}{A_{\mathrm{Pr}}} \tag{8.38}$$

A_{Pr} ist dabei die wirksame Schlüsselfläche. Sie wird bei gleichseitigen Vielecken nach [8.22] aus der Projektion der im Eingriff stehenden Flächen auf die zur Umfangskraft senkrecht stehende Ebene bestimmt:

$$A_{\mathrm{Pr}} = l_{\mathrm{Pr}} \cdot k$$

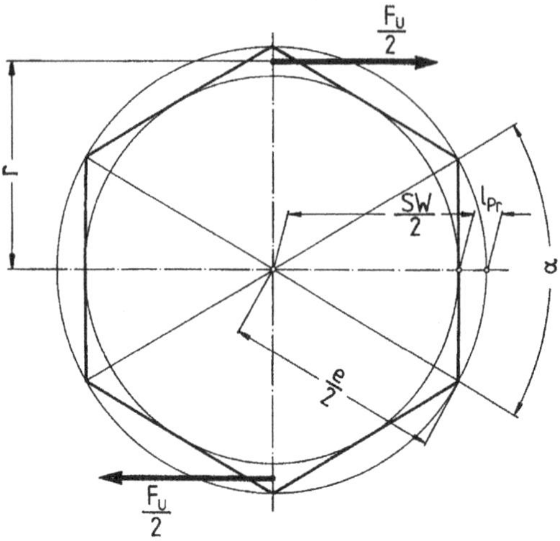

Abb. 8.18. Umfangskraft F_U am Schraubenkopf oder an der Mutter bzw. am Werkzeug während des Anziehvorgangs [8.22]

mit

k: Kraftangriffshöhe und

l_{pr}: Länge der Projektionsfläche.

Die Länge l_{pr} der Projektionsfläche A_{pr} eines beliebigen gleichseitigen Vielecks (z. B. eines Sechsecks in Abb. 8.18) wird wie folgt berechnet:

$$l_{\mathrm{Pr}} = \frac{e - SW}{2} \tag{8.39}$$

Mit

$$SW = e \cdot \cos\frac{\alpha}{2} \tag{8.40}$$

gilt:

$$l_{\mathrm{Pr}} = \frac{e}{2}\left(1 - \cos\frac{\alpha}{2}\right) \tag{8.41}$$

Wird der Vollkreis von 360° durch die Anzahl der Ecken n_e des Vielecks geteilt, ergibt sich der Segmentwinkel zu $\alpha = 360° / n_e$. Damit wird die Länge der Projektionsfläche

$$l_{\mathrm{Pr}} = \frac{e}{2}\left(1 - \cos\frac{180°}{n_e}\right) \tag{8.42}$$

Die gesamte Projektionsfläche A_{pr} wird schließlich mit der Kraftangriffshöhe k (z. B. Kopfhöhe) und unter der Annahme, dass alle Ecken n_e beim Anziehen im Eingriff stehen (z. B. bei Verwendung eines Steckschlüssels), berechnet zu:

$$A_{\mathrm{Pr}} = n_e \cdot k \cdot l_{\mathrm{Pr}} = n_e \cdot k \cdot \frac{e}{2}\left(1 - \cos\frac{180°}{n_e}\right) \tag{8.43}$$

Mit dem Wirkradius

$$r = \frac{e + SW}{4} \tag{8.44}$$

ergibt sich schließlich die Flächenpressung mit Gl. (8.38) zu

$$\sigma_U = \frac{8 \cdot M_A}{n_e \cdot k \cdot (e^2 - SW^2)} \tag{8.45}$$

bzw. mit Gl. 8.40:

$$\sigma_U = \frac{8 \cdot M_A}{k \cdot e^2} \frac{1}{n_e \cdot \sin^2 \frac{180°}{n_e}} \tag{8.46}$$

Für Sechskante ($n_e = 6$) vereinfacht sich Gleichung 8.45 in Verbindung mit Gl. 8.40 zu

$$\sigma_U = \frac{4 \cdot M_A}{k \cdot SW^2} \tag{8.47}$$

Bei Innensechskantschrauben ist anstelle von k die Sechskanttiefe t in die Rechnung einzusetzen.

Da die Flächenpressung vom Quadrat der Schlüsselweite abhängig ist, Gl. 8.47, werden die Kraftangriffsflächen von Innensechskantschrauben entsprechend höher beansprucht als die von Schrauben mit Außensechskant.

Ferner sind die in der Praxis auftretenden effektiven Flächenpressungen wegen der fertigungsbedingten Toleranzen der Schlüsselweiten von Schraube und Anziehwerkzeug und der Höhe der beim Anziehvorgang im Eingriff befindlichen Kraftangriffsflächen größer als die theoretisch errechneten. Besonders die Schlüsselweitentoleranz wirkt sich hierbei auf die Erhöhung der Flächenpressung aus.

Die ungünstigsten Verhältnisse treten bei Innensechskantschrauben unter folgenden Bedingungen auf:

- Schlüsselweite der Schraube am Größtmaß.
- Schlüsselweite des Anziehwerkzeugs am Kleinstmaß.
- Sechskanttiefe der Schraube am Kleinstmaß.

Hier gilt dann mit Gl. 8.45 für die maximale Flächenpressung:

$$\sigma_{U\,\max} = \frac{8 \cdot M_A}{n_e \cdot t_{\min} \cdot [e^2_{\min(\mathit{Innensechskant\text{-}bit})} - SW^2_{\max(\mathit{Schraube})}]} \tag{8.48}$$

In der Praxis wird die Voraussetzung einer gleichmäßigen Flächenpressung auf der Schlüsselfläche infolge des Spiels zwischen dem Montagewerkzeug und der Kraftangriffsfläche von Schraube und Mutter nicht erfüllt. Die Umfangskraft wird zum größten Teil im Bereich der Kraftangriffsecken übertragen, so dass die praktischen Flächenpressungen im Allgemeinen deutlich größer sind gegenüber den theoretisch ermittelten Werten. Nach [8.22] kann z. B. für die Abmessung M12 die effektive Flächenpressung auf Innensechskant-Schlüsselflächen bis zu 35% über der theoretisch kleinstmöglichen liegen.

Eine Verminderung der Flächenpressung und der Kerbwirkung in den Kraftangriffsecken ist durch gerundete Kraftangriffsflächen möglich (ASR bzw. ISR (Außen- bzw. Innensechsrund, Abb. 8.19).

Hier wird die Umfangskraft über eine vergrößerte Fläche übertragen. Die daraus resultierenden Vorteile sind insbesondere:

- höhere Standzeiten der Montagewerkzeuge,
- kleinere Bauweise des Kraftangriffs und damit Gewichtsersparnis (Abb. 8.20),
- Übertragbarkeit höherer Anziehdrehmomente (Abb. 8.21) und
- kleinere Bauweise des Montagewerkzeugs.

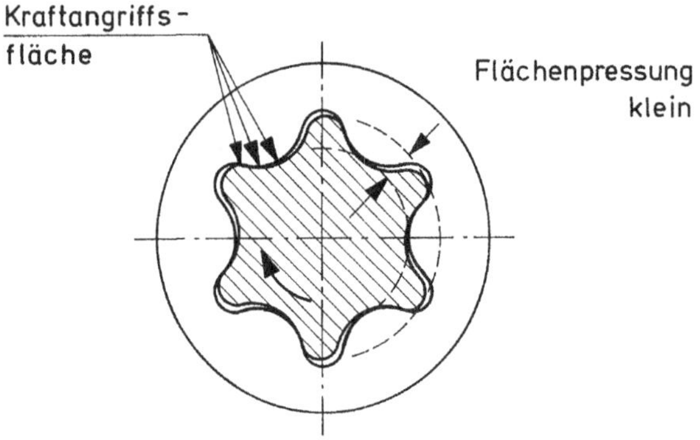

Abb. 8.19. ASR-Kraftangriff (ASR: **A**ußen**s**echs**r**und)

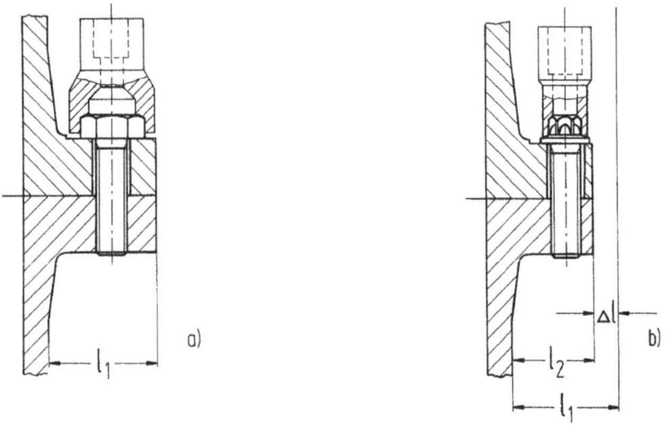

Abb. 8.20. Gewichtsersparnis durch Verwendung von Schrauben mit ASR-Kraftangriff infolge kleinerer Bauweise des ASR-Kraftangriffs im Vergleich zur Sechskantschraube.
a) Sechskantschraube M10x35–ISO 4014; b) ASR-Schraube M10x35.

Abb. 8.21. Infolge Kerbwirkung gebrochenes Sechskant-Montagewerkzeug

Hinsichtlich der Übertragbarkeit hoher Anziehdrehmomente und in Bezug auf hohe Standzeiten der Montagewerkzeuge sind Schlitz- und Kreuzschlitz-Kraftangriffe gegenüber Außen- und Innen-Sechskant, ASR, ISR und Außen-Vielzahn (Doppelsechskant/Doublehex) und Innen-Vielzahn (Dreifachvierkant/Trisquare) aus folgenden Gründen weniger gut geeignet:

- Verminderung der Haltbarkeit des Schraubenkopfes infolge Schwächung des Scherquerschnitts,
- Einstülpen des Kopfes von Schlitzschrauben,
- verminderte Belastbarkeit des Schraubwerkzeugs,
- Rückstellkräfte durch schräge Kraftangriffsflächen (cam out),
- mangelnde Zentrierfähigkeit des Werkzeugs bei Schlitzschrauben.

8.4 Montageverfahren

Die heute gebräuchlichen Anziehverfahren erfassen die in der Schraube erzeugte Vorspannkraft nicht direkt, sondern indirekt, z. B. über folgende Messgrößen (Abb. 8.22):

- Anziehdrehmoment M_A,
- Drehwinkel ϑ,
- elastische Dehnung f_S oder Abstandsänderung zwischen Schraubenkuppe und Auflagefläche,
- Anziehdrehmoment-Drehwinkel-Gradient $\Delta M_A / \Delta\vartheta$ zur Ermittlung des Streckgrenzpunkts,
- Größe des Impulses beim motorischen Anziehen,
- hydraulischer Druck.

Mit diesen Messgrößen werden, basierend auf der Elastizitätstheorie sowie den Gesetzen der schiefen Ebene und der Reibung die Vorspannkräfte berechnet [8.24].

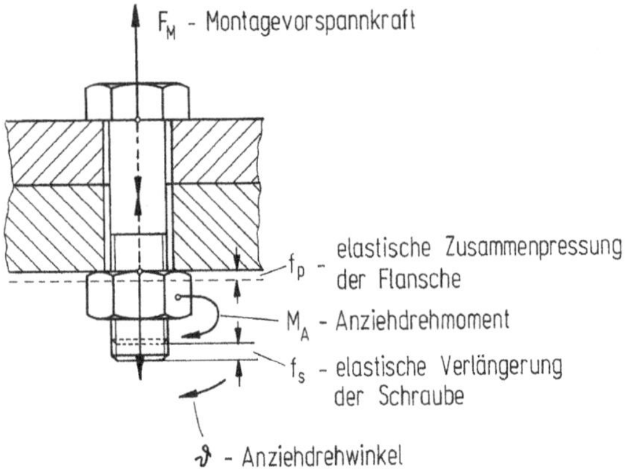

Abb. 8.22. Messgrößen für die indirekte Bestimmung der Montagevorspannkraft [8.24]

Die Genauigkeit der erzielten Montagevorspannkraft hängt von folgenden Faktoren ab [8.25, 8.26]:

- Reibungsverhältnisse in den sich relativ zueinander bewegenden Oberflächen (Schmierungszustand, Oberflächenfeingestalt, Werkstoffpaarung, Oberflächenbeschichtung),
- geometrische Form der Verbindung (Gewindeform, -toleranzen und -steigung, Kopfform der Schraube, Nachgiebigkeitsverhältnisse von Schraube und verspannten Teilen),
- Montageverfahren und
- Montageeinrichtung.

Im Allgemeinen bleibt eine mehr oder weniger große Unsicherheit in Bezug auf die Größe der beim Anziehen im Schraubenbolzen hervorgerufenen Beanspruchung, die bei der Dimensionierung der Schraubenverbindung durch den sog. Anziehfaktor α_A („Montage-Unsicherheitsbeiwert") berücksichtigt wird. Dieser beschreibt die vom jeweils angewendeten Montageverfahren herrührende Streuung der Vorspannkraft

$$\Delta F_M = F_{M\max} - F_{M\min} \tag{8.49}$$

Der Anziehfaktor α_A wird wie folgt berechnet:

$$\alpha_A = \frac{F_{M\max}}{F_{M\min}} = \frac{F_{Mm} + \dfrac{\Delta F_M}{2}}{F_{Mm} - \dfrac{\Delta F_M}{2}} = \frac{1 + \dfrac{\Delta F_M}{2 \cdot F_{Mm}}}{1 - \dfrac{\Delta F_M}{2 \cdot F_{Mm}}} \tag{8.50}$$

mit F_{Mm} als mittlerer Montagevorspannkraft:

$$F_{Mn} = F_{M\max} - \frac{\Delta F_M}{2} \quad \text{bzw.} \quad F_{M\min} + \frac{\Delta F_M}{2}.$$

Der Zusammenhang zwischen der Vorspannkraftstreuung und dem Anziehfaktor geht aus Abb. 8.23 hervor.

Bei der Dimensionierung einer Schraubenverbindung wird der Anziehfaktor α_A wie folgt gehandhabt:

- Berechnung der für die Betriebssicherheit erforderlichen Mindestvorspannkraft F_{Mmin},
- Ermittlung des Schraubenquerschnitts (Durchmesser) bei vorgegebener Festigkeitsklasse,
- Festlegung des Anziehverfahrens,
- Ermittlung des Anziehfaktors aus Tabelle 4.11,
- Vergrößerung des zuvor ermittelten Schraubenquerschnitts durch Multiplikation mit α_A, um eine Überbeanspruchung der Schraube während der Montage zu vermeiden.

Die Anwendung eines Montageverfahrens, dem ein größerer Anziehfaktor α_A zugeordnet ist (Verfahren minderer Qualität mit größerer Vorspannkraftstreuung), bedeutet bei vorgegebener Festigkeitsklasse der Schraube immer auch die Notwendigkeit eines größeren Schraubenquerschnitts (Überdimensionierung), um die für die Betriebssicherheit der Schraubenverbindung benötigte Mindestmontagevorspannkraft zu erreichen und gleichzeitig eine Überbeanspruchung der Schraube bei der Montage zu vermeiden.

Ein gegenüber α_{AI} vergrößerter Anziehfaktor α_{AII} bedeutet bei vorgegebener Mindest-Montagevorspannkraft F_{Mmin} eine Vergrößerung des Schraubenquerschnitts um das Verhältnis α_{AII}/α_{AI}:

$$\alpha_{AI} = \frac{F_{M\max I}}{F_{M\min}} \qquad \alpha_{AII} = \frac{F_{M\max II}}{F_{M\min}} \, .$$

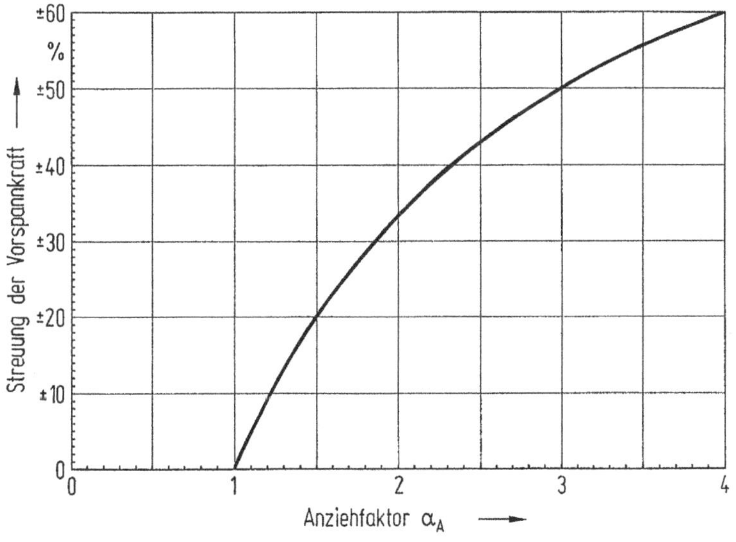

Abb. 8.23. Vorspannkraftstreuung und Anziehfaktor [8.26]

Daraus folgt: $\frac{\alpha_{AII}}{\alpha_{AI}} = \frac{F_{M\max II}}{F_{M\max I}}$.

Mit $F_{Mmax} = \sigma_{Mmax} \cdot A$ ergibt sich für σ_{Mmax} = const: $\frac{\alpha_{AII}}{\alpha_{AI}} = \frac{A_{II}}{A_I} = \frac{d_{II}^2}{d_I^2}$.

Daraus folgt für das Durchmesserverhältnis:

$$\frac{d_{II}}{d_I} = \sqrt{\frac{\alpha_{AII}}{\alpha_{AI}}} \tag{8.51}$$

Hieraus geht hervor, dass z. B. durch Verwendung eines Anziehverfahrens mit $\alpha_{AII} = 2$ gegenüber $\alpha_{AI} = 1$ ein um etwa 40% größerer Schraubendurchmesser erforderlich ist: $\frac{d_{II}}{d_I} = \sqrt{2} \approx 1{,}4$,

also z. B. M12 anstelle von M8 (s. auch Abb. 8.24).

Auf Grund des maßgeblichen Einflusses des Anziehverfahrens werden im Folgenden die in der heutigen Verschraubungspraxis angewendeten Montageverfahren vorgestellt sowie ihre Vor- und Nachteile deutlich gemacht. Tabelle 8.6 zeigt in einer systematischen Gegenüberstellung die Arten der eingesetzten Montagewerkzeuge, deren Antriebsformen sowie Methoden zur Kontrolle der aufgebrachten Vorspannkraft.

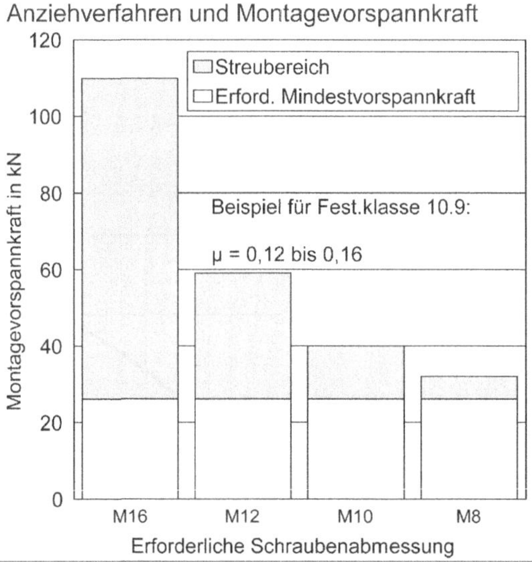

Gewinde-abmessung	Anziehverfahren	Anziehfaktor α_A
M16	Impulsgesteuert mit Schlagschrauber	4
M12	Drehmomentgesteuert mit Drehschrauber	2,3
M10	Drehmomentgesteuert mit Präzisionsschrauber	1,5
M8	Streckgrenzgesteuert mit Drehschrauber	Entfällt für die Berechnung

Abb. 8.24. Genauigkeit verschiedener Anziehverfahren, ermittelt an Schrauben der Festigkeitsklasse 10.9

8.4.1 Anziehen von Hand

Beim Anziehen von Schraubenverbindungen mit Gabel- oder Ringschlüsseln wird die Vorspannkraft durch das subjektive Empfinden des Monteurs beeinflusst. Die Höhe der erzielten Vorspannkraft ist dabei abhängig von der Erfahrung und der körperlichen Verfassung des Monteurs und von der Länge des verwendeten Schlüssels. Bei Untersuchungen [8.27] an Schraubenverbindungen unterschiedlicher Durchmesser und Festigkeitsklassen wurde festgestellt, dass beim Anziehen von Hand die Vorspannkraft selbst von zuverlässigen Versuchspersonen in den meisten Fällen nicht ordnungsgemäß aufgebracht wurde (Abb. 8.25).

Schrauben kleinerer Abmessung (<M8) wurden dabei überwiegend zu hoch, die größerer Abmessungen dagegen (>M12) zu niedrig angezogen. Legt man eine

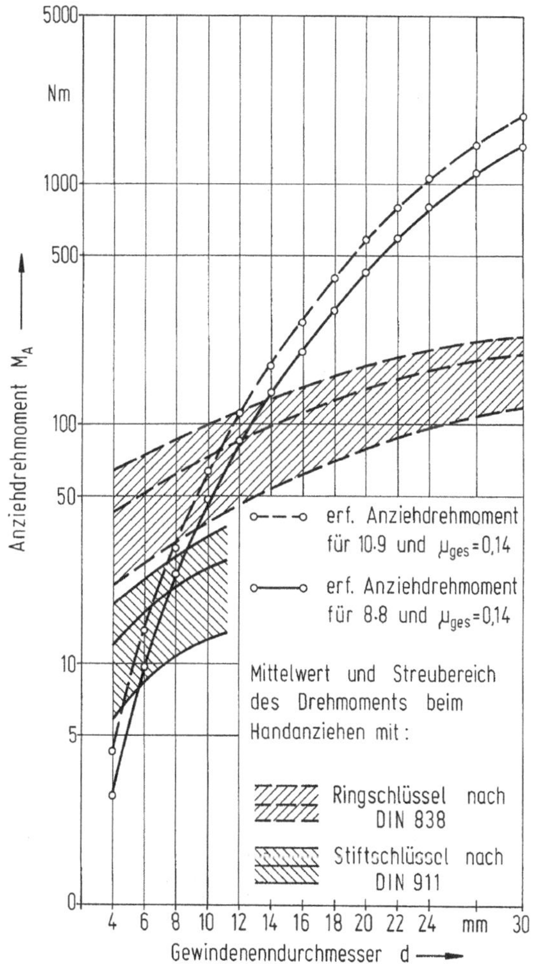

Abb. 8.25. Streuung der bei Handanziehverfahren mit Gabel- oder Ringschlüsseln erreichten Anziehdrehmomente im Vergleich zu den Sollwerten [8.27]

Handkraft zugrunde, die ein Monteur noch mühelos aufzubringen vermag [8.27] und Tabelle 8.7, könnten gemäß Abb. 8.25 Schrauben der Festigkeitsklasse 10.9 bis zur Abmessung M10 noch mit Ringschlüsseln nach DIN 838 und Schrauben bis zur Abmessung M6 mit Stiftschlüsseln nach DIN 911 auf die erforderliche Vorspannkraft angezogen werden.

Allerdings unterliegen die erzielten Anziehdrehmomente und damit auch die Vorspannkräfte gemäß Abb. 8.25 erheblichen Streuungen, so dass Schrauben größerer Abmessungen selbst unter zusätzlicher Anwendung von Schlüsselverlängerungen in Verbindung mit den genormten Schlüsseln nicht zuverlässig vorgespannt werden können. Das Anziehen ohne objektive Drehmomentkontrolle scheidet deshalb für hoch beanspruchte Schraubenverbindungen als geeignetes Montageverfahren aus.

Tabelle 8.6. Anziehwerkzeuge und Kontrollmöglichkeiten für die Vorspannkraft

Antriebsform	Montagewerkzeug	Kontrolle der Vorspannkraft im Montagezustand	Erfassung der Messgröße
Motorisch (Antrieb pneumatisch oder hydraulisch)	Drehschrauber	Drehmoment	Maximales Motormoment bzw. Kupplungs-Ausrückmoment
		Drehwinkel	Drehwinkelgeber
		Drehmoment-Drehwinkelgradient	Drehmomentaufnehmer und Drehwinkelgeber
	Drehschlagschrauber	Schlagimpuls bzw. Drehmoment	Nachziehmoment nach Vorversuchen
Hydraulisch	Hydraulisches Anziehwerkzeug (torsionsfrei)	Hydraulischer Druck	Manometer + Daten aus Vorversuchen
Manuell	Schraubendreher (Schlitz, Kreuzschlitz)	Drehmoment	Gefühl des Monteurs
			Anzeige durch Verformung eines Torsionsstabes
	Schraubenschlüssel (Gabel-, Ring-, Steckschlüssel)	Drehmoment	Gefühl des Monteurs
		Verlängerung	Messuhr, induktiver Wegaufnehmer
	Drehmomentschlüssel	Drehmoment	Auslösen bei eingestelltem Grenzwert (Ausknicken, akustisches Signal)
			Anzeige durch Verformung eines Biege- oder Torsionsstabes oder durch Zusammendrückung einer Druckfeder
		Drehwinkel	Drehwinkelgeber
		Drehmoment-Drehwinkelgradient	Drehmomentaufnehmer und Drehwinkelgeber

Tabelle 8.7. Vor- und Nachteile des Anziehens von Hand (= „Kontrolle“ des Anziehdrehmoments durch subjektives Empfinden des Monteurs)

Vorteile	Nachteile
Einfache, kostengünstige Montagewerkzeuge und -geräte	Vorspannkraft hängt von Erfahrung und körperlicher Verfassung des Monteurs und von der Länge des Montagewerkzeugs (Gabel-, Ringschlüssel) ab. Deshalb: ***Erhebliche Streuung der Montagevorspannkraft.***
	Schrauben < M8 zu hoch, > M8 zu niedrig vorgespannt
	Anziehdrehmomente begrenzt auf ca.200 Nm. Beispiel: M14–12.9: $M_A \approx 200$ Nm.

8.4.2 Anziehen mit Verlängerungsmessungen

Der lineare Zusammenhang zwischen Montagevorspannkraft F_M und elastischer Dehnung der Schraube f_S kann für ein kontrolliertes Aufbringen der Montagevorspannkraft ausgenutzt werden (Abb. 8.26). Bei einer Durchsteckschraubenverbindung, bei der die elastische Dehnung durch eine Messvorrichtung zwischen Kopf und Kuppe der Schraube (z. B. mit einer hochgenauen mechanischen Messuhr oder einem induktiven Wegaufnehmer) ermittelt wird, gilt für die Montagevorspannkraft:

$$F_M = \frac{1}{\delta_S} \cdot f_S \tag{8.52}$$

mit δ_S als elastische Nachgiebigkeit der Schraube.

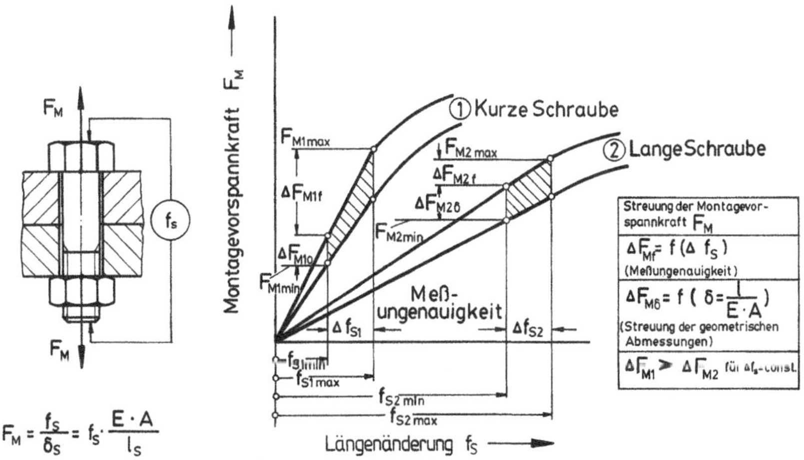

Abb. 8.26. Kontrolle der Montagevorspannkraft F_M durch Messung der elastischen Dehnung der Schraube

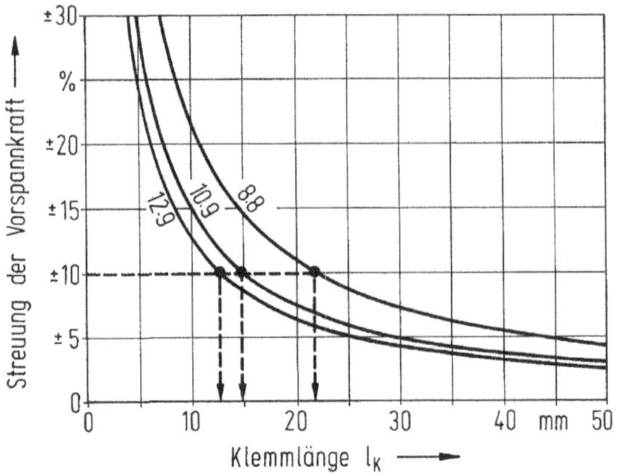

Abb. 8.27. Streuung der Montagevorspannkraft beim Anziehen mit Verlängerungsmessung [8.28]

Dabei bleibt die Mutterverschiebung unberücksichtigt. Zweckmäßigerweise ermittelt man die elastische Dehnung der Schraube in Abhängigkeit von der Vorspannkraft im Vorversuch. Unsicherheiten beim Aufbringen der Vorspannkraft resultieren bei dieser Anziehmethode aus

- Maßtoleranzen der Schraube (Länge, Durchmesser),
- Schwankungen des E-Moduls des Schraubenwerkstoffs und
- Messfehlern.

Die Genauigkeit des Verfahrens ist direkt abhängig von der Schraubenlänge (Abb. 8.26). Es sollte daher nicht bei der Montage von kurzen Schrauben angewendet werden, da hier die erzielbare Genauigkeit bei der Aufbringung der Vorspannkraft nicht dem erheblichen Aufwand gerecht wird. So bewirkt z. B. eine Vorspannung von 1000 N/mm^2 bei einer 10 mm langen Stahlschraube eine elastische Dehnung von nur etwa 0,05 mm. Ein Messfehler von nur 0,01 mm würde deshalb zu einer um 20% abweichenden Vorspannkraft führen. Bei längeren Schrauben ist eine genauere Bestimmung der Montagevorspannkraft möglich (Abb. 8.27 und Tabelle 8.8).

Trotz der relativ hohen Kosten wird das Verfahren dennoch für die Montage höchstbeanspruchter Teile mit verschärften Gewährleistungsansprüchen (z. B. im Flugzeugbau) eingesetzt [8.24].

Die Streuung der Montagevorspannkraft kann noch weiter eingeengt werden, wenn die für die erforderliche Vorspannung relevante elastische Dehnung für den jeweiligen Verschraubungsfall in Kalibrierversuchen ermittelt wird.

Die Montagevorspannkraft bei nur einseitig von der Mutterseite zugänglichen Schraubenverbindungen kann aus der relativen Dehnung zwischen der Schraubenkuppe und der Mutterauflagefläche berechnet werden (Abb. 8.28 und 8.29). Hierbei ist die elastische und teilweise plastische Verformung der verspannten Teile, die die Ungenauigkeit bei der Vorspannkraftaufbringung vergrößert [8.24], mit zu berücksichtigen. Der rechnerische Zusammenhang zwischen der Montagevorspannkraft F_M und der elastischen Dehnungen von Schraube und verspannten Teilen f_{ges}:

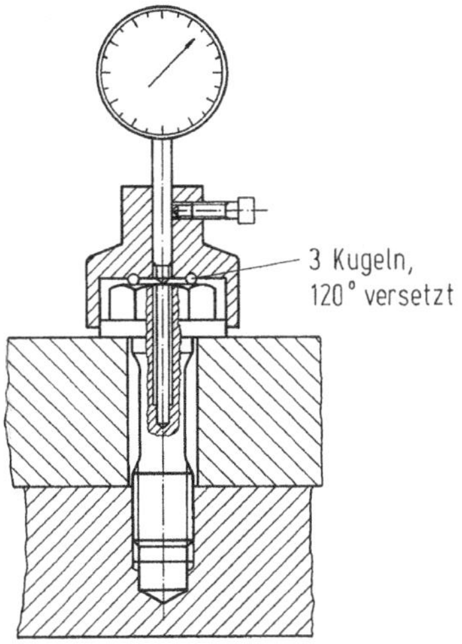

Abb. 8.28. Messanordnung zur Bestimmung der elastischen Schraubendehnung bei Schrauben, deren beide Enden nicht gleichzeitig zugänglich sind [8.29]

$$F_M = \frac{f_{ges}}{\delta_S + \delta_P} \tag{8.53}$$

mit δ_S als elastische Nachgiebigkeit der Schraube und δ_P als elastische Nachgiebigkeit der verspannten Teile.

Ein Sonderverfahren der Vorspannkraftmessung und -kontrolle durch Längenmessung stellt das Ultraschallverfahren dar. Dabei wird die Zeit, die der Ultraschall benötigt, um vom Schraubenkopf (Schalleinleitungsebene) zur Stirnfläche des Gewindeendes und von dort wieder zurück zu gelangen, gemessen. Diese Zeit, die von der Weglänge abhängt, wird der Berechnung der Montagevorspannkraft zugrunde gelegt.

Insbesondere für Messungen im Laborbetrieb steht ein Verfahren zur Verfügung, bei dem der Ultraschall über eine aufgesputterte Festkörperschicht (ZnO) auf dem Schraubenkopf in den Schraubenschaft eingeleitet wird. Der Vorteil dieses Verfahrens besteht darin, dass sowohl Longitudinal- wie Transversalwellen in den Schraubenschaft eingeleitet werden können. Durch Differenzmessung wird die Schraubenlänge aus der Rechenbeziehung für die Montagevorspannkraft eliminiert, so dass deren genaue Kenntnis für eine hinreichende Bestimmung der Vorspannkraft nicht erforderlich ist. Der große Vorteil dieses Verfahrens besteht deshalb darin, dass Vorspannkräfte auch während einer Betriebsbelastung nach Veränderung der Schraubenlänge durch elastische Zusatzdehnungen oder Verkürzungen gemessen werden können. Leider ist dieses Verfahren derzeit für eine Serienmontage noch zu teuer.

Weitere Sonderverfahren, bei denen Farbveränderungen, z. B. von Flüssigkeiten oder bestimmter im Kraftfluss mitverspannter Elemente, als Maß für die Höhe der Montagevorspannkraft herangezogen werden, sind aufgrund subjektiven Farbempfindens meist sehr ungenau und bedürfen in der Regel erst umfangreicher Kalibrierversuche.

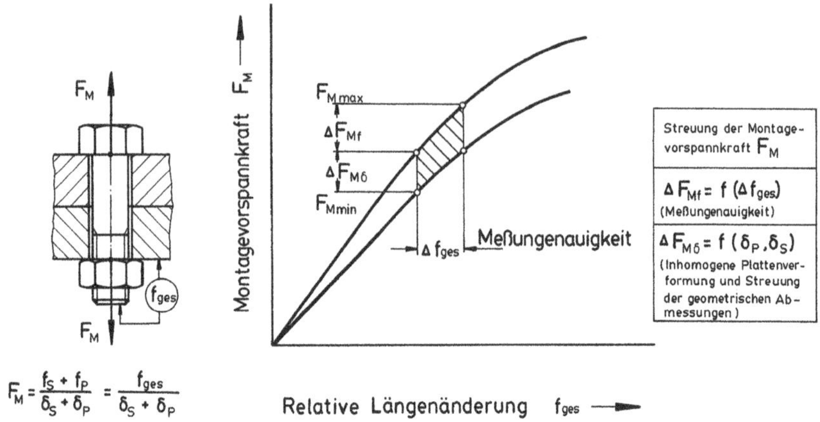

Abb. 8.29. Kontrolle der Montagevorspannkraft F_M mit Hilfe der relativen Längenänderung zwischen Gewindeende und Mutterauflageebene der verspannten Teile

Tabelle 8.8. Vor- und Nachteile des Anziehens mit Verlängerungsmessung

Vorteile	Nachteile
Relativ hohe Genauigkeit möglich	Nur bei Durchsteckverschraubungen sinnvoll möglich (Messuhrzugänglichkeit)
	Messstelle muss gut zugänglich sein
	Genaue Messzeuge erforderlich
	Einfluss von Maßtoleranzen (Länge und Durchmesser der Schraube): deshalb Vorversuche erforderlich
	Einfluss des E-Moduls des Schraubenwerkstoffs
	Relativ hohe Montagekosten
	Unsicherheit bei kurzen Schrauben
	Begrenzung auf den linearen Verformungsbereich der Schraube

8.4.3 Torsionsfreies Anziehen

Die torsionsfreien Anziehverfahren basieren auf den gleichen Gesetzmäßigkeiten wie die über Längenmessung gesteuerten Verfahren. Sie finden vorwiegend Anwendung bei der Montage von großen Schraubenabmessungen (z. B. im Großmotoren-, Kessel- und Turbinenbau).

Hydraulisches Anziehen. Beim hydraulischen Anziehen wird der Schraubenbolzen an seinem freien, über die Mutter hinaus stehenden Ende gefasst und gegenüber den zu verspannenden Teilen torsionsfrei zunächst auf die Montagevorspannkraft $F_{MMontage}$ (Abb. 8.30) vorgespannt. Das Montagegerät stützt sich dabei außerhalb der Mutter ringförmig auf der Mutterauflagefläche ab (Stützfuß in Abb. 8.31).

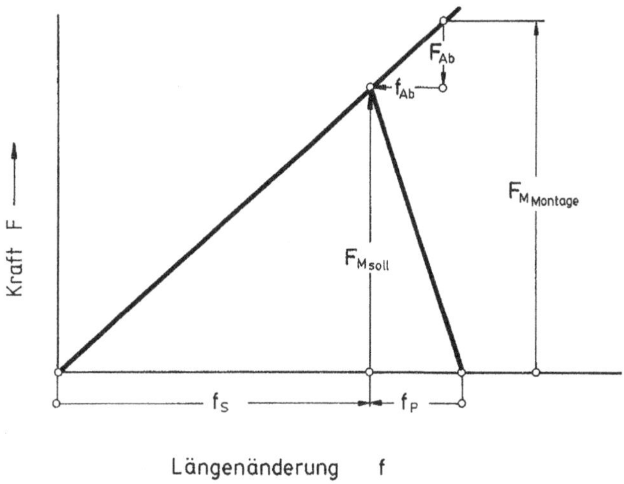

Abb. 8.30. Verspannungsschaubild für hydraulisch (torsionsfrei) vorgespannte Schraubenverbindungen (schematisch)

Danach wird die Mutter (zum Beispiel durch Drehen von Hand) zur Anlage gebracht. Im nächsten Arbeitsgang wird der Öldruck im Hydraulikzylinder des Montagegeräts abgelassen. Dadurch wird der Ort der Pressung der verspannten Teile vom Stützfuß des Anziehgeräts auf die Hauptmutter übertragen. Die auf diese Weise hervorgerufene Änderung des Beanspruchungsortes und -zustands in den spannenden und verspannten Teilen führt zu einem Vorspannkraftabfall F_{Ab} infolge elastischer und plastischer Druckverformungen f_{Ab} in den verspannten Teilen, im Mutterkörper und in den im Eingriff stehenden Gewindezähnen (Abb. 8.30),

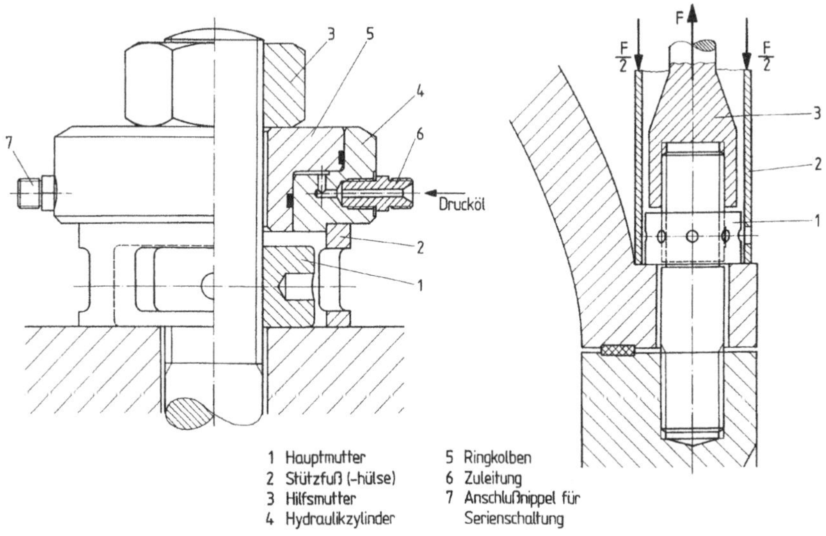

Abb. 8.31. Hydraulische Vorspannvorrichtungen unterschiedlicher Bauart

der sich bei Schraubenverbindungen mit kurzer Dehnlänge ($l_K/d<8$) besonders stark auswirken kann. Hier kann der Vorspannkraftabfall Größenordnungen von bis zu 50% erreichen [8.30]. Die während des Anziehvorgangs aufzubringende Montagevorspannkraft $F_{MMontage}$ muss deshalb um den Vorspannkraftabfall F_{Ab} größer sein als die angestrebte Sollvorspannkraft F_{Msoll}.

Um das Setzen in den Fügeflächen (Trennfläche der verspannten Teile, Auflageflächen von Schraubenkopf und Mutter und Gewinde) nach dem Entspannen auszugleichen, wird in der Praxis oft ein Nachspannen vorgesehen. Dies wird auch im Hinblick auf die Kompensation von Vorspannkraftschwankungen durchgeführt, die sich beim Anziehen von benachbarten Schrauben ergeben.

Das hydraulische Anziehen von Schrauben bietet den Vorteil, dass gleichzeitig mehrere Schraubenverbindungen auch großer Bauart auf gleiche Vorspannkraftwerte angezogen werden können. Beim gruppenweise vorgenommenen Vorspannen von Mehrschraubenverbindungen (z. B. Flanschverbindungen von Druckbehältern) muss jedoch der Vorspannkraftabfall beachtet werden, der auf Relaxationsvorgänge in den jeweils zuvor vorgespannten Gruppen zurückzuführen ist. Hier sind unterschiedlich hohe, gestufte Vorspannkräfte für die einzelnen Schraubengruppen nötig, um schließlich nach Beendigung der Montage eine einheitlich hohe Vorspannkraft zur Verfügung zu haben.

Die optimale Stufung der Vorspannkraft in den verschiedenen Schraubengruppen kann nach [8.31] berechnet werden.

Die Genauigkeit des hydraulischen Anziehverfahrens ist vorwiegend von der Schraubenlänge abhängig. Bei Schraubenverbindungen mit $l_K/d>5$ kann mit einer Vorspannkraftstreuung von $\pm 10\%$ bei einem Anziehfaktor $\alpha_A=1{,}2$ gerechnet werden, wenn für den jeweiligen Verschraubungsfall zuvor Kalibrierversuche durchgeführt wurden. Für kürzere Schrauben ($l_K/d<5$) ist dagegen mit einem Anziehfaktor $\alpha_A=1{,}6$ [8.32] zu dimensionieren.

Tabelle 8.9. Vor- und Nachteile des torsionsfreien (hydraulischen und thermischen) Anziehens

Vorteile	Nachteile
Anwendbar bei großen Schraubenabmessungen	Vorspannkraftabfall bei Ablassen des Öldrucks ($\Delta F_V=f(\delta_S, \delta_P)$): Besonders groß bei kurzen Schrauben (bis 50%)
Keine Torsionsspannung im Schraubenschaft	Montagevorspannkraft = Soll-Spannkraft + Vorspannkraftabfall
Mehrere Schrauben gleichzeitig montierbar	Oft Nachspannen erforderlich
	Relativ große Vorspannkraftstreuung: $\Delta F_V=f(l_K/d)$ $\alpha_A=1{,}2$ für $l_K/d>5$ ($\Delta F_M/2F_{Mm}=\pm 9\%$) $\alpha_A=1{,}6$ für $l_K/d<5$ ($\Delta F_M/2F_{Mm}=\pm 23\%$)

Thermisches Anziehen. Das thermische Anziehen wird vorwiegend im Dampfturbinenbau angewendet. Die im Allgemeinen großformatigen Schraubenbolzen werden durch Längsbohrungen von innen her aufgeheizt und erfahren dabei eine Wärmedehnung $f_S=\alpha_S\, l_S\, \Delta T_S$. (Kap. 7). Im erwärmten Zustand wird die Mutter zur Anlage gebracht. Danach kühlt der Bolzen ab und baut in Abhängigkeit von der vorher eingebrachten Wärmedehnung (Temperatur) eine Vorspannung auf, die aus der Behinderung der Rückverformung durch die zu verspannenden Teile resultiert.

Die Vor- und Nachteile (Tabelle 8.9) dieses Verfahrens sind im Wesentlichen vergleichbar mit denen des hydraulischen torsionsfreien Anziehens.

8.4.4 Drehmomentgesteuertes Anziehen

Das drehmomentgesteuerte Anziehen findet wegen seiner Wirtschaftlichkeit in der überwiegenden Zahl aller Verschraubungsfälle Anwendung. Bei dieser Anziehmethode wird das Anziehdrehmoment M_A als Messgröße (Steuergröße) herangezogen, das durch folgende Instrumente bzw. Verfahren erfasst werden kann:

- Von Hand geführte ausrastende oder abknickende Drehmomentschlüssel (nachknickende Drehmomentschlüssel können sehr unzuverlässig sein, weil sie von der Montageperson abhängig sind),
- manuell geführte messende und anzeigende Drehmomentschlüssel,
- extern angeordnete Drehmoment-Messwertaufnehmer (Transducer) bei unmittelbarer Messung, z. B. an der Schrauberspindel. Ermittlung des Messwerts mit transportablen Drehmomentspitzenwert-Anzeigegeräten (digital, analog),
- intern angeordnete Drehmoment-Messwertaufnehmer (Messbuchsen, -hülsen), die das Reaktionsmoment der Schrauberspindel aufnehmen, und stationär angeordnete Anzeigeinstrumente oder Schreibgeräte,
- intern angeordnete Drehmoment-Messwertaufnehmer und Drehwinkel-Messwertgeber in Verbindung mit dem Messen des Anziehdrehwinkels.

Das Anziehdrehmoment M_A wird in Abhängigkeit von der Montagevorspannkraft F_M (F_V) nach Gl. 8.25 bzw. für metrische ISO-Gewinde mit einem Flankenwinkel von 60° auch nach Gl. 8.26 berechnet.

Eine relativ schnelle *und* exakte Berechnung des Anziehdrehmoments bei vorgegebener Vorspannkraft und Schraubenabmessung lässt sich erreichen [8.5], wenn der Klammerausdruck in Gl. 8.26 durch den Faktor $K \cdot d$ ersetzt wird, und die Parameter P, d_2 und D_{Km} als Funktion von d ausgedrückt werden:

$$M_A = F_M \cdot \left[0{,}16 \cdot P + 0{,}58 \cdot d_2 \cdot \mu_G + \frac{D_{Km}}{2} \cdot \mu_K \right] = F_M \cdot K \cdot d$$

Für die Beziehungen P/d, d_2/d und D_{Km}/d lassen sich Mittelwerte im Abmessungsbereich von M4 bis M30 bilden.

Damit wird: $K = \dfrac{0{,}16 \cdot P + 0{,}58 \cdot d_2 \cdot \mu_G + \frac{D_{Km}}{2} \cdot \mu_K}{d}$,

woraus sich für metrische Regel- bzw. Feingewinde ableiten lässt:

Regelgewinde: $K = 0{,}0222 + 0{,}528\,\mu_G + 0{,}668\,\mu_K$

Feingewinde: $K = 0{,}0151 + 0{,}545\,\mu_G + 0{,}668\,\mu_K$

Mit den K-Faktoren in Tabelle 8.10 kann für beliebige Kombinationen von μ_G und μ_K mit $M_A = F_M \cdot K \cdot d$ das Anziehdrehmoment für Regel- (R) und Feingewinde (F) berechnet werden.

Tabelle 8.10. K-Faktoren zur vereinfachten Berechnung des Anziehdrehmoments M_A für metrische Regelgewinde nach DIN 13 in Abhängigkeit von den Reibungszahlen μ_G und μ_K [8.5]

Gewindereibungszahl μ_G	Kopfreibungszahl μ_K									
	0,06	0,08	0,10	0,12	0,14	0,16	0,18	0,20	0,22	0,24
0,06	0,094	0,107	0,139	0,152	0,165	0,179	0,192	0,205	0,219	0,232
0,08	0,105	0,118	0,131	0,145	0,158	0,171	0,185	0,198	0,211	0,225
0,10	0,115	0,128	0,142	0,155	0,169	0,182	0,195	0,209	0,222	0,235
0,12	0,126	0,139	0,152	0,166	0,179	0,192	0,206	0,219	0,233	0,246
0,14	0,136	0,150	0,163	0,176	0,190	0,203	0,216	0,230	0,243	0,256
0,16	0,147	0,160	0,173	0,187	0,200	0,214	0,227	0,240	0,254	0,267
0,18	0,157	0,171	0,184	0,197	0,211	0,224	0,237	0,251	0,264	0,278
0,20	0,168	0,181	0,195	0,208	0,221	0,235	0,248	0,261	0,275	0,288
0,22	0,178	0,192	0,205	0,219	0,232	0,245	0,259	0,272	0,285	0,299
0,24	0,189	0,202	0,216	0,229	0,242	0,256	0,269	0,283	0,296	0,309

Anziehdrehmoment $M_A = K \cdot F_M \cdot d$

Der Zusammenhang zwischen dem Anziehdrehmoment M_A und der Montagevorspannkraft F_M ist in Abb. 8.32 grafisch dargestellt. Hier und in Abb. 8.33 wird insbesondere der dominierende Einfluss der Reibung auf die Vorspannkraftstreuung deutlich.

Die in der Schraube erreichbare Vorspannung hängt ausschließlich vom Gewindemoment ab, während die Kopfreibung (Kopfreibungszahl μ_k) zwar die Höhe des Gesamt-Anziehdrehmoments M_A beeinflusst, sich aber nicht direkt auf die Vorspannung auswirkt. Vom Gewindemoment, das sich aus dem Gewindereibungsmoment und dem Gewindesteigungsmoment zusammensetzt, wird wiederum nur das Gewindesteigungsmoment in Vorspannkraft umgesetzt.

Infolge der zahlreichen Einflüsse auf die Höhe der Vorspannkraft wie

- Fehler beim Abschätzen der Reibungszahl,
- Streuung der Reibungszahl innerhalb eines Schraubenloses und eines Bauteilloses einschließlich der infolge Maß- und Formabweichungen sich einstellenden Streuungen der Reibradien und
- Ungenauigkeit der Anziehwerkzeuge einschließlich Bedienungs- und Ablesefehler

arbeitet das drehmomentgesteuerte Anziehverfahren relativ ungenau.

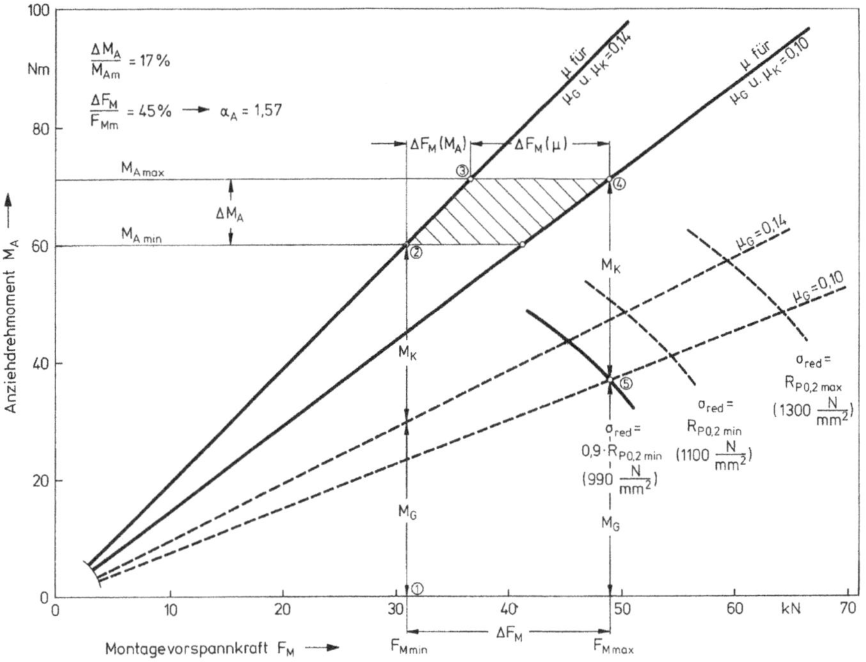

Abb. 8.32. Streuung der Montagevorspannkraft ΔF_M beim drehmomentgesteuerten Anziehen einer Schraube M10-12.9 [8.26]

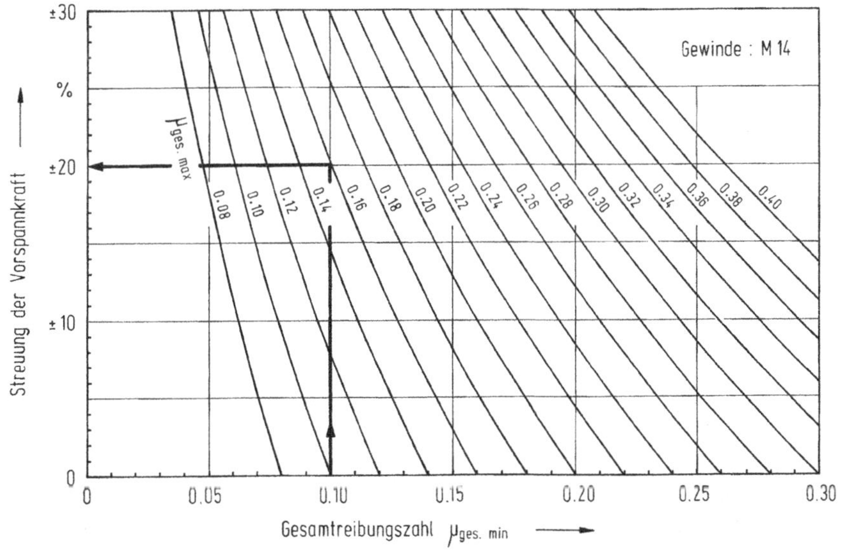

Abb. 8.33. Einfluss der Reibung beim drehmomentgesteuerten Anziehen [8.26]

Tabelle 8.11 zeigt das Ergebnis einer Fehleranalyse für verschiedene Methoden des drehmomentgesteuerten Anziehens [8.5].

Der Einfluss der Reibung in der Schraubenverbindung auf die Montagevorspannkraft ist derart dominierend, dass selbst der Einsatz hochgenauer Drehmomentschlüssel keine nennenswerte Verbesserung des Montageergebnisses bewirken kann. Aus Abb. 8.34 geht hervor, dass selbst eine Streuung des bei der Montage aufgebrachten Anziehdrehmoments von unter 10% die Gesamtstreuung der Vorspannkraft nur unwesentlich verringert.

Tabelle 8.11. Fehleranalyse für verschiedene Methoden des drehmomentgesteuerten Anziehens – Gesamtfehler aus der Summe der Teilfehler (in der Reihenfolge des Auftretens) [8.5]

Verfahren	Einstellen	Teil-fehler	Summen-fehler ± %	An-ziehfaktor α_A
Drehmomentschlüssel und Drehschrauber mit direkter Drehmoment-messung	Über Sollanziehmoment aus geschätzten Reibungszahlen	(1) (3) (2)	23 bis 28	1,6 bis 1,8
Drehschrauber mit dynamischer Drehmo-mentmessung		(1) (7) (3) (2)		
Drehmomentschlüssel	Über Sollanziehmoment be-stimmt am Original-Verschrau-bungsteil durch Dehnungsmes-sung an der Schraube	(5) (6) (3) (2)	17 bis 23	1,4 bis 1,6
Drehschrauber	Direkt über Dehnungsmessung an geeichten Schrauben am Origi-nal-Verschraubungsteil	(5) (8) (3) (2)		
	Über Nachziehmoment, gewon-nen aus Sollanziehmoment (ge-schätzte Reibungszahlen) und geschätztem Zuschlag	(1) (10) (4) (9) (3) (2)	26 bis 43	1,7 bis 2,5

Teilfehler

(1) Schätzen der Reibungszahl.
(2) Streuung der Reibungszahlen in einem Bauteil- und Schraubenlos.
(3) Momentstreuung des vom Drehmomentschlüssel oder Schrauber abgegebenen Moments.
(4) Momentenstreuung des für die Messung des Nachziehmoments eingesetzten Schlüssels.
(5) Fehler bei der Dehnungsmessung an der Schraube.
Mangelnde statistische Treffsicherheit für den Mittelwert…
(6) bei der experimentellen Bestimmung des Sollanziehdrehmoments.
(7) bei der Einstellung des Sollanziehdrehmoments am Schrauber.
(8) beim Einstellen über Dehnungsmessung an der Schraube.
(9) beim Einstellen über Nachziehmoment.
(10) Fehler beim Schätzen des Zuschlags zu dem Sollanziehmoment für das Nachziehmoment.

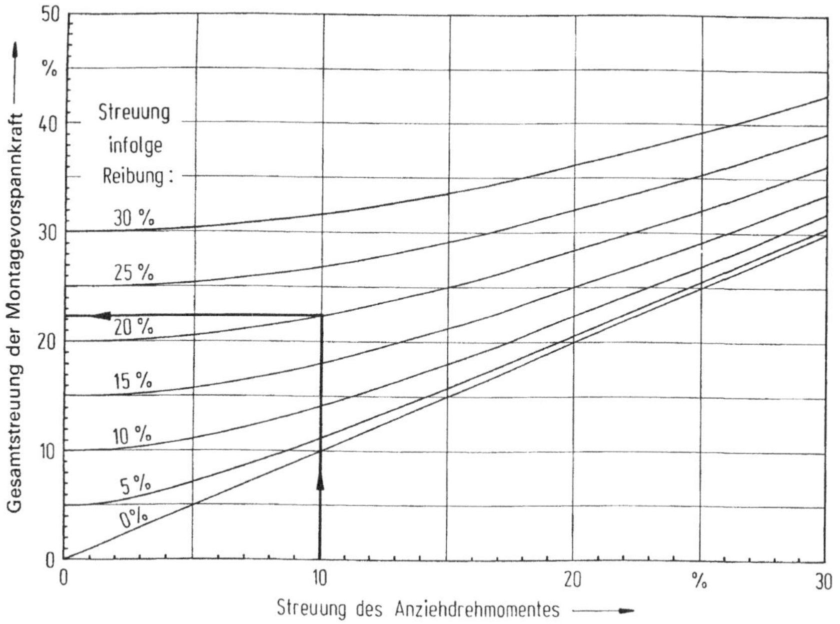

Abb. 8.34. Gesamtstreuung der Montagevorspannkraft beim drehmomentgesteuerten Anziehen [8.26]

Das hier eingezeichnete Montagebeispiel zeigt, dass eine von der Reibung herrührende Streuung der Montagevorspannkraft von 20% infolge einer zusätzlichen 10%-igen Streuung des vom Montagegerät erzeugten Anziehdrehmoments nur auf einen Gesamtstreuwert von etwa 22% angehoben werden kann. Basis der Berechnung war hier die Summe der Quadrate der Einzelstreuungen.

In den Tabellen 4.6 bis 4.9 sind Anziehdrehmomente und Montagevorspannkräfte für eine konstante Gesamtbeanspruchung (90%-ige Ausnutzung der genormten Mindeststreckgrenze) der Schraube $\sigma_{red} = 0{,}9 \cdot R_{p0,2min}$ enthalten (s.a. Gl. 8.33 bis 8.35).

Für diesen *speziellen Fall* einer *konstanten Gesamtbeanspruchung* bleibt das Anziehdrehmoment nahezu unabhängig von der Gewindereibungszahl, weil eine Erhöhung der Gewindereibung und damit der Torsionsbeanspruchung gleichzeitig mit einer Verminderung der erzielbaren Vorspannkraft (Axialspannung σ_M) verbunden ist (Abb. 8.35). Die das Anziehdrehmoment vergrößernde Gewindereibung wird somit von der das Anziehdrehmoment verkleinernden Vorspannkraftverringerung annähernd wieder kompensiert.

Bei der Berechnung der Anziehdrehmomente M_A in den Tabellen 4.6 bis 4.9 nach Gl. (8.28) wurde deshalb eine Vereinfachung in der Form vorgenommen, dass allen angegebenen Kopfreibungszahlen μ_K eine konstante (mittlere) Gewindereibungszahl $\mu_G = 0{,}12$ zugeordnet wurde. Der maximale Fehler durch diese Vereinfachung beträgt im Bereich der in Abb. 8.35 dargestellten Gewindereibungszahlen μ_G nur etwa 10%.

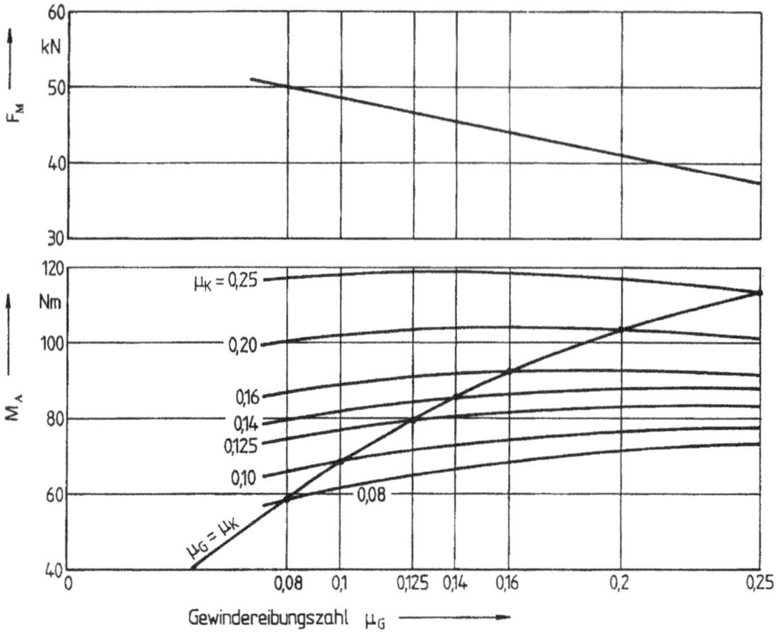

Abb. 8.35. Anziehdrehmoment M_A und Montagevorspannkraft F_M in Abhängigkeit von der Gewindereibungszahl μ_G (M10–12.9 DIN 912) [8.5]

Der Berechnung der Anziehdrehmomente M_A in den Tabellen 4.6 bis 4.9 liegen die *Nenn*maße der Gewindeflankendurchmessers d_2, des mittleren Reibungsdurchmessers D_{Km} der Kopfauflage (Gl. 8.22) entsprechend der Kopfabmessung von Sechskantschrauben nach DIN EN ISO 4014 bis 4018 und der Durchgangslöcher nach DIN EN 20273 (mittel) zugrunde.

Tabelle 8.12 fasst die Vor- und Nachteile der drehmomentgesteuerten Schraubmontage zusammen.

Tabelle 8.12. Vor- und Nachteile des drehmomentgesteuerten Anziehens

Vorteile	Nachteile
Anwendbar bei praktisch allen Schraubfällen	Meist große Vorspannkraftstreuung (Fehler beim Schätzen der Reibungszahlen, Streuung der Reibungszahlen, Ungenauigkeit der Montagewerkzeuge)
Leicht messbare Steuergröße	Überdimensionierung der Schraube
Kontrolle der Steuergröße auch nach der Montage noch möglich	
Relativ geringer Geräteaufwand	

8.4.5 Streckgrenzgesteuertes Anziehen

Beim streckgrenzgesteuerten Anziehverfahren wird die Tatsache ausgenutzt, dass nach Erreichen der Fließgrenze der Schraube zwischen dem Anziehdrehmoment M_A und dem Drehwinkel ϑ kein linearer Zusammenhang mehr besteht (Abb. 8.36).

Während des Anziehvorgangs wird aus Messwerten, die das Schraubwerkzeug liefert, der Differenzenquotient (die Steigung) der Drehmoment-Drehwinkel-Kurve $\Delta M_A / \Delta\vartheta$ gebildet. Ab Erreichen der Schraubenstreckgrenze infolge kombinierter Zug- und Torsionsbeanspruchung fällt dieser Gradient steil ab. Der Schraubvorgang wird im Allgemeinen bei $\Delta M_A / \Delta\vartheta$ = (0,25 bis 0,5)·$(\Delta M_A / \Delta\vartheta)_{max}$ beendet.

Die Durchführung des streckgrenzgesteuerten Anziehvorgangs geschieht in folgenden Schritten [8.33]:

- Anziehen der Verbindung bis zu einem Fügemoment M_F. Aus der Erfahrung mit dem drehwinkelgesteuerten Anziehen (s. Abschnitt 8.4.6) ist die Einführung eines Fügemoments übernommen worden, weil Unregelmäßigkeiten im unteren (Anfangs-)Bereich der M_A-ϑ-Kurve infolge der elastischen und plastischen Deformationen bis zum satten Anliegen der Trennflächen ein vorzeitiges Abschalten des Schraubvorgangs bewirken können. Deshalb beginnt der Vergleich der Differenzenquotienten und die Speicherung des Maximalwertes erst nach Überschreiten dieses Fügemoments [8.34].
- Berechnung des Differenzenquotienten $\Delta M_A / \Delta\vartheta$ über eine einstellbare Sehnenlänge
- Speicherung des Größtwerts $(\Delta M_A / \Delta\vartheta)_{max}$.
- Beendigung des Anziehvorgangs, wenn $\Delta M_A / \Delta\vartheta$ signifikant (z. B. 50%) gegenüber dem Größtwert abgefallen ist.

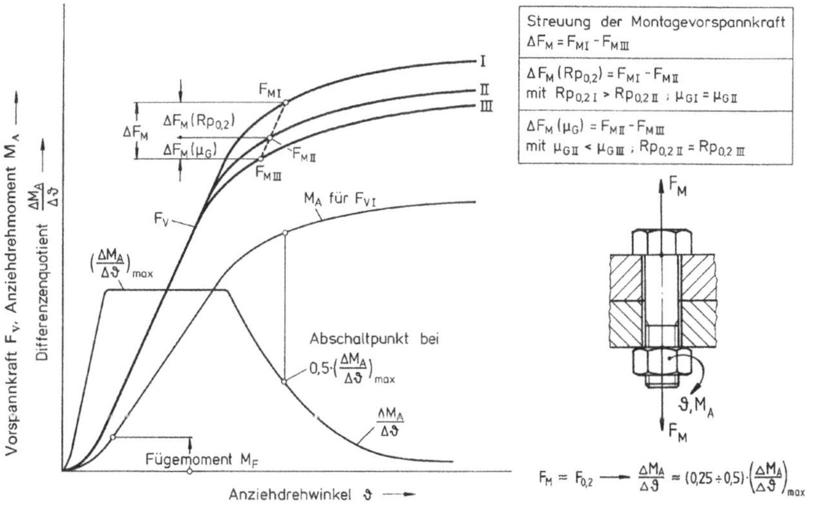

Abb. 8.36. Kontrolle der Montagevorspannkraft F_M mit Hilfe des Differenzenquotienten $\Delta M_A/\Delta\vartheta$ beim streckgrenzgesteuerten Anziehen

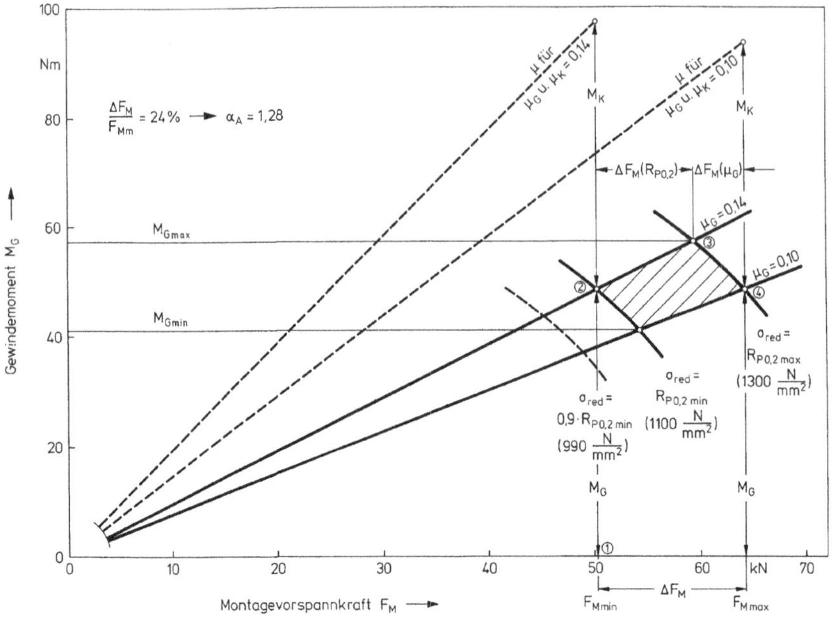

Abb. 8.37. Streuung der Montagevorspannkraft ΔF_M beim streckgrenzgesteuerten Anziehen am Beispiel einer Schraube M10–12.9 [8.26]

Anhand des Beispiels in Abb. 8.37 wird der Einfluss der Streuung der Schraubenstreckgrenze und der Gewindereibung auf die beim streckgrenzgesteuerten Anziehen erreichte Montagevorspannkraft dargestellt und es werden die daraus für die Dimensionierungsrechnung zu ziehenden Konsequenzen erläutert [8.26]:

① Für die sichere Funktion der Schraubenverbindung sei eine Mindestmontagevorspannkraft F_{Mmin} erforderlich.

② Diese wird unter Berücksichtigung einer geschätzten größten Reibung im Gewinde ($\mu_G = 0{,}14$) und bei einer genormten Mindeststreckgrenze der Schraube von $R_{p0,2min} = 1100\,\text{N/mm}^2$ erreicht.

③ Infolge der zulässigen Streuung der mechanischen Eigenschaften der Schraube kann die Montagevorspannkraft F_M bei einer gegenüber der genormten Mindeststreckgrenze höheren Schraubenfestigkeit um $\Delta F_M\,(R_{p0,2})$ größer werden als F_{Mmin}.

④ Streut die Reibung im Gewinde zwischen $\mu_{Gmin} = 0{,}10$ und $\mu_{Gmax} = 0{,}14$, dann ist schließlich–oberer Grenzwert der Streckgrenze $R_{p0,2max} = 1300\,\text{N/mm}^2$ und kleinste Gewindereibung ($\mu_{Gmin} = 0{,}10$) vorausgesetzt–eine maximale Montagevorspannkraft F_{Mmax} möglich (Abb. 8.36):

$$F_{M\max} = F_{M\min} + \Delta F_M\left(R_{p0,2}\right) + \Delta F_M\left(\mu_G\right) = F_{M\min} + \Delta F_M\left(R_{p0,2}, \mu_G\right)$$

Da aber hierbei die relative Gesamtbeanspruchung im jeweiligen Schraubenbolzen immer konstant bleibt, $\sigma_{red} \approx R_{p0,2}$, ist im Gegensatz zum drehmomentgesteuerten Anziehen keine Überdimensionierung mit $\alpha_A = \frac{F_{M\max}}{F_{M\min}}$ erforderlich. Deshalb kann der Anziehfaktor α_A bei der Berechnung der Schraubenverbindung unberücksichtigt bleiben. Die Auslegung der Schraubenverbindung geschieht jetzt nurmehr für die für die Funktion der Schraubenverbindung benötigte Mindest-Montagevorspannkraft F_{Mmin}.

Das streckgrenzgesteuerte Anziehen besitzt somit im Wesentlichen die folgenden Vorteile (Tabelle 8.13):

- Mit diesem Verfahren werden größtmögliche Montagevorspannkräfte erreicht (optimale – 100%-ige – Ausnutzung der Schraube).
- Gegenüber dem drehmomentgesteuerten Anziehen wirkt sich eine Streuung der Reibungszahlen wesentlich weniger stark auf die Streuung der Montagevorspannkraft aus (Abb. 8.38).
- Eine Überbeanspruchung der Schraube bei der Montage ist praktisch nicht möglich, weil der Anziehvorgang mit Erreichen der Schraubenstreckgrenze abgebrochen wird.
- Die Kopfreibung (μ_K) hat *überhaupt keinen* Einfluss auf die Montagevorspannkraft. Sie stellt hier im Gegensatz zum drehmomentgesteuerten Anziehen keinen „Störfaktor" dar.
- Die Streuung der Montagevorspannkraft resultiert *nur noch* aus der Streuung der Schraubenstreckgrenze $\Delta R_{p0,2}$ und der Gewindereibung $\Delta\mu_G$ (Abb. 8.36 und Abb. 8.39).
- Das Verfahren ist weitgehend unabhängig von den elastischen Nachgiebigkeitsverhältnissen von Schraube und verspannten Teilen (Abb. 8.40).
- Die Wiederverwendbarkeit streckgrenzgesteuert angezogener Schrauben ist im Allgemeinen nicht gefährdet, da die plastischen Längenänderungen in der Größenordnung von nur etwa 0,2 bis 0,3% liegen. So konnten z. B. bei Untersuchungen von [8.5] Schrauben M8x45 DIN 912 der Festigkeitsklasse 12.9 und 8.8, die um 0,3% plastisch gelängt wurden, 28mal (12.9) bzw. 55mal (8.8) ohne Bruch angezogen werden.
- Auch relativ kurze Schrauben können zuverlässig vorgespannt werden.
- Da der Schraubvorgang unterbrochen wird, wenn ein Teil der Schraubenverbindung den Fließbereich ereicht, können Fehler wie
  - falsche Schraubenfestigkeit (z. B. infolge unzureichender oder unterbliebener Vergütung),
  - zu niedrige Mutterfestigkeit,
  - Gewindeschäden,
  - unsachgemäß geschnittene Sacklöcher,
  - falsche Gewindepaarungen,
  - falsche Schmierung usw.

durch ein getrennt arbeitendes Kontrollsystem – das sog. „grüne Fenster" – angezeigt werden [8.35].

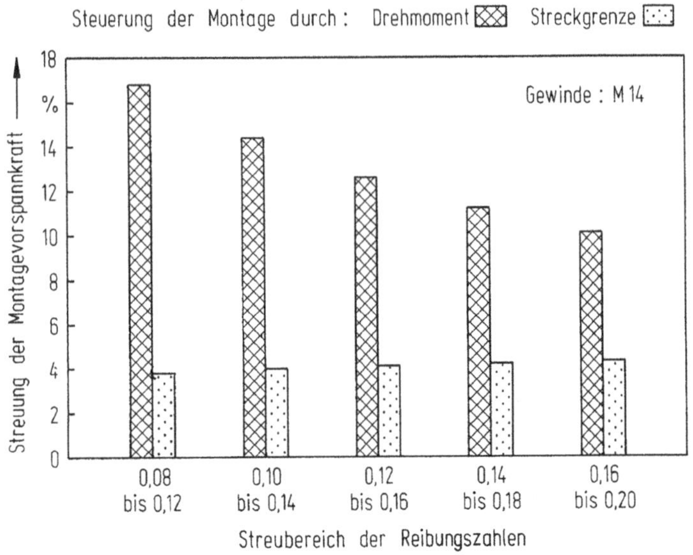

Abb. 8.38. Reibungseinfluss auf die Montagevorspannkraft beim drehmoment- und streckgrenzgesteuerten Anziehen – vergleichende Betrachtung [8.26]

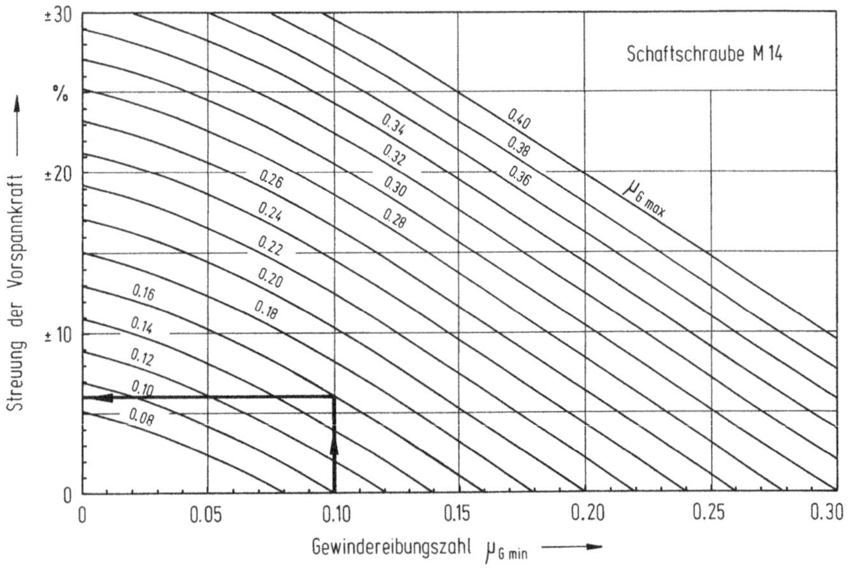

Abb. 8.39. Einfluss der Gewindereibung beim streckgrenzgesteuerten Anziehen [8.26]

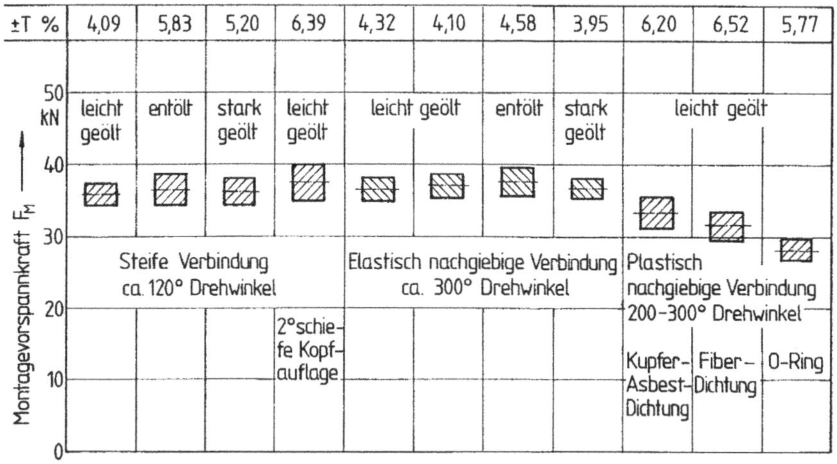

Abb. 8.40. Vorspannkraftstreuungen ± T beim streckgrenzgesteuerten Anziehen in Abhängigkeit von den Nachgiebigkeiten der Verbindung [8.5]

Einen modifizierten Sonderfall des streckgrenzgesteuerten Anziehens stellt das Mitverspannen sog. Hilfsfügeteile dar, die während des Anziehvorgangs plastisch verformt werden (Abb. 8.41). Dort steigt nach Erreichen der Fließgrenze des Innenrings *a* unter der Mutter die Vorspannkraft infolge der flachen Kraft-Verformungskurve nur noch langsam an. Die Schraube lässt sich auf diese Weise mit einer Toleranz von etwa ± 10% auf eine bestimmte Vorspannkraft anziehen, ohne dass sie bis zu ihrer Fließgrenze vorgespannt werden muss. Verfahren dieser Art sind in jedem Fall aufwendig, sowohl hinsichtlich der Kosten wie des Platzaufwandes, nicht zuletzt auch deshalb, weil die plastisch deformierten Teile nicht mehrfach verwendet werden können.

Tabelle 8.13. Vor- und Nachteile des streckgrenzgesteuerten Anziehens

Vorteile	Nachteile
Größtmögliche Montagevorspannkraft	Hoher Messaufwand für Anziehdrehmoment M_A und Drehwinkel ϑ
Relativ geringe Vorspannkraftstreuung, unabhängig von der Kopfreibung, abhängig von Gewindereibung und Werkstofffestigkeit	Hoher Geräteaufwand
Keine Überdimensionierung der Schraube erforderlich	Nachträgliche Kontrolle des Montageergebnisses nicht möglich
Zuverlässige Montage auch kurzer Schrauben	Fehlmessungen möglich zum Beispiel durch Scheiben oder weiche Dichtungen
Fast uneingeschränkte Wiederholmontage	
Verbesserte Dauerhaltbarkeit der Verbindung	
Hoher Grad an Fehlererkennung	

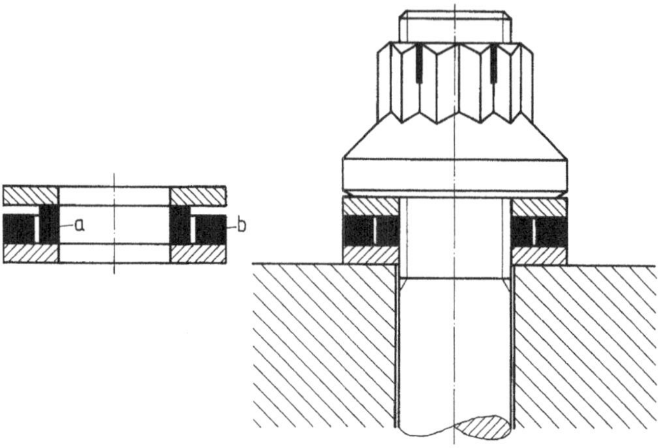

Abb. 8.41. Kontrolle der Vorspannkraft durch die Fließgrenze des Innenrings a [8.36]

8.4.6 Drehwinkelgesteuertes Anziehen

Beim drehwinkelgesteuerten Anziehen wird die Vorspannkraft indirekt durch Verlängerungsmessung bestimmt [8.26 und 8.37]. Die Gesamtlängenänderung von Schraube und verspannten Teilen kann in erster Näherung wie folgt beschrieben werden:

$$f_S + f_P = \frac{\vartheta \cdot P}{360°} \tag{8.54}$$

Wegen des nichtlinearen Beginns der Vorspannkraft-Drehwinkelkurve (Abb. 8.42) wird die Verbindung bei diesem Verfahren zunächst mit einem entsprechenden Füge- oder Setzmoment angezogen, um die zu verspannenden Teile vollständig zur Anlage zu bringen. Von hier aus wird die Schraubenverbindung durch Drehen der Schraube bzw. der Mutter um den Nachziehwinkel ϑ verspannt.

Eine optimale Ausnutzung dieses Verfahrens erreicht man durch die Wahl eines Nachziehwinkels, bei dem die Schraubenstreckgrenze überschritten wird.

Winkelfehler wirken sich im überelastischen Bereich wegen des annähernd horizontalen Verlaufs der Verformungskennlinie kaum auf die Vorspannkraftstreuung aus, so dass eine gute Reproduzierbarkeit der Vorspannkraft gewährleistet ist. Im Hinblick auf eine größere Zuverlässigkeit sollte der Nachziehdrehwinkel jedoch am jeweiligen Verschraubungsfall im Vorversuch experimentell bestimmt werden.

Die beim drehwinkelgesteuerten Anziehen auftretenden Vorspannkraftstreuungen resultieren im Wesentlichen aus folgenden Faktoren [8.26]:

- Streuung der Schraubenstreckgrenze $R_{p0,2}$,
- Verfestigungsverhalten des Werkstoffs,
- Streuung der Gewindereibungszahl μ_G.

Sie sind etwa in der gleichen Größenordnung anzusetzen wie beim streckgrenzgesteuerten Anziehen (Abb. 8.36 und Abb. 8.42).

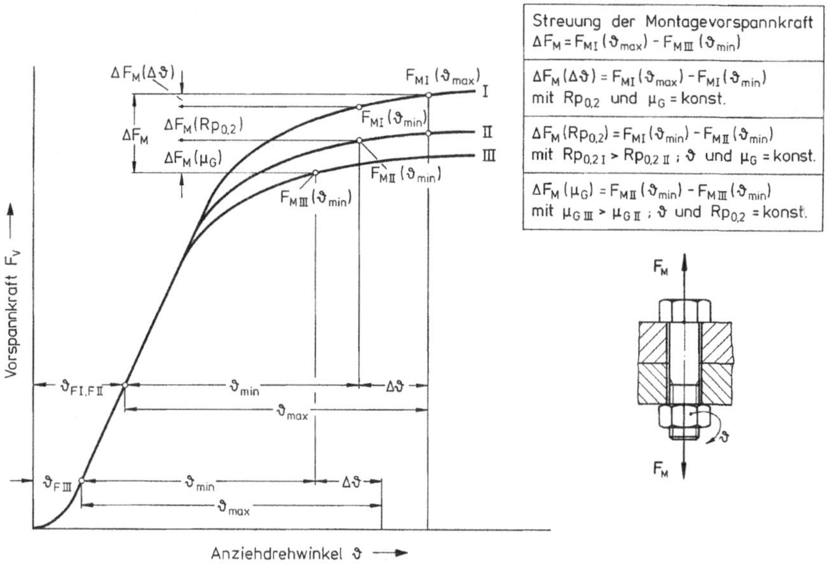

Abb. 8.1. Kontrolle der Montagevorspannkraft F_M mit Hilfe des Drehwinkels (drehwinkelgesteuertes Anziehen – schematisch)

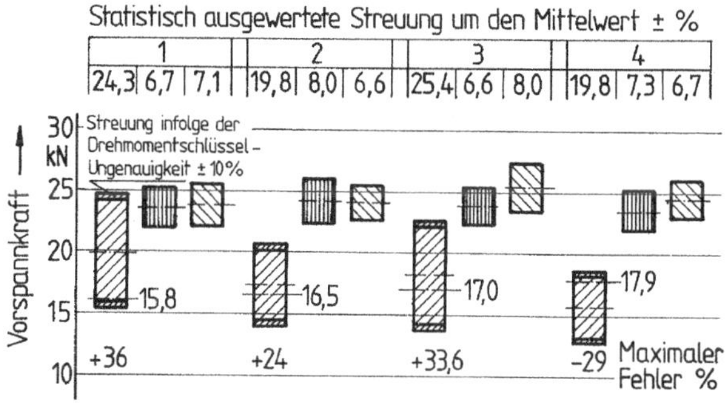

Versuchsreihe	1	2	3	4
Schraubenkopf	geölt	leicht geölt	stark geölt	MoS_2
Gewinde	entölt	geölt	stark geölt	MoS_2
Verspannte Oberfläche	blank	blank	phosphatiert	phosphatiert
Zugfestigkeit N/mm²	600–700	400–500	600–700	600–700

Drehmoment-gesteuert Streckgrenz-gesteuert Winkel-gesteuert

Abb. 8.43. Vorspannkraftstreuung für drehmoment-, drehwinkel- und streckgrenzgesteuertes Anziehen bei unterschiedlichen Reibungsverhältnissen zwischen den Kontaktflächen [8.35]

Bei Untersuchungen von [8.35, 8.38] wurden Streubreiten der Montagevorspannkraft bis maximal nur etwa ±8% ermittelt (Abb. 8.43).

Obwohl Streuungen der Reibungszahlen, des Drehwinkels und der Schraubenstreckgrenze die Höhe der erreichbaren Vorspannkraft beeinflussen, bleibt der Anziehfaktor α_A bei der Dimensionierung der Schraube aus dem gleichen Grund wie beim streckgrenzgesteuerten Anziehverfahren unberücksichtigt.

Da der Drehwinkel zudem eine geeignete Steuerungsgröße für motorische Schrauber darstellt, ist eine wirtschaftliche Anwendung des Verfahrens in der Großserienfertigung möglich [8.5, 8.34, 8.38]. Das drehwinkelgesteuerte Anziehen gehört in der deutschen Kraftfahrzeugindustrie zum Stand der Technik.

Bei der Anwendung des drehwinkelgesteuerten Anziehverfahrens sind folgende Punkte besonders zu beachten:

- Fügemoment und Drehwinkel müssen für die jeweilige Verbindung vor der Montage experimentell festgelegt werden.
- Die Wiederverwendbarkeit der Schraube ist infolge Überschreitens der Streckgrenze begrenzt [8.39]. Bei mehrmaliger Verwendung ist eine Überprüfung der vorhandenen plastischen Dehnung erforderlich.
- Die Kontrolle von Drehmoment und Drehwinkel ist zweckmäßig, um der Gefahr des Nichterreichens der angestrebten Vorspannkraft, z. B. durch beschädigte Gewinde oder nicht satt anliegende Teile, zu begegnen.
- Durch geeignete konstruktive Gestaltung muss eine hinreichende Dehnlänge der Schraube ($l/d \geq 2$) sichergestellt sein.
- In der Montagepraxis wird im Allgemeinen mit Drehwinkeln gearbeitet, bei denen je nach Verfestigungsgradient die Streckgrenzkraft mehr oder weniger deutlich überschritten wird. Die Montagevorspannkraft erreicht bei diesem Verfahren annähernd die Höchstzugkraft der Schraube, so dass die Schraubenstreckgrenze im Gegensatz zum streckgrenzgesteuerten Anziehverfahren nur eine relativ geringere Bedeutung besitzt.
- Aus Sicherheitsgründen sollte sich das Verfahren auf den Gleichmaßdehnungsbereich beschränken.

Aus Abb. 8.44 wird am Beispiel einer Schraube M10–10.9 die Überlegenheit des drehwinkelgesteuerten Anziehens gegenüber dem drehmomentgesteuerten Anziehen in Bezug auf die Höhe der Montagevorspannkraft und deren Abhängigkeit von der Reibungszahl sehr deutlich.

Das Diagramm in Abb. 8.45 erlaubt im Vorfeld – auch mit Extra- und Interpolation – bei bekanntem Klemmlängenverhältnis der einzusetzenden Verschraubung eine praktische und hinreichende Abschätzung der später für einen „Drehwinkelanzug“ zur Verfügung stehenden Gleichmaßdehnung der einzusetzenden Schraube im Festigkeitsklassenbereich zwischen 8.8 und 12.9.

Tabelle 8.14 stellt Vor- und Nachteile des drehwinkelgesteuerten Anziehens gegenüber.

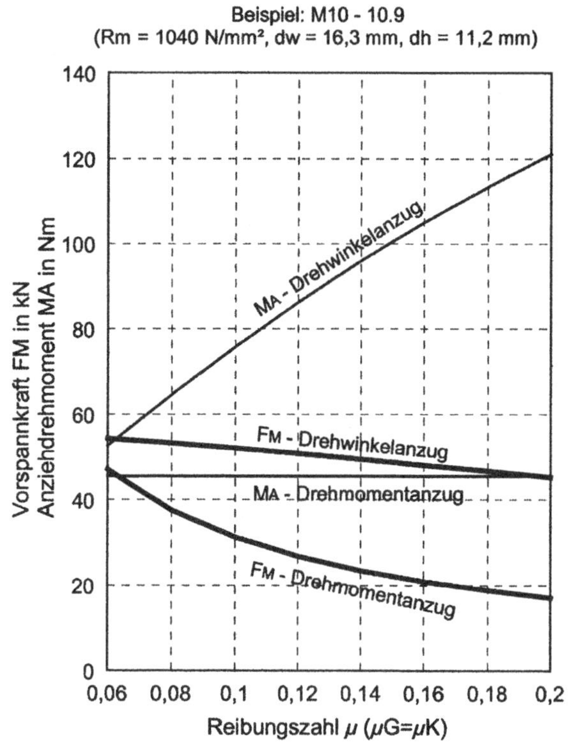

Abb. 8.44. Vergleichende Darstellung des Montageergebnisses beim drehmoment- und drehwinkelgesteuerten Anziehen am Beispiel einer Schraube M10–10.9

Tabelle 8.14. Vor- und Nachteile des drehwinkelgesteuerten Anziehens

Vorteile	Nachteile
Größtmögliche Montagevorspannkraft	Hinreichende Gleichmaßdehnung der Schraube erforderlich
Relativ geringe Vorspannkraftstreuung, unabhängig von der Kopfreibung, abhängig von Gewindereibung und Werkstofffestigkeit	Eingeschränkte Wiederverwendbarkeit der Schraube
Keine Überdimensionierung der Schraube erforderlich	Nachträgliche Kontrolle des Montageergebnisses nicht möglich
Relativ geringer Geräteaufwand	Fehlmessungen möglich zum Beispiel bei zu harten oder zu weichen Schrauben
Verbesserte Dauerhaltbarkeit der Verbindung	Vergleichsweise aufwendige experimentelle Ermittlung der Montagevorschrift

8.4.7 Impulsgesteuertes Anziehen

Beim impulsgesteuerten Anziehen wird die Motorenergie des Drehschlagschraubers über ein Schlagwerk (Hammer) auf ein mit der Mutter bzw. dem Schraubenkopf verbundenes Teil (Amboss) als Drehimpuls abgegeben. Dadurch wird die Schraube ruckartig angezogen.

Vor- und Nachteile dieses Verfahrens zeigt Tabelle 8.15. Wegen der relativ großen Ungenauigkeit in Bezug auf die erzielbare Streuung der Montagevorspannkraft kann dieses Verfahren ohne zusätzliche elektronische Steuerung für hoch beanspruchte Schraubenverbindungen nicht uneingeschränkt empfohlen werden.

Wirkungsweise und Einstellmöglichkeiten von Drehschlagschraubern werden in Abschnitt 8.5.2 näher erläutert.

Tabelle 8.15. Vor- und Nachteile des impulsgesteuerten Anziehens mit Schlagschrauber

Vorteile	Nachteile
Geringes Reaktionsmoment (geeignet zum Lösen von Schrauben von Hand)	Große Streuung der Vorspannkraft: $\alpha_A = 2{,}5$ bis 4. (Mit Zeitsteuerung unterer Bereich)
Geringes Leistungsgewicht (handlich)	Geräuschvoll
Preisgünstig	

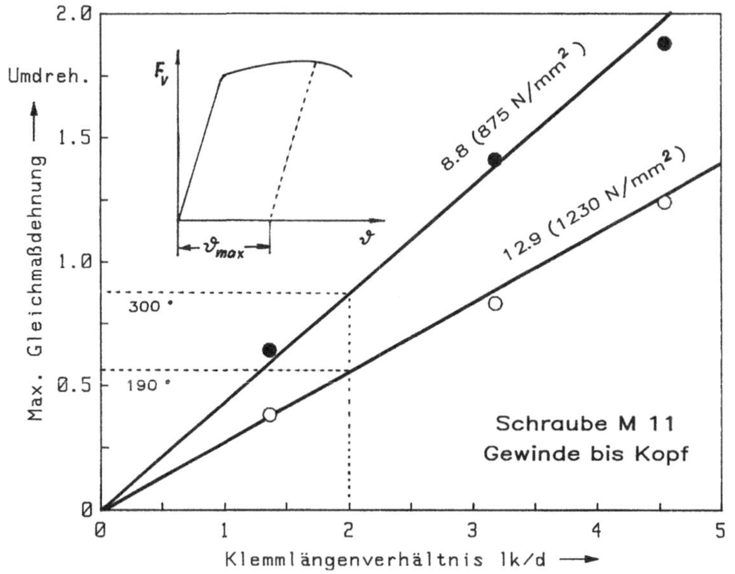

Abb. 8.45. Maximal zur Verfügung stehende Gleichmaßdehnung bei Schrauben der Festigkeitsklasse 8.8 bis 12.9 in Abhängigkeit vom Klemmlängenverhältnis

8.4.8 Vergleichende Beurteilung verschiedener Anziehverfahren – Fehlererkennung

Die Qualität der drehmoment-, streckgrenz- und drehwinkelgesteuerten Anziehverfahren hinsichtlich des erreichbaren Vorspannkraftniveaus und der Streuung der Vorspannkraft sowie der Erkennung möglicher Fehler während des Montagevorgangs soll im folgenden kurz gestreift werden.

Anziehen von Hand nach Gefühl, Anziehen mit Verlängerungsmessung, torsionsfreies Anziehen und impulsgesteuertes Anziehen werden in die Betrachtung insbesondere aus folgenden (bereits in den entsprechenden Abschnitten erwähnten) Gründen nicht mit einbezogen:

- wegen zu großer Ungenauigkeit für hoch beanspruchte Schraubenverbindungen unakzeptabel,
- unwirtschaftlich, weil zu aufwendig in der Durchführung und damit für eine automatisierte Großserien-Montage ungeeignet.

Abb. 8.46 unterstreicht die Überlegenheit der beiden überelastischen Anziehverfahren (drehwinkel- und streckgrenzgesteuert) in Bezug auf Vorspannkraftniveau und -streuung gegenüber dem drehmomentgesteuerten Anziehen.

Bestätigt wird diese Aussage von den Versuchsergebnissen in Abb. 8.43.

Fehler, die beim Montagevorgang mit den unterschiedlichen Montageverfahren nicht zuverlässig erkannt werden können, verdeutlicht Abb. 8.47.

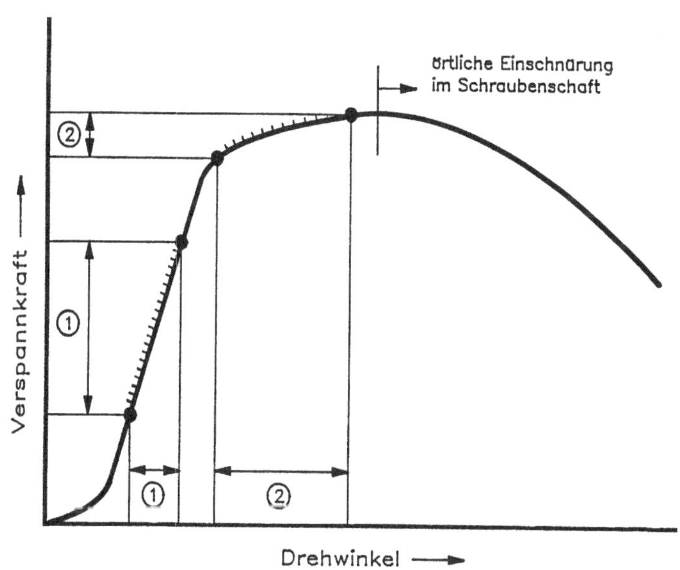

Abb. 8.46. Vorspannkraftniveau bei verschiedenen Anziehverfahren – ① Bereich des drehmomentgesteuerten Anziehens. ② Bereich des drehwinkel- und streckgrenzgesteuerten Anziehens

Abb. 8.47. Fehlerarten und deren Erkennung für verschiedene Montageverfahren

8.5 Motorisches Anziehen

In der Serienmontage werden aus Gründen der Wirtschaftlichkeit motorisch (pneumatisch, hydraulisch oder elektrisch) betriebene Schrauber eingesetzt. Man unterscheidet

- Drehschrauber und
- Drehschlagschrauber.

Elektromotoren haben Druckluftlamellenmotoren weitgehend abgelöst, weil mit der Entwicklung neuer Gleichstrom- und elektronisch commutierter Elektromotoren eine kompakte Bauweise von Mehrspindelschraubern möglich wurde und der Vorteil der schlanken Bauweise von Druckluftlamellenmotoren aufgeholt, dagegen deren Nachteile überwunden werden konnten, wie:

- Luftverschmutzung durch Öldunst,
- Hohe Geräuschentwicklung,
- Schlechter Wirkungsgrad mit hohen Betriebskosten,
- Begrenzte Steuerungsmöglichkeit des Motors,
- Begrenzter Drehmomentbereich,
- Größere Drehmomentstreuung.

Für die Verschraubungstechnik verwendete Motoren, siehe Tabelle 8.16.

Tabelle 8.16. Für die Verschraubungstechnik verwendete Motoren [8.40]

Motortyp	Drehmoment, Begrenzung	Bauform
Druckluftmotor	Abwürgschrauber ohne Kupplung, Kupplungsdrehmomentbegrenzung	Klein, robust. Mechanische Umschaltgetriebe
Hydraulikmotor	Hohes Drehmoment bei kleiner Drehzahl	Extrem kurze kompakte Schraubspindeln
Kurzschlussläufer Drehstrommotor	Drehmoment über Strom, Drehzahl über Frequenz	Mehrstufig arbeitende Spindeln ohne mechanische Umschaltgetriebe möglich. Robust, keine Verschleißteile. Geringes Motorgewicht, hohe Dynamik.
Gleichstrommotor (mit Bürsten)	Regelung über mechanisches Umschaltgetriebe	Geringe Dynamik wegen großer Läufermasse (gewickelter Eisenanker)
Elektronisch commutierter (EC-) Motor (bürstenloser Gleichstrommotor)	Commutierung (Drehfelderzeugung) mit Winkelgeber im Leistungsverstärker. Hohes Drehmoment auch im Stillstand möglich.	Schlanker Läufer mit Dauermagneten. Dreiphasenstator. Hohe Dynamik.

Im Einsatz sind vornehmlich Schrauberspindeln, bestückt mit Sensoren für Drehmoment und Drehwinkel mit Elektromotoren. Trend zum elektronisch commutierten Motor. Die Vorteile für diese Motoren sind:

- Hohe Einschraubdrehzahl: 1000 min^{-1} (Taktzeitverminderung),
- Niedrige Endanziehdrehzahl: 20 min^{-1} (Verbesserung im Fügeverhalten der Schraubenverbindung),
- Kurze Taktzeiten, variable Drehzahl des Motors bis 30000 min^{-1},
- Kleiner Durchmesser bei hohem Läuferdrehmoment und maximaler Dynamik,
- Hohe Schraubgenauigkeit,
- Ein- und mehrstufige Schraubverfahren,
- Reversierbar,
- Geringe Lärmemission,
- Hohe Lebensdauer (ohne Schleifring und Kollektor),
- Hohe Leistungsreserven,
- Hohe Sicherheit durch redundante Signale für Drehwinkel und Moment,
- Hohe thermische Belastbarkeit.

Die modernen elektronischen Steuerungen sind heute in der Regel in Digitaltechnik ausgeführt und sind flexibel parametrierbar und menügeführt für die unterschiedlichsten Anforderungen hinsichtlich Anziehverfahren, Verschraubungsprogramm, Überwachung und Qualitätssicherung [8.41].

Die Möglichkeiten des Programmierens moderner Schraubersteuerungen setzen sich nach [8.41] wie folgt zusammen:

- Verschraubungsprogramme:

  Drehmomentsteuerung,
  Drehmomentsteuerung mit Drehwinkelüberwachung,

Drehmomentsteuerung mit Drehmomentüberwachung mit und ohne Streckgrenzüberschreitung,
Streckgrenzsteuerung mit Drehmoment- und Drehwinkelüberwachung,
Drehwinkelsteuerung mit Drehmomentüberwachung.

- Überwachungsfunktionen:

  Einschraubüberwachung (zum Beispiel „Sicherungsmuttern"),
  Anstiegsüberwachung,
  Stick-slip-Überwachung,
  Wiederholungsverschraubung,
  Redundanzüberwachung.

- Sonderfunktionen:

  Warte-Funktion,
  Löse-Option,
  Schneidschrauben-Option,
  Wachs-Option,

- Gruppen-Anziehen in unterschiedlicher Reihenfolge
- Automatisierte Nacharbeit
- Systemüberwachung und Fehlerdiagnose
- Dokumentation des Verschraubungsvorgangs (statistische Berechnungen)
- Ankopplung über genormte Schnittstellen an:

  Betriebsmittelsteuerung (BMS),
  Drucker,
  Rechner,
  mobile oder stationäre Datenspeicher,
  Netzwerke.

Im Vergleich zum Anziehen von Hand (Drehmomentschlüssel) wird die Montagevorspannkraft bei Verwendung motorischer Schrauber infolge von dynamischen Rückwirkungen auf die Verschraubung noch durch zusätzliche Faktoren beeinflusst [8.24]. Hierzu gehören unter anderem

- die zeitabhängige Anzugscharakteristik der Schrauber (Abb. 8.48) und
- der Anzugswinkel (Gleitweg) bis zum Erreichen der Vorspannkraft in der Verschraubung.

In Abhängigkeit vom Drehwinkel bzw. von der Anzahl der Umdrehungen bis zum Erreichen der erforderlichen Montagevorspannkraft können die möglichen Verschraubungsfälle folgendermaßen klassifiziert werden [8.42]:

Hart:	$\approx 30°$	($\cong$ 0,08 Umdrehungen)
Mittelhart:	$\approx 120°$	($\cong$ 0,33 Umdrehungen)
Mittelweich:	$\approx 360°$	($\cong$ 1 Umdrehung)
Weich:	$\approx 1080°$	($\cong$ 3 Umdrehungen)

Weil sich die Schrauber-Antriebs- und -Energieübertragungssysteme den einzelnen Schraubfällen (weich/hart) unterschiedlich anpassen, können die Anziehdrehmomente in weiten Bereichen streuen (Abb. 8.49).

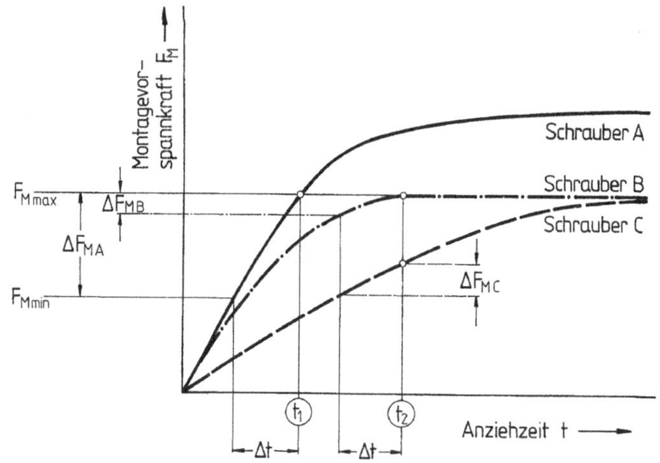

Abb. 8.48. Anzugscharakteristik von Drehschlagschraubern (schematisch) [8.37]

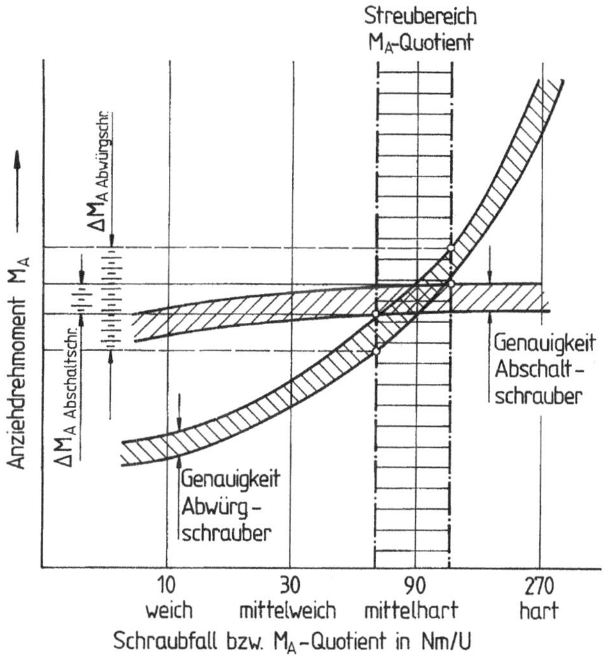

Abb. 8.49. Anziehdrehmomentstreuung von Drehschraubern in Abhängigkeit vom Schraubfall bzw. vom M_A-Quotienten [8.24]

Deshalb sollten motorische Schrauber in jedem Fall an der jeweiligen Originalverschraubung eingestellt werden. Dies kann über ein Nachziehdrehmoment oder die Verlängerungsmessung der montierten Schraube erfolgen.

Unter dem Nachziehdrehmoment M_{NA} wird das nach Abschluss eines Verschraubungsvorgangs zum Weiterdrehen notwendige Moment verstanden.

M_{NA} unterscheidet sich vom Sollanziehdrehmoment M_A für das Drehmomentanziehen um den Nachziehfaktor f_N:

$$f_N = \frac{M_{NA}}{M_A}, \tag{8.55}$$

dessen Größe z. B. von der Art der Schrauben sowie den Reibungs- und Nachgiebigkeitsverhältnissen abhängig ist (Tabelle 8.17).

Tabelle 8.17. Richtwerte für den Nachziehfaktor f_N zur Kontrolle von motorisch angezogenen Schraubenverbindungen [8.37]

Nachziehfaktor $f_N = M_{NA}/M_A = 0{,}95 + \Sigma\Delta f_N$				
Einflussfaktoren			Δf_N	
Schmierungszustand	Schrauben, Muttern im Anlieferungszustand		Nicht zusätzlich geschmiert (trocken „t")	Zusätzlich geölt (ö)
Härte der Gegenlage (Rt: 10–20 µm)	weicher als	sich drehendes Element Schraube oder Mutter	0	0
	härter als		+0,10	+0,12
Drehschrauber	Vorspannkraft	hoch	+0,05	+0,12
		(niedrig)	(+0,12)	(+0,18)
Drehschlagschrauber	Schraubzeit	2 sec	+0,20	
		5 sec	0	
		10 sec	- 0,10	
Nachgiebigkeit der Verbindung		Anziehwinkel		
	Steif	$\alpha < 90°$	0	
	nachgiebig	$\alpha > 90°$	+0,08	
Gewindefeinheit	Regelgewinde		0	
	Feingewinde		+0,08	

Bei der Einstellung der Schrauber können je nach Einstellprinzip Teilfehler durch folgende Streuungseinflüsse entstehen (Abb. 8.50 und 8.51):

1. Einstellen über Nachziehdrehmoment

- Schätzen des Soll-Anziehdrehmoments für das Handanziehen durch Reibungszahl-Schätzung,
- Schätzen des Nachziehfaktors,
- Geräte- und Ablesefehler bei der Messung des Nachziehdrehmoments,
- Treffsicherheit des Mittelwerts durch begrenzte Stichprobe, abhängig von der Zahl der Einstellversuche.

2. Einstellen über Verlängerungsmessung

- Fehler bei der Verlängerungsmessung (Geräte- und Ablesefehler, Dimensions- und E-Modulschwankungen der Schraube),
- Fehler durch die Streuung der Vorspannkraft um den Mittelwert bei einer Schraubereinstellung.

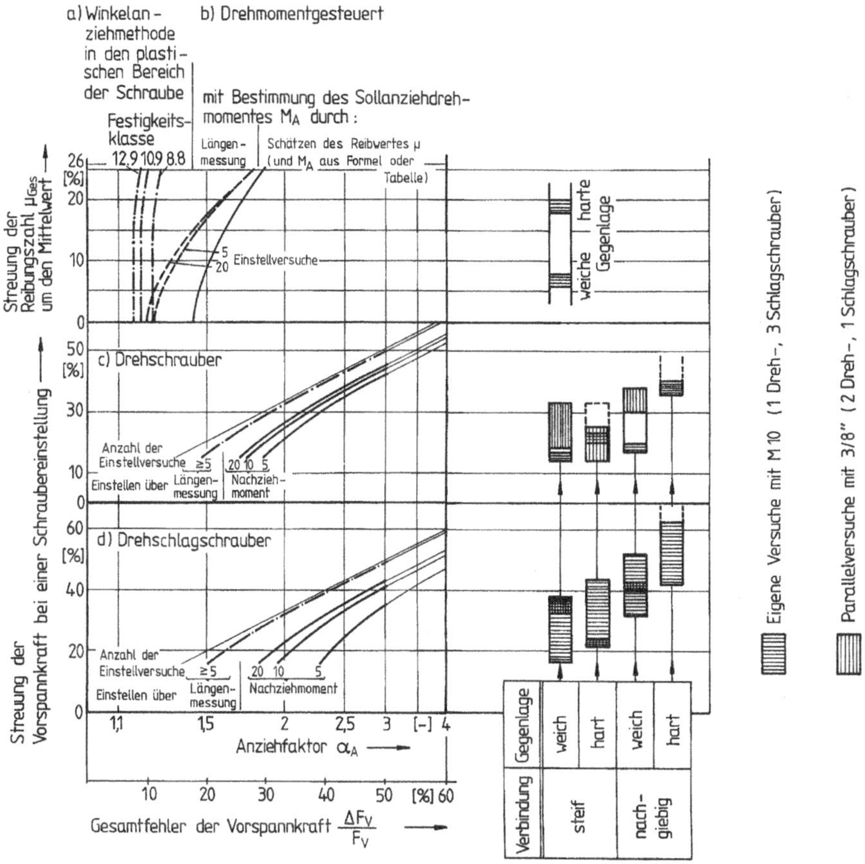

Tendenzen der Einflüsse auf die Lage innerhalb der Streubänder in Ordinatenrichtung		
	erhöhend	vermindernd
Drehmoment-gesteuert	Ruckhaftes ungleichmäßiges Anziehen	
Dreh- und Schlag-schrauber	Luftdruckschwankungen Mehrspindelschrauber (bei Drehschraubern) Verschleiß von Nüssen und Schlagwerk	Rutschkupplung bei Drehschrauber Automatische Zeitabschaltung bei Schlagschraubern Auf horizontalem Ast der Schlagschraubercharakteristik Spielfreie Moment- oder Impulsübertragung auf die Schraube
alle	Großer Drehweg (nachgiebige Verbindung, Feingew.) Große Härte, besonders wenn verbunden mit rauer Oberfläche Kontaktflächen zusätzlich geschmiert	Oberflächen, die Fressen verhindern (z. B. phosphatiert, GG)

Abb. 8.50. Zu erwartende Gesamtstreuung der Vorspannkraft und Anziehfaktor α_A für verschiedene Anziehmethoden [8.37]

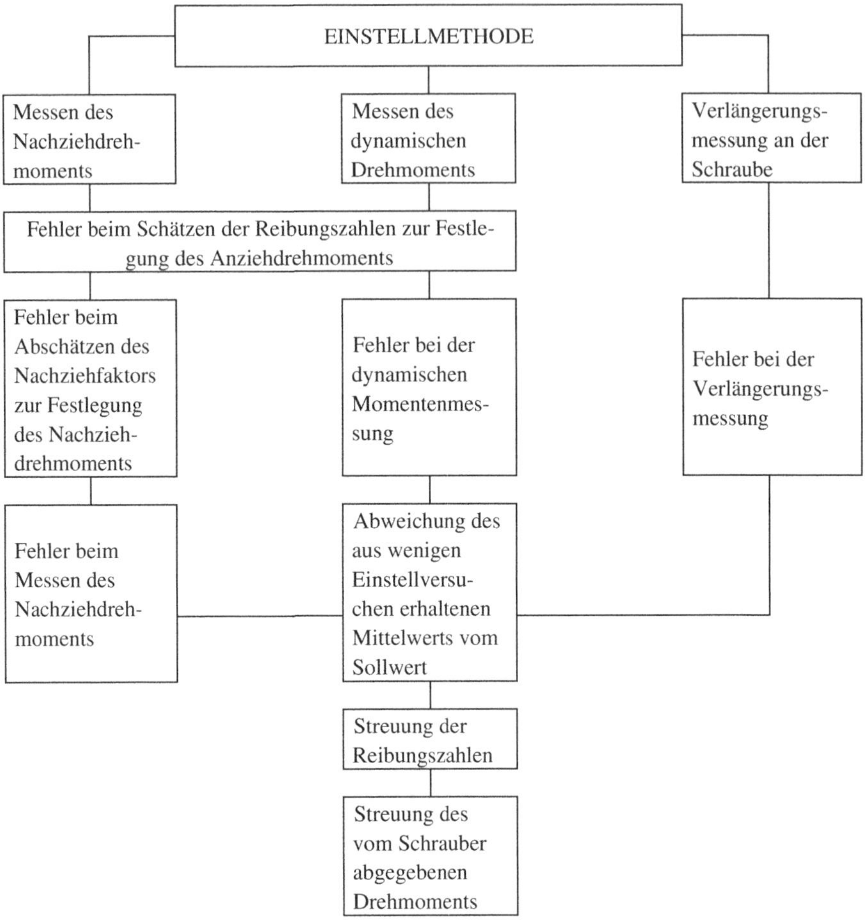

Abb. 8.51. Fehlerquellen beim Einstellen von Schraubern (VDI-Ber.220, 1974)

8.5.1 Drehschrauber

Drehschrauber sind im Allgemeinen Druckluftwerkzeuge mit Lamellenmotor. Das Anziehdrehmoment lässt sich bei ihnen entweder durch den zugeführten Luftdruck oder durch eine Drehmomentkupplung regeln [8.43, 8.44]. Hinsichtlich der Genauigkeit des von den verschiedenen Schraubertypen abgegebenen Drehmoments können folgende Anhaltswerte angegeben werden [8.28]:

Stillstand- oder Abwürgschrauber	±20%
Schrauber mit Klauenkupplung	von Anpresskraft abhängig
Schrauber mit Rutschkupplung	±8 bis ±15%
Schrauber mit Automatikkupplung	±5%

Die vom handbedienten Drehschrauber erzeugten Reaktionskräfte müssen vom Bedienungsmann aufgenommen werden. Daher ist abhängig von der Bauart des Schraubers ab einem bestimmten Drehmoment eine Drehmomentabstützung vorzusehen. Beispielsweise gilt dies bei einem Winkelschrauber für Drehmomente >50 Nm. Mehrspindeldrehschrauber sind nach außen weitgehend momentenfrei und können deshalb unabhängig vom Bedienungsmann für größere Anziehdrehmomente ausgelegt werden.

Obwohl Drehschrauber ursprünglich für das drehmomentgesteuerte Anziehen konzipiert wurden, können sie mit Hilfe geeigneter zusätzlicher elektronischer Messeinheiten auch für drehwinkel- und streckgrenzgesteuertes Anziehen eingesetzt werden.

Die für die Verwendung von Drehschraubern versuchsmäßig erfassten Anziehfaktoren α_A sind in Tabelle 4.11 enthalten.

8.5.2 Drehschlagschrauber

Beim Drehschlagschrauber wird die Motorenergie über ein Schlagwerk (Hammer) auf ein mit der Mutter bzw. dem Schraubenkopf verbundenes Teil (Amboss) als Drehimpuls abgegeben. Dadurch wird die Schraube ruckweise vorgespannt [8.34]. Je nach Konstruktion und Schlagschrauber-Leistung können pro Minute 600 bis 6000 Schläge abgegeben werden [8.46]. Es entstehen die in Abb. 8.52 dargestellten Treppenfunktionen für den Mutterdrehwinkel in Abhängigkeit von der Zeit.

Die Form der Kurven hängt ab von der Schlagstärke, der Schlagperiode und der Nachgiebigkeit der Verbindung sowie von den Übertragungselementen.

Bei der Drehmomentübertragung vom Schlagschrauber auf die Schraube bzw. Mutter durch Drehimpuls entstehen hohe Momentenspitzen in der Verbindung, die um ein Vielfaches höher sein können, als das maximale Motormoment. Der Schlagschrauber benötigt daher nur ein geringes Motormoment im Verhältnis zum Anziehdrehmoment, d. h. für das Anziehen von Schraubenverbindungen großer Abmessungen können Geräte mit relativ kleinem Motor eingesetzt werden, die von einem Monteur ohne weiteres zu halten sind (relativ kleines Gewicht und Reaktionsmoment).

Die Größe des vom Schlagschrauber abgegebenen Drehmoments hängt insbesondere von folgenden Faktoren ab:

- Masse des Schlagwerks,
- Betriebsdruck,
- Luftmenge,
- Zeitdauer, während der das Schlagwerk arbeitet.

Die Umsetzung des Schlagimpulses in Vorspannkraft wird jedoch nach [8.29] noch von einer weiteren Vielzahl von Faktoren nachhaltig beeinflusst:

- Art, Form, Größe, Gleichmäßigkeit und Frequenz der Schlagimpulse,
- Nutzarbeit im Gewinde,
- Reibungsarbeit im Gewinde und in der Kopf- bzw. der Mutterauflagefläche,

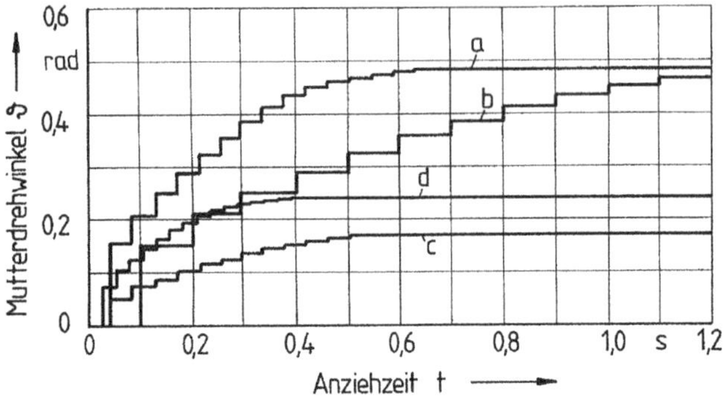

Kennlinie	Schlagstärke ΔD [kgmm²/s]	Schlagperiode t [s]
a	27460	0,042
b	27460	0,100
c	9806	0,042
d	13729	0,026

Abb. 8.52. Verlauf des Mutterdrehwinkels beim Anziehen mit Drehschlagschraubern [8.46]

- Speicherarbeit durch die Nachgiebigkeitsverhältnisse in der Schraubenverbindung,
- Arbeit für elastische Verformungen der impulsübertragenden Teile,
- Arbeitsanteil zur Überwindung der Passungsspiele an allen Stellen wie Werkzeugträger / Einsatzwerkzeug und Einsatzwerkzeug / Schraube (bzw. Mutter),
- Schlagwirkungsgrad zwischen den Auflageflächen von Hammer und Amboss.

Die Vielzahl der Einflüsse auf die Höhe der Vorspannkraft erfordert die Einstellung des Schlagschraubers *an der Originalverschraubung*. Eine Anpassung ist dabei möglich durch

- Zwischenschalten von Torsionsstäben,
- Drosselung der Luftmenge (Drehzahlverminderung),
- Begrenzung der Schlagzeit (Zeitschaltung oder Abschaltung in Abhängigkeit vom Rückstoß).

Das abgegebene Anziehdrehmoment muss jeweils durch das Nachziehdrehmoment oder durch Verlängerungsmessung an der Schraube überprüft werden.

Auch genormte Prüfverfahren für Schlagschrauber (ISO-Standard „Rotary pneumatic assembly tools for threaded fasteners performance test") können diese relativ aufwendige Einstellung des Schraubers an der Originalverschraubung nicht ersetzen. Sie sind allenfalls geeignet, vergleichende Untersuchungen von Schlagschraubern unterschiedlichen Fabrikats in Bezug auf die Zuverlässigkeit der angegebenen Drehmomente durchzuführen.

Auf Grund der vielfältigen Konstruktionsprinzipien von Drehschlagschraubern und der Vielzahl der das Drehmoment beeinflussenden Parameter muss die Streuung der mit nicht kalibrierten Geräten erzielten Vorspannkraft nach [8.24] mit ca. ±60% veranschlagt werden. Selbst bei an den Verschraubungsfall angepassten Geräten beträgt die Streuung der Montagevorspannkraft unter Berücksichtigung der Unsicherheit der Nachziehdrehmomente und der Streuung der Reibungszahl immer noch bis zu ±40% (Abb. 8.50). Die für die Montage von Schraubenverbindungen mit Drehschlagschraubern anzusetzenden Anziehfaktoren ($\alpha_A = 2{,}5$ bis 4, Tabelle 4.11) sind so groß, dass dieses Montageverfahren für hoch vorgespannte und hoch beanspruchte Schraubenverbindungen nicht empfohlen werden kann.

8.6 Automatisierte Schraubenmontage

Besonders wirksam lassen sich die Gesamtkosten von Schraubenverbindungen bei den Montagekosten senken. Es wundert deshalb nicht, dass zunehmend (mit Erfolg) versucht wird, die Schraubenmontage zu automatisieren.

Eine erfolgreiche (störungsfreie) Automatisierung des Montagevorgangs bei Schraubenverbindungen setzt jedoch eine automatengerechte Schraubengestaltung, ein hohes Maß an Lieferqualität der Verbindungselemente, geeignete Montage-Einrichtungen sowie eine automatengerechte Gestaltung der zu verbindenden Bauteile voraus.

Daraus folgt fast zwangsläufig die Forderung nach enger Zusammenarbeit der am Entstehen der Schraubenverbindung Beteiligten (Schrauben- und Mutterhersteller, Konstrukteur der zu verbindenden Bauteile und Hersteller der Montageeinrichtungen).

8.6.1 Die Schraubengestaltung

- *Der Schraubenkopf (Kopfform – Kraftangriff)*

Grundsätzlich muss keine der heute bekannten und genormten Schraubenkopfformen und Kraftangriffsformen von einer automatisierten Montage ausgeschlossen werden (Abb. 8.53 bis Abb. 8.55).

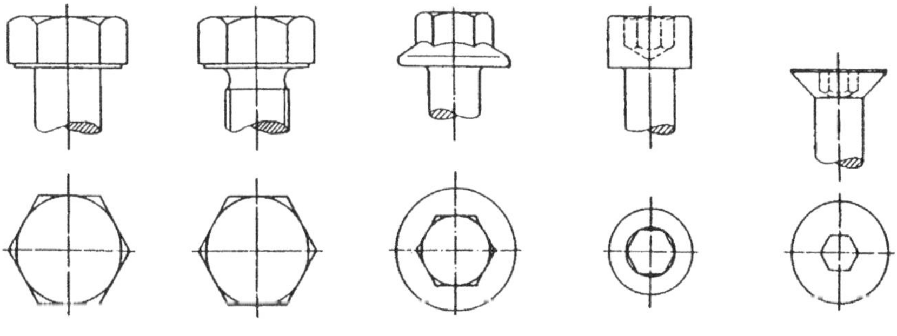

Abb. 8.53. Hochfeste Schrauben – Auswahl genormter Kopf- und Kraftangriffsformen [8.47]

Allerdings sind wiederum auch nicht alle gleich gut geeignet. Die Reihenfolge in Bezug auf die Eignung für eine automatisierte Montage stellt sich wie folgt dar (Eignung von unten nach oben zunehmend):

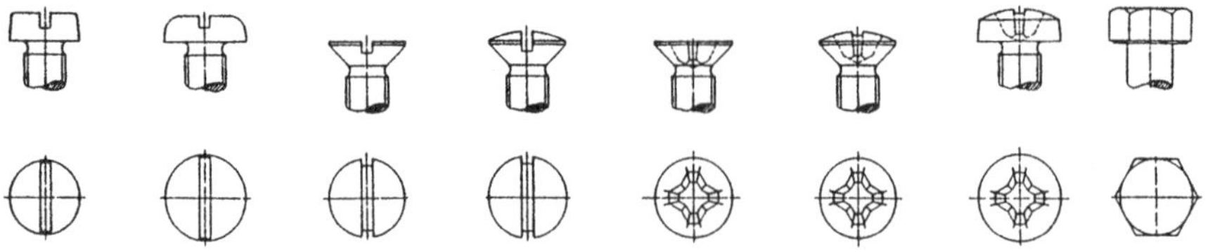

Abb. 8.54. Klein-Schrauben – Auswahl genormter Kopf- und Kraftangriffsformen [8.47]

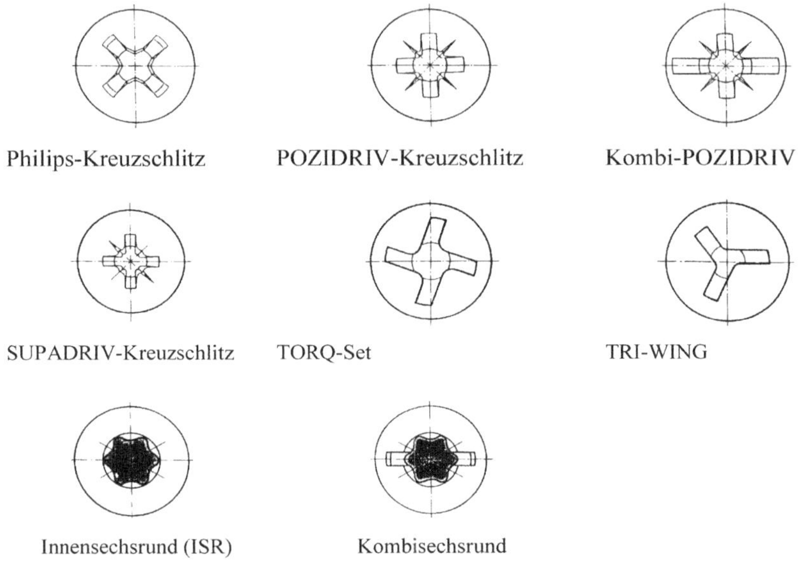

Abb. 8.55. Einige Innen-Kraftangriffsformen [8.48]

	Kleinschrauben
Eignung	Innen- und Außensechsrund
	Pozidriv-Kreuzschlitz
	Phillips-Kreuzschlitz
	Außensechskant mit angepresstem Bund
	Längsschlitz

	Hochfeste Schrauben
Eignung	Innen- und Außensechsrund
	Außenvielzahn (Doppelsechskant) mit angepresstem Bund
	Außensechskant mit angepresstem Bund
	Innenvielzahn (Dreifach-Vierkant)
	Innensechskant

Gegenüber der Norm vergrößerte Schlitzbreiten und Kopfhöhen, angepresste Bunde und Gratfreiheit an Kopf und Schlitz sind vorteilhaft.

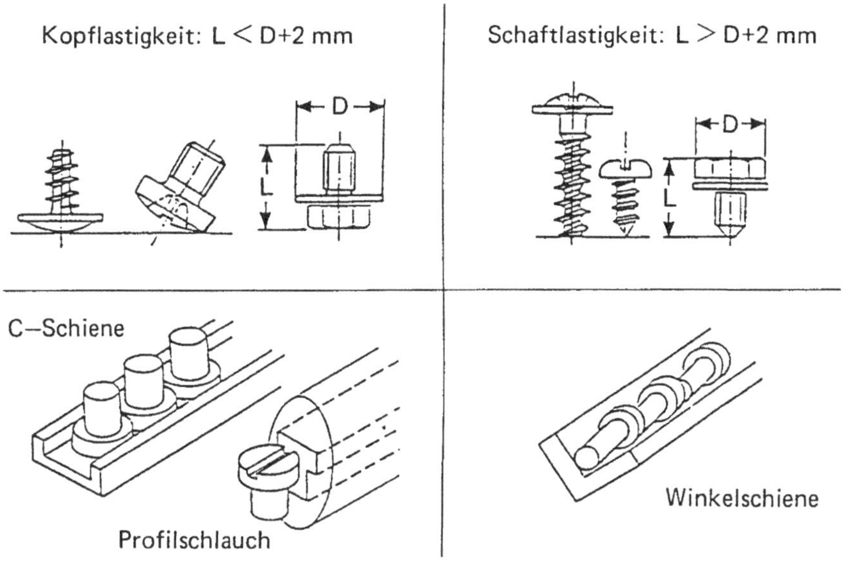

Abb. 8.56. Einflüsse der Schwerpunktlage auf die Zuverlässigkeit der automatisierten Zuführung [8.49]

- *Der Schraubenschaft (Länge)*

Für die Zuführung der Schrauben in Schläuchen ist eine Schrauben-Gesamtlänge von $l_{ges} \geq$ Kopfdurchmesser + 2 mm vorteilhaft (schaftlastig).

Kurze, kopflastige Schrauben müssen auf Schienen oder in Profilschläuchen zugeführt werden (Abb. 8.56).

Sie können darüber hinaus bei der Zuführung im Robotermundstück bzw. im verschraubten Teil durch Verkanten infolge Kippens Probleme bereiten (Abb. 8.57).

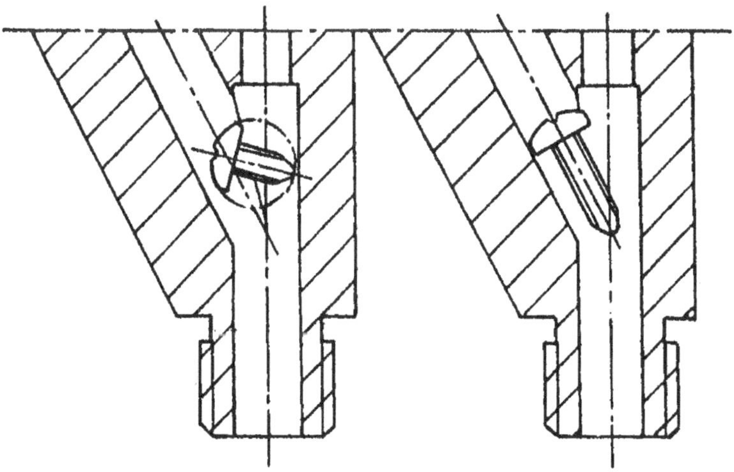

Abb. 8.57. Ungünstige Schraubengeometrie als Störquelle bei der automatischen Montage [8.49]

- *Das Gewindeende*

Gewindeenden mit Zentrierspitze (Abb. 8.58) leisten einen Beitrag zur Verbesserung der Sicherheit bei der Zuführung der Schraube zum Muttergewinde.

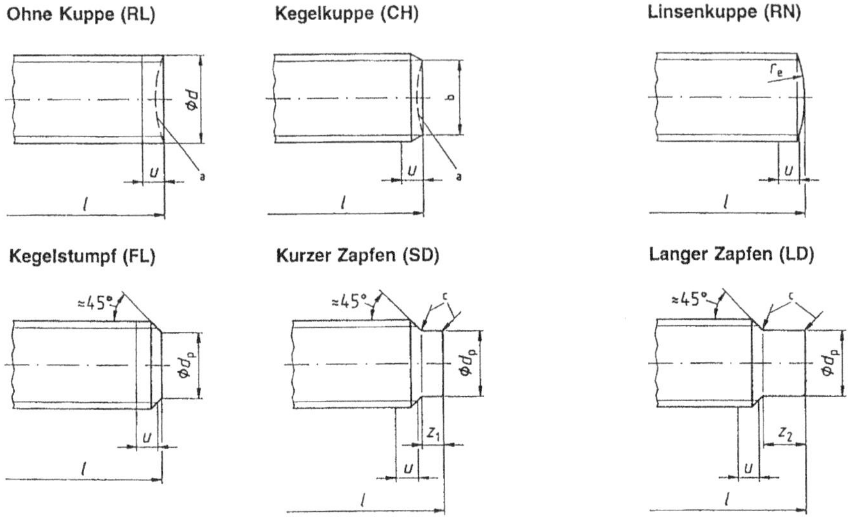

Abb. 8.58. Gewindeenden nach DIN EN ISO 4753 (früher DIN 78)

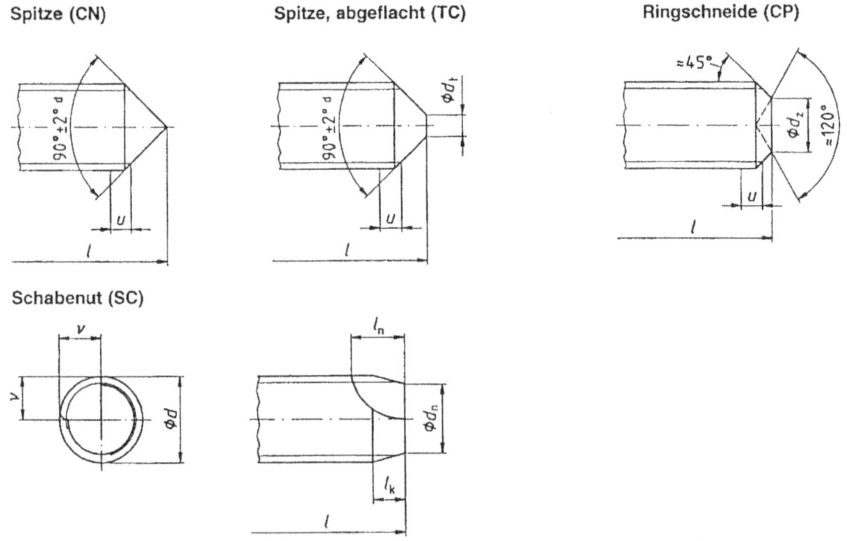

Abb. 8.58. Fortsetzung. Gewindeenden nach DIN EN ISO 4753 (früher DIN 78)

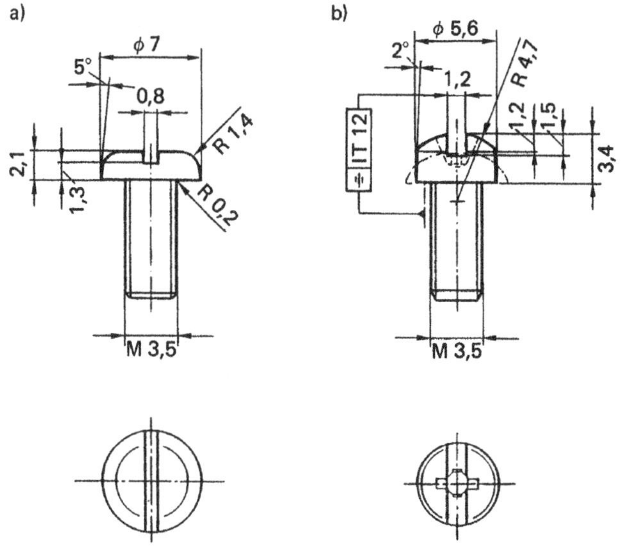

Abb. 8.59. „Automatengerechte" Veränderung einer genormten Kleinschraube

- *Maß-, Form- und Lagetoleranzen*

Die Anforderungen an „Automatenschrauben" in Bezug auf Maß-, Form- und Lagetoleranzen sind im Allgemeinen gegenüber Normschrauben höher, um eine störungsfreie automatisierte Montage sicherzustellen (Abb. 8.59 und Abb. 8.60).

In Abb. 8.59 ist links (a) eine Normschraube nach DIN EN ISO 1580 dargestellt. Die Version (b) auf der rechten Seite berücksichtigt die Zusatzanforderungen an eine sog. „Automatenqualität":

- Gewindeauslauf gefast,
- Kopfhöhe vergrößert,
- Kopfdurchmesser verkleinert,
- Schlitzweite vergrößert;
- zusätzlicher Kreuzschlitz.

- *Der Oberflächenzustand*

Die Funktion der Fördereinrichtungen kann z. B. durch Schmutz, Abrieb, Öl, Wachs, Klebstoff gestört werden.

Die Korrosionsschutzwirkung der oberflächenbeschichteten Schrauben kann durch partiellen Abrieb der Beschichtung in der Fördereinrichtung vermindert werden. Hierbei kann sich zudem das Reibverhalten der Schraube verändern.

Es ist deshalb für „automatengerechte Oberflächen" der Verbindungselemente Sorge zu tragen.

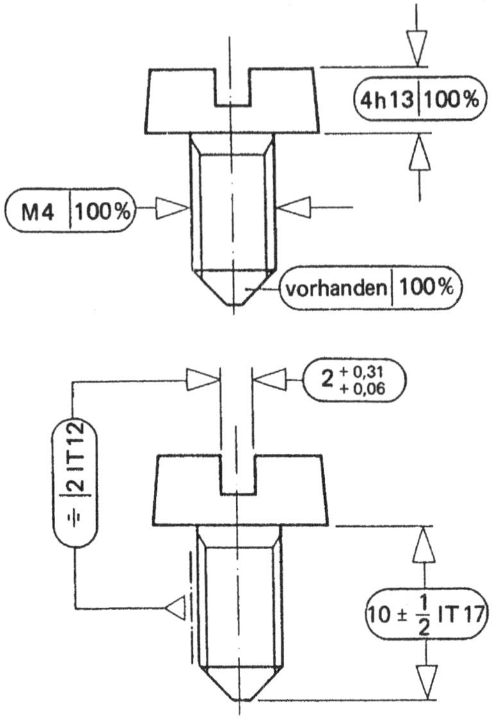

Abb. 8.60. Beispiel für die Bemaßung „automatengerechter“ Schrauben [8.47]: A-Merkmale oben, B-Merkmale unten (Abschnitt 8.6.2).

Von unten nach oben nimmt die Eignung folgender Oberflächenzustände zu:

	Eignung als automatengerechter Oberflächenzustand
Eignung	Anorganische Überzüge
	Organische Beschichtungen
	Mechanisch aufgebrachte Zinküberzüge
	Kunststoffbeschichtungen
	Dekorative Überzüge
	Mikroverkapselte Klebstoffe

8.6.2 Automatengerechte Lieferqualität der Verbindungselemente

Störungen des Montageprozesses verursachen in der Großserienmontage teure Reparaturkosten, z. B. durch Stillstand der Montagebänder. Diese Störungen müssen nach Möglichkeit verhindert werden, um die Montagekosten zu minimieren.

Eine Möglichkeit, dieses Ziel zu erreichen, besteht in der Forderung nach besonders hoher Lieferqualität der Verbindungselemente.

AQL-Werte nach DIN EN ISO 3269 (Annahmeprüfung) zur Beschreibung des Qualitätsstandards reichen hierfür im Allgemeinen nicht mehr aus.

Der Begriff des Reinheitsgrades wurde eingeführt. Der Reinheitsgrad X beschreibt das Verhältnis von Gut- zu Fehlteilen (F) in einem Lieferlos mit der Stückzahl L: $X = (L - F) : F = L : F - 1$.

Für große Losgrößen L mit relativ geringem Fehleranteil F kann er etwa gleichgesetzt werden mit: Reinheitsgrad $X = L : F$.

Mit zunehmendem Reinheitsgrad für die Verbindungselemente nimmt die Wahrscheinlichkeit von Montagestörungen ab. Die Montagekosten sinken (Abb. 8.61).

Abb. 8.61 zeigt aber auch, dass ab einem Reinheitsgrad von etwa 50 000 nur noch eine Senkung der Montagekosten in bescheidenem Umfang möglich ist.

Höhere Anforderungen als $X = 50\,000$ machen somit diesbezüglich wenig Sinn. Sie verbieten sich geradezu, wenn ab einem kritischen Reinheitsgrad-Niveau die Gesamtkosten des verschraubten Produkts infolge stark gestiegener Qualitätskosten für das Verbindungselement zunehmen (Abb. 8.62).

Es ist deshalb geboten, den zu fordernden Reinheitsgrad für die Verbindungselemente sorgfältig vor dem Hintergrund der Gesamtkosten zu prüfen.

Merkmale und Eigenschaften mit besonders hohen Qualitätsansprüchen sind zweckmäßigerweise vom Anwender gemeinsam mit dem Hersteller der Verbindungselemente festzulegen. An Merkmale und Eigenschaften, die die Montagesicherheit weniger beeinflussen, sollten aus Kostengründen geringere Qualitätsansprüche gestellt werden.

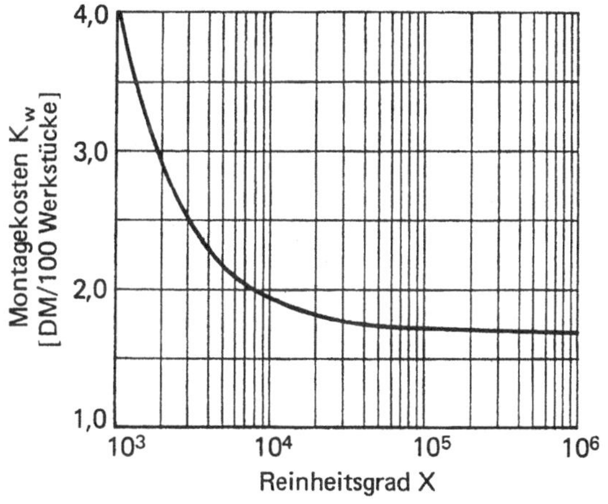

k	Kostensatz des Montageautomaten	0,50 DM/min
m	Leistung des Automaten	30 Stück/min
n	Schrauben je Werkstück	4 Stück
w	Reparaturkosten je Werkstück	5,00 DM
t_s	Störzeit je Störung	12 min

$$K_w = \frac{k}{m} + \frac{n}{x}(k \cdot t_s + w)$$

Abb. 8.61. Reinheitsgrad und Montagekosten [8.47]

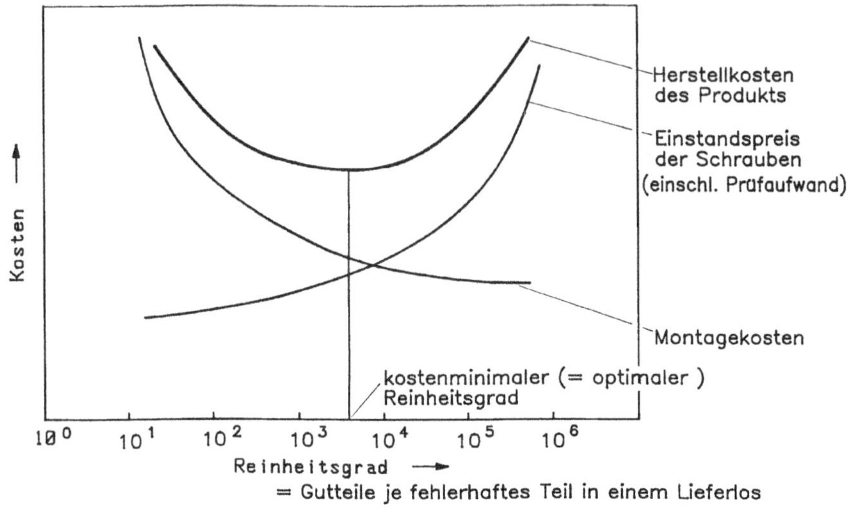

Abb. 8.62. Schrauben- und Montagekosten in Abhängigkeit vom Reinheitsgrad der Schrauben [8.51]

In der Praxis hat sich aus diesen Überlegungen heraus eine Abstufung von Qualitätsmerkmalen durchgesetzt, weil hierdurch die Qualitätskosten für die Verbindungselemente optimiert werden können.
Diese Abstufung sieht A-, B- und C- Merkmale vor:

- *A-Merkmale* sind zu 100% zu kontrollieren. Für A-Merkmale wird ein Reinheitsgrad vereinbart. A-Merkmale sind für die Funktion der Verbindung und die störungsfreie Montage von entscheidender Bedeutung. *Beispiel*: Fremdteile vorhanden, Gewinde vorhanden.
- *B-Merkmale* sind für die störungsfreie Montage ebenfalls wichtig. Eine 100%-Prüfung ist nicht erforderlich oder nicht möglich. Es wird ein verschärfter Stichprobenplan vereinbart. Beispiel: AQL (annehmbare Qualitätsgrenzlage) = 0,25 nach DIN 40080. B-Merkmale können sein: Schlitzbreite, Schraubenlänge usw.
- *C-Merkmale* sind alle übrigen Merkmale, zum Beispiel Radius unter dem Schraubenkopf, Gewindeauslauf. Für die Annahme gilt DIN EN ISO 3269.

Sie müssen Bestandteil der Kundenzeichnung sein (Abb. 8.63).
Die im Fertigungsprozess zu ergreifenden Maßnahmen zur Erzeugung automatengerechter Schraubenqualität sind:

1. Stichprobenhafte Überwachung des Produktionsablaufs und eine Endkontrolle nach Prüfplänen (personalaufwendig)
2. Prozesskontrolle durch elektronische Überwachungsgeräte (nur plötzliche Veränderungen erkennbar).

3. Statistische Prozessregelung (SPC) erfasst schleichende Veränderungen im Fertigungsprozess (nicht für alle Prozesse bei der Schraubenfertigung geeignet, Voraussetzung ist u. a. eine Normalverteilung des Merkmals).
4. Aussortieren fehlerhafter Teile (manuelle 100%-Kontrollen sind mit relativ großem Durchschlupf behaftet).

Die in Punkt 3. genannte statistische Prozessregelung hat dann ihre Grenzen, wenn die Berechnung von Merkmalsgrenzen mit Hilfe statistischer Methoden z. B. auf der Basis einer Gauß'schen Normalverteilung mit der Verteilung der Grundgesamtheit nicht übereinstimmt, und deshalb (unberechtigterweise) Teile als fehlerhaft zurückgewiesen werden [8.52].

Die Forderung nach statistischer Prozessregelung mit Hilfe von Regelkarten sollte deshalb im Vorfeld der Fertigung mit dem Herstellerwerk abgesprochen werden, um spätere Missverständnisse zu vermeiden.

Bestimmte Fehlerarten bei Schrauben sind nur durch eine 100%-ige Kontrolle der Schrauben nach dem Fertigungsprozess möglich, Punkt 4. Hierfür stehen automatisch arbeitende Sortiergeräte zur Verfügung, die den Sortierprozess relativ zuverlässig und wirtschaftlich gestalten.

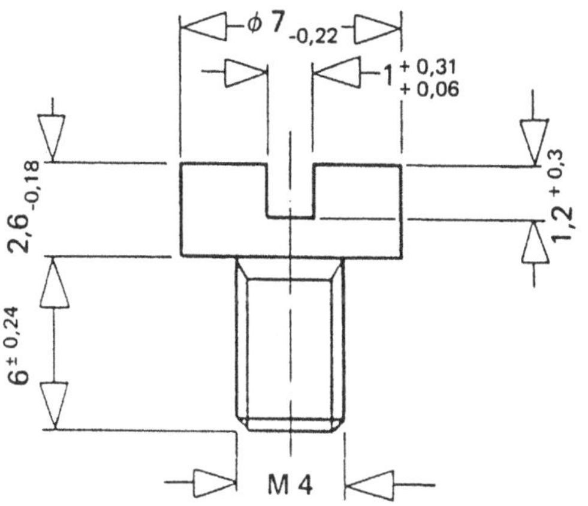

Maß	Klasse	X	AQL
M4 vorhanden	A	10^5	
$7_{-0,22}$	A	10^5	
$1{,}2^{+0,3}$	B	–	0,25
Übrige Maße	C		DIN EN ISO 3269

Abb. 8.63. Bemaßung bzw. Kennzeichnung von A-, B- und C-Merkmalen [8.47]

Wegen der begrenzten Prüfmöglichkeit hinsichtlich Anzahl und Art des Fehlers pro Prüfautomat müssen die zu prüfenden Merkmale in Abhängigkeit von ihrer Bedeutung auf die Montage-Prozesssicherheit sorgfältig ausgewählt werden, Tabelle 8.18:

Tabelle 8.18. Automatisch sortierbare Fehlermerkmale

	M1,6	M2	M3	M4	M5	M6
Kopfdurchmesser	x	x	x	x	x	x
Kopfhöhe		x	x	x	x	x
Bunddurchmesser			x	x	x	x
Bundhöhe			x	x	x	x
Schaftdurchmesser			x	x	x	x
Schaftlänge		x	x	x	x	x

8.6.3 Die Montageeinrichtung

Die Schrauben werden der Montagestation zunächst ungeordnet, z. B. in Kästen oder Beuteln, zugeführt. Die Schraubspindel kann sie jedoch nur vereinzelt und gerichtet verarbeiten. Vor das Verschraubungsgerät wird deshalb eine Zuführeinrichtung geschaltet (Abb. 8.64).

Die Anforderungen an Schraubgeräte für den Automatikstationseinsatz sind zusammengefasst nach [8.53]:

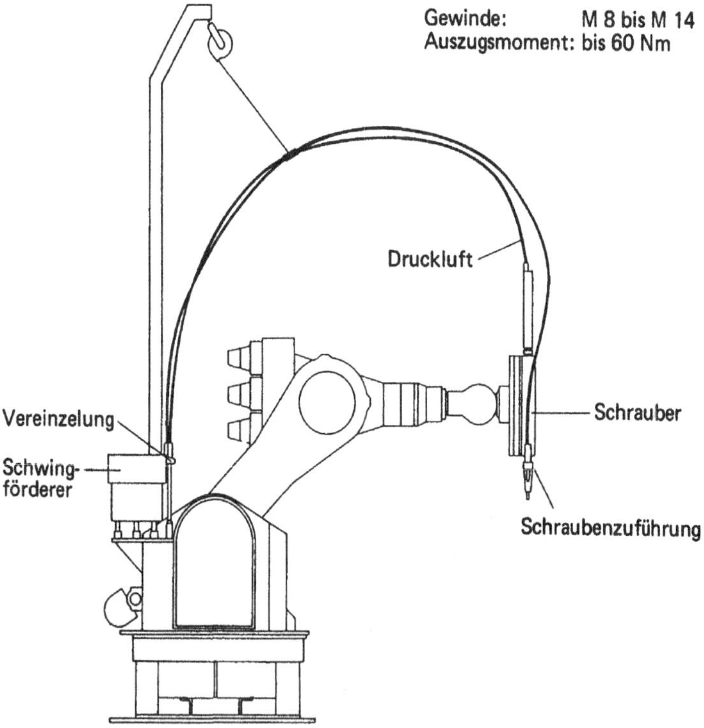

Abb. 8.64. Roboter mit automatischer Schraubenzuführung [8.53]

- Gewichtsoptimierte Schraubspindel,
- Kurze Gesamtbaulänge,
- Schraubspindeln mit EC-Motorenantrieb,
- Interner Vorschubantrieb beim Einsatz an Gelenkarm-Industrieroboter,
- Schraubspindeln mit interner automatischer Schraubenzufuhr zum Abfahren flexibler Verschraubungsbilder
- Mikroprozessor-Steuerung für Schraubablauf und Dokumentation mit standardisierten Schnittstellen und Betriebssoftware,
- Schraubspindeln kompakt und ohne Störkanten,
- Drehmoment-Anziehgenauigkeit ± 1 bis ± 3%,
- Standardisierte Anflanschmöglichkeiten mit geeigneten Wechselflanschen für Greiferwechseleinheiten,
- In jeder Raumlage einsetzbare Schraubspindeln für flexible Verschraubungsbilder,
- Geringer Wartungsaufwand,
- Steckbare Energie- und Messgeberanschlüsse,
- Einsatzschwerpunkt M4 bis M12,
- Geeignet für Versatzwinkel von ± 2° zur Sollachse.

8.6.4 Die zu verbindenden Bauteile

Um eine zuverlässige und störungsfreie automatisierte Verschraubung zu erreichen, müssen nicht nur Schraubroboter in der Lage sein, Form- und Lagetoleranzen von Verbindungselement und verschraubten Bauteilen bis zu einem gewissen Grad auszugleichen. Genauso wichtig ist das Konstruieren der zu verschraubenden

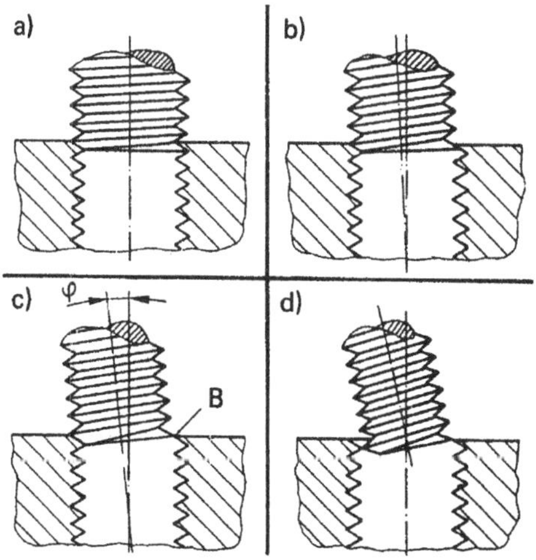

Abb. 8.65. Einfluss des Gewindespiels bei einem Gewinde M6 6g/6H auf den zulässigen Winkelfehler beim Einschrauben [8.54].
a) und b): 0,5 Umdrehungen eingeschraubt, $\varphi \leq 2{,}75°$ c) und d): nicht eingeschraubt, $\varphi \leq 4{,}7°$

Bauteile mit möglichst engen Maß-, Form- und Lagetoleranzen. Denn Verschraubungsgeräte können nach wie vor Abweichungen von Sollmaßen nur in begrenztem Umfang ausgleichen. Auch das Gewindespiel metrischer Gewinde lässt Winkelfehler bei der Zuführung des Bolzens in die Mutter nur bis zu einer bestimmten Größenordnung zu (Abb. 8.65).

Neben den erwähnten Suchspitzen am Gewindeende der Schraube lassen sich noch zusätzlich Exzentrizitäts-Ausgleichsmöglichkeiten durch Anbringen von Fasen am Beginn des Muttergewindes in den zu verschraubenden Bauteilen schaffen (Abb. 8.66).

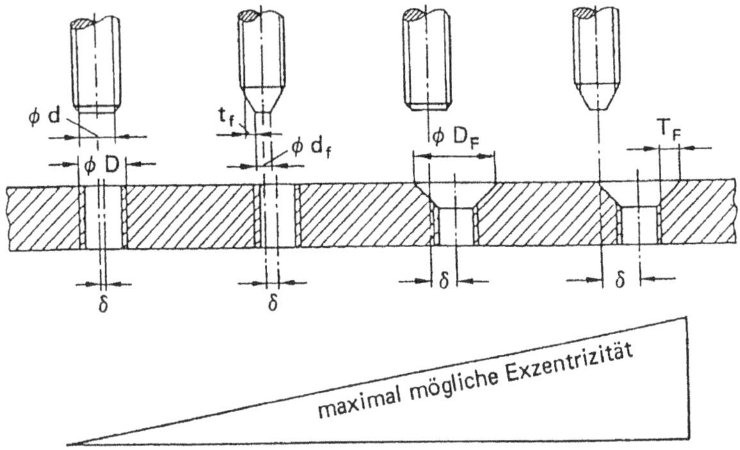

Abb. 8.66. Maximale Exzentrizität bei verschiedenen Fasen und Senkungen [8.54]

Literatur

8.1 Thomala W (1979) Der Dauerbruch – häufigster Schaden bei Schraubenverbindungen. Draht-Welt 65: 67–73

8.2 Klein H Ch (1960) Das Anziehen hochwertiger Schraubenverbindungen. Techn. Rundsch. Schweiz 52: 9–21

8.3 Kellermann R, Klein H Ch (1955) Untersuchungen über den Einfluss der Reibung auf Vorspannung und Anzugsmoment von Schraubenverbindungen. Konstr. Masch. Appar. Gerätebau 7: 54–68

8.4 Paland E G (1967) Die Sicherheit der Schrauben-Mutternverbindung bei dynamischer Axialbeanspruchung. Konstr. Masch. Appar. Gerätebau 19: 453–464

8.5 Junker G H (1974) Reibung – Störfaktor bei der Schraubenmontage. Verbindungstechnik 6-11/12: 25–36

8.6 Wunsch F (1976) Schmierstoffe für Gewindeverbindungen. Verbindungstechnik 8: 19–22

8.7 Strelow D (1981) Für die, die es vergessen haben: Reibungszahl und Werkstoffpaarung in der Schraubenmontage. Verbindungstechnik 13-6: 19–24

8.8 Küchler R (1979) Verbindungselemente aus nichtrostenden Stählen. Draht 30: 291–294

8.9 Pfaff H (1975) Die Ermittlung des optimalen Anzugsmoments für Schraubenverbindungen an Elektroarmaturen mit einer neuen Versuchseinrichtung. Draht 20: 467–474

8.10 Zamilatskii L P et al (1975) Anti-frictional properties of threaded joints in stainless creep-resistant steels and alloys. Vest. Mashinostr. 55-6: 45–49

8.11 Kloos K H, Schneider W (1983) Untersuchungen zur Anwendbarkeit feuerverzinkter HV-Schrauben der Festigkeitsklasse 12.9. VDI-Z. 125: 101–111

8.12 Wiegand H, Strigens P (1972) Zum Festigkeitsverhalten feuerverzinkter HV-Schrauben. Ind. Anz. 94: 247–252

8.13 Wiegand H, Thomala W (1973) Zum Festigkeitsverhalten feuerverzinkter HV-Schrauben. Draht-Welt 59: 542–551

8.14 Kloos K H, Landgrebe R, Schneider W (1986) Untersuchungen zur Anwendbarkeit hochtemperaturverzinkter HV-Schrauben der Festigkeitsklasse 10.9. VDI-Z. 128-12: 98–108

8.15 Junker G, Leusch F (1964) Neue Wege einer systematischen Schraubenberechnung Teil III. Draht-Welt 50: 791–808

8.16 Wiegand H, Illgner K H (1964) Haltbarkeit von Schraubenverbindungen beim Einschrauben in Sacklockgewinde. Konstr. Masch. Appar. Gerätebau 16: 330–340

8.17 Richter E (1968) Über das Fressen von Gewindeverbindungen aus rostfreien Stählen. Draht 19: 186–191

8.18 Ros M, Eichinger A (1949) Die Bruchgefahr fester Körper bei ruhender statischer Beanspruchung. EMPS Zürich. Ber. Nr. 172

8.19 Kloos K H, Schneider W (1988) Beanspruchung und Haltbarkeit hoch vorgespannter Schraubenverbindungen. Mat.-wiss. u. Werkstofftech. 19: 349–355

8.20 Kloos K H, Schneider W (1986) Untersuchung verschiedener Einflüsse auf die Dauerhaltbarkeit von Schraubenverbindungen. VDI-Z. 128-3: 101–109

8.21 Junker G H, Wallace P (1984) The bolted joint: economy of design through improved analysis and assembly methods. Proc. Inst. Mech. Eng. 198 B 14

8.22 Küchler R (1955) Gestaltung der Schlüsselflächen von Schrauben und ihre Beanspruchung bei der Montage. Draht 6: 300–308

8.23 Kayser K (1980) Einflüsse der Kraftangriffsflächen von Schraubenköpfen auf das Anziehen. Verbindungstechnik 12-6: 31–36

8.24 Illgner K H (1973) Montage und Haltbarkeit von Schraubenverbindungen. Z. Wirtsch. Fertigung 68: 287–296

8.25 Fauner G (1974) Wissenswertes über den Einfluss von Reibbeiwerten beim Schraubengewinde. Verbindungstechnik 6: 27–28

8.26 Pfaff H, Thomala W (1982) Streuung der Vorspannkraft beim Anziehen von Schraubenverbindungen. VDI-Z. 124: 76–84

8.27 Theophanopoulos N (1941) Gesetzmäßigkeiten beim Einbau von Schrauben, insbesondere von Kopfschrauben. Berlin: Springer

8.28 Pfaff H (1980) Montage von Schraubenverbindungen. Manuskript Seminar Schraubenverbindungen, Techn. Akademie Esslingen

8.29 Illgner K H, Blume D 1985 Schrauben Vademecum. Firmenbroschüre der Fa. Bauer und Schaurte Karcher GmbH. 6. Auflage

8.30 Fabry Ch H (1974) Die Schraube und das leidige Drehmoment. Theorie und Konzeption eines neuen Schraubenanzugs-Verfahrens. Konstr. Masch. Appar. Gerätebau 26: 67–69

8.31 Schmitz K H (1977) Beitrag zur Optimierung des gruppenweisen Anspannens von Schrauben an Druckbehältern unter Berücksichtigung der Relaxation. Konstr. Masch. Appar. Gerätebau 19: 43–48

8.32 Wiegand H, Illgner K H, Beelich K H (1968) Einfluss der Federkonstanten und der Anzugsbedingungen auf die Vorspannung von Schraubenverbindungen. Konstr. Masch. Appar. Gerätebau 10: 130–137

8.33 Junker G H, Boys J T (1974) Moderne Steuerungsmethoden für das motorische Anziehen von Schraubenverbindungen. VDI -Ber. 220: 87–98

8.34 Junker G H (1972) Drehmomente ungeeignet. VDI-Nachr. 26-8

8.35 Junker G H, Schneiker H E (1975) Streckgrenzengesteuertes Anziehen von Schrauben im Vergleich mit anderen Verfahren. Maschinenmarkt 81: 1229–1231

8.36 Spizig J S (1973) Begrenzen der Bestimmungsgrößen beim Schraubvorgang. wt-Z. ind. Fertig. 63: 624–628

8.37 Junker G H (1970) Reihenuntersuchungen über das Anziehen von Schraubenverbindungen mit motorischen Schraubern. Draht-Welt 56: 122–141

8.38 Junker G H, Schneiker H E (1975) Werkstoffgrenze als Steuergröße für das Anziehen von Schraubenverbindungen. Maschinenmarkt 81: 815–818

8.39 Thomala W (1983) Hinweise zur Anwendung überelastisch vorgespannter Schraubenverbindungen. VDI-Ber. 478: 43–53

8.40 Bauer G (1988) Kontakt und Studium Bd. 256

8.41 Vohl B (1989) VDI-Berichte 766

8.42 Helbig M (1975) Über die Grundlagen des Schraubens. Verbindungstechnik 7: 27–28

8.43 Westerlund B, Krötz R (1975) Zur Sicherheit und Zuverlässigkeit – neue Erkenntnisse bei der Schraubenmontage. Verbindungstechnik 7: 31–36

8.44 Reinauer G (1978) Motorisch betriebene Schraubenanziehwerkzeuge im kritischen Vergleich. Konstr. Masch. Appar. Gerätebau 30: 283–287

8.45 Reinauer G (1978) Auslegen und Klassifizieren von Drehschlagschraubern. Maschinenmarkt 84: 1354–1357

8.46 Großer D (1972) Tipps für die Praxis über Drehschrauber und Schlagschrauber. Verbindungstechnik 4: 23–25

8.47 Großberndt H, Strelow D (1987) VDI-Z Bd. 129-9

8.48 Großberndt H (1988) Kontakt und Studium, expert-verlag Bd. 256

8.49 Großberndt H (1991) Kleinschrauben für die automatische Montage. AV 04

8.50 Rothstein (1983) Maschinenmarkt 59/60

8.51 Scharf P (1988) Kontakt und Studium expert-verlag Bd.256

8.52 Mages W (1988) Kontakt und Studium expert-verlag Bd. 256

8.53 Schupp G (1988) Kontakt und Studium expert-verlag Bd. 256

8.54 Maier Ch (1986) Montageautomatisierung am Beispiel des Schraubens mit Industrierobotern. Dissertation TU München Springer Verlag

9 Selbsttätiges Lösen und Sichern von Schraubenverbindungen

9.1 Die Bedeutung der Vorspannkraft für die Betriebssicherheit

Die Zuverlässigkeit von Schraubenverbindungen hängt im Wesentlichen von folgenden Faktoren ab:

- Ermitteln der erforderlichen Vorspannkraft (Berechnen der Verbindung),
- Erzeugen der erforderlichen Vorspannkraft (Montagemethode),
- Erhalten der erforderlichen Vorspannkraft (Sicherungsmethode),
- Sicheres Übertragen der Betriebskräfte.

Das Erzeugen und Erhalten der erforderlichen Vorspannkraft vor und während der Betriebsbelastung von Schraubenverbindungen gelingt nicht immer hinreichend (Abb. 9.1). Schadensfälle sind die unausweichliche Folge.

Insbesondere bei schwingbeanspruchten Schraubenverbindungen ist das Versagen häufig auf ein Lockern und/oder selbsttätiges Losdrehen während des Betriebs zurückzuführen. Dies ist gleichbedeutend mit dem vollständigen oder partiellen Verlust der Vorspannkraft, der in vielen Fällen einen Dauerbruch der Schraube zur Folge hat. Begünstigt wird der Dauerbruch dadurch, dass mit abnehmender Vorspannkraft der von der Schraube zu übertragende Anteil der Betriebskraft F_A, die Schraubenzusatzkraft F_{SA}, größer wird (Abb. 4.31). Bei exzentrisch betriebsbeanspruchten Schraubenverbindungen kann eine zu niedrige Vorspannkraft eine Systemveränderung von Schrauben und verspannten Teilen hervorrufen, die zu einer unerwarteten Überbeanspruchung von Schraube und Mutter führt.

9.2 Ursachen eines Vorspannkraftverlusts

Ein Vorspannkraftverlust durch selbsttätiges *Lösen* während der Betriebsbeanspruchung von Schraubenverbindungen kann durch zwei verschiedenartige Ursachen hervorgerufen werden, nämlich durch *Lockern* infolge Setzens bzw. Kriechens oder durch *selbsttätiges Losdrehen* von Schraube und/oder Mutter [9.1, 9.12](Abb. 9.2).

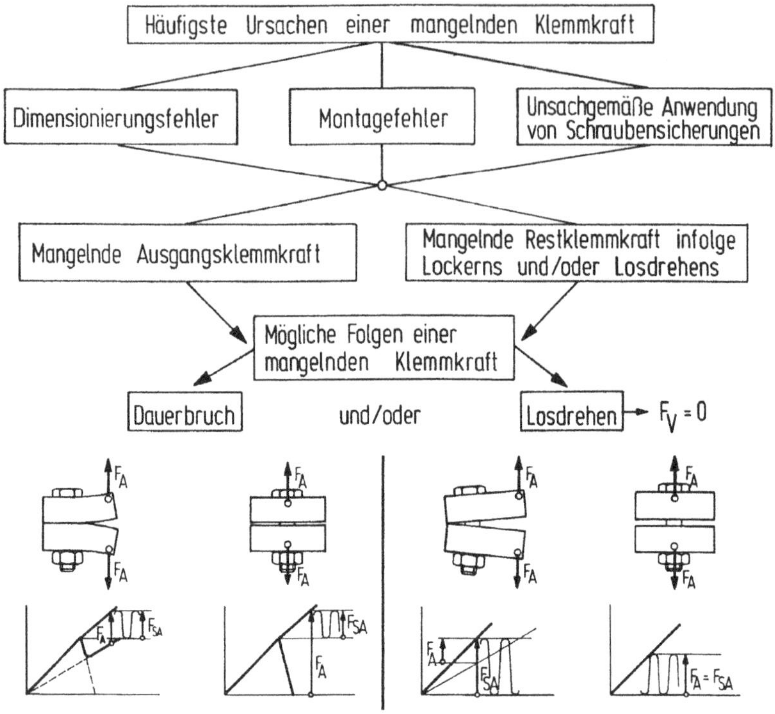

Abb. 9.1. Ursachen und mögliche Folgen einer mangelnden Klemmkraft in schwingbeanspruchten Schraubenverbindungen

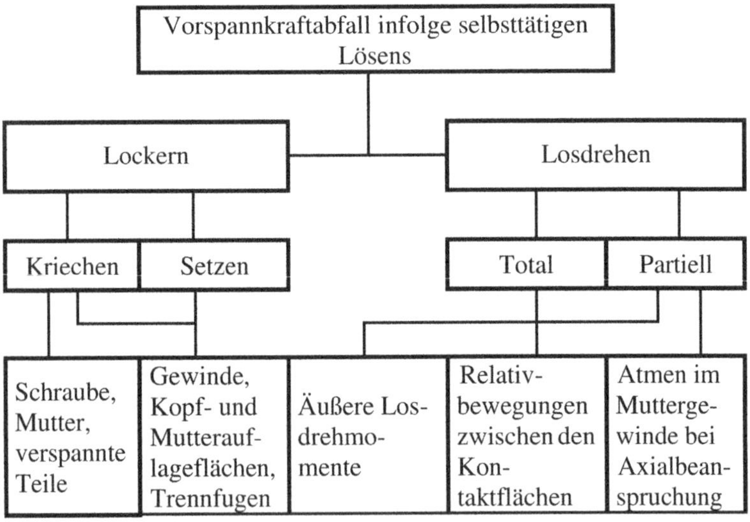

Abb. 9.2. Ursachen für den Vorspannkraftabfall in schwingbeanspruchten Schraubenverbindungen

9.2.1 Lockern

Bereits bei Raumtemperatur kann nach der Montage einer Schraubenverbindung ein Vorspannkraftabfall eintreten, der zum Lockern der Verbindung durch Setz- und/oder Kriecherscheinungen führt (Abb. 9.3).

Mit Setzen bezeichnet man allgemein das Einebnen von Oberflächenrauhigkeiten. Die Setzbeträge f_Z in Schraubenverbindungen sind insbesondere von folgenden Einflußparametern abhängig:

- Anziehverfahren – mit/ohne Relativbewegungen
- Festigkeit der spannenden und verspannten Teile
- Rauhigkeiten der gepaarten Flächen – Größe/Profilform
- Höhe der Flächenpressung
- Art und Größe der Beanspruchungen – Zug, Druck, Schub
- Temperatur
- Elastische Nachgiebigkeiten – spannende/verspannte Teile

Die Richtwerte für Setzbeträge in Tabelle 4.12 gelten für den Fall, dass die Grenzflächenpressung der druckbelasteten Oberflächen nicht überschritten wird. Hierzu zählen Schraubenkopf- und Mutterauflageflächen, Mutter- und Bolzengewindeflanken und die Trennfugen der verspannten Teile.

Größere Vorspannkraftverluste als durch Setzen treten dann auf, wenn die Grenzflächenpressung entweder bereits bei der Montage oder danach durch die wirksame Betriebskraft überschritten wird. Hierdurch können Kriecherscheinungen (zeitabhängiges Fließen des Werkstoffs) auftreten, die die elastischen Verformungen um den Betrag der plastischen Verformungen vermindern und somit einen Vorspannkraftverlust verursachen (Abb. 9.3). Ein Kriechen tritt bevorzugt dann auf, wenn Werkstoffe niedriger Festigkeit, z. B. weiche Unterlegscheiben oder Dichtungen, mitverspannt werden. Auch randentkohlte Gewindeflanken können Kriecherscheinungen bewirken.

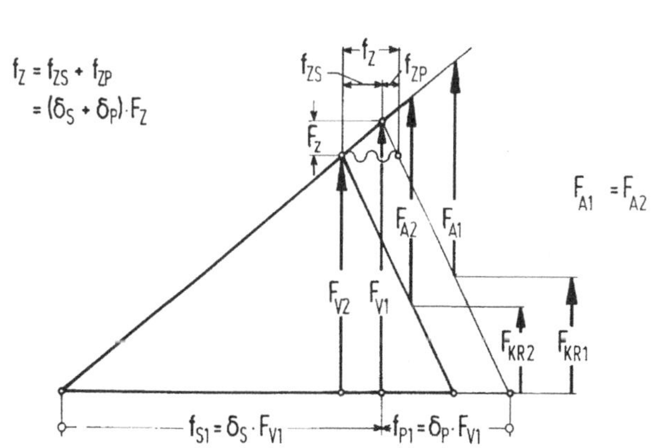

Abb. 9.3. Verminderung der Vorspannkraft F_V und der Restklemmkraft F_{KR} infolge Setzens und/oder Kriechens (schematisch)

Neben Setzen und Kriechen bewirkt auch eine Betriebsbeanspruchung der Verbindung, die eine plastische Verformung der Schraube und/oder der verspannten Teile zur Folge hat, einen Vorspannkraftverlust (Abb. 4.22).

Der Schadensfall aus der Praxis in Abb. 9.4 – hierbei handelt es sich um die Befestigung eines Zahnkranzes – zeigt, dass bei relativ kurzen Klemmlängen Setzbeträge zu einem derart gravierenden Vorspannkraftverlust führen können, dass ein hierdurch hervorgerufenes partielles Aufklaffen der Trennfuge eine Überbeanspruchung des Verbindungselements zur Folge gehabt hat. Diese verstärkte Beanspruchung hat in dem vorliegenden Beispiel einen Dauerbruch der Schraube an der Stelle des Kopf-Schaft-Übergangs verursacht.

9.2.2 Selbsttätiges Losdrehen

Ursprünglich bestand die Auffassung, dass ein vollständiges selbsttätiges Losdrehen von Schraubenverbindungen während des Betriebs nicht möglich sei, solange die Vorspannkraft größer als Null ist. Diese Ansicht wurde damit begründet, dass der Gewindereibungswinkel ρ *bzw.* ρ' selbst bei sehr guter Schmierung, z. B. bei Schmierung mit MoS_2, kaum kleiner als 4° sein kann. Ein Steigungswinkel φ, der für metrische ISO-Regelgewinde nach DIN 13 im Bereich von M3 bis M36 zwischen 3,4° und 2,2° schwankt, kann also ein selbsttätiges Losdrehen eigentlich nicht herbeiführen, solange das Losdrehmoment M_L (Gl. 9.1) immer positiv bleibt und damit die Selbsthemmung im Gewinde aufrechterhalten wird (Grenzreibungszahl μ_{Grenz} für $M_L = 0$: $\mu_{Grenz} \approx 0{,}02$).

$$M_L = F_V\left[\frac{d_2}{2}\tan(-\varphi + \rho') + \mu_K \frac{D_{Km}}{2}\right] \tag{9.1}$$

In Versuchen von [9.14, 9.15] wurde jedoch unter schwellender axialer Zugbelastung erstmals ein *partielles* Losdrehen bei einer Schraubenverbindung beobachtet. Begründet wurde dies mit der Verminderung des Reibschlusses durch radiale Gleitbewegungen zwischen den Gewindeflanken von Schraube und Mutter und in der Kopf- bzw. Mutterauflagefläche infolge von Querkontraktionen, hervorgerufen durch die Radialkomponente der Schraubenkraft. Ein vollständiges selbsttätiges Losdrehen trat bei diesen Versuchen jedoch nicht auf.

In einer späteren Arbeit [9.1] wurde dieser Sachverhalt bestätigt und zusätzlich festgestellt, dass sich durch eine axial wirkende schwingende Beanspruchung die beim Losdrehen unter statischer Kraft ermittelten Reibungszahlen im Gewinde um 70 bis 85% und an der Mutterauflagefläche um 75 bis 80% verringern können. Daraus wurde gefolgert, dass bei extremer schwingender Axialbeanspruchung in einer Schraubenverbindung die Selbsthemmung im Gewinde aufgehoben werden kann und infolge der gleichzeitigen Abnahme des Reibmoments an der Mutterauflagefläche die Gefahr des selbsttätigen Losdrehens der Mutter von der Schraube gegeben ist. Das *vollständige* selbsttätige Losdrehen bei Axialbeanspruchung konnte allerdings auch hier nicht festgestellt werden.

In den Untersuchungen von [9.2] wurde erstmals bei Versuchen mit einer Beanspruchung senkrecht zur Schraubenachse ein selbsttätiges Losdrehen von Schrauben nachgewiesen. Dieser Effekt setzt bereits unter voller Vorspannkraft ein, wenn zwischen den verspannten Teilen Querschiebungen (Schlupf) entstehen.

Gegenüber rein axialen Beanspruchungen können nämlich bei schwingend querbelasteten Verbindungen wesentlich größere Relativbewegungen zwischen den Gewindeflanken erzeugt werden und dabei die Größenordnung des maximalen Gewindespiels erreichen.

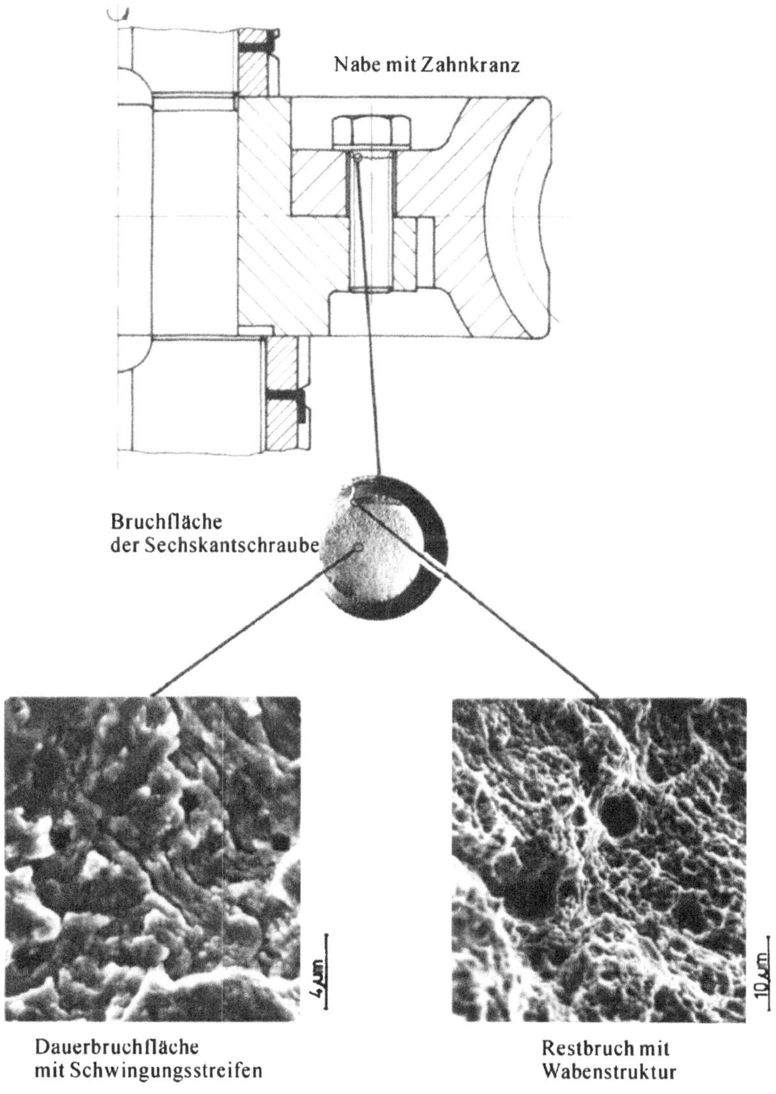

Abb. 9.4. Dauerbruch einer Sechskantschraube am Kopf-Schaft-Übergang [9.13]

In [9.1] wurden dagegen bei rein axialer Beanspruchung nur Relativbewegungen von etwa 10^{-6} mm/N gemessen.

Relativbewegungen quer beanspruchter Schraubenverbindungen im Gewinde und an den Mutter- bzw. Kopfauflageflächen können den Reibschluss völlig aufheben. Die Verbindung wird dann scheinbar reibungsfrei. Diesem Phänomen liegt das physikalische Prinzip zugrunde, dass sich nach Überwinden der Haftkräfte zwischen zwei Körpern in einer bestimmten Richtung Relativbewegungen einstellen, bei denen sich beide Körper gegenüber einer in anderer Richtung, aber in der gleichen Ebene wirkenden Kraft so verhalten, als sei keine Reibung vorhanden.

Querschiebungen bewirken somit, dass durch das Aufheben des Reibschlusses das innere Losdrehmoment infolge der Gewindesteigung voll wirksam werden kann und damit ein vollständiges Losdrehen der Verbindung möglich ist (Abb. 9.5). Aus diesem Sachverhalt ergibt sich für $\mu = 0$ das maximale innere Losdrehmoment M_{Li} zu

$$M_{Li} = F_V \cdot \frac{d_2}{2} \cdot \tan(-\varphi) \tag{9.2}$$

Mit $\tan \varphi = P/(\pi d_2)$ gilt somit:

$$M_{Li} = -\frac{F_V \cdot P}{2\pi} \,. \tag{9.3}$$

In den Trennfugen verspannter Teile werden Relativbewegungen dann erzeugt, wenn die wirkenden Querkräfte die Haftung zwischen diesen aufheben, d. h. wenn $F_{QP} \geq F_V \cdot \mu_{Tr}$ (Abb. 9.6).

Die Schraube wird dabei zunächst in der in Abb. 9.6 dargestellten Weise biegeverformt. Schraubenkopf und Mutter haften anfänglich auf Grund des Reibschlusses auf den jeweiligen Auflageflächen und folgen der Querschiebung s_q der verspannten Teile.

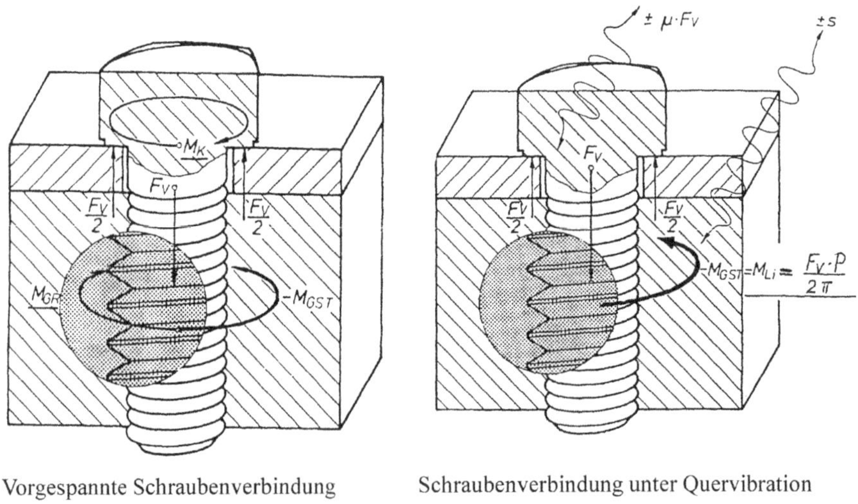

Abb. 9.5. An der Schraube wirkende Kräfte und Momente [9.2]

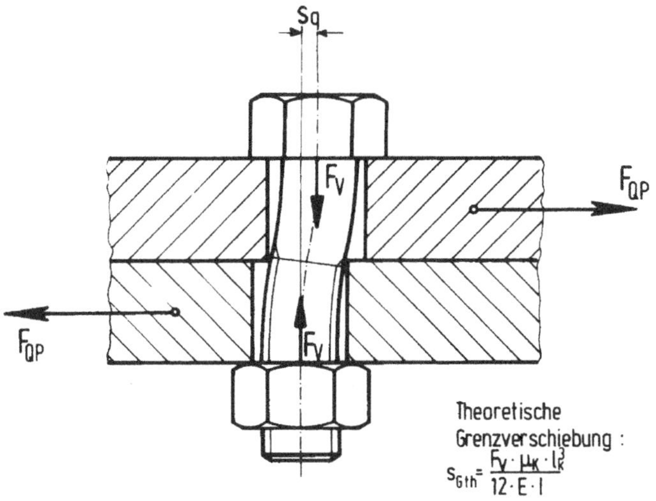

Abb. 9.6. Biegeverformung der Schraube durch Relativbewegungen in der Trennfuge infolge von Querkräften F_{QP}

Erst ab einer sog. Grenzverschiebung $s_q = s_G$ der verspannten Teile (Platten) beginnen Schraubenkopf und/oder Mutter ebenfalls zu gleiten, und zwar dann, wenn der Biegewiderstand der Schraube die Kopfauflagehaftung überschreitet, wenn also $F_{QS} \geq F_V \cdot \mu_K$. Die theoretische Grenzverschiebung s_{Gth} beträgt für diesen Fall [9.3]:

$$s_{Gth} = \frac{F_{QS} \cdot l_K^3}{12 \cdot E \cdot I} \text{ oder } \frac{F_V \cdot \mu_K \cdot l_K^3}{12 \cdot E \cdot I} \tag{9.4}$$

9.3 Maßnahmen zur Vermeidung eines unzulässig großen Vorspannkraftverlusts

Reicht die wirksame Vorspannkraft bei gegebenen Beanspruchungsverhältnissen und beanspruchungsgerechter konstruktiver Gestaltung einer Schraubenverbindung nicht aus, um ein selbsttätiges Lösen unter Betriebsbeanspruchung zu verhindern, dann müssen Schraubenverbindungen zusätzlich gesichert werden. Sichern von Schraubenverbindungen bedeutet nach [9.16] in jedem Fall das Aufrechterhalten ihrer vollen Leistungsfähigkeit durch zusätzliche Teile oder Maßnahmen, soweit diese Sicherheit nicht durch die Beanspruchungsform und die konstruktive Gestaltung der Schraubenverbindung selbst in ausreichendem Maße gewährleistet werden kann.

Die unterschiedlichen Sicherungsaufgaben sind:

- Sichern gegen Lockern (Setzen und/oder Kriechen).
- Sichern gegen selbsttätiges Losdrehen
- Sichern gegen Verlieren.

Die folgenden Ausführungen beschränken sich auf die Darstellung der Wirkungsweise und der Anwendungsbereiche von Sicherungen gegen Lockern und Losdrehen. Sicherungen gegen Verlieren werden nicht näher behandelt. Sie besitzen gegenüber den beiden erstgenannten Gruppen eine relativ untergeordnete Bedeutung, weil sie im Allgemeinen bei hoch beanspruchten Schraubenverbindungen erst dann wirksam werden, wenn die Verbindung bereits funktionsunfähig geworden ist. Lediglich bei Befestigungsverbindungen haben sie eine gewisse Bedeutung, wenn spannende und verspannte Teile nach einem Verlust der Vorspannkraft vor dem Auseinanderfallen bewahrt werden sollen. Die Wirkungsweise einer Verliersicherung kann reib-, stoff- oder formschlüssig sein (Tabelle 9.4).

9.3.1 Sicherungsmaßnahmen gegen Lockern

Sicherungen oder Sicherungsmaßnahmen gegen Lockern haben die Aufgabe, den durch die zu erwartenden Setzbeträge und/oder Kriechbeträge hervorgerufenen Vorspannkraftabfall so klein wie möglich zu halten. Dies ist grundsätzlich möglich durch:

- beanspruchungsgerechte konstruktive Gestaltung von Schrauben und zu verspannenden Teilen ($l_K/d > 2$, federnder Kopf, Dehnschaft),
- Mitverspannen federnder Elemente (Anwendungsgrenzen !),
- Einleiten einer definierten Montagevorspannkraft mittels eines kontrollierten Anziehverfahrens,
- Realisierung von Oberflächen mit geringer Rauhtiefe und Nichtüberschreiten der Grenzflächenpressung.

9.3.1.1 Konstruktive Maßnahmen

Die Nachgiebigkeitsverhältnisse in einer Schraubenverbindung beeinflussen die Größe des durch einen bestimmten Setzbetrag hervorgerufenen Vorspannkraftverlustes nachhaltig (Abb. 9.7).

Mit zunehmender elastischer Nachgiebigkeit von Schrauben und verspannten Teilen nimmt der Vorspannkraftverlust ab. Es muss jedoch beachtet werden, dass der auf die Schraube wirkende Betriebskraftanteil F_{SA} (Schraubenzusatzkraft) mit zunehmender Nachgiebigkeit der verspannten Teile größer wird (Abb. 9.7) und damit die Dauerbruchgefahr für die Schraube wächst.

Neben der nachgiebig,en Gestaltung der Verbindung (z. B. durch große Schraubenlänge, kleineren Schraubendurchmesser – bei höherer Festigkeit – , Dehnschraube oder zwischengeschaltete Hülsen), die im wesentlichen darin besteht, ein großes Klemmlängenverhältnis l_K/d zu erzielen, sind folgende konstruktive Maßnahmen zur Sicherung gegen Lockern möglich:

- *Hochfeste Schrauben* gestatten bei Anwendung geeigneter Anziehverfahren eine entsprechend hohe Montagevorspannkraft, die die zu erwartenden Setzbeträge berücksichtigt,

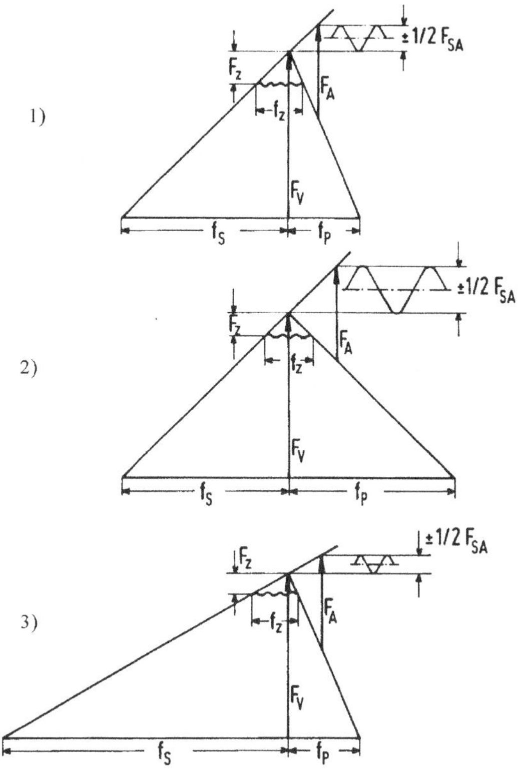

1)	δ_S und δ_P klein	F_Z groß	F_{SA} groß
2)	δ_S klein und δ_P groß	F_Z klein	F_{SA} groß
3)	δ_S groß und δ_P klein	F_Z klein	F_{SA} klein

Abb. 9.7. Elastische Nachgiebigkeiten, Schraubenzusatzkraft F_{SA} und Vorspannkraftverlust F_Z für Betriebskraft F_A und Setzbetrag f_Z = const.

- *Schrauben und/oder Muttern mit speziell geformtem federnden Kopf* erhöhen – bedingt – die Nachgiebigkeit der Schraube (Abb. 9.8, mäßiges Kosten-Nutzen-Verhältnis, deshalb wenig geeignet),
- *große Auflageflächen* verringern die Flächenpressung und damit die Setzbeträge,
- eine möglichst *geringe Anzahl von Trennfugen* reduziert die Setzbeträge auf ein Mindestmaß,
- *ausreichende Einschraublängen* (Mutterhöhen) vermindern die Flächenpressung im Gewinde.

Zur Vermeidung unzulässig großer Setz- und/oder Kriechbeträge sollten keinesfalls plastische oder quasielastische Elemente (Dichtungen) mitverspannt werden.

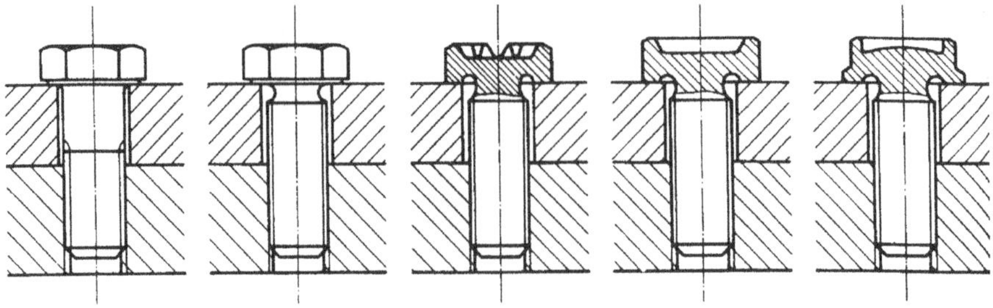

Abb. 9.8. Dehnelastische Ausbildung von Schrauben mit kurzer Dehnlänge – Beispiele aus [9.7]

9.3.1.2 Mitverspannte federnde Elemente

Mitverspannte federnde Elemente wie

- Federringe,
- Federscheiben,
- Fächer- und Zahnscheiben,
- Tellerfedern,
- Spannscheiben usw. (Abb. 9.9)

sind nur dann wirksame Sicherungen gegen Lockern, wenn sie die elastische Nachgiebigkeit der Schraubenverbindung im gesamten Vorspannkraftbereich in ausreichendem Maß vergrößern.

Dies trifft dann zu, wenn ihr Federweg durch die benötigte Schraubenvorspannkraft nicht erschöpft wird oder wenn zumindest die zum gänzlichen Zusammendrücken des Federelements erforderliche Kraft nicht wesentlich kleiner ist als die aufzubringende Vorspannkraft, so dass sich ein Vorspannkraftabfall durch Setzen im Wesentlichen im Gebiet unterhalb des Knicks der Federkennlinie abspielen muss [9.2, 9.17] (Abb. 9.10 und Abb. 9.11).

Federringe, Federscheiben und Fächerscheiben weisen nach [9.18] nur bei relativ kleinen Kräften große Federwege auf. Aus diesem Grund können sie allenfalls in Verbindung mit Schrauben niedrigerer Festigkeitsklassen (etwa 4.8) zu befriedigenden Ergebnissen führen (Abb. 9.10). Spannscheiben sind diesen Federelementen diesbezüglich überlegen (Abb. 9.11 und 9.12).

Bei Anwendung hochfester Schrauben (Festigkeitsklassen ≥8.8) sind alle derartigen federnden Elemente weitgehend wirkungslos und können in ungünstigen Fällen die Setzerscheinungen und damit den Abfall der Vorspannkraft sogar begünstigen [9.12, 9.17].

Federnde Elemente aus nichtrostenden Stählen sind nur wirksam bis zu Vorspannkräften von 7 bis 8% der Werte, wie sie beim sachgemäßen Verspannen von Schraubenverbindungen der Stahlgruppen A2 und A4 erforderlich sind [9.16]. Durch die bei mitverspannten federnden Elementen unvermeidlichen Spaltbildungen besteht darüber hinaus in entsprechender Atmosphäre die Gefahr von Spaltkorrosion [9.10].

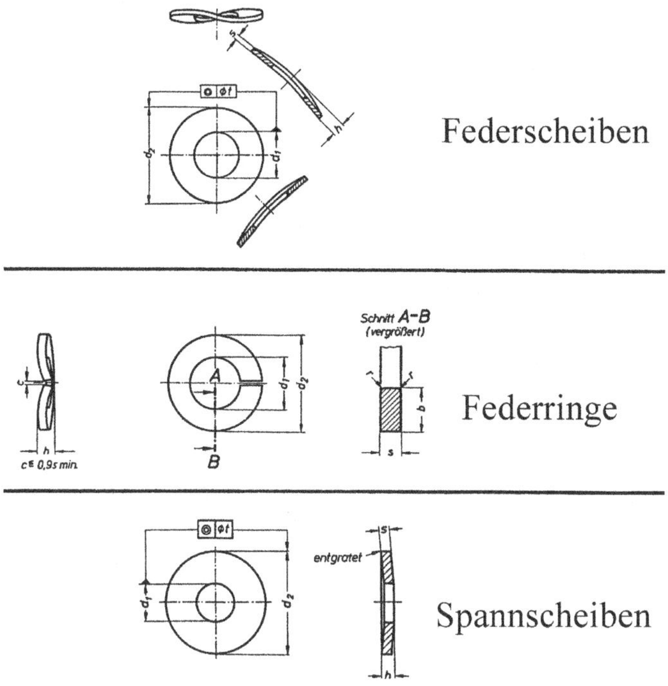

Abb. 9.9. Federnde Elemente – Beispiele

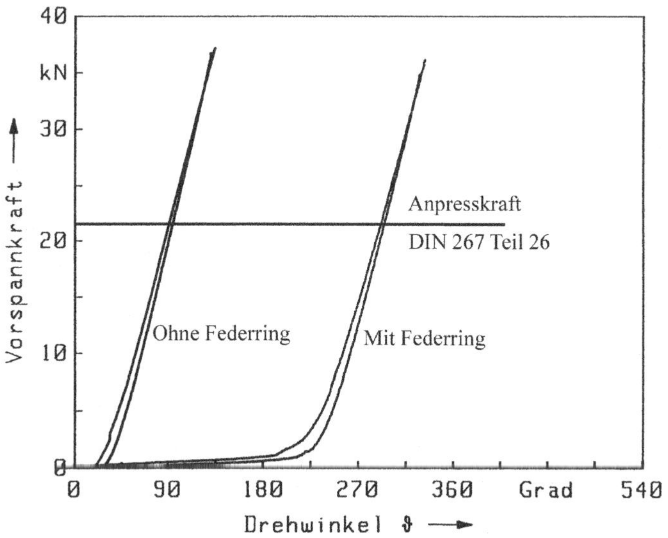

Abb. 9.10. Vorspannkraft-Drehwinkel-Kennlinie im Montageversuch einer Verschraubung M10 mit und ohne Federring [9.12]

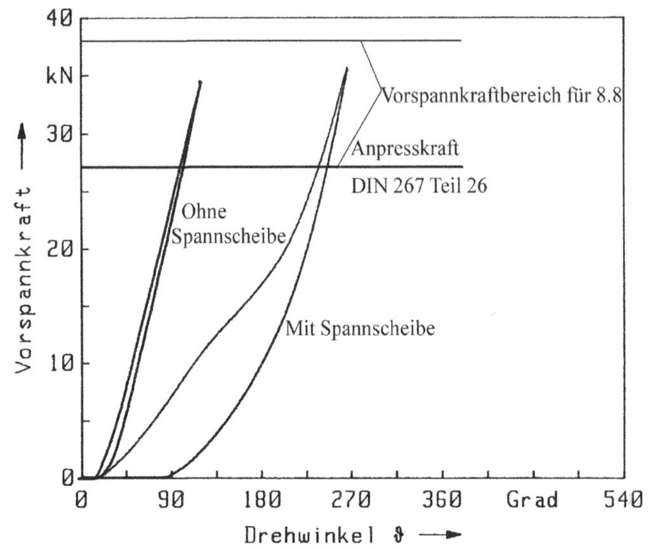

Abb. 9.11. Vorspannkraft-Drehwinkel-Kennlinie im Montageversuch einer Verschraubung M10 mit und ohne Spannscheibe [9.12]

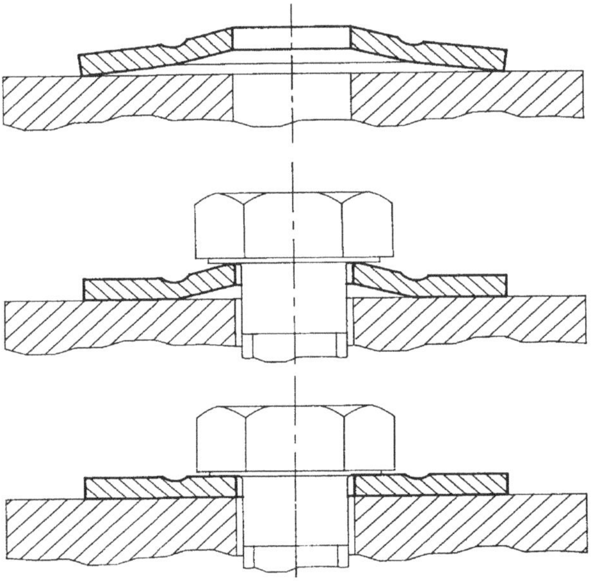

Abb. 9.12. Teller- Spannscheibe für eine Schraube M8 (Werkbild teckentrup)

Zusammenfassung

Grundsätzlich sind mitverspannte federnde Elemente nur unter folgenden Bedingungen wirksam [9.9]:

- Die Federkräfte müssen etwa so hoch sein wie die Schraubenvorspannkräfte.
- Die Flächenpressungen in den Auflageflächen müssen berechenbar sein.
- Das Aufbringen der benötigten Vorspannung beim Anziehen darf nicht beeinträchtigt werden.
- Das Auftreten von Spaltkorrosion muss vermieden werden.
- Das Be- und Entlasten bei mehrfacher Verwendung darf nicht zu unterschiedlich hohen Vorspannkräften führen.

Weil aber insbesondere die erstgenannte Forderung nach hinreichenden Federkräften in den allermeisten Fällen nicht annähernd erfüllt werden kann, wurden die Normen für federnde Elemente wie Federscheiben (DIN 137, 6904), Federringe (DIN 127, 128 und 6905), Zahnscheiben (DIN 6797) und Fächerscheiben (DIN 6798) zu Recht zurückgezogen.

Es wird dringend empfohlen, bei Neukonstruktionen, bei denen an den Einsatz federnder Elemente gedacht ist, die Anforderungen an die federnden Elemente kritisch vorzugeben und gründlich zu prüfen, ob die für den späteren Einsatz geplanten Produkte diese Anforderungen auch erfüllen können.

In der Automobilindustrie sind die aus dem Normenwerk zurückgezogenen federnden Elemente inzwischen aus gutem Grund fast gänzlich verschwunden.

9.3.2 Sicherungsmaßnahmen gegen selbsttätiges Losdrehen

Sicherungen gegen Losdrehen haben die Aufgabe, die Montagevorspannkraft und insbesondere die Restklemmkraft in dynamisch quer zur Schraubenachse belasteten Schraubenverbindungen so weit aufrecht zu erhalten, dass trotz Auftretens von Querschiebungen in den Trennfugen der Verschraubung immer die Funktion der Schraubenverbindung gewährleistet ist. Dies kann erreicht werden durch konstruktive Maßnahmen und/oder durch Sicherungselemente bzw. -maßnahmen:

- Ausreichend hohe Schraubenvorspannkraft
- Große elastische Nachgiebigkeit der Schraube ($l_K/d > 4$, Dehnschaft)
- Verschiebungen begrenzen durch Formschluss (z. B. Passschraube)
- Hohe Kopfreibung
- Einsatz geeigneter Sicherungsmaßnahmen

9.3.2.1 Konstruktive Maßnahmen

Wenn Querbeanspruchungen in einer Schraubenverbindung infolge von Betriebskräften senkrecht zur Schraubenachse nicht vermieden werden können, sollte durch eine entsprechende konstruktive Gestaltung zumindest gewährleistet werden, dass die theoretische Grenzverschiebung s_{Gth}, die den Beginn des selbsttätigen Losdrehens kennzeichnet, im Betrieb nicht überschritten wird.

In [9.19] wird deshalb gefordert: „Konstruiere so, dass keine Relativbewegungen in den Trennfugen senkrecht zur Schraubenachse oder an den Gewindeflanken der Verbindungselemente entstehen!“

Gleichung 9.4 in Abschn. 9.2.2 zeigt für die theoretische Grenzverschiebung s_{Gth} eine Abhängigkeit von mehreren Einflussgrößen. Daraus lassen sich folgende konstruktive sowie werkstofftechnische Maßnahmen ableiten, die geeignet sind, diese Grenzverschiebung zu größeren Werten hin zu verschieben und damit dem Auftreten von Relativbewegungen entgegenzuwirken [9.2, 9.3, 9.20]:

- hohe Montagevorspannkräfte F_M durch Verwendung hochfester Schrauben und/oder Anwendung kontrollierter Anziehverfahren,
- große elastische Nachgiebigkeit der Schrauben durch große Klemmlängen l_K und kleine Schaftdurchmesser d (Dünnschaftschrauben) sowie durch kleineren E- Modul des Schraubenwerkstoffs (z. B. Alu-Schrauben),
- große Haftung (μ_K) auf den Schraubenkopf- und Mutterauflageflächen (z. B. durch konkave oder verzahnte Auflageflächen).

Abbildung 9.13 zeigt am Beispiel einer Schraube M10 den Zusammenhang zwischen der Vorspannkraft F_V und der im Versuch ermittelten Grenzverschiebung s_G in Abhängigkeit von der Klemmlänge l_K und dem Schmierungszustand (μ_K). Die Messwerte zeigen, dass im unteren Vorspannkraftbereich die wirkliche Grenzverschiebung vom theoretischen linearen Verlauf abweicht und eine parabelförmige Kurve beschreibt. Dies ist darauf zurückzuführen, dass auf Grund der Kippbewegung der Schraube bei kleineren Vorspannkräften die Reibungszahl μ_K und die Klemmlänge l_K nicht als streng konstante Größen angesehen werden dürfen [9.3].

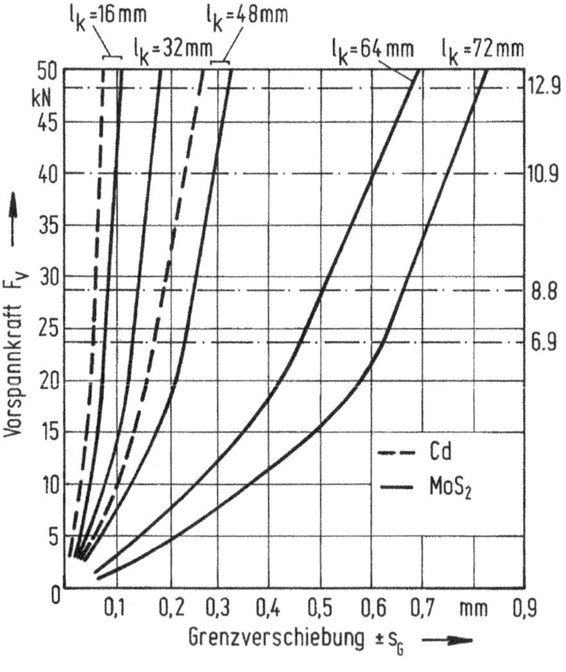

Abb. 9.13. Grenzverschiebung s_G von Starrschrauben M10 [9.3]

Nomogramme in [9.3] gestatten ein Ablesen der Grenzverschiebung in Abhängigkeit von der Klemmlänge und dem Klemmlängenverhältnis l_K/d. Als Parameter werden die Reibungszahlen μ_K und die Werkstofffestigkeit der Schraube gewählt. Die Nomogramme sind auf den oberen Vorspannkraftbereich (zwischen Festigkeitsklasse 6.9 und 12.9) in Abb. 9.13 begrenzt, in dem eine lineare Abhängigkeit zwischen der Vorspannkraft und der Grenzverschiebung besteht.

Zusätzliche *konstruktive* Maßnahmen bewirken eine (positive) Vergrößerung der kritischen Grenzverschiebung:

- Schlupfbegrenzung z. B. durch Passschrauben.
- Formschluss z. B. durch gewindeformende Schrauben ohne Gewindespiel [9.12]
- Vergrößerung der Reibung im Gewinde.

9.3.2.2 Zusätzliche Sicherungselemente bzw. -maßnahmen

Sind Querschiebungen in einer Schraubenverbindung durch konstruktive Maßnahmen nicht zu vermeiden, dann muss das selbsttätige Losdrehen der Verbindung durch solche Sicherungselemente bzw. -maßnahmen verhindert werden, die das innere Losdrehmoment M_{Li} zuverlässig aufnehmen. Diese können nach ihren physikalischen Wirkprinzipien in

- kraftschlüssige,
- formschlüssige und
- stoffschlüssige Sicherungen eingeteilt werden.

Kraftschlüssige Sicherungen

Unter kraftschlüssigen Sicherungen versteht man im Allgemeinen klemmende Elemente (Tabelle 9.4). Sie können allenfalls als Verliersicherung eingestuft werden, sind aber in der Regel nicht in der Lage, die für die Funktion der Verbindung benötigte Vorspannkraft bei dynamisch wirkenden Querkräften aufrecht zu erhalten.

In [9.1] wird darauf hingewiesen, dass bei kraftschlüssigen Sicherungen, die eine Vergrößerung des Reibschlusses zwischen Mutter- und Bolzengewinde oder zwischen der Mutter und ihrer Auflagefläche bewirken, das aus Aufschraubversuchen ermittelte Bewegungsdrehmoment bzw. das erhöhte Losdrehmoment bei statischer Beanspruchung nicht als Sicherungsmoment gewertet werden darf. Denn je nach Art und Form der Sicherung können diese zusätzlichen Reibmomente durch Relativbewegungen des Muttergewindes bei schwingender Beanspruchung erheblich beeinflusst werden, so dass bei diesen Elementen nur eine dynamische Prüfung einen Anhalt über die Sicherungswirkung geben kann.

Formschlüssige Sicherungen

Unter formschlüssigen Sicherungen versteht man im Allgemeinen die in Tabelle 9.4 aufgeführten sperrenden Elemente, nämlich Sperrzahnschrauben und -muttern, Abb. 9.14.

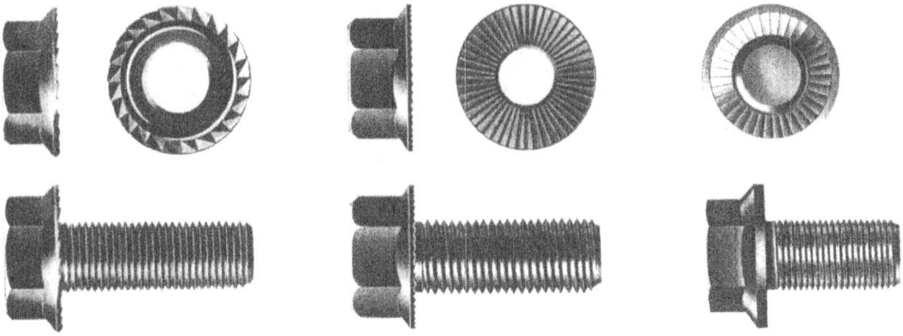

Abb. 9.14. Sperrzahnschrauben und -muttern – Beispiele

Schrauben und Muttern mit sperrverzahnten Kopfauflageflächen (Sperrzahnschrauben und -muttern). Anforderungen:

- Losdrehsicherung auch kurzer Schrauben bei hohen Querkräften,
- Minimale Beeinträchtigung der Oberfläche der verspannten Teile durch die Schraubenkopfunterseite,
- Günstiges Reibverhalten (Kopfreibung),
- Mehrfachverwendbarkeit,
- Sicherungsfunktion auch bei hohen und tiefen Temperaturen.

Die erste Forderung nach Losdrehsicherung auch kurzer Schrauben bei hohen Querkräften erfüllen Sperrzahnschrauben eigentlich aufgrund des Verhakens der Sperrzähne in der Oberfläche der verspannten Teile immer (Abb. 9.14 und 9.15).

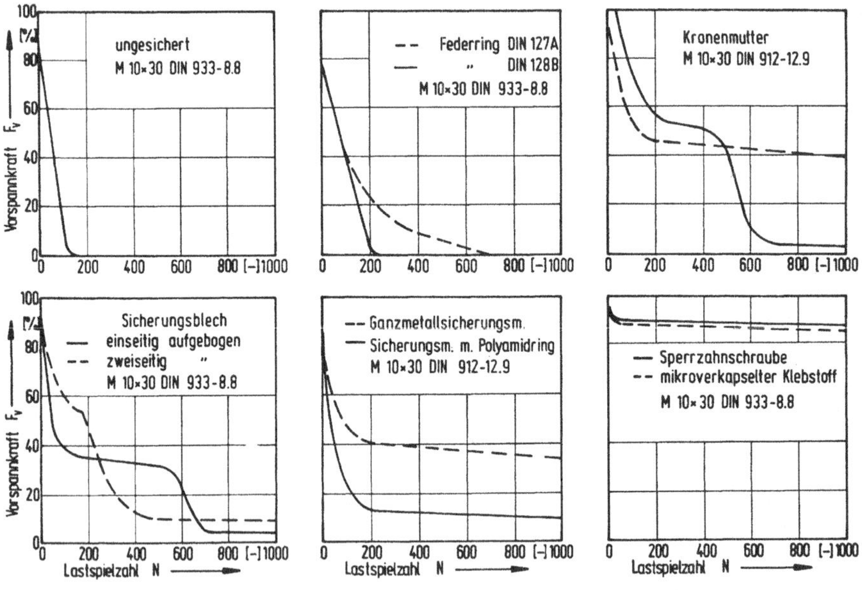

Abb. 9.15. Losdrehkurven verschiedener Schraubenverbindungen M10 [9.22]. Leerlaufamplitude $s_L = \pm 1$ mm, Drehzahl $U = 750\ min^{-1}$, Anfangsvorspannkraft $F_{V0} = 30$ kN

Abb. 9.16. Sperrzahnformen – Zwei Beispiele

Voraussetzung ist, dass die Härte der Gegenlage geringer ist als die der Sperrzähne. Die Schrauben werden deshalb vorzugsweise in den Festigkeitsklassen 10.9 und 12.9 ausgeführt.

Die Sicherungsfunktion bei hohen und tiefen Temperaturen ist darüber hinaus dadurch gewährleistet, dass sowohl Verbindungselement als auch das integrierte Sicherungselement aus Stahl bestehen.

Die Forderung nach nur minimaler Beeinträchtigung der Oberfläche der verspannten Teile durch die Schraubenkopfunterseite setzt eine adäquate Gestaltung der Sperrzähne voraus. Es werden unterschiedliche Geometrien auf dem Markt angeboten, die diese Forderung mehr oder weniger gut erfüllen (Abb. 9.14 und Abb. 9.16). Die auf der rechten Seite dargestellte Zahnform in Abb. 9.16 besitzt sehr flache Zähne mit in Drehrichtung kleinerem Flankenwinkel. Dadurch wird die Oberfläche der verspannten Teile beim Montagevorgang nur relativ wenig beeinträchtigt. Diese Zähne besitzen zudem an der Außenseite eine radial verlaufende Fase, die die Kerbwirkung deutlich verringert. Damit können bei dynamischen Beanspruchungen Dauerbrüche im verspannten Blech um den Schraubenkopf herum vermieden werden (Abb. 9.17).

Durch die Gestaltung der Sperrzähne in Abb. 9.16 rechts verändern sich die Kopf-Reibungszahlen gegenüber nicht verzahnter Kopf-Auflageflächen nur unwesentlich zu größeren Werten hin (Tabelle 9.1).

Tabelle 9.1. Richtwerte für Kopfreibungszahlen μ_K von Sperrformschrauben, Bauart RIBE, vergütungsschwarz, leicht geölt

Werkstoff und Härte HB der Gegenlage	Oberfläche der Gegenlage		
	Geschliffen ($R_t = 4$ bis 6 µm)	Gefräst ($R_t = 10$ bis 25 µm)	Gehobelt ($R_t = 30$ bis 80 µm)
Stahl 150 bis 230 HB	0,20	0,18	0,18
Stahl 240 bis 300 HB	0,16	0,14	0,14
Grauguss 180 bis 220 HB	0,14	0,12	0,14

Abb. 9.17. Dauerbrüche im mit Sperrzahnschrauben verspannten Stahlblech infolge Kerbwirkung am Außenrand des verzahnten Schraubenkopfes

Den formschlüssigen Sicherungen lassen sich neben Sperrzahnschrauben und -muttern auch die folgenden Sicherungselemente bzw. Verbindungselemente zuordnen:

- Gewindeformende (-furchende) Schrauben (zum Beispiel Bauart Taptite®)
- Powerlok
- Profilierte federnde Elemente (radial verzahnt)

Gewindefurchende Schrauben

Gewindefurchende Schrauben sind Schrauben, die ihr Muttergewinde beim Eindrehvorgang in ein vorgefertigtes gewindeloses Loch spanlos selbst herstellen. Sie besitzen im Allgemeinen einen Gewindeschaft in Gleichdickform (Trilobularform), wodurch ein reduziertes Eindrehmoment erzeugt werden kann (Abb. 9.18).

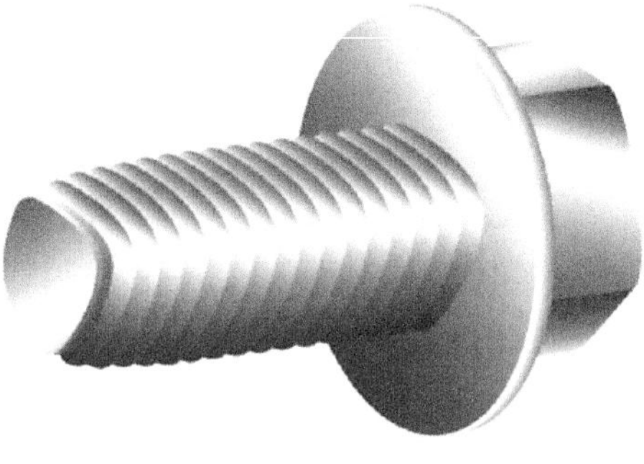

Abb. 9.18. Gewindefurchende Schraube, Bauart Taptite®, mit Trilobularschaft

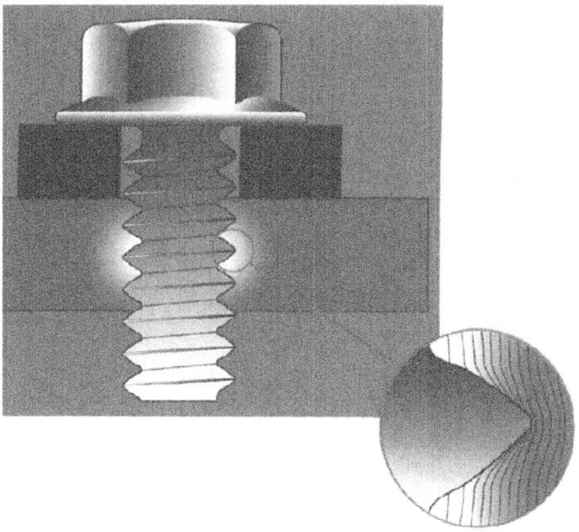

Abb. 9.19. Gewindefurchende Schraube, Bauart Taptite® – ohne Gewinde-Flankenspiel

Gewindefurchende Schrauben wirken deshalb als formschlüssige Losdrehsicherung, weil zwischen Schrauben- und Muttergewinde kein Flankenspiel besteht und deshalb Relativbewegungen der Gewindeflanken verhindert werden. Zudem wirken nach der Montage Radialkräfte im Gewinde, die einen zusätzlichen Kraftschluss erzeugen (Abb. 9.19).

Insgesamt gesehen können gewindefurchende Schrauben kombiniert als kraft- und formschlüssige Losdrehsicherungen angesehen werden.

powerlok

powerlok®-Gewinde besitzen wie die gewindefurchenden Schrauben eine Gleichdickform, werden aber in *vorgeformte* Muttergewinde eingedreht. Die Losdrehsicherungswirkung besteht darin, dass sich die Spitzen des Schraubengewindes

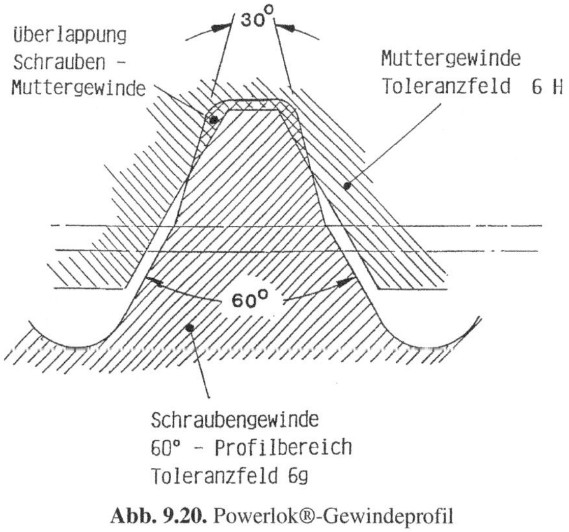

Abb. 9.20. Powerlok®-Gewindeprofil

– der Schraubengewinde-Außendurchmesser ist größer als der Muttergewinde-Außendurchmesser – mit einem Flankenwinkel von 30° (Abb. 9.20) beim Montagevorgang in das Muttergewinde plastisch einprägen und damit einen Kraft- und Formschluss erzeugen (Abb. 9.20).
Ein Beispiel für die Anwendung einer powerlok-Schraube zeigt Abb. 9.21.

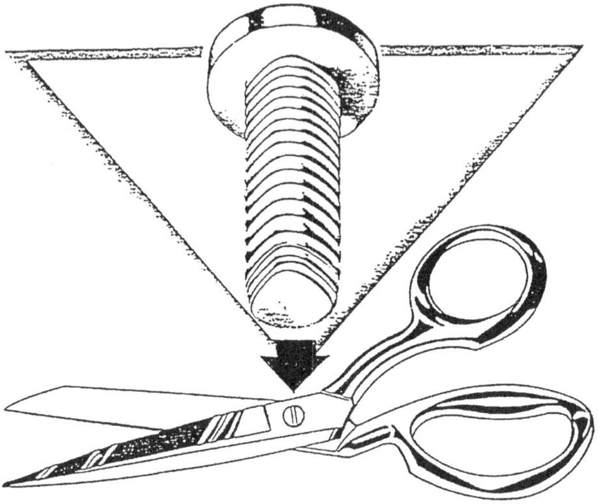

Abb. 9.21. Powerlok®-Schraube für die Scherenbefestigung (Anwendungsbeispiel)

Profilierte federnde Elemente

Spezielle Federringe (Abb. 9.22) und so genannte Sperrkantscheiben – federnde Scheiben mit relativ großer Biegesteifigkeit und gerippten Oberflächen – werden neuerdings mit nicht geringem Erfolg als Losdrehsicherungen eingesetzt.

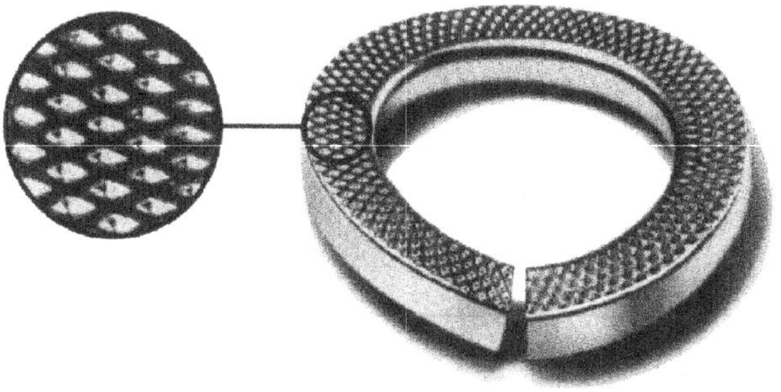

Abb. 9.22. Spezial-Federring mit profilierter Oberfläche

Stoffschlüssige – quasi-formschlüssige – Sicherungen

Unter diesen Schrauben-Losdrehsicherungen versteht man gemeinhin die Verwendung von Klebstoff, flüssig aus der Flasche bei der Montage aufgetragen, oder als mikroverkapselter Kleber, mit dem das Schraubengewinde bereits vor der Montage vorbeschichtet worden ist.

Wirkungsweise

- Erhöhung des Losbrechmoments: $M_L/M_A > 0{,}9$ (DIN 267 Teil 27–2004),
- Verhinderung von Relativ- und Kippbewegungen im Gewinde,
- Abdichten des Gewindes durch Quasi-Formschluss.

Eignung von Klebesicherungen bei:

- quer beanspruchten Verbindungen,
- geringer Klemmlänge: $l_K/d < 4$,
- großer Härte der verspannten Teile,
- Forderung nach unverletzter Oberfläche,
- Betriebsdauertemperaturen $< 170°C$,
- Dichtungsanforderung .

Aushärtezeit von Klebern:

- Abschluss von Justier- und Montagevorgängen: nach ca. 5 Minuten,
- volle Belastbarkeit der Verbindung (Sicherungswirkung): nach ca. 30 Minuten bis 24 Stunden (Produkt- und Temperaturabhängigkeit).

Vorteile der Klebesicherungen:

- Gleichmäßige Verteilung des Klebstoffs,
- Vollständiges Ausfüllen des Gewindespalts,
- Dichtfunktion gegen Gase und Flüssigkeiten,
- Korrosionsschutz,
- Keine Verletzung der Gegenlage,
- Abstufung der Losbrechmomente von niedrig bis hochfest,
- Geringes Gewicht des Sicherungsmittels.

Nachteile der Klebesicherungen:

- Die veränderten Reibungszahlen bei Verwendung von Klebesicherungen müssen berücksichtigt werden (DIN 267 Teil 27),
- eingeschränkte Sicherungswirkung bei höheren Temperaturen (Produktabhängig einsetzbar zwischen 90 und 170°C),
- eingeschränkte Wiederverwendbarkeit (Eine Wiederverwendung wird in Industriestandards ausgeschlossen),
- Begrenzte Lagerdauer bei mikroverkapselten Klebstoffvorbeschichtungen (Produkt- und feuchtigkeitsabhängig: 1 bis 4 Jahre).

Einflüsse auf die Aushärtung von Flüssigklebstoffen (FK):

Flüssige Klebstoffe, aus der Flasche bei der Montage aufgetragen, werden in ihrer Aushärtung vom Luftabschluss (anaerobe Klebstoffe) und der Metallkontaktfläche (aktive und passive Metalle) bestimmt.

- Beschleunigte Aushärtung durch:
  - Wärmeeinwirkung,
  - bestimmte „aktive“ Metalle (z. B. Cu-Legierungen),
  - Anwendung von Aktivatoren.
- Verzögerte Aushärtung bis hin zur Nichtaushärtung durch:
  - Niedrige Temperaturen (<15°C),
  - Bestimmte „passive“ Metalle (z. B. austenitischer Cr-Ni-Stahl, Al),
  - Kunststoffe,
  - Zinklamellen-Oberflächen,
  - Ungenügende Vorreinigung.

Die Losbrechdrehmomente werden neben der produkteigenen Kohäsion auch durch das Adhäsionsverhalten der einzelnen Oberflächenzustände mit bestimmt. Sehr glatte Oberflächen (z. B. galvanische Überzüge) oder organische Korrosionsschutzbeschichtungen mit Gleitzusatz (z. B. Zinklamellenüberzüge) bewirken eine Minderung der Losbrechdrehmomente.

Mikroverkapselte Klebstoffvorbeschichtungen

Mikroverkapselte Klebstoffvorbeschichtungen besitzen gegenüber Flüssigklebern den Vorteil des „*Nichtvergessens*“, d. h. das Auftragen des Klebstoffs vor der Montage der Schrauben kann deshalb nicht versäumt werden, weil die Schrauben bereits im klebstoffbeschichteten (grifffesten) Zustand an die Montagestelle angeliefert werden. (Abb. 9.23). Zudem wird die Montage nicht durch zusätzliches Aufbringen von Klebstoff verzögert oder gestört.

Die Vorbeschichtung des Schraubengewindes füllt das bei genormten metrischen Schraubengewinden immer vorhandene Gewindespiel (s. auch Abb. 5.9)

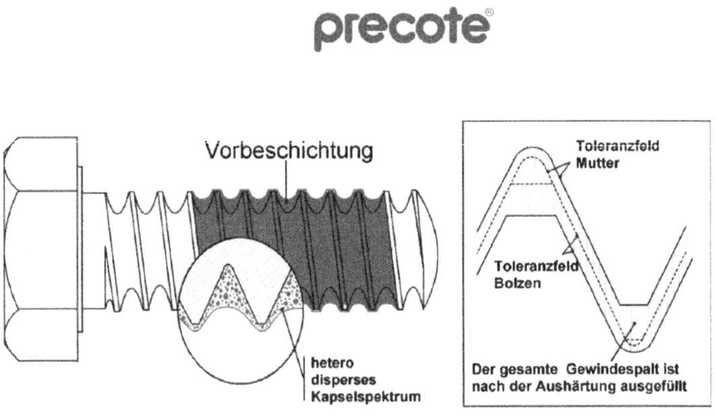

Abb. 9.23. Mikrokapselhaltige Vorbeschichtung auf einem Schraubengewinde (Werkbild Omnitechnik)

zwischen dem Schrauben- und dem Muttergewinde aus. Bei der Montage werden die Mikrokapseln durch Druck/Scherkräfte zerstört, die reaktiven Inhalte freigesetzt und die Aushärtung des Klebstoffs gestartet. Der ausgehärtete Klebstoff besitzt in diesem Zustand seine Sicherungs- und Dichteigenschaften.

Vorteilhafte Anwendung von mit mikroverkapseltem Klebstoff beschichteten Schrauben:

- wenn mechanische Sicherungen versagen,
- wenn *FK* zu arbeitsaufwendig,
- keine Verzögerung der Montage durch zusätzliches Klebstoffauftragen,
- Klebstoffauftrag kann bei der Montage nicht vergessen werden,
- Bei Forderung nach Sicherung *und* Dichtung,
- Kostengünstiger als *FK* aus der Flasche.

Mikroverkapselter Klebstoff auf Epoxidharzbasis

- Kaum Beeinträchtigung des Montageverhaltens,
- Aushärtezeit: 24–72 Stunden,
- Anwendungstemperatur: –60 bis + 90°C (130°C),
- Verbesserte Sicherungswirkung nach Aushärtung bei erhöhten Temperaturen (kann zu Demontageproblemen führen),
- Wiederverwendbarkeit: bis zu 3× (wird in Industriespezifikationen jedoch abgelehnt),
- Lagerfähigkeit: bis zu 4 Jahre bei Schutz vor Feuchtigkeit.

Mikroverkapselter Klebstoff auf Acrylatbasis

- Kaum Beeinträchtigung des Montageverhaltens (μ_G: 0,10 bis 0,15) je nach Produkt (DIN 267 Teil 27),
- Aushärtezeit: je nach Produkt 3 bis 24 Stunden,
- Entfettung der Teile vor der Klebstoffbeschichtung nicht zwingend, wird aber empfohlen,
- Anwendungstemperatur: –60 bis + 170°C,
- Keine Wiederverwendbarkeit,
- Lagerfähigkeit: je nach Produkt 1 bis 4 Jahre (produktabhängig auch ohne Sperrschutzverpackung gegen Feuchtigkeit),
- Aushärtung auch bei Minustemperaturen.

Thermoplastische Kunststoffe

Mehr als Dichtungsmittel (bei Rundumbeschichtung des Gewindes) und Verliersicherung als zur Losdrehsicherung eignen sich thermoplastische Kunststoffe wie PA.

Mit thermoplastischen Kunststoffen beschichtete Verbindungselemente werden bereits im beschichteten oder vorkonfektionierten Zustand an die Montagestelle angeliefert (Abb. 9.24).

Abb. 9.24. Mit thermoplastischem Kunststoff vorbeschichtete Schraubengewinde (Werkbild Kerb Konus)

Tabelle 9.2 dient als Entscheidungshilfe bei der Auswahl von zu treffenden Sicherungsmaßnahmen.

Tabelle 9.2. Zuordnung von Sicherungsmaßnahmen – Anhaltswerte [9.22]

Sicherungsmaßnahme		Bei dynamischer Beanspruchung überwiegend			
		in Achsrichtung der Schraube: Gefahr des LOCKERNS		senkrecht zur Schraubenachse: Gefahr des LOSDREHENS	
		$l_K/d<2$	$l_K/d \geq 2$	$l_K/d<4$	$l_K/d \geq 4$
Setzsicherung	<8.8	Konstruktive Maßnahmen oder Mitverspannen federnder Elemente	[1] -	-	-
	≥8.8	[1] -	-	-	-
Losdreh- oder Verliersicherung	<8.8	-	-	Konstruktive Maßnahmen Formschlüssige oder klemmende Elemente	
	≥8.8	-	-	Konstruktive Maßnahmen Sperrende oder klebende Elemente	-

[1] im Einzelfall kann auch hier eine Setzsicherung erforderlich sein.
- keine Sicherung nötig

Abbildung 9.25 erlaubt einen groben Kostenvergleich für die verschiedenen Sicherungsmöglichkeiten und Tabelle 9.3 gestattet einen Systemvergleich verschiedener dichtender und sichernder Klebstoffe.

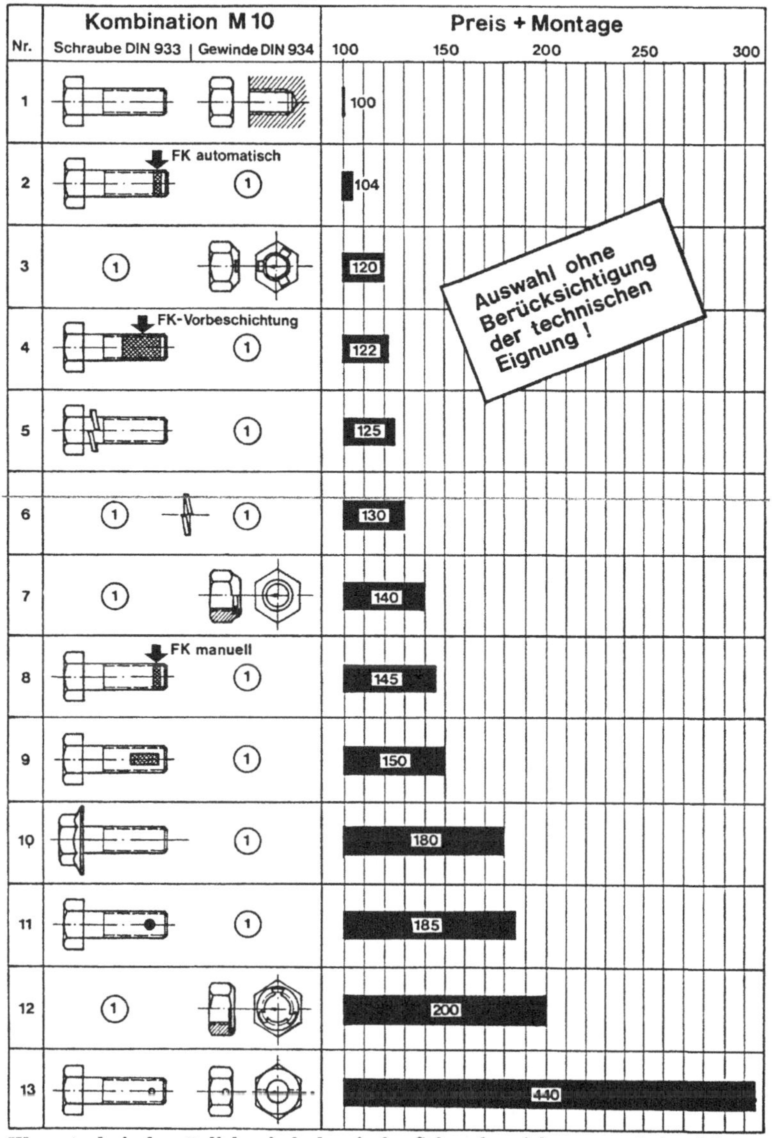

Wenn technisch möglich, sind chemische Schraubensicherungen bei größeren Serien wirtschaftlicher.

Abb. 9.25. Kosten für Schraubensicherungen [9.28]

Tabelle 9.3. Systemvergleich: Dichtende und sichernde Klebstoffe bei Gewinden und Schrauben (Quelle: Omnitechnik Mikroverkapselung, München)

Systeme	Kriterien			
	Anwendungsbereich, Aushärtung	Temperaturbeständigkeit [a]	Preis	Umwelteinflüsse
flüssige anaerobe Systeme	• alle Arten von Gewinden, da unterschiedliche Viskositäten möglich sind • sichernd und dichtend • Aushärtung durch Luftabschluss und Metallkontakt	–60°C bis +170°C	hoch	• Temperatur • Bei pH-Wert zw. 4 und 10 gut • hautreizend
Mikroverkapselte Pasten Systeme	• alle Arten von Gewinden, ab M6, im Servicebereich und bei Kleinserien. • sichernd und dichtend • Aushärtung unabhängig von Umgebung, da 2 komponentig	–60°C bis +150°C	hoch	• Temperatur • Bei pH-Wert zw. 4 und 10 gut • nicht hautreizend
Mikrokapselhaltige Systeme zum echten Vorbeschichten (trocken und grifffest)	• alle Arten von Gewinden, ab M3 • Großserien • sichernd und dichtend • Aushärtung anaerob oder 2 komponentig. Dabei mindestens eine Komponente verkapselt • Bei den Vorbeschichtungen gibt es Produkte sowohl mit Lösungsmittel als auch mit wässrigen Bindersystemen	–60°C bis +170°C	vergleichbar niedrig	• Temperatur • Bei pH-Wert zw. 4 und 10 gut • nicht hautreizend oder giftig
Lack-Systeme	• Ersatz von Dichtbändern und Hanf im Kfz- und Installationsbereich, Großserien, auch Druckluft • Keine Aushärtung, da nichtreaktive Beschichtung	–60°C bis +180°C	niedrig	• keine Umwelteinflüsse • nicht hautreizend

bei 50% Mindest-Restfestigkeit auch bei Temperaturprüfung

Tabelle 9.3 Fortsetzung

Systeme	Kriterien			
	Lösbarkeit	Aufbringung	Lagerdauer	Anbieter[b)]
flüssige anaerobe Systeme	• gut, da breite Auswahl an Festigkeitseinstufungen vorhanden	• Handauftrag • automatische Dosierung • Aufbringung direkt vor Montage • sofort Verarbeitung nach Auftrag	• 1 Jahr im Originalgebinde bei Temperatur <35°C	• Henkel • Loctite • Teroson • Three Bond • Delo
Mikroverkapselte Pasten Systeme	• gut, da mittlere Festigkeit	• vor Ort bei Montage von Hand • Vorbeschichtung von Kleinserien möglich	• 2 Jahre bei Temperatur <35°C	• OKS
Mikrokapselhaltige Systeme zum echten Vorbeschichten (trocken und grifffest)	• Zwischen leicht und schwer, je nach Produkt • Epoxide härten bei Wärme nach • Demontage bei kleinen Gewinden kann problematisch sein (Epoxide)	• bei Schraubenherstellern • bei Lohnbeschichtern	• bis 4 Jahre • wässrige Systeme und Epoxide sind vor Feuchtigkeit zu schützen	• 3M • Loctite • Precote omniTechnik GmbH
Lack-Systeme	• problemlos	• bei Gewindeherstellern • bei Lohnbeschichtern	• mind. 5 Jahre	• 3M • Loctite • precote omniTechnik GmbH

[b)] alphabetisch und Minimalauszug

9.3.2.3 Funktionsprüfung von Losdrehsicherungen

Da das *vollständige* Losdrehen ausschließlich bei quer zur Schraubenachse dynamisch beanspruchten Schraubenverbindungen auftritt, wurde ein Prüfverfahren entwickelt, das eine praxisnahe Kontrolle von Losdrehsicherungen gestattet [9.21].

Abbildung 9.26 zeigt den zentralen Teil eines hierfür verwendeten sog. Vibrationsprüfstands.

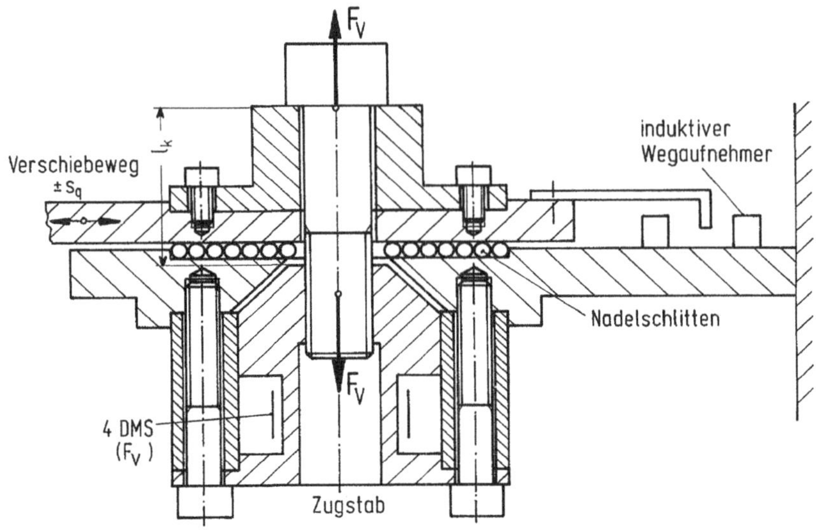

Abb. 9.26. Zentraler Teil eines Vibrationsprüfstands [9.3]

Zur Durchführung des Versuchs wird die zu prüfende Schraube zunächst bis zu einer Anfangsvorspannkraft F_{V0} vorgespannt. Danach wird das Teil oberhalb des Nadelschlittens über einen motorisch angetriebenen Exzenter mit einer bestimmten Frequenz quer zur Schraubenachse in Translationsbewegungen ($\pm s_q$) versetzt. Am Exzenter wird zuvor eine bestimmte Leerlaufamplitude s_L(oder s_0) eingestellt.

Die in der Schraubenachse wirksamen Querschiebungen sind in jedem Fall kleiner als die genannte Leerlaufamplitude, weil die Übertragung der Querkraft vom Exzenter bis hin zur Schraubenachse in sämtlichen querkraftübertragenden Verbindungsteilen eine elastische Längsverformung hervorruft. Genau diese Verformungen entsprechen der Differenz zwischen der vor Versuchsbeginn eingestellten Leerlaufamplitude s_L und der in der Schraubenachse wirksamen (effektiven) Amplitude s_{eff}.

Die effektive Amplitude s_{eff} wird insbesondere von der Nachgiebigkeit der querkraftübertragenden Maschinenteile, der Schraubenvorspannkraft und der Biegenachgiebigkeit der Schraube beeinflusst.

Je größer die auf die Schraube wirkende Querkraft ist, desto größer ist auch die Differenz von s_L und s_{eff}.

Während des Vibrationsversuchs wird die Änderung der Vorspannkraft in Abhängigkeit von der Schwingspielzahl gemessen. Mit dieser das Losdrehverhalten charakterisierenden Darstellungsweise erhält man sog. Losdrehkurven, wie sie Abb. 9.15 für verschiedene Sicherungselemente bzw. -methoden unter bestimmten Versuchsbedingungen zeigt.

Eine differenzierte Bewertung der Losdreh-Sicherungswirkung der verschiedenen Elemente anhand solcher Losdrehkurven ist jedoch problematisch, weil die

Ergebnisse der Vibrationsversuche von einer Vielzahl von Einflussgrößen abhängen können wie zum Beispiel

- Leerlaufamplitude,
- Schraubenvorspannkraft,
- Nachgiebigkeit der kraftübertragenden Maschinenteile,
- Klemmlänge und Form der Schraube,
- Grenzlastspielzahl,
- Schmierungszustand,
- Oberfläche der verspannten Teile,
- Einschraubtiefe,
- Gewindesteigung,
- Gewindetoleranzen,
- Mehrfachverwendung von Schrauben, Muttern, Scheiben oder Gewindebüchsen.

Da die Auswirkungen dieser Parameter auf das Versuchsergebnis quantitativ noch nicht in vollem Umfang erforscht sind und es bisher keine übereinstimmenden Vereinbarungen hinsichtlich der Versuchsdurchführung und -auswertung gibt, ist dieses Prüfverfahren bisher nur in der Luftfahrtnorm DIN 65151 (2002–08) genormt.

Die Abb. 9.27 und 9.28 zeigen beispielhaft den Einfluss der im Vibrationsprüfstand eingestellten Leerlaufamplitude auf das Versuchsergebnis.

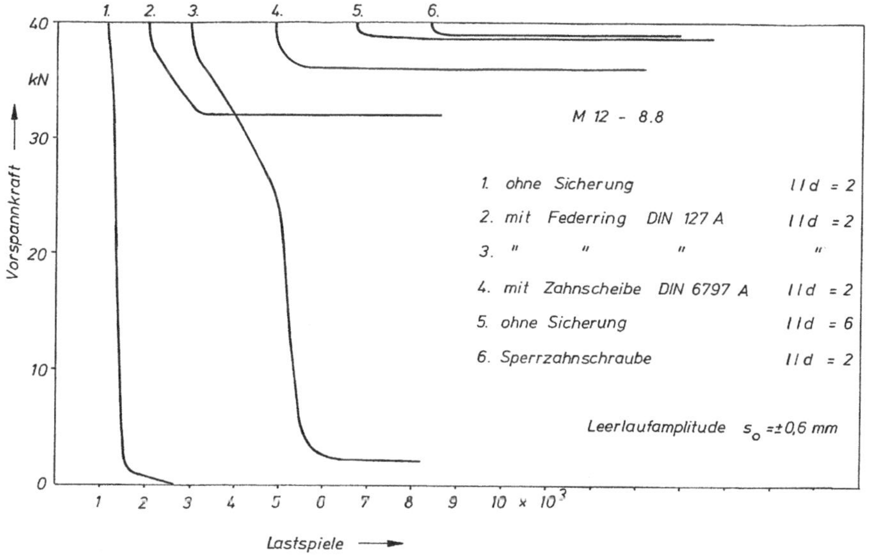

Abb. 9.27. Losdrehkurven von Schraubenverbindungen M12–8.8 mit verschiedenen Losdreh-Sicherungsmaßnahmen bei relativ *kleiner* Leerlaufamplitude $s_0 = \pm 0{,}6$ mm [9.12]. DIN-Normen für Federringe (DIN 127) und Zahnscheiben (DIN 6797) sind inzwischen zurückgezogen worden.

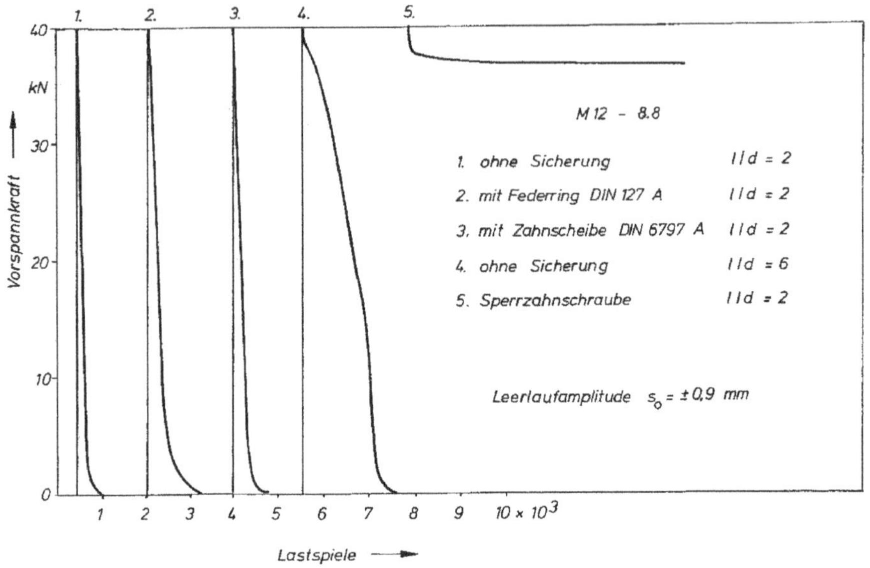

Abb. 9.28. Losdrehkurven von Schraubenverbindungen M12–8.8 mit verschiedenen Losdreh-Sicherungsmaßnahmen bei relativ *großer* Leerlaufamplitude $s_0 = \pm 0{,}9$ mm [9.12]. DIN-Normen für Federringe (DIN 127) und Zahnscheiben (DIN 6797) sind inzwischen zurückgezogen worden.

9.4 Wirksamkeit und Anwendungsgrenzen von Schraubensicherungen

Tabelle 9.4 teilt die „Sicherungselemente“ nach Funktion und Wirksamkeit ein. Daraus lässt sich die folgende Bewertung der einzelnen Sicherungselemente hinsichtlich ihrer Wirksamkeit und ihrer Anwendungsgrenzen ableiten [9.22]:

- *Mitverspannte federnde Elemente* vermögen in der Regel Losdrehvorgänge infolge wechselnder Querschiebungen nicht zu verhindern. Sie können allenfalls bei Schrauben geringer elastischer Nachgiebigkeit (kurze Schrauben) im unteren Festigkeitsbereich (<6.8), d. h. bei geringer Vorspannung, bedingt als *Setzsicherung* verwendet werden. Zu beachten ist die Gefahr der Spaltkorrosion in entsprechender Atmosphäre.
- *Formschlüssige Elemente* können nur ein begrenztes Lösemoment aufnehmen und sollten daher auch *nur bei Schrauben im unteren Festigkeitsbereich (*<6.8*)* eingesetzt werden. Sie bewahren die Schraubenverbindung, wenn sie vorher nicht bereits durch das innere Losdrehmoment zerstört worden sind, zumindest vor dem Auseinanderfallen (*Verliersicherung).*
- *Klemmende Elemente* sind aufgrund des dem inneren Losdrehmoment entgegenwirkenden Klemm-Moments ebenfalls höchstens dazu in der Lage, nach Verlust der Vorspannkraft die Verbindung vor dem Auseinanderfallen zu bewahren. Vorrangig bieten demnach auch solche Elemente allenfalls eine „Sicherheit“ *gegen Verlieren.*

- *Sperrende Elemente* besitzen hervorragende Sicherungseigenschaften *gegen selbsttätiges Losdrehen.* Sie vermögen in den meisten Anwendungsfällen das innere Losdrehmoment zu blockieren. Ein selbsttätiges Losdrehen der Verbindungselemente findet somit nicht statt. Infolge hoher Querkräfte in der Schraubenverbindung im Zusammenhang mit Gleitbewegungen in der Trennfuge können dynamische Biegespannungen aber einen Dauerbruch der Schraube – auch im Kopf-Schaft-Übergangsbereich – hervorrufen.
- *Klebende Elemente* erweisen sich in der Praxis ebenfalls als gute *Losdrehsicherungen.* Durch den Stoffschluss werden Relativbewegungen zwischen den Bolzen- und Muttergewindeflanken verhindert, so dass das innere Losdrehmoment unwirksam bleibt [9.4, 9.23 bis 9.27]. Klebende Sicherungselemente sind *insbesondere bei gehärteten Oberflächen* geeignet, wo sperrende Elemente nicht mehr anwendbar sind. Zu beachten ist die zum Teil störende Gewindereibung (produktabhängiger Einfluss auf die Vorspannkraft bei der Montage) sowie die Anwendungsgrenze bei erhöhter Betriebstemperatur, welche bei etwa 170°C liegt.

Tabelle 9.4. Einteilung der Sicherungselemente nach Funktion und Wirksamkeit [9.2]

Ursache des Lösens	Einteilung der Sicherungselemente nach		Beispiele
	Wirksamkeit	Funktionalität	
LOCKERN durch Setzen	Setzsicherung	Mitverspannte federnde Elemente	Tellerfedern. Spannscheiben DIN 6796, DIN 6908.
LOSDREHEN durch Aufheben der Selbsthemmung	Verliersicherung	Formschlüssige Elemente	Kronenmuttern DIN 935, DIN 979. Schrauben mit Splintloch DIN 962. Drahtsicherung.
		Klemmende Elemente	Sechskantmuttern mit Klemmteil. Muttern mit Kunststoffeinsatz. Schrauben mit Kunststoffbeschichtung im Gewinde. Gewindefurchende Schrauben DIN 7500.
LOSDREHEN durch Aufheben der Selbsthemmung	Losdrehsicherung	Sperrende Elemente	Sperrzahnschrauben. Sperrzahnmuttern.
		Klebende Elemente	Flüssig-Klebstoff. Schrauben mit mikroverkapselter Klebstoffvorbeschichtung.

Literatur

9.1 Paland E G (1967) Die Sicherheit der Schrauben-Mutter-Verbindung bei dynamischer Axialbeanspruchung. Konstr. Masch. Appar. Gerätebau 19: 453–464
9.2 Junker G, Strelow D (1966) Untersuchungen über die Mechanik des selbsttätigen Lösens und die zweckmäßige Sicherung von Schraubenverbindungen. Draht-Welt 52: 103–104, 175–182, 317–335
9.3 Blume D (1969) Wann müssen Schraubenverbindungen gesichert werden? Verbindungstechnik 1, 25–30
9.4 Blume D (1971) „Schraubensicherung" – Ruhekissen des Konstrukteurs. Maschine 10: 22–24
9.5 Bauer C O (1972) Verhalten von Schrauben- und Mutternverbindungen aus nichtrostenden Stählen unter schwingenden Lasten. Konstr. Masch. Appar. Gerätebau 24:266–274
9.6 Junker G H (1976) Das Sichern von Schraubenverbindungen. Verbindungstechnik 8, 3: 27–32 und 4: 35–37
9.7 Illgner K H, Blume D 1985 Schrauben Vademecum. Firmenbroschüre der Fa. Bauer und Schaurte Karcher GmbH, 6. Aufl.
9.8 Bauer C 0 (1976) Einfache Faustregel: Wirksam wie die Faust im Auge. Konstr. Elemente Methoden 13: 70–72
9.9 Bauer,C 0 (1970) Mitverspannte federnde Elemente bei Schraubenverbindungen aus nichtrostenden Stählen. Draht 21: 598–603
9.10 Bauer C 0 (1972) Wunsch und Wirklichkeit. Verbindungstechnik 4: 19–21
9.11 Bauer C 0 (1973) Sicherheit... Versprechen oder Versagen? Verbindungstechnik 5,11: 19–33
9.12 Pfaff H (1978) Wie können Schraubenverbindungen gesichert werden? lng.-digest 17: 81–85
9.13 Schneider W (1980) Schäden an Schraubenverbindungen. Verbindungstechnik 2, 12: 21–27
9.14 Goodier J N, Sweeney R J (1945) Loosening by vibration of threaded fastenings. Mech. Eng. 12: 798–802
9.15 Sauer J A, Lemmon D C, Lynn E K (1950) Bolts – how to prevent their loosening. Mach. Des. 8: 133–139
9.16 Bauer C 0 (1970) Sicherung von Schraubenverbindungen aus nichtrostenden Stählen. Werkst. Korros. 6: 463–473
9.17 Junker G (1961) Sicherung von Schraubenverbindungen durch Erhaltung der Vorspannung. Draht-Welt 47: 936–943
9.18 Küchler R (1962) Statische Versuche mit Schraubensicherungen. Draht 13: 629–634, 706–713
9.19 Junker G (1969) Kriterien für das selbsttätige Lösen von Verbindungselementen unter Vibration. SAE-Ber. 690055 Detroit
9.20 Kellermann R, Turlach G (1968) Beitrag zur Erzielung des optimalen Sicherungseffektes bei hochfesten Schraubenverbindungen. Automobil-Ind. 13: 91–102
9.21 Junker G, Strelow D (1972) Der Weg zur Standardisierung. Maschinenmarkt 78: 387–392
9.22 Strelow D (1983) Sicherungen der Schraubenverbindungen. Merkblatt 302 der Beratungsstelle für Stahlverwendung Düsseldorf 6

9.23 Fauner G (1974) Lassen Flüssigkunststoffe als Schraubensicherung noch eine risikolose Montage zu? Verbindungstechnik 6: 37–40
9.24 Fauner G, Endlich W (1976) Probleme mit gewindeverklebenden Sicherungsmitteln? Verbindungstechnik 8, 8/9: 25–30
9.25 Blume D, Esser J (1973) Mikroverkapselter Klebstoff als Schraubensicherung. Verbindungstechnik 5: 5–6
9.26 Endlich W, Hertneck A (1975) Warum lösen sich Schraubenverbindungen – oder die ungenügende Beachtung der modernen Flüssigkunststoffsicherung. Konstr.Elemente Methoden 12: 35–39
9.27 Fragen – Antworten – Synthesen (1972) Über mikroverkapselte Schraubensicherungen. Verbindungstechnik 4: 20–25
9.28 Hertneck A (1990) Chemie contra Mechanik. Konstruktion und Elektronik 46: 22

Index

D

E

N

T

SPRINGER NATURE

GPSR Compliance

The European Union's (EU) General Product Safety Regulation (GPSR) is a set of rules that requires consumer products to be safe and our obligations to ensure this.

If you have any concerns about our products, you can contact us on ProductSafety@springernature.com

In case Publisher is established outside the EU, the EU authorized representative is:

Springer Nature Customer Service Center GmbH
Europaplatz 3
69115 Heidelberg, Germany

The manufacturer's authorised representative in the EU is Springer Nature Customer Service Centre GmbH, Europaplatz 3, 69115 Heidelberg, Germany. If you have any concerns regarding our products, please contact ProductSafety@springernature.com

Printed and bound by CPI Group (UK) Ltd, Croydon, CR0 4YY
21/10/2026
02237133-0012